普通高等教育“十一五”国家级规划教材

清华大学化学工程系列教材

化学工程基础

(第2版)

林爱光　阴金香　编著

清華大學出版社
北京

内容简介

本书为清华大学“化工原理”课程所用教材，在清华大学多个院系使用多年。

全书分7章，包括流体的流动与输送、传热过程和传热设备、精馏、吸收、气液传质设备、化学反应工程学和膜分离过程。为便于学生理解和掌握课程内容，书中提供了典型的例题和习题。书末附有做化工习题常用的物性参数图表及管子、泵、通风机的部分规格。

本书可用作高等院校工科有关专业及理科化学和应用化学专业“化工基础”课程的教材，也可供上述专业从事设计、开发和运行的科技人员参考。

图书在版编目（CIP）数据

化学工程基础/林爱光，阴金香编著. —2版. —北京：清华大学出版社，2008.8（2022.8重印）
（清华大学化学工程系列教材）
ISBN 978-7-302-17264-2

Ⅰ. 化… Ⅱ. ①林… ②阴… Ⅲ. 化学工程－高等学校－教材 Ⅳ. TQ02

中国版本图书馆CIP数据核字(2008)第041255号

责任编辑：柳 萍
责任校对：赵丽敏
责任印制：曹婉颖

出版发行：清华大学出版社
网　址：http://www.tup.com.cn，http://www.wqbook.com
地　址：北京清华大学学研大厦A座　**邮　编**：100084
社 总 机：010-83470000　**邮　购**：010-62786544
投稿与读者服务：010-62776969，c-service@tup.tsinghua.edu.cn
质 量 反 馈：010-62772015，zhiliang@tup.tsinghua.edu.cn
印 装 者：涿州市京南印刷厂
经　销：全国新华书店
开　本：185mm×260mm　**印　张**：27　**字　数**：655千字
版　次：2008年8月第2版　**印　次**：2022年8月第12次印刷
定　价：75.00元

产品编号：019348-06

第 2 版前言

本书第 1 版 1999 年由清华大学出版社出版，已由清华大学多个院系及不少兄弟院校使用多年，作者感谢读者、同行及专家对本教材的厚爱，承蒙高度评价："该教材概念清楚，内容全面，重点突出，阐述严谨。在保证化学工程学科特征的前提下，在内容的深度和广度上能够力求符合培养目标的需要。"

由于科学技术的发展和教学的需要，第 2 版更新和增加了部分内容，适当介绍一些新近发展的技术，拓宽了课程覆盖面，以为学生发展提供了空间，激发学习兴趣。第 2 版继续保持各章自成体系，适应不同领域、不同层次、不同教学时数教学的特点，赋予使用者较大的机动性，使用者可根据教学要求进行选用。

第 2 版对第 1 版内容进行了修订，并新增了第 7 章膜分离过程，更新了部分附录。第 2 章传热过程和传热设备、第 3 章精馏及部分附录的更新整理由阴金香负责完成，其余工作由林爱光负责完成。

在再版过程中，作者参考了国内外有关书籍及教材，并引用了其中的一些材料和数据，在此向各书的作者和出版社表示深深的谢意。

本书第 1 版问世以来，承蒙许多读者和同行的支持和鼓励，并提出不少有益的意见和建议，在此表示衷心的感谢。

编者感谢清华大学化工原理教研室的同事在修订过程中给予的大力支持和帮助；出版过程中得到清华大学出版社有关负责人、审稿人和编辑的关心和支持，对此表示感谢。

本书有配套教材《化学工程基础学习指引和习题解答》（清华大学出版社，林爱光，2003），还有配套教学软件《化学工程基础多媒体课件》（清华大学出版社，林爱光等，2006）。这些将有益于对本书内容的深入理解与掌握。

由于编者水平有限，书中不妥之处在所难免，敬请读者批评指正。

编者
2007 年 12 月于北京清华园

目　录

绪　论

1. 本课程的内容和教学目的

化学工程是研究改变物料的化学组成和物理性质的工程技术学科。它研究的内容不但包括具有化学变化的过程，而且还包括分离混合物为较纯净的不同组分的过程，以及改变物料的物理状态和性质的各种过程。因此，它需要高等数学、物理学、物理化学等课程为基础，研究化学、石油、冶金、轻工、生物、食品、环保等工业中具有共同特点的单元操作和化学反应工程等，以及有关的流体力学，热量传递和物质传递的原理，热力学和化学动力学等，以求得工业生产上的优质、高效、低能耗，并防止环境污染。

据考证，早在1万年前中国人就已掌握了用窑穴烧制陶器的技艺；5000年前埃及人开始酿制葡萄酒，并用布袋对葡萄汁过滤……但在相当长的时间里，这些操作都仅仅是规模很小的手工作业。化学工程真正成为一门独立的学科，是19世纪下半叶随着大规模制造化学产品的生产过程的发展而形成的。

1791年N.吕布兰发明的吕布兰工业制碱法标志着化学工业的诞生。到了19世纪70年代，制碱、制酸、化肥、煤化工等都已有了相当规模，许多新发明、新技术被应用到化学工业中，此时主要研究对象是采用化学加工技术、涉及各种行业的化工生产工艺，研究内容涉及原料特点、生产原理、工艺流程、最适宜操作条件以及所用机械设备的构造与使用，开设的课称为化学工艺学。

作为一门独立的学科，化学工程始于20世纪初。1901年英国人G.E.戴维斯出版的《化学工程手册》成为世界上第一本阐述各种化工生产过程共性规律的著作。第一本系统阐述单元操作原理和计算方法的著作是1923年W. H. Walker，W. K. Lewis和W. H. McAdams合著的《Principles of Chemical Engineering》。

此后20年，化学工程学主要是对单元操作，尤其是对于流体流动、传热、传质等单元操作进行研究，并把它们归纳于传递的理论之中。到了20世纪40年代，化工技术的突破发展，促进了工程上对化学反应过程的研究，50年代形成了化学反应工程分支。化学反应工程研究反应器内传递过程和化学反应的相互关系和影响，阐明工业反应过程的实质，目的在于控制生产规模下的化学反应过程，实现反应器的最佳设计。化学反应过程涉及化工生产过程的核心问题，与早先发展起来的传递过程共同形成化学工程学两大支柱，解释和解决化学工程中的理论问题。“三传一反”（动量传递、热量传递、质量传递和化学反应工程）应运而生。

20世纪70年代以后，随着化工生产日趋大型化、连续化以及计算机技术的迅速发展，化学工程学的研究已不再限于单个单元操作或化学反应工程，而是深入到整个工厂，甚至是整个行业的大系统研究，从而形成化学系统工程，其主要任务是研究系统的设计、控制和管理。

化学工程学经过近100年的发展，现已形成一个体系完整、研究内容丰富、研究方法先进的工程技术学科。然而,近几十年来高新技术的迅速发展对每个学科都提出了崭新的要求,化学工程学亦面临新的挑战,在解决面临的问题中自身完善,也形成了一些具有学科特色、富有开创性的前沿研究领域:

1) 化学工程学与高新技术学科结合形成新的前沿学科

(1) 材料化学工程

材料化学工程是化学工程与材料化学及物理相结合而产生的新学科。高技术的发展要求开发具有高强度和特殊性能的新型材料,除金属材料由冶金工程学科研究外,聚合物材料、无机非金属材料、复合材料等都是材料化学工程研究的对象。新型材料的制备、加工处理、性能与组成及结构间关系等都是材料化学工程学的研究领域。

(2) 生物化学工程

生物化学工程是生物工程和化学工程相结合的交叉学科。发酵工程(各种抗菌素医药、维生素药物、氨基酸、柠檬酸、乳酸等的生产)、酶工程(各类酶制剂与辅酶、核酸与核苷药物等制备)、基因工程(各种 α 与 γ 干扰素的研制、DNA 重组等)和细胞工程(各类动植物细胞培养疫苗、免疫试剂等)都是生物化学工程的研究和开发领域,通过发酵、酶催化、基因工程、细胞培养等技术,可以在条件温和、设备简单、选择性好、副反应少、产品性能优良、污染少的条件下生产多种化学品。生化反应动力学,各类生化反应器的研制和放大设计,生物产品的提取、分离和精制技术等,都需要依靠化学工程的基本理论和技术。

(3) 能源和资源化学工程

化学工业是高能耗产业,存在能量供求平衡关系;化学工业又是资源消耗大户,亦面临着资源日趋匮乏的挑战。如何充分利用能源和资源,这便是化学工程学与能源技术、资源学、人类生态学相结合而产生的新领域——能源和资源化学工程。

(4) 环境化学工程

由化学工程学和环境化学、生态化学相结合而形成的环境化学工程的研究涉及现有化工厂生产中的"三废"治理,化工工艺无害化的研究与开发,建立"生态化工"。另外,还涉及一些重要的环境化学工程问题,诸如化工原料的无害化、CO_2 的综合利用、机动车尾气净化等。

随着社会发展,新兴技术与产业对高新合成物质与工艺及设备的需求剧增,化学工程还将向更广阔的领域延伸,诸如超细粉体化学工程、表面与界面化学工程、微电子化学工程、信息化学工程、电子化学工程、海洋化学工程、生态化学工程等都将是化学工程学渗透发展的方向。

2) 化学工程学的前沿研究

(1) 过程耦合技术

采用反应-分离、反应-反应等耦合研究技术,在同一设备中完成两个或多个过程,是反应工程与反应器开发的一个热点。反应-蒸馏已在工业生产中获得成功应用,如甲醇与含异丁烯的混合气体反应生产甲基叔丁基。技术核心是通过耦合突破了平衡转化率的限制,蒸馏过程避免了共沸物的出现,反应热还可供蒸馏使用,大大节省了投资和能源消耗。反应与膜分离结合的膜反应器,可在反应过程中不断除去反应物,增大反应速率和转化率,适用于各类可逆反应和产物对反应有抑制作用的过程。近期工业化的反应-分离结合的过程还有反应-萃取、反应-吸附、反应-结晶等。

(2) 新催化技术

研究开发新型催化剂，包括生物催化剂、固体酸和碱催化剂、相转移催化剂以及膜催化与纳米级催化材料。在催化工艺上，将会用对环境无害的过程代替有害过程。场效催化（如光催化、电催化、等离子催化技术）将进入实用阶段。

(3) 非传统反应与分离技术

非传统反应与分离系统是指采用极端操作条件，如超短接触、超重力、超临界、等离子体、微波、光、电、磁能、深冷、高温高压、非稳态操作等去完成常规操作条件下难于进行的诸多过程，例如利用超临界流体的高化学活性、高渗透性、高溶解力等进行新型反应-再生系统的开发，低浓废水的回收处理，从生物质中高效提取高价值的有机物，超细粉的制备等。

膜分离技术以具有选择透过性的膜为组分分离手段实现混合物的分离。膜技术从电渗析和反渗透起步，超滤、纳滤、微滤、渗析、气体分离、渗透汽化、液膜等各种膜过程和膜技术已处于高速发展阶段。膜分离技术与传统的分离技术的结合又派生出诸如膜蒸馏、膜萃取、膜吸收、膜色谱、膜亲和、膜反应器和膜控制释放等许多新型膜过程和膜技术，这些膜技术的应用产生了巨大的经济效益和社会效益，已成为当今分离科学中最重要的手段之一。

(4) 超细粉技术

超细粉通常指粒径小于100 nm的微粒，所以又称纳米材料。进入纳米数量级的粒子其表面电子结构和晶体结构发生结构变化，产生了块状材料所不具有的表面效应、小尺寸效应、量子效应和宏观量子隧道效应，从而具有一系列优异的物理和化学性质，使之在电子、冶金、化学、生物和医学等领域具有广阔的应用前景。超细粉体制备技术涉及物理、化学、化工、材料、表面、胶体等众多学科，在制备过程中还涉及诸多工程问题。从化学工程学的角度，研究超细粉体在大规模制备工程中涉及的单元操作的特殊性，在工业装置重现小尺寸设备上所得超细粉体的物理形状与结构，是超细粉放大过程涉及的新课题。对超细粉体的研究还包括粉体表面改性和产品表征两个内容。

(5) 工程放大方法

化工过程本身的复杂性，使之过去只能依靠经验放大。随着近代计算机技术的发展，特别是计算流体力学、计算传递学的发展，解决这一工程难题应有所突破。

(6) 化工动态过程的优化

利用计算机技术及快速、高精度的分析和监测仪器，可在短时间内获取动态过程的大量信息，以了解达到定态过程中出现的各种现象及其中的速率控制步骤、过程的本质和机理，可对过程的改善、强化和优化控制提供依据。分批操作的动态模拟和过程优化，在近代精细化工迅速发展形势下日显重要，对各类间歇操作的操作参数进行深入研究，并建立比较精确和实用的模型，以实现优化设计和操作，可明显提高设备效率和降低能耗。利用强制周期改变操作参数的方法以强化反应和分离过程，是近20年化学工程学的一个重要研究前沿。

由上可知，化学工程学科经过不断发展并与其他学科交叉，其应用对象远远超出了化学工程原来涉及的化学产品，几乎覆盖了所有物理和化学的物质加工过程，如环保、生物、材料、石化、能源、轻化工、医药和食品等工业过程。因此许多学者认为将狭义的“化学工程”提升为覆盖面更宽阔的“过程工程”似更为确切合理。

许多化工生产需要进行一个或几个化学反应，而化学反应必须在一定的条件下才能进行,并取得较高的产率,这些条件包括压强、温度、反应物料的配比等。另外,化学反应前后的原料和产品的提纯,副产物的利用以及反应热的排除(吸热反应则要供热)等,都需要诸如流体输送和压缩、蒸馏、吸收、热交换等一系列单元操作来完成。

从生产某种产品的意义上说,化学反应过程是生产过程的核心,但实际上,为化学反应过程创造适宜条件和将反应物分离制成纯净产品的单元操作,在生产过程中占据着重要的地位,它们在工厂的设备投资和操作费用中常常占主要的比例,决定了整个生产的经济效益。

随着化工生产的发展,化工单元操作不断发展,目前化工生产中常用的单元操作已达20余种。若按照操作的主要物理特征和基本原理,单元操作大致可分为以下六大类:

(1) 流体动力过程

研究流体流动及流体和与之接触的固体间发生相对运动时的基本规律,以及主要受这些基本规律支配的若干单元操作,如流体输送、沉降、搅拌、过滤、流态化等。

(2) 传热过程

研究传热的基本规律,以及主要受这些基本规律支配的若干单元操作,如热交换、蒸发等。

(3) 传质过程

研究物质通过相界面的迁移过程的基本规律,以及主要受这些基本规律支配的若干单元操作,如气体的吸收,液体的蒸馏、萃取、吸附和膜分离等。

(4) 热质传递过程

质量传递和热量传递同时进行的过程,如干燥、结晶、增湿与减湿等。有时把这类单元操作划入传质与传热过程。

(5) 热力过程

以热力学为主要理论基础的过程,如压缩、冷冻等。

(6) 机械过程

以机械力学为主要理论基础的过程,如固体物料的粉碎、分级等。

本课程主要讨论前3类中最常用的单元操作:流体流动和输送、传热、精馏、吸收、膜分离;讨论各类单元操作的共同理论基础,各个单元操作的原理,典型设备的结构与操作特性,过程和设备的设计计算,设备的改进与强化以及分析研究问题的方法。

本课程还讨论化学反应工程,通过基本反应器、气固相催化反应器、反应器内物料停留时间分布和流动模型来阐明化学反应工程学的基本原理。

当今技术创新的一个重要特征是交叉领域、边缘学科的发展,带动了传统技术的发展。为适应当今科技飞速发展和国民经济发展的需要,学生应具有综合性、跨学科的广博基础。化学工程是一门涉及广泛的知识领域,既有系统的理论,又有很强的工程特点的课程。化学系和生物科学与技术系的学生中的不少人将从事与国民经济有关的技术开发工作,他们只有与这些领域的工程技术人员合作或互相渗透,才能把科研成果尽快地转化为生产力;而自动化系的学生要搞好化工自动化、过程优化,也必须掌握化学工程的基本理论。

本课程的教学目的是对学生进行化学工程的教育,进一步提高学生在今后工作中分析问题和解决问题的能力。

2. 基本概念与方法

1）过程的平衡与速率

平衡与速率是分析单元操作过程的两个基本方面。

过程的平衡问题说明过程进行的方向和所能达到的极限。例如传热过程，只要空间两处温度不同，即温度不平衡，热量就会从高温处向低温处传递，直到两处温度相同为止，此时过程达到平衡，两处便没有热量传递。化工过程的平衡是化工热力学研究的问题，所以化工热力学是化学工程的一个重要基础。

过程的速率是指过程进行的快慢，可以近似地用推动力除以阻力表示。在实际工作中，一个过程以多快的速率由不平衡向平衡移动，是极为重要的问题。如果一个过程以极慢的速率进行，那么生产过程所需的设备将极为庞大。

一个过程的速率与推动力成正比，而与过程的阻力成反比，可表示为：

$$\text{过程的速率}=\frac{\text{推动力}}{\text{阻力}}$$

推动力的性质决定于过程的内容。如传热过程的推动力是温度差。过程阻力是各种因素对过程速率影响的总的体现。具体分析各种化工单元操作过程的机理可知，过程的速率取决于过程的机理。多数重要单元操作过程与动量传递、热量传递或质量传递有关，所以传递过程原理是化学工程的另一个重要基础。

2）三种衡算

质量衡算、能量衡算与动量衡算是化学工程课程中分析问题的基本方法。质量衡算的依据是质量守恒定律，能量衡算的依据是能量守恒和热力学第一定律，动量衡算的依据则是动量守恒定律即牛顿第二运动定律。下面只就总质量衡算与总能量衡算中的热量衡算加以说明。

(1) 质量衡算

质量衡算常称物料衡算，它反映生产过程中各种物料，如原料、产物、副产物等之间的量的关系，是分析生产过程与每个设备的操作情况和进行过程与设计的基础。物料衡算即是对某一过程中的总物料或其中某一组分列出方程求解，进行物料衡算时首先要划定衡算的系统，其次要确定衡算的对象与衡算的基准。对于划定的衡算系统（例如1个设备或若干个设备组成的系统），根据质量守恒定律，一定时间 t 内输入系统的物料质量等于从系统输出的物料质量和系统中积累的物料质量：

$$\sum F=\sum D+A \tag{0-1}$$

式中：$\sum F$——t 时间内输入物料质量的总和；

$\sum D$——t 时间内输出物料质量的总和；

A——t 时间内系统中积累的物料质量的总和。

式(0-1)是以总物料为衡算对象的衡算式。物料衡算也可以某种元素为衡算对象。对于没有发生化学反应的系统，也可以某种物质为衡算对象，得出与式(0-1)相同的衡算式。

对于稳态操作过程，系统中各处的所有操作参数，如温度、压强、密度等不随时间而变，

系统中无物料的积累,即 A 等于零,故式(0-1)变为:

$$\sum F = \sum D \tag{0-2}$$

即输入的物料质量等于输出的物料质量。

例 0-1 在生产 KNO_3 的过程中,质量分数为 0.2 的纯 KNO_3 水溶液以 1000 kg/h 的流量送入蒸发器,在 422 K 下蒸发出部分水,得到 50%的浓 KNO_3 溶液,然后送入冷却结晶器,在 311 K 下结晶,得到含水 0.04 的 KNO_3 结晶和含 KNO_3 0.375 的饱和溶液。前者作为产品取出,后者循环回到蒸发器。过程为稳态操作,试计算 KNO_3 结晶产品量、水蒸发量和循环的饱和溶液量。

解:首先根据题意画出过程的物料流程图如图 0.1 所示。

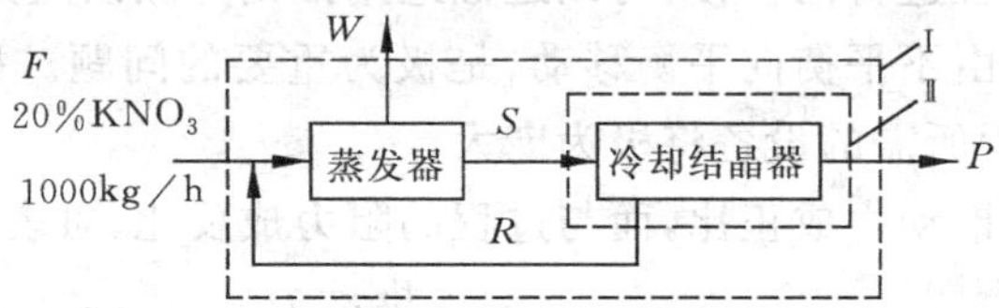

图 0.1 例 0-1 附图

① 求 KNO_3 结晶产品量 P 和蒸发水量 W

取包括蒸发器和冷却结晶器的整个过程为系统(虚线框Ⅰ),取 1 h 为时间衡算基准,分别以总物料和 KNO_3 为衡算对象,因系稳态操作,故可得

$$F = W + P \tag{a}$$

$$F \times 0.2 = W \times 0 + P \times 0.96 \tag{b}$$

联立解(a),(b)两式可得

$$P = 208.3\ \text{kg/h}$$

$$W = 791.7\ \text{kg/h}$$

② 求循环的饱和溶液量 R

设进入冷却结晶器的质量分数为 0.50 的 KNO_3 溶液量为 S(kg/h)。取冷却结晶器为系统(系统Ⅱ),衡算基准为 1 h,以总物料为衡算对象,进行总物料的衡算,得:

$$S = P + R \tag{c}$$

以 KNO_3 为衡算对象,进行 KNO_3 的衡算,可得:

$$S \times 0.50 = 208.3 \times 0.96 + R \times 0.375 \tag{d}$$

联立解(c),(d)两式可得:

$$R = 766.5\ \text{kg/h}$$

(2) 热量衡算

热量衡算是能量衡算的一种形式,在很多化工过程中主要涉及物料温度和热量的变化,所以热量衡算是化工计算中最常用的能量衡算。热量衡算的基础是能量守恒定律。

热量衡算不仅要划定衡算系统和选取基准,而且除选取时间基准外,还必须考虑物态与温度基准,因为反映物料所含热量的焓值是温度和物态的函数。通常以 273 K 下物质的液态为基准。热量除了通过物料输入和输出外,还可以通过热量传递从系统输入或输出。

根据能量守恒定律,热量衡算式一般为:

$$\sum H_F + Q = \sum H_P + Q_A \tag{0-3}$$

式中：$\sum H_F$——单位时间内输入系统的焓值的总和，即物料带入的热量总和；

$\sum H_P$——单位时间内从系统输出的物料焓值的总和，即物料带出的热量总和；

Q——单位时间内从环境传入（或传给环境）的热量；

Q_A——单位时间内系统中热量的积累。

对于稳态过程，系统内无热量积累，Q_A 等于零，则

$$\sum H_F + Q = \sum H_P \tag{0-4}$$

例 0-2　一罐内盛有 20 t 重油，温度为 20℃。用外循环加热法进行加热（见图 0.2），重油循环量 W 为 8 t/h。循环的重油在换热器中用水蒸气加热，其在换热器出口温度恒为 $t_3=100$℃，罐内油均匀混合。问罐内油从 20℃加热到 $t_2=80$℃需要多少时间。假设罐与外界绝热。

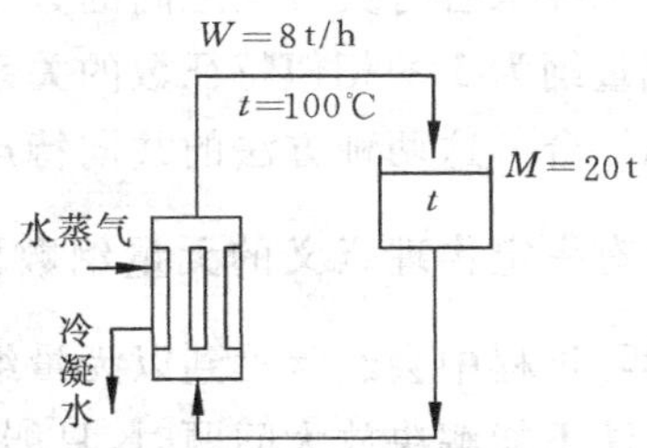

图 0.2　例 0-2 附图

解：罐内油的温度随时间变化，所以是一非稳态的加热过程，由于罐内油均匀混合，从罐内排出的油温与罐内油的温度相同，设在某一时刻为 t℃。

以罐为系统进行热量衡算，以 $\mathrm{d}\tau$ 为时间基准，以 0℃的油为温度物态基准，则在 $\mathrm{d}\tau$ 时间内进出系统及系统内积累的热量分别为

输入系统的重油的焓 $=Wc_p\times100\times\mathrm{d}\tau$

从系统输出的重油的焓 $=Wc_pt\,\mathrm{d}\tau$

系统内积累的焓 $=Mc_p\mathrm{d}t$

式中：c_p 为重油的平均质量定压热容。

根据式(0-1)可得：

$$Wc_p\times100\times\mathrm{d}\tau = Wc_pt\,\mathrm{d}\tau + Mc_p\mathrm{d}t$$

整理上式可得：

$$\mathrm{d}\tau = \frac{M}{W}\frac{\mathrm{d}t}{100-t}$$

按照下列条件进行积分：

开始时，$\tau=0$，$t_1=20$℃

终了时，$\tau=\tau$，$t_2=80$℃

$$\int_0^{\tau}\mathrm{d}\tau = \frac{20\times10^3}{8\times10^3}\int_{20}^{80}\frac{\mathrm{d}t}{100-t}$$

所以

$$\tau = \frac{20}{8}\ln\frac{100-20}{100-80} = 3.47(\mathrm{h})$$

3. 研究方法

化学工程学之所以成为一门学科，除了有具体的研究对象外，它还有统一的研究方法。化学工程学作为一门工程技术学科，面临着真实的、复杂的化工生产过程——特定的物料在特定设备中进行特定的过程，其复杂性不完全在于过程的本身，首先在于化工设备复杂的几

何形状和千变万化的物性。在化学工程中除了极少数简单的问题可以用理论分析的办法解决以外,都需依靠实验研究解决。化工研究的任务和目的是通过小型实验弄清过程规律,然后应用研究结果指导生产实际,进行实际生产过程与设备的设计与改进。

在单元操作的发展过程中,形成了两种基本的研究方法：实验研究方法和数学模型方法。

(1) 实验研究方法

化工过程往往十分复杂,涉及的影响因素很多,各种因素的影响不全能用迄今已掌握的物理、化学和数学等基本原理定量地分析预测,必须通过实验来解决。为了有效地进行实验研究和整理实验数据,通常应用量纲分析和相似理论的方法。这种方法不是从基础理论出发来寻求各有关因素之间的数学关系,再经过数学方程的运算求解,而是通过实验测定归纳成量纲为1的相似特征数的关系式予以确定。这是化学工程学的传统方法,其核心是实验和综合。这两种方法的共同特点是把各种因素的影响表示成为由若干个有关因素组成的、具有一定物理意义的无量纲数群$\left(\text{或称特征数,例如雷诺数 } Re=\dfrac{lu\rho}{\mu}\right)$的影响。在本课程的学习过程中会经常见到以无量纲数群表示的关系式。对于较复杂的化工过程,应用一般的方法不能解决放大问题时,只能采用逐级放大的方法,即先在小型装置上进行实验,确定各种因素的影响规律和适宜的工艺条件,然后进行稍大规模的实验,最后进行大装置的设计。逐级放大的级数或每级的放大倍数根据情况而异,依靠理论分析与经验确定。

(2) 数学模型方法

用数学模型方法研究化工过程,首先要分析过程的机理,在充分认识过程机理的基础上,对过程机理进行合理简化,得出基本能反映过程机理的物理模型。然后,用数学方法来描述此物理模型得到数学模型,再用适当的数学方法求解数学模型,所得结果一般包括反映过程特性的参数,即模型参数,最后通过实验求出模型参数。数学模型可用于过程和设备的设计计算。这种方法是在理论指导下得出数学模型,同时又通过实验求出模型参数并检验模型的可靠性,所以是半理论半经验的方法。由于数学模型方法有理论的指导,而且计算技术,特别是计算机的发展,又使复杂数学模型的求解成为可能,所以已逐步成为主要的研究方法。数学模型方法应用于解决化工生产过程的实际问题,推动了化学反应工程的迅速发展,使化学工程学摆脱了单纯从实验数据归纳过程规律的传统做法。

4. 单位制与单位换算

化学工程面向大规模生产,又和小型科学实验密切相连,要用到各种物理量如长度、面积、密度、粘度、热导率、温度、压强等。尽管这些物理量种类繁多,但都可用几个彼此独立的基本量来表示,其大小则用各种单位来表示。常用的基本量有长度、质量、时间和温度等。基本量以外的其他物理量,可通过物理量之间的规律(定义或定律)从基本量导出,称为导出量,它们的单位称为导出单位。

在科学技术与生产发展的过程中,由于历史和地区等原因形成了不同的单位制,主要有两类：绝对单位制和重力单位制(工程单位制),这两类单位制又有英制与公制之分。

由于各国使用的单位制不同给国际间的科学技术交流与贸易往来带来了不便,1960年10月第11届国际计量大会制定了一种新的单位制,称为国际单位制(The International

System of Units)，符号为 SI。目前国际单位制已为世界各国广泛采用。以国际单位制为基础，国务院制定的中华人民共和国法定计量单位现已正式实施，所以本课程采用法定计量单位。

国际单位制采用了 7 个基本单位，如表 0.1 所示。

表 0.1　SI 基本单位

量的名称	量 的 符 号	单 位 名 称	单 位 符 号
长度	$l(L)$	米	m
质量	m	千克	kg
时间	t	秒	s
电流	I	安[培]	A
热力学温度	T	开[尔文]	K
发光强度	$I(I_v)$	坎[德拉]	cd
物质的量	n	摩[尔]	mol

在这 7 个基本单位中，化学工程中经常用到的是 m，kg，s，K，mol 这 5 个基本单位。

此外，化学工程中还常用到一些国际制导出单位，如表 0.2 所示。表 0.2 中有几个导出单位具有专有名称，如力的单位称为牛[顿]，符号为 N，它是使 1 kg 质量的物体产生 1 m/s^2 加速度的力。压强的单位称为帕[斯卡]，符号为 Pa，就是 1 m^2 面积上受力 1 N，即 N/m^2，用国际制基本单位表示为 $kg/(m \cdot s^2)$。

表 0.2　化学工程学中常用的一些国际单位制导出单位

量的名称	单 位 符 号	单位名称	单位符号	用其他符号表示
面积	m^2			
体积	m^3			
速度	m/s			
加速度	m/s^2			
比容	m^3/kg			
密度	kg/m^3			
浓度	mol/m^3			
力	$kg \cdot m/s^2$	牛[顿]	N	
压强，应力	$kg/(m \cdot s^2)$	帕[斯卡]	Pa	N/m^2
动量	$kg \cdot m/s$			
能量，功，热	$kg \cdot m^2/s^2$	焦[耳]	J	$N \cdot m$
功率	$kg \cdot m^2/s^3$	瓦[特]	W	J/s
表面张力	kg/s^2			N/m
扩散系数	m^2/s			
动力粘度	$kg/(m \cdot s)$			$Pa \cdot s$ 或 $N \cdot s/m^2$
质量热容	$m^2/(s^2 \cdot K)$			$J/(kg \cdot K)$
导热系数	$kg \cdot m/(s^3 \cdot K)$			$W/(m \cdot K)$
传热系数	$kg/(s^3 \cdot K)$			$W/(m^2 \cdot K)$
传质系数（浓度推动力）	m/s 或 $kmol/(m^2 \cdot s)(kmol/m^3)$			

虽然目前全世界已普遍采用国际单位制，但是，由于长期使用习惯和生产设备与科学仪器的延续使用，特别是以前出版的科技书籍、期刊与手册中均使用旧的单位制，因此，我们必须了解各种单位制，并能正确掌握不同单位制的对应单位之间的换算。同一物理量用不同单位制度量时的数值比称为换算因子，例如 1 N 的力用工程单位制度量时为 0.102 kgf，所以 N 与 kgf 的换算因子为 0.102。化学工程中各种单位制的单位间的换算因子可以在本书附录 2 中查得。但是，我们还应当学会如何根据几个基本关系和定义自行得出换算因子。

例 0-3 求 1 atm 等于多少 Pa？(1)直接查表；(2)若无表可查，可由 1 atm＝1.033 kgf/cm^2 计算。

解：(1) 查附录 2 的表，得：

$$1\ \text{atm}=101.3\ \text{kPa}$$

(2) 由于 1 kgf＝9.81 N，1 cm＝0.01 m，所以

$$1\ \text{kgf/cm}^2=9.81\ \text{N}/(0.01)^2\ \text{m}^2=98\ 100\ \text{N/m}^2$$

因 Pa 就是物理量的 SI 制基本单位 N/m^2 的又一写法，所以

$$1\ \text{kgf/cm}^2=98\ 100\ \text{Pa}$$

于是

$$\begin{aligned}1\ \text{atm}&=1.033\ \text{kgf/cm}^2\\&=1.033\times 98\ 100\\&=101\ 300\ \text{Pa}\ (\text{或}\ 101.3\ \text{kPa})\end{aligned}$$

1 流体的流动与输送

1.1 概　　述

常温下物质可以固态、液态和气态 3 种聚集状态(在高温高压情况下,还有等离子态和超固态)存在。它们分别称为固体、液体和气体,其中液体和气体合称为流体。

近代物理学研究表明,任何物质都是由大量分子构成的。在常温常压下,气体分子间的平均距离约为 3.3×10^{-9} m,分子近似做自由与无规则的运动,无固定的形状和体积,各向异性,易于流动和压缩。液体分子间的平均距离约为 10^{-10} m,分子排列与非晶体相似,具有一定的体积,但无固定的形状,各向同性,易流动,难于压缩。

在分子层面上研究流体,其质量在空间的分布是不连续的,其运动在空间和时间上都是不连续的。对于流体的宏观运动,考虑大量分子的平均运动及其统计特性,研究时需要将物质抽象为一种模型——连续介质。在连续介质中,常把较微观粒子结构尺度大得多而较宏观特征尺度(如容器、管道的最小线性尺度)小得多的流体团称为质点。质点具有的物理量是许许多多微观结构性质的统计平均物理量,是均匀的。连续介质就是由这些连续分布着的质点组成。

化工生产中所处理的原料、半成品及产品大多数是流体。按照生产工艺要求,往往要把原料和半成品输送到各种设备中去进行化学反应或物理变化,制成的半成品或产品又常常要输送到下一工序或储罐内。各种传热和传质过程都是在流体流动的情形下进行的,强化设备的传热和传质过程往往要首先研究流体流动的条件及规律。因此,动力的消耗,过程进行的好坏及设备的投资都与流体的流动状态有关。

气态或液态下的物料称为流体。流体的特性之一是无固定形状,其形状随容器的形状而变化,在外力作用下,其内部发生相对运动。流体的另一特性是易流动性,即其抗剪和扩张能力很小。

气体和液体的主要区别是可压缩性和密度,气体可压缩,液体可看成不可压缩;随着压强或温度的变化,气体的密度随之变化,而液体的密度变化不明显。

从工程实际出发研究流体流动,主要是研究流体的宏观运动规律。因此,我们一般把流体视为无数微团(或质点)组成的、彼此无间隙的、完全充满所占空间的连续介质。

本章主要讨论流体流动过程的基本原理和流体在管内流动的规律以及利用这些原理和规律解决实际问题。本章还结合化工生产的具体特点,分别就液体输送机械和气体输送机械进行讨论,介绍各类流体输送机械的工作原理、基本结构、性能及操作,各类机械的选择、功率消耗的计算、在管路中位置的确定等。

1.2 流体静力学方程

1.2.1 流体的性质

流动中的流体所受的作用力分为体积力和表面力两种。所谓体积力是作用于流体的每个质点上的力,它与流体的质量成正比。表面力则是作用于流体质点表面的力,它的大小是与流体质点表面积成正比。垂直于表面的力称为压力,平行于表面的力称为剪力。

流体静力学是研究流体在静止状况下所受各种力之间的关系,这些力的大小与流体的密度等性质有关。

密度——单位体积流体所具有的质量称为流体的密度,通常用ρ来表示:

$$\rho = \frac{m}{V} \tag{1-1}$$

式中:m——流体的质量,kg;

V——流体的体积,m^3。

密度的法定计量单位为 kg/m^3,但在有关资料中查阅到的流体密度的数据往往用 g/cm^3 来表示,使用时要加以换算。

任何一种流体的密度都是随压强和温度的变化而变化的。对于液体,压强的变化对其密度的影响很小,可以忽略不计,故通常可视液体为不可压缩流体。但是,温度的变化对液体的密度则有一定的影响。因此,查阅和使用液体的密度,必须注意附注的温度条件。

气体是可压缩流体。它的密度随温度和压强的不同而出现较大的差别。一般在压强不太高,温度不太低的情况下,可以按理想气体处理,将手册中查得的某一指定条件下的密度数值换算成操作条件下的密度值,亦即:

$$\rho = \frac{pM}{RT} = \rho' \frac{T'p}{Tp'} \tag{1-2}$$

式中:p——气体的绝对压强,kPa;

T——气体的热力学温度,K;

M——气体的摩尔质量,kg/kmol;

R——摩尔气体常数,8.314 kJ/(kmol·K);

上标“′”——手册中已知指定状态下的值。

化工生产中经常遇到各种混合物。在无直接的实测数据时,混合物的密度可以用一些近似公式进行估算。通常按理想溶液各组分混合前后体积不变,即混合物体积等于各组分单独时体积的加和的原则进行计算。

对于液体,混合物组成常用组分的质量分数表示,故液体混合物密度ρ_m的计算式为:

$$\frac{1}{\rho_m} = \sum_{i=1}^{n} \frac{x_{wi}}{\rho_i} \tag{1-3}$$

式中:ρ_i——液体混合物中i组分的密度,kg/m^3;

x_{wi}——液体混合物中i组分的质量分数。

对于气体,混合物组成常用体积分数(或摩尔分数)表示,故其密度ρ_m的计算式为:

$$\rho_m = \sum_{i=1}^{n} \rho_i x_{vi} \tag{1-4}$$

式中：x_{vi}——气体混合物中 i 组分的体积分数。

如果气体混合物可以按照理想气体处理，同样可以使用式(1-2)计算密度，其中 M 值应该代之以混合气体的平均摩尔质量 M_m：

$$M_m = \sum_{i=1}^{n} M_i y_i \tag{1-5}$$

式中：M_i——混合气体中 i 组分的摩尔质量，kg/kmol；

y_i——混合气体中 i 组分的摩尔分数。

单位质量的体积称为流体的比容：

$$v = \frac{V}{m} = \frac{1}{\rho} \tag{1-6}$$

式中：v——比容，m^3/kg。

式(1-6)指出，流体的比容是密度的倒数。

比重——物料的密度(或重度)与 277 K(4℃)时纯水的密度(或重度)之比：

$$d = \frac{\rho}{\rho_{水}} \tag{1-7}$$

式中：d——比重。

SI 中并不采用比重这个物理量，但过去在物理、化学以及工程技术工作中却常用到它。纯水在 277 K 时比重为 1，而密度以 SI 表示时为 1000 kg/m^3，所以任一流体物料的密度在数值上等于它的比重的 1000 倍，即某流体的密度等于比重乘以 1000 kg/m^3。

重度——单位体积的流体所具有的重量：

$$\gamma = \frac{G}{V} \tag{1-8}$$

式中：γ——流体的重度，kgf/m^3；

G——流体的重量，kgf；

V——流体的体积，m^3。

重度曾是工程单位制中一个重要的物理量。由于 $G=mg$，因而重度和密度的关系实质上就是重力和质量的关系，即：

$$\gamma = \rho \times g \tag{1-9}$$

式中：g——重力加速度，9.807 m/s^2。

重度和重量在法定计量单位中均已废除。

1.2.2 流体的压强

垂直作用于任意流体微元表面的力称作压力。很明显，作为表面力的压力的大小是和受力面积成正比的。通常，我们把流体单位表面积上所受的压力称作流体的静压强，或简称压强，但习惯上多称为压力，用 p 表示：

$$p = \frac{F}{A} \tag{1-10}$$

式中：p——流体的静压强，Pa；

F——垂直作用于流体表面的压力，N；

A——作用面的表面积，m^2。

压力的法定计量单位是 N/m^2，即 Pa，称帕[斯卡]。工程上常使用兆帕($1\ MPa = 10^6\ Pa$)作为压力的计量单位。此外，过去用的压强单位很多，如物理大气压(atm)、工程大气压(kgf/cm^2)、毫米汞柱(mmHg)、米水柱(mH_2O)、巴(bar)等，因此，正确掌握它们之间的换算关系十分重要：

$$1\ atm = 1.033\ kgf/cm^2 = 760\ mmHg = 10.33\ mH_2O$$
$$= 1.0133\ bar = 1.0133 \times 10^5\ Pa$$
$$1\ kgf/cm^2 = 0.9678\ atm = 735.6\ mmHg = 10\ mH_2O$$
$$= 0.9807\ bar = 9.807 \times 10^4\ Pa$$

化学工程中称流体体系的真实压强为绝对压强。工业中一般采用的测压仪表(压强表)的读数常常是被测流体的绝对压强与当地大气压强的差值，称为表压强。

表压强＝绝对压强－大气压强

当被测流体体系的压强小于外界大气压强时，使用真空表进行测量。真空表的读数称为真空度，它表示被测流体的绝对压强低于当地大气压强的数值：

真空度＝大气压强－绝对压强

不难看出，真空度实际上是流体表压强的负值。例如，体系的真空度为 5.0×10^3 Pa，则其表压强为 -5.0×10^3 Pa。

绝对压强、表压强和真空度之间的关系可以从图 1.1 看出。

化工计算中，一般均应采用绝对压强进行计算，但在以后的讨论中可以看到，有时采用表压强计算比较方便。为了避免混淆，在讨论和计算中对各类表示方法均应加以标注。如 2.5×10^5 Pa(表压强)、1.5×10^5 Pa(绝对压强)、4×10^3 Pa(真空度)等。

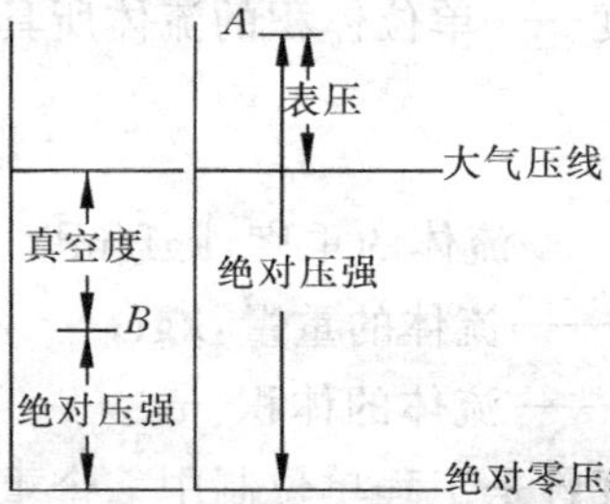

图 1.1 绝对压强、表压强与真空度的关系

值得注意的是大气压和各地海拔高度有关，相同地区的大气压又是和温度、湿度有关，所以表压强或真空度相同，其绝对压强未必相等，必须通过当地、当时的大气压计算出绝对压强。

1.2.3 流体静力学基本方程

现在来研究处于相对静止状态的流体在重力和压力作用下处于平衡的规律。如图 1.2 所示，在一种单一连续的静止流体内部，取一底面积为 A，高度为 dz 的垂直流体柱微元，此微元下底和上底的垂直坐标分别为 z 和 $z+dz$。作用于下底和上底的压强分别为 p 和 $p+dp$，流体的密度为 ρ。由于流体柱处于静止状态，故在垂直方向上的作用力只有体积力和压力，且处于平衡状态，即

$$pA = (p + dp)A + \rho g A dz$$

移项整理可以得到：

$$\frac{\mathrm{d}p}{\rho}+g\mathrm{d}z=0 \tag{1-11}$$

对于不可压缩流体，ρ 为常数。式(1-11)分离变量积分得到：

$$\frac{p}{\rho}+gz=\text{常数} \tag{1-12}$$

此即为静力学基本方程。式(1-11)清楚地表示了静止流体内部压强变化的规律。在静止流体中，任意两个点 1 和 2(如图 1.3 所示)存在下列关系：

$$\frac{p_1}{\rho}+gz_1=\frac{p_2}{\rho}+gz_2 \tag{1-13}$$

或

$$p_2=p_1+\rho g(z_1-z_2)=p_1+\rho gh \tag{1-14}$$

或

$$\frac{p_2-p_1}{\rho g}=h \tag{1-15}$$

式中 h 为流体柱的高度。

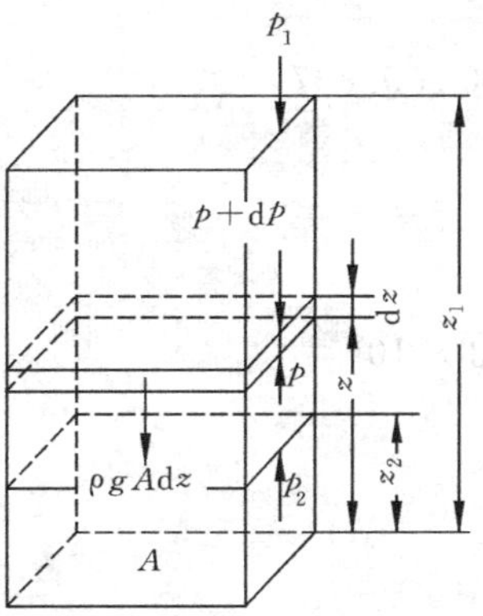

图 1.2 流体静力平衡

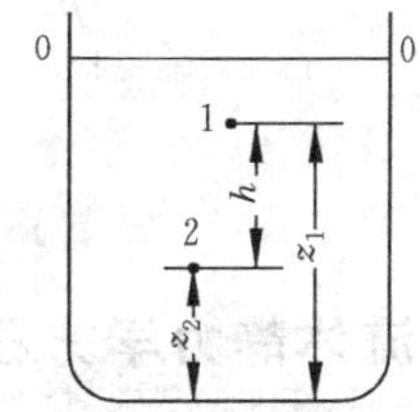

图 1.3 重力场中的静压强分布

如果 1 点是流体的界面 0 处，其上方压强为 p_0，则有：

$$p_2=p_0+\rho gh \tag{1-16}$$

通过上述推导，得到了静力学基本方程式的不同表示形式，现作如下讨论：

(1) 静力学基本方程式表明，静压强仅与垂直位置有关而与各点的水平位置无关。即在连续均一的流体内，在任一水平面上 $z_1=z_2$，$p_1=p_2$。在有气泡的 U 形管、油水 U 形管中，即使 $z_1=z_2$，也未必得到 $p_1=p_2$，这需要采用逐段传递压强的办法进行计算。

(2) 式(1-16)为帕斯卡定律表示式。在今后的计算中要格外注意液面上方压强 p_0 的存在。

式(1-16)是用重力场中恒密度静止液体推导得出的。液体的密度可视为常数，而气体的密度则随温度和压力的变化而变化，在解决化工工程问题时，需根据具体情况而定。若气体的密度的变化可以忽略不计，则式(1-16)也可以适用于气体。

(3) 式(1-12)表明,在连续均一的流体内,各点的机械能(位能+静压能)相等。

(4) 由式(1-15)可以看出,利用一定高度的液体柱可以表示压强差的大小,这是液柱压强计的原理。但是,在使用液柱高度来表示压强或压强差时,必须注明是何种液体。前述大气压的各种表示方法,如 mmHg,mH_2O 即是基于此原理。

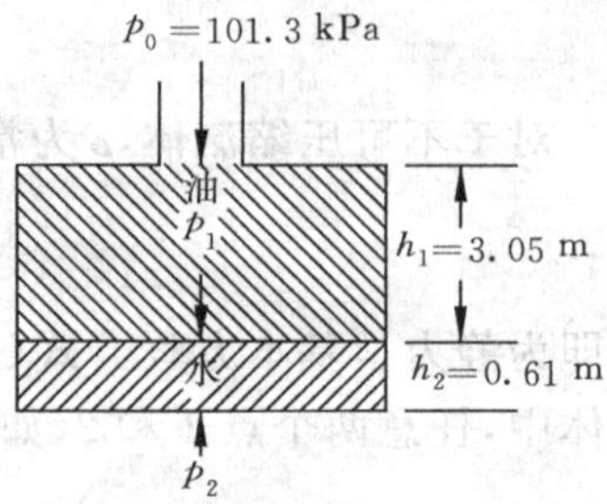

图 1.4 例 1-1 的储槽

例 1-1 在一个大储槽中(如图 1.4 所示)盛有密度为 917 kg/m^3 的油,槽高 3.66 m,顶端敞口和 1 atm(绝压)的大气相通。槽中充满深为 3.05 m 的油,槽底部盛有 0.61 m 深的水。计算距槽顶 3.05 m 深处和槽底处的压强为多少?槽底处的表压是多少?设体系温度为 20℃。

解:

$$p_0 = 1\ \text{atm} = 1.0133\times10^5\ \text{Pa}$$

$$\begin{aligned} p_1 &= p_0 + h_1\rho_{油}\,g \\ &= 1.0133\times10^5 + 3.05\times917\times9.807 \\ &= 1.287\times10^5\,(\text{Pa}) \end{aligned}$$

$$\begin{aligned} p_2 &= p_1 + h_2\rho_{水}\,g \\ &= 1.287\times10^5 + 0.61\times1000\times9.807 \\ &= 1.347\times10^5\,(\text{Pa}) \end{aligned}$$

槽底表压为:

$$\begin{aligned} p_{表} &= p_{绝} - p_0 \\ &= 1.3475\times10^5 - 1.0133\times10^5 \\ &= 0.334\times10^5\,(\text{Pa}) \end{aligned}$$

1.2.4 流体静力学方程的应用

(1) U 形管压差计

在化工生产中,压强是一个重要的控制条件。U 形管压差计可以用来测定压强或压差。它的结构如图 1.5 所示。它是一根 U 形的玻璃管,管内装有与所测流体不互溶的指示液,其密度要大于所测流体的密度。将 U 形管两端与所测流体的 1,2 两点相连,如果所测流体两测点的压强 p_1 和 p_2 不相等(如图 1.5 中 $p_1>p_2$),则在 U 形管两侧的指示液面便出现高度差 R。根据 R 的数值,便可计算出流体两点间的压强差。

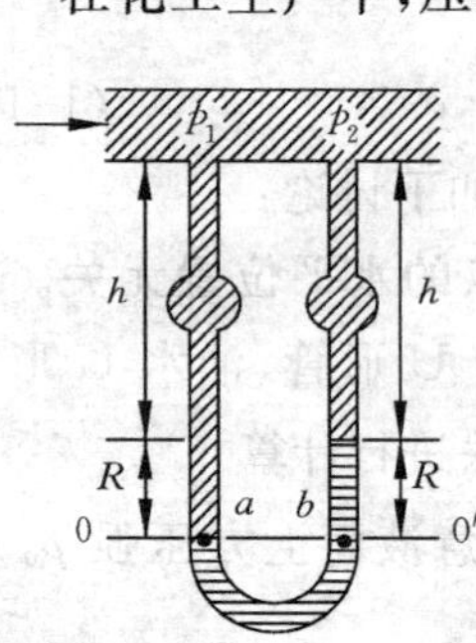

图 1.5 U 形管压差计

取 U 形管的左侧指示液面为基准面 0—0′。设指示液密度为 ρ_0,所测流体密度为 ρ,则按静力学基本方程式,a,b 两点的压强分别为:

$$p_a = p_1 + h\rho g + R\rho g$$
$$p_b = p_2 + h\rho g + R\rho_0 g$$

由于 a,b 两点处于同一水平面上，故

$$p_a = p_b$$

即：

$$p_1 - p_2 = R(\rho_0 - \rho)g \tag{1-17a}$$

由上式可知，因为 g 为常数，压差 $(p_1 - p_2)$ 只与 R 及 $(\rho_0 - \rho)$ 有关。而且密度差 $(\rho_0 - \rho)$ 越小，测量的灵敏度越高。当指示液选定后，R 的数值就反映压差 $(p_1 - p_2)$ 的大小，所以，可以根据式(1-17a)来计算压强差 $p_1 - p_2$。

当被测流体为气体时，由于气体的密度相对于指示液的密度小得多，式(1-17a)中 ρ 可忽略，得到：

$$p_1 - p_2 = R\rho_0 g \tag{1-17b}$$

当U形管的一端与被测流体相连接，另一端和大气相通，则读数 R 所反映的是被测流体的绝对压强与大气压强之差，即被测流体的表压强。

在实际测量中，当 $(p_1 - p_2)$ 较小时，为了放大压差计的读数，可以将普通U形管压差计倾斜放置，这种压差计称为倾斜U形管压差计(如图1.6所示)。从图1.6可知：

$$p_a - p_b = R_m(\rho_0 - \rho)g = R_1 \sin\alpha(\rho_0 - \rho)g \tag{1-18}$$

由于倾斜角 α 可以调得较小，R_1 就可以大于 R_m 以便于观察。

压强差很小的情况时，还可以用微差压差计。微差压差计又称双液体U形管压差计。分析式(1-17a)可以看出，读数 R 不仅与所测的压强差有关，而且还和两种流体的密度差有关。两流体的密度差愈小，读数 R 愈大，这就是微差压差计的理论根据。

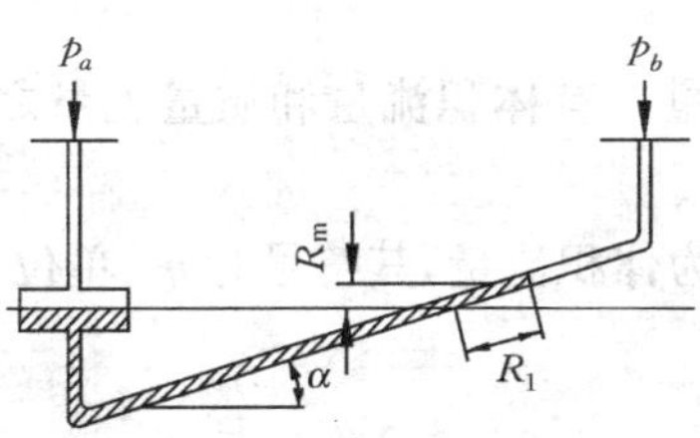

图1.6　倾斜U形管压差计

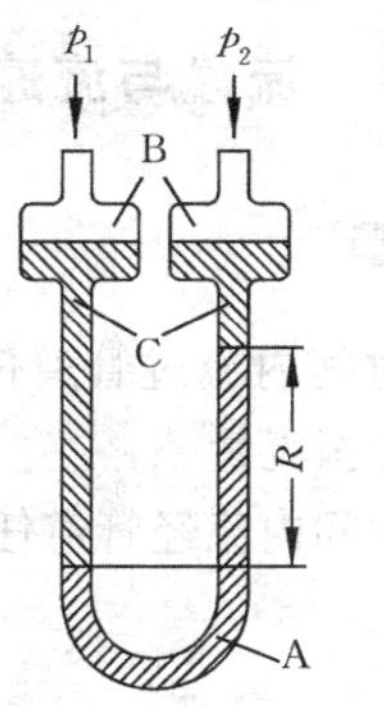

图1.7　微差压差计

微差压差计(如图1.7所示)的主体仍是U形玻璃管，其两侧管的顶端各增设两个扩大室。扩大室内径与U形管内径之比一般应大于10。压差计内装入A,C两种密度稍有不同的指示液。由于扩大室的截面积远大于U形管的截面积，所以，即使U形管内指示液A的液面差很大，两扩大室内的指示液C的液面变化也甚小，基本可认为等高。根据静力学基本方程，压强差可以表示为：

$$p_1 - p_2 = R(\rho_A - \rho_C)g \tag{1-19}$$

由式(1-19)可知，只要所选用的两种指示液A,C的密度较为接近，便可将读数 R 放大到等于普通U形管压差计指示读数的几倍甚至更大。

(2) 液封

液封在化工厂中应用得非常广泛。液封的目的通常有两个,一是为了控制设备内的气体压强不超过给定的值,或者说维持某一给定的压强 p;二是防止气体的泄漏,如防止气柜的水煤气泄漏。

图 1.8 为洗涤塔的液封示意图。如已知塔底表压为 $p_{表}$,则按静力学基本方程可知,水封高度 z 应符合:

$$z=\frac{p_{表}}{\rho g} \tag{1-20}$$

在这一条件下,就能使设备内维持 $p_{表}$ 的压强,而气体不从设备内排出。若压强超过 $p_{表}$,气体则从液封装置排出。

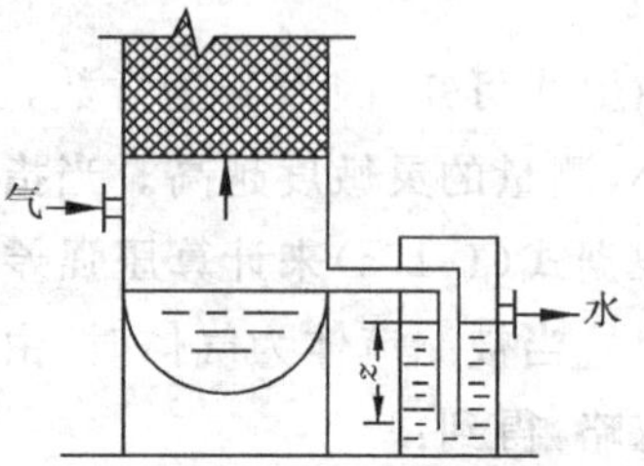

图 1.8 洗涤塔的液封示意图

为了保证安全,在实际安装时使管子插入液面下的深度 z 应比计算值略大些。

1.3 流体流动的基本方程

在化工生产中,普遍会遇到流体在管道中流动。生产过程中的物料从一个设备被输送到另一个设备中去,烟囱的排烟等都是流体在管道中流动的情况。有流体的流动就产生阻力损失,为了达到输送目的就需要寻找合适的输送设备。本节主要讨论流体流动过程中流速、压强等参数的变化规律,研究流体流动过程中的能量损失以及为输送流体需对流体提供的能量。反映流体流动规律的主要方程式有连续性方程式和伯努利方程式。

1.3.1 流量与流速

1. 流量

单位时间内流过管道任一截面的流体量称为流量。有体积流量和质量流量之分。

(1) 体积流量

单位时间内流经管道任一截面的流体的体积,称为体积流量,其符号为 q_v,单位为 m^3/s。

$$q_v=\frac{V}{t}$$

(2) 质量流量

单位时间内流过管道任一截面的流体的质量,称为质量流量,常以符号 q_m 表示,其单位为 kg/s,有时也用 kg/h。

$$q_m=\frac{m}{t}$$

体积流量与质量流量之间的关系为:

$$q_m=\rho q_v \tag{1-21}$$

2. 流速

(1) 平均流速

单位时间内流体在流动方向上流过的距离,称为流速,常以符号 u 表示,其单位为m/s。

实验证明,流体在管道内流动时管道任一截面上径向各点的流速各不相等,在管壁处为零,愈接近管中心,速度愈大,在管中心处达到最大值。为了工程计算的方便,一般选用平均流速,即管截面上速度的平均值。平均速度的定义如下:

$$u = \frac{q_v}{A} \tag{1-22}$$

由式(1-21)和式(1-22)可以得到:

$$q_m = q_v\rho = uA\rho \tag{1-23}$$

(2) 质量流速

因为气体的体积流量随温度和压强的变化而变化,所以气体的流速亦将随之变化。工程计算中往往采用质量流速,即单位时间内流体流过管道单位截面积的质量,也称为质量通量,常以符号 G 表示,其表达式为:

$$G = \frac{q_m}{A} = \frac{q_v\rho}{A} = u\rho \tag{1-24}$$

可以看出,质量流速 G 的单位为 $kg/(m^2 \cdot s)$。

化工生产中,经常使用圆形管道,若以 d 表示管道内径,则式(1-22)化为:

$$u = \frac{q_v}{\frac{\pi}{4}d^2} \tag{1-25}$$

于是

$$d = \sqrt{\frac{4q_v}{\pi u}} \tag{1-26}$$

这样,对于一定的生产要求,即指定的流量,选择适宜的流速后就可以确定输送的管径。一般地说,液体的流速取 0.5 m/s~3.0 m/s,气体则为 10 m/s~30 m/s,表 1.1 列出了一些流体在一定操作条件下适宜流速的常用值。了解某些流体的一般流速范围,对工程计算与估算都很有好处。

表 1.1 某些流体在管道中常用的流速范围

流体种类及状况	常用流速范围/m/s
自来水(3×10^5 Pa 左右)	1~1.5
水及低粘度液体	1.5~3
高粘度液体	0.5~1.0
低压气体	8~15
易燃易爆的低压气体(如乙炔等)	<8
压力较高的气体	15~25
饱和水蒸气(0.8 MPa)	40~60
饱和水蒸气(0.3 MPa)	20~40
过热水蒸气	30~50

选取流速大小的一般原则是:①密度小的流体,流速宜取大;②粘度小的流体,流速宜取大;③易沉淀的输送过程,流速不宜取小;④大流量、长距离的输送,得综合考虑操作费用和投资费用之和为最低。

例 1-2 表压为 1962 kPa,温度为 20℃,流量为 7200 m^3(标准)/h 的空气,经ϕ114 mm×

4.5 mm 的管道进入加热器。加热到 120℃后仍由 ϕ114 mm×4.5 mm 的管道送出，压力不变。试求空气在管道进、出口处的平均流速与质量流速。

解：(1) 平均流速 u

按理想气体考虑，则气体在管道进口处的体积流量 $q_{v,1}$ 为

$$q_{v,1}=q_{v,0}\times\frac{p_0}{p_1}\times\frac{T_1}{T_0}=7200\times\frac{101.3}{1962+101.3}\times\frac{273+20}{273}$$
$$=379.4(\mathrm{m^3/h})$$

管规格 ϕ114 mm×4.5 mm 表示管外径为 114 mm，管壁厚度为 4.5 mm，所以管道内径 $d=114-2\times4.5=105(\mathrm{mm})$。于是气体在管道进口处的平均流速 u_1 为：

$$u_1=\frac{q_{v,1}}{3600\times\frac{\pi}{4}d^2}=\frac{379.4}{3600\times\frac{\pi}{4}\times0.105^2}=12.17(\mathrm{m/s})$$

气体在管道出口处的体积流量 $q_{v,2}$ 为：

$$q_{v,2}=q_{v,1}\times\frac{T_2}{T_1}=379.4\times\frac{393}{293}=508.9(\mathrm{m^3/h})$$

气体在管道出口处的平均流速为：

$$u_2=\frac{q_{v,2}}{3600\times\frac{\pi}{4}d^2}=\frac{508.9}{3600\times\frac{\pi}{4}\times0.105^2}=16.33(\mathrm{m/s})$$

(2) 质量流速 G

取空气的相对分子质量为 29 kg/kmol，则其质量流量 q_m 为：

$$q_m=\frac{7200}{3600\times22.4}\times29=2.5893(\mathrm{kg/s})$$

设管道进、出口处的截面积分别为 A_1，A_2，则由于

$$A_1=A_2=\frac{\pi}{4}d^2=\frac{\pi}{4}\times0.105^2=0.008\,659(\mathrm{m^2})$$

所以，空气在管道进、出口处的质量流速 G_1，G_2 相等：

$$G_1=G_2=G=\frac{q_m}{\frac{\pi}{4}d^2}=\frac{2.5893}{0.008\,659}=299\ \mathrm{kg/(m^2\cdot s)}$$

1.3.2 粘度

流体的重要特点在于它的流动性，即其内部质点之间易发生相对的位移。但除了理想流体外，流体流动时都要克服内部摩擦力作功。所谓内摩擦力就是一种平行于流体微元表面的表面力。我们通常把这种力称作剪力。单位面积上所受的剪力称作剪应力。确定流体流动时内摩擦力大小的这种物理性质称为粘性。衡量流体粘性大小的物理量称为粘度。

为了加深对粘度这个概念的理解，对粘度进行如下的讨论。如图 1.9 所示，一流体处于面积很大、距离

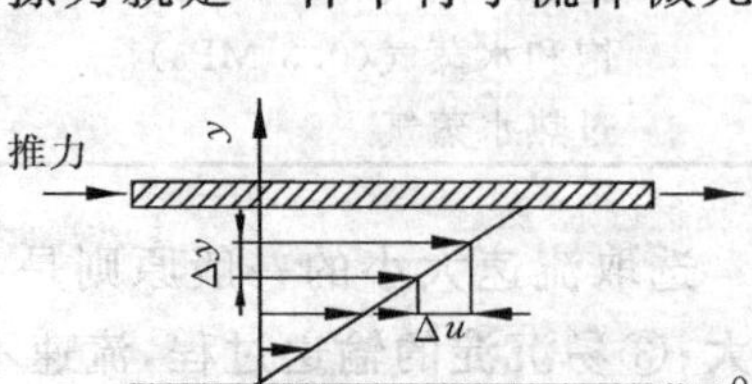

图 1.9 平行板液体速度变化图

很近的两平行平板之间，下板固定，对上板施加一平行于上板的外力 F，使上板以速度 u 做匀速运动。十分明显，紧贴上板的那层流体将以和上板相同的速度被上板带着运动，而其下方紧挨着的一层流体则要稍慢一些。这样，沿 y 方向各层流体的运动速度要逐渐变慢，直至紧贴在下板上的那层流体的速度为零。这样，各流体层之间存在速度差，亦即存在相对运动。运动较快的流体层拖动运动较慢的流体层，运动较慢的流体层则曳制运动较快的流体层。这种运动着的流体内部相邻两流体层的相互作用力就是流体的内摩擦力或粘滞力。

实验证明，对于大多数流体，剪应力 τ 服从牛顿粘性定律：

$$\tau = \frac{F}{A} = \mu \cdot \frac{\mathrm{d}u}{\mathrm{d}y} \tag{1-27}$$

式中：τ——剪应力，Pa；

$\frac{\mathrm{d}u}{\mathrm{d}y}$——法向速度梯度，1/s；

μ——比例系数，称为粘性系数或动力粘度，简称粘度，Pa·s。

牛顿粘性定律指出，流体的剪应力与法向速度梯度成正比，和法向压力无关。

粘性系数或粘度是流体的一种物性。流体的粘度大，则相同剪应力之下只能造成较小的法向速度梯度。从式(1-27)可以看出，流体的粘度表示单位接触表面积上法向速度梯度为 1 时，由于流体粘性所引起的内摩力或剪力的大小。

由式(1-27)可以导出粘度 μ 的法定计量单位为 Pa·s。目前在手册中查得的粘度数据多为泊(P)，即 dyn·s/cm^2，为非法定单位，换算如下：

$$1\ \text{cp} = 10^{-2}\ \text{P} = 10^{-3}\ \text{Pa}\cdot\text{s}$$

cp 为厘泊。

流体的粘性是影响流体流动的重要物性，许多流体的粘度均由实验测定并汇集于有关手册或资料中(参看表 1.2 或附录 3～附录 6)。

表 1.2　某些流体的粘度

液体	t/℃	μ/(Pa·s)	气体	t/℃	μ/(Pa·s)
水	0	1.8×10^{-3}	氢	−1	8.3×10^{-6}
	100	0.3×10^{-3}		250	13×10^{-6}
汞	0	1.7×10^{-3}	二氧化碳	0	14×10^{-6}
	100	1.0×10^{-3}		302	27×10^{-6}
蓖麻油	17.5	2300×10^{-3}	空气	0	18×10^{-6}
	50	1225×10^{-3}		671	42×10^{-6}

此外，流体粘性的大小还可以用粘度 μ 和密度 ρ 的比值来表示，称作运动粘度，以符号 ν 表示：

$$\nu = \frac{\mu}{\rho} \tag{1-28}$$

运动粘度的法定计量单位为 m^2/s，非法定单位为 St，称为斯[托克斯]，

$$1\ \text{St} = 10^{-4}\ \text{m}^2/\text{s}$$

气体的粘度比液体的粘度约小两个数量级，而且气体粘度随温度升高而升高，液体的粘度随温度升高而降低。

压强对于液体粘度的影响可忽略不计。对于气体,则只有在相当高或极低的压强条件下才考虑这一影响。

工程上常需要知道混合液体、混合气体的粘度,如果没有实验数据,可选用其相应的公式,由纯物质粘度估算。对分子不缔合的混合液,可用下式计算:

$$\lg\mu_{\mathrm{m}} = \sum_{i=1}^{n} x_i \lg\mu_i \tag{1-29}$$

式中:μ_{m}——混合液体粘度,Pa·s;

x_i——混合液体中 i 组分的摩尔分数;

μ_i——混合液体中 i 组分的粘度,Pa·s。

对于低压下的混合气体:

$$\mu_{\mathrm{m}} = \frac{\sum_{i=1}^{n} y_i\mu_i M_i^{1/2}}{\sum_{i=1}^{n} y_i M_i^{1/2}} \tag{1-30}$$

式中:μ_{m}——混合气体的粘度,Pa·s;

y_i——混合气体中 i 组分的摩尔分数;

μ_i——混合气体中 i 组分的粘度,Pa·s;

M_i——混合气体中 i 组分的相对分子质量。

1.3.3 流体流动的类型及其判断

在流动体系中,按任意位置上流体的流速、压强、密度等物理量是否随时间变化,可以把流体的流动分为稳定流动和不稳定流动两类。

在一个流动系统中,如果流体的流速、压强、密度等只是位置的函数,不随时间而变化,这种流动称为稳定流动;否则,为不稳定流动。工业生产上多为连续操作,所以,我们着重讨论稳定流动的问题。

在 1.3.2 节讨论粘滞力时曾提出过流体分层流动。实际上,流体流动并不都是呈分层状态。1883 年著名的雷诺(Reynolds)实验揭示了流体流动的两种截然不同的流动型态。

图 1.10 是雷诺实验装置的示意图。在 1 个透明的水箱内,水面下部安装 1 根带有喇叭形进口的玻璃管,管的下游装有阀门以便调节管内水的流速。水箱的液面依靠控制进水管的进水和水箱上部的溢流管出水维持不变。喇叭形进口处中心有一针形小管,有色液体由针管流出,有色液体的密度与水的密度几乎相同。

雷诺实验结果表明,当玻璃管内水的流速较小时,管中心有色液体呈现一根平稳的细线流,沿玻璃管的轴线通过全管(如图 1.10(a)所示)。随着水的流速增大至某个值后,有色液体的细线开始抖动,弯曲,呈现波浪形(如图 1.10(b)所示)。速度再增大,细线断裂,冲散,最后使全管内水的颜色均匀一致(如图 1.10(c)所示)。

雷诺实验揭示了重要的流体流动机理:流体在管道中的流动状态可分为两种类型。当流体在管中流动时,若其质点始终沿着与管轴平行的方向作直线运动,质点之间互不混合,如图 1.10(a)所示。因此,充满整个管的流体就如同一层一层的同心圆筒在平行地流动,这

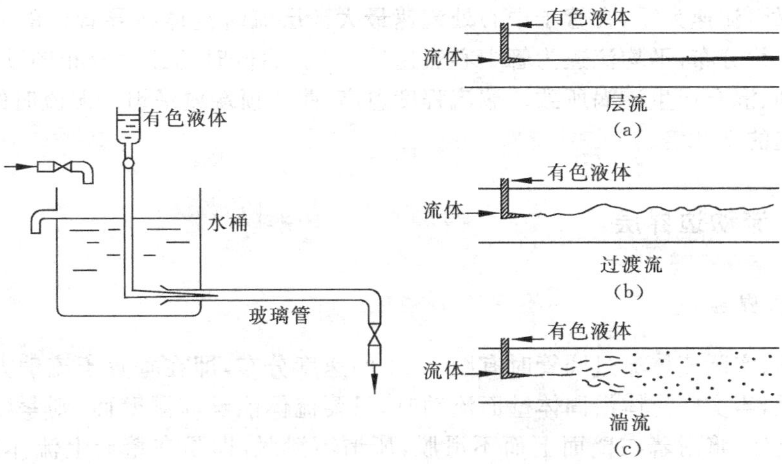

图 1.10　雷诺实验示意图

种流动状态称为滞流或层流。

当流体在管道中流动时，若有色液体和水迅速混合，如图 1.10(c)所示，则表明流体质点除了沿管道向前流动外，各质点的运动速度在大小和方向上都随时在发生变化，于是质点间彼此碰撞并互相混合，这种流动状态称为湍流或紊流。

雷诺进行的实验研究还表明，流体的流动状况不仅与流体的流速 u 有关，而且与流体的密度 ρ，粘度 μ 以及流体流道的几何尺寸(如圆形管道的管径 d)有关。雷诺将这 4 个因素组成 1 个复合数群，以符号 Re 表示：

$$Re = \frac{du\rho}{\mu}$$

Re 称作雷诺数。不论采用哪种单位制，雷诺数的数值都一样，因为雷诺数是无量纲数群。

雷诺实验指出：

(1) 当 $Re<2000$ 时，流动总是层流型态，称为层流区。

(2) 当 $2000<Re<4000$ 时，有时出现层流，有时出现湍流，与外界条件有关，称作过渡区。

(3) 当 $Re>4000$ 时，一般出现湍流型态，称作湍流区。

值得指出的是，流动虽分为层流区、过渡区和湍流区，但流动型态只有层流和湍流两种，过渡区的流体实际上处于一种不稳定状态，它是否出现湍流状态往往取决于外界干扰条件。例如在管道入口处，流道弯曲或直径改变，管壁粗糙，有外来震动等都可能导致湍动。

无论层流或湍流，在管道横截面上流体的质点流速是按一定规律分布的(如图 1.11 所

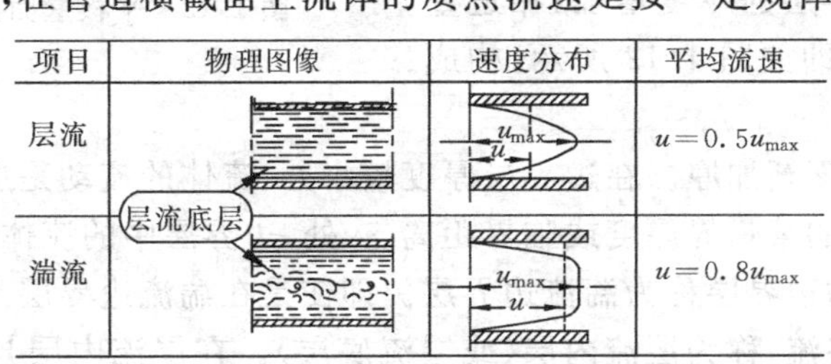

图 1.11　速度分布与平均流速

示)。在管壁处,流速为零,在管子中心处流速最大。层流时流体在导管内的流速沿导管直径依抛物线规律分布,平均流速为管中心流速的1/2。湍流时的速度分布图顶端稍宽,这是由于流体骚动、混合产生漩涡所致。湍流程度愈高,曲线顶端愈平坦。湍流时的平均流速约为管中心流速的0.8倍。

1.3.4 流动边界层

1. 流动边界层

前已指出,实际流体流过圆管时有图1.11的速度分布,即在垂直于流动方向上存在速度梯度。而且,当实际流体沿固体壁面流动时,只要流体能够润湿壁面,则紧贴固体壁面的一层极薄的流体,将附着在壁面上而不滑脱,所谓不滑脱,即是在壁面上流体的流速为零。还可推知,在与流体流动相垂直的方向上,流体的流速必然会由壁面处的零值迅速加大,而接近一定值。由此可知,壁面附近必然存在一层流体,其中的流体在流向垂直方向上的速度梯度较大,所以在这层流体中,绝对不能忽略粘滞力的作用,因为 $\tau=\mu\dfrac{du}{dy}$。这样的一层流体称为边界层。边界层的厚度不是固定不变的,而是与 Re 的大小密切相关,Re 愈大,边界层的厚度愈薄。

在边界层之外的区域中,流体在流向垂直方向上的速度梯度极小,可以认为是零。一般规定速度达到主体流速99%之处为两个区域的分界线。这样一来,在此边界层之外的区域中,就可完全忽略粘滞力的作用,而将在此区域中流动的流体视为理想流体。

这种将流体流过一个物体壁面的问题分成两部分来处理的办法,已被证明在流体动力学领域中具有十分重要的意义。

2. 边界层的形成与发展

为了说明边界层的形成,可举流体由平板壁面上流过的问题作为例子,如图1.12所示。流体最初以均匀一致的流速 u_0 流近平板壁面,当它流到平板的前沿时,毗邻板壁的流体停滞不动,流速为零,从而在垂直于流动的方向上建立起速度梯度。与此速度梯度相应的剪应力促使靠近壁面的一层流体的流速减慢,开始形成边界层。随着流体的向前移动,剪应力对其外的流体持续作用,促使更多的流层减慢,从而使边界层的厚度增加,靠近壁面的流体的流速分布即如图1.12所示,构成边界层。

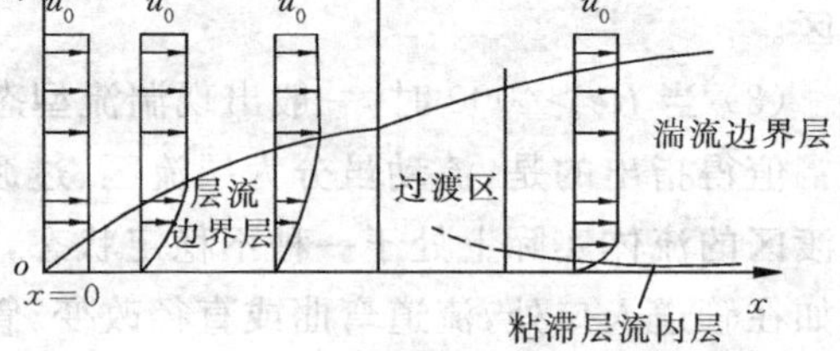

图1.12 平板壁面上边界层的形成

边界层在壁面上逐渐加厚。在边界层厚度较小处,流体的流动是层流,此边界层称为层流边界层。在边界层的某临界厚度或临界距离 x_c 处,边界层中的流体流动即逐渐经过过渡区转变为湍流,此后的边界层称为湍流边界层。即使是在湍流边界层内,靠近壁面极薄的一层流体中,仍然维持层流,称为层流内层(或层流底层)。在层流内层与湍流边界层之间,流体的流动既非层流,又非完全的湍流,这一层称为缓冲层或过渡层。

临界距离 x_c 的长短，与平板壁前沿的形状，壁面的粗糙度，流体的性质和流速的大小有关。例如，壁面愈粗糙，前沿愈钝，则 x_c 愈短。对于给定的平板，无论对何种流体，边界层的层流转变为湍流的地点取决于临界雷诺数的值：

$$Re = x_c u_0 \rho/\mu \tag{1-31}$$

对于光滑的平板壁面而言，边界层由层流转变为湍流的临界雷诺数的范围为：$2\times10^5 < Re < 3\times10^6$。

如流体匀速流过导管，则边界层在管壁形成之后，最后可充满全管，如图 1.13 所示。也就是说，在充分发展了的层流或湍流中，管的全部流体都处于边界层之中。从边界层刚刚充满管道这一地点往下，流体边界层的流型即不再与 x 有关，于是以距管进口的距离 x 为准的 Re 数即不再有意义。此时，流体流动的特性可用另外一个雷诺数 Re 来表示：

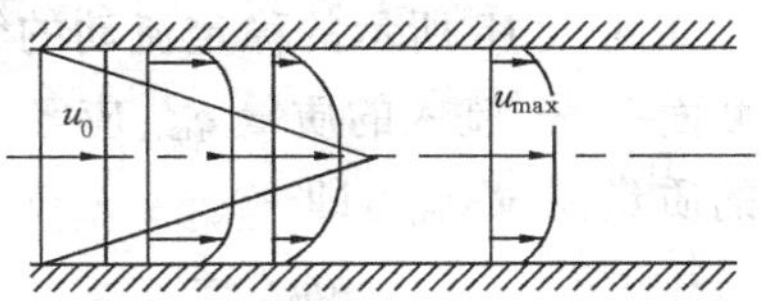

图 1.13 管进口附近的边界层

$$Re = du_b\rho/\mu$$

式中：d——管径，m；

u_b——主体流速或平均流速，m/s。

上式仅适用于表达圆管内充分发展了的层流或湍流时流体的流型，此时也和流体流过平板壁面上的情况一样，即使是湍流边界层（这是大多数的情况），在靠近壁面极薄的一层流体中，仍维持一层层流内层。

3. 边界层分离

在某些情况下，边界层内的流体会发生倒流，并引起边界层和固体壁面的分离现象，同时产生漩涡，其结果是造成流体的能量损失，这种现象称为边界层的分离。它是粘性流体流动时，产生能量损失的重要原因，也是边界层的一个重要特点。

图 1.14 是流体的流动在突然扩大管、突然缩小管、直角弯管、流过球体等几种常见情况

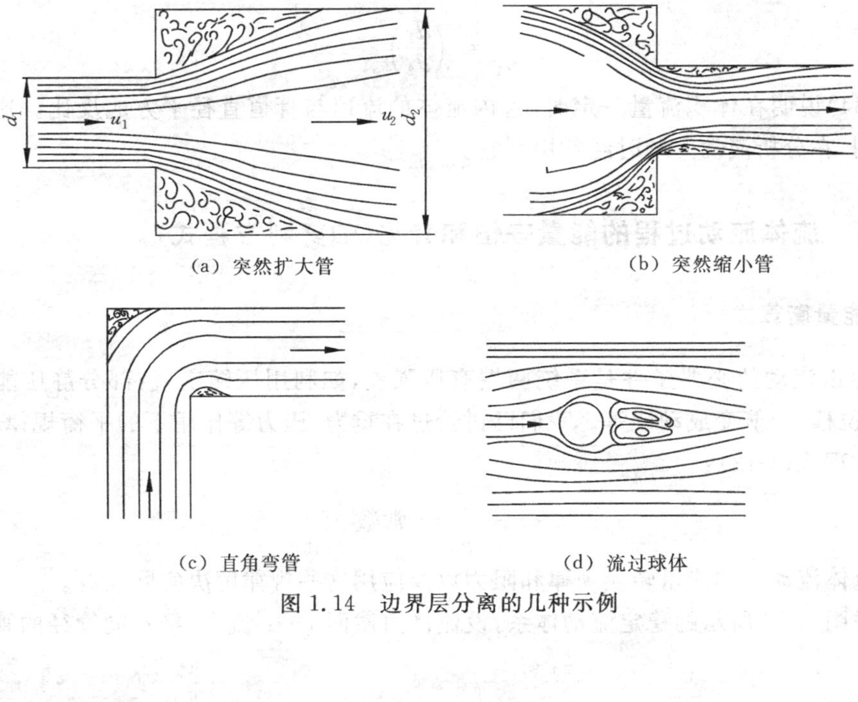

图 1.14 边界层分离的几种示例

下的边界层分离现象。虽然边界层的分离损失了能量,但在某些情况下,如为了加速热量传递和物质的混合,却希望造成这种现象以加大流体的湍动程度。

1.3.5 流体稳定流动时的连续性方程

对于一个稳定流动系统,系统内任意位置上均无物料积累,所以物料衡算关系可以写为:

流入体系的质量流量=流出体系的质量流量

如图1.15所示的稳定流动的管路系统中,流体从截面1—1′流入的质量 $q_{m,1}$ 应等于从截面2—2′流出的质量流量 $q_{m,2}$,即

$$q_{m,1} = q_{m,2}$$

或

$$u_1 A_1 \rho_1 = u_2 A_2 \rho_2 \tag{1-32}$$

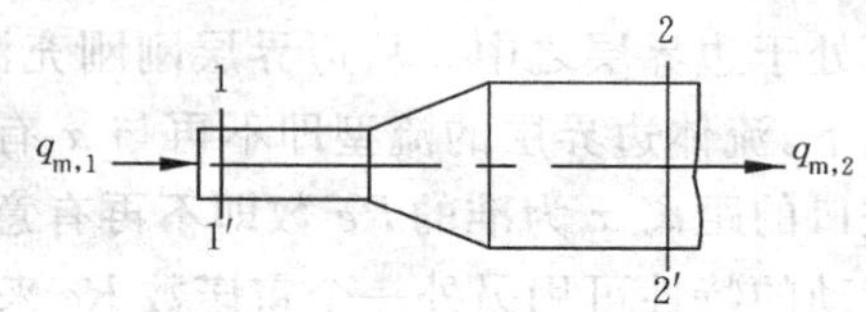

图1.15 连续性方程式的推导

如果把这一关系推广到管路系统中的任意截面,则有:

$$q_m = u_1 A_1 \rho_1 = u_2 A_2 \rho_2 = \cdots = uA\rho = 常数 \tag{1-33a}$$

即单位时间内通过管道每一截面的流体的质量均相等。

若流体为不可压缩,ρ 为常数,式(1-33a)化为:

$$q_v = u_1 A_1 = u_2 A_2 = \cdots = uA = 常数 \tag{1-33b}$$

式(1-33a)、式(1-33b)称为一维稳定流动的连续性方程,也就是流体连续流动时的物料衡算式。

对于圆形管道,不可压缩流体稳定流动的连续性方程式可以写为:

$$u_1 \frac{\pi}{4} d_1^2 = u_2 \frac{\pi}{4} d_2^2$$

即

$$\frac{u_2}{u_1} = \left(\frac{d_1}{d_2}\right)^2 \tag{1-34}$$

式(1-34)说明在体积流量一定时,管内流体的流速与管道直径平方成反比。这个关系式十分有用,在分析流动问题时经常用到它。

1.3.6 流体流动过程的能量守恒和转化(伯努利方程式)

1. 总能量衡算式

流体得以流动的必要条件是系统两端有压强差,如利用压缩空气,部分静压能变成动能;利用高位槽,位能变成动能等。我们已讨论过在重力、压力等作用下的平衡规律,得出流体静力学方程式(1-12):

$$gz + \frac{p}{\rho} = 常数$$

现在讨论流体流动时的能量转换规律和阻力以及应用这些规律解决实际问题。

试考虑图1.16所示的稳定流动体系,设流体由截面1—1′流入,经不同管径的管道与设

备由截面 2—2′流出，管路中串联着对流体做功的泵及与流体发生热交换的换热器。现以截面 1—1′和截面 2—2′之间的管路与设备为划定体系。假设在稳定流动条件下，单位时间有质量为 m(kg)的流体从截面 1—1′进入划定体系，必然有质量为 m(kg)的流体从截面 2—2′流出。由于流体本身具有一定的能量，所以在此过程中同时携带能量输入划定体系或从划定体系输出。流体进出划定体系时输入或输出的能量包括以下几项：

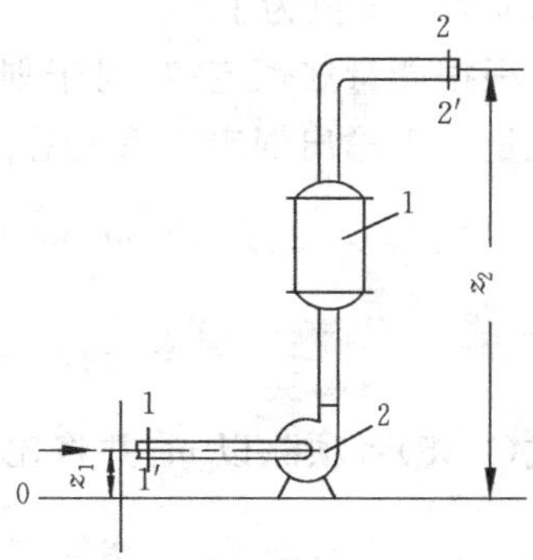

图 1.16 伯努利方程式的推导

1—换热器；2—泵

(1) 内能

物质内部能量的总和称内能。它决定于流体本身的状态，是状态函数。由物质的分子运动、分子之间的相互吸引或排斥作用、分子内部的振动决定。对不可压缩流体，主要是分子动能；对可压缩流体，除分子动能外，尚有分子位能。截面 1—1′和 2—2′处的流体内能分别表示成 mU_1 和 mU_2，单位为 J。

(2) 位能

流体因处于重力场内而具有的能量。流体所处的高度不同，具有的位能就不同。位能为相对值，与所选基准面有关，其数值可正，可负，可为零，以方便计算为原则。截面 1—1′和截面 2—2′处的位能分别为 mgz_1 和 mgz_2，单位为 J。

(3) 动能

流体因流动所具有的能量。截面 1—1′和截面 2—2′处的动能分别为 $\frac{1}{2}mu_1^2$ 和 $\frac{1}{2}mu_2^2$，单位为 J。

(4) 静压能(压强能)

和静止流体相同，流动着的流体内部任何位置上也都有一定的静压能。流体进入划定体系需要对抗压力做功，这部分功便成为流体的静压能，输入划定体系。

若质量为 m(kg)的流体，其体积为 V，某截面处的静压强为 p，截面积为 A，则将质量为 m(kg)的流体压入划定体系的功为：

$$(pA)\frac{V}{A} = pV$$

这种功是在流体流动时才出现的，故称为流动功。流体压入划定体系后，流动功便作为流体的静压能输入划定体系。同样，流体流出划定体系时，流体的静压能从划定体系输出。所以，截面 1—1′和截面 2—2′处的静压能分别为 p_1V_2 和 p_2V_2，单位为 J。

(5) 热

流体通过换热器吸热或放热，若单位质量流体在划定体系进出时所交换的热为 Q_e(吸热时为正值，放热时为负值)，则质量为 m 的流体吸热为 mQ_e，单位为 J。

(6) 功

管路中划定体系内的泵等流体输送机械向流体做功，把外界的能量输入划定体系，或流体通过水力机械向外界做功，输出能量。若单位质量流体在通过划定体系的过程中接受的功为 W_e(流体接受外功时为正值，流体对外做功时为负值)，则质量为 m 的流体所接受的外

功为 mW_e,单位为 J。

根据能量守恒定律,对于划定体系,连续稳定流动系统的能量衡算应为输入划定体系的总能量等于输出划定体系的总能量。于是进出图 1.16 所示体系的总能量衡算为:

$$mgz_1+\frac{1}{2}mu_1^2+mU_1+p_1V_1+mQ_e+mW_e$$
$$=mgz_2+\frac{1}{2}mu_2^2+mU_2+p_2V_2 \tag{1-35}$$

将式(1-35)各项除以 m,并将比容 $v=V/m$ 代入,则得:

$$g\Delta z+\frac{\Delta(u^2)}{2}+\Delta U+\Delta(pv)=Q_e+W_e \tag{1-36}$$

式(1-36)就是单位质量流体稳定流动过程的总能量衡算式,即流动系统的热力学第一定律的表达式。

2. 伯努利(Bernoulli)方程式

由于热和内能不能直接转变为机械能而用于流体输送,因此考虑流体输送所需能量及输送过程中能量的转变和消耗时,要将热和内能做适当处理而从式(1-36)中消去,从而得到适用于计算流体输送系统的机械能衡算关系式。

根据热力学第一定律:

$$\Delta U=Q_e'-\int_{v_1}^{v_2}p\mathrm{d}v \tag{1-37}$$

式中:Q_e'——1 kg 流体在截面 1—1′与截面 2—2′之间所获得的热量,J/kg;

$\int_{v_1}^{v_2}p\mathrm{d}v$——1 kg 流体从截面 1—1′流到截面 2—2′的过程中,因被加热而引起的体积膨胀所做的功,J/kg。

Q_e' 由两部分组成:一部分是流体通过环境直接获得的热,如图 1.16 中通过热交换器获得的热量 Q_e;另一部分则是流体在管内由截面 1—1′流至截面 2—2′时克服流动阻力做功,因而消耗机械能转化为热。若按流体等温流动考虑,这部分热可以视为散失到流动体系之外。这部分能量通常称为流动阻力引起的能量损失,简称阻力损失。设 1 kg 流体在划定体系内流动,因克服流动阻力而损失的能量为 $\sum h_f$,其单位为 J/kg,那么,

$$Q_e'=Q_e+\sum h_f \tag{1-38}$$

将式(1-37),式(1-38)代入式(1-36)得:

$$g\Delta z+\frac{\Delta(u^2)}{2}+\Delta(pv)-\int_{v_1}^{v_2}p\mathrm{d}v=W_e-\sum h_f \tag{1-39}$$

由于
$$\Delta(pv)=\int_{v_1}^{v_2}p\mathrm{d}v+\int_{p_1}^{p_2}v\mathrm{d}p$$

整理式(1-39)得:

$$g\Delta z+\frac{\Delta(u^2)}{2}+\int_{p_1}^{p_2}v\mathrm{d}p=W_e-\sum h_f \tag{1-40}$$

式(1-40)就是流体稳定流动过程的机械能衡算关系式。这一关系对不可压缩流体和可压缩流体均适用。对可压缩流体,$\int_{p_1}^{p_2}v\mathrm{d}p$ 应根据过程的不同(等温过程、绝热过程或多变过

程)得出 v 和 p 的关系进行计算。多变过程为热力学和物理化学中的术语。理想的完全绝热和理想的等温过程都是不可能的,所以实际上一切过程都不是严格地绝热或严格地等温,而是介于二者之间,这种过程称为多变过程。

对于不可压缩流体,比体积(比容)v 或密度 ρ 为常数,式(1-40)中的积分项可进一步简化,从而得到:

$$g\Delta z+\frac{\Delta(u^2)}{2}+\frac{\Delta p}{\rho}=W_e-\sum h_f \tag{1-41}$$

或

$$gz_1+\frac{u_1^2}{2}+\frac{p_1}{\rho}+W_e=gz_2+\frac{u_2^2}{2}+\frac{p_2}{\rho}+\sum h_f \tag{1-41a}$$

若流体为理想流体,流动时不产生流动阻力,流体流动的能量损失 $\sum h_f=0$,在没有外功加入的情况下,式(1-41a)可以简化为:

$$gz_1+\frac{u_1^2}{2}+\frac{p_1}{\rho}=gz_2+\frac{u_2^2}{2}+\frac{p_2}{\rho} \tag{1-42}$$

式(1-42)称为伯努利方程式,式(1-41),式(1-41a)是伯努利方程的引申,也可称作扩展了的伯努利方程。

伯努利方程式(1-42)只适用于不可压缩的理想流体作稳定流动而无外功输入的情况。它表明,单位质量流体在任一截面上所具有的位能、动能和静压能之和是一个常数,这一总和称作总机械能以 E 表示,单位为 J/kg。在任意截面上 1 kg 理想流体的总机械能相同,而各种形式的机械能不一定相等,可以互相转换。

在扩展的伯努利方程式(1-41)中,由于存在流动过程中的能量损失,如果无外功加入,系统的总机械能沿流动方向将逐渐减小。

当体系无外功输入,且处于静止状态,伯努利方程变为:

$$gz_1+\frac{p_1}{\rho}=gz_2+\frac{p_2}{\rho}$$

上式即是流体静力学方程。

伯努利方程式是基于流动体系的机械能衡算关系式导出的,若衡算采用不同基准,则可得到伯努利方程的几种不同形式。

式(1-41a)是以单位质量流体为衡算基准得到的关系式,式中各项的单位为 J/kg。

若以单位体积流体为衡算基准,则得:

$$\rho gz_1+\frac{\rho u_1^2}{2}+p_1+W_e\rho=\rho gz_2+\frac{\rho u_2^2}{2}+p_2+\rho\sum h_f \tag{1-41b}$$

式中各项的单位为 Pa。

若以废除的单位"重量"流体为衡算基准,这在工程单位制中经常使用,于是得到:

$$z_1+\frac{u_1^2}{2g}+\frac{p_1}{\rho g}+H_e=z_2+\frac{u_2^2}{2g}+\frac{p_2}{\rho g}+\sum H_f \tag{1-41c}$$

式中:$H_e=W_e/g$,$\sum H_f=\sum h_f/g$,各项单位为 m。z,$\frac{u^2}{2g}$,$\frac{p}{\rho g}$ 分别称为位压头,动压头,静压头,H_e 称为扬程,$\sum H_f$ 称为压头损失。

外部功 W_e 和能量 $\sum h_f$ 是流体流动过程中所获得的或消耗的能量。W_e 是输送设备对单

位质量流体所做的有效功,输送设备对流体所做的有效功率用 P_e 表示:

$$P_e = W_e q_m = W_e q_V \rho = H_e q_V \rho g$$

3. 伯努利方程的应用及其注意事项

应用伯努利方程的注意事项:

(1) 选取截面时首先确定上游截面和下游截面,明确所讨论的流动系统的范围。两截面要垂直于流动的方向。流体在两截面间必须是连续的,否则,要分开列伯努利方程。截面上未知量应该最少。

(2) 原则上基准面可以任意选取,但以计算简便为原则,一般多取最低面,并定其标高为零。如截面不与基准面平行,则 z 值可取截面中心到基准面的垂直距离。

(3) 若取截面之一为容器的截面,另一为管子的截面,当容器截面很大时(如储槽),容器内的流速相对于管内流速一般很小,$u_{容}$ 接近于零,伯努利方程式中 $u_{容}^2$ 项可忽略。

(4) 方程式中各项物理量单位必须一致。

(5) 在如图 1.17 所示的分支管路中,由于流体沿截面 1—1′,截面 3—3′流过时,有一部分流体从支管截面 2—2′流走。因此,应用伯努利方程式时,就不能只在截面 1—1′和截面 2—2′或截面 1—1′和截面 3—3′间选取计算截面。

(6) 选取截面时,截面处不允许有急变流动,但所选取的两截面之间允许有急变流流动,如图 1.18 所示,可以选取截面 1—1′和截面 3—3′。

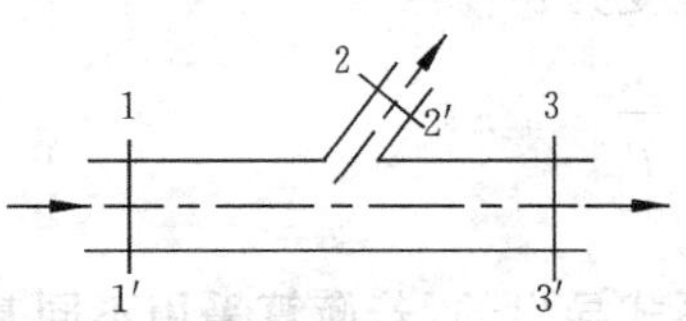

图 1.17 有分支管路系统

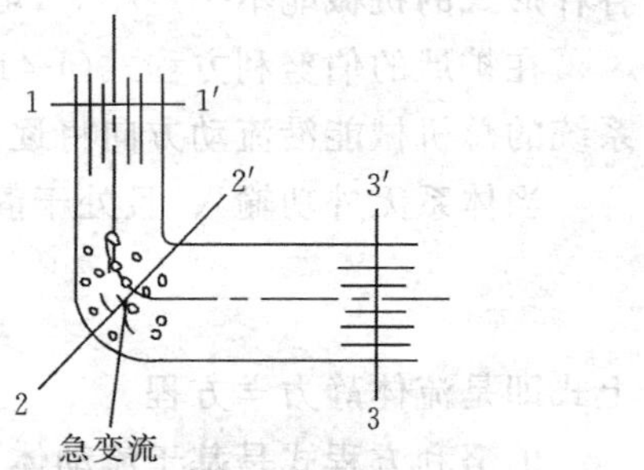

图 1.18 有急变流系统

伯努利方程式的应用举例。

例 1-3 某化工厂用泵将地面上储液槽中的碱液输送至吸收塔顶,经喷嘴喷出。泵的进口管为 ϕ108 mm×4.5 mm 的钢管,碱液在泵的进口管中的流速为 1.5 m/s。出口管为 ϕ76 mm×2.5 mm 的钢管。储液槽中碱液深度为 1.5 m。槽底到塔顶喷嘴的垂直距离为 20 m。碱液流经所有管路的总摩擦阻力为 29.43 J/kg,喷嘴处的压强为 3.04×10^4 Pa(表压),碱液的密度为 1100 kg/m^3。试求单位质量流体从输送机械所获得的有效功和泵所做的有效功率。

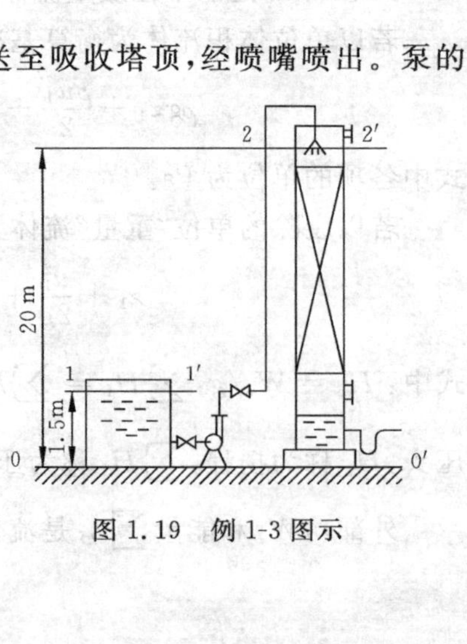

图 1.19 例 1-3 图示

解:如图 1.19 所示,取储液槽液面为截面 1—1,取喷嘴处为截面 2—2,在截面 1—1 和截面 2—2 间列伯努利方程:

$$gz_1+\frac{p_1}{\rho}+\frac{u_1^2}{2}+W_e=gz_2+\frac{p_2}{\rho}+\frac{u_2^2}{2}+\sum h_f$$

即
$$W_e=g(z_2-z_1)+\frac{p_2-p_1}{\rho}+\frac{u_2^2-u_1^2}{2}+\sum h_f \tag{a}$$

式中：$z_1=0$，$z_2=20-1.5=18.5(\mathrm{m})$，$p_1=0$(表压)，$p_2=3.04\times10^4\ \mathrm{Pa}$(表压)。由于储液槽面积远大于管道截面，故 $u_1\approx0$。已知泵的入口管内流速 $u_1'=1.5\ \mathrm{m/s}$，由连续性方程知泵出口管也即截面 2—2 处的流速 u_2 为：

$$u_2=u_1'\left(\frac{d_1}{d_2}\right)^2=1.5\times\left(\frac{108-2\times4.5}{76-2\times2.5}\right)^2=2.916(\mathrm{m/s})$$

已知 $\sum h_f=29.43\ \mathrm{J/kg}$。将上面各项数值代入式(a)，求得：

$$W_e=g(18.5-0)+\frac{3.04\times10^4}{1100}+\frac{2.916^2}{2}+29.43$$
$$=242.8(\mathrm{J/kg})$$

泵所做的有效功率为

$$P_e=W_eq_m=W_eq_v\rho=W_e\cdot\frac{\pi}{4}d_1^2u_1'\cdot\rho$$
$$=242.8\times\frac{\pi}{4}\times0.099^2\times1.5\times1100=3.083(\mathrm{kW})$$

实际上，泵所做的功并不是全部有效的。若考虑泵的效率为 η，则泵轴所消耗的功率(简称轴功率)P 为

$$P=P_e/\eta$$

设本题中泵的效率为 60%，则泵的轴功率为

$$P=3.083/0.6=5.138(\mathrm{kW})$$

例 1-4 水以 $7\ \mathrm{m^3/h}$ 的流量流过图 1.20 所示的文丘里管，在喉颈处接 1 支管与下部水槽相通。已知截面 1—1 处内径为 50 mm，压强为 0.02 MPa(表压)，喉颈内径为 15 mm。试判断图中垂直支管中水的流向。设流动无阻力损失，水的密度取 $1000\ \mathrm{kg/m^3}$。

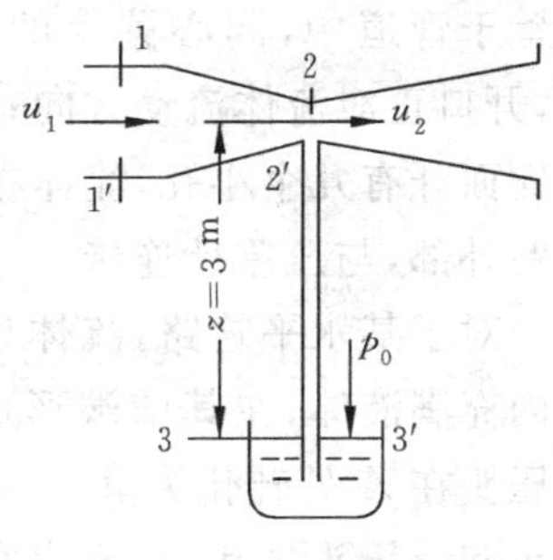

图 1.20 例 1-4 的文丘里管

解：先设支管中水为静止状态，在截面 1—1 和截面 2—2 间列伯努利方程：

$$\frac{p_1}{\rho}+\frac{u_1^2}{2}=\frac{p_2}{\rho}+\frac{u_2^2}{2}$$

其中

$$u_1=\frac{V_s}{\frac{\pi}{4}d_1^2}=\frac{7/3600}{\frac{\pi}{4}\times0.05^2}=0.99(\mathrm{m/s})$$

$$u_2=u_1\left(\frac{d_1}{d_2}\right)^2=0.99\times\left(\frac{0.05}{0.015}\right)^2=11(\mathrm{m/s})$$

若取大气压强为 p_0，则

$$p_1=p_0+0.02\times10^6(\mathrm{Pa})(\text{绝压})$$

可以解出：

$$p_2 = p_1 - \frac{\rho}{2}(u_2^2 - u_1^2) = p_0 + 20\,000 - \frac{1000}{2}(11^2 - 0.99^2)$$

$$= p_0 - 40\,009(\text{Pa})(\text{绝压})$$

取水槽液面 3—3 为位能基准面,在假设管内流体处于静止条件下:

$$E_2 = \frac{p_2}{\rho} + z_2 g = \frac{p_0}{\rho} - \frac{40\,009}{\rho} + 3 \times 9.807$$

$$= \frac{p_0}{\rho} - 10.59(\text{J/kg})$$

$$E_3 = \frac{p_0}{\rho}(\text{J/kg})$$

因为 $E_3 > E_2$,支管中流体将向上流动。

这一计算表明,解决流体能否流动或判断其流向,实质上是静力学问题。但流体一旦流动,其状态则不同于进行判断时的情况,应依据伯努利方程重新计算。例如在例 1-4 中,支管内的水流入文丘里管之后,截面 2—2′处的静压强将不是前述的计算值了。

1.4 流速与流量的测量

在化工生产中,流体的流速和流量是重要的测量项目。为了按照生产的要求调节与控制操作,测定流量是不可缺少的手段。下面介绍几种以伯努利方程为基础的流速和流量的测量方法。

1.4.1 测速管

测速管又称皮托管(Pitot tube)。它是由两根同心圆管组成的(如图 1.21 所示)。测速管置于管道中,同心圆管的轴向与流动方向平行。内管前端敞开,开口正对流体流动方向;外管前端封死,在离端点一定距离处的侧面开有几个小孔,流体在小孔旁流过。内外管的另一端伸到管路外部,与压差计连接。

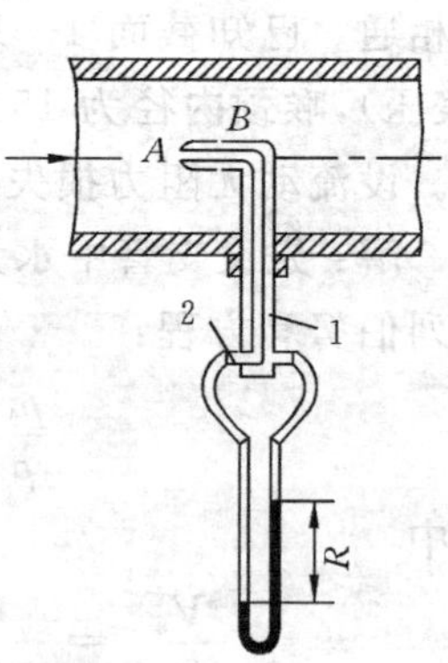

图 1.21 测速管

1—静压管;2—冲压管

对于某水平管路,流体以流速 u 流近测速管前端,由于测速管内充满液体,在其前端形成了驻点(流体在驻点处静止不动),动压头在 A 处转化为静压头。这样内管传递出的压强相当于动压头和静压头之和,一般称作冲压头。B 点传递出的压强则只是静压头。因此,压差计的指示读数 R 代表了 A 点的冲压头 h_A 和 B 点的静压头 h_B 之差。根据伯努利方程可以得到:

$$\frac{u^2}{2} = \frac{p_A - p_B}{\rho}$$

若所测流体的密度为 ρ,U 形管压差计内充有密度为 ρ' 的指示液。读数为 R,则可以导出:

$$u = \sqrt{\frac{2R(\rho' - \rho)g}{\rho}} \tag{1-43}$$

这就是通过测速管测定管内流速的基本原理和换算公式。严格地说，由于测速管制造精度等原因，式(1-43)右侧应乘以校正系数 C：

$$u = C\sqrt{\frac{2R(\rho'-\rho)g}{\rho}} \tag{1-43a}$$

通常 $C=0.98\sim1.00$。实际使用时，如精度要求不高，也可以不进行校正。

应当注意，式(1-43)中的 u 不是管道截面上的平均流速，而是点速度，所以利用测速管能测定管道截面上的速度分布。对于圆管内流动，由测得的速度分布按截面积积分，可得流体的体积流量，据此可计算出平均流速。

为了保证测速管安装在速度分布的稳定段，测量点上、下游的直管长度最好大于 50 倍的管径，至少也应大于 8 倍～12 倍的管径。为了减少测速管本身对流动的干扰，皮托管的外径应不大于管道内径 d 的 1/50。

测速管装置简单，流动阻力小，适用于测量大直径气体管道内的气速，但不能直接测定流量，且一般压强差的读数较小，需要放大方能使读数较为精确。

1.4.2 孔板流量计

孔板流量计如图 1.22 所示，是在管道法兰间装有一中心开孔的金属板。当流体经小孔流出后收缩，形成一“缩脉”(即截面最小处，如图 1.22 中截面 2—2′处)，此处流速最大，因而引起静压强相应地降低，以图中截面 A_1 处为截面 1—1′，缩脉处为截面 2—2′，对截面 1—1′及截面 2—2′列伯努利方程，若不考虑通过孔的阻力损失，可以得到：

$$\frac{p_1}{\rho}+\frac{u_1^2}{2}=\frac{p_2}{\rho}+\frac{u_2^2}{2}$$

或

$$\sqrt{u_2^2-u_1^2}=\sqrt{\frac{2(p_1-p_2)}{\rho}}$$

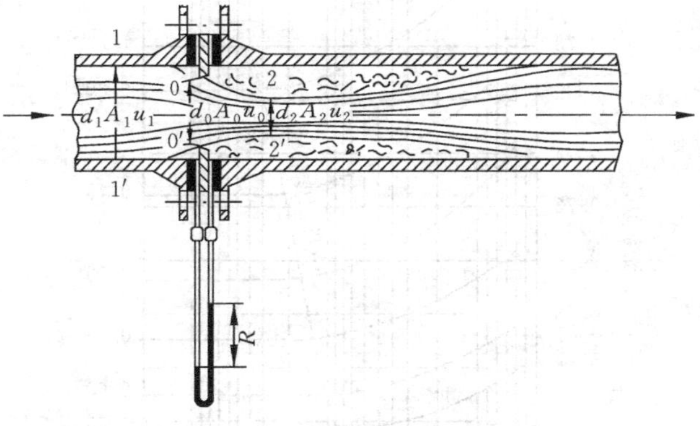

图 1.22 孔板流量计

由于上式未考虑阻力损失，而且缩脉处(即截面 2—2′)的截面积通常难以知道，但孔口的大小是知道的，因此上式中的 u_2 可用孔口速度 u_0 来代替，同时两测压孔的位置也不在截面 1—1′及截面 2—2′上，所以用校正系数 C 来校正上述各因素的影响，则上式变为：

$$\sqrt{u_0^2 - u_1^2} = C\sqrt{\frac{2(p_a - p_b)}{\rho}} \tag{1-44}$$

式中：p_a，p_b 分别代表孔板上、下游测压口的静压强。

根据连续性方程式，对于不可压缩流体：

$$u_1 = u_0\left(\frac{d_0}{d_1}\right)^2$$

将上式代入式(1-44)，整理后得：

$$u_0 = \frac{C\sqrt{2(p_a - p_b)/\rho}}{\sqrt{1-(d_0/d_1)^4}}$$

令
$$C_0 = \frac{C}{\sqrt{1-(d_0/d_1)^4}}$$

又因
$$\frac{p_a - p_b}{\rho} = \frac{R(\rho' - \rho)g}{\rho}$$

于是
$$u_0 = C_0\sqrt{\frac{2Rg(\rho' - \rho)}{\rho}}\ (\text{m/s}) \tag{1-45}$$

流体的流量 q_v 为

$$q_v = u_0 A_0 = C_0 \frac{\pi d_0^2}{4}\sqrt{\frac{2Rg(\rho' - \rho)}{\rho}}$$

式中：ρ' 为压差计指示液的密度，C_0 称为孔流系数。

孔流系数 C_0 由实验测定，图 1.23 所示为 C_0 与 Re(以管路直径计算的 Re)及孔径与管径之比的关系。由图可见，对于一定的 d_0/d_1，当 Re 超过某一数值后，C_0 的数值就为常数。若 Re 一定，d_0/d_1 越大，C_0 也就越大。

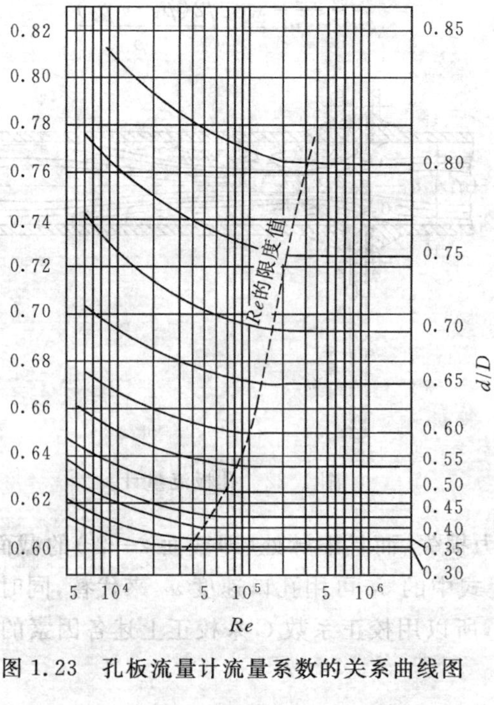

图 1.23　孔板流量计流量系数的关系曲线图

流量计所测的流量范围，最好是落在 C_0 为定值的区域里，这时流量便与压强变化读数的平方根成正比。设计合理的孔板流量计，其 C_0 值多在 0.6～0.7 范围内。

孔板流量计制造简单，安装方便，因此使用广泛。它的主要缺点是能量损耗较大，d_0/d_1 愈小，能量损耗愈大。

1.4.3　转子流量计

转子流量计使用也很广泛。它的构造如图 1.24 所示，它是由 1 根内截面积自下而上逐渐扩大的垂直玻璃管和管内 1 个由金属或其他材料制成的转子(或称浮子)组成。流体由底端进入，向上流动至顶端流出。当流体流过转子与玻璃管之间的环隙时，由于流道截面减小，流速便增大，静压强随之降低，此静压强低于转子底部所受到的静压强。于是，使转子上、下产生静压强差，从而形成 1 个向上的力。当这个力大于转子的重力时，就将转子托起上升。转子升起后，其环隙面积随之增大(因为玻璃管内侧面为锥形)，从而环隙内流速降低，静压强随之回升，当转子底面和顶面所受到的压力差与转子的重力达平衡时，转子就停留在一定高度上。流体的流量愈大，其平衡位置就愈高，所以转子位置的高低即表示流体流量的大小。可由玻璃管上的刻度读出流体的流量。

设转子的体积为 V_f，转子最大部分截面积为 A_f，转子的密度为 ρ_f，流体的密度为 ρ。当转子处于平衡状态时，转子浮于流体中一定位置。

试分析图 1.25 所示的虚线所包围的体系，此体系上端面截面 2—2′为转子的上端面，此体系的下端面截面 1—1′为以转子最下端为基准、平行于上端面的平行面，而两垂直面分别为垂直转子上端面的平行面。此体系的横截面积为 A_f，高度为 z_2-z_1，体积为 $V=A_f(z_2-z_1)$，V 包括了转子的体积和转子外的流体体积$(V-V_f)$，在截面 1—1′和截面 2—2′

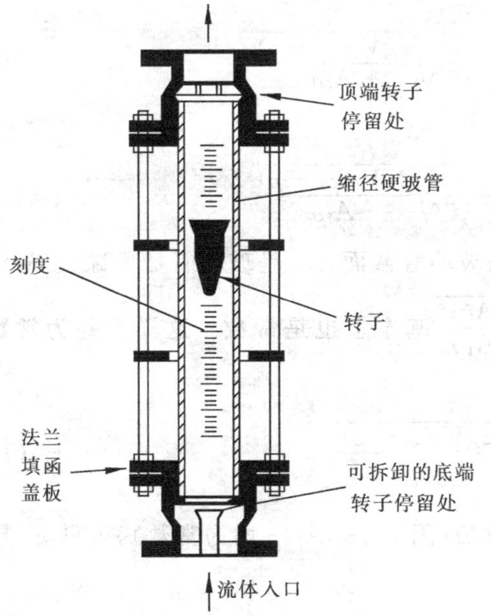

图 1.24　转子流量计

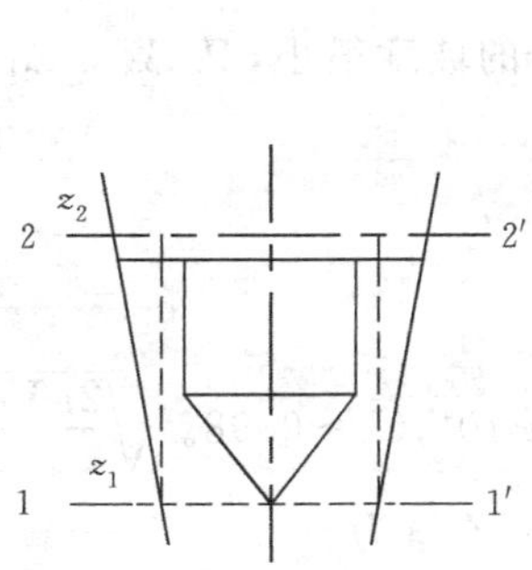

图 1.25　转子受力分析图

之间列伯努利方程:

$$gz_1+\frac{u_1^2}{2}+\frac{p_1}{\rho}=gz_2+\frac{u_2^2}{2}+\frac{p_2}{\rho} \tag{a}$$

又知这个圆柱体体系在垂直方向上受到 3 个力的作用:重力,截面 1 上压力 F_1,截面 2 上压力 F_2,三者处于平衡。分别计算如下:

$$\begin{aligned}\text{重力}&=V_f\rho_f g+(V-V_f)\rho g\\ F_1&=A_f p_1\\ F_2&=A_f p_2\end{aligned}$$

于是

$$V_f\rho_f g+(V-V_f)\rho g=A_f(p_1-p_2)$$

将式(a)代入上式,整理得:

$$V_f\rho_f g+(V-V_f)\rho g=A_f\left(\rho g(z_2-z_1)+\frac{1}{2}\rho(u_2^2-u_1^2)\right)$$

因为 $A_f(z_2-z_1)=V$,化简整理上式得:

$$V_f(\rho_f-\rho)g=\frac{1}{2}A_f\rho(u_2^2-u_1^2) \tag{b}$$

式(b)左侧是浮子本身重力减去浮力,浮子由于截面 1—1′和截面 2—2′处的速度不同而被“托住”。不论浮子停留在什么高度,上式左侧为定值,因此这个托力也是固定不变的。但在高度不一样时,u_2 和 u_1 有变化,从而反映出流量的不同。

按连续性方程

$$A_1u_1=A_2u_2$$

或

$$u_1=\frac{A_2}{A_1}u_2 \tag{c}$$

将式(c)代入式(b),整理得:

$$u_2=\frac{1}{\sqrt{1-(A_2/A_1)^2}}\sqrt{\frac{2gV_f(\rho_f-\rho)}{A_f\rho}} \tag{1-46}$$

考虑摩擦阻力,乘以校正系数 C,则

$$u_2=\frac{C}{\sqrt{1-(A_2/A_1)^2}}\sqrt{\frac{2gV_f(\rho_f-\rho)}{A_f\rho}} \tag{1-46a}$$

在不同高度处 A_1 和 A_2 是不同的(A_1 是玻璃管截面,A_2 是玻璃管截面减去 A_f),但由于管子的坡度很小,又 $A_2\ll A_1$,所以$\sqrt{1-\left(\frac{A_2}{A_1}\right)^2}$ 基本上也是常数。这样合并为常数 C_R,于是

$$u_2=C_R\sqrt{\frac{2gV_f(\rho_f-\rho)}{A_f\rho}} \tag{1-46b}$$

当 $Re\geqslant10^4$,$C_R\approx0.98$。$\sqrt{\frac{2gV_f(\rho_f-\rho)}{A_f\rho}}$也是常数(因 V_f,ρ_f,A_f,ρ 均为常数),可见 u_2 是一个定数,而流量为

$$q_v=u_2A_2=C_RA_2\sqrt{\frac{2gV_f(\rho_f-\rho)}{A_f\rho}} \tag{1-47}$$

如果玻璃管的直径与高度为线性关系，则环隙面积 A_2 与高度成平方关系，也就是流量与高度成平方关系。

从上述分析可以看出，转子流量计中转子两端的压差在其稳定操作时为一常数，基本上不随流量的变化而变化。因此，称此种流量计为定压降流量计。这是与孔板流量计不同的地方。

转子流量计在出厂时一般是根据 20℃的水或 20℃，0.1 MPa 下的空气进行实际标定的，并将流量值刻在玻璃管上。在流量计使用时，若流体的条件与标定的条件不符，应实验标定或进行刻度换算。由于在同一刻度下 A_f 相同，则

$$\frac{q_{v,2}}{q_{v,1}}=\sqrt{\frac{\rho_1(\rho_f-\rho_2)}{\rho_2(\rho_f-\rho_1)}} \tag{1-48}$$

式中下标 1 代表标定流体(水或空气)，下标 2 代表实际操作中所用流体。

转子流量计读取数据方便，流动阻力很小，测量精度较高，对不同流体的适用性广，能用于腐蚀性流体的测量，且不易发生故障。缺点是玻璃管不能经受高温和高压，且在安装和使用过程中容易破碎。

1.5 流体流动时的阻力

实际流体流动时是有机械能损耗的。最简单的例子是自来水流经一段等管径的水平管道，开始时其压强为 3.92×10^5 Pa，流过一段距离后水的压强降为 2.94×10^5 Pa，这部分能量既没有使流体的动能变化，也没有使流体的位能变化，而是用来克服流体流动的阻力。

在流体机械能衡算讨论中已涉及到能量损耗，如式(1-41a)中的 $\sum h_f$ 和式(1-41c)中的 $\sum H_f$ 。单位重量(已废除单位)流体流动因阻力而损失的能量叫做流体流动过程的压头损失，对上面讨论的实际流体流动，伯努利方程式(1-41c)变为：

$$\sum H_f=\frac{p_1-p_2}{\rho g}$$

流体在导管中流动时的机械能损耗，主要是克服两类不同的阻力：一类是流体在直管中流动时，因流体与管壁之间以及各层流体之间的内摩擦力而产生的阻力，称为直管阻力或沿程阻力；另一类是流体在流动过程中遇到局部障碍，而使流向或流速骤然变化而产生的阻力，如导管的进口和出口，连接管子的各种管件及阀门等所造成的阻力，称为局部阻力。

在化学工程学中研究实际流体流动时的阻力是很重要的。首先，阻力与流体输送所需要的动力有关；其次，往往要用流体流动时阻力的变化来判断设备中流体流动情况；再次，流体流动时的阻力还用来分析颗粒在连续流体中的运动情况。另外，随着化学工程学的发展，现在已经可以由流体流动的阻力系数来估算传热过程的给热系数、传质过程中的传质系数。

1.5.1 管路的沿程阻力

1. 沿程阻力损失及计算通式

由式(1-41a)，式(1-41b)和式(1-41c)可知：质量为 1 kg 的流体流动时的阻力损失表示

为 $\sum h_f$,体积为 1 m^3 流体的阻力损失表示为 $\rho\sum h_f$,重量为 1 N 流体流动时的阻力损失表示为 $\sum H_f$。由于 $\rho\sum h_f$ 的单位与压强单位一致,故通常用由于流动阻力引起的压强降 Δp_f 来反映阻力损失,即

$$\Delta p_f = \rho\sum h_f$$

值得注意的是,两截面之间由于流动阻力带来的压强降 Δp_f 和两截面之间的静压强之差是两个截然不同的概念,只在一些特定条件下,这两个量在绝对值上相等。这一点在阻力损失公式的推导及应用中必须十分注意。

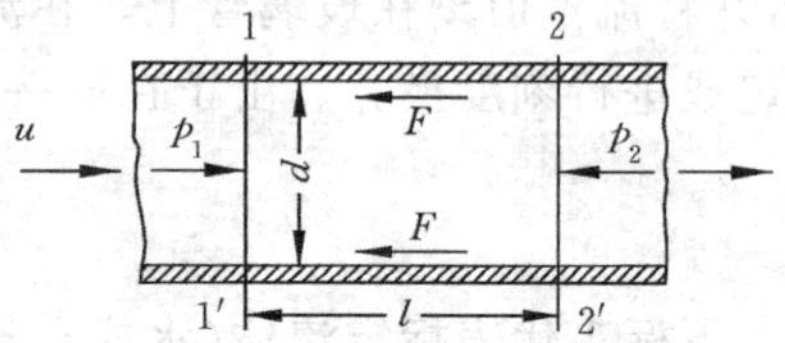

图 1.26　直管阻力通式的推导

如图 1.26 所示,不可压缩流体在直径为 d 的水平直管中稳定流动,没有外部功加入,在相距 l 的两个截面 1—1′和截面 2—2′之间列伯努利方程式:

$$\rho g z_1 + p_1 + \frac{\rho u_1^2}{2} = \rho g z_2 + p_2 + \frac{\rho u_2^2}{2} + \Delta p_f$$

因为 $z_1 = z_2$, $u_1 = u_2$,所以

$$p_1 - p_2 = \Delta p_f$$

现对这一段流体进行力的分析。由于流体处于匀速稳定流动的状态,截面 1—1′和截面 2—2′之间的流体柱所受的作用力应处于平衡状态,推动整个流体柱向前运动的净压力应该等于作用于流体柱表面的摩擦阻力 F:

$$\frac{\pi}{4}d^2(p_1 - p_2) = F$$

根据式(1-27),摩擦阻力 F 是剪应力 τ 与面积 A 的乘积,所以我们有

$$\frac{\pi}{4}d^2(p_1 - p_2) = \tau\pi d l$$

所以

$$p_1 - p_2 = \frac{4l}{d}\tau$$

为了便于用伯努利方程计算,将上式整理成:

$$\Delta p_f = \frac{8\tau}{\rho u_m^2}\frac{l}{d}\frac{\rho u_m^2}{2}$$

令 $\lambda = \dfrac{8\tau}{\rho u_m^2}$,则

$$\Delta p_f = \lambda\frac{l}{d}\frac{\rho u_m^2}{2} \tag{1-49}$$

式(1-49)就是计算圆型直管阻力损失的通式,称为范宁(Fanning)公式。式中 λ 是无因次系数,称为摩擦系数。

根据阻力损失的不同表示形式,范宁公式亦可以写成以下 3 种形式:

$$\Delta p_f = \lambda\frac{l}{d}\frac{\rho u_m^2}{2} \tag{1-49a}$$

$$\sum h_f = \lambda\frac{l}{d}\frac{u_m^2}{2} \tag{1-49b}$$

$$\sum H_f = \lambda\frac{l}{d}\frac{u_m^2}{2g} \tag{1-49c}$$

式(1-49c)亦可写成：

$$\lambda = \frac{\dfrac{\sum H_{\mathrm{f}}}{l/d}}{\dfrac{u_{\mathrm{m}}^2}{2g}}$$

式(1-49c)表明摩擦系数的物理意义。它表示单位重量流体在管道中流经一段与管道直径相等的距离的沿程阻力所造成的压头损失与其所具有的动能(动压头)之比。从 λ 的定义可以看出，它与剪应力有直接关系，根据以往的分析，λ 应是流体的物性和流动状况的函数。

范宁公式适用于不可压缩流体的稳定流动，既可用于层流，也可用于湍流。按照该式计算阻力损失的关键是如何计算在不同流型状态下的摩擦系数。

2. 沿程阻力系数

1）圆形直管内层流流动的阻力损失

如图 1.27 所示，不可压缩流体在半径为 R 的水平直管中稳定流动，在截面 1—1′处的静压强为 p_1，在截面 2—2′处的静压强为 p_2，截面 1—1′和截面 2—2′相距为 l，在半径 r 处，流体的流速为 u_r，在半径为$(r+\mathrm{d}r)$处，流体的流速为$(u_r+\mathrm{d}u_r)$。

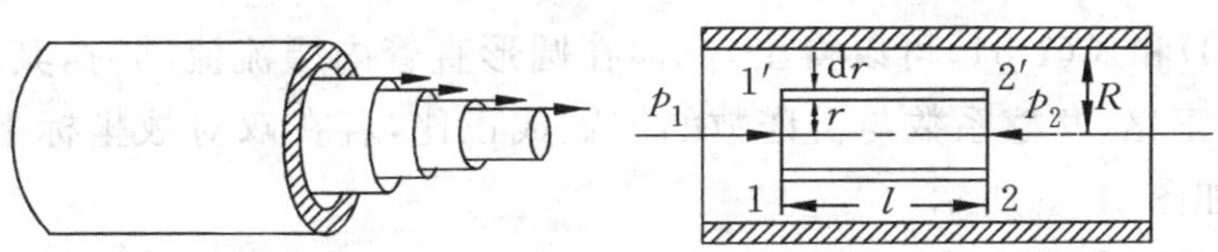

图 1.27 哈根-泊谡叶方程推导

对于牛顿型流体的层流流动有：

$$\tau = \mu\left(-\frac{\mathrm{d}u}{\mathrm{d}r}\right)$$

对半径为 r 的流体柱作力的分析，由于流体处于匀速稳定流动，所以

$$(p_1 - p_2)\pi r^2 = \Delta p_{\mathrm{f}}\pi r^2 = \tau A$$

$$= -\mu\frac{\mathrm{d}u_r}{\mathrm{d}r}\cdot 2\pi r\cdot l$$

整理上式得：

$$\Delta p_{\mathrm{f}} r\mathrm{d}r = -2\mu l\,\mathrm{d}u_r$$

在 r 到 R 之间积分得：

$$\Delta p_{\mathrm{f}}\int_r^R r\mathrm{d}r = -2\mu l\int_{u_r}^0 \mathrm{d}u_r$$

$$\Delta p_{\mathrm{f}}\frac{R^2 - r^2}{2} = 2\mu l u_r$$

$$u_r = \frac{\Delta p_{\mathrm{f}}}{2\mu l}\cdot\frac{R^2 - r^2}{2}$$

又因为流体在圆形直管中流动的平均流速 u_{m} 为：

$$u_m = \frac{q_v}{\pi R^2} = \frac{\int_0^R 2\pi r u_r \mathrm{d}r}{\pi R^2}$$

$$= \frac{\int_0^R 2\pi r \frac{\Delta p_f}{4\mu l}(R^2 - r^2)\mathrm{d}r}{\pi R^2}$$

$$= \frac{2}{R^2}\int_0^R \frac{\Delta p_f (R^2 - r^2)}{4\mu l} r \mathrm{d}r$$

$$= \frac{\Delta p_f R^2}{8\mu l} = \frac{\Delta p_f d^2}{32\mu l}$$

即

$$\Delta p_f = \frac{32\mu l u_m}{d^2} \tag{1-50}$$

式(1-50)称为哈根(Hagen)-泊谡叶(Poiseuille)公式,是计算层流流动时的阻力损失公式。将式(1-50)加以整理,写成类似范宁公式的形式,并和式(1-49a)加以比较,可以看出:

$$\Delta p_f = \frac{64}{\frac{d u_m \rho}{\mu}} \cdot \frac{l}{d} \frac{\rho u_m^2}{2}$$

即

$$\lambda = \frac{64}{Re} \tag{1-51}$$

分析式(1-50)和式(1-51)可以得出,流体在圆形直管内层流流动时,其阻力损失与流体流速的一次方成正比,摩擦系数与雷诺数的倒数成正比,若在双对数坐标上加以标绘,可以得到一条直线,如图 1.28 所示。

由式(1-50)可以得到流量 q_v 为

$$q_v = \frac{\pi \Delta p_f R^4}{8\mu l}$$

如果用 4 根直径为 50 mm 的管子代替一根直径为 100 mm 的管子,两种情况下总截面面积相等,而流量则只有原来的 1/4。

2) 湍流流动时的阻力计算——量纲分析法

层流流动中流体的剪应力服从牛顿粘性定律,因此可以用理论分析导出流体在直管内层流流动时的阻力损失关系式。然而湍流流动是十分复杂的现象,影响流动阻力的因素很多,不能从理论分析出发导出湍流流动条件下阻力损失的关系式。解决这种工程问题常采用实验的方法,同时需要一套理论来指导实验的进行、数据的整理和结果的使用。这就是量纲分析法,它在化工中应用很广泛。

量纲分析法的主要依据是量纲一致性原则和所谓 π 定理。

量纲一致性原则指出:凡是根据基本的物理规律导出的物理量方程式,其中各项的量纲必然相同,即物理量方程式左边的量纲应与右边的量纲相同。

白金汉(Buckinham)提出的 π 定理则指出:任何量纲一致的物理方程都可以表示为一组无量纲数群的零函数 $f(\pi_1, \pi_2, \cdots, \pi_n) = 0$,该无量纲数群的数目等于影响该过程的物理量的数目 n 减去用以表示这些物理量的基本量纲的数目 m。如下面分析流动阻力时,影响该过程的物理量总数为 7 个,表示这些物理量的基本量纲为 3 个,那么,组成的无量纲数群的数目 N:

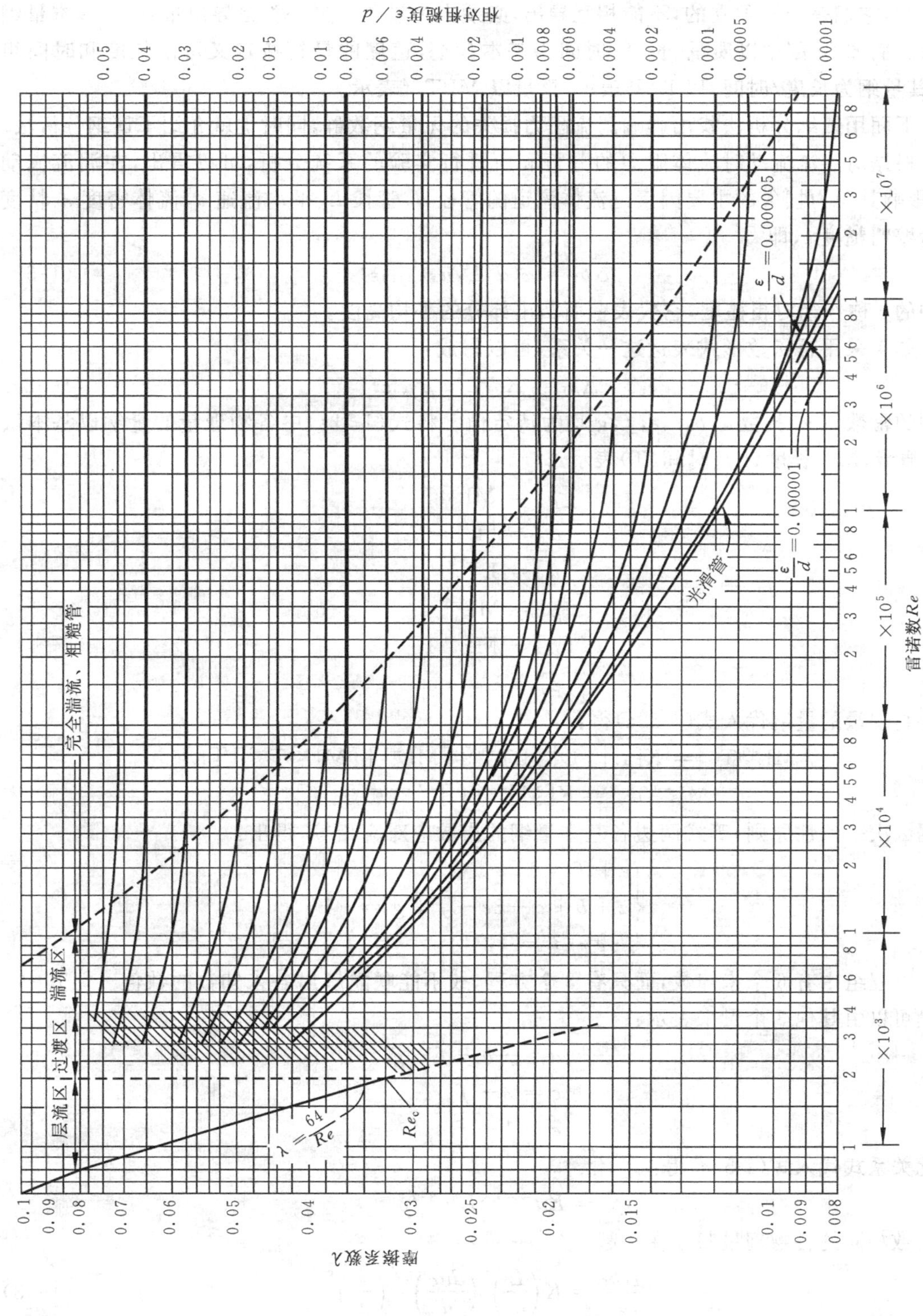

图 1.28 管内流体流动沿程阻力系数曲线图

$$N = n - m = 7 - 3 = 4$$

任何物理方程都由物理量组成,任何物理量都有一定的量纲。量纲有两类:一类是基本量纲,它们是彼此独立的,不能相互导出,必须人为设置。另一类是导出量纲,由基本量纲导出。例如 SI 制中以质量、长度、时间为基本量纲,速度的量纲按定义可由长度和时间组成,其量纲为长度/时间,以 L/T 表示,重量以 MLT^{-2}表示。

下面用量纲分析法找出影响湍流阻力损失的无量纲数群,同时也就介绍了量纲分析法。

根据对湍流流动时流体阻力的分析和所进行实验的系统分析,可以得出,在湍流流动中,影响其阻力损失的主要因素是流体流道的管径 d、管长 L、平均流速 u、流体密度 ρ、粘度 μ、管壁粗糙度 ε,即

$$\Delta p_{f} = \varphi(d, L, u, \rho, \mu, \varepsilon) \tag{1-52}$$

式中的 ε 称作绝对粗糙度,它代表壁面凸出部分的平均高度。

如果采用幂函数形式表达这一关系,可以写成:

$$\Delta p_{f} = K d^{a} L^{b} u^{c} \rho^{e} \mu^{f} \varepsilon^{g} \tag{1-52a}$$

式中的常数 K 和指数 a,b,c,e,f,g 均为待定值。将式(1-52a)中各物理量的量纲以基本量纲:质量(M)、长度(L)、时间(T)表示:

$$[p] = ML^{-1}T^{-2}$$
$$[d] = [L] = L$$
$$[u] = LT^{-1}$$
$$[\rho] = ML^{-3}$$
$$[\mu] = ML^{-1}T^{-1}$$
$$[\varepsilon] = L$$

把各物理量的量纲代入式(1-52a)得:

$$ML^{-1}T^{-2} = K[L]^{a}[L]^{b}[LT^{-1}]^{c}[ML^{-3}]^{e}[ML^{-1}T^{-1}]^{f}[L]^{g}$$

即

$$ML^{-1}T^{-2} = K[M]^{e+f}[L]^{a+b+c-3e-f+g}[T]^{-c-f}$$

根据因次一致性原则,等式两边各基本量纲的指数应对应相等,得出:

$$\begin{cases} e + f = 1 \\ a + b + c - 3e - f + g = -1 \\ -c - f = -2 \end{cases}$$

这一方程组中有 6 个未知数,而只有 3 个方程,故不能联立解出各未知数的数值。但其中 3 个量可以由其他 3 个量来表示:

$$\begin{cases} a = -b - f - g \\ c = 2 - f \\ e = 1 - f \end{cases}$$

将此关系式代入式(1-52a)得:

$$\Delta p_{f} = K d^{-b-f-g} L^{b} u^{2-f} \rho^{1-f} \mu^{f} \varepsilon^{g}$$

将指数相同的各物理量归并在一起:

$$\frac{\Delta p_{f}}{\rho u^{2}} = K\left(\frac{L}{d}\right)^{b}\left(\frac{du\rho}{\mu}\right)^{-f}\left(\frac{\varepsilon}{d}\right)^{g} \tag{1-53}$$

把式(1-53)写成一般形式:

$$\frac{\Delta p_f}{\rho u^2}=\psi\left(\frac{L}{d},\frac{du\rho}{\mu},\frac{\varepsilon}{d}\right) \tag{1-53a}$$

式(1-53a)中包括4个无量纲数群，而式(1-52)则涉及7个物理量。很明显，通过量纲分析可以使变量数减少，按式(1-53)来进行实验比按式(1-52)要简便得多。

另外，按照π定理检验，过程涉及的物理量总数为7，基本量纲个数为3(长度、质量和时间)，因此有4个无量纲数群。

上述推导中所获得的数群里L/d反映了管子的长径比，即其几何尺寸的特性；$du\rho/\mu$即Re，代表惯性力与粘滞力之比，反映流动特性；ε/d为绝对粗糙度与管径之比，称为相对粗糙度；$\Delta p_f/\rho u^2$代表阻力损失引起的压降与惯性力之比，称为欧拉(Euler)数，记作Eu。

值得指出的是，无量纲数群的获得与求解联立方程的方式有关，如前述运算中，若不是用b,g,f来表示a,c,e，则将获得另外3个无量纲数群。因此，选择所获数群需要注意使其应具有一定的物理意义。

量纲分析法只是从物理量的量纲上考虑问题，没有涉及到过程的实质，它不能确定究竟哪些因素对过程有影响。如果多选了影响因素或者遗漏了必要的影响因素，都得不到期望的结果。经过量纲分析得到无量纲数群的函数后，其具体函数关系，仍需通过实验才能确定。

3) 圆形直管内湍流流动的阻力损失

根据实验数据很容易看出在充分发展了的流动下，对于均匀直管，流体流动的阻力损失Δp_f是与管长L成正比的。因此，对于湍流流动，可以取式(1-53)中L/d项的指数b等于1，则式(1-53)变成如下形式：

$$\frac{\Delta p_f}{\rho u^2}=K\left(\frac{L}{d}\right)\left(\frac{du\rho}{\mu}\right)^{-f}\left(\frac{\varepsilon}{d}\right)^{g} \tag{1-54}$$

对照范宁公式：

$$\Delta p_f=\lambda\frac{L}{d}\frac{\rho u^2}{2}$$

可以得出：

$$\lambda=\varphi\left(Re,\frac{\varepsilon}{d}\right) \tag{1-55}$$

式(1-55)表明：λ是Re与ε/d的函数，其函数关系需由实验确定。将实验数据进行综合整理，以$Re,\varepsilon/d$为参数对λ作图，其结果标绘如图1.28，图1.28称摩狄(Moody)摩擦系数图。

图1.28中有4个区域：

(1) 层流区：当$Re\leqslant2000$时，λ与管壁粗糙度无关，$\lg\lambda$随$\lg Re$的增大呈线性下降，斜率为-1，表达这一关系是式(1-51)：

$$\lambda=\frac{64}{Re}$$

需要注意的是，这一线性下降关系说明，层流流动的阻力损失并非如式(1-49)表示的那样与流体流速的平方成正比，而是与流速的1次方成正比，这叫做层流阻力的一次方定律，如式(1-50)所示。

(2) 过渡区：当$2000<Re<4000$时，管内流动随外界条件的影响而出现不同的流型，摩擦系数λ也因之出现波动。为了保险起见，在工程计算中一般按湍流处理，将相应的湍流

的曲线延伸,以便查取 λ 值。

(3) 湍流区:当 $Re \geqslant 4000$ 且在图 1.28 中虚线以下时,流体流动进入湍流区。摩擦系数 λ 与 Re 及 ε/d 都有关。λ 随 Re 的增大而减小,Re 增大到一定值后,λ 随 Re 的增大下降缓慢,摩擦系数 λ 随 ε/d 的增加而增大。

在这个区域内所标绘出的一系列曲线中,最下面的一条曲线为流体流过光滑管时摩擦系数 λ 与 Re 的关系。当 Re 在 3000～100 000 时,柏拉修斯(Blasius)提出下列最简单的半理论公式来表示光滑管内 λ 与 Re 的关系:

$$\lambda = \frac{0.3164}{Re^{0.25}} \tag{1-56}$$

在工程计算上,为方便起见,一般都用图 1.28 来查取 λ 值。

(4) 完全湍流区:图 1.28 虚线以上的区域,λ 与 Re 的曲线近乎于水平直线,即 Re 到足够大时,摩擦系数 λ 基本上不随 Re 的变化而变化,对 λ 有影响的因素只是 ε/d。在此区域内,如果 ε/d 是常数,则 λ 也是常数,根据范宁公式,这时若 L/d 一定,则阻力损失与流速的平方成正比,称作阻力平方区。

4) 粗糙度对摩擦系数 λ 的影响

摩狄摩擦系数图(图 1.28)也反映出粗糙度对 λ 的影响。

对于层流区,粗糙度对 λ 不产生影响,这一点很容易得到解释。层流中流体是分层流动的,粗糙度的大小并未改变层流的速度分布和内摩擦规律,因此它不对流动的阻力损失产生明显的影响。

在湍流流动时,管壁高低不平的部分将对摩擦系数产生影响(图 1.29)。这种影响随 Re 的增大而愈发明显。当 Re 较小时(图 1.29(a)),湍流流动中的层流底层(用 δ_b 表示)较厚,只有较高的壁面凸出部分突出于湍流核心当中,它将阻挡湍流的流动而造成较大的阻力损失。随着 Re 的增大(图 1.29(b)),层流底层减薄,其他较小的凸出部分也会暴露于湍流之中,造成更大的阻力。由于凸出部分对于流体湍动的影响,粗糙度越大的管道达到完全湍流区,即阻力平方区,Re 较低。

图 1.29 中的相对粗糙度一般是通过人工的方法在管壁内粘接颗粒大小相同的均匀砂粒而构成的,故其数值可以精确测定。一般工业用管道内壁的凸出部分高低是不均匀的,其相对粗糙度无法准确测定。通常通过实验测定 λ 值后反推其相对粗糙度,再依据管径计算其绝对粗糙度。附录 20 列出了常用的管道的绝对粗糙度。

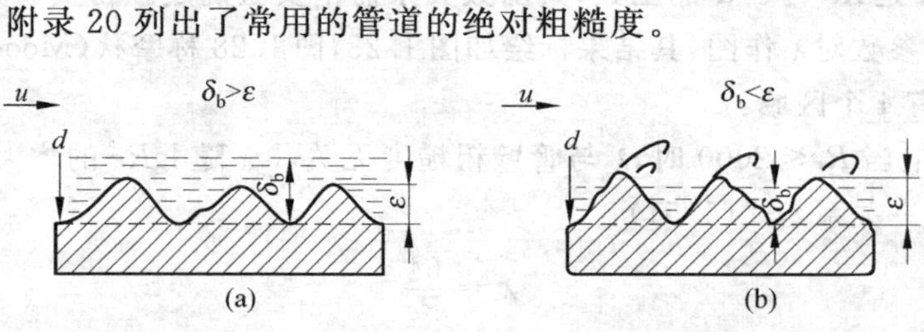

图 1.29 流体流过管壁面的情况

由于管道在生产过程中腐蚀、结垢,其粗糙度会发生变化,若生产中发生严重腐蚀,其管道粗糙度会明显增大,这些因素在管路设计计算中需要考虑。

例 1-5 某液体以 4.5 m/s 的流速流经内径为 0.05 m 的水平工业钢管。液体的粘度为

4.46×10^{-3} Pa·s，密度为 800 kg/m^3，工业钢管的绝对粗糙度为 4.6×10^{-5} m，试计算流体流经 40 m 管道的阻力损失。

解：已知 $d=0.05$ m，$l=40$ m，$\rho=800$ kg/m^3，$\mu=4.46\times10^{-3}$ Pa·s，$u=4.5$ m/s，$\varepsilon=4.6\times10^{-5}$ m，先确定 Re：

$$Re=\frac{du\rho}{\mu}=\frac{0.05\times4.5\times800}{4.46\times10^{-3}}=40\,359$$

显然流动为湍流，又

$$\varepsilon/d=4.6\times10^{-5}/0.05=0.000\,92$$

根据所得的 Re 和 ε/d 值，查图 1.28 得：

$$\lambda=0.024$$

故阻力损失：

$$\sum h_f=\lambda\frac{l}{d}\frac{u^2}{2}=0.024\times\frac{40}{0.05}\times\frac{4.5^2}{2}$$
$$=194.4(\mathrm{J/kg})$$

例 1-6 用试差法计算管径。水以 0.57 m^3/min 的流量通过 1 根长 305 m 的水平工业钢管。用来克服摩擦阻力的位头是 6.1 m，试计算所需管径。已知水的密度为 1000 kg/m^3，粘度为 1.55×10^{-3} Pa·s，工业钢管绝对粗糙度为 4.6×10^{-5} m。

解：根据已知条件：$\rho=1000$ kg/m^3，$\mu=1.55\times10^{-3}$ Pa·s，$u=\frac{0.57}{60\times\pi d^2/4}=\frac{0.57\times4}{60\times3.14\times d^2}=\frac{0.0121}{d^2}$(m/s)。由于流速包含在未知的 Re 和 λ 中，所以采用试差求解。第一次假设 $d=0.089$ m，则

$$Re=\frac{du\rho}{\mu}=\frac{0.089\times0.0121\times1000}{0.089^2\times1.55\times10^{-3}}=87\,712$$

对于工业钢管，$\varepsilon=4.6\times10^{-5}$ m，

$$\frac{\varepsilon}{d}=\frac{4.6\times10^{-5}}{0.089}=0.000\,52$$

查图 1.28 得到：$\lambda=0.021$，代入式(1-49c)：

$$\sum H_f=\lambda\frac{l}{d}\frac{u^2}{2g}$$

即
$$6.1=0.021\times\frac{305}{d}\times\frac{0.0121^2}{2d^4\times9.81}$$

解出 $d=0.0952$ m，与假设值 0.089 m 不一致。第二次试差，设 $d=0.0952$ m。

$$Re=0.0952\times\frac{0.0121}{0.0952^2}\times\frac{1000}{1.55\times10^{-3}}=82\,000$$

$$\varepsilon/d=\frac{4.6\times10^{-5}}{0.0952}=0.000\,48$$

查图 1.28 得到：$\lambda=0.021$，故

$$6.1=0.021\times\frac{305}{d}\times\frac{0.0121^2}{2\times d^4\times9.81}$$

解出 $d=0.0952$ m，与假设值一致，故管径应为 0.0952 m。

1.5.2 非圆形管内的流体阻力

流体流道不完全是圆形管道,例如流体有时在两个直径不同的内外管之间的环隙流动,有些气体输送管的截面呈矩形等。对于非圆形管道中流体流动的阻力损失,一般引入当量直径的概念进行计算。

对于圆形管道,流体流经的管道截面积为 $\pi d^2/4$,流体润湿的周边长度为 πd,可以得出:

$$d = \frac{4 \times 流道截面积}{润湿周边长度}$$

利用类似的方法,可以定义非圆形管道当量直径 d_e:

$$d_e = \frac{4 \times 流道截面积}{润湿周边长度} \tag{1-57}$$

有些书中把管道截面积与润湿周边长度之比称作水力半径,则当量直径是水力半径的4倍。

由式(1-57)很容易导出一些非圆形管道的当量直径。对于外径为 d_1 的内管和一根内径为 d_2 的外管构成的环形通道:

$$d_e = \frac{4\,\frac{\pi}{4}(d_2^2 - d_1^2)}{\pi(d_2 + d_1)} = d_2 - d_1$$

对于长宽分别为 a 和 b 的矩形管道:

$$d_e = \frac{4ab}{2(a+b)} = \frac{2ab}{a+b}$$

流体在非圆形管内流动时,仍可采用范宁公式计算阻力损失,但计算中应以当量直径 d_e 代替管径 d。一些研究结果表明,当量直径用于湍流流动下阻力损失的计算,结果比较可靠;用于矩形截面管道时,其截面的长与宽之比不能超过3∶1;用于环形截面流道时,可靠性较差。对于层流流动,用当量直径进行计算时,除管径由当量直径取代外,摩擦系数应进行修正:

$$\lambda = \frac{C}{Re} \tag{1-58}$$

式中的 C 值,根据管道截面的形状而定,其值列于表1.3。

表1.3 某些非圆形管的常数 C 值

非圆形管的截面形状	正方形	等边三角形	环形	长方形	
				长∶宽=2∶1	长∶宽=4∶1
C	57	53	96	62	73

1.5.3 局部阻力

流体在管内流动时,还要受到管件、阀门等局部障碍而增加的流动阻力,称为局部阻力。它还包括由于流通截面的扩大或缩小而产生的阻力。这种因流动方向和速度的变化而产生的局部阻力远较直管阻力复杂。边界层的概念有助于理解局部阻力，但却不能提供阻力的理论计算公式。因此，局部阻力损失也按式(1-49)计算

$$\Delta p_f = \lambda \frac{L_e}{d}\frac{\rho u^2}{2}$$

或

$$\Delta p_f = \zeta \frac{\rho u^2}{2} \tag{1-59}$$

用实验测出当量长度 L_e 或 ζ 来，就可计算出局部阻力。

式中的 L_e 即当量长度，它表示能产生与局部阻力相同的沿程阻力所需的管道长度。例如，一个 4″(d=100 mm)的闸板阀在全开时的局部阻力相当于 9 倍管径的 1 段直管长度(9×0.1=0.9 m)的沿程阻力，则该闸板阀的当量长度是 0.9 m。假若管道上有这样 1 个管件，在计算阻力时，要在实际长度上再加 0.9 m，即

$$\Delta p_f = \lambda \frac{L+L_e}{d}\frac{\rho u^2}{2}$$

式中：L——实际管长，m；

L_e——管件的当量长度，m。

式(1-59)中的 ζ 称局部阻力系数，表示克服局部阻力所引起的能量损失可以表达成动能 $\frac{u^2}{2}$ 的一个倍数。例如上面 4″ 的闸板阀全开时的局部阻力系数为 0.17，则管路总阻力为：

$$\Delta p_f = \left(\zeta + \lambda\frac{L}{d}\right)\frac{\rho u^2}{2} = \left(0.17 + \lambda\frac{L}{d}\right)\frac{\rho u^2}{2}$$

式中：L——实际管长，m；

ζ——局部阻力系数。

表 1.4～表 1.6 和图 1.30 提供了若干情况下的 ζ 或 L_e/d 数据，在其他手册中也可查得有关数据。

表 1.4　管件、阀门的阻力系数和当量长度与管径之比(管内湍流)

名　称	ζ	L_e/d	名　称	ζ	L_e/d
弯头，45°	0.35	17	标准截止阀(球阀)		
弯头，90°	0.75	35	全开	6.0	300
三通	1	50	半开	9.5	475
回弯头	1.5	75	角阀，全开	2.0	100
管接头	0.04	2	止逆阀		
活接头	0.04	2	球式	70.0	3500
闸阀			摇板式	2.0	100
全开	0.17	9	水表，盘式	7.0	350
半开	4.5	225			

表 1.5　突然扩大、突然缩小的局部阻力系数

		$\zeta=(1-S_1/S_2)^2$　　$\Delta p_1=\zeta\rho u_1^2/2$											
突然扩大	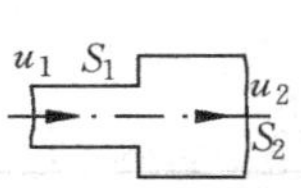	S_1/S_2	0	0.1	0.2	0.3	0.4	0.5	0.6	0.7	0.8	0.9	1.0
		ζ	1	0.81	0.64	0.49	0.36	0.25	0.16	0.09	0.04	0.01	0

续表

<table>
<tr><td rowspan="3">突然缩小</td><td rowspan="3">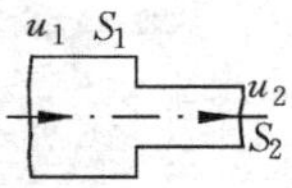</td><td colspan="12">$\zeta=0.5(1-S_2/S_1)$　　$\Delta p_1=\zeta\rho u_2^2/2$</td></tr>
<tr><td>S_2/S_1</td><td>0</td><td>0.1</td><td>0.2</td><td>0.3</td><td>0.4</td><td>0.5</td><td>0.6</td><td>0.7</td><td>0.8</td><td>0.9</td><td>1.0</td></tr>
<tr><td>ζ</td><td>0.5</td><td>0.45</td><td>0.40</td><td>0.35</td><td>0.30</td><td>0.25</td><td>0.20</td><td>0.15</td><td>0.10</td><td>0.05</td><td>0</td></tr>
<tr><td>流入大容器的出口</td><td>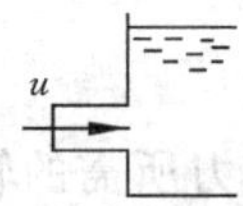</td><td colspan="12">$\zeta=1$(用管中流速)</td></tr>
</table>

表 1.6　管件和阀件在湍流时的局部阻力系数和当量长度与管径之比

管件和阀件的名称及其直径	ζ	$\frac{L_e}{d}$
45°弯头		15
90°弯头		
9.5 mm～63.5 mm		30
76 mm～152 mm	1.13～1.26	40
187 mm～254 mm		50
180°回弯头	1.5	50～75
三通 25 mm～100 mm		
流向为 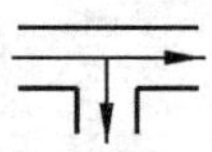		10
流向为 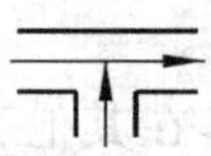		40
流向为 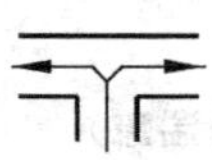		60
流向为 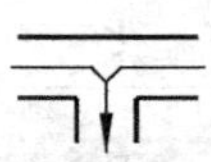		90
球心阀	6～9	300
闸门阀	0.15	10～15
单向阀		75
吸入和盘形阀		70
转子流量计		200～300
文氏管流量计		12
吸滤筐及底阀		
$d=38.1$ mm	12	
$d=50.8$ mm	10	
$d=63.5$ mm	8.5	
$d=101.6$ mm	7.0	
$d=152.4$ mm	6.0	
$d=203.2$ mm	5.2	

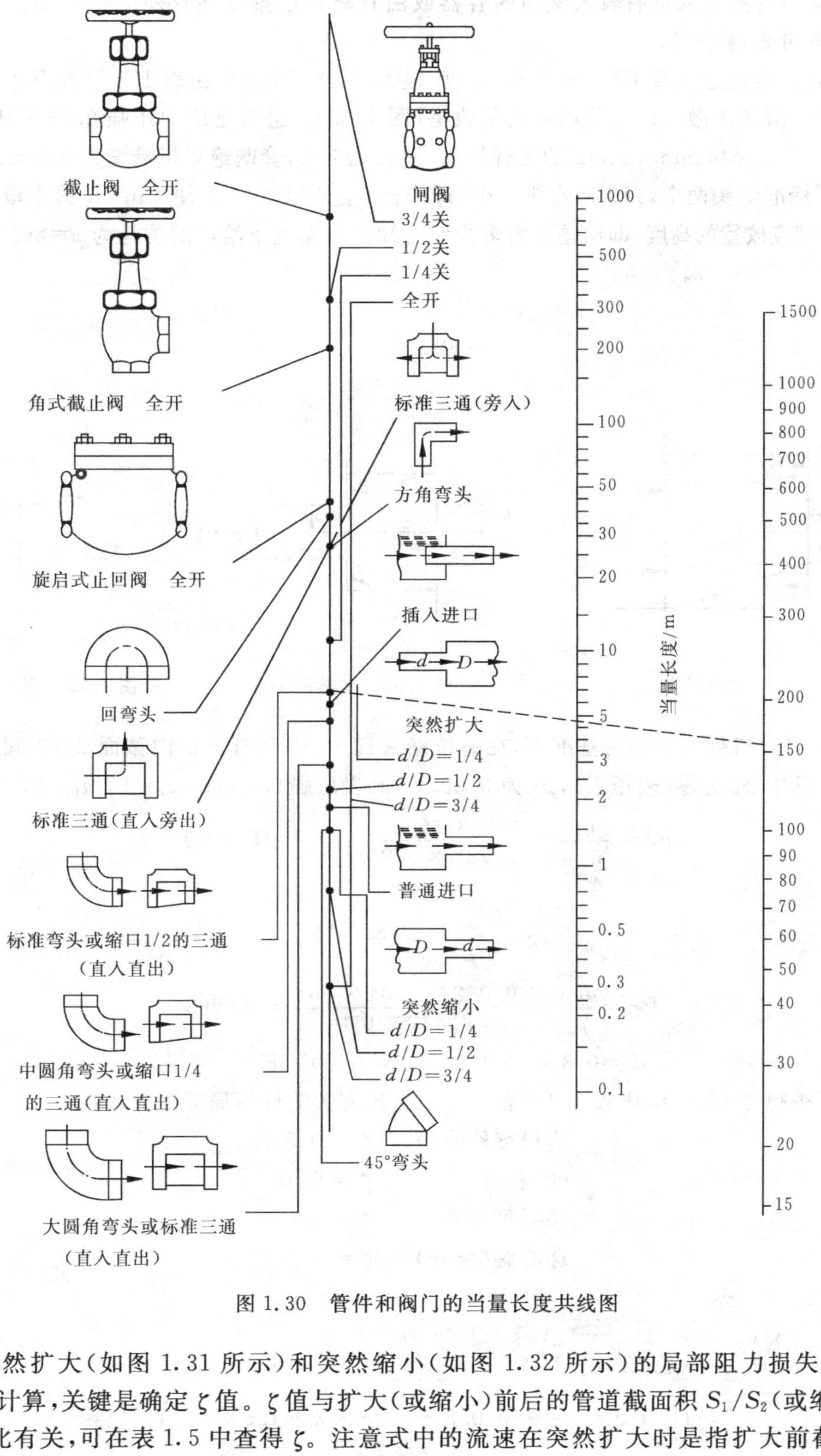

图 1.30 管件和阀门的当量长度共线图

突然扩大(如图 1.31 所示)和突然缩小(如图 1.32 所示)的局部阻力损失均可按式(1-59)计算,关键是确定 ζ 值。ζ 值与扩大(或缩小)前后的管道截面积 S_1/S_2(或缩小时 S_2/S_1)之比有关,可在表 1.5 中查得 ζ。注意式中的流速在突然扩大时是指扩大前截面 S_1 的流速 u_1,突然缩小时是指缩小后截面 S_2 中的流速 u_2。

当流体由管路流入具有较大截面的容器或由管路直接排放到管外空间时,因 $S_1/S_2\approx 0$,由表1.5可查得 $\zeta=1$。

当流体由容器进入管道时,如果容器截面很大,则 $S_2/S_1\approx 0$,由表1.5可查得 $\zeta=0.5$。

例1-7 溶剂由敞口的高位槽流入吸收塔(图1.33)。进液处塔内压强0.02 MPa(表压强),输送管道为 ϕ38 mm×3 mm的无缝钢管,总长为8 m,管壁绝对粗糙度为0.3 mm,管路上装有90°标准弯头两个,180°回弯头1个,球心阀(全开)1个。为使3 m^3/h 的流量流入塔内,问高位槽应放置的高度,即位差 z 为多少?已知操作温度下溶液的物性为 $\rho=861\ kg/m^3$,$\mu=6.43\times10^{-4}\ Pa\cdot s$。

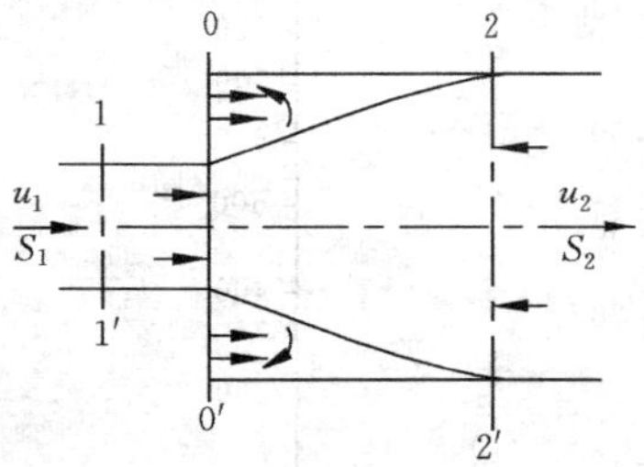

图1.31 突然扩大

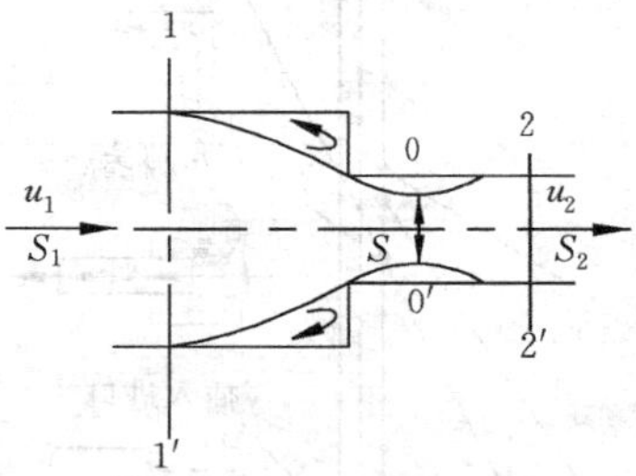

图1.32 突然缩小

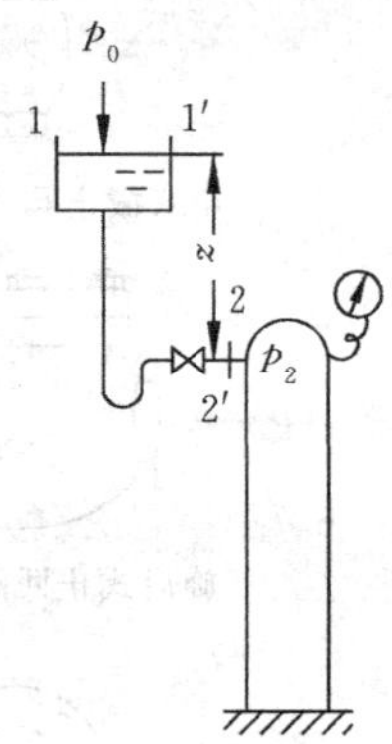

图1.33 例1-7附图

解:取管出口处水平面为基准面,在高位槽液面1—1′和管出口内截面2—2′间列伯努利方程式,其中 p_1 为零(表压强),p_2 为0.02 MPa(表压强),$z_1=z$,$z_2=0$,$u_1=0$,

$$u_2=\frac{q_v}{\frac{\pi}{4}d^2}=\frac{3/3600}{0.785\times0.032^2}=1.04(m/s)$$

则
$$zg=\frac{p_2}{\rho}+\frac{u_2^2}{2}+\sum h_f$$

又
$$Re=\frac{du\rho}{\mu}=\frac{0.032\times1.04\times861}{6.43\times10^{-4}}=44\ 563$$

$$\varepsilon/d=0.3\times10^{-3}/0.032=0.009\ 38$$

由图1.28查得 $\lambda=0.038$,由表1.4~表1.6中查出有关管件的局部阻力系数:

进口突然收缩 $\zeta=0.5$

90°标准弯头 $\zeta=0.75$

180°回弯头 $\zeta=1.5$

球心阀(全开) $\zeta=6.0$

所以

$$\sum h_f=\left(\lambda\frac{l}{d}+\sum\zeta\right)\frac{u_2^2}{2}$$
$$=\left(0.039\times\frac{8}{0.032}+0.5+0.75\times2+1.5+6.0\right)\times\frac{1.04^2}{2}$$
$$=10.4(J/kg)$$

因此位差为

$$z = \frac{2 \times 10^4}{861 \times 9.81} + \frac{1.04^2}{2 \times 9.81} + \frac{10.4}{9.81} = 3.5(\text{m})$$

1.5.4 乌氏粘度计测粘度的原理

乌氏粘度计(见图 1.34)是测量液体粘度的一种常用仪器,它通过测量一定液体(a 和 b 刻度间的液体)流过一定长度的毛细管(b 和 c 间的距离)所需要的时间来计算液体的粘度。它的原理就是基于分析流体流过毛细管的阻力。

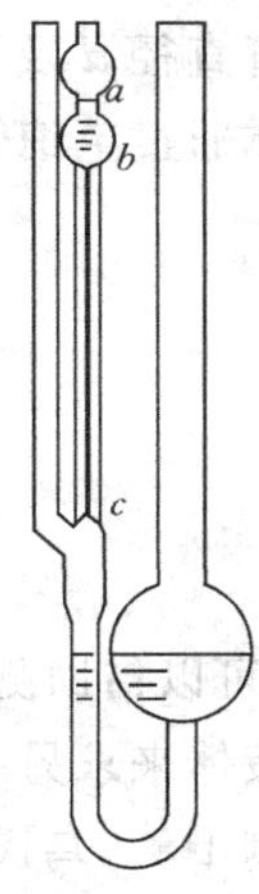

图 1.34 乌氏粘度计

若 a 和 b 间的体积是 V,毛细管的直径是 d,溶液完全流过毛细管的时间是 t(s),则流体在毛细管中的平均线速度 u 为:

$$u = \frac{V}{\frac{\pi}{4} d^2 t}$$

根据式(1-49c),流体流过长度为 L(b 和 c 间的距离)的毛细管时,因沿程阻力而造成的压头损失为:

$$\sum H_f = \lambda \frac{l}{d} \frac{u^2}{2g} \tag{a}$$

实际流体在毛细管中由 b(设为 1 截面)流到 c(设为 2 截面)的能量守恒关系式为:

$$\frac{\Delta u^2}{2g} + \frac{\Delta p}{\rho g} + \Delta z + \sum H_f = 0$$

因为毛细管的管径相同,所以

$$u_1 = u_2, \quad \Delta u^2 = 0$$

而 c 点是和大气相通的,毛细管两端 b 和 c 的静压强都近似于 1 atm,所以

$$p_1 = p_2 \quad \frac{\Delta p}{\rho g} = 0$$

将上述条件代入能量守恒关系式得:

$$-\Delta z = \sum H_f$$

$$z_1 - z_2 = \sum H_f$$

即

$$z_1 - z_2 = L = \sum H_f$$

所以流体在乌氏粘度计毛细管里流动时,因沿程阻力而造成的压头损失正是 L 米液柱。将 $\sum H_f = L$ 代入式(a),得到:

$$L = \lambda \frac{l}{d} \frac{u^2}{2g} \tag{1-60}$$

因为在乌氏粘度计中流速比较小,管径也很小,所以流体的流动状态都是滞流。这可以在得出流体的粘度后,通过计算流体在毛细管中的雷诺数 $Re \ll 2000$ 而得到证明。因此

$$\lambda = \frac{64}{Re} \tag{b}$$

将此关系代入式(1-60),则得到:

$$L=\frac{64}{du\rho/\mu}\cdot\frac{l}{d}\cdot\frac{u^2}{2g}$$

则

$$\mu=\frac{d^2\rho g}{32u} \tag{1-61}$$

或

$$\mu=\frac{\pi R^4\rho g t}{8V} \tag{1-62}$$

式(1-61)和式(1-62)是乌氏粘度计计算粘度的公式。由液体在毛细管中的平均速度 u、毛细管直径 d 及液体的密度 ρ 可以直接算出液体的粘度。另外,在同一支乌氏粘度计中,不同液体通过毛细管所需的时间与液体的粘度成正比,与液体的密度成反比:

$$\mu_1=\frac{d^2\rho_1 g}{32u_1}=\frac{\pi R^4\rho_1 g t_1}{8V}$$

$$\mu_2=\frac{d^2\rho_2 g}{32u_2}=\frac{\pi R^4\rho_2 g t_2}{8V}$$

所以

$$\frac{\mu_1/\rho_1}{\mu_2/\rho_2}=\frac{u_2}{u_1}=\frac{t_1}{t_2}$$

因此,可以借助测量两种不同的液体通过同一支乌氏粘度计所需的时间之比,由一种已知粘度的液体来求另一种液体的粘度。

例 1-8 乌氏粘度计刻度 a 和 b 间的体积为 3.5 cm³,毛细管长度为 130 mm,毛细管直径为 1.0 mm。若一种密度为 1050 kg/m³ 的液体液面由 a 降落到 b 需要 100 s,该液体的粘度是多少?

解:$d=1.0\ \text{mm}=1.0\times10^{-3}\ \text{m}$

$$V=3.5\ \text{cm}^3=3.5\times10^{-6}\ \text{m}^3$$

$$t=100\ \text{s}$$

$$\rho=1050\ \text{kg/m}^3$$

因为

$$u=\frac{V}{\frac{\pi}{4}d^2t}=\frac{3.5\times10^{-6}}{0.785\times(1.0\times10^{-3})^2\times100}=0.045(\text{m/s})$$

所以

$$\mu=\frac{d^2\rho g}{32u}=\frac{(1.0\times10^{-3})^2\times1050\times9.81}{32\times0.045}=7.2\times10^{-3}(\text{Pa}\cdot\text{s})$$

校核此时流体在毛细管中的流动状态

$$Re=\frac{ud\rho}{\mu}=\frac{0.045\times1.0\times10^{-3}\times1050}{7.2\times10^{-3}}=6.6\ll2000$$

1.6 管路计算

1.6.1 管路计算的类型和基本方法

管路计算就是应用流体流动的连续性方程、机械能衡算方程和流体流动阻力损失计算式(包括摩擦系数的计算式)3 个基本关系式，解决实际工作中常遇到的流体管路输送的设计问题和操作计算。

所谓管路的设计型计算，一般是指对于给定的流体输送任务，选用合理且经济的管路。在这类计算中，流速的选择是十分重要的。在流量确定的前提下，选用较大流速则所需管径小，使固定投资少，但流动阻力增大，使动力费用增大；反之，采用流速小的大管径管路，则固定投资大，但动力费用小。这里存在一个优化的问题。即从投资最省出发，选择适当的流速。表 1.1 可供流速选择参考。

操作型计算的特点是管路系统已固定，要求核算在某给定条件下的输送能力或某项技术指标。上述两类计算可归纳为下述 3 种情况：

(1) 已知流量和管道尺寸、管件，计算管路系统的阻力损失；

(2) 给定流量、管长、所需管件和允许压降，计算管路直径；

(3) 已知管道尺寸、管件和允许压降，求管道中流体的流速或流量。

对于第一种情况，根据已知条件，可以利用基本关系式直接计算。

对于后两种情况，由于管径或流量未知，无法求取流体流动的 Re，也就不能确定摩擦系数 λ，所以计算时需要采用试差法和迭代法。由于 λ 值变化范围不大，一般以 λ 值为试差变量，其初值的选取可采用流动已进入阻力平方区时的 λ 值。管路阻力若服从一次方或二次方定律，可采用直接代入法计算。

试差计算过程如下：

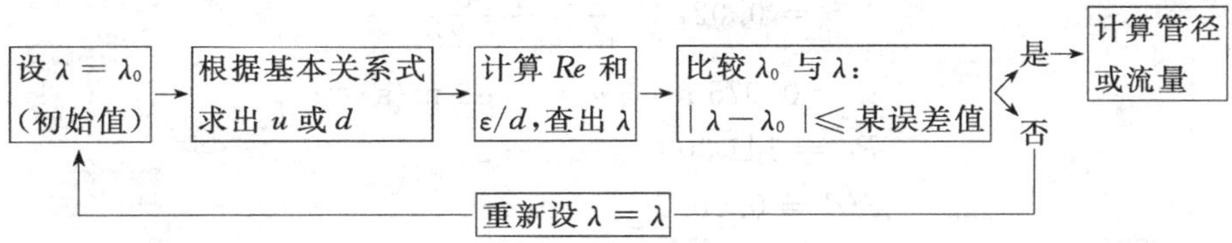

1.6.2 简单管路的计算

化工生产中常用的管路可分为简单管路和复杂管路。简单管路是指没有分支的管路。如图 1.35 所示管径不变的简单管路和图 1.36 所示由不同管径所组成的串联管路。这类管路的特点是：

(1) 通过各管道的流量不变，对于不可压缩流体有：

$$q_{v,1}=q_{v,2}=q_{v,3}=q_v \tag{1-63}$$

图 1.35 管径不变的简单管路

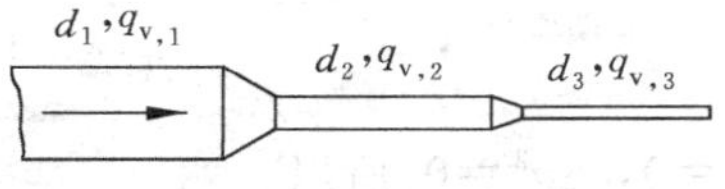

图 1.36 串联管路

(2) 整个管路的阻力等于各段直管阻力与各局部阻力之和：

$$\sum H_f=\sum H_{f1}+\sum H_{f2}+\sum H_{f3}+\sum H_f' \tag{1-64}$$

例 1-9 一水平安装的管路总长为 70 m，要求输水量为 30 m^3/h，输水过程的允许压头损失为 4.5 mH_2O,求管子直径。已知水的密度为 1000 kg/m^3,粘度为 1.0×10^{-3} Pa·s。钢管的绝对粗糙度为 0.2 mm。

解:此为已知阻力损失和流量,计算管径的问题。根据已知条件:$l=70$ m,$\sum H_f=4.5\ mH_2O$,$q_v=30\ m^3/h$,$\varepsilon=0.2$ mm:

$$u=\frac{30}{3600}\cdot\frac{4}{\pi d^2}=\frac{0.0106}{d^2}$$

因为 u,d 和 λ 均未知,应用试差法求解较方便。假设 λ 为 0.025,则由

$$\sum H_f=\lambda\frac{l}{d}\frac{u^2}{2g}$$

得到:

$$4.5=0.025\times\frac{70}{d}\frac{\left(\frac{0.0106}{d^2}\right)^2}{2g}$$

解出:$d=0.074$ m,$u=1.933$ m/s,

$$Re=\frac{ud\rho}{\mu}=\frac{1.933\times0.074\times1000}{10^{-3}}=143\,035$$

又
$$\varepsilon/d=0.2\times10^{-3}/0.074=0.0027$$

查图 1.28,得 $\lambda=0.027$,与初设值不同,故需以此 λ 值重新试算:

$$4.5=0.027\times\frac{70}{d}\times\frac{\left(\frac{0.0106}{d^2}\right)^2}{2g}$$

解出: $d=0.075$ m, $u=1.88$ m/s

计算 $Re=141\,300$

又 $\varepsilon/d=0.0027$

查出 $\lambda=0.027$,试差正确,管径计算结果为 0.075 m。

按管道产品的规格,可以选用 3 in 管,尺寸为 ϕ88.5 mm×4 mm,其内径为 80.5 mm,其压头损失不会超过 4.5 m 水柱。

例 1-10 用 ϕ108 mm×4 mm 水平安装的钢管输送原油。管路总长为 2000 m,管路中允许的压强降为 0.2 MPa,原油的密度为 850 kg/m^3,粘度为 5.0×10^{-3} Pa·s,钢管的粗糙度为 0.2 mm,求管路中的流量。

解:此为已知阻力损失、管径、管长,求流量。根据题意已知:$\Delta p_f=2\times10^5$ Pa,$d=0.1$ m,$l=2000$ m,$\rho=850\ kg/m^3$,$\mu=5.0\times10^{-3}$ Pa·s,$\varepsilon=0.2$ mm。用试差法计算,设 λ 为 0.03,列伯努利方程:

$$\rho g\Delta z+\Delta p+\frac{\rho\Delta u^2}{2}=\rho\sum h_f$$

因为 $\Delta z=0$,$\Delta u^2=0$,所以

$$\Delta p=\rho\sum h_f=\lambda\frac{l}{d}\frac{\rho u^2}{2}$$

则
$$u=\sqrt{\frac{2d\Delta p}{\lambda l\rho}}=\sqrt{\frac{2\times0.1\times(2\times10^5)}{0.03\times2000\times850}}$$

$$=0.886(m/s)$$

$$Re = \frac{du\rho}{\mu} = \frac{0.1 \times 0.886 \times 850}{5 \times 10^{-3}} = 1.506 \times 10^4$$

又

$$\varepsilon/d = 0.2/100 = 0.002$$

查图 1.28 得 $\lambda=0.031$，进行第二次试算：

$$u = \sqrt{\frac{2 \times 0.1 \times (2 \times 10^5)}{0.031 \times 2000 \times 850}} = 0.871(\mathrm{m/s})$$

核算

$$Re = \frac{0.1 \times 0.871 \times 850}{5 \times 10^{-3}} = 1.4807 \times 10^4$$

查出 $\lambda=0.031$，与原设值相符，试算结束，故原油流量为：

$$q_v = 3600 \times 0.785 d^2 \times u = 24.6(\mathrm{m^3/h})$$

1.6.3　复杂管路的计算

复杂管路指并联管路与分支管路。几条简单管路或串联管路的入口端与出口端都是汇合在一起的，称为并联管路。若只是入口端相连，而出口端并不汇合，则称为分支管路，如图 1.37(a)、(b)所示分别为并联管路和分支管路。这些管路的流动情况比简单管路复杂，但都同样遵循着质量衡算与能量衡算的原则。

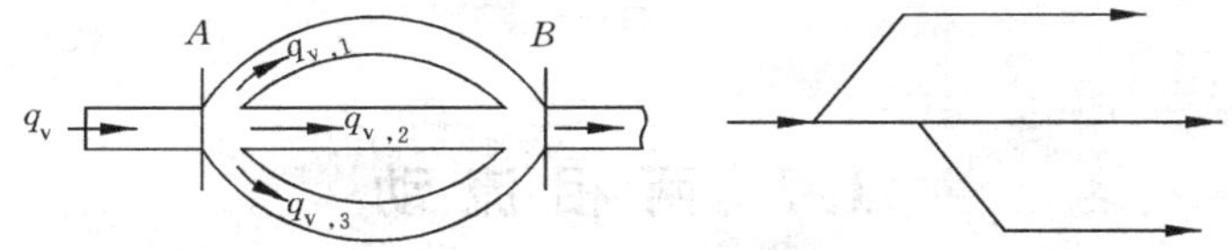

(a) 并联管路　　(b) 分支管路

图 1.37　并联与分支管路

并联管路的基本特点是：

(1) 总管流量等于各支管流量之和：

$$q_v = q_{v,1} + q_{v,2} + q_{v,3} \tag{1-65}$$

(2) 各条支管中的阻力损失是相同的：

$$\sum h_{f,1} = \sum h_{f,2} = \sum h_{f,3} \tag{1-66}$$

(3) 通过各支管的流体流量依据阻力相同的原则进行分配，即各管流速大小应满足：

$$\lambda_1 \frac{l_1}{d_1}\frac{u_1^2}{2} = \lambda_2 \frac{l_2}{d_2}\frac{u_2^2}{2} = \lambda_3 \frac{l_3}{d_3}\frac{u_3^2}{2} \tag{1-67}$$

各支管中的流量根据各支管中的阻力相等自行调整。经推导式(1-67)可以写为：

$$q_{v,1} : q_{v,2} : q_{v,3} = \sqrt{\frac{d_1^5}{\lambda_1 L_1}} : \sqrt{\frac{d_2^5}{\lambda_2 L_2}} : \sqrt{\frac{d_3^5}{\lambda_3 L_3}} \tag{1-68}$$

分支管路遵循主管的流量等于各支管流量之和以及在分支处的总机械能是一定值进行计算。

例 1-11　有一并联管路，已知总管内水的流量为 2 $\mathrm{m^3/s}$。各支管的长度 l_1, l_2, l_3 及管

径 d_1, d_2, d_3 分别为 1200 m,1500 m,800 m 和 0.6 m,0.5 m,0.8 m,求各支管内水的流量。已知水的密度为 1000 kg/m³,粘度 1.0×10^{-3} Pa·s,管路绝对粗糙度 0.2 mm。

解:若假设 3 支管内 λ 值均相同,利用式(1-68):

$$q_{v,1} : q_{v,2} : q_{v,3} = \sqrt{\frac{0.6^5}{1200}} : \sqrt{\frac{0.5^5}{1500}} : \sqrt{\frac{0.8^5}{800}}$$
$$= 1 : 0.567 : 2.514$$

又已知 $q_v = 2\ m^3/s$,可以分别求出各支管流量和流速:

$$q_{v,1} = 0.49\ m^3/s,\quad u_1 = 1.733\ m/s$$
$$q_{v,2} = 0.278\ m^3/s,\quad u_2 = 1.416\ m/s$$
$$q_{v,3} = 1.232\ m^3/s,\quad u_3 = 2.45\ m/s$$

然后求算 Re,验算 λ 值:

$$Re_1 = \frac{u_1 d_1 \rho}{\mu} = 1.04\times10^6$$
$$Re_2 = \frac{u_2 d_2 \rho}{\mu} = 0.71\times10^6$$
$$Re_3 = \frac{u_3 d_3 \rho}{\mu} = 1.96\times10^6$$

且 $\varepsilon/d_1 = 0.000\,33$,$\varepsilon/d_2 = 0.0004$,$\varepsilon/d_3 = 0.000\,25$。由图 1.28 可以查出,$\lambda_1 = 0.016$,$\lambda_2 = 0.0165$,$\lambda_3 = 0.0155$,相互很接近,可以认为 $\lambda_1 = \lambda_2 = \lambda_3$ 基本满足,故上述所求的结果亦可认为是正确的。

1.7 两相流动

在前面几节中主要阐述流体流动的基本规律,讨论流体在密闭管道中流动时压强的变化和能量的损失,着重研究固体边界对于流体流动的影响。在化工生产的单元操作中,有不少是与颗粒和流体间的相对运动有关,例如沉降与过滤、固体流态化。蒸馏和吸收则涉及气泡在液体中和液滴在气体中运动,吸附、离子交换与浸取过程常常在流体流过固体颗粒层的条件下进行。因此,了解流体流过颗粒和颗粒层的流动规律对于掌握众多化工单元操作和化学反应过程具有重要意义。

1.7.1 球形颗粒在流体中运动时的阻力

如图 1.38 所示,粘性流体流过球形颗粒时,正对颗粒的流体在接近 A 点时,流速 u 变小,压强增大,当到达 A 点时,流速 u 为零,流体的压强 p 最大。由于流体不可压缩,所以沿原流动方向而来的流体及其相邻流体在 A 点处高压作用下,只好将其部分静压能转变为动能,并被迫改变原来的运动方向,绕过颗粒两侧向下游流去,并在颗粒的后方形成漩涡。流体由于产生漩涡,损

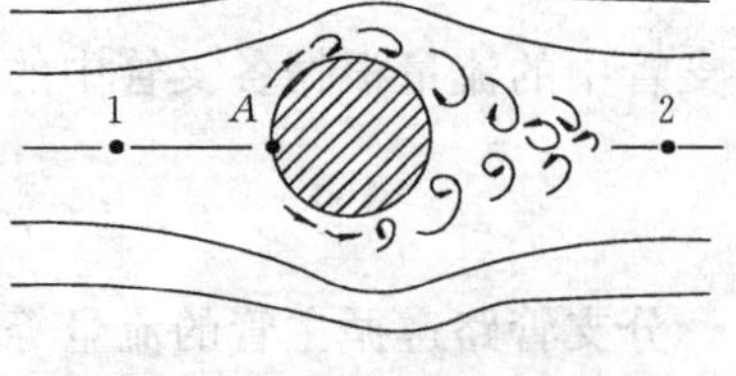

图 1.38 流体流过球形颗粒的情况

失了一部分能量。单位重量的流体损失的这部分能量值,就是颗粒与流体作相对运动时的形状阻力所造成的压头损失,单位是米液柱。

另外,流体沿颗粒表面流动有摩擦阻力损失,如果我们用 H_f' 表示流体流过颗粒时的摩擦阻力和形状阻力损失,则流体绕过颗粒前后(即图中 1 到 2)的能量守恒关系为:

$$\frac{\Delta u^2}{2g}+\frac{\Delta p}{\rho g}+\Delta z+H_f'=0$$

式中:H_f'——单位重量流体的总曳力所造成的压头损失,m 液柱。

因为 $u_1=u_2,\quad z_1=z_2$

所以 $\Delta u^2=0,\quad \Delta z=0$

代入能量守恒关系式得:

$$H_f'=\frac{p_1-p_2}{\rho g}$$

我们把单位重量流体的曳力所造成的压头损失(H_f')与单位重量流体所具有的动能之比叫做曳力系数 C_D:

$$C_D=\frac{(p_1-p_2)/(\rho g)}{\dfrac{u^2}{2g}}=\frac{\text{单位重量流体的曳力所造成的压头损失}}{\text{单位重量流体所具有的动能}}$$

所以,流体绕过颗粒前后产生的压差为:

$$p_1-p_2=C_D\frac{\rho u^2}{2} \tag{1-69}$$

1.7.2 曳力系数与雷诺数的关系

流体绕过颗粒流动的曳力系数与流体流动状态有关,而流体的流动状态可以由颗粒雷诺数的大小来判断。流体绕过颗粒流动的颗粒雷诺数 Re_p 可以由下式计算:

$$Re_p=\frac{ud_p\rho}{\mu} \tag{1-70}$$

式中:u——流体与颗粒的相对速度,m/s;

d_p——球形颗粒的直径,m;

ρ——流体的密度,kg/m^3;

μ——流体的粘度,Pa·s。

均匀来流绕过球形颗粒,当流速很低时称为爬流,此时颗粒所受的曳力 F_D 可以用理论推导求得:

$$F_D=3\pi\mu d_p u \tag{1-71}$$

此式称为斯托克斯(Stokes)定律,其中表面曳力占 2/3,形体曳力占 1/3。当流速较高时,颗粒表面出现边界层分离,流动情况复杂,颗粒所受的曳力必须通过实验求得。图 1.39 即是曳力系数 C_D 与颗粒雷诺数 Re_p 的关系图。

由图 1.39 可知 C_D 与 Re_p 的关系可以分为以下 4 个区域:

(1) 层流区(斯托克斯定律区):$Re_p\leqslant 2$,

$$C_D=\frac{24}{Re_p} \tag{1-72}$$

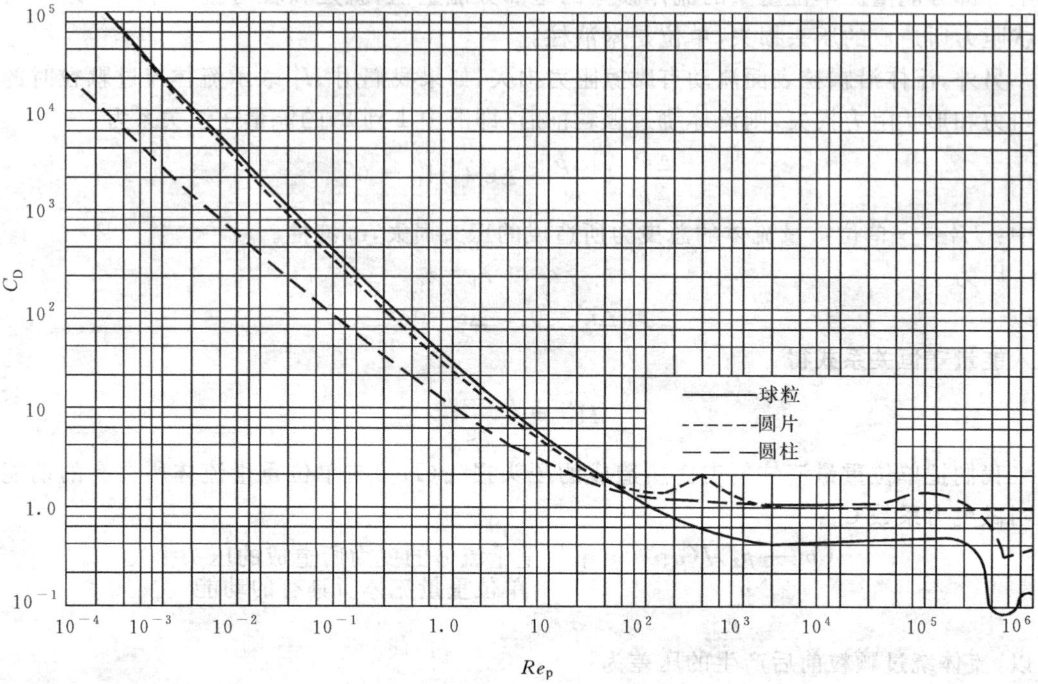

图 1.39　曳力系数 C_D 与颗粒雷诺数 Re_p 的关系

(2) 过渡区：$2<Re_p\leqslant 1000$，

$$C_D=\frac{18.5}{Re_p^{0.6}} \tag{1-73}$$

当 Re_p 增加，超出层流区后，在颗粒的后半部充满漩涡，漩涡造成较大的摩擦损失，同时漩涡中的流体具有很大的角速度和旋转动能，使其压强降低，因而产生较大的形体曳力，结果是颗粒所受的总曳力增加，表现为图 1.39 中曲线的这一段 C_D 随 Re_p 减小的规律有减缓的趋势。

(3) 湍流区：$1000<Re_p\leqslant 2\times10^5$，

$$C_D=0.44 \tag{1-74}$$

在此区内，由于速度增大，漩涡加强，形体曳力的比例增大，表面曳力所占的比例下降，以致可以忽略。因此曳力与流速的平方成正比，与流体粘度无关，曳力系数为常数，平均为 0.44。

(4) 湍流边界层区：$Re_p>2\times10^5$

$$C_D=0.1 \tag{1-75}$$

随着颗粒雷诺数的增大，边界层内流动由层流转变为湍流，使得曳力系数从 0.44 降为 0.1，并几乎保持常数。

1.7.3　重力沉降

只要颗粒与流体存在密度差，则在力场(重力场或离心力场)的作用下，颗粒与流体间就会产生相对运动,这种现象常用来使颗粒与流体分离。从本质上说,只要颗粒与流体间的相对速度相同,流体平行流过静止颗粒时,流体对颗粒的曳力与颗粒在静止状态,或没有湍流存在的流体中作直线运动时所受的曳力相同,因此,对于这种情况只需考虑流体与颗粒间的相对运动,不必考虑是流体或是颗粒静止不动。

1. 沉降过程

考虑光滑球形颗粒在静止流体中的沉降,如图 1.40 所示,单个颗粒受到 3 个力的作用:

重力 G:

$$G = mg = \frac{1}{6}\pi d_p^3 \rho_p g$$

浮力 F_b:

$$F_b = \frac{1}{6}\pi d_p^3 \rho g$$

流体曳力 F_D:

$$F_D = C_D A_p \frac{\rho u^2}{2}$$

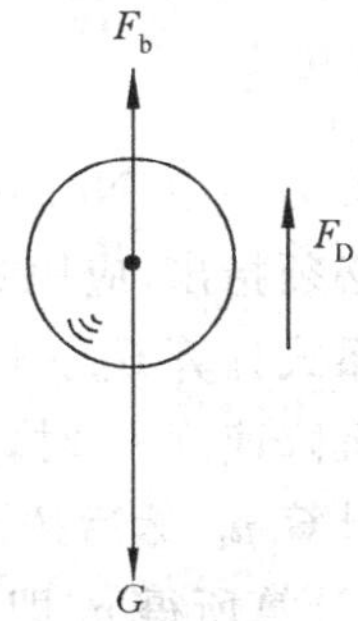

图 1.40 单个颗粒重力沉降时受力情况

过程刚开始时,颗粒与流体间无相对运动,速度 u 等于零,曳力为零,此时颗粒所受的向下的净力最大,颗粒的加速度最大。随着颗粒下落,颗粒与流体间的相对速度 u 增大,曳力 F_D 增大,颗粒所受的向下的净力减小,加速度减小,所以沉降为减加速运动。这一沉降过程继续到颗粒所受的曳力等于重力减浮力时,即颗粒所受净力为零,颗粒作等速运动:

$$F_D = G - F_b$$

颗粒沉降达到等速运动时的速度称为颗粒的沉降速度或终端速度。

2. 沉降速度的计算

如上所述,颗粒沉降达到等速运动时所受的净力为零,因此:

$$G - F_b - F_D = 0$$

即

$$\frac{1}{6}\pi d_p^3 (\rho_p - \rho) g - C_D \frac{\pi}{4} d_p^2 \frac{\rho u_t^2}{2} = 0$$

$$u_t = \sqrt{\frac{4(\rho_p - \rho) g d_p}{3\rho C_D}} \tag{1-76}$$

式中 C_D 为曳力系数,是颗粒雷诺数 Re_p 的函数。根据 Re_p 的不同,C_D 与 Re_p 的关系可分为几个不同区域,因此沉降速度的计算也需按不同区域进行。

(1) 层流区:$Re_p \leqslant 2$,C_D 与 Re_p 的关系遵循式(1-72),将式(1-72)代入式(1-76)可得:

$$u_t = \frac{d_p^2 g (\rho_p - \rho)}{18\mu} \tag{1-77}$$

此式称为斯托克斯公式。

(2) 过渡区：$2<Re_p\leqslant1000$，C_D 与 Re_p 的关系为式(1-73)，代入式(1-76)可得：

$$u_t = 0.27\sqrt{\frac{gd_p(\rho_p-\rho)Re_p^{0.6}}{\rho}} \tag{1-78a}$$

此式称为艾伦(Allen)公式，将式中 Re_p 以$\frac{d_p u_t \rho}{\mu}$代入，可得直接计算 u_t 的关系式：

$$u_t = 0.78\frac{d_p^{1.143}(\rho_p-\rho)^{0.715}}{\rho^{0.286}\mu^{0.428}} \tag{1-78b}$$

(3) 湍流区：$1000<Re_p\leqslant2\times10^5$，$C_D$ 等于 0.44，代入式(1-76)可得：

$$u_t = 1.74\sqrt{\frac{d_p(\rho_p-\rho)g}{\rho}} \tag{1-79}$$

此式称为牛顿(Newton)公式。

必须指出，应用式(1-77)到式(1-79)计算 u_t 时首先要知道沉降属于哪一区域，即用哪一个关系式计算 C_D。但是在没有求出 u_t 以前还不知道沉降属于哪一区域。因此用上述诸式计算沉降速度 u_t 时，需用试差法，其计算步骤如下：先假设沉降属于哪一区域，按此区域的公式计算 u_t，然后按计算所得的 u_t 求颗粒雷诺数 Re_p 以校验最初的假设是否正确，如果正确，则计算所得 u_t 即为正确的结果，否则，需重新计算，直至得到正确结果。

从式(1-77)到式(1-79)可知沉降速度 u_t 与各种有关因素的关系。对于一定的物系，若已知物性参数 μ，ρ_p 和 ρ，则颗粒的沉降速度只与颗粒的直径 d_p 有关，因此应用这类公式，既可在已知颗粒直径的条件下求沉降速度，也可以在已知沉降速度的情况下求颗粒直径。颗粒直径愈小，沉降速度愈小。当沉降为层流时，根据式(1-77)，若已知 d_p，ρ_p 与 ρ，则测得沉降速度 u_t 就可以求出液体的粘度 μ，这就是落球法测定液体粘度的原理。

图 1.41 为落球粘度计的示意图。

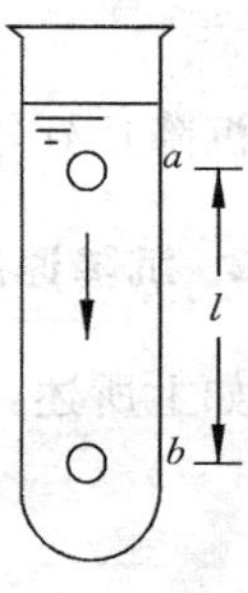

图 1.41 落球粘度计示意图

由式(1-77)可得：

$$\mu=\frac{d_p^2 g(\rho_p-\rho)}{18u_t}=\frac{d_p^2 g(\rho_p-\rho)}{18L/t}$$

式中：L——粘度计两刻度间的距离，m；

t——落球经过两个刻度间的时间，s。

落球粘度计往往用来测定高粘度液体，熔融高分子的粘度。

例 1-12 1 个直径 5.0 mm 的钢球在待测粘度的液体中自由沉降 4.0 cm，需时 300 s，此液体的粘度是多少？已知该液体的密度是 1200 kg/m³，钢的密度是 8000 kg/m³。

解：将已知数据代入式(1-77)得：

$$\mu=\frac{d_p^2 g(\rho_p-\rho)}{18L/t}=\frac{(5.0\times10^{-3})^2\times9.81\times(8000-1200)}{18\times\frac{4.00\times10^{-2}}{300}}$$

$$=7.0\times10^2(\text{Pa}\cdot\text{s})$$

校核 Re_p：

$$Re_p=\frac{u_t d_p\rho}{\mu}=\frac{4.00\times10^{-2}/300\times5.0\times10^{-3}\times1200}{700}$$

$$=1.1\times10^{-6}\ll2$$

1.7.4 固体流态化

1. 固体流态化的基本概念

1）流态化现象

流态化是一种使固体颗粒通过与流体接触而转变成类似流体状态的操作。许多工业部门处理粉粒状物料的输送、混合、涂层、换热、干燥、吸附、煅烧和气固反应等过程中，都广泛地应用了流态化技术。

当流体自下而上地通过一个固体颗粒床层时，会出现如图 1.42 所示的情况。当流速较低，颗粒静止不动，流体只在颗粒之间的缝隙穿过，如图 1.42(a)所示，这种床层称固定床。当流速继续增大，颗粒开始松动，床层略有膨胀，但颗粒还不能自由运动。如果流速继续升高，这时颗粒全部悬浮在向上流动的气体或液体中，随着流速增大，床层高度也随之升高，这种情况称流化床，如图 1.42(b)所示。当流速再升高，达到某一值时，流化床上界面消失，颗粒分散悬浮在气流中，被气流带走，这种状态称为气流(气力)输送，如图 1.42(c)所示。

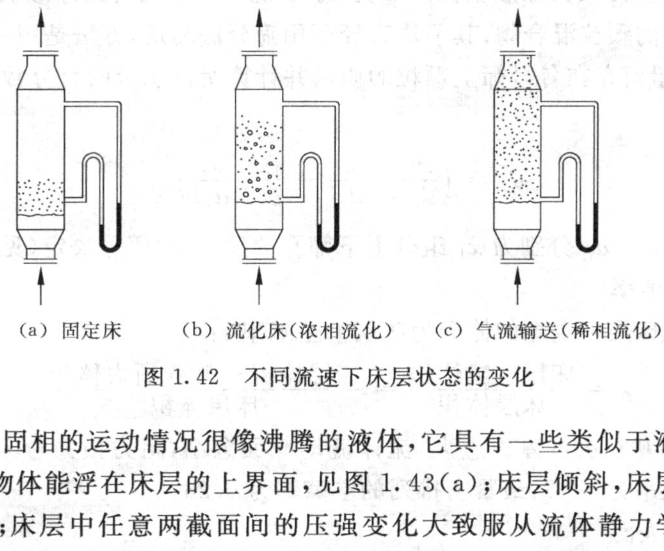

图 1.42 不同流速下床层状态的变化

流化床中气、固相的运动情况很像沸腾的液体，它具有一些类似于液体的性质，例如：密度比床层小的物体能浮在床层的上界面，见图 1.43(a)；床层倾斜，床层表面仍能保持水平，见图 1.43(b)；床层中任意两截面间的压强变化大致服从流体静力学的关系式($\Delta p=\rho gL$，其中 ρ，L 分别表示颗粒层的密度与高度)，见图 1.43(c)；有流动性，颗粒能像液体那样

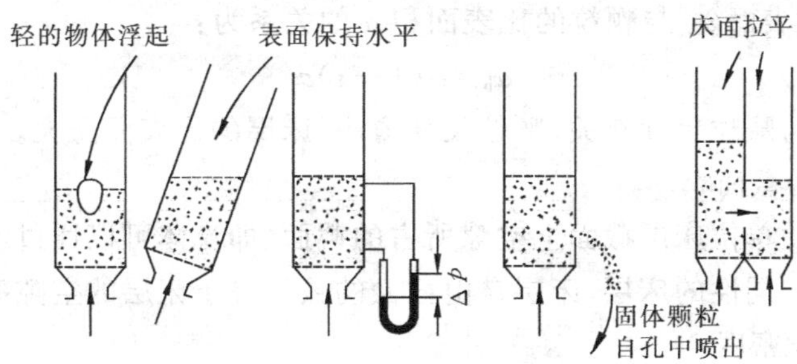

图 1.43 流化床类似液体的特性

从器壁小孔流出,见图 1.43(d);在两个联通的床中,当床层高度不同时,能自动调整平衡,见图 1.43(e)。流化床的这种类似于液体的流动性可以实现固体颗粒在设备内与设备间的流动,易于实现过程的连续化与自动化。由于流化床层具有液体的某些性质,因此,在一定的状态下,流化床层有一定的密度、热导率、比热容和粘度等。

2) 颗粒与床层的特性

当流体流过颗粒床层时,与流动有关的床层几何特性有以下几项:

(1) 颗粒的形状系数与直径

对于球形颗粒可以用直径表示其几何特性。对于非球形颗粒,表示其几何形状的方法很多,其中之一是用当量体积球直径 d_{ev} 与形状系数 φ 表示。

若颗粒的体积为 V_p,则当量体积球直径 d_{ev} 等同于体积相等的圆球的直径:

$$d_{ev}=\sqrt[3]{\frac{V_p}{\pi/6}} \tag{1-80}$$

形状系数为当量体积球面积 πd_{ev}^2 与颗粒实际表面积 s_p 之比:

$$\varphi=\pi d_{ev}^2/s_p \tag{1-81}$$

对于非球形颗粒,$\varphi<1$,球形颗粒的 φ 为 1。φ 说明了颗粒与圆球形状的差异程度。

对于大小不等的颗粒混合物,其平均直径可用筛分法测定,方法是用一套孔径不同的筛子把颗粒筛分,称量留存在各号筛上颗粒的质量并计算所占总量的百分数 $x\%$,则颗粒平均直径 $\overline{d_p}$为:

$$\overline{d_p}=\left(\frac{x_1}{d_{p1}}+\frac{x_2}{d_{p2}}+\cdots+\frac{x_n}{d_{pn}}\right)^{-1} \tag{1-82}$$

其中$\overline{d_{p1}}=\sqrt{d_1d_2}$, d_1, d_2 分别为 x_1 组分上下筛孔的尺寸,由筛号决定(见附录 21)。

(2) 床层的空隙率

单位体积颗粒床层中空隙的体积为床层的空隙率 ε:

$$\varepsilon=\frac{\text{床层空隙体积}}{\text{床层体积}}=\frac{\text{床层体积}-\text{颗粒所占体积}}{\text{床层体积}}$$

ε 愈小,表示床层内颗粒所占体积愈大,流体流动截面愈小,阻力损失愈大。均一的球形颗粒最松排列的空隙率为 0.48,最紧密排列的空隙率为 0.26。

(3) 床层的比表面

单位体积的床层中颗粒的表面积称为床层的比表面。忽略因颗粒相互接触而减少的裸露表面,则床层的比表面 a_b 与颗粒的比表面积 a 的关系为:

$$a_b=(1-\varepsilon)a \tag{1-83}$$

床层比表面积主要与颗粒尺寸有关,颗粒尺寸愈小,床层的比表面愈大。

(4) 床层的自由截面

颗粒床层中某一单位床层截面上空隙所占的截面(即流体可以通过的截面)称为床层的自由截面。对于各向同性的床层,床层自由截面的数值等于床层的空隙率 ε。

(5) 床层的堆积密度

单位体积的床层中颗粒的质量称为床层的堆积密度 ρ_b。

$$\rho_b=\frac{\text{颗粒质量}}{\text{床层体积}}$$

床层堆积密度 ρ_b 与颗粒的真实密度 ρ_s 之间的关系为：

$$\rho_b = (1 - \varepsilon)\rho_s \tag{1-84}$$

3）颗粒床层的压降与流速的关系

如果流体自下而上通过颗粒床层，流速以空床流速 u 来表示，通过床层的压降 Δp_b 在理想情况下如图 1.44 所示，将出现 3 个不同阶段。

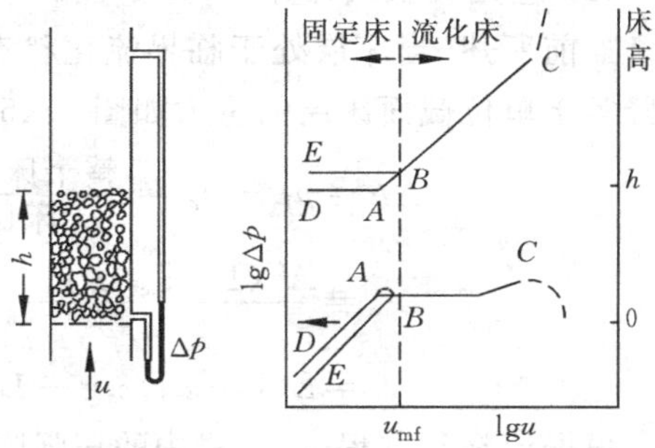

图 1.44 流化过程曲线

(1) 固定床阶段

流速低的气体通过颗粒床层时对颗粒的曳力小，颗粒相互紧密相接，静止不动，此时的颗粒床层为固定床，床层的压降 Δp 与流速的关系如图 1.44 中的 DA 段所示，其中 Δp_f 可用欧根公式计算：

$$\frac{\Delta p_f}{L} = 150\,\frac{(1-\varepsilon)^2}{\varepsilon^3(\varphi d_{ev})^2}\mu u + 1.75\,\frac{1-\varepsilon}{\varepsilon^3}\,\frac{\rho u^2}{\varphi d_{ev}} \tag{1-85}$$

(2) 流化床阶段

当气体流速增加到一定值时，气体对颗粒的曳力增加到等于颗粒所受的重力减浮力，或者说气体通过床层的压强降等于单位截面床层的重力时，颗粒开始浮动，相当于图 1.44 中的 A 点。此时床层常常会稍有增高，而颗粒始终相互接触，此时即使流速再增加，但因床层空隙率也增加，所以气体通过床层的压强降基本保持不变。当流速增加到图 1.44 中的 B 点，再继续增加流速，颗粒相互离开，悬浮在流体中，这个转折点称为临界流化点，此时的流速称为临界流化速度 u_{mf}，相应的空隙率称为临界空隙率 ε_{mf}。

临界流化点以后，流速增加，床层高度也增加，即床层空隙率增加，床层的有效重力不变，故此时压强降 Δp 几乎保持不变：

$$\Delta p = h_{mf}(1 - \varepsilon_{mf})\rho_s g + h_{mf}\varepsilon_{mf}\rho g \tag{1-86}$$

式中：h_{mf}，ε_{mf} 分别为床层开始流化时的床层高度与空隙率。

(3) 气流输送阶段

在流化床阶段，当气速增大到高于单个颗粒的沉降速度时，颗粒被流体带走，床层上界面消失，这时的流速称为流化床的带出速度，流速高于带出速度为气流输送阶段。气流输送在工业上应用很多，但其压降的计算较复杂，可参考有关专著。

当气速从气流输送速度以上自大到小降低时，床层压降和流速的关系如图 1.44 中 CBE 曲线所示。在固定床阶段，由于床层颗粒松动，空隙率稍有增加，床层高度也略有增大，故床层压降比气体流速上升阶段时低。

2. 流化床的操作范围

流化床的操作范围，理论上应该是气速高于临界流化速度 u_{mf}，低于颗粒的带出速度(即沉降速度) u_t。

1）临界流化速度

（1）实验测定

确定临界流化速度的基本方法是实验测定，根据图1.44中压强降曲线上EB与BC两条线的交点确定最小流化速度。

（2）应用关联式计算

如前所述，当床层处于临界流化状态时，流体通过床层的压强降等于单位截面床层的重力如图1.45所示。

图1.45　临界流化状态下整个床层的力平衡

$$\Delta p = p_1 - p_2 = \frac{\text{整个床层重力}}{\text{床截面}}$$

$$= \frac{Ah(1-\varepsilon_{mf})\rho_s g + Ah\varepsilon_{mf}\rho g}{A}$$

$$= L(1-\varepsilon_{mf})\rho_s g + L\varepsilon_{mf}\rho g \tag{1-87}$$

根据伯努利方程式，上式中的压强降包括两部分：由于摩擦损失引起的压强降Δp_f和由于位置提高而引起的压强降：

$$\Delta p = \Delta p_f + h_{mf}\rho g \tag{1-88}$$

所以

$$\Delta p_f = h_{mf}(1-\varepsilon_{mf})\rho_s g + h_{mf}\varepsilon_{mf}\rho g - h_{mf}\rho g$$

$$= h_{mf}(1-\varepsilon_{mf})(\rho_s - \rho)g \tag{1-89}$$

在临界流化状态下，床层处于固定床到流化床的转折点，流体通过床层因阻力引起的压降遵循欧根公式(1-85)，故可得：

$$150\frac{(1-\varepsilon_{mf})^2}{\varepsilon_{mf}^3(\varphi d_{ev})^2}\mu u_{mf} + 1.75\frac{1-\varepsilon_{mf}}{\varepsilon_{mf}^3}\frac{\rho u_{mf}^2}{\varphi d_{ev}} = (1-\varepsilon_{mf})(\rho_s-\rho)g \tag{1-90}$$

解式(1-90)即可求得临界流化速度u_{mf}。

当颗粒直径d_{ev}比较小，$Re_p<10$时，式(1-90)中等号左侧第二项相对较小，可以忽略不计，则

$$u_{mf} = \frac{(\varphi d_{ev})^2\varepsilon_{mf}^3}{150\mu}\frac{(\rho_s-\rho)g}{1-\varepsilon_{mf}} \tag{1-91}$$

当颗粒直径d_{ev}较大时，Re_p大于1000，式(1-90)等号左侧第一项相对较小，可以忽略不计，则

$$u_{mf} = \sqrt{\frac{\varphi d_{ev}\varepsilon_{mf}^3}{1.75}\frac{(\rho_s-\rho)g}{\rho}} \tag{1-92}$$

应用式(1-91)和式(1-92)计算u_{mf}时，颗粒的球形度和临界空隙率ε_{mf}的数据常常不易获得。对于很多混合颗粒，存在以下的近似关系：

$$\varphi\varepsilon_{mf}^3 \approx \frac{1}{14}$$

$$\frac{\varphi^2\varepsilon_{mf}^3}{1-\varepsilon_{mf}} \approx \frac{1}{11} \tag{1-93}$$

当没有φ与ε_{mf}的具体数据时，可以应用式(1-93)的经验关系式进行估算。

M. Leva综合许多作者的实验数据，得到$Re_p<5$时，临界流化速度为：

$$u_{mf} = 0.00923\frac{d_p^{1.182}[\rho(\rho_s-\rho)]^{0.94}}{\mu^{0.88}\rho} \tag{1-94}$$

2) 带出速度

流化床颗粒的带出速度 u_t 等于单个颗粒在流体中的沉降速度，因此可以按式(1-77)～式(1-79)计算。

值得注意的是，若粒度不均一的混合颗粒进行流化，计算临界流化速度时应用颗粒的平均直径；而计算带出速度时，则必须用具有相当数量的最小颗粒的直径。

3) 流化床的操作范围和流化数

流化床的操作范围可以用带出速度与临界流化速度的比值大小表示。对于均一的细颗粒，流体流过颗粒固定床和颗粒在流体中的流动均属层流，根据式(1-77)，式(1-91)和式(1-93)得：

$$\frac{u_t}{u_{mf}} = 91.7 \tag{1-95}$$

对于均一的粗颗粒，流体流经床层与颗粒在流体中的流动均为湍流，根据式(1-79)，式(1-92)和式(1-93)得：

$$\frac{u_t}{u_{mf}} = 8.61 \tag{1-96}$$

式(1-95)与式(1-96)表示两种极端的情况，说明小颗粒床的操作范围比大颗粒床宽，对于非均一的混合颗粒，因细颗粒的带出速度小，操作范围窄。

流化床采用的操作气速需根据工艺过程的具体情况而定。实际操作气速与临界流化速度之比 u/u_{mf} 称为流化数。对于不同的工艺过程，流化数可以在很大的幅度内变动。

例 1-13 在流化床中用 70℃，0.1 MPa 的热空气干燥某种湿的颗粒物料。颗粒的平均粒径为 0.3 mm，最小颗粒的粒径为 0.2 mm，颗粒的球形度为 0.8，密度为 2000 kg/m³，床层的临界空隙率为 0.45。求此流化床的临界流化速度和带出速度。

解：(1) 求临界流化速度 u_{mf}

假设临界流化点时空气通过床层为层流，故应用式(1-91)计算 u_{mf}。已知，70℃，0.1 MPa 的空气密度 $\rho=1.029\ \text{kg/m}^3$，空气的粘度 $\mu=2.06\times10^{-5}\ \text{Pa}\cdot\text{s}$，所以

$$\begin{aligned}u_{mf} &= \frac{\varphi^2 d_{ev}^2}{150\mu}\cdot\frac{\varepsilon_{mf}^3}{1-\varepsilon_{mf}}\cdot(\rho_s-\rho)g\\ &= \frac{0.8^2\times0.0003^2}{150\times2.06\times10^{-5}}\times\frac{0.45^3\times(2000-1.029)\times9.81}{1-0.45}\\ &= 0.0606(\text{m/s})\end{aligned}$$

校验流型：

$$\begin{aligned}Re_p &= \frac{\varphi d_{ev} u\rho}{\mu} = \frac{0.8\times0.0003\times0.0606\times1.029}{2.06\times10^{-5}}\\ &= 0.726 < 10\end{aligned}$$

故原假设正确，上述 u_{mf} 的计算结果正确。

(2) 求带出速度

假设带出速度点时空气通过床层为过渡流，应用式(1-78b)，

$$\begin{aligned}u_t &= 0.78\frac{d_p^{1.143}(\rho_s-\rho)^{0.715}}{\rho^{0.286}\mu^{0.428}}\\ &= \frac{0.78\times(0.8\times0.0002)^{1.143}(2000-1.029)^{0.715}}{1.029^{0.286}(2.06\times10^{-5})^{0.428}}\end{aligned}$$

$$=0.82(\text{m/s})$$

校核流型:

$$Re_p = \frac{d_p u\rho}{\mu} = \frac{0.8 \times 0.0002 \times 0.82 \times 1.029}{2.06 \times 10^{-5}}$$

$$= 6.55$$

$$2 < Re_p < 1000$$

故原假设正确。

$$u_t / u_{mf} = \frac{0.82}{0.0606} = 13.5。$$

3. 流化床的流化类型与不正常现象

习惯上流化床可分为散式流态化与聚式流态化。

(1) 散式流态化

散式流态化的特点是固体颗粒均匀地分散在流动的流体中,床层中各部分的密度几乎相等,床层有一定的上界面,随着流速增加,颗粒间的距离(即床层的空隙率)均匀增大,床层的高度均匀地增加,床层的上界面比较稳定,所以,流体通过床层的压强降稳定。

一般,流体与固体密度差小的体系趋向于形成散式流态化,所以通常固液流化系统多为散式流态化。

(2) 聚式流态化

聚式流态化也称为鼓泡流态化。它的特点是床层中存在不同的两个相,一个是固体浓度大而且分布比较均匀的连续相,称为乳化相;另一个是夹带少量固体颗粒以气泡形式通过床层的不连续的气泡相。乳化相内的状态接近于起始流化状态,其中的空隙率和流体的实际流速约等于起始流化时的数值。使床层的气体速度超过临界流化速度的那一部分气体,集中以气泡的形式通过床层。气泡在床层上界面处破裂,造成上界面的波动,因此床层上界面不像散式流态化那样平稳,流体通过床层的压强降的波动也较大。随着流速增大,通过乳化相的流体的流速几乎不变,增加的气量都以气泡的形式通过床层,所以气泡的尺寸与产生的频率增加,床层上界面和压强降的波动较大。气固流态化系统多为聚式流态化。

(3) 流化床中的不正常现象

流态化过程的设计和操作不当,往往会产生不正常现象,沟流与腾涌就是两种常见的不正常现象。见图 1.46。有时气速虽已超过临界流速,但整个床层仍不能流化。某些部分被气流吹成一条沟道,气体由此穿过床层,这种现象称沟流,另外一部分床层仍处于固定床状态,这种现象称为死床。产生沟流时,床层压降低于正常值(即单位截面床层的重量)。

出现沟流时,大量气体短路,气体与固体的接触情况不良,不利于气、固两相间的传质与化学反应。

沟流现象的出现主要与颗粒性质、堆积情况、床层直径以及分布板结构等因素有关。颗粒粒度过细,密度大,易于粘结,堆积不匀,床径大以及气体初始分布不均匀等都容易引起沟流。

随着流化床内的气泡汇合长大,当其直径接近床层直径时,就把其上的颗粒物料像活塞

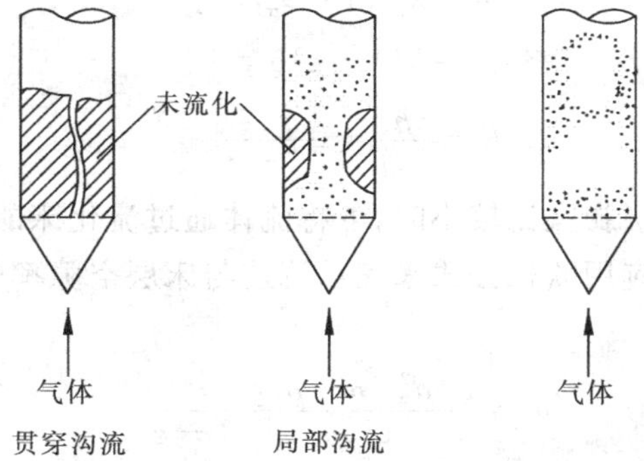

(a) 沟流示意图　　(b) 腾涌示意图

图 1.46　流化床的不正常现象

那样向上推起，达到一定高度后崩裂，颗粒分散下落，这种现象称腾涌。出现腾涌时，床层起伏波动很大，颗粒对器壁的磨损加剧，引起设备振动，甚至将床中内构件冲坏。此时，气体通过床层的压强降大幅度波动，时而高于正常值，时而低于正常值。

一般加大床径，使床层高度与床径比小于1或者在床层中加设内构件等可以防止腾涌。

根据上述流化床中几种正常与不正常状态的压强降特性，观察流化床的压强降的波动，有助于判断流化床的操作是否正常，例如压强降比正常值低，说明可能出现了沟流现象；压强降上下波动幅度大，则可能产生了腾涌。

4. 流化床的直径与高度

流化床的直径与高度是流化床设备的两个主要尺寸。

(1) 流化床的直径

流化床的操作气速确定后，即可根据处理的气量求流化床所需的直径 D：

$$D=\sqrt{\frac{4q_{\mathrm{v}}}{\pi u_{实}}} \tag{1-97}$$

式中：q_{v}——需处理的气体流量，$\mathrm{m^3/s}$；

$u_{实}$——流化床的实际操作气速，m/s。

(2) 床层高度(浓相区高度)

流态化设备的总高度由两段高度，即流化床床层本身(流化上界面以下床层，也称浓相区)和床层以上的分离高度(也称为稀相区)组成。这两段高度实际上就是膨胀高度和分离高度。

前已述及，当流速大于临界流化速度以后，床层开始膨胀。一般流速愈大，床层愈高。流化床床高 h 与临界流化时的床高 h_{mf}之比 R：

$$R=\frac{h}{h_{\mathrm{mf}}}$$

称为流化床的膨胀比。

对于气体流化床，因为 $\rho_{\mathrm{s}}\gg\rho$，所以气体通过床层的压强降计算式(1-86)变为：

$$\Delta p = h_{\mathrm{mf}}(1-\varepsilon_{\mathrm{mf}})\rho_s g$$
$$= h(1-\varepsilon)\rho_s g$$

所以
$$R = \frac{h}{h_{\mathrm{mf}}} = \frac{1-\varepsilon_{\mathrm{mf}}}{1-\varepsilon} \tag{1-98}$$

对于散式流态化，当床层膨胀比较小时，可将流体通过流化床的流动近似看成是通过空隙率相同的固定床的流动，应用欧根公式来表示流速与床层空隙率的关系。若流动为层流，则应用式(1-91)可得：

$$u = \frac{\varphi^2 d_{\mathrm{ev}}^2(\rho-\rho)g}{150\mu}\,\frac{\varepsilon^3}{1-\varepsilon} \tag{1-99}$$

对于细颗粒，$\varepsilon<0.8$ 的液固散式流化床，此式与实验结果颇为吻合；对于粗颗粒，则床层高度比按式(1-98)与式(1-99)预计的要高，此时 u 与 ε 的关系可按 W. K. Lewit 等人提出的经验公式计算：

$$u = \varepsilon^m \tag{1-100}$$

式中：m 为 $Re_{\mathrm{p}}\left(=\dfrac{d_{\mathrm{p}}u\rho}{\mu}\right)$ 的函数，见图 1.47。

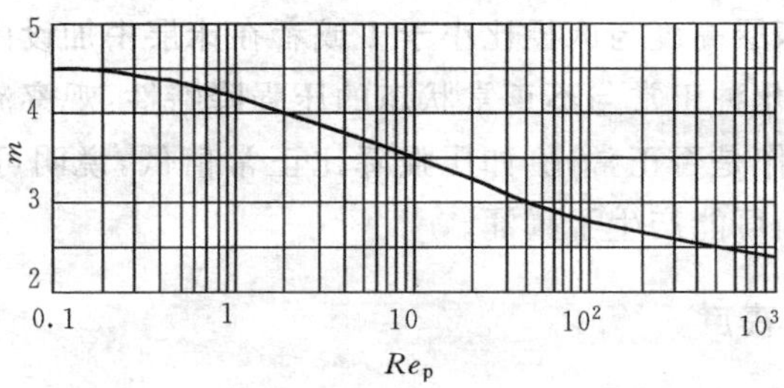

图 1.47 式(1-100)中 m 与 Re_{p} 的关系

对于聚式流态化，因床层上界面波动较大，准确测定床层高度比较困难，至今尚缺乏比较准确的计算公式。

(3) 分离高度

在流化床中，当气泡在床层界面破裂时，由于气体的局部速度较大，将固体颗粒向上抛，其中大部分颗粒的沉降速度大于气体的空塔速度，这些颗粒在达到一定高度后重新下落，因此在流化床界面以上固体颗粒浓度随距离上界面的高度而减小，最后达到一定值(图 1.48)。达到定值这一点离床层上界面的距离称为分离高度。分离高度以上空间固体颗粒的浓度不变，即使设备出口增高也不能再减少颗粒的带出量。所以，分离高度是使被气体带出床面的较大颗粒返回床层(浓相区)所必需的高度。流化床的出口(或内旋风的入口)应位于分离高度以上，以免将较大颗粒带出，但也不应过高。

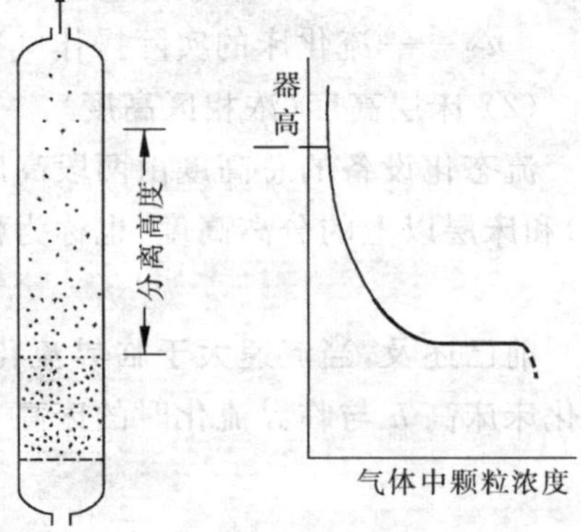

图 1.48 分离高度

分离高度与颗粒粒度分布、密度和气体的密度与粘度以及床层的结构尺寸和气速等有关。目前尚无可靠的计算公式,一般气速愈大,分离高度愈大。

1.8 流体输送设备

在生产中为了把流体从低处送到高处,由低压处送到高压处,或是为了增加流体的静压能,或是为了克服阻力,都需要向流体供给能量。流体输送机械就是向流体做功以提高流体机械能的装置。一般,把输送液体的机械通称为泵,把输送气体的机械按不同的工况分别称为通风机、鼓风机、压缩机和真空泵。

化工生产中涉及的流体的性质千差万别,有的性质十分特殊,如流体的温度很高或很低,粘度很大,腐蚀性强,易燃易爆,有毒,含有固体悬浮物等。因此,在实际工作中针对不同的需要和工况,研制了各种不同种类的输送机械。

下面以离心泵为例,分析选用流体输送设备时需要解决的问题:

(1) 定规格

通过计算确定流量和扬程。

(2) 选型

根据流体的性质和工况,选择合适型式的泵,如选耐腐蚀泵以输送强腐蚀性流体。

(3) 计算功率

通过计算确定电机的功率。

(4) 确定安装高度

(5) 选择合适的工作点

寻找方便操作和高效运行的工作点。

为液体提供能量的输送设备称为泵,有水泵、油泵、泥浆泵、耐腐蚀泵、高粘度泵、高温(低温)泵。

通风机、鼓风机、压缩机和真空泵等为气体提供能量的输送设备,其区别在于压强不同:

通风机:出口压强小于 15 kPa;

鼓风机:出口压强在 15 kPa～35 kPa;

压缩机:出口压强大于 35 kPa;

真空泵:入口压强低于常压。

流体输送机械还可以按照其工作原理分类:

(1) 叶轮式

典型的是离心泵、轴流式输送机械。利用高速旋转的叶轮使流体的动能增大,继而动能又转变为静压能。

(2) 容积式

例如往复式、旋转式输送机械。利用活塞或转子挤压,使流体升压并推动其前进。

(3) 喷射式

例如蒸气喷射泵。高速流动的流体带动另一流体流动。

(4) 其他型式

如磁力泵。

1.8.1 离心泵

1）离心泵的类型

离心泵是化工生产中最常用的一种流体输送机械,它输送的工质范围很广,包括腐蚀性液体和含固相悬浮物的液体。这类机械运转时液体流量的调节十分简单,使用也很方便。

实际生产过程中,输送的液体是多种多样的。工艺流程中所需提供的压头和流量也是千差万别的。为了适应实际的需要,离心泵的种类很多。按照输送液体的性质不同,离心泵可以分为清水泵、耐腐蚀泵、油泵、液下泵、屏蔽泵、杂质泵和磁力泵等;按吸入方式的不同,可分为单吸式泵和双吸式泵;按叶轮数目不同,可分为单级泵和多级泵。以下介绍几种主要类型的离心泵。

(1) 清水泵

清水泵应用最广,输送液体是水或物理化学性质类似于水的清洁液体。

单级单吸式离心水泵是最为常见的清水泵,其系列代号为“IS”,结构如图 1.49(a)。附录 18 中给出了部分型号的性能指标。如果要求的压头较高而流量不大时,可以采用多级泵,结构示意于图 1.49(b)。多级泵即在一根轴上串联多个叶轮,液体在几个叶轮中多次接受能量,可以达到较高的压头。

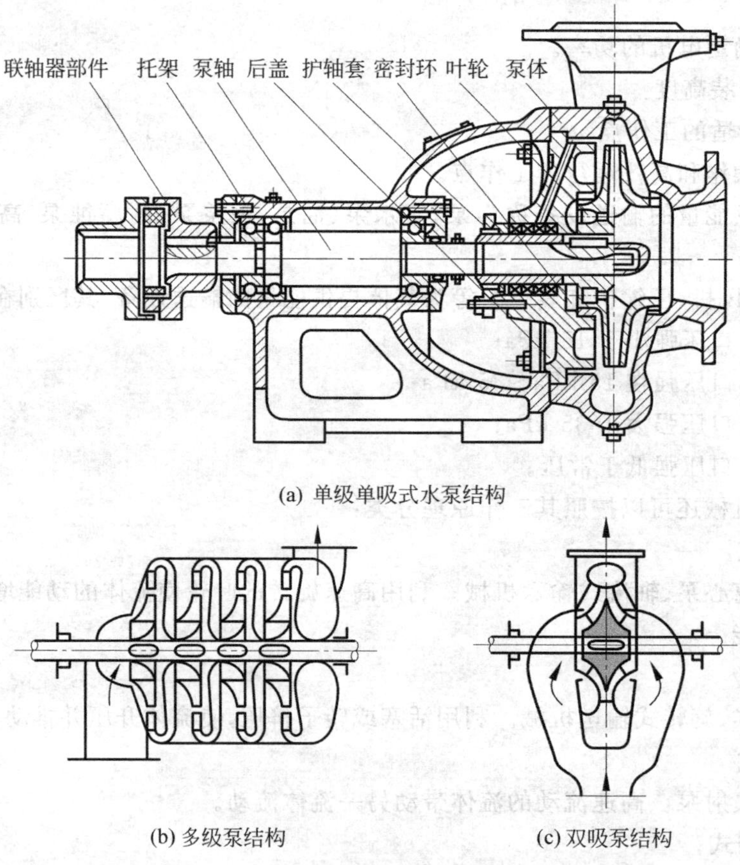

(a) 单级单吸式水泵结构

(b) 多级泵结构　　(c) 双吸泵结构

图 1.49　单级泵与多级泵结构示意图

如果输送液体的压头要求不高而流量较大时，可以选用双吸式离心泵。双吸式叶轮的厚度较大，且有两个入口，如图1.49(c)所示。双吸泵可以提供较大的输液量。

(2) 耐腐蚀泵

输送酸、碱等腐蚀性液体应采用耐腐蚀泵。耐腐蚀泵与液体接触的部件是由耐腐蚀材料制造的。附录18中给出了一些耐腐蚀泵的型号示例。

(3) 油泵

输送石油产品的离心泵称为油泵。油泵要求有良好的密封性能，以防易燃、易爆物的泄漏。输送高温油品的泵还需要有良好的冷却系统，一般在轴承和轴封装置上都装有冷却夹套。附录18中给出了一些油泵的型号示例。

(4) 液下泵

液下泵的特点是其泵体安装于液体贮槽内，因此其轴封要求不高，可用于输送化工过程中各种腐蚀性液体。

(5) 屏蔽泵

屏蔽泵又称无密封泵，它的叶轮与电机连为一体，密封在同一泵壳内。此类泵无需轴封装置，可用于输送易燃易爆、剧毒等液体，其缺点是效率较低。

(6) 杂质泵

输送悬浮液和稠的浆液常用杂质泵，这类泵的叶轮流道宽，叶片数目少，常用开式或半闭式叶轮。

(7) 磁力泵

磁力泵采用永久性耦合组成联轴器，使泵叶轮和电动机同步运转。在联轴器中间用隔离套隔开，隔离套与泵盖组成完全密封的泵腔，可以杜绝泵的泄漏。泵腔内部零件可由耐腐蚀材料制成，用于腐蚀性和毒性化工料液的输送。

2) 离心泵的工作原理和主要构件

图1.50是离心泵的装置简图。由若干个弯曲叶片组成的叶轮1置于具有蜗壳形通道的泵壳2之内，叶轮紧固于泵轴3上。泵的吸入口4位于泵壳的中央，并与吸入管路5相连接，泵壳上侧边的排出口8与排出管路9连接。

离心泵一般由电动机带动。离心泵启动前，需要先将所输送的液体灌满吸入管路和泵壳。电动机启动之后，泵轴带动叶轮以1000 r/min～3000 r/min的速度高速旋转。叶轮的旋转迫使叶片间的液体一方面随叶轮做等角速度旋转，另一方面，则由于惯性离心力的作用使液体由叶轮中心向外缘做径向运动。在此过程中，泵通过叶轮向液体提供了能量，这表现为叶轮外缘处液体的静压强有所提高，液体的流速则大幅度提高，大约以15 m/s～25 m/s的速度离开叶轮外缘进入蜗形泵壳。在蜗形泵壳中由于流道的不断扩大，液体的流速减慢而静压强提高，最终以较高的静压强沿切向流入排出管道，实现输送目的。

图1.51说明了液体在泵内流动的情况。泵内液体由于离心力作用由中心向外缘做径向运动的同时，在叶轮的中心形成了低压区。由于泵的吸入管路下端浸没于输送液体内，在液面压强与泵内压强之间的压强差作用下，液体不断地被吸入泵的叶轮内，以填补被排出液体的位置。这样叶轮不停地吸入和排出液体，完成输送液体的任务。

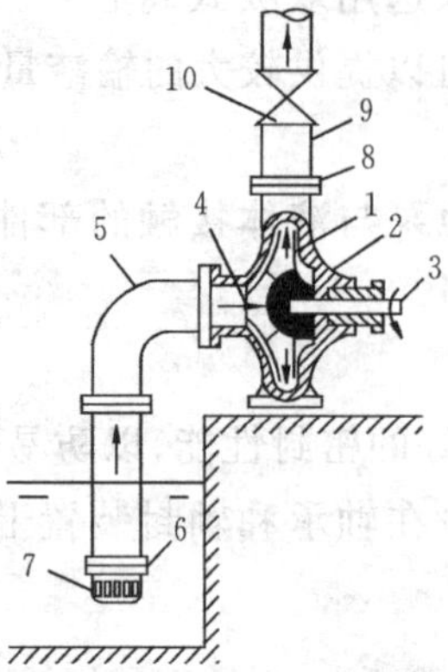

图 1.50　离心泵装置简图

1—叶轮；2—泵壳；3—泵轴；4—吸入口；5—吸入管；
6—底阀；7—滤网；8—排出口；9—排出管；10—调节阀

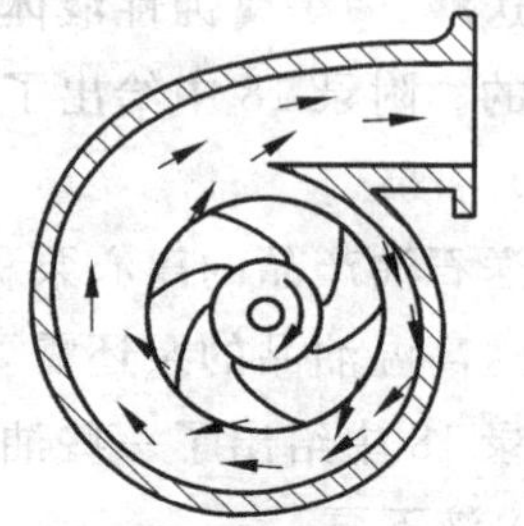

图 1.51　液体在泵内的流动

离心泵是一种没有自吸能力的输送机械。如果泵壳和吸入管路内没有充满液体,泵内存在空气,由于空气的密度远小于液体的密度,叶轮旋转对其产生的离心力很小,叶轮中心处所形成的低压不足以形成吸上液体所需要的真空度,这样泵就无法工作。这种现象称作离心泵的气缚。因此,离心泵在启动之前务必要在壳体内灌满被输送的液体。

离心泵的主要构件包括叶轮、泵壳和轴封装置(见图 1.52)。

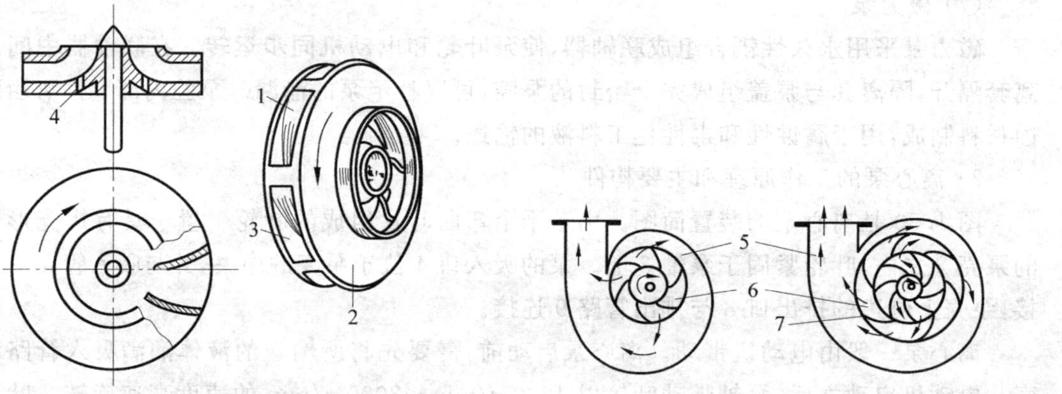

(a) 离心泵的叶轮　　(b) 离心泵的泵壳与导轮

图 1.52　离心泵的叶轮、泵壳与导轮

1—叶片；2—前盖；3—后盖；4—平衡孔；
5—泵壳；6—叶轮；7—导轮

3）离心泵的基本方程式和主要性能参数

前已说明,离心泵主要是通过高速旋转的叶轮向液体提供能量。如图 1.53 表示流体质点在叶片点 1 和点 2 处的情况。液体沿叶片表面运动的速度分别为 w_1,w_2,其方向为液体质点所处叶片处的切线方向,大小与液体的流量、流道的形状有关。液体随叶轮一起旋转的速度则分别为 u_1,u_2,其方向与所处圆周的切线方向一致,其大小为:

$$u_1 = \frac{2\pi r_1 n}{60} \tag{1-101}$$

$$u_2 = \frac{2\pi r_2 n}{60} \tag{1-102}$$

式中：u_1，u_2——点 1，2 处液体质点的圆周速度，m/s；

r_1，r_2——点 1，2 所处圆周的半径，m；

n——叶轮的转速，r/min。

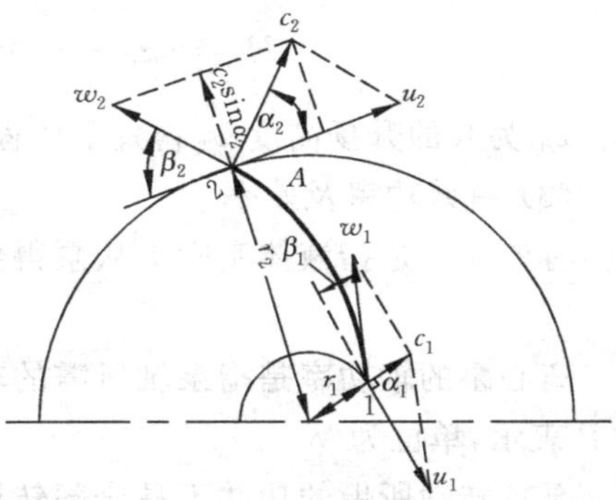

图 1.53　液体进入与离开叶轮时的速度

w 和 u 的合成速度就是液体质点在点 1 或点 2 处相对于静止的壳体的速度，称其为绝对速度，分别用 c_1 和 c_2 来表示。

α_1，α_2 分别为绝对速度 c 与圆周速度 u 的夹角，β_1，β_2 分别为相对速度 w 与圆周速度 u 反方向延长线的夹角。

通过分析和计算，可以得到离心泵的流量计算式：

$$q_{v,T} = 2\pi r_2 b_2 c_2 \sin\alpha_2 \tag{1-103}$$

式中：r_2 为 2 点处的半径，b_2 为叶片出口处叶轮的宽度。

离心泵理论压头 H_T 与理论流量 $q_{v,T}$ 之间呈线性关系：

$$H_T = A - Bq_{v,T} = \frac{1}{g}(r_2\omega)^2 - \frac{q_{v,T}\omega}{2\pi b_2 g}\cot\beta_2 \tag{1-104}$$

此即离心泵的基本方程式。式中 ω 为离心泵叶轮旋转角速度。

离心泵的主要性能参数包括流量、压头、有效功率和效率。

(1) 离心泵的流量

离心泵的流量，就是以体积流量表示的送液能力，一般用 q_v 表示，单位为 m^3/s。

(2) 离心泵的压头

离心泵的压头是离心泵对单位重量液体所提供的能量，以 H 表示，单位为 m。

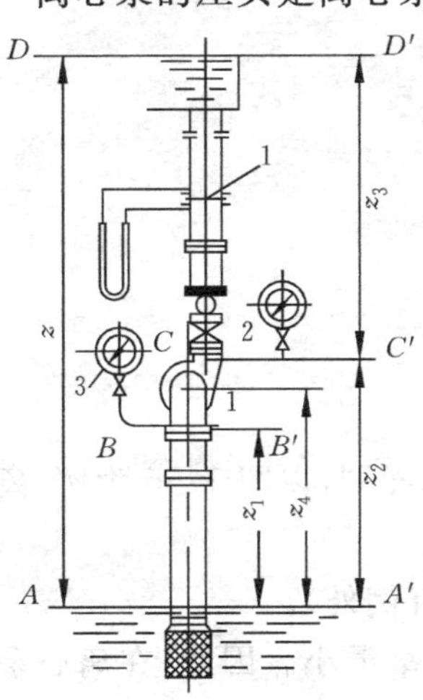

图 1.54　离心泵压头的测定

1—流量计；2—压强表；3—真空表

离心泵的压头又称扬程。必须注意，扬程并不等于升举高度，升举高度只是扬程的一部分，这在实际工作中是要加以区别的。

图 1.54 为测定离心泵压头的实验装置。液体由水平面 $A—A'$ 升扬到平面 $D—D'$ 处，其间垂直距离 z 为液体的升扬高度。z_4 为吸入高度。$z-z_4$ 为压出高度。

在 $B—B'$ 和 $C—C'$ 水平面之间列伯努利方程得到，如果不计泵内的能量损耗，则泵的压头 H 为：

$$H = (z_C - z_B) + \frac{p_C - p_B}{\rho g} + \frac{u_C^2 - u_B^2}{2g} \tag{1-105}$$

泵的扬程是用上述的方法测出的。

如果在 $A—A'$ 和 $D—D'$ 两平面间列伯努利方程，可以得到：

$$H=(z_D-z_A)+\frac{u_D^2-u_A^2}{2g}+\frac{p_D-p_A}{\rho g}+\sum H_f \tag{1-106}$$

z_D-z_A 为泵的升扬高度 z，它只是扬程 H 的一部分。

(3) 有效功率及效率

有效功率是指液体实际上从泵得到的功率，一般用 P_e 表示，单位为 W，可用下式表示：

$$P_e=q_v H\rho g \tag{1-107}$$

离心泵的轴功率是指泵轴所需的功率，也就是直接传动时，电动机传给泵的功率，一般用 P 表示，单位为 W。

泵轴转动所做的功并不是全部转换为液体的能量，因为泵在运转过程中存在种种能量损失。有效功率与轴功率之比称为泵的效率：

$$\eta=P_e/P \tag{1-108}$$

一般小型泵的效率是 50%～70%，大型泵的效率是 90%左右。

4) 离心泵的特性曲线、工作点以及流量调节

(1) 离心泵的特性曲线

离心泵的压头、轴功率、效率都与离心泵的流量有关，这些关系一般通过实验测定。离心泵在出厂前测出了一系列关系曲线，反映泵的基本性能，称作离心泵的特性曲线。离心泵的特性曲线包括：

① H-q_v 曲线，表示离心泵扬程与流量的关系；

② P-q_v 曲线，表示离心泵的轴功率与流量的关系；

③ η-q_v 曲线，表示离心泵的效率与流量的关系。

图 1.55 是某种型号离心水泵在转速 2900 r/min 时的特性曲线。离心泵的特性曲线与转速有关，故一般测定的特性曲线图上均要标出泵的转速。

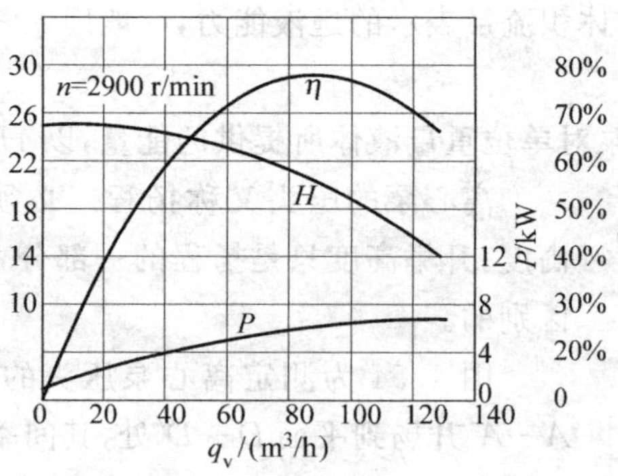

图 1.55　离心水泵的特性曲线示例

各种不同型号的离心泵有其固有的特性曲线，但其形状基本相同，以图 1.55 为例，离心泵的特性曲线的共同点为：

① 离心泵的扬程随流量的增大而下降(在流量极小时可能有例外)。

② 离心泵的轴功率随流量的增大而增大，流量为零时，轴功率最小。因此，在离心泵启动时应关闭泵的出口阀门，使其启动电流最小，待转动正常后再开启出口阀门，调节适当的流量。

③ 离心泵的效率随着流量的增大而逐渐上升，达到一定值后，效率将随流量的增大而

下降，因此离心泵存在一个最高效率点。离心泵在与最高效率点相对应的扬程、流量下工作是最经济的。离心泵的铭牌上标明的参数指标就是该泵的最佳工况参数，即效率最高点对应的参数。在选用离心泵时，应使离心泵在最高效率点附近工作，一般，操作时效率应不低于最高效率的92%。

图1.54是测定离心泵特性曲线的实验装置简图。测定步骤如下：首先将离心泵出口阀门关闭，启动离心泵（转速恒定），测出流量为零时泵出口压强表和泵入口真空表的读数和轴功率；然后逐渐开启出口阀门，提高流量，在各种流量下，测得相应的数据，就可以得到H-q_v和P-q_v曲线；最后，根据某一q_v下对应的H，P值，按式(1-107)和式(1-108)计算出相应的效率η，就可得到η-q_v曲线。

H-q_v曲线有的较平坦，适用于流量变化较大的场合；有的较陡，适用于流量变化较小的场合。

离心泵特性曲线是泵本身固有的特性，它与外界使用情况（管路情况）无关。当泵本身的转速或叶轮直径有所改变时，就可得到改变后的离心泵特性曲线。从离心泵的基本方程式(1-104)分析可知，当转速或叶轮直径改变时，对流量、扬程及轴功率的影响有如下关系：

$$\frac{q_{v,1}}{q_v}=\frac{n_1}{n}=\frac{D_1}{D} \tag{1-109}$$

$$\frac{H_1}{H}=\left(\frac{n_1}{n}\right)^2=\left(\frac{D_1}{D}\right)^2 \tag{1-110}$$

$$\frac{P_1}{P}=\left(\frac{n_1}{n}\right)^3=\left(\frac{D_1}{D}\right)^3 \tag{1-111}$$

式(1-109)～式(1-111)称为泵的比例定律，它对于水和粘度不大的油类液体大致正确，对于粘度较高的油类液体，则不够正确。一般说来，对于后一类液体，随着转速的增高，轴功率略小于转速的比例值的立方，而扬程略大于转速的比例值的平方。适当改变转速和直径，可以实现泵的流量调节。

(2) 离心泵的工作点和流量调节

安装于某管路中的转速固定的离心泵，其输液量应为管路中流体的流量，在此流量下离心泵所提供的扬程应正好是液体在管道中流动所需要的压头。因此，离心泵的实际工作情况应该由离心泵的特性曲线和管路的特性曲线共同来决定。

管路特性曲线表示出流体通过某特定管路所需要的压头与液体流量的关系。

图1.56是一个输送系统的示意图。在图中截面1—1′和截面2—2′之间列伯努利方程，则流体流过管路所需要的压头（即要求泵所提供的扬程）可以表示为：

$$H=\Delta z+\frac{\Delta u^2}{2g}+\frac{\Delta p}{\rho g}+\sum H_f \tag{1-112}$$

式中

$$\sum H_f=\lambda\frac{L+\sum L_e}{d}\frac{u^2}{2g}=\frac{8\lambda}{\pi^2 g}\frac{L+\sum L_e}{d^5}q_v^2 \tag{1-113}$$

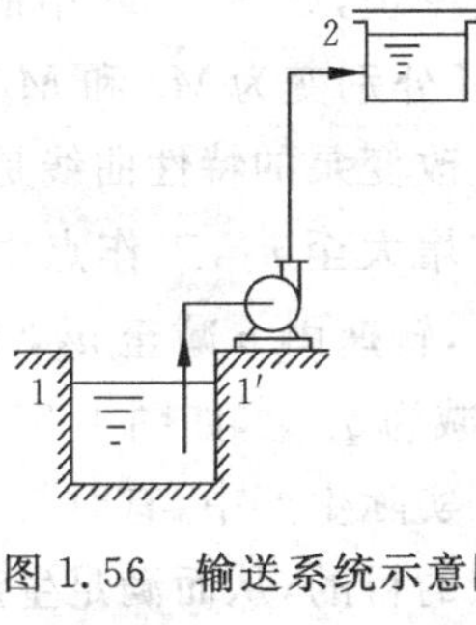

图1.56 输送系统示意图

式中$\sum L_e$表示管路中所有局部阻力的当量长度之和。

在特定管路内,式(1-113)除了 λ 和 q_v 外,均为定值,而且

$$\begin{cases}\lambda = f(Re) = f'(q_v) \\ \sum H_f = f''(q_v)\end{cases} \tag{1-114}$$

将式(1-114)代入式(1-112)得到:

$$H = \Delta z + \frac{\Delta p}{\rho g} + \frac{\Delta u^2}{2g} + f''(q_v)$$

即

$$H = \Delta z + \frac{\Delta p}{\rho g} + F(q_v) \tag{1-115}$$

式(1-115)就是管路的特性曲线。

对于特定的管路,上式中 $\Delta z + \frac{\Delta p}{\rho g}$ 是固定不变的,以 q_v 为横坐标,H 为纵坐标,标绘式(1-115),得图 1.57 中曲线Ⅰ,曲线Ⅰ的截距为 $\Delta z + \frac{\Delta p}{\rho g}$,它与离心泵特性曲线Ⅱ交于 M 点,M 点就是离心泵在该管路中的工作点,表示了离心泵在该特定管路中实际的输送流量和压头。

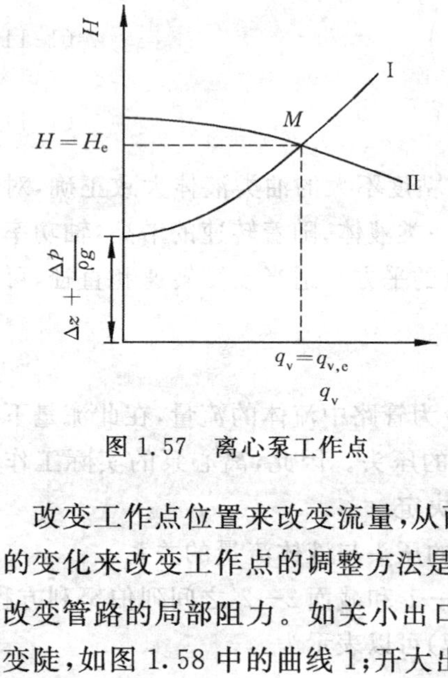

图 1.57 离心泵工作点

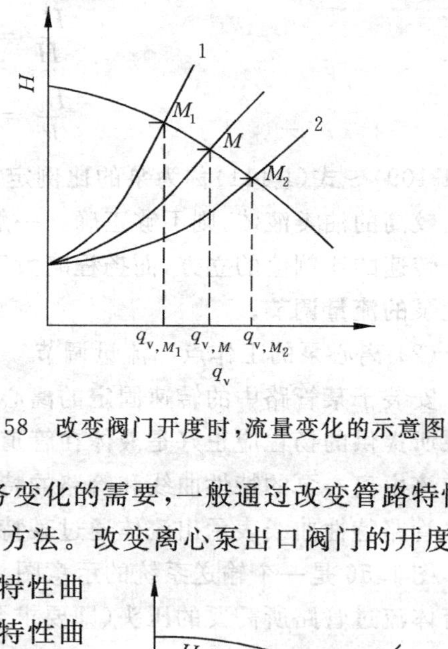

图 1.58 改变阀门开度时,流量变化的示意图

改变工作点位置来改变流量,从而适应生产任务变化的需要,一般通过改变管路特性曲线的变化来改变工作点的调整方法是最常用的一种方法。改变离心泵出口阀门的开度,就会改变管路的局部阻力。如关小出口阀门,则管路特性曲线变陡,如图 1.58 中的曲线 1;开大出口阀,则管路特性曲线变平坦,如图 1.58 中的曲线 2;两种情况下的工作点则由 M 分别变为 M_1 和 M_2,相应流量则变为 q_{v,M_1} 和 q_{v,M_2}。

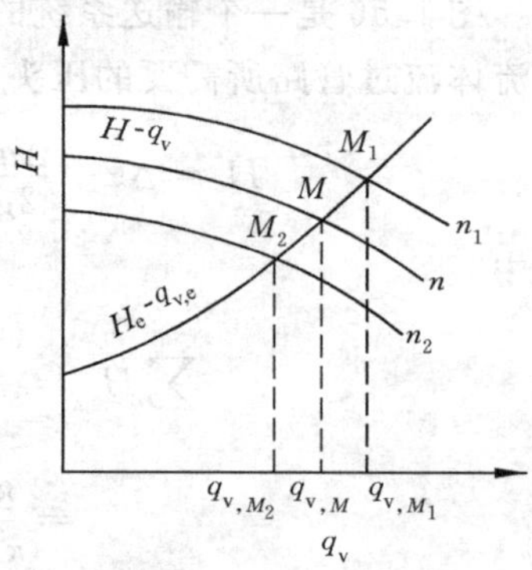

图 1.59 改变转速时流量的变化

改变泵的特性曲线是另一种调节流量的方法。当转速由 n 增大至 n_1,工作点由 M 变为 M_1,流量由 $q_{v,M}$ 增大到 q_{v,M_1},转速由 n 减至 n_2,工作点就由 M 变成 M_2,流量则由 $q_{v,M}$ 减为 q_{v,M_2},如图 1.59 所示。

实际生产中,有时数台泵组合使用也可以达到改变工作点的目的,从而满足生产的需要。

5）离心泵的安装高度

（1）气蚀现象

如图 1.60 所示，由离心泵的吸入管路到离心泵入口，无外界对液体做功，液体是由于离心泵入口的静压强 $p_{入}$ 低于外界压强 p_a 而使液体进入泵内的。这里存在离心泵的安装高度问题。如图 1.60 所示，即便离心泵叶轮入口处达到绝对真空，吸上液体的液柱高度也不会超过相当于当地大气压强的液柱高度。十分明显，当叶轮入口处的静压强下降至输送液体在工作温度下的饱和蒸气压时，液体将部分汽化，生成大量的蒸气泡。含气泡的液体进入叶轮后，由于静压强的升高，气泡被压缩而急剧凝结，气泡的消失产生了局部真空，使周围的液体以极高的速度涌向原气泡处，产生非常大的冲击力，造成对叶轮和泵壳的冲击，使其振动并发出噪声。尤其当气泡的凝聚发生在叶片表面附近时，液体如同许多细小的高频冲击锤撞击叶片，时间一长，叶轮将被冲蚀呈海绵状，这种现象称为气蚀现象。

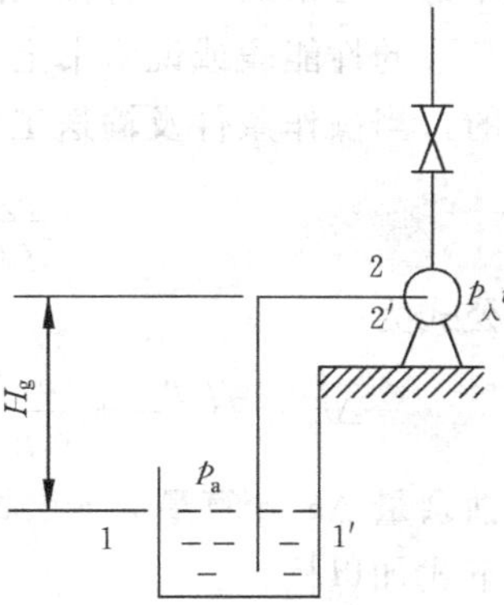

图 1.60　离心泵吸液示意图

如果离心泵在气蚀条件下工作，泵体将振动发出噪声，液体流量明显下降，同时压头、效率也大幅度降低，严重时会吸不上液体。

为了避免气蚀现象，使离心泵正常运行，叶轮入口处的绝对压强必须高于工作温度下液体的饱和蒸气压，这就要求泵的安装高度不能太高。一般在离心泵的性能铭牌上都标有气蚀余量或允许吸上真空度，用以表示离心泵的吸上性能。

（2）允许气蚀余量

允许气蚀余量是指离心泵入口处的静压头$\frac{p_{入}}{\rho g}$与动压头$\frac{u_{入}^2}{2g}$之和超过输送液体在操作温度下的饱和蒸气压头$\frac{p_v}{\rho g}$的最小允许值 $\Delta h'$，用以防止气蚀现象的发生。允许气蚀余量可表示为：

$$\Delta h' = \left(\frac{p_{入}}{\rho g} + \frac{u_{入}^2}{2g}\right) - \frac{p_v}{\rho g} \tag{1-116}$$

在图 1.60 中，对截面 1—1′，截面 2—2′列伯努利方程：

$$z_1 + \frac{u_1^2}{2g} + \frac{p_a}{\rho g} = z_2 + \frac{u_{入}^2}{2g} + \frac{p_{入}}{\rho g} + \sum H_{f,0-1} \tag{1-117}$$

式中 $\sum H_{f,0-1}$ 为吸入管路的阻力损失，单位为 m。

式(1-117)可变为：

$$\frac{p_{入}}{\rho g} + \frac{u_{入}^2}{2g} - \frac{p_v}{\rho g} = \frac{p_a - p_v}{\rho g} - \Delta z - \sum H_{f,0-1} \tag{1-118}$$

即

$$\Delta h' = \frac{p_a - p_v}{\rho g} - \Delta z - \sum H_{f,0-1} \tag{1-119}$$

由上式可得允许吸上高度 H_g 为:

$$H_g = \Delta z = \frac{p_a - p_v}{\rho g} - \Delta h' - \sum H_{f,0-1} \tag{1-120}$$

作为离心泵的一个特性,允许气蚀余量同样是由离心泵的生产厂进行实验测定的。其值列于泵的性能表或说明书上。值得提及的是,列出的允许气蚀余量 Δh 仍是以 20℃ 清水测定的。当操作条件及输送工质与该实验条件不符时,必须进行换算。按照

$$\frac{p_{入}}{\rho g} = \left(\frac{p_1}{\rho_1 g} + \frac{p_v}{\rho_1 g} - 0.24\right) \times \frac{1000}{\rho}$$

换算公式为

$$\Delta h' = \left(\frac{p_1}{\rho_1 g} + \frac{p_v}{\rho_1 g} - 0.24\right) \times \frac{\rho_1}{\rho} + \frac{u_1^2}{2g} - \frac{p_v}{\rho g} = \Delta h \frac{\rho_1}{\rho} + \left(1 - \frac{\rho_1}{\rho}\right) \frac{u_1^2}{2g}$$

由气蚀余量 $\Delta h'$ 计算最大安装高度 H_g,表示被输送液体的液柱高度。当输送其他液体时,可按下式加以校正:

$$\Delta h' = \varphi \Delta h \tag{1-121}$$

上式中 φ 为校正系数,它与输送温度下液体的饱和蒸气压有关,其值小于 1。对于一些热力学性质难以确定的特殊体系,φ 值难以确定,因为 φ 小于 1,故允许气蚀余量可以不加修正,即余量取得稍大些,等于外加一安全系数。

(3) 允许吸上真空度和允许吸上高度

离心泵的允许吸上真空度是指离心泵入口处可允许达到的最大真空度,其单位为 m(液柱)。离心泵的允许吸上真空度由实验测定。由于实验不能测出叶轮入口处的最低压强,往往以测定泵入口处的压强为准。

如图 1.60 所示,允许吸上真空度 H_s 可以写成:

$$H_s = \frac{p_a - p_{入}}{\rho g} \tag{1-122}$$

式中:H_s——离心泵的允许吸上真空度,m(液柱);

p_a——当地大气压强,Pa;

$p_{入}$——泵入口处的静压强,Pa;

ρ——被输送液体的密度,kg/m^3。

根据允许气蚀余量和允许吸上真空度的定义,可以得出允许吸上真空度与允许气蚀余量之间的关系为

$$H_s = \frac{p_a - p_v}{\rho g} + \frac{u_{入}^2}{2g} - \Delta h'$$

离心泵的允许吸上高度又称允许安装高度,它是指泵的吸入口中心线与吸入储槽液面间允许达到的最大垂直距离,如图 1.60 中的 H_g。

在图 1.60 中,在截面 1—1′,截面 2—2′之间列伯努利方程式:

$$H_g = \frac{p_a - p_{入}}{\rho g} - \frac{u_{入}^2}{2g} - \sum H_{f,0-1} \tag{1-123}$$

从上式可以看出,式中的静压差 $\frac{p_a - p_{入}}{\rho g}$ 在数值上等于离心泵的允许吸上真空度,故上式可以写成:

$$H_g = H_s - \frac{u_{入}^2}{2g} - \sum H_{f,0-1} \tag{1-124}$$

上式表明了允许吸上高度与允许吸上真空度之间的关系。只要知道离心泵的允许吸上真空度就可以依据管路的具体情况计算离心泵的允许吸上高度。

离心泵的允许吸上真空度与泵的结构、输送液体的性质以及当地的大气压强有关。一般，离心泵在出厂前是以20℃清水在10 m(水柱)的大气压下测定其允许吸上真空度并标注在铭牌上的，其真空度的表示单位为m(水柱)。当操作条件和输送工质与实验条件不符合时，用下式进行换算：

$$H_s' = \left[H_s + (H_a - 10) - \left(\frac{p_v}{9.81 \times 10^3} - 0.24\right)\right]\frac{1000}{\rho} \tag{1-125}$$

式中：H_s'——操作条件下输送液体时的允许吸上真空度，m(液柱)；

H_s——铭牌标注的输送清水时的允许吸上真空度，m(水柱)；

H_a——当地大气压强，m(水柱)；

p_v——操作温度下被输送液体的饱和蒸气压，Pa；

ρ——操作温度下液体的密度，kg/m^3。

式中的10与0.24分别为测定铭牌标注的允许吸上真空度时的大气压强与20℃下水的饱和蒸气压数值。1000表示水的密度数值。

例1-14 车间内要安装一台离心泵。从样本查得泵在流量$q_v=45\ m^3/h$时，压头$H=32.6\ m$，$H_s=5\ m$，吸入管路直径$d_1=75\ mm$。根据水池至泵的距离以及所用管径和流量，估计吸入管路的阻力损失$\sum H_{f,0-1}=1.5\ m$(水柱)，水池的水面压强为大气压。试计算：(1)输送20℃水时的允许安装高度；(2)输送80℃水时的允许安装高度。

解：(1) 求输送20℃水时的允许安装高度u_1：

$$u_1 = \frac{q_v}{\frac{\pi}{4}d_1^2} = \frac{4 \times 45}{3600 \times \pi \times 0.075^2} = 2.83(m/s)$$

由式(1-124)得：

$$H_g = H_s - \frac{u_{入}^2}{2g} - \sum H_{f,0-1}$$
$$= 5 - \frac{2.83^2}{2 \times 9.81} - 1.5 = 3.09(m)$$

(2) 求输送80℃水时的允许安装高度u_2：

查80℃水的物性参数：$p_v=4.73\times10^4\ N/m^2$，$\rho=971.8\ kg/m^3$，由式(1-125)可得：

$$H_s' = \left[H_s + (H_a - 10) - \left(\frac{p_v}{9.81 \times 10^3} - 0.24\right)\right]\frac{1000}{\rho}$$
$$= \left(5 + 0 - \frac{4.73 \times 10^4}{9.81 \times 10^3} + 0.24\right)\frac{1000}{971.8} = 0.430(m)$$

应用式(1-124)得：

$$H_g = 0.430 - \frac{2.83^2}{2 \times 9.81} - 1.5 = -1.47(m)$$

允许安装高度为负值，表示该泵应安装在水面以下，至少比水池水面低1.47 m。

(4) 离心泵的安装高度

根据离心泵性能铭牌或说明书上提供的允许吸上真空度或气蚀余量的数据及输送液体的性质、温度、吸入管路情况,可以计算出离心泵的允许吸上高度。为安全起见,离心泵的实际吸上高度,即离心泵的安装高度应小于允许吸上高度,一般比允许值小 0.5 m～1.0 m。

6) 离心泵的选用

根据实际的工况选用离心泵,通常按下述步骤进行:

(1) 根据输送液体的性质和操作条件,确定泵的类型;

(2) 根据输送液量和设计管路所要求的压头,从泵样本或产品目录中选出合适的型号,泵的流量、压头应留有适当余地,且应保持离心泵在高效率区工作。

在生产厂家提供的泵样本中,各类型离心泵都附有系列特性曲线,这些特性曲线使泵的选用方便可靠。图 1.61 是 IS 型离心泵的系列特性曲线。曲线以 H 和 q_v 为坐标。曲线上的点表示额定参数,比如 100-80-160 表示吸入管内径为 100 mm,排出管内径为 80 mm,泵叶轮直径为 160 mm,该型号(即 IS 100-80-160)泵的额定扬程为 8 m。额定流量为 50 m^3/h (在 1450 r/min 的转速下)。

离心泵的安装和使用应参考各类离心泵的说明书,这里只指出几个一般应注意的问题:

(1) 泵的安装高度必须使其吸上高度低于允许数值;

(2) 离心泵启动之前必须使泵内灌满所输送液体;

(3) 离心泵应在出口阀门关闭时启动,使其启动功率最小;

(4) 停泵前应先关闭出口阀门,或在泵出口管线上装单向阀,以免压出管路的液体倒流入泵内使叶轮受冲击损坏;

(5) 运转中应定时检查、保养和润滑等。

1.8.2 离心压缩机

离心通风机的工作原理与离心泵(见图 1.50)相同,它们都是利用高速旋转的叶轮使流体得到动能,而后在蜗形通道中使动能转变为静压能。根据其出口压强不同,可分为通风机、鼓风机、压缩机和真空泵。

但是,由于气体的可压缩性和比液体小得多的密度,使气体输送机械具有与液体输送机械不同的特点,主要是:

(1) 对于一定的质量流量,由于气体密度小,体积流量大,因此,气体输送机械的体积也大。

(2) 由于流量大,管路中的设计流速比液体管路的设计流速要大得多。在相同直径的管道内输送同样质量流量的流体,气体的阻力损失比液体的阻力损失亦大得多,需要提高的压头也大。

(3) 由于气体的可压缩性,气体压强变化时,其体积和温度也同时发生变化,这对气体输送机械的结构形状有很大的影响。

由于单级风机不可能产生较高风压(一般不超过 30 kPa),为了使气体出口压强具有一定值,一般都采用多级离心压缩机。图 1.62 是一台 5 级离心鼓风机的示意图。

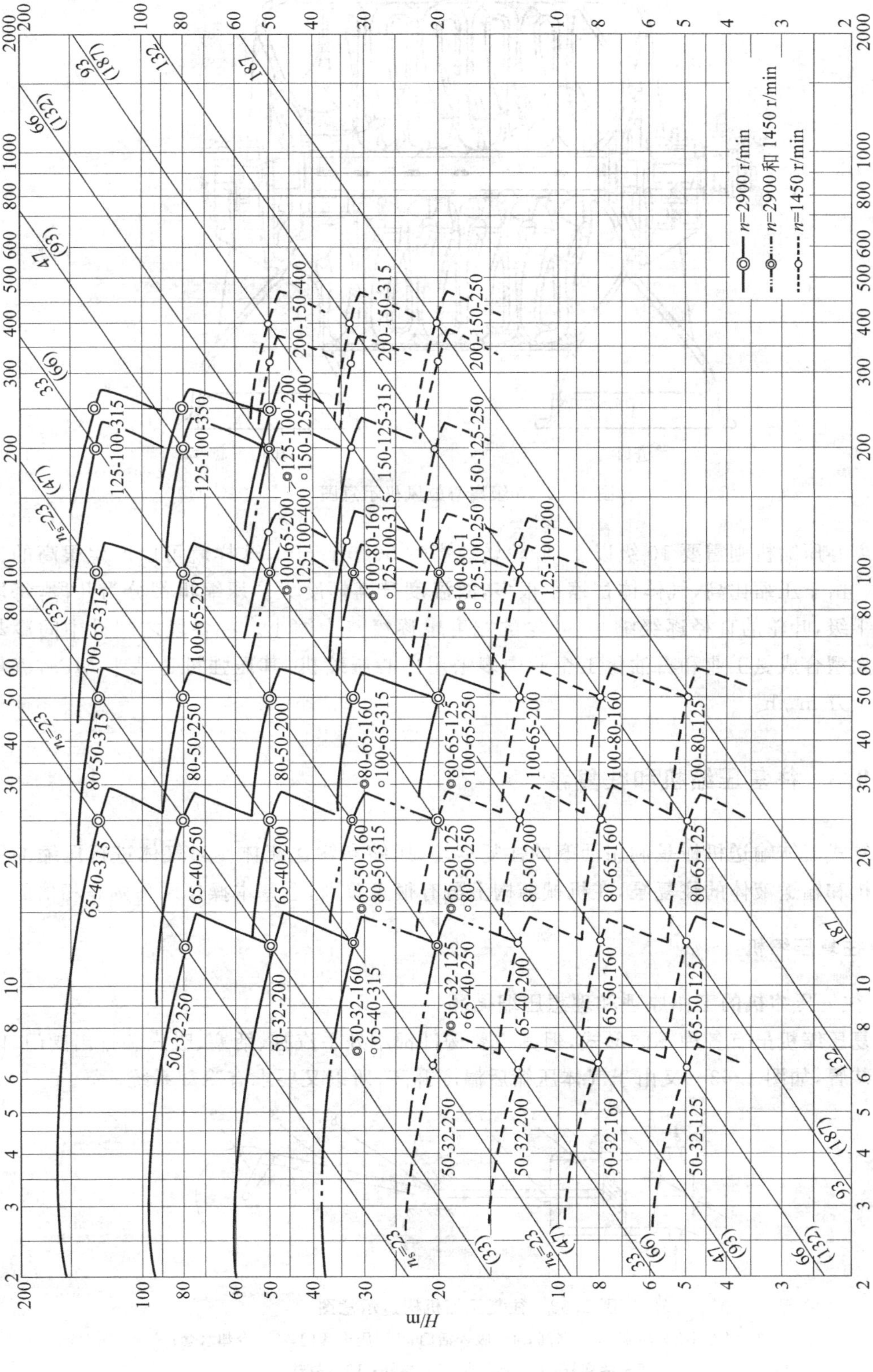

图 1.61 IS型离心泵的系列特性曲线

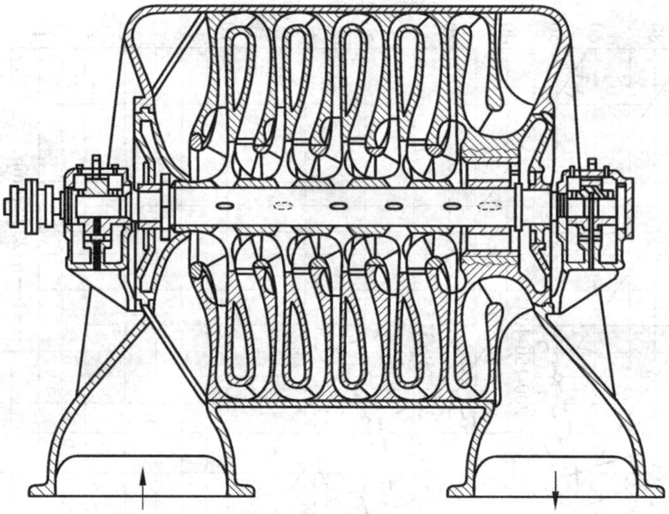

图1.62　5级离心鼓风机示意图

而离心压缩机则需要10级以上,叶轮转速高达5000 r/min,这样就可以产生很高的出口压强。由于压缩比高,气体体积缩小很多,故温度升高幅度大。压缩机都分为几段,每段包括若干级,叶轮的直径逐级缩小,叶轮的宽度也逐级略为缩小。在各段之间设中间冷却器。在大型合成氨工业和石油化工企业中多采用离心压缩机,其压强可达几十 MPa,流量可达几十万 m^3/h。

1.8.3　往复压缩机和往复泵

往复式流体输送机械是利用活塞的往复运动,压缩和输送流体。对气体进行压缩的往复压缩机和输送液体的往复泵,在机械结构上虽有很大差别,但基本操作原理则是相仿的。

1. 往复压缩机

1) 往复压缩机的工作原理和理想压缩循环

往复压缩机虽有各种不同形式,但其主要构件都不外乎汽缸、活塞、吸入和排出阀门,以及传动装置,如图1.63。又由于气体压缩后温度升高,所以又要求有冷却系统。

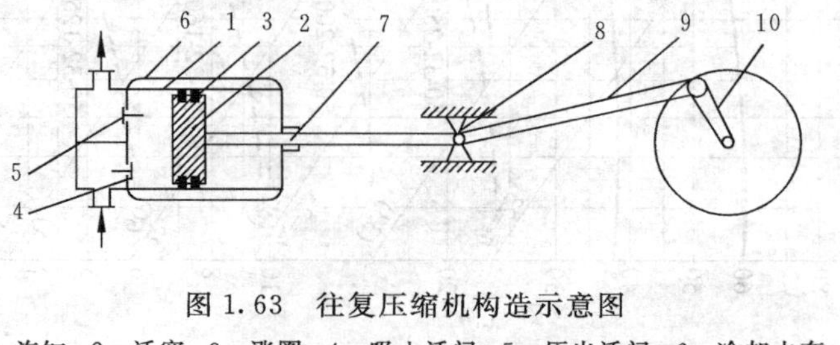

图1.63　往复压缩机构造示意图

1—汽缸;2—活塞;3—涨圈;4—吸入活门;5—压出活门;6—冷却水套;7—活塞杆;8—十字头;9—连杆;10—曲轴

活塞由一端移动至另一端的距离称为冲程。活塞往复运动至两端时，都不能与缸盖直接相撞，要留有一定的空隙，称之为余隙。每一个工作循环包括吸入、压缩和排出 3 个阶段。

对于单动往复压缩机的理想工作过程，即假设压缩工质为理想气体；气体在流经吸气和排气阀门时，流动阻力可以忽略不计；压缩机无泄漏以及吸入汽缸的气体全部排出；在吸气、压缩和排气全过程中，p-V 关系如图 1.64 所示。4—1 为吸气过程，2—3 与 2′—3 为排气过程，1—2 为等温压缩过程，1—2′为绝热压缩过程。

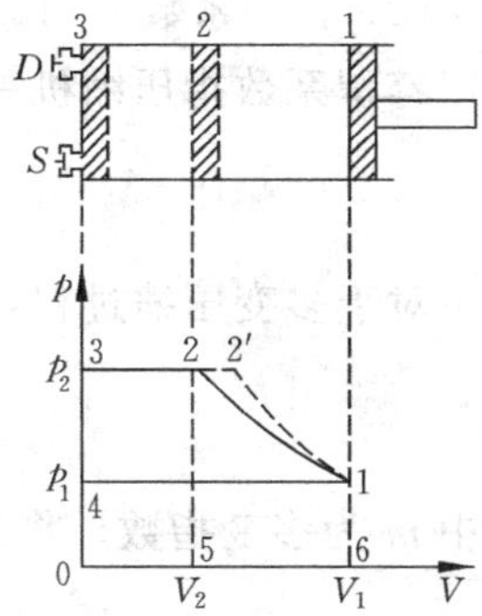

图 1.64 理想压缩循环

理想压缩循环所需外功只与气体压缩过程有关，根据理想气体 p-V 关系，对于等温过程：

$$W = p_1 V_1 \ln \frac{p_2}{p_1} \tag{1-126}$$

对于绝热压缩过程：

$$W = p_1 V_1 \frac{\gamma}{\gamma - 1}\left[\left(\frac{p_2}{p_1}\right)^{\frac{\gamma-1}{\gamma}} - 1\right] \tag{1-127}$$

式中：γ——绝热指数。

绝热压缩循环时排出气体的温度 T_2 为：

$$T_2 = T_1^{\frac{\gamma-1}{\gamma}} \tag{1-128}$$

如果压缩过程是介于等温过程和绝热过程之间的多变过程，则其压缩循环功仍采用式(1-127)计算，式中的绝热指数 γ 应以多变指数 m 代替。

2) 有余隙存在的理想气体循环

实际上，不可能将汽缸内的气体在排气时一点不剩地排出。在排气终了时，活塞端面与汽缸盖之间仍存在压强为 p_2 体积为 V_3 的气体(见图 1.65)，亦即排气过程为 2—3。当活塞向右移动时，由于汽缸内存留压强为 p_2 的气体，它将随汽缸容积逐渐增大而不断膨胀，直至压强降至与吸入压强 p_1 相等为止，即 p-V 图上的 3—4 过程，这叫做余隙气体的膨胀过程。此后活塞继续向右移动，吸气阀打开，在恒定压强 p_1 下进行吸气过程。

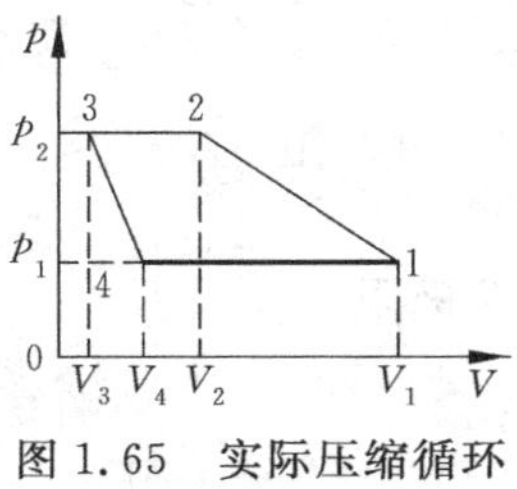

图 1.65 实际压缩循环

在一个循环中，活塞一次扫过的体积为 $V_1 - V_3$，吸入气体的体积则是 $V_1 - V_4$。十分明显，余隙的存在减少了每一压缩循环的吸气量。

实际压缩循环功可由图 1.65 中 p-V 图上的 1—2—3—4—1 所包围的面积表示，若按绝热过程考虑，可写作：

$$W = p_1 (V_1 - V_4) \frac{\gamma}{\gamma - 1}\left[\left(\frac{p_2}{p_1}\right)^{\frac{\gamma-1}{\gamma}} - 1\right] \tag{1-129}$$

3) 余隙系数和容积系数

(1) 余隙系数

余隙系数是指余隙体积占据活塞推进一次扫过体积的百分数，以 ε 表示：

$$\varepsilon = \frac{V_3}{V_1 - V_3} \times 100\% \tag{1-130}$$

一般大、中型压缩机低压汽缸 ε 小于 8%,高压汽缸 ε 为 12%左右。

(2) 容积系数

容积系数指压缩机一次循环吸入的气体体积与活塞一次扫过体积之比,以 λ_0 表示:

$$\lambda_0 = \frac{V_1 - V_4}{V_1 - V_3} \tag{1-131}$$

对于多变压缩过程:

$$V_4 = V_3\left(\frac{p_2}{p_1}\right)^{\frac{1}{m}} \tag{1-132}$$

式中 m 为多变指数。将式(1-132)代入式(1-131)得:

$$\lambda_0 = \frac{V_1}{V_1 - V_3} - \frac{V_3\left(\frac{p_2}{p_1}\right)^{\frac{1}{m}}}{V_1 - V_3}$$

$$\lambda_0 = 1 - \varepsilon\left[\left(\frac{p_2}{p_1}\right)^{\frac{1}{m}} - 1\right] \tag{1-133}$$

式(1-133)表明,容积系数 λ_0 与余隙系数 ε 和压缩比 p_2/p_1 有关。

从式(1-133)看出,对于绝热压缩过程,余隙气体所做的功可以在它膨胀时收回。但是由于余隙的存在,吸入气体的量减少了。在压缩比不变时,余隙系数越大,容积系数越小,压缩机的压气量越小。对于一定的余隙系数,气体压缩比越高,余隙气体膨胀所占体积就越大,每一循环的吸气量就越小。当压缩比达到某一数值时,残留的气体膨胀后可能充满汽缸,使活塞向右运动时,不再吸入新的气体,容积系数可能为零。

例 1-15 有一压缩机,其压缩比为 10,压缩过程的多变指数为 1.25,余隙系数为 0.025,试求:(1)压缩机的容积系数和压缩极限;(2)当 $\varepsilon=0.01$ 时的容积系数和压缩极限;(3)当压缩比为 20 时,容积系数是多少?如初始温度为 20℃,求压缩终了时的温度。

解:(1)

$$\lambda_0 = 1-\varepsilon\left[\left(\frac{p_2}{p_1}\right)^{\frac{1}{m}}-1\right]$$

$$= 1-0.025\left[10^{\frac{1}{1.25}}-1\right] = 0.867$$

容积系数 λ_0 等于零时,达到压缩极限,故可由式(1-133)求出压缩极限:

$$\lambda_0 = 1-\varepsilon\left[\left(\frac{p_2}{p_1}\right)^{\frac{1}{m}}-1\right] = 0$$

$$1-0.025\left[\left(\frac{p_2}{p_1}\right)^{\frac{1}{1.25}}-1\right] = 0$$

解得,压缩极限 $p_2/p_1 = 103.7$

(2)

$$\lambda_0 = 1-0.01\left[10^{\frac{1}{1.25}}-1\right] = 0.947$$

令 $\lambda_0=0$,可解出压缩极限 $p_2/p_1=320$,可见余隙系数应尽量减小。

(3) 当 $p_2/p_1=20$ 时($\varepsilon=0.025$),

$$\lambda_0 = 1-0.025\left(20^{\frac{1}{1.25}}-1\right) = 0.75$$

$$T_2 = T_1\left(\frac{p_2}{p_1}\right)^{\frac{m-1}{m}} = 293\times 20^{0.2}$$

$$= 533.4(\text{K}) = 260.4(℃)$$

上例结果说明，压缩比增大，容积系数下降，压缩后气体温度很高。过高的温度会导致润滑油效能降低或失效，甚至可能使润滑油分解，低沸点组分与空气混合发生燃烧或爆炸事故。因此单级压缩的压缩比不宜过高。

在压缩比要求很高的情况下，采用多级压缩可以避免排出气体温度过高，减少消耗，提高汽缸容积利用率，并使压缩机的结构更加合理。

4）往复压缩机的主要参数

（1）排气量

往复压缩机的排气量又称为压缩机的生产能力，它是指单位时间排出的气体体积，其数值按照吸入状态计算。

若无余隙，单动往复压缩机的理论吸气量为：

$$q'_{v,m} = ASn \tag{1-134}$$

双动往复压缩机的理论吸气量为：

$$q'_{v,m} = (2A - A_f)Sn \tag{1-135}$$

式中：$q'_{v,m}$——理论吸气量，m^3/min；

A——活塞截面积，m^2；

A_f——活塞杆的截面积，m^2；

S——活塞的冲程，m；

n——活塞每分钟往复次数，1/min。

由于余隙的存在，实际吸气量小于理论吸气量，并且压缩机还存在多种泄漏，实际排气量还要小一点，因此实际排气量为：

$$q_{v,m} = \lambda_d q'_{v,m} \tag{1-136}$$

式中：$q_{v,m}$——实际排气量，m^3/min；

λ_d——排气系数，其值约为$(0.8\sim0.95)\lambda_0$。

（2）轴功率和效率

如果以绝热过程为例，压缩机的理论功率可写作：

$$P_a = p_1 q_{v,m} \frac{\gamma}{\gamma-1}\left[\left(\frac{p_2}{p_1}\right)^{\frac{\gamma-1}{\gamma}} - 1\right]\Big/60 \tag{1-137}$$

式中：P_a——绝热压缩时压缩机所需理论功率，W；

$q_{v,m}$——压缩机的排气量，m^3/min。

由于实际吸气量比实际排气量大，吸入气体均经压缩，气体在汽缸内运动及通过阀门的流动阻力亦消耗能量，还有压缩机运动部件的摩擦损失等，使实际需要的轴功率大于理论功率。

压缩机的轴功率为：

$$P = P_a/\eta_a \tag{1-138}$$

式中：P——压缩机的轴功率，W；

η_a——压缩机的绝热总效率。

例 1-16　一单缸单动空气压缩机，排气绝对压强为 7.85×10^5 Pa，活塞行程 90 mm，缸径为 240 mm，曲轴转速 1500 r/min，此压缩机余隙系数 $\varepsilon=0.08$，排气系数 λ_d 为容积系数 λ_0 的 0.83 倍，多变指数为 1.2，试计算其生产能力和压缩机的理论功率。

解:(1) 生产能力的计算

$$q'_{v,m} = ASn$$

$$= \frac{\pi}{4}D^2Sn = \frac{\pi}{4} \times 0.24^2 \times 0.09 \times 1500$$

$$= 6.1(m^3/min) = 0.1018(m^3/s)$$

$$\lambda_0 = 1 - \varepsilon\left[\left(\frac{p_2}{p_1}\right)^{\frac{1}{m}} - 1\right]$$

$$= 1 - 0.08\left(\left(\frac{7.85 \times 10^5}{9.81 \times 10^4}\right)^{\frac{1}{1.2}} - 1\right)$$

$$= 0.627$$

$$\lambda_d = 0.83 \times 0.627 = 0.52$$

$$q_{v,m} = \lambda_d q'_{v,m} = 0.52 \times 0.1018$$

$$= 0.053(m^3/s) = 3.18\ m^3/min$$

(2) 理论功率的计算

$$P_a = p_1 q_{v,m} \frac{m}{m-1}\left(\left(\frac{p_2}{p_1}\right)^{\frac{m-1}{m}} - 1\right)$$

$$= 9.81 \times 10^4 \times 0.053 \times \frac{1.2}{1.2-1}(8^{\frac{0.2}{1.2}} - 1)$$

$$= 12\,922(W) = 12.922(kW)$$

5) 往复压缩机的类型和选用

往复压缩机的分类方法很多,如

(1) 按吸排气方式分为:单动式、双动式;

(2) 按气体受压次数分为:单级、双级和多级往复压缩机;

(3) 按压缩机产生的终压分为:低压(1 MPa 以下)、中压(1 MPa~10 MPa)、高压(10 MPa~100 MPa)往复压缩机;

(4) 按排气量大小分为:小型(10 m^3/min)、中型(10 m^3/min~30 m^3/min),大型(30 m^3/min 以上)往复压缩机;

(5) 按压缩气体种类分为:空气压缩机、氢压缩机、氨压缩机、石油气压缩机等;

(6) 按汽缸放置方式分为:立式、卧式、角式(L 形,V 形,W 形)往复压缩机。

选用压缩机时,应首先根据输送气体的性质确定压缩机的种类,然后根据生产任务及厂房具体条件选定压缩机的结构型式,最终根据所需的排气量和排气压强选择合适的型号。需要注意的是,一般标出的排气量是以 20℃,101.33 kPa 状况下的气体体积表示的,单位为 m^3/min。

往复压缩机排气是脉动的。一般出口处与储气罐相连,使输出气体稳定均匀。储气罐上装有过滤器。运转过程中应及时维护,注意部件的润滑和汽缸的冷却。

2. 往复泵

往复泵的工作原理和结构与往复压缩机类似。图 1.66 是往复泵的装置简图。往复泵靠活塞在泵缸内左右移动而吸入和压出液体。在一次循环中,吸液与排液各一次交替进行,这类泵称作单动泵(如图 1.66 所示),其液体的输送是不连续的,如图 1.67 所示。若活塞的左右两侧均装有吸入阀和排出阀,活塞无论向左还是向右移动,吸液和排液都同时进行,这类泵称为双动泵(如图 1.68 所示)。其液体的输送如图 1.69 所示。活塞在左右两端间移动的距离称冲程。

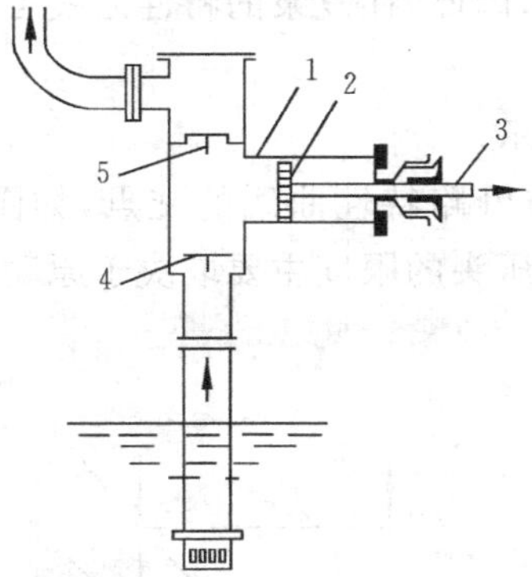

图 1.66 往复泵装置简图

1—泵缸;2—活塞;3—活塞杆;4—吸入阀;5—排出阀

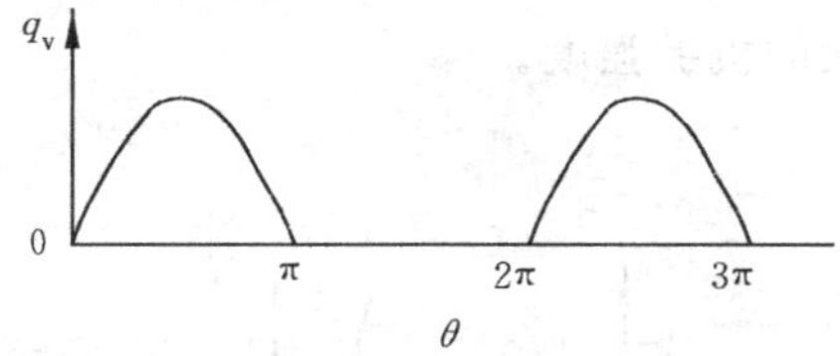

图 1.67 单缸单动往复泵流量曲线

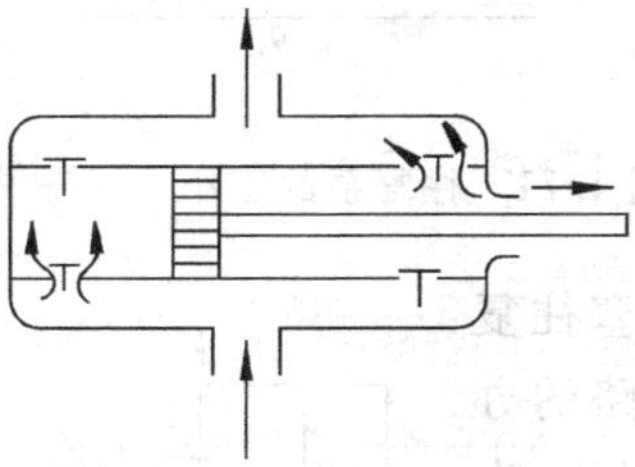

图 1.68 双动往复泵

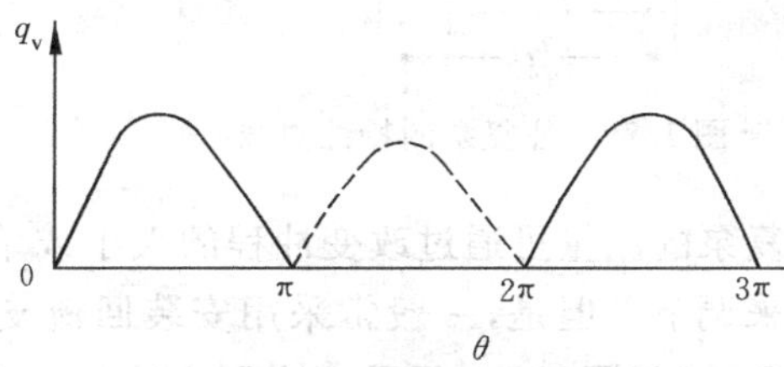

图 1.69 单缸双动往复泵流量曲线

1) 往复泵的输液量

前已述及,单动往复泵的工作过程是由吸入和排出液体两个行程组成的循环过程。如果忽略单向阀门的开关滞后现象、液体的泄漏及流过泵的损失,单缸单动往复泵的理论平均流量可以表示为:

$$q_{v,T} = ASn/60 \tag{1-139}$$

式中:A——活塞截面积,m^2;

S——活塞的冲程,m;

n——活塞往复的频率,1/min。

对于单缸双动往复泵,理论平均流量为:

$$q_{v,T} = (2A - a)Sn/60 \tag{1-140}$$

式中,a 为活塞杆的截面积,单位为 m^2。

实际上,由于活门不能及时启闭有滞后,活门、活塞、填料函等存在泄漏等原因,往复泵的实际平均输液量 q_v 小于理论平均流量:

$$q_v = \eta_v q_{v,T} \tag{1-141}$$

式中 η_v 为容积效率,可由实验测定,对于小型泵(流量为 0.1 m^3/h～30 m^3/h),η_v 为 0.85～0.90;中型泵(流量为 30 m^3/h～300 m^3/h),η_v 为 0.90～0.95;大型泵(流量在 300 m^3/h 以上),η_v 为 0.95～0.99。

2) 往复泵特性曲线和工作点

往复泵的理论平均流量只取决于活塞扫过的体积,因此,往复泵的特性曲线可表示为:

$$q_{v,T} = \text{常数}$$

对于往复泵的实际流量,其特性曲线如图 1.70 所示。

往复泵的工作点原则上仍是往复泵的特性曲线与管路特性曲线的交点,如图 1.71 所示。可以看出,往复泵的输液量几乎不随压头而变化,压头的限度主要取决于原动机的功率和泵的机械强度。

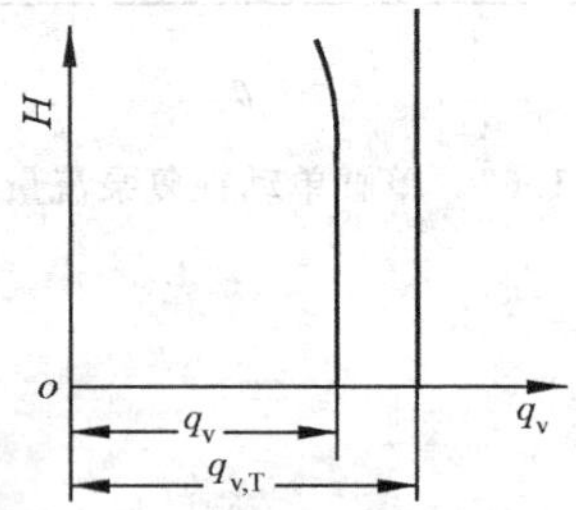

图 1.70 往复泵的特性曲线

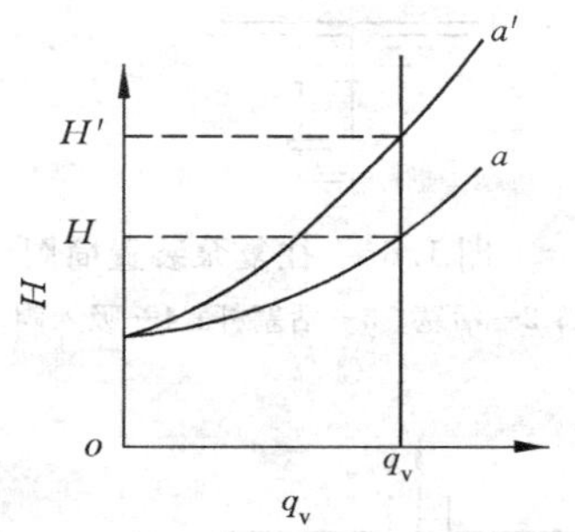

图 1.71 往复泵的工作点

往复泵的流量可通过改变冲程的大小或单位时间内活塞往复的次数来调节。但是,一般常采用安装回流支路或称为旁路的办法进行调节,如图 1.72 所示。这种方法比较简便,但会引起一定的能量损失。此外,必须注意的是,当旁路阀 2 未打开时,不允许像离心泵那样关闭出口阀启动往复泵,或者说,排出阀和旁路阀不可同时关闭。

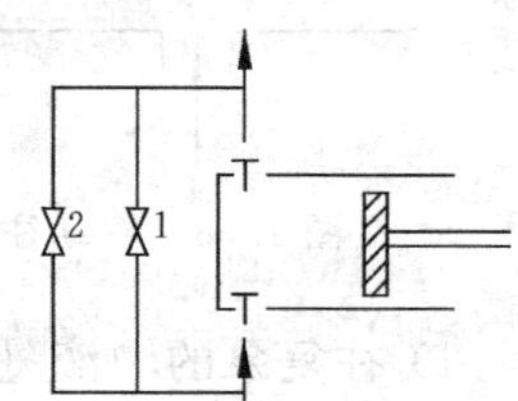

图 1.72 往复泵旁路调节流量示意图

往复泵的吸上真空高度亦随泵安装地区的大气压强,输送液体的性质和温度而变,所以往复泵的吸上高度也有一定限制。但是,往复泵的低压是靠工作室的扩张来造成的,所以在启动前,泵内不需充满液体,即往复泵有自吸作用。

1.8.4 其他常用流体输送设备

除上述离心泵,离心压缩机,往复压缩机和往复泵外,在化工生产中还经常使用下述流体输送设备。

1. 计量泵

计量泵是往复泵的一种形式。它的传动装置通过偏心轮把电机的旋转变成柱塞的往复运动。调整偏心轮的偏心距,改变柱塞往复的行程,以达到流量的控制和调节。

一般计量泵用于要求精确输送恒定流量的液体或以一定配比输送几种液体的场合。

2. 隔膜泵

隔膜泵也是往复泵的一种形式。隔膜泵选用弹性金属薄片或耐腐蚀橡皮制成的隔膜将活塞与被输送液体隔开,便于输送腐蚀性液体或气体。活塞的往复运动迫使隔膜交替向两侧弯曲,使输送的液体吸入和排出,如图 1.73 所示。

3. 磁性泵

磁性泵实际上是离心泵的一种。它将永久磁性耦合器组成联轴器应用于离心泵。在联轴器中间用隔离套隔开,使泵的叶轮和电动机同步运转。隔离套与泵盖组成完全密封的泵腔,以静密封取代动密封,杜绝了泵的泄漏。泵腔内部零件用耐腐蚀的工程塑料、刚玉、陶瓷等材料组成。

4. 旋转式流体输送机械

旋转式流体输送机械是由泵壳和转子组成的。它依靠转子对流体的挤压作用排出流体。从工作原理上分析,它也是属于正位移式(容积式)设备,只是用转子的回转运动替代了活塞的往复运动,而且无需吸入活门和压出活门。

(1) 齿轮泵

齿轮泵的基本构造如图 1.74 所示。泵体内装有一对互相啮合的齿轮,其中一个是主动轮,另一个是从动轮。电动机带动主动轮旋转,从动轮被主动轮带动作相反方向旋转。由于齿轮与泵体密合,由吸入口进入泵体内的液体被齿轮推着向旋转方向移动。当齿轮啮合时,液体被挤压至排出口排出。

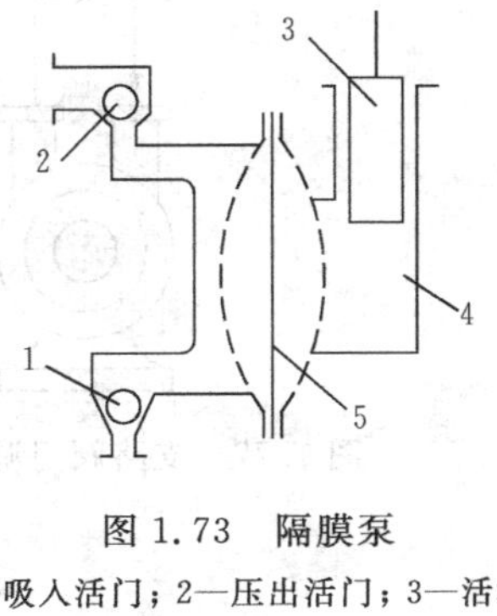

图 1.73 隔膜泵

1—吸入活门;2—压出活门;3—活柱;4—水(或油)缸;5—隔膜

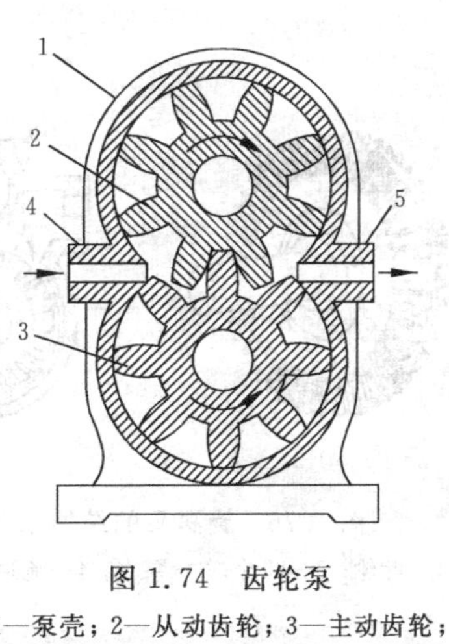

图 1.74 齿轮泵

1—泵壳;2—从动齿轮;3—主动齿轮;4—吸入口;5—排出口

齿轮泵一般用于输送润滑油一类粘性较大的液体。由于它属于正位移泵,所以较离心泵具有较高的压头;与往复泵比较,又具有排液量连续均匀等优点。但不宜用于输送含有悬浮粒子的液体。

另一种构造原理与齿轮泵类似的液体输送机械是螺杆泵,它以螺杆代替齿轮,利用两个或 3 个啮合螺杆的挤压推进作用输送液体。这种泵与齿轮泵相比,具有更高的压头和更大的流量,适用于输送熔融的高分子化合物等粘度更大的液体。

(2) 罗茨鼓风机

罗茨鼓风机如图 1.75 所示,其基本构造和工作原理与齿轮泵相似。罗茨鼓风机壳内有一对特殊形状(横截面轮廓呈鞋底形)的转子,同前述齿轮泵内的齿轮一样,以相反的方向旋转。两个转子旋转时,在泵壳内形成两个体积随转子相对位置不同而不断变化的空室,一室吸入气体,另一室压出气体。

罗茨鼓风机属于正位移式设备。它的主要特点是构造简单,输送量大且均匀,出口最高风压可达表压 0.08 MPa。

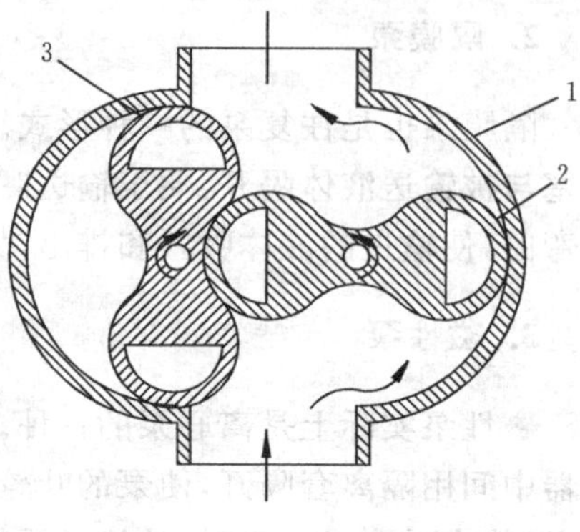

图 1.75 罗茨鼓风机

1—机壳;2—主动转子;3—从动转子

5. 旋涡泵

旋涡泵是一种特殊类型的离心泵,其结构如图 1.76 所示。旋涡泵主要由叶轮和泵体构成。叶轮是一个圆盘,四周由凹槽构成的叶片成辐射状排列。在叶轮旋转过程中,泵内液体随之旋转,且在径向环隙的作用下多次进入叶片并获得能量。因此,液体在旋涡泵内流动与在多级离心泵中流动相类似。泵的吸入口和排出口由与叶轮间隙极小的间隔分开。

旋涡泵的一个特点是在小流量时可以有较高的扬程,另一个特点是流量减少时消耗的功率增加得很快,所以不能像离心泵那样,在出口管上安装阀门来调节流量,而要在出口管路上安装如图 1.77 所示的支路阀门,来控制流量。

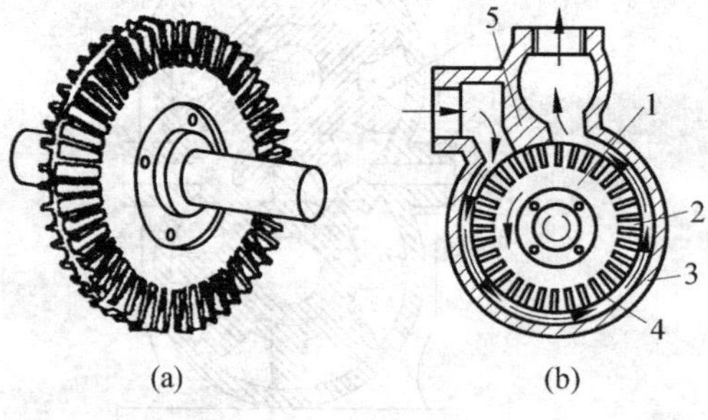

图 1.76 旋涡泵的结构示意图

1—叶轮;2—叶片;3—泵壳;4—流道;5—间壁

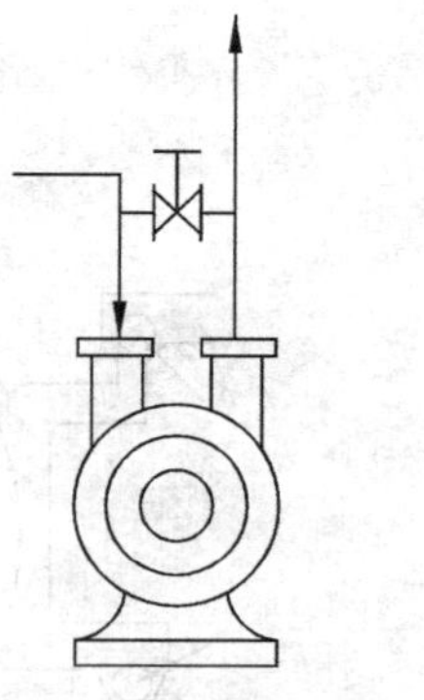

图 1.77 支路阀门调节流量

6. 真空泵

从设备中或系统中抽出气体,使其绝对压强处于低于外界大气压的状态所用的输送机械称之为真空泵,实质上真空泵也是气体压缩机械,只是它入口压强低,出口为常压。真空泵有水环真空泵、喷射真空泵及实验室用的滑板式真空泵等。

习　　题

1-1 试将下列物理量换算成指定的单位

质量：1.5 kgf・s^2/m=________ kg；

密度：13.6 g/cm^3 =________ kg/m^3；

压强：35 kgf/cm^2 =________ Pa，

4.7 atm=________ Pa，

670 mmHg=________ Pa；

功率：10 马力=________ kW

比热容：2 Btu/(Ib・℉)=________ J/(kg・K)，

3 kcal/(kg・℃)=________ J/(kg・K)；

流量：2.5 L/s=________ m^3/h；

表面张力：70 dyn/cm=________ N/m，

5 kgf/m=________ N/m。

1-2 在气体状态方程中

$$R = 0.082\ \frac{\text{atm}\cdot\text{m}^3}{\text{kmol}\cdot\text{K}},$$

求用以 kJ/(kmol・K)表示时，R 等于多少？

1-3 燃烧重油所得的燃烧气，经分析测知其中含 8.5%CO_2，7.5%O_2，76%N_2，8%H_2O(体积百分数)。试求温度为 500℃，压强为 1 atm 时，该混合气体的密度。

（答：0.4553 kg/m^3）

1-4 某设备上真空表的读数为 100 mmHg，试计算设备内的绝对压强与表压强各为多少。已知该地区大气压强为 740 mmHg。

（答：8.53×10^4 Pa，-1.33×10^4 Pa）

1-5 在图 1.78 所示的储油罐中盛有密度为 960 kg/m^3 的油，油面距罐底 9.6 m，油面上方为常压，在罐侧壁的下部有一直径为 760 mm 的圆孔，其中心距罐底 800 mm，孔盖用 M14 钢制的螺钉材料的工作应力取为 3.93×10^7 N/m^2。问至少需要几个螺钉？

（答：7 个）

1-6 图 1.79 所示的测压管分别与 3 个设备 A，B，C 相连通。连通管的下部是水银，上部是水，3 个设备内水面在同一水平面上。问：

(1) 1，2，3，3 处压强是否相等？

(2) 4，5，6，3 处压强是否相等？

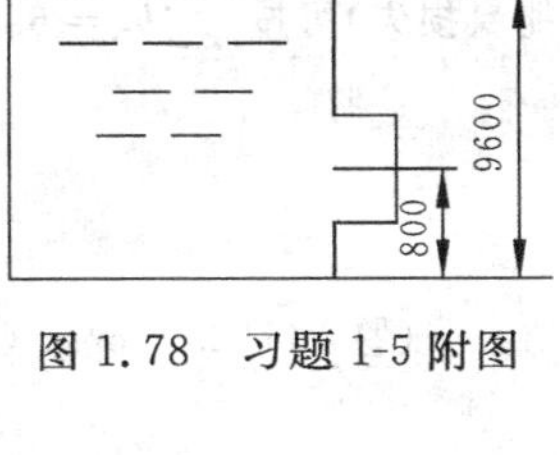

图 1.78 习题 1-5 附图

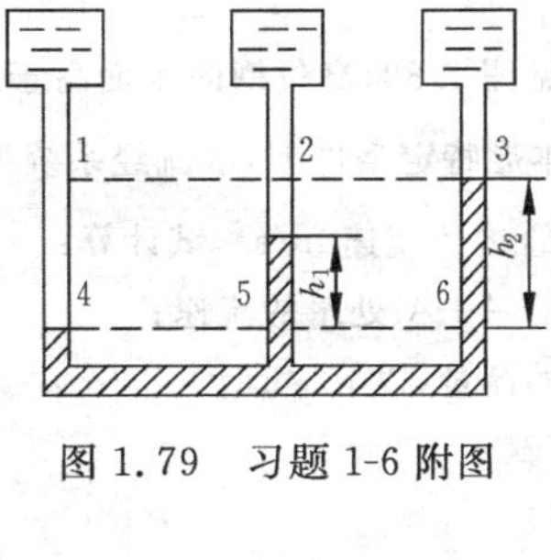

图 1.79 习题 1-6 附图

(3) 若 $h_1=100$ mm,$h_2=200$ mm,且知设备 A 直接通大气(大气压强为 760 mmHg),求 B,C 两设备内水面上方的压强。

(答:(3)8.898×10^4 Pa,7.663×10^4 Pa)

1-7 用图 1.80 中串联的 U 形管压差计测量蒸汽锅炉水面上方的蒸汽压力。U 形管压差计的指示液为水银。两 U 形管间的连接管内充满水。已知水银面与基准面的垂直距离分别为:$h_1=2.3$ m,$h_2=1.2$ m,$h_3=2.5$ m,$h_4=1.4$ m,锅中水面与基准面间的垂直距离 $h_5=3$ m,大气压强 $p_a=745$ mmHg,试求锅炉上方水蒸气的压强 p_0。

(答:3.64×10^5 Pa)

1-8 根据图 1.81 所示的微差压差计的读数计算管路中气体的表压强 p_0,压差计中以油和水为指示液,其密度分别为 920 kg/m^3 及 998 kg/m^3,U 形管中油水交界面高差 $R=300$ mm。两扩大室的内径 D 均为 60 mm,U 形管内径 d 为 6 mm,当管路内气体压强等于大气压强时,两扩大室液面平齐。

(答:256.4 Pa,表压)

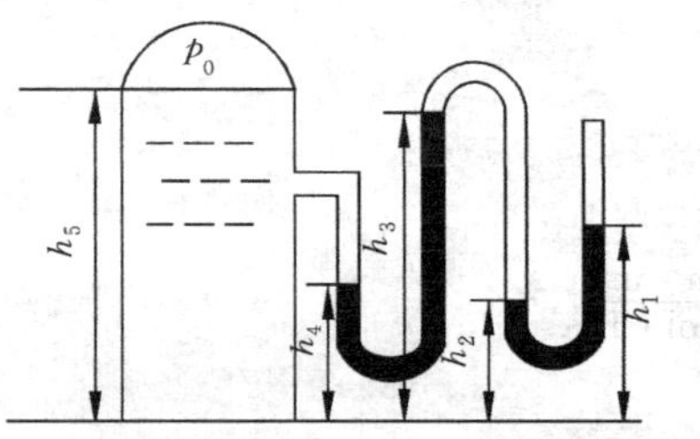

图 1.80 习题 1-7 附图

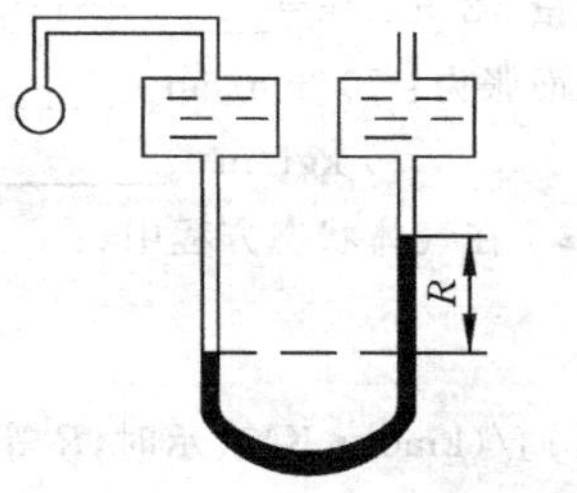

图 1.81 习题 1-8 附图

1-9 平均压强为 0.101 MPa 的某气体在 $\phi76$ mm×3 mm 的管道内流动。当气体的平均压强变为 0.505 MPa 时,若要求气体以同样的温度、流速、质量流量在管道内流动,问此时管道的内径应为多少?

(答:31.3 mm)

1-10 要测量某山的高度,测出山脚与山顶的大气压强分别为 88 kPa 与 44 kPa,已知从山脚向上每上升 1000 m,温度下降 5℃,现地面温度为 15℃,求此山高。

(答:5558 m)

1-11 油在 $\phi120$ mm×6 mm 的管内流动,在管截面上的速度分布可以表达为:$u=20y-200y^2$,式中 y 为截面上任一点至管壁的径向距离(m);u 为该点上的流速(m/s)。油的粘度为 0.05 Pa·s。

试求:(1)管中心和管半径中点处的流速;(2)管壁处的剪应力。

(答:0.4968 m/s,0.3942 m/s;1 N/m^2)

1-12 如图 1.82 所示,密度为 850 kg/m^3 的料液从高位槽送入塔中,高位槽内液面维持恒定,塔内表压强为 9.807×10^3 Pa,进料量为 5 m^3/h。连接管为 $\phi38$ mm×2.5 mm 的钢管,料液在连接管内流动时的能量损失为 30 J/kg(不包括出口的能量损失)。问高位槽内的液面应比塔的进料口高出多少米。

(答:4.368 m)

1-13 见图 1.83,高位槽内水面高于地面 8 m,水从 $\phi108$ mm×4 mm 的管道中流出,管路出口高于地面 2 m。在本题特定条件下,水流经系统的能量损失(不包括出口的能量损失)可按 $\sum h_f=6.5u^2$ 计算,其中 u 为水在管内的流速 m/s。试计算:

(1) 截面 A—A'处水的流速;

(2) 水的流量(以 m^3/h 计)。

(答:(1)2.9 m/s;(2)82 m^3/h)

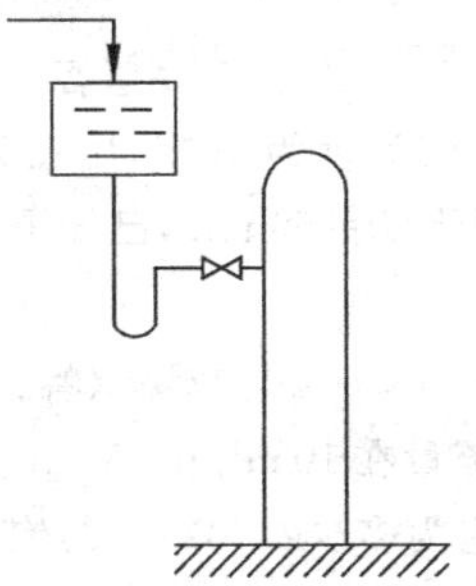

图 1.82 习题 1-12 附图

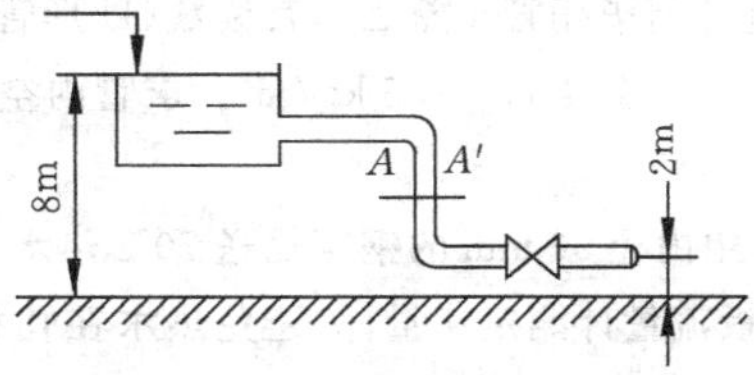

图 1.83 习题 1-13 附图

1-14 20℃的水以 2.5 m/s 的流速流经 ϕ38 mm×2.5 mm 的水平管。此管以锥形管与另一 ϕ53 mm×3 mm 的水平管相连，如图 1.84 所示。在锥形管两侧 A,B 处各插入一垂直玻璃管以观察两截面的压强，若水流经 A,B 两截面间的能量损失为 1.5 J/kg，求两玻璃管的水面差(以 mm 计)。

(答：88.5 mm)

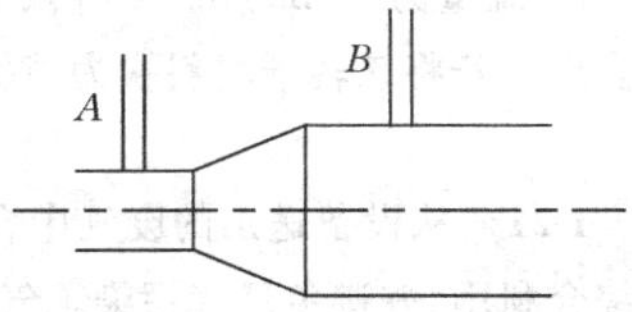

图 1.84 习题 1-14 附图

1-15 用离心泵把 20℃的水从储槽送至水洗塔顶部，槽内水位维持恒定。各部分相对位置如图 1.85 所示，管路的直径均为 ϕ76 mm×2.5 mm，在操作条件下，泵入口处真空表的读数为 185 mmHg，水流经吸入管(包括管入口)与排出管(不包括喷头)的能量损失可分别按 $\sum h_{f1}=2u^2$ 与 $\sum h_{f2}=10u^2$ 计算，由于管径不变，故式中 u 为吸入或排出管的流速 m/s，排水管与喷头连接处的压强为 9.81×10^4 Pa(表压)。试求泵的有效功率。

(答：2.257 kW)

1-16 混合冷凝器(图 1.86)用冷水和水蒸气直接接触使水蒸气冷凝，在真空度为 0.08 MPa 下操作。要求其中的水能自动连续排出，而空气不得入内，问应采取什么措施？大气压为 0.1 MPa，画出简图进行初步计算(忽略流速与阻力)。

(答：流出管中液体高度大于 8.17 m 后，水可以自动连续排出)

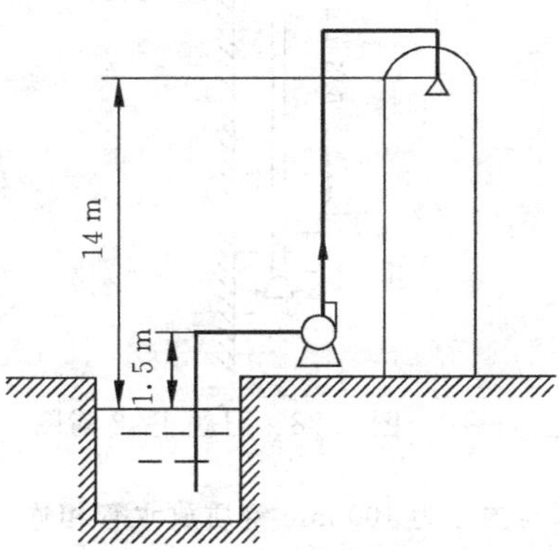

图 1.85 习题 1-15 附图

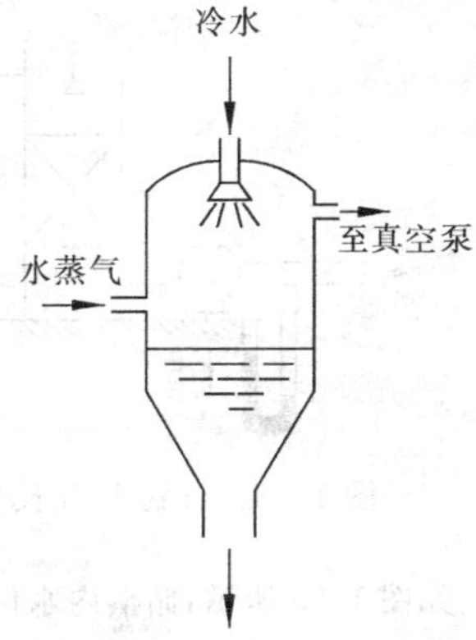

图 1.86 习题 1-16 附图

1-17 内截面为 1000 mm×1200 mm 的矩形烟囱的高度为 30 m，平均分子质量为 30 kg/kmol，平均温度为 400℃的烟气自下而上流动，烟囱下端维持 49 Pa 的真空度。在烟囱高度范围内大气的密度可视为定值，大气温度为 20℃，地面处的大气压强为 0.101 MPa。烟囱内壁的摩擦系数可取为 0.05。试求烟道气的流量为若干 kg/h。

(答：48295 kg/h)

1-18 在内径为 0.3 m 的管中心装一毕托管,用来测空气流量。空气温度为 20℃,压强为 0.1 MPa。用微差压差计测毕托管压差 Δp,其读数(U 形管内轻重二液之界面高度差)$R=50$ mm,已知重液密度 $\rho_1=998$ kg/m^3,轻液密度 $\rho_2=835$ kg/m^3。求管内空气流量 V_h。

(答：2463 m^3/h)

1-19 用内径 50 mm 的钢管输送 70℃热水,其压强为 0.114 MPa,流量在 10 m^3/h～30 m^3/h 范围内变化,现用孔板流量计测定流量,为避免热水在孔板后汽化,问锐孔直径应为多少？70℃水的饱和蒸汽压为 31.164 kPa。

(答：40 mm)

1-20 一转子流量计,转子材料为铝,出厂时用 20℃,0.1 MPa 压强下的空气标定,得转子高度为 100 mm 时,流量为 10 m^3/h。今将该流量计用于测量 $T=50$℃,$p=0.15$ MPa 下的氯气,问在同一高度下流量为多少？若将该转子材料换为黄铜,问在同一高度下氯气与空气流量各为多少？

(答：5.47 m^3/h,9.93 m^3/h,18.15 m^3/h)

1-21 从设备送出的废气中含有少量可溶物质,在放空之前令其通过一个洗涤塔,以回收这些物质进行综合利用,并避免环境污染。气体流量为 3600 m^3/h(在操作条件下),其物理性质与 50℃的空气基本相同,如图 1.87 所示,气体进入鼓风机前的管路上安装有指示液为水的 U 形管压差计,其读数为 30 mm。输气管与放空管内径均为 250 mm,管长、管件与阀门的当量长度之和为 50 m(不包括进、出塔及管出口阻力),放空口与鼓风机进口的垂直距离为 20 m,已估计气体通过塔内填料层的压降为 1961 Pa。管壁的绝对粗糙度 ε 可取为 0.15 mm,大气压强为 0.101 MPa,求鼓风机的有效功率。

(答：2.87 kW)

1-22 用离心泵从井中抽水(图 1.88),吸水量为 20 m^3/h,吸水管直径为 ϕ108 mm×4 mm,吸水管路阻力损失为 4904 Pa,求泵入口处的真空度为多少？

(答：59.05 kPa)

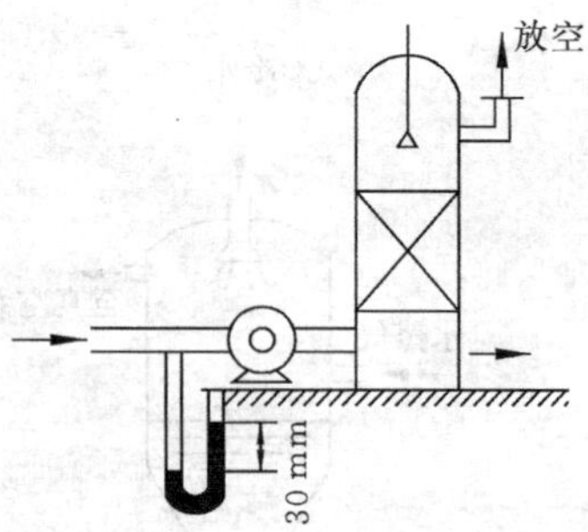

图 1.87 习题 1-21 附图

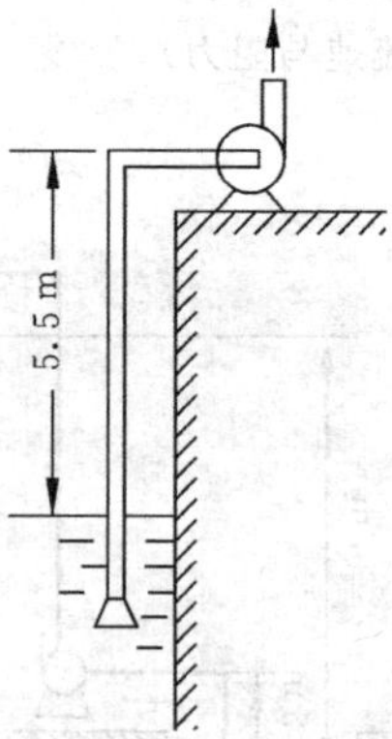

图 1.88 习题 1-22 附图

1-23 如图 1.89 所示,储槽内水位维持不变。槽的底部与内径为 100 mm 钢质放水管相连,管路上装有一个闸阀。距管路入口端 15 m 处安有以水银为指示液的 U 形管压差计,压差计连接管内充满了水,测压点与管路出口端之间的直管长度为 20 m。

(1) 当闸阀关闭时,测得 $R=600$ mm,$h=1500$ mm;当闸阀部分开启时,测得 $R=400$ mm,$h=1400$ mm。摩擦系数 λ 可取为 0.025,管路入口处的局部阻力系数取为 0.5,问每小时从管中流出多少 m^3 的水;

(2) 当闸阀全开时,$L_e/d=15$,摩擦系数仍可取 0.025。问 U 形管压差计测点处的静压强为多少 Pa

(表压)?

(答：(1)88.45 m^3/h；(2)3.3×10^4 Pa)

1-24　如图1.90所示的输水系统，高位槽的水面维持恒定，水分别从 BC 与 BD 两支管排出。高位槽液面与两支管出口间的距离均为 11 m。AB 管段内径为 38 mm，长为 58 m；BC 支管的内径为 32 mm，长为 12.5 m；BD 支管的内径为 26 mm，长为 14 m。各段管长均包括管件及阀门全开时的当量长度。AB 与 BC 管段的摩擦系数 λ 均可取为 0.03，试计算：

(1) 当 BD 支管的阀门关闭时，BC 支管的最大排水量为多少 m^3/h?

(2) 当所有阀门全开时，两支管内排水量各为若干 m^3/h，BD 支管的管壁绝对粗糙度 ε 可取为 0.15 mm。水的密度为 1000 kg/m^3，粘度为 1×10^{-3} Pa·s。

(答：(1)7.06 m^3/h；(2)5.22 m^3/h，2.77 m^3/h)

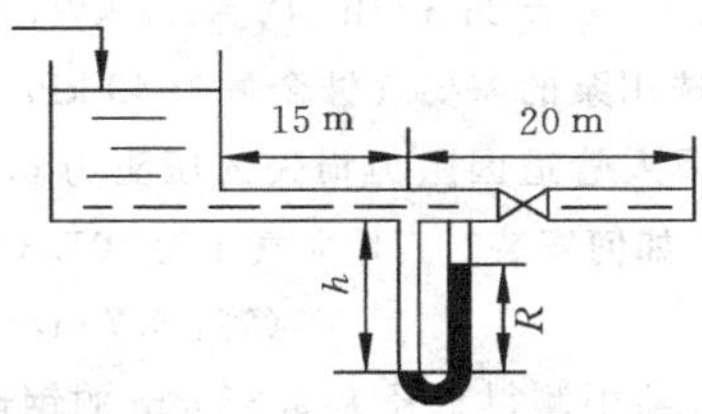

图 1.89　习题 1-23 附图

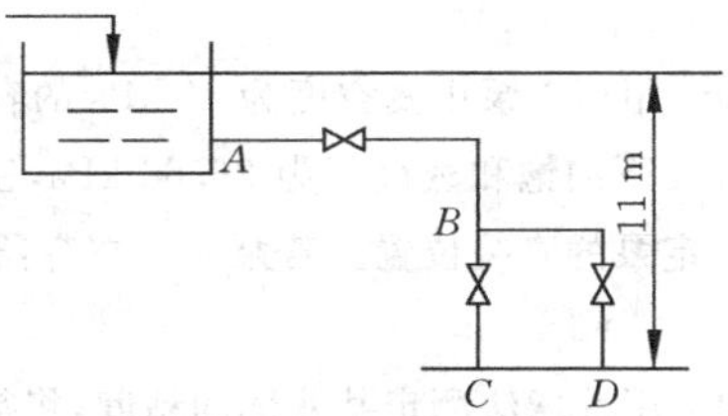

图 1.90　习题 1-24 附图

1-25　有一水平输水管路，全长 600 m(包括局部阻力的当量长度)，要求输水量为 800 m^3/h，在泵的压头给定的条件下，根据计算，管径需为 0.3 m，但购买的钢管实际管径只有 0.29 m，若水温为 20℃，λ 可视为常数。

(1) 当泵所提供的压头不变时，实际的输水量为多少？

(2) 若仍要通过 800 m^3/h 的水量，所需的压头是多少？

(若：(1)735 m^3/h；(2)26.2 m)

1-26　两储罐的底部在同一水平面上，由一直径 75 mm，长 300 m 的水平管将它们连接(图1.91)。两端的管口皆圆滑，故进出管子的阻力可以忽略。一储罐的直径为 7 m，盛水高 7 m，另一储罐直径为 5 m，盛水高 3 m。若将两储罐的连接管子接通，问大罐内水面降到 6 m 高时，要经多长时间？设管道为旧低碳钢管。

(答：16 677 s，4 h58 min)

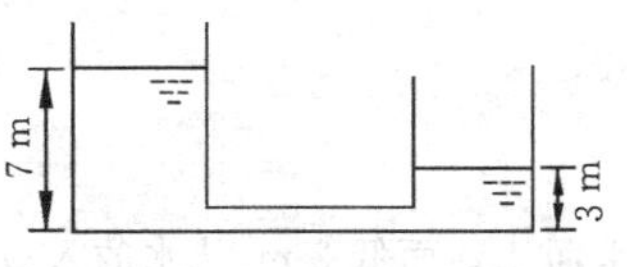

图 1.91　习题 1-26 附图

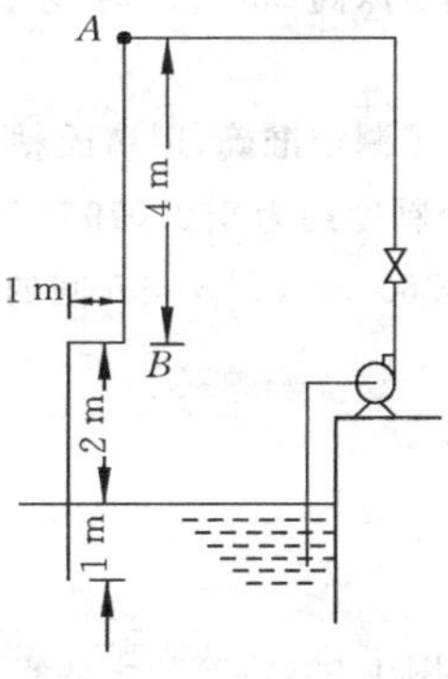

图 1.92　习题 1-27 附图

1-27　实验室有一输水装置如图1.92所示。当阀门全打开时，测得泵进出口所连压差计读数为 86 658 Pa(泵柱上端导管充满水)，整个管路长 17 m，管子为铁管，内径为 20 mm，摩擦系数 $\lambda=0.02$，进出口、弯管和全开阀门的阻力损失不计，泵的效率不变。求：

(1) 每小时的输水量。

(2) A 点的压强是多少?

(3) 现使泵的转数增加,因而使得泵进出口U形管压差计的读数变为93 324 Pa,问泵所耗功率增加多少?

(4) 若从 B 点出发并联一根同样管径,同样长度的管子到水槽,问主管中的流量变为多少?假设此时泵进出口压差计读数仍为86 658 Pa。

(答:(1)3.7 m^3/h;(2)−20.35 kPa;(3)11%;(4)4.16 m^3/h)

1-28 在用水测定离心泵性能的实验中,当流量为26 m^3/h时,泵出口压强表读数为0.152 MPa,泵入口处真空表读数为24.66 kPa,轴功率为2.45 kW,转速为2900 r/min,真空表与压强表两测压口间的垂直距离为0.4 m,泵的进出口管径相等,两侧压口间管路的流动阻力可忽略不计。试计算该泵的效率,并列出该效率下泵的性能。

(答:H=18.4 mH_2O,q_v=26 m^3/h,P_e=1.3 kW,η=53%)

1-29 用离心泵由真空度为48 kPa的容器中输送液体,所选用泵的需要气蚀余量为49 kPa。该液体在输送温度下的饱和蒸汽压为26.66 kPa,密度为900 kg/m^3,吸入管道因阻力损失的压头为0.20[米液柱],试决定泵的安装位置。若泵入口端容器改为敞口,该泵又应如何安装?当地大气压为101.3 kPa。

(答:3.7 m,−1.7 m)

1-30 用落球法测定某液体的粘度,将待测液体置于玻璃容器中测得直径为6.35 mm的钢球在此液体中沉降200 mm所需时间为7.32 s,已知钢球的密度7900 kg/m^3,液体密度为1300 kg/m^3,计算液体的粘度。

(答:5.3 Pa·s)

1-31 一固定床催化反应器,床层由直径为4 mm,高为8 mm的圆柱形催化剂组成,床层的高度为2 m,空隙率为0.4。当温度为400℃及压强为0.02 MPa(表压)时,在1 m^2 催化剂层的截面上每小时通过1800 m^3(标准状态)的混合气体,试计算气体通过催化剂层的压强降。假设混合气体的物性值类似空气的物性值。

(答:233 Pa)。

1-32 在流化床中煅烧碳酸钾晶粒,热空气温度为220℃,颗粒密度 ρ_s=2290 kg/m^3,视密度 ρ_m=820 kg/m^3,颗粒的平均粒径 d_p=0.43 mm。

(1) 求最小流化速度 u_{mf};

(2) 当固定床高250 mm时,求流化时的床层压降。

(答:0.095 m/s,2011 Pa)

1-33 为了测定准确,用乌氏粘度计测粘度时,一般希望流体流过毛细管所用的时间在100 s左右。现在测定一个粘度约为 5.0×10^{-2} Pa·s,密度为1000 kg/m^3 液体的粘度的准确数值。若粘度计内所装液体的体积为3.50 cm^3(即 a 与 b 间的体积),则应选用毛细管直径为多少毫米的乌氏粘度计进行测定?

(答:1.6 mm)

讨 论 题

1-1′ 如图1.93,将冷却水从水池送往冷却塔 A,已知水池水面比地面低2 m,从水的入口到泵的吸入口为长10 m的 ϕ114 mm×4 mm钢管,在吸入管线中有1个90°弯头,1个吸滤底阀。从泵的出口到塔顶喷嘴是总长36 m的 ϕ114 mm×4 mm钢管,管线中有2个90°弯头,1个闸阀 $\left(\frac{1}{2}\text{开度}\right)$,喷嘴与管子连接处离地面高24 m,要求流量56 m^3/h,已知水温20℃。塔内压力6.865 kPa(表压),喷嘴进口处的压力比塔内压力高9.807 kPa,输水管的绝对粗糙度 ε=0.2 mm,泵出口到地面的距离可以忽略,外界压力为98.07 kPa,

吸滤阀 $\varphi=3.5$，弯头 $\varphi=0.75$，闸阀$\left(\frac{1}{2}\text{开度}\right)\varphi=4.5$。

(1) 求泵所需的有效功率；

(2) 求距地面 10 m 处管道内 C 点的压强 p_C 为多少（表压）？

(3) 若将闸阀关小一些，则管道上 A,B,C,D 4 点的压力将如何变化？（设泵的功不变）

(4) 由于生产需要，要求装一个与原塔 A 结构及操作条件完全相同（如图所示）的塔 B，从 E 点出发并联一个管线与前管线完全相同，问此时二管流量各为多少？（泵的功不变）

(5) 若要求 A 塔的流量为 40 m^3/h，问从 E 点出发到 B 塔的管道直径应为多少？（泵的功率不变）

（注：因该题摩擦系数 λ 变化不大，可视为相同。）

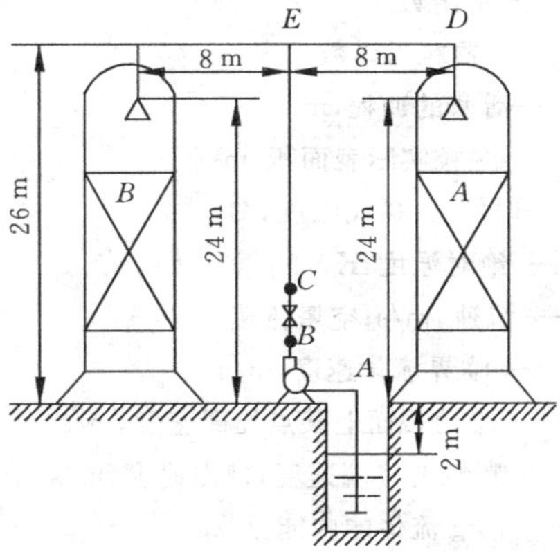

图 1.93 讨论题 1-1′附图

本章符号说明

英文字母

A——面积，m^2

A_f——活塞杆截面积，m^2

a——颗粒的比表面，m^{-1}

a_b——床层的比表面，m^{-1}

A_p——颗粒的投影面积，m^2

b——叶轮出口处的宽度，m

c——离心泵叶轮内质点运动的绝对速度，m/s

C_0, C_R, C_V——流量系数

C_D——曳力系数

d——管道直径，m

d_e——当量直径，m

d_0——孔径，m

d_p——颗粒直径，m

d_{ev}——当量体积球直径，m

D——叶轮直径，m；容器或管子直径，m

E——1 kg 流体所具有的总机械能，J/kg

Eu——欧拉数

F——压力，N

F_b——浮力，N

F_D——曳力，N

G——重力，N；质量流速，kg/($m^2\cdot s$)

g——重力加速度，m/s^2

$\sum h_f$——1 kg 流体流动时的阻力损失，J/kg

Δh——允许气蚀余量，m

H——泵的扬程，m

H_a——大气压强，m

H_e——管路系统所需压头（扬程），m

$\sum H_f$——管路系统压头损失，m

H_g——离心泵允许吸上高度，m

H_s——离心泵的允许吸上真空度，m 液柱

H_T——离心泵的理论压头，m

K——系数

L——长度，m

l——长度，m

L_e——当量长度，m

h_{mf}——临界流化条件下的床层高度，m

m——质量，kg；多变指数

M——摩尔质量，kg/kmol

n——离心泵的转速，往复频率，r/min

P——输送设备的轴功率，W

P_e——有效功率，W

p——压强，Pa

Δp_f——因流动阻力引起的压强降，Pa

p_v——液体的饱和蒸气压，Pa

q_v——体积流量，m^3/s

$q_{v,m}$——体积流量，m^3/min

q_m——质量流量，kg/s

$q_{v,T}$——泵的理论流量

Q_e——热量，J/kg

r——半径，m

R——液柱压强计读数；气体常数；流化床的膨胀比

Re——雷诺数

Re_p——颗粒雷诺数

S——活塞的冲程,m

S_p——颗粒实际表面积,m^2

t——时间,s;摄氏温度,℃

T——绝对温度,K

u——流速,m/s;空塔流速,m/s

u_{mf}——临界流化速度,m/s

u_T——流动截面上某点局部速度,m/s

u_t——颗粒的终端速度,带出速度,m/s

U——1 kg流体的内能,J/kg

V——体积,m^3

w——离心泵叶轮内液体质点运动的相对速度,m/s

W——往复压缩机的理论功,J

z——位头,m

希腊字母

α——绝对速度与圆周速度的夹角,(°)

β——相对速度与圆周速度反方向的夹角,(°)

γ——绝热指数

ε——余隙系数,空隙率;绝对粗糙度,m

ξ——阻力系数

η——效率

λ——摩擦系数

λ_d——排气系数

λ_0——容积系数

μ——粘度,Pa·s

ν——运动粘度,m^2/s

ρ——密度,kg/m^3

τ——剪应力,N/m^2;时间,s

φ——形状系数,相对于水的允许气蚀余量校正系数

ω——叶轮旋转角速度,1/s

δ——边界层厚度,m

2 传热过程和传热设备

2.1 概　述

2.1.1 化工生产中的传热

1. 传热在化工生产中的地位

根据热力学第二定律，凡是存在温度差就必然导致热量自发地从高温处向低温处传递，这一过程称为热量传递过程，简称为传热过程。传热过程的研究和应用，以及热能的综合利用是现代工业中的一个重要问题。在动力、航空、机械、电子、冶金、环境保护及原子能等工业部门都有各种各样的传热问题，在化工生产中，传热过程的应用更是十分广泛。

在化工生产中，为了使化学反应和单元操作顺利进行，往往需要加热或冷却以维持过程进行所要求的温度；在化学反应过程中，及时移去和输入热量，往往对化学反应过程进行的方向及速度起决定的作用；在精馏、蒸发、干燥等操作中都发生物相的变化，相应地就要吸收或放出热量，也需要及时供给和取出热量；有时为了减少热量损失，又需要保温以抑制传热过程。研究和掌握传热过程的基本规律，探求实现和强化传热过程的有效途径、防止和抑制传热过程的方法，不仅对于实现各种化工过程有重要作用，而且对于充分利用能源和降低能耗也具有十分重要的意义。

在化工生产中，经常需要采用下述方法进行两种流体之间的热交换：一种是如图 2.1 所示的直接热交换，即热流体与冷流体直接混合进行热交换；另一种是如图 2.2 所示的蓄热式热交换，将冷、热流体交替通过蓄热体以实现它们之间的热量交换；第三种方法是如图 2.3 所示的间接热交换，即冷、热流体通过管壁或器壁等固体壁面进行热交换。

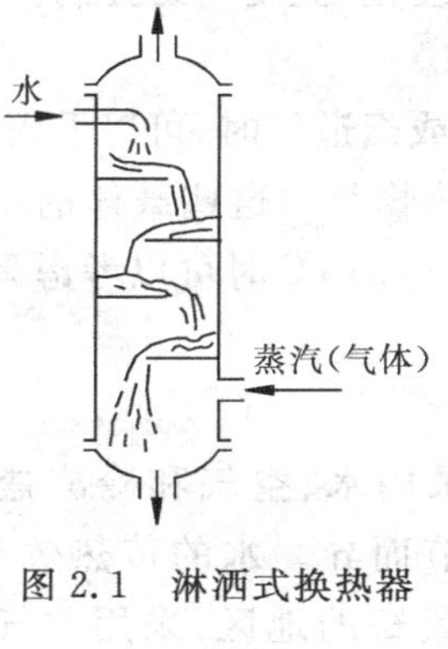

图 2.1　淋洒式换热器

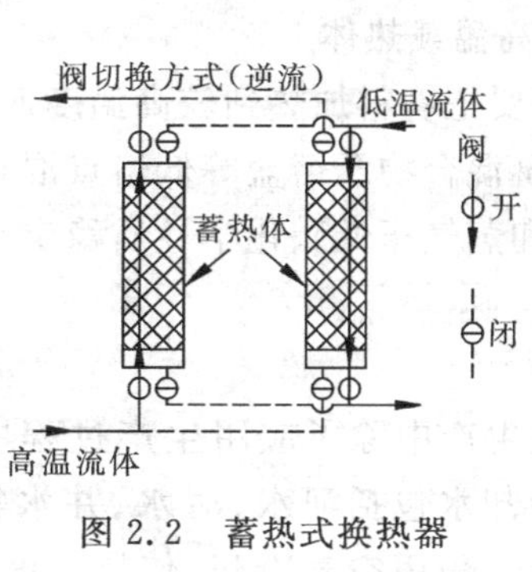

图 2.2　蓄热式换热器

2. 热源和冷源

这里讲的热源和冷源是指化工生产中用于加热或冷却物料所用的物料和手段。如果生

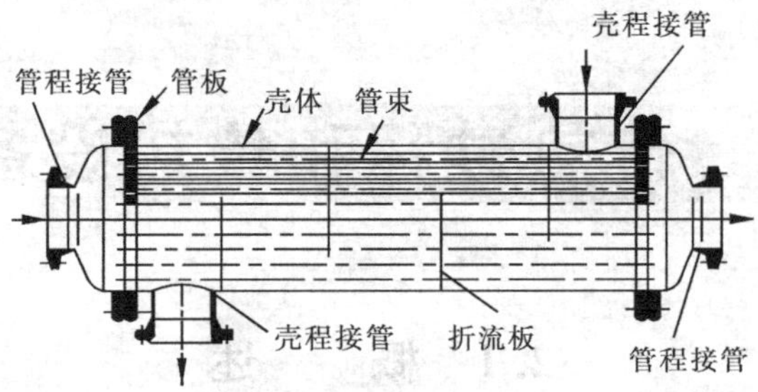

图 2.3　列管换热器

产过程中有热流体需要冷却或冷流体需要加热,则首先把它们用作热源或冷源,这样可以充分利用生产过程中的热能,提高经济效益。只有当应用这种流体不能满足要求时,才采用专门的热源或冷源。

1) 热源

除生产中的高温流体应首先考虑应用以外,常用的热源有以下几种:

(1) 电热

其特点是加热能达到的温度范围很广,而且便于控制,使用方便,比较清洁。但将电源作为热源费用比较高,一般只在比较特殊的、应用其他热源不方便的情况下以及实验室中应用。

(2) 饱和水蒸气

用饱和水蒸气冷凝放热来加热物料是最常用的加热方法。其优点是饱和水蒸气的冷凝温度和压力有一一对应的关系,调节饱和水蒸气的压力就可以控制加热温度,使用方便。另外,饱和水蒸气冷凝过程的传热速度快。当然,饱和水蒸气冷凝传热能达到的温度受到压力的限制。当饱和水蒸气的温度达到300℃时,相应的压力为8.59 MPa(绝对压力),因此,用饱和水蒸气加热时,蒸汽温度通常不超过180℃,此时相应的压力为1 MPa(绝对压力)。

(3) 烟道气

烟道气的温度可达700℃以上,应用烟道气作为热源可以将物料加热到比较高的温度,因此它也是化工生产中常用的一种热源。其缺点是传热速度慢,温度不易控制。

(4) 高温载热体

当需要把物料加热到较高温度而又不宜直接应用电热或烟道气时,可以采用矿物油、联苯、二苯醚混合物及熔盐等低熔点混合物作为热载体来加热物料。这些载体的特点是沸点高(或饱和蒸气压低)、化学性质稳定。当加热温度在180℃～540℃时可以考虑采用这类载热体。

2) 冷源

工业生产中除了应用生产过程中的冷流体外,一般采用水、空气和冷冻盐水等作为冷源。冷却水包括河水、海水、井水等,水温随地区和季节而异。水的传热效果好,应用最为普遍。采用空气冷却,传热速度慢,但在水资源比较紧缺的地区,采用空气冷却是值得考虑的。

2.1.2 热传递的基本方式

分析图2.3中的列管换热器的传热过程，如图2.4所示。热量首先从热流体的主体通过对流传热传至管壁内侧，然后通过管壁的导热将热量由管壁内侧传至外侧，最后又通过对流传热，由管壁外侧传至冷流体主体。以上传热过程除涉及导热和对流两种传热方式外，还伴随辐射传热。当温度不高时，辐射传热只占总传热量的很小一部分可忽略不计。

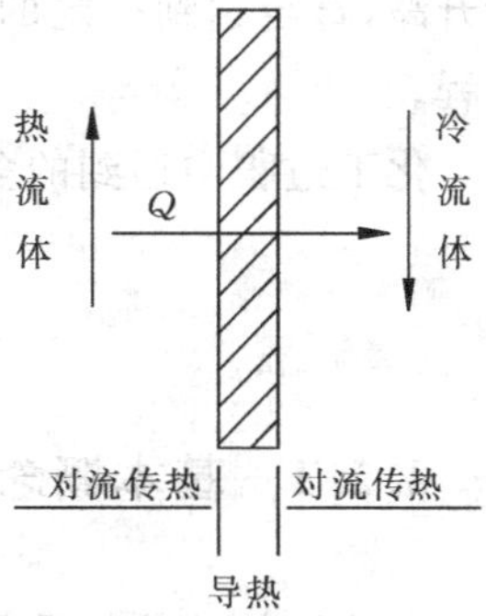

图2.4 间壁换热

可见，研究传热的问题涉及到3种基本的传热方式，即热传导、对流及热辐射的热传递速率，以及影响以上各种传递速率的主要因素和这些因素之间的相互关系；需要计算传热设备的传热面积，以及研究热交换器的基本结构和性能。

2.1.3 热量衡算

在传热系统中，设备中任何一点的温度不随时间而变化的传热过程称为稳态传热；反之，则称为不稳定传热。对于不稳定传热系统，热量衡算式为

$$\phi_{输入} = \phi_{输出} + \phi_{积累} \tag{2-1}$$

在稳态传热系统中，热量衡算为：

$$\phi_{输入} = \phi_{输出} \tag{2-2}$$

也可以表示为热流体输出的热量等于冷流体得到的热量。无相变时，热流体输出的热量可以由下式计算：

$$\phi_{\mathrm{h}} = q_{\mathrm{m,h}} c_{p,\mathrm{h}} (T_{\mathrm{h1}} - T_{\mathrm{h2}}) \tag{2-3}$$

式中：ϕ_{h}——传热速率，W；

$q_{\mathrm{m,h}}$——热流体的质量流量，kg/s；

$c_{p,\mathrm{h}}$——热流体的质量定压热容，J/(kg·K)；

T_{h1}，T_{h2}——热流体进、出体系的温度，K。

无相变时，冷流体得到的热量由下式计算：

$$\phi_{\mathrm{c}} = q_{\mathrm{m,c}} c_{p,\mathrm{c}} (T_{\mathrm{c2}} - T_{\mathrm{c1}}) \tag{2-4}$$

式中：ϕ_{c}——传热速率，W；

$q_{\mathrm{m,c}}$——冷流体的质量流量，kg/s；

$c_{p,\mathrm{c}}$——冷流体质量定压热容，J/(kg·K)；

T_{c1}，T_{c2}——冷流体进、出体系的温度，K。

2.1.4 稳定与不稳定传热

在传热系统中温度分布不随时间而改变的传热过程为稳定传热。连续生产过程中的传热多为稳定传热。

若传热系统中的温度分布随时间变化,则这种传热过程为不稳定传热。工业生产上间歇操作的换热设备和连续生产时设备的启动和停车过程,都为不稳定传热过程。如图2.24所示的夹套式加热釜,釜内加满冷物料后,夹套中通入蒸气进行加热,釜内冷的物料温度不断升高,直至达到指定的温度。在此过程中,物料的温度随时间而变化,故为不稳定传热过程。

化工过程中遇到的多是稳定传热过程。因此,本书重点讨论稳定传热。

2.2 热 传 导

2.2.1 基本概念与傅里叶定律

金属固体的热传导是因自由电子的运动而产生;不良导体的固体和大部分液体中,热传导是由于分子、原子在其平衡位置附近的振动所致;气体中的热传导是由于分子不规则运动而引起。

1. 温度场和等温面

任一瞬间存在一定温度分布的空间,称为温度场。温度场内任何一点的温度可表示为该点位置和时间的函数:

$$t = f(x, y, z, \tau) \tag{2-5}$$

式中:t——温度,℃;

x, y, z——任一点的空间坐标;

τ——某一时刻。

如果温度场内各点温度随时间而变化,此温度场称为不稳定温度场;如果各点温度不随时间而变化,则此温度场称为稳定温度场。本章研究的传热过程多数为稳定温度场。在稳定温度场内某点温度可表示为

$$t = f(x, y, z) \tag{2-6}$$

同一瞬间,具有相同温度的各点组成的面称为等温面。因为空间同一点不可能同时有两个不同的温度,所以温度不同的等温面彼此不会相交。

2. 温度梯度

从任一点开始,沿等温面移动,如图2.5所示,因为在等温面上无温度变化,所以无热量传递,而沿和等温面相交的任何方向移动都有温度变化,即有热量传递。这种温度随距离的变化在与等温面垂直的方向上最大。温度差 Δt 和两等温面之间的垂直距离 Δn 之比的极限称为温度梯度:

$$\lim_{\Delta n \to 0} \frac{\Delta t}{\Delta n} = \frac{\partial t}{\partial n} \tag{2-7}$$

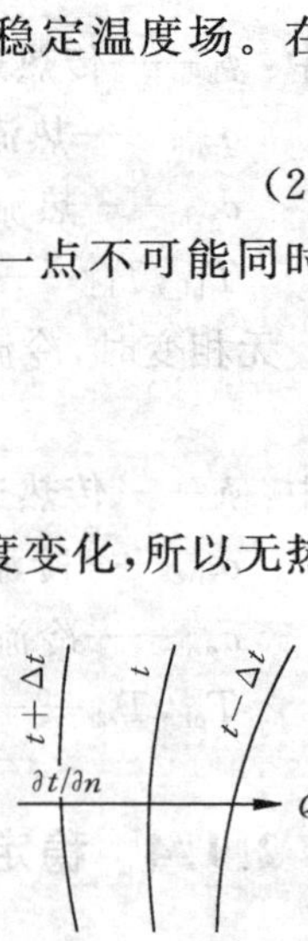

图2.5 温度梯度和傅里叶定律

温度梯度是沿等温面垂直方向的向量,它的正方向是朝着温度增加的方向。

3. 傅里叶定律

热传导是依靠物体内自由电子的运动或分子的振动来进行的。物体较热部分的分子因振动而与相邻的分子碰撞，并将其动能的一部分传给后者，借此，热能从物体的一部分传至另一部分。

1822 年，傅里叶在大量实验的基础上提出了导热的基本定律，其数学表达式为

$$\frac{\mathrm{d}Q}{\mathrm{d}\tau} \propto -A\frac{\mathrm{d}t}{\mathrm{d}n} \tag{2-8}$$

或写成：

$$\frac{\mathrm{d}Q}{\mathrm{d}\tau} = -\lambda A\frac{\mathrm{d}t}{\mathrm{d}n} \tag{2-9}$$

在稳定导热时，因导热量不随时间而改变，即单位时间的导热量为定值，故上式可写成：

$$\phi = \frac{Q}{\tau} = -\lambda A\frac{\mathrm{d}t}{\mathrm{d}n} \tag{2-10}$$

式中：ϕ——单位时间内传递的热量，也称热流量，W；

A——导热面积，即垂直于热流方向的截面积，m^2；

λ——热导率，W/(m·K)；

$\frac{\mathrm{d}t}{\mathrm{d}n}$——温度梯度，K/m。

傅里叶定律表明单位时间内的传热量与垂直于热流方向的导热截面积和温度梯度成正比。式中负号表示热流方向总是与温度梯度的方向相反，也就是热流方向是沿着温度降低的方向。

2.2.2 热导率

式(2-10)可改写为

$$\lambda = -\frac{\phi}{A\frac{\mathrm{d}t}{\mathrm{d}n}} \tag{2-11}$$

可见，热导率数值上等于在单位温度梯度下、单位导热面积上、单位时间内所传导的热量，即等于单位温度梯度下所传导的热流通量。热导率是表征物质导热性能的一个物理参数，λ 越大，导热越快。

各种物质的热导率通常由实验测得。表 2.1 列出了一些物质的热导率的大致范围。表 2.2 为一些固体的热导率。图 2.6 和图 2.7 为若干液体和气体的热导率随温度变化的关系。图 2.8 是不同物质热导率随温度变化的比较。从这些图表不难看出，金属的热导率大，非金属固体的热导率次之，液体的热导率再次之，而气体的热导率最小。例如不流动空气的热导率在 0℃时只有 0.024 W/(m·K)。可见，不流动的空气层

表 2.1 热导率的大致范围

物质种类	热导率/W/(m·K)
纯金属	100～1400
金属合金	50～500
液态金属	30～300
非金属固体	0.05～50
非金属液体	0.5～5
绝热材料	0.05～1
气体	0.005～0.5

是良好的保温层。一般的保温材料要制成多孔状,就是为了保持较多的不流动空气以提高隔热效率。

表2.2 常用固体材料在0℃～100℃时的平均热导率

金属材料			建筑和绝缘材料		
材料	密度/kg/m³	λ/W/(m·K)	材料	密度/kg/m³	λ/W/(m·K)
铝	2700	204	石棉	600	0.15
紫铜	8000	65	混凝土	2300	1.28
黄铜	8500	93	绒毛毡	300	0.046
铜	8800	383	松木	600	0.14～0.38
铅	11 400	35	建筑砖	1700	0.7～0.8
钢	7850	45	耐火砖	1840	1.05
不锈钢	7900	17	(800℃～1100℃)		
铸铁	7500	45～90	绝热砖	600	0.12～0.21
银	10 500	411	85%氧化镁粉	216	0.07
镍	8900	88	锯木屑	200	0.07
			软木	160	0.043
			玻璃丝	260	0.78

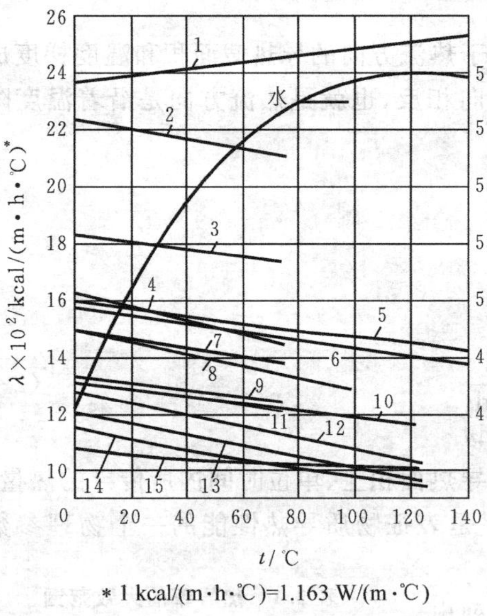

图2.6 各种液体的热导率

1—无水甘油;2—蚁酸;3—甲醇;4—乙醇;5—蓖麻油;6—苯胺;7—醋酸;8—丙酮;9—丁醇;10—硝酸苯;11—异丙醇;12—苯;13—甲苯;14—二甲苯;15—凡士林油;16—水(用右边的比例尺)

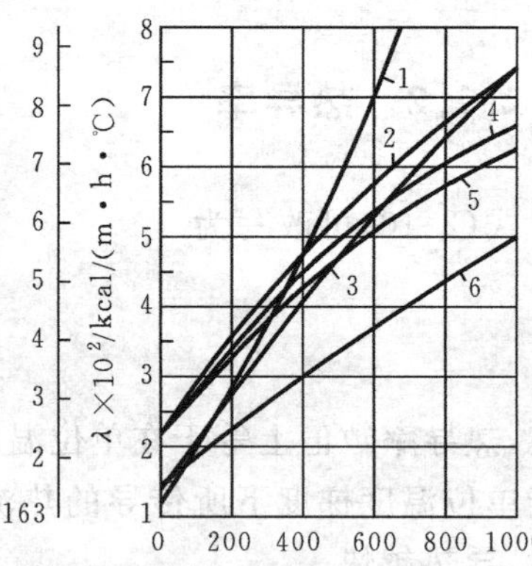

图2.7 各种气体的热导率

1—水蒸气;2—氧;3—CO_2;4—空气;5—氮;6—氩

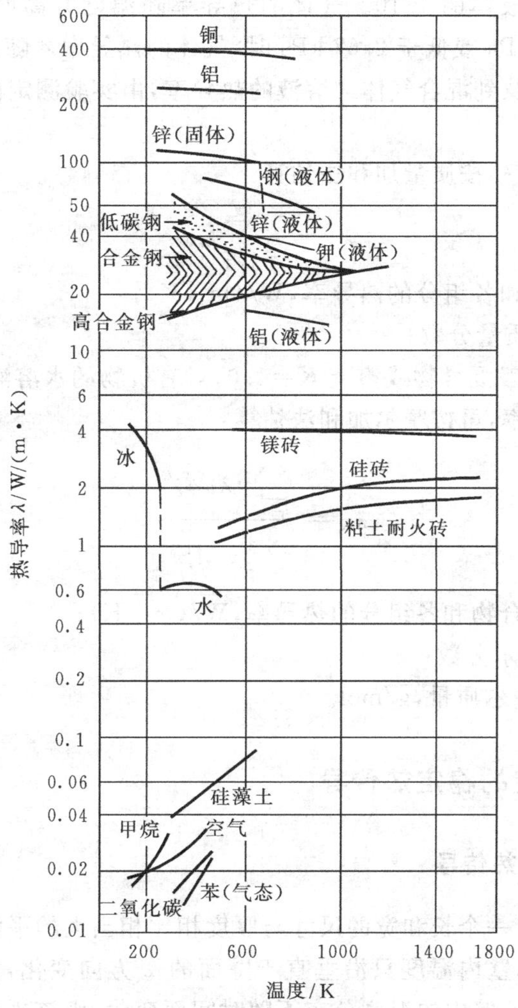

图 2.8 不同物质热导率随温度变化的比较

各种物质的热导率还受物质的密度、湿度和温度等因素的影响。例如固体保温材料，其热导率随着密度的增大而增大，也随着湿度和温度的增高而增大。

大多数均质固体的热导率与温度约成直线关系：

$$\lambda = \lambda_0 (1 + \alpha t) \tag{2-12}$$

式中：λ——固体在温度为 t℃时的热导率，W/(m·K)；

λ_0——固体在温度为 0℃时的热导率，W/(m·K)；

α——温度系数，1/K。

对于大多数金属材料，α 为负值；而对于大多数非金属材料，α 为正值。

温度对不同材料热导率的影响不同，各种材料在不同温度下的热导率可从一般化工手册中查到，在温度变化范围不大时，一般采用在该温度范围内的平均值。

在非金属液体中，水的热导率最大。除水和甘油外，绝大多数液体的热导率均随温度升高而略有减小。

气体的热导率仅为液体的 1/10。气体的热导率随温度升高而增大,且一般与压强无关,只有在大于 202.6 MPa 或低于 2.67 kPa 时,气体的热导率才随压强的增加而增加。

工程计算中经常涉及到混合气体或溶液的热导率,由实验测定比较可靠,也可以根据纯物质的数据估算。

液体混合物的热导率,按质量加和法估算:

$$\lambda_m = K\sum_{i=1}^{n}\lambda_i w_i \tag{2-13}$$

式中:λ_m,λ_i——混合液和各组分的热导率,W/(m・K);

w_i——各组分的质量分数;

K——常数,对一般混合物或溶液 $K=1.0$,对有机物的水溶液 $K=0.9$。

气体混合物的热导率,可按摩尔加和法估算:

$$\lambda_m = \frac{\sum_{i=1}^{n} y_i\lambda_i M_i^{1/3}}{\sum_{i=1}^{n} y_i M_i^{1/3}} \tag{2-14}$$

式中:λ_m,λ_i——气体混合物和各组分的热导率,W/(m・K);

y_i——i 组分的摩尔分数;

M_i——i 组分的摩尔质量,g/mol。

2.2.3 通过平壁的稳定热传导

1. 单层平壁的稳定热传导

如图 2.9 所示,设有一个长和宽的尺寸与厚度相比相当大的平壁(称为无限大平壁),壁边缘处的散热可以忽略,壁内温度只沿垂直于壁面的 x 方向变化,温度场为一维温度场。又若壁内的温度分布不随时间而变化,则该平壁的热传导为一维稳定热传导。若材料的热导率不随温度而变化(或取平均热导率),边界条件为:

$$x=0\text{ 时},\quad t=t_1$$
$$x=\delta\text{ 时},\quad t=t_2$$

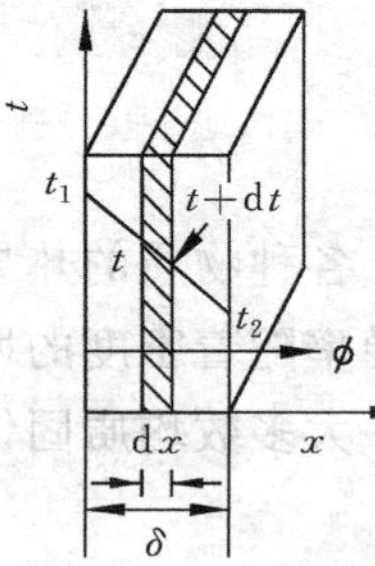

图 2.9 单层平壁导热

则对傅里叶定律式(2-10)积分得:

$$\frac{Q}{\tau A}\delta = -\lambda(t_2-t_1) = \lambda(t_1-t_2)$$

或

$$\phi = \frac{Q}{\tau} = \frac{\lambda}{\delta}A(t_1-t_2) \tag{2-15}$$

或

$$\phi = \frac{t_1-t_2}{\dfrac{\delta}{\lambda A}} = \frac{\Delta t}{R} \tag{2-16}$$

式中:δ——平壁厚度,m;

t_1,t_2——平壁两侧温度,K;

Δt——温度差,导热推动力,K;

R——热阻，K/W。

令
$$q=\frac{\phi}{A}=\frac{t_1-t_2}{\delta/\lambda} \tag{2-17}$$

q 为单位时间、单位面积的导热量，称为面积热流量或热流密度。

平壁内某处(x)的温度(t_x)可由下式决定

$$t_x=t_1-(t_1-t_2)x/\delta$$

例 2-1　已知一平壁厚 500 mm，两侧温度分别维持 900℃，250℃不变，热导率 λ 为温度的函数，可表示为 $\lambda=1.0(1+0.001t)$，式中 t 的单位为℃。若将热导率分别按常量(取平均热导率)和变量计算时，试求热流密度和平壁内的温度分布。

解：(1) 热导率按平壁的平均温度 t_m 取常数：

$$t_m=(900+250)/2=575(℃)$$

则热导率的平均值：

$$\lambda_m=1.0\times(1+0.001\times575)=1.575(\text{W}/(\text{m}\cdot\text{K}))$$

热流密度为

$$q=\frac{t_1-t_2}{\delta/\lambda_m}=\frac{900-250}{0.5/1.575}=2047.5(\text{W/m}^2)$$

设沿壁厚方向上距离为 x 处等温面上的温度为 t，则

$$q=\frac{t_1-t}{x/\lambda_m}$$

故
$$t=t_1-\frac{q}{\lambda_m}x=900-\frac{2047.5}{1.575}x=900-1300x$$

上式即为将热导率看成常数时的平壁内温度分布关系式，如图 2.10 曲线 t-x(1)所示。

(2) 热导率为变数

$$q=-\lambda\frac{\text{d}t}{\text{d}x}=-(1.0\times(1+0.001t))\frac{\text{d}t}{\text{d}x}$$

分离变量并积分：

$$-q\int_0^\delta \text{d}x=\int_{t_1}^{t_2}1.0(1+0.001t)\text{d}t$$

$$\begin{aligned}q&=\frac{1}{\delta}\left((t_1-t_2)+\frac{0.001}{2}(t_1^2-t_2^2)\right)\\&=\frac{1}{0.5}\left((900-250)+\frac{0.001}{2}(900^2-250^2)\right)\\&=2047.5(\text{W/m}^2)\end{aligned}$$

在 x 处

$$qx=(t_1-t)+\frac{0.001}{2}(t_1^2-t^2)$$

即
$$2047.5x=(900-t)+\frac{0.001}{2}(900^2-t^2)$$

$$\frac{0.001}{2}t^2+t-(1305-2047.5x)=0$$

解得
$$t=-1000+\sqrt{3.61\times10^6-4.1\times10^6x}$$

上式即为热导率随温度呈线性变化的单层平壁的温度分布关系式,如图 2.10 曲线 $t\text{-}x(2)$ 所示。

由图 2.10 可见,热导率 λ 的处理方法不同,所得温度分布有明显区别。

2. 多层平壁的稳定热传导

工业上常遇到由多层不同材料组成的平壁,称为多层平壁。如锅炉炉膛的墙壁是由耐火砖、绝热砖和普通砖组成。以 3 层平壁为例,如图 2.11 所示。平壁的面积为 A,各层壁的壁厚分别为 δ_1,δ_2 和 δ_3,热导率分别为 λ_1,λ_2 和 λ_3。假设层与层之间接触良好,即接触的两表面温度相同。各表面温度分别为 t_1,t_2,t_3 和 t_4,且 $t_1>t_2>t_3>t_4$,各层的温差分别为 $\Delta t_1(=t_1-t_2)$,$\Delta t_2(=t_2-t_3)$及 $\Delta t_3(=t_3-t_4)$。

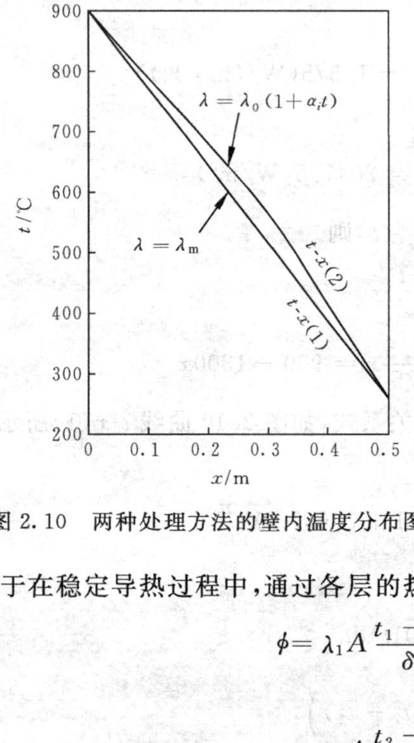

图 2.10 两种处理方法的壁内温度分布图

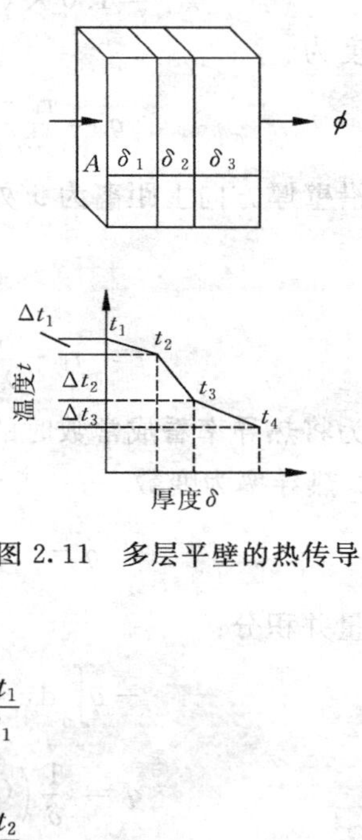

图 2.11 多层平壁的热传导

由于在稳定导热过程中,通过各层的热流量相等,故

$$\phi=\lambda_1 A\frac{t_1-t_2}{\delta_1}=\frac{\Delta t_1}{\dfrac{\delta_1}{\lambda_1 A}}=\frac{\Delta t_1}{R_1}$$

$$=\lambda_2 A\frac{t_2-t_3}{\delta_2}=\frac{\Delta t_2}{\dfrac{\delta_2}{\lambda_2 A}}=\frac{\Delta t_2}{R_2}$$

$$=\lambda_3 A\frac{t_3-t_4}{\delta_3}=\frac{\Delta t_3}{\dfrac{\delta_3}{\lambda_3 A}}=\frac{\Delta t_3}{R_3} \tag{2-18a}$$

式中 R_1,R_2 和 R_3 分别为各层的分热阻。由上式可得:

$$\Delta t_1=\phi R_1,\quad \Delta t_2=\phi R_2,\quad \Delta t_3=\phi R_3 \tag{2-18b}$$

将以上 3 式相加,整理得

$$\phi=\frac{\Delta t_1+\Delta t_2+\Delta t_3}{R_1+R_2+R_3}$$

$$= \frac{t_1 - t_4}{\dfrac{\delta_1}{\lambda_1 A} + \dfrac{\delta_2}{\lambda_2 A} + \dfrac{\delta_3}{\lambda_3 A}} \tag{2-19}$$

推广到 n 层平壁

$$\phi = \frac{t_1 - t_{n+1}}{\sum_{i=1}^{n} R_i} = \frac{t_1 - t_{n+1}}{\sum_{i=1}^{n} \dfrac{\delta_i}{\lambda_i A}} \tag{2-20}$$

多层平壁导热是一种串联传热过程。由式(2-18a)和式(2-18b)可以看出,串联传热过程的推动力(总温度差)为各分过程的温度差之和;串联传热过程的总热阻为各分过程的热阻之和,此即串联热阻叠加原则。

由式(2-18b)还可以看出,在稳定的串联传热过程中,各分过程的温差和热阻成正比。当总温差一定时,热流量取决于总热阻。

例 2-2 某一冷库的墙壁由 3 层材料组成,内层为松木,厚度 12.7 mm;中层为软木,厚度为 101.6 mm;外层为混凝土,厚度为 76.2 mm。测得冷库的内墙表面温度为 255.4 K,外墙面温度为 297.1 K。已知软木的热导率 $\lambda_2 = 0.0433\ \text{W/(m}\cdot\text{K)}$,松木的热导率 $\lambda_1 = 0.151\ \text{W/(m}\cdot\text{K)}$,混凝土的热导率 $\lambda_3 = 0.762\ \text{W/(m}\cdot\text{K)}$。试求每平方米墙面的散热量和各层接触面上的温度。

解:由式(2-19)得:

$$\frac{\phi}{A} = q = \frac{t_1 - t_4}{\dfrac{\delta_1}{\lambda_1} + \dfrac{\delta_2}{\lambda_2} + \dfrac{\delta_3}{\lambda_3}} = \frac{255.4 - 297.1}{\dfrac{0.0127}{0.151} + \dfrac{0.1016}{0.0433} + \dfrac{0.0762}{0.762}}$$

$$= \frac{255.4 - 297.1}{0.0841 + 2.346 + 0.1} = \frac{-41.7}{2.530} = -16.48(\text{W/m}^2)$$

负号说明热量是从外侧传向内侧,即存在冷量损失。

接触面上的温度为

$$\Delta t_1 = t_1 - t_2 = q\frac{\delta_1}{\lambda_1}$$

$$t_2 = t_1 - q\frac{\delta_1}{\lambda_1}$$

$$= 255.4 - \frac{-16.48 \times 0.0127}{0.151} = 256.8(\text{K})$$

$$\Delta t_2 = t_2 - t_3 = q\frac{\delta_2}{\lambda_2}$$

$$t_3 = t_2 - q\frac{\delta_2}{\lambda_2}$$

$$= 256.8 + \frac{16.48 \times 0.1016}{0.0433} = 295.5(\text{K})$$

2.2.4 通过圆筒壁的稳定热传导

化工生产中长圆筒壁的导热十分普遍,如圆筒形容器、设备和管道的热传导。图 2.12 为长圆筒壁导热的示意图。圆筒壁的内、外壁半径分别为 r_1,r_2;内、外壁表面温度分别为

t_1, t_2;筒长为 L;圆筒壁半径为 r 处的导热面积 $A=2\pi rL$。如果圆筒壁很长,沿轴向散热可忽略不计,温度仅沿半径方向变化,采用柱坐标,图 2.12 的传热问题就为一维稳态热传导。它与平壁热传导不同之处在于圆筒壁的传热面积不是常数,而是随半径而变化的。

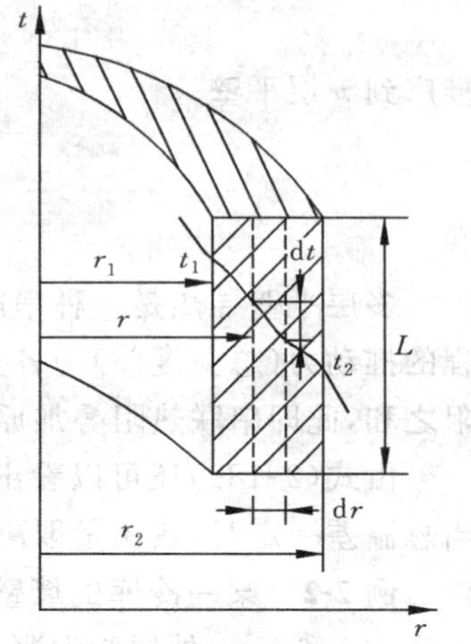

图 2.12 通过圆筒壁的热传导

在圆筒壁内半径为 r 处取一厚度为 dr 的薄壁,则根据傅里叶公式可列出圆筒壁的热流量的微分方程式:

$$\phi = -\lambda A \frac{dt}{dr} = -\lambda 2\pi rL \frac{dt}{dr} \tag{2-21}$$

对于单层圆筒壁,在一定温度范围内,λ 为一定值,则上式分离变量后积分得

$$\phi\int_{r_1}^{r_2} \frac{dr}{r} = -\lambda 2\pi L\int_{t_1}^{t_2} dt$$

$$\phi = 2\pi L\lambda \frac{t_1 - t_2}{\ln(r_2/r_1)} = \frac{2\pi L(t_1 - t_2)}{\dfrac{1}{\lambda}\ln(r_2/r_1)} \tag{2-22}$$

式中:ϕ——热流量,W;

t_1, t_2——圆筒壁两侧温度,K;

r_1, r_2——圆筒壁内、外两侧半径,m;

L——圆筒壁管长,m;

λ——热导率,W/(m·K)。

令

$$q' = \frac{\phi}{L} = \frac{2\pi(t_1 - t_2)}{\dfrac{1}{\lambda}\ln(r_2/r_1)} \tag{2-23}$$

则 q' 为每米管长的热流量,单位为 W/m。

若将圆筒壁的热传导公式按平壁的热传导公式写出,用 $\delta = r_1 - r_2$,$A = A_m = 2\pi r_m L$,则

$$\phi = \frac{A(t_1 - t_2)}{\dfrac{\delta}{\lambda}} = \frac{A_m(t_1 - t_2)}{\dfrac{1}{\lambda}(r_2 - r_1)}$$

$$= \frac{2\pi r_m L(t_1 - t_2)}{\dfrac{1}{\lambda}(r_2 - r_1)} = \frac{2\pi L(t_1 - t_2)}{\dfrac{1}{\lambda}\dfrac{r_2 - r_1}{r_m}} \tag{2-24}$$

比较式(2-24)与式(2-22)得

$$r_m = \frac{r_2 - r_1}{\ln(r_2/r_1)}$$

r_m 为圆筒壁的对数平均半径,$A_m = 2\pi r_m L$ 为圆筒壁的对数平均面积,$R = \dfrac{\ln(r_2/r_1)}{2\pi\lambda L}$ 为圆筒壁的热阻。

当 $r_2/r_1 < 2$ 时,可用算术平均半径 $r_m = \dfrac{r_1 + r_2}{2}$ 代替对数平均半径,误差小于 4%,而且较为简便。但在计算保温问题时,因绝热材料一般包得较厚,r_2/r_1 一般都较大,仍应按圆筒

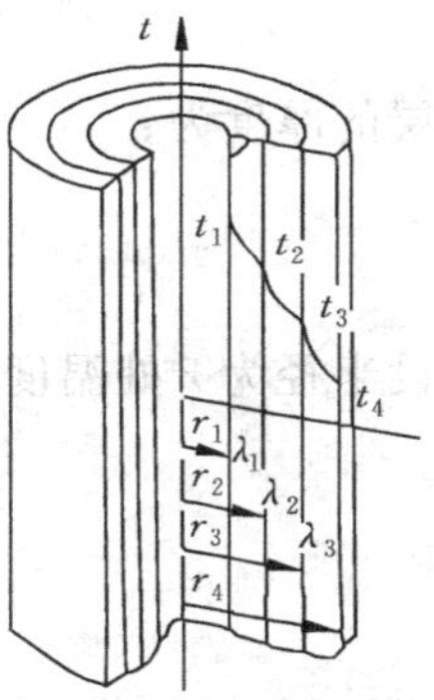

图 2.13 3 层圆筒壁的热传导

壁计算，即用对数平均半径、对数平均面积来计算。

多层材料组成的圆筒壁在工程上也是常见的，如蒸气管道保温、换热器管壁结垢等。现以图 2.13 所示的 3 层材料为例进行讨论。假设层与层之间接触良好，各层的热导率分别为 λ_1，λ_2 和 λ_3；厚度分别为 $\delta_1 = r_2 - r_1$，$\delta_2 = r_3 - r_2$，$\delta_3 = r_4 - r_3$。根据串联热阻叠加原则和多层平壁类似的处理，可得 3 层圆筒壁热流量的方程式为

$$\phi = \frac{\Delta t_1 + \Delta t_2 + \Delta t_3}{R_1 + R_2 + R_3} \tag{2-25a}$$

$$= \frac{t_1 - t_4}{\dfrac{\ln\dfrac{r_2}{r_1}}{2\pi L\lambda_1} + \dfrac{\ln\dfrac{r_3}{r_2}}{2\pi L\lambda_2} + \dfrac{\ln\dfrac{r_4}{r_3}}{2\pi L\lambda_3}} \tag{2-25b}$$

或

$$\phi = \frac{t_1 - t_4}{\dfrac{\delta_1}{\lambda_1 A_{m1}} + \dfrac{\delta_2}{\lambda_2 A_{m2}} + \dfrac{\delta_3}{\lambda_3 A_{m3}}} \tag{2-25c}$$

对 n 层圆筒壁

$$\phi = \frac{t_1 - t_{n+1}}{\sum\limits_{i=1}^{n} \dfrac{\ln\dfrac{r_{i+1}}{r_i}}{2\pi L\lambda_i}} \tag{2-25d}$$

或

$$\phi = \frac{t_1 - t_{n+1}}{\sum\limits_{i=1}^{n} \dfrac{\delta_i}{\lambda_i A_i}} \tag{2-25e}$$

式(2-25c)与多层平壁热流量方程式(2-19)形式上完全一样，圆筒壁导热的总推动力亦为总温度差，总热阻亦为各层热阻之和，只是计算各层热阻所用的传热面积不相等，为各自的平均面积。

另外，由于各层圆筒壁的内、外表面积均不相等，所以在稳定传热时，虽然通过各层的热流量相同，但通过各层的热通量却不相等。

例 2-3 为了减少热损失和保证安全工作，在外径为 133 mm 的蒸气管道外包装石棉保温材料，蒸气管道外壁温度为 180℃，若要求保温层外侧温度不超过 50℃，并把每米管长热损失控制在 300 W/m 之下，试求保温层应有的厚度及保温层中的温度分布。石棉的热导率 $\lambda = 0.2$ W/(m·K)。

解：根据式(2-23)，单位管长的热流量为

$$q' = \frac{t_1 - t_2}{\dfrac{1}{2\pi\lambda}\ln\dfrac{r_2}{r_1}}$$

$$r_1 = 0.133/2 = 0.0665(\text{m})$$

$$\ln r_2 = \frac{2\pi\lambda}{\phi/L}(t_1 - t_2) + \ln r_1$$

$$= \frac{2\pi \times 0.2}{300}(180 - 50) + \ln 0.067 = -2.16$$

$$r_2 = 0.115(\text{m})$$

保温层的厚度为：

$$\delta = r_2 - r_1 = 0.115 - 0.067$$
$$= 0.048(\text{m}) = 48(\text{mm})$$

设半径为 r 处温度为 t，代入式(2-23)：

$$300 = \frac{180 - t}{\dfrac{1}{2\pi \times 0.2}\ln\dfrac{r}{0.067}}$$

$$t = -239\ln r - 465$$

计算结果表明，在热导率视为常数的情况下，圆筒壁的温度分布也不是直线，而是曲线。

例 2-4 内径为 0.0254 m，外径为 0.0508 m 的厚壁不锈钢管，热导率 $\lambda_1 =$ 21.63 W/(m·K)。外包厚度为 0.0254 m 的石棉层，其热导率 $\lambda_2 = 0.2423$ W/(m·K)。管的内壁温度为 538℃，石棉层外表面温度为 37.8℃，管长 3.05 m。试求：

(1) 单位时间内损失的热量；

(2) 不锈钢管壁和石棉层接触面上的温度。

解：(1) 求热量损失：

$$r_1 = 0.0254/2 = 0.0127(\text{m})$$
$$r_2 = 0.0508/2 = 0.0254(\text{m})$$
$$r_3 = 0.0254 + 0.0254 = 0.0508(\text{m})$$

各层热阻分别为：

$$R_1 = \frac{\ln(r_2/r_1)}{2\pi L\lambda_1} = \frac{\ln(0.0254/0.0127)}{2\pi \times 3.05 \times 21.63}$$
$$= 0.001\,672(\text{K/W})$$

$$R_2 = \frac{\ln(r_3/r_2)}{2\pi L\lambda_2} = \frac{\ln(0.0508/0.0254)}{2\pi \times 3.05 \times 0.2423}$$
$$= 0.1492(\text{K/W})$$

由式(2-25a)可得单位时间内损失的热量为：

$$\phi = \frac{\sum \Delta t}{\sum R} = \frac{538 - 37.8}{0.001\,672 + 0.1492}$$
$$= 3315.4(\text{W})$$

(2) 求管壁和石棉层接触面上的温度

$$\phi = \frac{\Delta t_1}{R_1}$$

$$3315.4 = \frac{538 - t_2}{0.001\,672}$$

$$t_2 = 532.5(℃)$$

由本例可见，由于金属壁的热导率很大，热阻很小，故通过金属壁的温降很小。

2.3 对流传热

2.3.1 基本概念与牛顿冷却定律

1. 对流传热的基本概念

对流传热是指流体各部分发生相对位移而引起的传热现象，其基本特点是伴随着流体质点的运动。在工程上，如化工生产中所遇到的对流传热过程，往往是指流体与固体壁面接触时的热量传递，或由流体传到固体壁面，或由固体壁面传向流体，所以又有放热或给热之称。图 2.14 为间壁换热器中传热的示意图，间壁与两侧流体之间均有对流传热。

根据流体在其与壁面之间的传热过程中所处的状态，传热可分以下两类共 4 种情况：

(1) 流体无相变：

流体在传热过程中不发生相的变化，有以下两种情况：①强制对流传热，流体在外加能量的作用下处于流动状态；②自然对流传热；流体只是由于内部密度差而流动。

(2) 流体有相变：

流体在传热过程中发生相的变化，也有两种情况：①蒸气冷凝，气体在传热过程中全部或部分冷凝成液体；②液体沸腾，液体在传热过程中沸腾，部分液体转变成气体。

当流体流过壁面被加热或冷却时，会引起沿壁面法线方向上温度分布的变化，形成一定的温度梯度。和流动边界层相似，靠近壁面处流体温度有显著的变化（或存在温度梯度）的区域称为温度边界层或传热边界层，如图 2.15 所示。

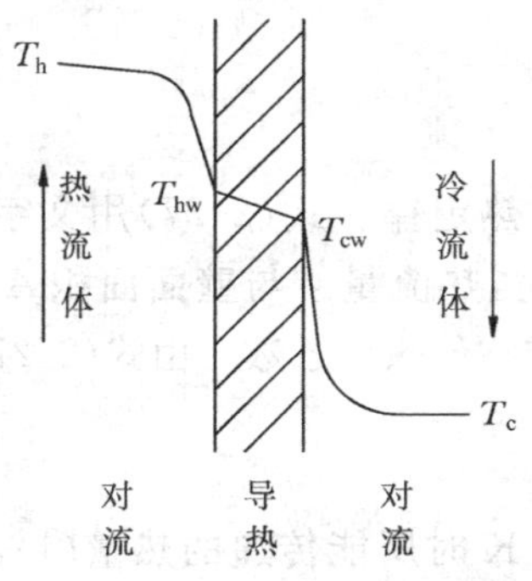

图 2.14 间壁两侧流体的热交换

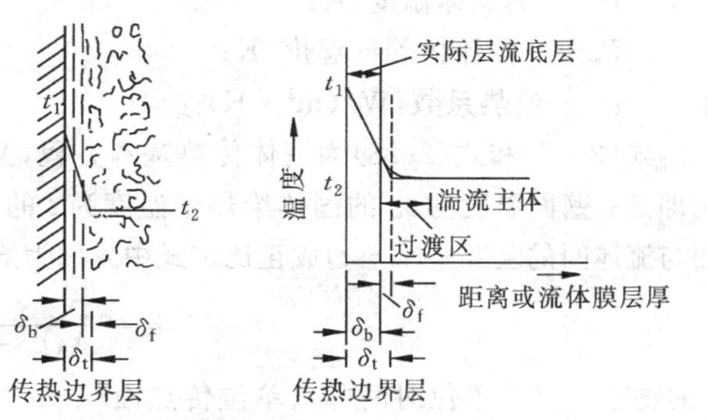

图 2.15 液体的对流给热

对流给热是发生在流体对流的过程中，所以它与流体流动有密切的关系。在第 1 章中已叙述过流体经过固体壁面时形成流动边界层，在边界层内有速度梯度存在，即使流体达到湍流，在层流底层内流体作层流流动，因而可知，热量传递在此层内以导热方式进行。多数流体都是热导率较小的不良导体，所以在层流底层具有很大的热阻，形成很大的温度梯度。层流底层以外，由于旋涡运动使流体质点相对位移，因此，热量传递除以传导方式以外，又有对流方式，使温度梯度逐渐变小。在湍流主体内，由于旋涡运动，热量传递以对流方式为主，热阻因而大为减小，温度分布趋于一致。

综上所述，对流传热是层流底层的导热，和层流底层以外的以流体质点作相对位移和混合为主的传热的总称。为了便于处理,一般把对流传热看作相当于通过厚度为 δ_t 的传热边界层的导热。δ_t 包括了真实的层流底层厚度 δ_b 和层流底层以外,与层流底层处的热阻相当的虚拟厚度 δ_f,见图 2.15。δ_t 既不是传热边界层厚度,也不是流动边界层厚度,而是集中了全部传热温度差并以导热方式传热的虚拟膜的厚度。

2. 牛顿冷却定律

根据以上的讨论,对流传热可以用热传导的方式处理,当壁面向冷流体传热时,热流量 ϕ 为

$$\phi = \frac{\lambda}{\delta_t} A(t_w - t) \tag{2-26}$$

因为实际上 δ_t 难以测定,所以上式仍无法用来进行计算。

为便于分析和计算,在大量实验基础上,牛顿首先提出了壁面和流体间对流热流量的表达式。用 $\alpha=\dfrac{\lambda}{\delta_t}$ 代入式(2-26)可得

$$\phi = \alpha A(t_w - t) \tag{2-27}$$

同理,热流体对壁面传热时

$$\phi = \alpha A(T - T_w) \tag{2-28}$$

式中:ϕ——热流量,W;

A——传热面积,m^2;

t——冷流体温度,K;

t_w——冷流体侧壁温度,K;

T——热流体温度,K;

T_w——热流体侧壁温度,K;

α——给热系数,$W/(m^2 \cdot K)$。

式(2-27)和式(2-28)为流体传热基本方程,又称牛顿给热定律。式(2-27)用文字来说明即是:壁面温度为 t_w 的固体给热于温度为 t 的周围流体时,热流量 ϕ 与壁面面积 A 和壁面与流体间的温度差 (t_w-t) 成正比。式中 α 称为给热系数,或称传热分系数。由式(2-27)得:

$$\alpha = \frac{\phi}{A(t_w - t)}$$

α 的物理意义是单位时间(s)、单位传热面积(m^2)、温差为 1 K 时所能传递的热量(J),它是对流给热强度的标志。

式(2-27)看来似乎简单,但实际并未能减少计算上的困难,而是将难以测定的 δ_t 概括在传热系数 α 之中。实验表明,影响 α 的主要因素有如下几种:

(1) 流体的种类

液体、气体、蒸气的给热系数各不相同。

(2) 流体的性质

主要是密度、质量定压热容、热导率、粘度等。

(3) 流体运动的状况

滞流、过渡流或湍流,即与流速有关,可以用 Re 反映出来。

(4) 流体对流状况

自然对流或强制对流。

(5) 传热壁的形状、位置及大小

管、板或管束,水平或垂直放置,直径、长度和高度等。

(6) 相变化的影响

有相变时的对流传热与无相变时的情况有明显的区别。

由上面分析可见,影响 α 的因素是如此之多,以致要建立一个普遍适用的 α 计算式是有困难的。目前只能将影响因素用量纲分析的方法组成一系列无量纲特征数,建立特征数方程式,然后按照实际情况,进行大量实验,求出特定条件下的 α 计算式,以供实际应用。

2.3.2 用量纲分析法求无相变时流体的给热系数α

已知单相流体在一定几何条件下(如圆管),其无相变对流传热膜系数 α 与下列各因素有关:设备的定型尺寸 L,流体的密度 ρ,粘度 μ,质量定压热容 c_p,热导率 λ,流速 u 以及 $ga_v\Delta t$ 等,其中 $ga_v\Delta t$ 是反映流体因温度差引起密度变化而产生的单位体积的浮升力的影响。于是,可将对流传热膜系数表示为

$$\alpha = f(u, L, ga_v\Delta t, \mu, \lambda, \rho, c_p) \tag{2-29}$$

在一定范围内,假定 α 和各参数之间的关系可以用一个简单的指数函数来表示:

$$\alpha = Ku^a L^b (ga_v\Delta t)^c \mu^d \lambda^e \rho^f (c_p)^h \tag{2-30}$$

选择长度 L,质量 m,时间 t,温度 T 为基本量纲,可将上式写成如下的等式:

$$mT^{-1}t^{-3} = K(Lt^{-1})^a L^b (Lt^{-2})^c (mL^{-1}t^{-1})^d \cdot (mLt^{-3}T^{-1})^e (mL^{-3})^f (L^2t^{-2}T^{-1})^h \tag{2-31}$$

根据量纲分析的齐次原则,由上式可得:

$$\begin{aligned}
&d+e+f=1\\
&a+b+c-d+e-3f+2h=0\\
&-a-2c-d-3e-2h=-3\\
&-e-h=-1
\end{aligned}$$

由 4 个基本量纲获得了以上 4 个独立方程,其中有 8 个物理量。现假设其中 a, c, h 3 个变量为已知,则可解得

$$\begin{aligned}
&b=-1+a+3c\\
&d=-a-2c+h\\
&e=1-h\\
&f=a+2c
\end{aligned}$$

代入式(2-30),整理得:

$$\frac{\alpha L}{\lambda} = K\left(\frac{Lu\rho}{\mu}\right)^a \left(\frac{c_p\mu}{\lambda}\right)^h \left(\frac{ga_v\Delta t L^3\rho^2}{\mu^2}\right)^c \tag{2-32a}$$

式(2-32a)表示无相变条件下,对于一定类型传热面,对流传热膜系数有关参数间的特征数方程式。根据 π 定理,影响该过程的物理量有 8 个,基本量纲有 4 个,特征数应为 8-4=4(个),结果与 π 定理相符。诸特征数的名称和含义列于表 2.3。

表 2.3 特征数的符号及意义

特征数式	特征数名称	符 号	意 义
$\frac{\alpha L}{\lambda}$	努塞尔数 (Nusselt)	Nu	包含有待定给热系数 α 的特征数,并表明器壁几何尺寸对流体与器壁换热的影响
$\frac{Lu\rho}{\mu}$	雷诺数 (Reynolds)	Re	表示流动状态影响的特征数
$\frac{c_p\mu}{\lambda}$	普朗特数 (Prandtl)	Pr	表示物性影响的特征数
$\frac{L^3\rho^2 a_v g\Delta t}{\mu^2}$	格拉晓夫数 (Grashof)	Gr	表示自然对流影响的特征数

式(2-32a)可以表示成:

$$Nu = KRe^a Pr^h Gr^c \tag{2-32b}$$

或

$$Nu = f(Re, Pr, Gr) \tag{2-32c}$$

在上述特征数关系式中,包含未知量(如 α)的特征数称为非定型特征数,也称待定特征数(如 Nu);由描写过程的其他物理量组成的特征数称为定型特征数(如 Re,Pr,Gr)。当 Re,Pr 和 Gr 确定后,Nu 也就确定了,即可求得 α。但是式(2-32c)并不是具体的函数关系式,各种不同情况下的具体函数形式需要通过实验才能建立。对于实验求得的关系式,在应用时应当注意适用的范围,特征尺寸如何取定,以及流体的物理性质应按什么定性温度来取定,等等。

式(2-32c)表示无相变对流传热的普遍关系,既包括强制对流,也包括自然对流。但在强制对流时 Gr 常可忽略不计,而对于自然对流,Re 可不计入。这样,对于不同的对流传热情况又可进一步简化,式(2-32c)可表示为

强制对流:
$$Nu = f(Re, Pr) \tag{2-33}$$

自然对流:
$$Nu = f(Gr, Pr) \tag{2-34}$$

2.3.3 管内强制对流时的给热系数

1. 流体在圆形直管内呈剧烈的湍流状态流动时的给热系数

由于流体呈湍流时有利于传热,故工业上一般使传热过程在湍流条件下进行。对于粘度小于 2 倍水的粘度的低粘度流体,通常可采用下式计算对流传热膜系数:

$$Nu = 0.023Re^{0.8}Pr^n$$

或

$$\alpha = 0.023\frac{\lambda}{d_i}\left(\frac{ud_i\rho}{\mu}\right)^{0.8}\left(\frac{c_p\mu}{\lambda}\right)^n \tag{2-35}$$

当流体被加热时,上式中 $n=0.4$;当流体被冷却时,$n=0.3$。式(2-35)应用的条件和范围如下:

定性温度:流体进、出口温度的算术平均值。

定性尺寸:管内径 d_i。

应用范围:$Re>10^4$;$0.7<Pr<120$;管内表面光滑;管长与管径之比 $L/d_i\geqslant 50$,对于

$L/d_i<50$ 的短管，需要进行修正，在等式右侧乘以大于 1 的短管修正系数 ϕ_L：

$$\phi_L = 1 + (d_i/L)^{0.7} \tag{2-36}$$

对于高粘度液体，宜采用适当的修正式。

将式(2-35)展开(以 $n=0.4$ 计)，得

$$\alpha = 0.023\frac{c_p^{0.4}\lambda^{0.6}(\rho u)^{0.8}}{\mu^{0.4}d_i^{0.2}} \tag{2-37}$$

由此可见，湍流情况下，对流传热系数与流速的 0.8 次方成正比，与管径的 0.2 次方成反比，所以提高流速或采用小直径管子，都可以强化传热，尤以前者更为有效。当然采取上述措施时，应注意管内流动阻力的增加。

例 2-5 有一列管换热器，由 60 根 ϕ25 mm×2.5 mm 的钢管组成。通过该换热器，用饱和水蒸气加热苯。苯在管内流动，由 20℃被加热到 80℃，苯的流量为 13 kg/s。试求苯在管内的对流传热系数。若苯的流量提高 80%，假设仍维持原来的出口温度，问此时的对流传热系数又为多少？

解：苯的平均温度 $t=\frac{1}{2}(20+80)=50(℃)$，查得苯在 50℃的物性数据如下：

$$\rho = 860\ \mathrm{kg/m^3},\quad c_p = 1.80\ \mathrm{kJ/(kg\cdot K)}$$

$$\mu = 0.45\times10^{-3}\ \mathrm{Pa\cdot s},\quad \lambda = 0.14\ \mathrm{W/(m\cdot K)}$$

管内苯的流速为：

$$u = \frac{q_m}{\rho\frac{\pi}{4}d_i^2 n} = \frac{13}{860\times\frac{\pi}{4}\times0.02^2\times60} = 0.8(\mathrm{m/s})$$

$$Re = \frac{ud_i\rho}{\mu} = \frac{0.8\times0.02\times860}{0.45\times10^{-3}} = 3.06\times10^4(\text{湍流})$$

$$Pr = \frac{c_p\mu}{\lambda} = \frac{1.80\times10^3\times0.45\times10^{-3}}{0.14} = 5.79$$

可见，Re 和 Pr 均在式(2-35)的应用范围内。管长未知，无法核查 L/d_i，但一般列管式换热器的 L/d_i 均大于 50，故可用此式计算 α_i：

$$\begin{aligned}\alpha_i &= 0.023\frac{\lambda}{d_i}Re^{0.8}Pr^{0.4}\\ &= 0.023\frac{0.14}{0.02}(3.06\times10^4)^{0.8}(5.79)^{0.4}\\ &= 1260(\mathrm{W/(m^2\cdot K)})\end{aligned}$$

当苯的流量增加 80%时，对流传热系数 α_i' 为

$$\frac{\alpha_i'}{\alpha_i} = \left(\frac{u'}{u}\right)^{0.8}$$

$$\alpha_i' = \alpha_i\left(\frac{u'}{u}\right)^{0.8} = 1260\times1.8^{0.8} = 2016(\mathrm{W/(m^2\cdot K)})$$

2. 流体在圆形直管内呈层流流动时的给热系数

管内层流换热情况比较复杂，因为附加的自然对流换热往往会有影响。只有在小管径，并且流体和壁面的温差不大的情况下，即 $Gr<25\,000$ 时，自然对流的影响才能够忽略。这

种情况下可采用下述特征数关系式计算对流传热系数：

$$Nu = 1.86Re^{1/3}Pr^{1/3}(d_i/L)^{1/3}(\mu/\mu_w)^{0.14} \tag{2-38}$$

μ_w 为流体在内壁温度时的粘度。上式中，除 μ_w 外，其余定性温度均取流体平均温度，定性尺寸取管内径。应用范围为 $Re<2300$，$Pr>0.6$，$Re \cdot Pr \dfrac{d_i}{L}>10$。

当 $Gr>25\,000$ 时，可按式(2-38)计算 α，然后再乘以修正系数 f：

$$f = 0.8(1+0.015Gr^{1/3}) \tag{2-39}$$

例 2-6 压力为 0.1 MPa 的空气在内径为 50 mm，长为 0.5 m 的水平管内流过。入口温度为 15℃，出口温度为 39℃，其平均流速为 0.6 m/s。管壁温度维持在 120℃。试求空气在管内流动时的对流传热系数。

解：空气的平均温度 $T=\frac{1}{2}(15+39)=27$(℃)，该温度下空气的物性如下：

$$c_p = 1.013\ \text{kJ/(kg}\cdot\text{K)},\quad \lambda = 0.0265\ \text{W/(m}\cdot\text{K)}$$

$$\mu = 1.84\times10^{-5}\ \text{Pa}\cdot\text{s},\quad \rho = 1.18\ \text{kg/m}^3$$

$$a_v = \frac{1}{273+27} = 3.33\times10^{-3}(1/℃)$$

$$Re = \frac{du\rho}{\mu} = \frac{0.05\times0.6\times1.18}{1.84\times10^{-5}} = 1924(\text{层流})$$

$$Pr = \frac{c_p\mu}{\lambda} = \frac{1.013\times10^3\times1.84\times10^{-5}}{0.0265} = 0.703$$

$$\begin{aligned} Gr &= \frac{\rho^2 g a_v \Delta t d_i^3}{\mu^2} \\ &= \frac{1.18^2\times9.81\times3.33\times10^{-3}(120-27)\times0.05^3}{(1.84\times10^{-5})^2} \\ &= 1.56\times10^6 > 25\,000 \end{aligned}$$

$$Re\cdot Pr\cdot d_i/L = 1924\times0.703\times0.05/0.5 = 135$$

又

$$\mu_w = 2.29\times10^{-5}(\text{Pa}\cdot\text{s})$$

Re，Pr 及 d_i/L 均在式(2-38)的应用范围内，故可用该式计算 α_i，又 $Gr>25\,000$，尚需考虑自然对流的影响。依据式(2-38)可得 α_i'：

$$\begin{aligned} \alpha_i' &= 1.86\frac{\lambda}{d_i}Re^{1/3}Pr^{1/3}(d_i/L)^{1/3}(\mu/\mu_w)^{0.14} \\ &= 1.86\times\frac{0.0265}{0.05}1924^{1/3}\times0.703^{1/3}\times\left(\frac{0.05}{0.5}\right)^{1/3}\times\left(\frac{1.84}{2.29}\right)^{0.14} \\ &= 4.9(\text{W/(m}^2\cdot\text{K))} \end{aligned}$$

根据式(2-39)：

$$\begin{aligned} f &= 0.8(1+0.015Gr^{1/3}) \\ &= 0.8[1+0.015\times(1.56\times10^6)^{1/3}] \\ &= 2.19 \end{aligned}$$

故

$$\alpha = \alpha_i' f = 4.9\times2.19 = 10.7(\text{W/(m}^2\cdot\text{K))}$$

3. 流体在圆形直管内呈过渡流时的给热

对于 $Re=2300\sim10\ 000$ 的过渡流范围,对流传热系数可先用湍流时的经验式计算,然后将计算出的 α 乘以小于1的校正系数 ϕ:

$$\phi = 1 - \frac{6\times10^5}{Re^{1.8}} \tag{2-40}$$

4. 流体在圆形弯管内流动

这种情况下对流传热系数的计算方法是先按直管的经验关系式计算 α,再乘以大于1的修正系数,即可得到弯管中的对流传热系数 α',即:

$$\alpha' = (1 + 1.77 d_i/R)\alpha$$

式中 R 为弯管轴的曲率半径。

5. 流体在非圆形管内流动

对于非圆形管内对流传热系数的计算,上述有关的经验式均适用,只要将管内径改为当量直径即可。

2.3.4 大空间自然对流传热

固体壁面与静止流体之间存在温差的传热,是工程上常遇到的纯自然对流传热。所谓大空间是指在传热表面和四周没有其他阻碍自然对流的物体存在,如沉浸式换热器和换热器或管道的热表面向周围大气的对流散热多数属于这种情况。

许多研究者用管、板、球等形状为加热面,对空气、氢气、二氧化碳、水、油类和四氯化碳等不同介质进行了大量的实验研究,得出自然对流传热系数的计算式:

$$Nu = c(GrPr)^n \tag{2-41a}$$

或

$$\alpha = c\frac{\lambda}{L}\left(\frac{a_v g\Delta t L^3\rho^2}{\mu^2}\,\frac{c_p\mu}{\lambda}\right)^n \tag{2-41b}$$

式中的 c 和 n 可从表2.4查出。

表 2.4 式(2-41)中系数 c 和指数 n

$Gr\cdot Pr$	c	n
$<10^{-3}$	$Nu=0.5$	
$1\times10^{-3}\sim5\times10^2$	1.18	1/8
$5\times10^2\sim2\times10^7$	0.54	1/4
$>2\times10^7$	0.135	1/3

式(2-41a)中的定性温度为膜温 $T_m=\frac{1}{2}(t+t_w)$,定型尺寸与加热面的方位有关,对水平管取管外径 d_o,对垂直管或板取垂直高度。

例 2-7 水平放置的蒸气管道,外径为100 mm。若管外壁温度为100℃,大气温度为20℃,试计算每米管道通过自然对流的散热量。

解:该题为大空间自然对流传热,可用式(2-41a)计算:

$$\alpha = c\frac{\lambda}{L}(Gr \cdot Pr)^n$$

$$T_m = \frac{1}{2} \times (100 + 20) = 60(℃)$$

空气在 60℃时的物性数据由附录查得:

$$\lambda = 0.02896\ \mathrm{W/(m \cdot K)}, \quad \mu = 2.01 \times 10^{-5}\ \mathrm{Pa \cdot s}$$

$$\rho = 1.06\ \mathrm{kg/m^3}, \quad Pr = 0.696$$

计算:

$$a_v = \frac{1}{273 + 60} = 3.003 \times 10^{-3}(1/℃)$$

$$Gr = \frac{a_v g \Delta t d_o^3 \rho^2}{\mu^2}$$

$$= \frac{3.003 \times 10^{-3} \times 9.81 \times (100 - 20) \times 0.1^3 \times 1.06^2}{(2.01 \times 10^{-5})^2} = 6.55 \times 10^6$$

$$Gr \cdot Pr = 6.55 \times 10^6 \times 0.696 = 4.56 \times 10^6$$

查表 2.4,得 $c=0.54$, $n=1/4$,则

$$\lambda = c\frac{\lambda}{d_o}(Gr \cdot Pr)^n$$

$$= 0.54 \times \frac{0.02896}{0.1} \times (4.56 \times 10^6)^{1/4}$$

$$= 7.23(\mathrm{W/(m^2 \cdot K)})$$

每米管长热损失 q' 为

$$q' = \alpha \pi d_o \Delta t = 7.23 \times \pi \times 0.1 \times 80 = 182(\mathrm{W/m})$$

表 2.5 列出了一些常见传热情况下流体的给热系数的大致范围。

表 2.5 α 值的大致范围

传热情况	α/W/(m² · K)
空气自然对流	5～25
气体强制对流	20～100
水自然对流	200～1000
水强制对流	1000～15 000
水蒸气膜状冷凝	5000～15 000
水蒸气滴状冷凝	40 000～120 000
水沸腾	2500～25 000
有机蒸气冷凝	500～2000

从表 2.5 所列数据可以看出,流体发生相变(例如液体沸腾或蒸气冷凝)时,其给热系数一般较大;气体的给热系数一般不大;水的给热系数通常为 500 W/(m² · K)～800 W/(m² · K)。

2.3.5 保温层的临界直径

在高于或低于环境温度下操作的化工设备和管道,常需在其外部包装保温材料保温。

一般情况下，热损失随保温层厚度增加而减少。但对于小直径的管道，则可能出现相反的情况，即随保温层厚度的增加，热损失加大。如图 2.16 所示，设保温层内表面温度为 t_i，周围环境温度为 t_f。保温层内、外半径分别为 r_i，r_o，保温层外表面对环境的对流传热系数为 α。在稳定传热时，根据热阻叠加原则，管道的热损失可写成：

$$\phi = \frac{t_i - t_f}{\dfrac{\ln(r_o/r_i)}{2\pi\lambda L} + \dfrac{1}{2\pi r_o L\alpha}} = \frac{t_i - t_f}{R_1 + R_2} \tag{2-42}$$

式中：$R_1 = \dfrac{\ln(r_o/r_i)}{2\pi\lambda L}$，为保温层的导热热阻；

$R_2 = \dfrac{1}{2\pi r_o L\alpha}$，为保温层外表面对环境的对流传热热阻。

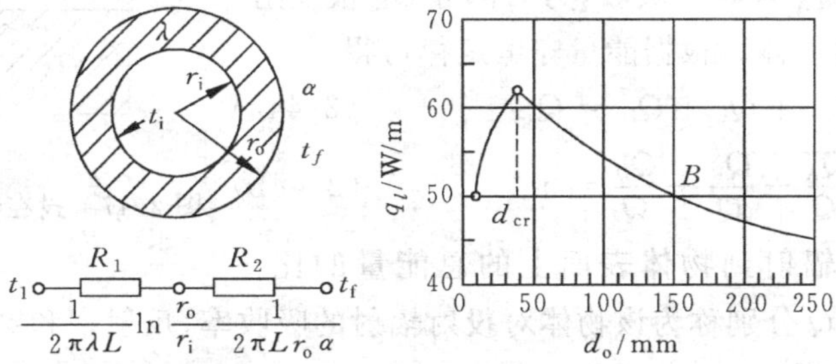

图 2.16 临界绝缘直径

由式(2-42)可以看出，与平壁保温不同，当保温层厚度增加(即 r_o 增大)时，虽然导热热阻增加，但对流传热热阻由于表面积增加而下降，因而热损失随 r_o 的增大是增加还是减少取决于两热阻之和是增大还是减小。将式(2-42)对 r_o 求导，并令导数等于零：

$$\frac{d\phi}{dr_o} = \frac{-2\pi L(t_i - t_f)\left(\dfrac{1}{\lambda r_o} - \dfrac{1}{\alpha r_o^2}\right)}{\left(\dfrac{1}{\lambda}\ln(r_o/r_i) + \dfrac{1}{r_o\alpha}\right)^2} = 0$$

由此得到热损失 ϕ 为最大值时的保温层直径：

$$d_o = 2r_o = \frac{2\lambda}{\alpha} = d_{cr} \tag{2-43}$$

d_{cr}称为保温层的临界直径。如果保温层的外径小于临界直径，即 $d_o < d_{cr}$，$\dfrac{d\phi}{dr_o}$为正值，增加保温层厚度反而使热损失增加。

2.4 辐射传热

2.4.1 基本概念与定律

1. 基本概念

热辐射是热量传递的 3 种基本方式之一，特别是高温时，热辐射往往成为主要的传热方式。物体由于本身温度或受热而引起内部原子的复杂运动，就会以电磁波的形式向外发射能量,这种过程称为热辐射。在热辐射过程中,物体的热能转变为辐射能,只要物体的温度不变,发射的辐射能也不变。工程中的管道和设备表面的散热是热对流和热辐射的联合作用。

从理论上讲,物体热辐射的电磁波波长可以包括电磁波的整个波谱范围,即波长从零到无穷大。然而,在工业中所遇到的温度范围内,有实际意义的热辐射波长在 0.4 μm～20 μm,而且大部分能量位于红外线波段的 0.8 μm～10 μm 和可见光波段(0.4 μm～0.8 μm)。红外线和可见光线统称为热射线,但只有在很高的温度下,才能觉察到可见光线的热效应。任何物体只要是在绝对温度零度以上,都能进行热辐射。热辐射的能力与温度有关,随着温度的升高,热辐射的作用将变得愈加重要。

热辐射的能量投在物体表面时,如图 2.17 所示,其总能量 Q 中的一部分 Q_A 被物体吸收,另一部分 Q_R 被反射,其余部分 Q_D 穿透过物体。根据能量守恒定律可得

$$Q_A + Q_R + Q_D = Q \tag{2-44a}$$

或

$$\frac{Q_A}{Q} + \frac{Q_R}{Q} + \frac{Q_D}{Q} = 1 \tag{2-44b}$$

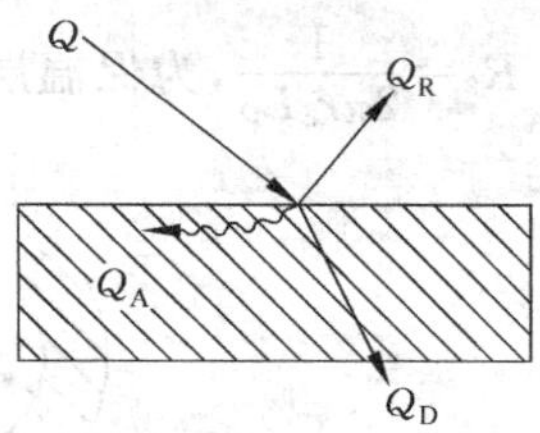

图 2.17　投在物体上辐射能的分布

式中各部分能量与辐射到物体表面上的总能量的比值 Q_A/Q,Q_R/Q 和 Q_D/Q 分别称为该物体对投射辐射的吸收率、反射率和穿透率,并依次用 A,R 和 D 表示,于是得到

$$A + R + D = 1 \tag{2-44c}$$

若 $A=1$,表示落在物体表面上的辐射能全部被物体吸收,这种物体称为绝对黑体或简称黑体。纯黑的煤和黑丝绒接近于黑体,其吸收率最高可达 97%(即 $A=0.97$)。

若 $R=1$,表示落在物体表面上的辐射能全部被反射出去。此时,若反射的情况是正常反射(即入射角等于反射角),该物体就称为镜体;若反射的情况为漫反射,该物体就称为白体。磨光的铜表面接近于镜体,其反射率可达 97%(即 $R=0.97$)。

若 $D=1$,表示落在物体上的辐射能全部穿透过物体,这类物体称为绝对透明体或热透体。单原子和对称的双原子气体可视为透热体,其穿透率为 1(即 $D=1$)。

在自然界中,并没有绝对黑体、绝对白体和绝对透明体,这些都是假定的理想物体。物体的吸收率 A、反射率 R 和穿透率 D 的大小取决于物体的性质、表面状况、温度和投射辐射的波长。一般固体和液体都是不透热体,即 $D=0$,$A+R=1$。由此可见,吸收能力大的物体其反射能力就小;反之,吸收能力小的物体其反射能力就大。当辐射能投射到气体上时,情况与固体和液体不同,气体对辐射能几乎没有反射能力,可以认为反射率 $R=0$,$A+D=1$。显然吸收能力大的气体,其穿透能力就差。

黑体全部吸收投射其上的各种波长的辐射能,实际物体只能部分地吸收投射其上的辐射能,且对不同波长的辐射能吸收程度不同。我们将能以相同的吸收率吸收所有波长范围的辐射能的物体定义为灰体。灰体也是一种理想物体。但对于波长在 0.4 μm～20 μm 范围内的热辐射,大多数的工程材料可视为灰体。

2. 斯蒂芬-玻尔兹曼定律

物体的辐射能力是指物体在一定温度下,单位表面积、单位时间内所发出的全部波长的

总能量，记作 E，单位为 W/m^2。斯蒂芬-玻尔兹曼定律(Stefan-Boltzmann law)指出，黑体的辐射能力 E_0 与绝对温度的4次方成正比：

$$E_0 = C_0\left(\frac{T}{100}\right)^4 \tag{2-45}$$

式中：C_0——黑体的辐射系数，其值为5.67，$W/(m^2 \cdot K^4)$；

T——热力学温度，K；

E_0——黑体辐射能力，W/m^2。

实验证明，斯蒂芬-玻尔兹曼定律也可以应用到灰体。在这种情况下，上述定律的数学表达式变为

$$E = C\left(\frac{T}{100}\right)^4 \tag{2-46}$$

式中 C 为灰体的辐射系数。

将灰体的辐射能力与同温度下黑体的辐射能力之比定义为物体的黑度，用 ε 表示：

$$\varepsilon = \frac{E}{E_0} \tag{2-47}$$

由式(2-45)和式(2-47)可得

$$E = \varepsilon C_0\left(\frac{T}{100}\right)^4 \tag{2-48}$$

只要知道物体的黑度，就可通过上式求得该物体的辐射能力。

物体表面的黑度取决于物体的性质、温度以及表面状况，是物体本身的特性，与外界情况无关，一般通过实验测定。常用工业材料的黑度列于表2.6中。

表2.6 某些工业材料的黑度

材　　料	温度/℃	黑　　度
红砖	20	0.88～0.93
耐火砖	—	0.8～0.9
钢板(氧化的)	200～600	0.8
钢板(磨光的)	940～1100	0.55～0.61
铝(氧化的)	200～600	0.11～0.19
铝(磨光的)	225～575	0.039～0.057
铜(氧化的)	200～600	0.57～0.87
铜(磨光的)	—	0.03
铸铁(氧化的)	200～600	0.64～0.78
铸铁(磨光的)	330～910	0.6～0.7

式(2-48)所示的4次方定律表明热辐射对温度非常敏感，低温时热辐射往往可以忽略，高温时则起主导作用。

3. 克希霍夫定律

克希霍夫定律(Kirchhoff law)揭示了物体的辐射能力和吸收率之间的关系。这个定律可以从两个物体表面之间的辐射传热得出：

$$\frac{E_1}{A_1} = \frac{E_2}{A_2} = \cdots = \frac{E}{A} = E_0 = f(T) \tag{2-49}$$

式(2-49)就是克希霍夫定律的数学表达式。它可以表述为：任何物体的辐射能力和吸收率的比值恒等于同温度下黑体的辐射能力，并且只和温度有关。

由式(2-49)可得到 $A=\dfrac{E}{E_0}$，将它与黑度的定义式(2-47)相对照，则有：

$$A=\varepsilon \tag{2-50}$$

这是克希霍夫定律的另一种表达式。它可以表述为：灰体的吸收率数值上等于同温度下该物体的黑度。

2.4.2 物体间的辐射传热

工业上常遇到的两固体间的相互热辐射，可以近似按灰体处理。当一个物体发射出的辐射能被另一物体部分或全部拦截，所拦截的辐射能只能部分被吸收，其余部分被反射。所反射的辐射能也只能被原物体部分或全部地拦截，并为原物体部分吸收和反射。这样，在两物体之间多次反射和吸收的传热过程中，其热流方向则由高温物体传向低温物体，其净传热量与两物体的温度、形状、相对位置以及物体本身的性质有关。一般对这种辐射传热可用下式计算，其由温度较高物体1传给温度较低物体2的热流量：

$$\phi=C_{1\text{-}2}A\varphi\left[\left(\frac{T_1}{100}\right)^4-\left(\frac{T_2}{100}\right)^4\right] \tag{2-51}$$

式中：$C_{1\text{-}2}$——总辐射系数(包括两物体的黑度和相对位置的校正因素)，$\mathrm{W/(m^2\cdot K^4)}$；

A——基准传热面积，$\mathrm{m^2}$；

φ——角系数，表示第一个物体表面发射的辐射能投射到第二个物体表面上的百分数；

T_1，T_2——高温和低温物体的热力学温度，K。

几种典型情况下的 $C_{1\text{-}2}$ 和 A 的计算式列于表2.7中，几种简单情况下的 φ 值见表2.7和图2.18。

表2.7 φ 值与 $C_{1\text{-}2}$ 的计算式

辐射情况	面积 A	角系数 φ	$C_{1\text{-}2}$
极大的两平行面	A_1 或 A_2	1	$C_0\Big/\left(\dfrac{1}{\varepsilon_1}+\dfrac{1}{\varepsilon_2}-1\right)$
面积有限的两相等的平行面	A_1	$<1^*$	$\varepsilon_1\varepsilon_2C_0$
很大的物体2包住物体1	A_1	1	ε_1C_0
物体2恰好包住物体1	$A_2=A_1$	1	$C_0\Big/\left(\dfrac{1}{\varepsilon_1}+\dfrac{1}{\varepsilon_2}-1\right)$
在3,4两种情况之间	A_1	1	$C_0\Big/\left[\dfrac{1}{\varepsilon_1}+\dfrac{A_1}{A_2}\left(\dfrac{1}{\varepsilon_2}-1\right)\right]$

* 此种情况的 φ 值由图2.18查得。

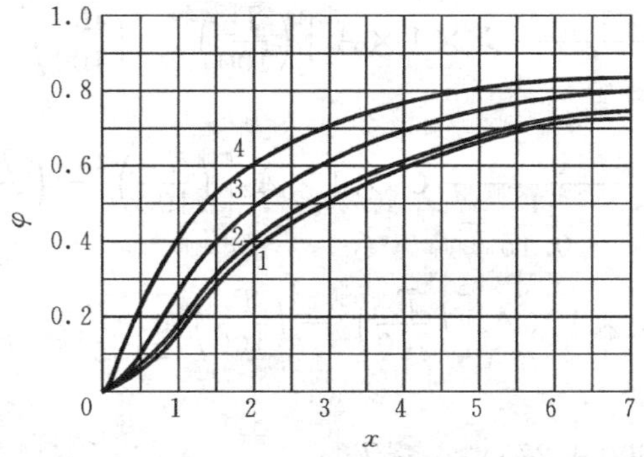

图 2.18　平行面间辐射传热的角系数 φ

1—圆盘形；2—正方形；3—长方形(边长之比为 2∶1)；4—长方形(狭长)

图中：$x=\frac{l}{b}\left(\text{或}\frac{d}{b}\right)=\frac{\text{边长(长方形用短边)或直径}}{\text{辐射面间的距离}}$

例 2-8　实验室内有一高 0.5 m，宽 1 m 的铸铁炉门，其温度为 600℃。

(1) 试求每小时由于炉门辐射而散失的热量。

(2) 若在炉门前 75 mm 处放置一块同等大小的铝板(已氧化)作为隔热屏，则散热量可减少多少？

设室温为 27℃。铸铁黑度 $\varepsilon_1=0.78$，铝板黑度 $\varepsilon_2=0.15$。

解：(1) 放置铝质遮热板前，炉门被四壁所包围，故 $\varphi=1$，由表 2.7 可得 $C_{1\text{-}2}=\varepsilon_1 C_0$。由式(2-51)求得炉门的辐射散热量为

$$\begin{aligned}\phi&=C_{1\text{-}2}A\varphi\left[\left(\frac{T_1}{100}\right)^4-\left(\frac{T_2}{100}\right)^4\right]\\&=C_0\varepsilon_1 A\times 1\left[\left(\frac{T_1}{100}\right)^4-\left(\frac{T_2}{100}\right)^4\right]\\&=5.67\times 0.78\times 0.5\times 1\times 1\times\left[\left(\frac{600+273}{100}\right)^4-\left(\frac{27+273}{100}\right)^4\right]\\&=12\,665(\text{W})\end{aligned}$$

(2) 放置铝质遮热板后，由于炉门与遮热板的距离很小，两者之间的辐射传热可视为两个无限大平行面间的相互辐射，即 $\varphi=1$。炉门的辐射散热量可视为炉门对铝板的辐射传热量，稳态下，也等于铝板对周围的辐射散热量，若以下标 3 表示铝板，可计算：

炉门传给铝板的热量：

$$\phi_{1\text{-}3}=C_{1\text{-}3}\varphi_{1\text{-}3}A_1\left[\left(\frac{T_1}{100}\right)^4-\left(\frac{T_3}{100}\right)^4\right]$$

铝板散热于周围的热量：

$$\phi_{3\text{-}2}=C_{3\text{-}2}\varphi_{3\text{-}2}A_3\left[\left(\frac{T_3}{100}\right)^4-\left(\frac{T_2}{100}\right)^4\right]$$

$$\phi_{1\text{-}3}=\phi_{3\text{-}2}$$

因是两无限大平行面，故按表 2.7 中第一种情况。又铝板为四壁所包围，$A_2\gg A_3$，$\varphi_{3\text{-}2}=1$，$C_{3\text{-}2}=\varepsilon_3 C_0$，代入上面诸式得

$$\frac{1}{\frac{1}{\varepsilon_1}+\frac{1}{\varepsilon_3}-1}C_0\times1\times A_1\left[\left(\frac{T_1}{100}\right)^4-\left(\frac{T_3}{100}\right)^4\right]$$

$$=\frac{1}{\frac{1}{0.78}+\frac{1}{0.15}-1}C_0\times1\times A_3\left[\left(\frac{T_1}{100}\right)^4-\left(\frac{T_3}{100}\right)^4\right]$$

$$=\varepsilon_3C_0\times1\times A_3\left[\left(\frac{T_3}{100}\right)^4-\left(\frac{T_2}{100}\right)^4\right]$$

整理上式得

$$0.144\times1\times\left[\left(\frac{600+273}{100}\right)^4-\left(\frac{T_3}{100}\right)^4\right]=0.15\left[\left(\frac{T_3}{100}\right)^4-\left(\frac{27+273}{100}\right)^4\right]$$

解上式得 $T_3=728\ \mathrm{K}=455℃$(铝板温度),所以放置铝板后,炉门的辐射散热量为

$$\phi_{1\text{-}3}=0.144\times5.67\times1\times0.5\times1\times\left[\left(\frac{873}{100}\right)^4-\left(\frac{728}{100}\right)^4\right]=1224\ \mathrm{W}$$

即为原散热量的$\frac{1224}{12\,665}\times100\%=9.67\%$。

由以上计算可见,设置隔热挡板是减少辐射散热量的有效办法。

2.4.3 对流和辐射的联合传热

在化工生产中,许多设备的外壁温度 T_w(K)往往高于周围大气的温度 T(K),因此热量将由壁面散失到周围环境中。由于这种情况下壁面对气体的对流传热强度较小,因而不论壁面温度的高低,热辐射的作用一般都不容忽视。设备的热损失应等于对流传热和辐射传热之和。

由于对流传热而损失的热量为

$$\Phi_C=\alpha_C A_w(T_w-T)$$

式中:A_w——设备的外壁面积,m^2。

由于辐射传热而损失的热量为

$$\phi_R=C_{1\text{-}2}\varphi_{1\text{-}2}A_w\left[\left(\frac{T_w}{100}\right)^4-\left(\frac{T}{100}\right)^4\right]$$

尽管热辐射和对流传热完全遵循不同的规律,但在对流和热辐射同时存在的场合,为了计算方便,常将辐射传热也用对流传热速率方程表示:

$$\Phi_R=\alpha_R A_w(T_w-T)$$

式中:α_R——辐射传热系数。

上面两式经处理可得

$$\alpha_R=C_{1\text{-}2}\varphi_{1\text{-}2}\times10^{-8}\frac{T_w^4-T^4}{T_w-T}$$

$$=C_{1\text{-}2}\varphi_{1\text{-}2}\times10^{-8}(T_w^3+T_w^2T+T_wT^2+T^3)$$

如设备或管道在室外或大房间内散热时,$\phi=1$,上式变为

$$\alpha_R=\varepsilon_w(T_w^3+T_w^2T+T_wT^2+T^3)\times10^{-8}$$

知道了壁面的黑度,则很容易计算出 α_R。

设备的总热损失为

$$\phi = \phi_C + \phi_R = (\alpha_C + \alpha_R)A_w(T_w - T)$$

或

$$\phi = \alpha_T A_w(T_w - T)$$

式中：$\alpha_T(=\alpha_C + \alpha_R)$——对流-辐射联合传热系数，$W/(m^2 \cdot K)$。

对于有保温层的设备、管道等，外壁对周围环境的联合传热系数 α_T，也可用以下近似式进行估算：

(1) 空气自然对流

在平壁保温层外：

$$\alpha_T = 9.8 + 0.07(T_w - T)$$

在管道或圆筒壁保温层外：

$$\alpha_T = 9.4 + 0.052(T_w - T)$$

上两式适用于 $T_w < 150$℃的情况。

(2) 空气沿粗糙壁面强制对流

当空气流速 $u \leqslant 5$ m/s 时：

$$\alpha_T = 6.2 + 4.2u$$

当空气流速 $u \geqslant 5$ m/s 时：

$$\alpha_T = 7.8u^{0.78}$$

例 2-9 外径为 194 mm 的蒸汽管道，外包一层热导率为 0.09 W/(m·K)的保温材料。管内饱和蒸汽温度为 133℃，保温层外表面温度要求不超过 40℃，周围环境温度为 20℃。试求保温层的厚度应为多少？

(假设：管内蒸汽冷凝传热与管壁的热阻均可忽略不计。)

解：在管道或圆筒壁保温层外的情况估算联合传热系数 α_T 可从空气自然对流中的第二种情况计算，管道保温层外对流-辐射联合传热系数为

$$\begin{aligned}\alpha_T &= 9.4 + 0.052(T_w - T)\\ &= 9.4 + 0.052 \times (40 - 20)\\ &= 10.4\ W/(m^2 \cdot K)\end{aligned}$$

单位管长的散热量 q'：

$$q' = \alpha_T \pi d_0 (T_w - T) = 10.4\pi d_0(40 - 20) = 653 d_0$$

因管内饱和蒸汽冷凝传热热阻和管壁热阻均可忽略不计，故

$$q' = \frac{2\pi\lambda(T - T_w)}{\ln\dfrac{d_0}{d}} = 653 d_0$$

$$\frac{2\pi \times 0.09(133 - 40)}{\ln\dfrac{d_0}{d}} = 653 d_0$$

$$d_0 = 0.264(m)$$

保温层的厚度：

$$b = \frac{264 - 194}{2} = 35(mm)$$

2.5 热交换过程的传热计算

工程上传热过程的计算任务主要有两类：一类是设计计算，即根据生产任务的要求，确定换热器的传热面积及换热器的其他有关尺寸，以便设计或选用换热器；另一类是校核计算，即判断一个换热器是否满足生产任务的要求或预测生产过程中某些参数(如流体的流量、初温)的变化对换热器传热能力的影响。校核计算有时也称操作型计算。本节将根据传热过程的热量衡算，结合间壁换热，在导热速率方程和对流传热速率方程的基础上，导出整个传热过程的总传热速率方程，并用它来解决生产过程中的实际传热问题。

2.5.1 热交换器的传热机理和传热基本方程式

冷、热流体通过如图2.19所示的套管换热器进行热交换，如果冷、热流体均无相变，则热流体的温度从初温 T_{h1} 降到终温 T_{h2}，冷流体温度从初温的 T_{c1} 上升到 T_{c2}，如图2.19所示。从图2.19可见，随着冷、热流体的温度沿流动方向变化，其传热温差也沿程变化，故在传热计算中必须解决传热温差变化的问题。

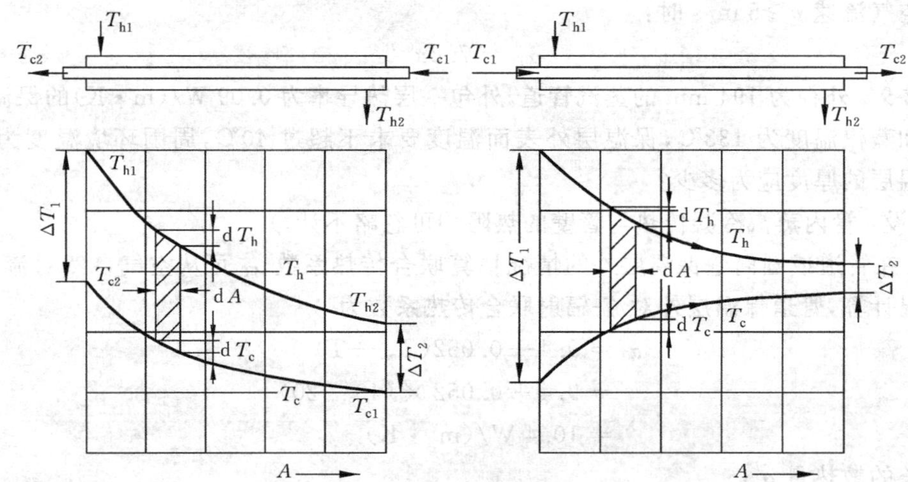

图2.19 两侧流体均是变温时的温差变化

冷、热流体所需要提供的冷量或热量是根据式(2-3)或式(2-4)的热量衡算得出，但换热器能否满足传热要求还要涉及到传热速率。这是传热计算必须解决的第二个问题。传热过程必须同时满足热量衡算和传热速率方程这两个条件。

图2.20是图2.19套管换热器某一传热面处进行热交换的示意图。由图可见，热流体通过间壁传热给冷流体的过程分3步进行：①热流体通过对流将热量传给固体壁面热侧(壁温为 t_{w1})；②热量通过导热从器壁的热侧传到器壁的冷侧(壁温 t_{w2})；③热量通过对流从器壁的冷侧传给冷流体。热流体的主体温度为 t_1，冷流体的主体温度为 t_2。

理论上，可以用上述3步中的任何一步计算出传热速率，但不管计算哪一段的传热速率，都必须知道壁温 t_{w1} 或 t_{w2}，但实际上壁温往往是未知的，测定壁温是比较困难的，因而也就很难用计算热交换器中某一段的传热速率来得到热交换设备的传热速率。但是，热交换器中冷、热流体的主体温度是很容易测定的，故可用下述方法推导出用主体温度求得换热器的传热速率方程，从而避开了壁温。这是传热计算要解决的第三个问题。

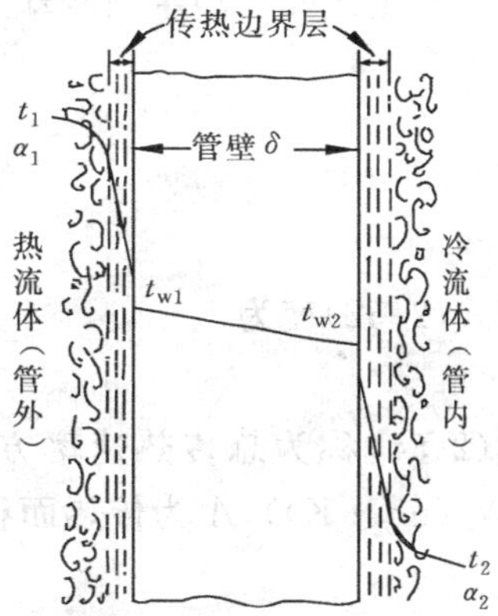

图 2.20 流体的热交换

热流体对器壁面的对流传热速率：

$$\phi_1 = \alpha_1 A_1 (t_1 - t_{w1})$$

或

$$t_1 - t_{w1} = \frac{\phi_1}{\alpha_1 A_1} \tag{1}$$

器壁的导热速率：

$$\phi_2 = \frac{A_m (t_{w1} - t_{w2})}{\delta/\lambda}$$

或

$$t_{w1} - t_{w2} = \frac{\phi_2}{\lambda A_m/\delta} \tag{2}$$

器壁面对冷流体的对流传热速率：

$$\phi_3 = \alpha_2 A_2 (t_{w2} - t_2)$$

或

$$t_{w2} - t_2 = \frac{\phi_3}{\alpha_2 A_2} \tag{3}$$

式中：t_1——热流体的主体温度，K；

t_{w1}——热流体一侧的壁温，K；

t_{w2}——冷流体一侧的壁温，K；

t_2——冷流体的主体温度，K；

A_1——器壁热流体一侧的传热面积，m^2；

A_m——器壁的平均传热面积，m^2；

A_2——器壁冷流体一侧的传热面积，m^2；

α_1——热流体的给热系数，$W/(m^2 \cdot K)$；

δ——壁厚，m；

λ——器壁的热导率，$W/(m \cdot K)$；

α_2——冷流体的给热系数，$W/(m^2 \cdot K)$。

将上面(1)，(2)，(3)式相加：

$$\phi_1\left(\frac{1}{\alpha_1 A_1}\right) + \phi_2\left(\frac{\delta}{\lambda A_m}\right) + \phi_3\left(\frac{1}{\alpha_2 A_2}\right) = (t_1 - t_{w1}) + (t_{w1} - t_{w2}) + (t_{w2} - t_2)$$

在稳定情况下，热交换器的总传热速率 ϕ 等于各层的传热速率，即 $\phi = \phi_1 = \phi_2 = \phi_3$，所以

$$\phi = \frac{(t_1 - t_{w1}) + (t_{w1} - t_{w2}) + (t_{w2} - t_2)}{\dfrac{1}{\alpha_1 A_1} + \dfrac{\delta}{\lambda A_m} + \dfrac{1}{\alpha_2 A_2}}$$

$$= \frac{t_1 - t_2}{\dfrac{1}{\alpha_1 A_1} + \dfrac{\delta}{\lambda A_m} + \dfrac{1}{\alpha_2 A_2}} = \frac{\Delta t}{R} = \frac{\text{传热推动力}}{\text{热阻}} \tag{2-52}$$

对照式(2-27)牛顿冷却定律:

$$\phi = \alpha A(t_w - t)$$

令

$$R = \frac{1}{KA} = \frac{1}{\alpha_1 A_1} + \frac{\delta}{\lambda A_m} + \frac{1}{\alpha_2 A_2} \tag{2-53}$$

则式(2-52)变为

$$\phi = KA(t_1 - t_2) = KA\Delta t \tag{2-54}$$

式(2-54)称为总传热速率方程或传热速率方程,式中 K 称为总传热系数,简称传热系数($W/(m^2 \cdot K)$),A 为传热面积,$(t_1 - t_2)$为总的传热温度差。

2.5.2 总传热系数

总传热系数是表示换热设备性能的极为重要的参数,也是对换热设备进行换热计算的依据。为计算流体被加热或冷却所需要的传热面积,必须知道传热系数的数值。不论是研究换热设备的性能,还是设计换热器,求算 K 值都是最基本的要求。K 的数值取决于流体的物性、传热过程的操作条件以及换热器的类型等。

传热系数可利用式(2-53)计算:

$$K = \frac{1}{\dfrac{A_m}{\alpha_1 A_1} + \dfrac{\delta}{\lambda} + \dfrac{A_m}{\alpha_2 A_2}} \tag{2-55}$$

K 的物理意义为间壁两侧流体主体间温度差为 1 K 时,单位时间内通过单位间壁面积所传递的热量,其单位为 $W/(m^2 \cdot K)$,与给热系数 α 的单位相同。

在这种条件下的热阻为

$$R = \frac{1}{KA}$$

值得注意的是,当传热面积不是常数时,如圆筒壁传热,传热系数 K 必须和所选的传热面积相对应,即对应于传热面积 A_i, A_m, A_o 相应的传热系数分别为 K_i, K_m, K_o,它们相互之间的关系为

$$\frac{1}{K_o A_o} = \frac{1}{\alpha_i A_i} + \frac{\delta}{\lambda A_m} + \frac{1}{\alpha_o A_o} = \frac{1}{K_i A_i} = \frac{1}{K_m A_m} \tag{2-56}$$

或

$$\frac{1}{K_o} = \frac{1}{\alpha_i}\frac{A_o}{A_i} + \frac{\delta}{\lambda}\frac{A_o}{A_m} + \frac{1}{\alpha_o} \tag{2-57a}$$

$$\frac{1}{K_i} = \frac{1}{\alpha_i} + \frac{\delta}{\lambda}\frac{A_i}{A_m} + \frac{1}{\alpha_o}\frac{A_i}{A_o} \tag{2-57b}$$

$$\frac{1}{K_m} = \frac{1}{\alpha_i}\frac{A_m}{A_i} + \frac{\delta}{\lambda} + \frac{1}{\alpha_o}\frac{A_m}{A_o} \tag{2-57c}$$

若传热面积为圆管壁 A,上式又可写为

$$\frac{1}{K_o d_o} = \frac{1}{\alpha_i d_i} + \frac{\delta}{\lambda d_m} + \frac{1}{\alpha_o d_o} = \frac{1}{K_i d_i} = \frac{1}{K_m d_m} \tag{2-58}$$

或

$$\frac{1}{K_o}=\frac{1}{\alpha_i}\frac{d_o}{d_i}+\frac{\delta}{\lambda}\frac{d_o}{d_m}+\frac{1}{\alpha_o} \tag{2-59a}$$

$$\frac{1}{K_i}=\frac{1}{\alpha_i}+\frac{\delta}{\lambda}\frac{d_i}{d_m}+\frac{1}{\alpha_o}\frac{d_i}{d_o} \tag{2-59b}$$

$$\frac{1}{K_m}=\frac{1}{\alpha_i}\frac{d_m}{d_i}+\frac{\delta}{\lambda}+\frac{1}{\alpha_o}\frac{d_m}{d_o} \tag{2-59c}$$

式中：d_i, d_o, d_m——圆管的内径、外径、管壁的平均直径，m。

K_o——按外表面(或 d_o)计算的总传热系数，W/(m^2·K)。

含污垢的多层圆筒壁的总传热系数为

$$\frac{1}{K_o}=\frac{1}{\alpha_o}+\sum\frac{\delta_i}{\lambda_i}\frac{d_o}{d_i}+\frac{1}{\alpha_i}\frac{d_o}{d_i}$$

式中：λ_i, d_i——污垢的热导率和污垢层的平均直径。

同理，按 A_m(或 d_m)，A_i(或 d_i)亦可求得 K_m 及 K_i。只要 K 和 A 相对应，代入式(2-54)计算出的结果是一样的。但在工程上，一般以管外表面积 A_o 为基准计算总传热系数 K_o，除另加说明外，还常将 A_o 与 K_o 分别以 A 与 K 表示。

如果传热间壁为平壁，则 $A_i=A_m=A_o$，由式(2-57)可得

$$\frac{1}{K}=\frac{1}{\alpha_i}+\frac{\delta}{\lambda}+\frac{1}{\alpha_o} \tag{2-57d}$$

式中：α_i, α_o——平壁两侧的对流传热系数，W/(m^2·K)。

还应注意的是，式(2-56)和式(2-57a)～式(2-57d)也都是热阻之间的关系式，式(2-56)所表示的热阻是通过整个传热面积上的热阻，对应的热流量为 ϕ(W)；而式(2-57a)～式(2-57d)所表示的热阻则为通过单位传热面积上的热阻，与热流密度 q(W/m^2)相对应。

根据以上各式计算 K，有时可以简化，例如当 $\alpha_i \ll \alpha_o$ 时，若以 A_i 为基准计算传热系数 K_i，只要主要热阻 $1/\alpha_i$ 算准了，可以粗略地令式中 $A_i/A_m\approx 1$，$A_i/A_o\approx 1$，对整个热阻的计算影响不大，即此时 A_i 值的计算可以采用平壁的计算公式。其传热面积用给热系数 α 较小的一侧的面积 A_i 就可以了。

工业换热器中传热系数的大致数值常可从手册中查得，表 2.8 列出了 K 值的大致范围。

表 2.8 列管式换热器的总传热系数 K

冷 流 体	热 流 体	K/W/(m^2·K)
水	水	850～1700
水	气体	17～280
水	有机溶剂	280～850
水	轻油	340～910
水	重油	60～280
有机溶剂	有机溶剂	115～340
水	水蒸气的冷凝	1420～4250
气体	水蒸气的冷凝	30～300
水	低沸点烃类的冷凝	455～1140
水的沸腾	水蒸气的冷凝	2000～4250
轻油的沸腾	水蒸气的冷凝	455～1020

2.5.3 传热的平均温度差

在热交换器的传热过程中,如果在任何时间内两种流体的温度都不发生变化,例如传热间壁一侧为饱和蒸气加热(其温度为 t_1),另一侧是沸腾液体(其温度为 t_2),两种流体的温度都保持不变,我们称之为恒温传热。此时传热温度差是恒定不变的,可以简单地表示为

$$\Delta t = t_1 - t_2$$

一般情况下,热交换器中的冷、热流体的温度沿流动方向是变化的,其传热温度差也是沿程变化的(如图 2.19 所示),称之为变温传热。由于传热温差是变化的,所以传热速率公式(2-54)应写成

$$\phi = KA\Delta t_m \tag{2-60}$$

式中 Δt_m 为平均温度差。

就冷、热流体间的相互流动方向而言,可以有不同的流动形式,如图 2.21 所示。两者平行且同向的流动,称为并流;两者平行但反向的流动,称为逆流;垂直交叉的流动,称为错流;一流体只沿一个方向流动,而另一流体反复折流,称为折流;几种流动形式的组合,称为复杂流。

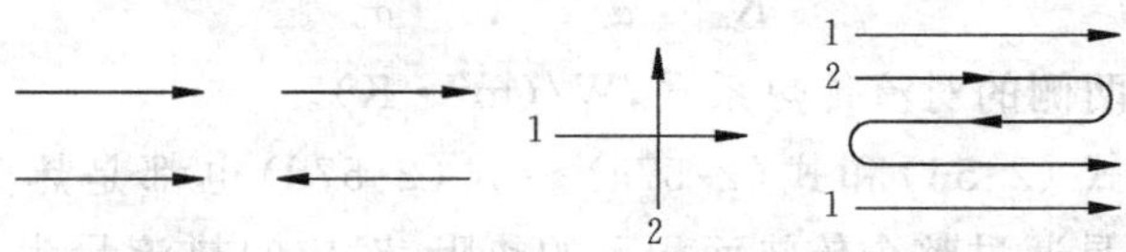

(a) 并流　(b) 逆流　(c) 错流　(d) 折流

图 2.21　流体的流动形式示意图

工业上最常见的是并流和逆流。图 2.22 所示为并流和逆流时温差沿传热壁面的变化。图中 T 代表热流体的温度;t 代表冷流体的温度;Δt_1,Δt_2 分别代表热交换器两端的温差,平均温度差用进、出口温差的对数平均值计算:

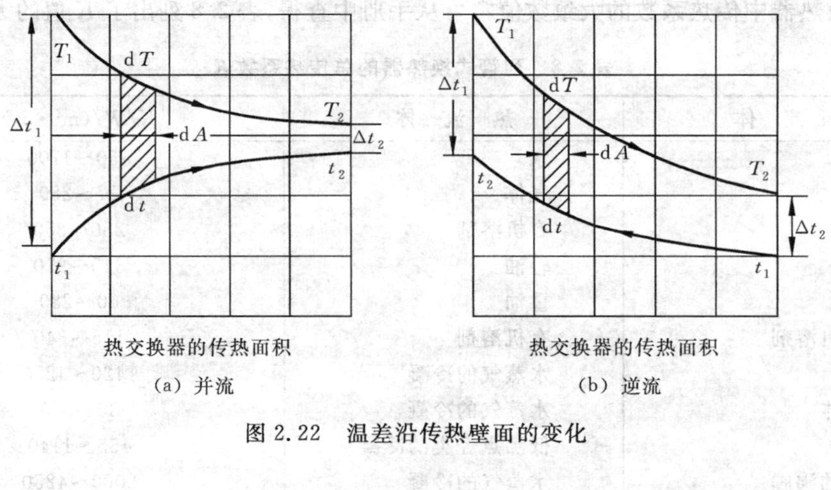

(a) 并流　(b) 逆流

图 2.22　温差沿传热壁面的变化

$$\Delta t_m = \frac{\Delta t_1 - \Delta t_2}{\ln \dfrac{\Delta t_1}{\Delta t_2}} \tag{2-61}$$

如果 $\Delta t_1/\Delta t_2 \leqslant 2$，可用算术平均温差值：

$$\Delta t_m = \frac{\Delta t_1 + \Delta t_2}{2} \tag{2-61a}$$

流体逆流时的平均温差的推导如下：图 2.22(b)所示的套管换热器，冷、热流体间呈逆流流动，流体温度沿程变化。热流体进出口温度分别为 T_1 和 T_2，冷流体进出口温度分别为 t_1 和 t_2。假设：①换热器在稳定操作下，热流体和冷流体的质量流量 w_h 和 w_c 沿换热面为常量；②流体的比热容 $c_{p,h}$ 和 $c_{p,c}$ 及传热系数 K 沿换热面不变；③换热器无热损失。

先研究微元传热面积 dA 的传热情况，在微元面中热流体的温度为 T，冷流体的温度为 t，两者之间的温差 ΔT：

$$\Delta T = T - t \tag{1}$$

根据传热速率方程(2-54)，通过微元面 dA 的传热量为

$$\mathrm{d}\phi = K(T - t)\mathrm{d}A = K\Delta T \mathrm{d}A \tag{2}$$

热流体在微元面 dA 中放出热量 $\mathrm{d}\phi$ 后、温度下降了 $\mathrm{d}T$。冷流体得到热量 $\mathrm{d}\phi$ 后，温度上升了 $\mathrm{d}t$。按热流体流向观察，经 dA 后两流体温度均下降。根据热量衡算式(2-3)和式(2-4)可得

$$\mathrm{d}\phi = -w_h c_{p,h}\mathrm{d}T,\quad \mathrm{d}T = -\frac{\mathrm{d}\phi}{w_h c_{p,h}} \tag{3}$$

$$\mathrm{d}\phi = -w_c c_{p,c}\mathrm{d}t,\quad \mathrm{d}t = -\frac{\mathrm{d}\phi}{w_c c_{p,c}} \tag{4}$$

将式(3)减去式(4)，并将式(1)代入，可得

$$\mathrm{d}T - \mathrm{d}t = \mathrm{d}(T - t) = \mathrm{d}(\Delta T) = \left(\frac{1}{w_c c_{p,c}} - \frac{1}{w_h c_{p,h}}\right)\mathrm{d}\phi \tag{5}$$

再将(2)代入上式可得

$$\mathrm{d}\Delta T = \left(\frac{1}{w_c c_{p,c}} - \frac{1}{w_h c_{p,h}}\right)K\Delta T \mathrm{d}A \tag{6}$$

或

$$\frac{\mathrm{d}\Delta T}{\Delta T} = \left(\frac{1}{w_c c_{p,c}} - \frac{1}{w_h c_{p,h}}\right)K\mathrm{d}A \tag{7}$$

代入边界条件：当 $A=0$，$\Delta T = \Delta t_1 = T_1 - t_2$；当 $A=A$ 时，$\Delta T = \Delta t_2 = T_2 - t_1$，积分式(7)可得：

$$\int_{\Delta t_1}^{\Delta t_2} \frac{\mathrm{d}(T-t)}{T-t} = \int_0^A \left(\frac{1}{w_c c_{p,c}} - \frac{1}{w_h c_{p,h}}\right)K\mathrm{d}A$$

$$\ln\frac{\Delta t_2}{\Delta t_1} = \left(\frac{1}{w_c c_{p,c}} - \frac{1}{w_h c_{p,h}}\right)KA \tag{8}$$

通过传热面 A 的总热流量 ϕ 为

$$\phi = w_c c_{p,c}(t_2 - t_1) = w_h c_{p,h}(T_1 - T_2)$$

从上式可得：

$$\frac{1}{w_c c_{p,c}} = \frac{t_2 - t_1}{\phi},\quad \frac{1}{w_h c_{p,h}} = \frac{T_1 - T_2}{\phi}$$

$$\frac{1}{w_c c_{p,c}} - \frac{1}{w_h c_{p,h}} = \frac{1}{\phi}[(t_2 - t_1) - (T_1 - T_2)]$$
$$= \frac{1}{\phi}[(T_2 - t_1) - (T_1 - t_2)]$$
$$= \frac{1}{\phi}(\Delta t_2 - \Delta t_1) \tag{9}$$

将式(9)代入式(8)中得：

$$\ln\frac{\Delta t_2}{\Delta t_1} = K\frac{1}{\phi}(\Delta t_2 - \Delta t_1)A$$

或

$$\phi = KA\frac{\Delta t_2 - \Delta t_1}{\ln\dfrac{\Delta t_2}{\Delta t_1}} = KA\frac{\Delta t_1 - \Delta t_2}{\ln\dfrac{\Delta t_1}{\Delta t_2}} \tag{10}$$

对照式(10)和式(2-60)就可得到式(2-61)。

上述推导得到的 Δt_m 称为对数平均温差。若换热器中两流体是并流流动，同样可以导出与式(2-61)相同的结果，故该式是计算逆流和并流情况下对数平均温度差的通式。

在应用式(2-61)时，为了计算方便，通常将换热器两端温差 ΔT 中数值大的写成 Δt_1，小的写成 Δt_2。

例 2-10 在一单壳单管程无折流挡板的列管式换热器中，用冷却水将 100℃ 的热流体冷却至 40℃，冷却水进口温度 15℃，出口温度为 30℃。试求在这种温度条件下，逆流和并流时的平均温度差。

解：逆流时：

热流体 T/℃　100→40

冷却水 t/℃　30←15

　　　　　　　70　25

$$\Delta t_{m逆} = \frac{70-25}{\ln\dfrac{70}{25}} = 43.7(℃)$$

并流时：

热流体 T/℃　100→40

冷流体 t/℃　15→30

　　　　　　　85　10

$$\Delta t_{m并} = \frac{85-10}{\ln\dfrac{85}{10}} = 35.0(℃)$$

由此可见，在冷、热流体的初、终温度相同的条件下，逆流的平均温度差大。

错流或折流时的平均温差可以先按逆流计算，然后再乘以校正系数 φ，图 2.23 为壳方单程、管方两程的热交换器的校正系数曲线。

$$\Delta t_m = \varphi\frac{\Delta t_1 - \Delta t_2}{\ln\dfrac{\Delta t_1}{\Delta t_2}}$$

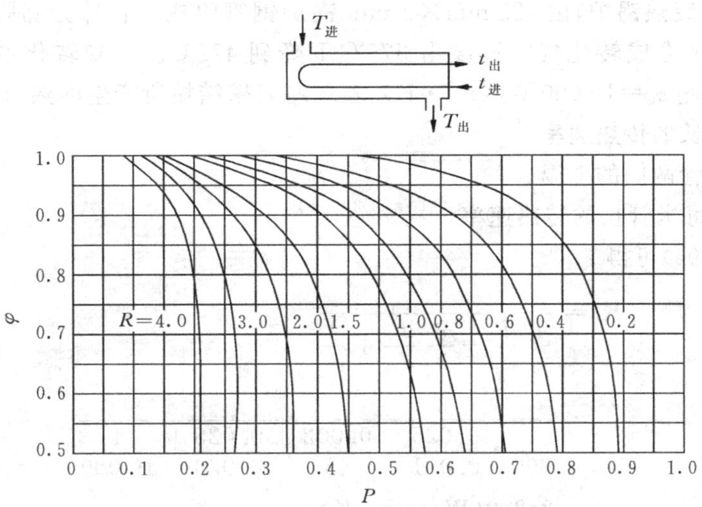

图 2.23 双程热交换器折流的校正系数

各种流动情况下的校正系数，可根据 R 和 P 两个参数：

$$R=\frac{\text{热流体的温降}}{\text{冷流体的温升}}=\frac{T_1-T_2}{t_2-t_1}$$

$$P=\frac{\text{冷流体的温升}}{\text{两流体的最初温差}}=\frac{t_2-t_1}{T_1-t_1}$$

2.5.4 传热面积的计算

1. 传热系数 K 为常数

如前所述，对数平均温差是在假定冷、热流体的质量定压热容、流量和传热系数沿整个换热器的传热面为常数时导出的。通常流体的物性随温度变化不是很大的情况下，反映在传热系数的变化上就更小。因此，上面导出的式(2-60)与式(2-61)可以作为传热面的基本关系式。一般在传热系数变化不是很大的情况下，在工程计算上将换热器进出口处传热系数的平均值作为常数处理，此时换热器的传热面积直接用式(2-60)进行计算：

$$A=\frac{\phi}{K\Delta t_{\mathrm{m}}}$$

其中 $$\phi=w_{\mathrm{c}}c_{p,\mathrm{c}}(t_2-t_1)$$

或 $$\phi=w_{\mathrm{h}}c_{p,\mathrm{h}}(T_1-T_2)$$

式中 $c_{p,\mathrm{c}}$ 和 $c_{p,\mathrm{h}}$ 根据换热器进、出口流体的平均温度确定。

2. 传热系数 K 为变数

若流体的温度变化较大，物性随温度变化较显著，传热系数变化较大，采用上述方法计算传热面积会引起较大的误差。此时采用分段计算的方法，将每段中物性、传热系数 K_j 视为常量，计算出每段的 $\Delta t_{\mathrm{m}j}$ 和相应的 ϕ_j 及传热面积 A_j，然后将 A_j 加和即得传热面积 A。

例 2-11 一废热锅炉,由 $\phi25\ \text{mm}\times2\ \text{mm}$ 锅炉钢管组成。管外为沸腾水,绝对压强为 2.55 MPa,管内的合成转化气的温度由575℃下降到472℃。已知转化器一侧的 $\alpha_i=300\ \text{W/(m}^2\cdot\text{K)}$,水侧 $\alpha_o=10\,000\ \text{W/(m}^2\cdot\text{K)}$,若忽略管壁结垢所产生的热阻,试求:

(1) 每米管长的传热速率;

(2) 锅炉钢管两侧的壁温。

解:(1) 求每米管长的传热速率

根据式(2-59a)可得

$$K_o=\frac{1}{\dfrac{1}{\alpha_i}\dfrac{d_o}{d_i}+\dfrac{\delta}{\lambda}\dfrac{d_o}{d_m}+\dfrac{1}{\alpha_o}}$$

$$=\frac{1}{\dfrac{1}{300}\cdot\dfrac{0.025}{0.021}+\dfrac{0.002}{45}\times\dfrac{0.025}{0.023}+\dfrac{1}{10\,000}}$$

$$=242.9(\text{W/(m}^2\cdot\text{K)})$$

2.55 MPa下水的饱和温度为227℃

$$\Delta t_m=\frac{(575-227)-(472-227)}{\ln\dfrac{575-227}{472-227}}=293.49(℃)$$

根据式(2-60)可得

$$\phi=K_oA_o\Delta t_m$$

$$=K_o\pi d_o l\Delta t_m$$

$$q'=\frac{\phi}{l}=K_o\pi d_o\Delta t_m$$

$$=242.9\times\pi\times0.025\times293.49$$

$$=5599(\text{W/m})$$

(2) 求锅炉钢管两侧的壁温

由牛顿冷却定律式(2-28):

$$\phi=\alpha_iA_i(T-T_w)$$

可得

$$T_w=T-\frac{\phi}{\alpha_iA_i}$$

$$=T-\frac{\phi}{\alpha_i\pi d_i l}=T-\frac{q'}{\alpha_i\pi d_i}$$

式中 T 为转化气进、出口温度的平均值 $T=\frac{1}{2}\times(575+472)=523.5(℃)$,所以

$$T_w=523.5-\frac{5599}{300\times\pi\times0.021}$$

$$=523.5-282.9=240.6(℃)$$

钢管另一侧的壁温可由导热公式计算:

$$\phi=\frac{T_w-t_w}{\dfrac{1}{\lambda_w}\dfrac{\delta}{A_w}}$$

$$t_w=T_w-\frac{\phi\delta}{\lambda_wA_w}=T_w-\frac{\phi\delta}{\lambda_w\pi d_w l}$$

$$= 240.6 - \frac{5599 \times 0.002}{45 \times \pi \times 0.023}$$

$$= 240.6 - 3.44 = 237(℃)$$

t_w 亦可由 $\phi=(t_w-t)/(1/(\alpha_o A_o))$ 求得。

由上可见，由于水侧的热阻很小，温差也很小，故水侧壁温接近水温，同时管壁热阻极小，管壁两侧的温度差也很小，热阻主要集中在转化气与壁面之间，所以虽然转化气温度较高，但转化气侧的壁温不高，故可采用一般的钢管。

2.5.5 热交换设备

换热器是化工、石油、动力、食品及其他许多工业部门的通用设备，在生产中占有很重要的地位，换热器投资往往在整个设备总投资中占有很大比例。换热器按用途可分为加热器、冷却器、冷凝器、蒸发器和再沸器等。由于生产的规模、物料的性质、传热的要求等各不相同，故换热器的类型很多，可根据生产工艺要求进行选择。

前已述及，换热器分为混合式、蓄热式及间壁式 3 种，其中以间壁式换热器应用最为普遍，在间壁式换热器中尤以列管式换热器应用最广泛。

1. 直接接触式换热器

直接接触式换热器的特点是冷、热两流体在换热器中以直接混合的方式进行热量交换，故也称混合式换热器。这种换热器用于工艺上允许两种流体相互混合的情况是比较方便和有效的，设备结构也较简单。图 2.1 所示为一板式淋洒式换热器。这种换热方式常用于气体的冷却或水蒸气的冷凝。

2. 蓄热式换热器

蓄热式换热器又称蓄热器，主要由热容量较大的蓄热室构成，室中充填耐火砖等填料，如图 2.2 所示。当冷、热流体交替地通过同一蓄热室时，就可以通过蓄热室的填料将热流体的热量传递给冷流体。此类换热器通常有两个蓄热室交替使用，其结构简单，能耐高温，常用于高温气体的换热。这类换热器的缺点是设备体积大，两种流体在蓄热室内交替时有一定程度的混合。

3. 间壁式换热器

化工生产中最常遇到的换热过程是间壁式换热。这类换热器的特点是冷、热两流体间用金属壁（也有用石墨或塑料等材料）隔开，使两种流体不相混合而进行热量传递。这类换热器中有夹套式换热器、蛇管式换热器、套管式换热器、列管式换热器、板式换热器以及热管换热器等。而以列管换热器最为常用。

1）夹套式换热器

夹套式换热器是最简单的板式换热器（图 2.24），它是在容器外壁安装夹套制成，夹套与器壁之间形成的空间为加热介质或冷却介质的通路。这种换热器主要用于反应过程的加热或冷却。用蒸汽进行加热时，蒸汽由上部接管进入夹套，冷凝水由下部接管流出。作为冷却器时,冷却介质(如冷却水)由夹套下部接管进入,由上部接管流出。

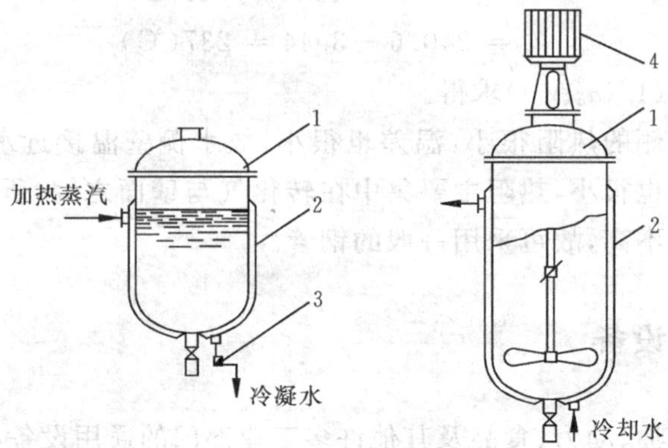

图 2.24 夹套式热交换器

1—容器;2—夹套;3—冷凝水排除器;4—搅拌装置

夹套式换热器结构简单,但其加热面受容器壁面的限制,且传热系数不高。为提高传热系数,可在器内安装搅拌器;为补充传热面的不足,也可在器内安装蛇管式换热器。

2) 蛇管式换热器

蛇管式换热器的构造也很简单,蛇管一般由肘管连接的直管或由盘成螺旋形的弯曲管构成。这类换热器可分为沉浸蛇管式和喷淋蛇管式。

(1) 沉浸蛇管式

蛇管制成适应容器的形状,沉浸在容器中,两种流体分别在管内、外进行换热。图 2.25 为常见的沉浸式蛇管换热器。这种换热器的优点是结构简单,便于防腐,能承受高压,但由于容器体积比管子的体积大得多,因此管外流体的传热系数较小。如能减少管外空间或加搅拌装置,则传热效果可以提高一些。

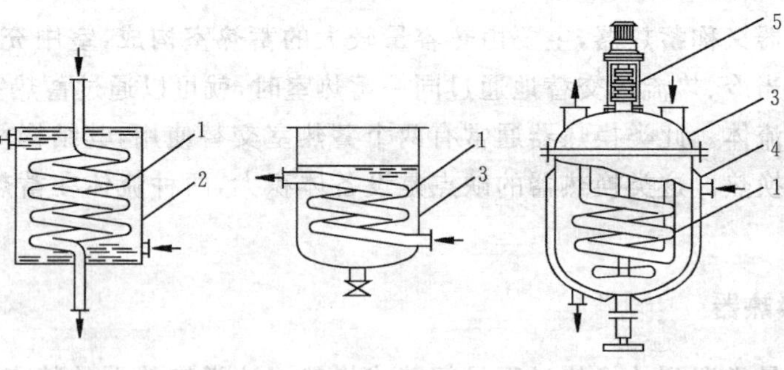

图 2.25 沉浸式蛇管热交换器

1—蛇管;2—壳体;3—釜体;4—夹套;5—搅拌装置

(2) 喷淋蛇管式

这种换热器多用于冷却管内的热流体。将蛇管成排地固定在钢架上,如图 2.26 所示,被冷却的流体在管内流动,冷却水由管上方的喷淋装置中均匀地淋下。这种换热器的传热效果比沉浸式好,且便于检修和清洗,因此对冷却水水质的要求也就可以视具体条件而适当降低,其缺点是喷淋不够均匀。

3）套管式换热器

套管式换热器是由大小不同的直管制成的同心套管，并由U形弯头把管段串联起来，如图2.27所示。每一段套管称为一程，每程有效长度约为4 m～6 m。若管子过长，管中间会向下弯曲。

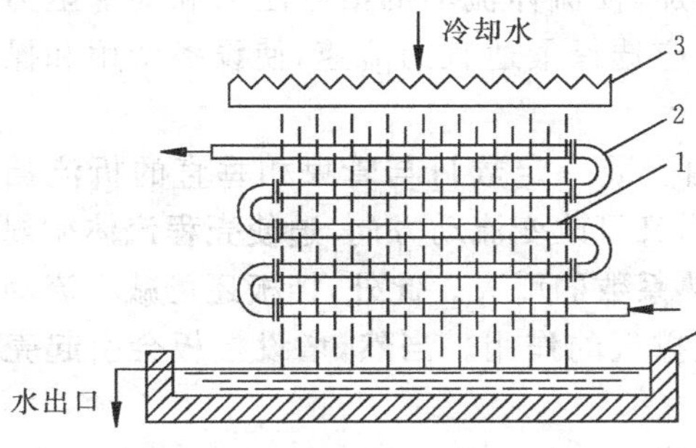

图2.26 喷淋式蛇管冷却器

1—直管；2—U形管；3—喷淋装置；4—底槽

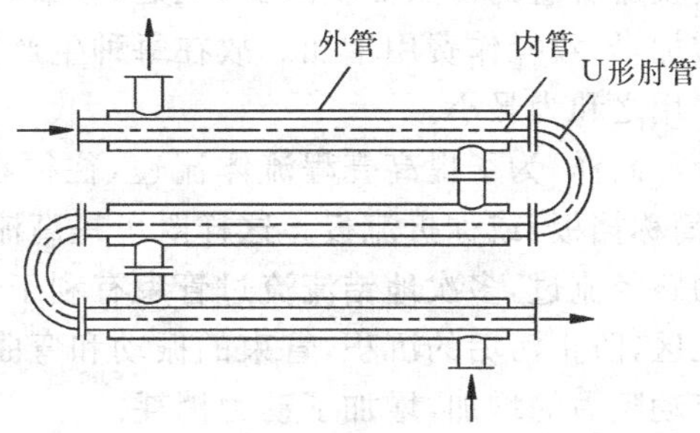

图2.27 套管式热交换器

在套管换热器中，一种流体走管内，另一种流体走环隙。适当选择两管的管径，两流体均可得到较高的流速，这样提高了传热系数，而且，两流体可以为逆流，使平均温差提高。另外，套管换热器构造简单，能耐高压，传热面积可根据需要通过增减段数来实现，应用方便。这种换热器的缺点是管间接头多，易泄漏，占地较大，单位传热面积消耗的金属量大，因此，较适用于流量不大，所需传热面积不多而要求压强较高的场合。

4）列管式换热器

列管式（又称管壳式）换热器的应用有着悠久的历史，而且至今仍是工业上应用最广泛的一种换热设备。与前述几种换热器比较，它主要的优点是单位体积的换热面积大，结构紧凑，坚固，传热效果好，而且能用多种材料制造，故适用性强，操作弹性较大，尤其在高温、高压和大型装置中多采用列管式换热器。

列管换热器主要由壳体、管束、管板（又称花板）和封头（又称顶盖）等部件构成。如图2.3所示。管束安装在壳体内，两端固定在花板上。顶盖用螺钉与壳体两端的法兰相连，以便检修或清洗时拆卸。

进行热交换时，一种流体由顶盖的进口接管进入，通过平行管束，从另一端顶盖出口接管流出，这称为管程。另一种流体则由壳体的接管进入，在壳体内从管束的空隙处流过，由壳体的另一接管流出，这称为壳程。管束的总表面积即为传热面积：

$$A_o = \pi d_o l n \tag{2-62}$$

式中：d_o——管束的管子外径，m；

l——管束的有效长度，m；

n——管束的管子数。

流体一次通过管程的称为单管程，一次通过壳程的称为单壳程。图2.3即为单程壳式换热器。

当需要的管子数目较多，即需要的传热面积较大时，流体在管内的流速可能很小，流体的传热系数将很小。此时，为提高管内的流速，从而提高流体的传热系数，常在顶盖内加隔板，将全部管子平均分成几组，流体每次只能流过一组管子，然后进入另一组管子，如此依次流过各组管子，最后由出口处流出。此种热交换器称为多管程热交换器，流体流过的每一组管子称为一程。一般以 2,4,6 程最为常见。

多管程换热器通过提高流体的流速，提高了流体的传热系数，对于同样的传热任务，热交换器所需的传热面积减少，但是，程数和流速增加，使流体流动的沿程阻力和局部阻力也增加，导致操作费用增加。故在每种生产条件下，应选择最适宜的流速，使设备费用和操作费用之和为最小。

同样，为了提高壳程流体流速，往往在壳体内安装一定数目与管束相垂直的折流挡板(简称挡板)或称折流板。这样既可提高流体速度，又可改变流动方向，迫使壳程流体循规定的路径流过，多次地错流流过管束有利于管外传热系数的增大。此外，挡板还可减小流动的死区，防止污垢的沉积，管束的振动和弯曲起到支撑板的作用。当然，增设挡板会引起壳程流动阻力的增加，增加了动力消耗。

列管换热器可按下列步骤进行选用和设计计算：

(1) 估算和试选换热器

计算传热量及平均温度差，按估计的传热系数，估算出传热面积，并由此试选适当型号的换热器。

(2) 计算管、壳程压强损失

在选择了管程流体与壳程流体以及初步确定了换热器主要尺寸的基础上，就可以计算管、壳程流速和压力降。或者先选定流速以确定管程数和折流板间距，再计算压力降是否合理。这时，管程数和折流板间距是可以调整的参数，如果仍不能满足要求，可另选壳径再行计算，直到合理为止。

(3) 核算总传热系数

分别计算管、壳程传热系数，确定污垢热阻，求出总传热系数，并与估算时所取的传热系数进行比较，如果相差较多，应重新估算。

(4) 计算传热面积

根据核算的传热系数与平均温度差，由 $A=\dfrac{\phi}{K\Delta t_m}$ 计算出传热面积，一般应使所选用或设计的传热面积大于计算所得面积约 10%～15%。

5) 板式换热器

板式换热器分为平板式和螺旋板式换热器两种。

(1) 平板式换热器

平板式换热器简称板式换热器，是由一组长方形的金属板平行排列，夹紧组装于支架上构成的。两相邻板片的边缘衬有垫片，压紧后板间形成密封的流体通道，且可用垫片的厚度调节通道的大小。每块板的 4 个角上，各开一个圆孔，其中一对圆孔和一组板间流道相通，另外一对圆孔则通过在孔的周围放置垫片而阻止流体进入该组板间通道。这两对圆孔的位置在相邻板上是错开的以分别形成两流体的通道。冷、热流体交错地在板片两侧流过，通过板片进行换热。板片厚度约为 0.5 mm～3 mm，通常压制成凹凸的波纹状，图 2.28 所示为人字形波纹板。这种波纹板既增加了板的刚度以防止板片受压

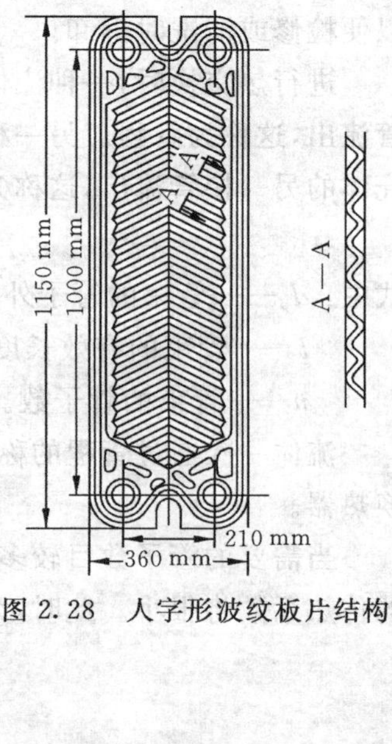

图 2.28　人字形波纹板片结构

时变形，同时又使流体分布均匀，增强了流体湍动程度，加大了传热面积，有利于传热。图 2.29 表示板式换热器中冷、热流体的流向。

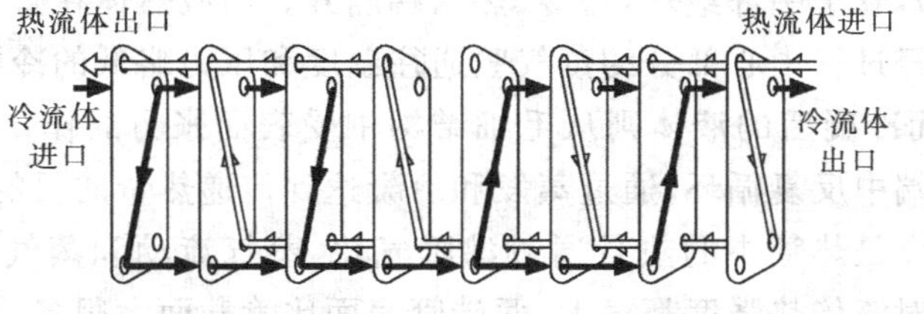

图 2.29　板式换热器流向示意图

(2) 螺旋板式换热器

螺旋板式换热器是由两张间隔一定的平行薄金属板卷制而成的，如图 2.30 所示。在其内部形成两个同心的螺旋形通道。换热器中央设有隔板，将螺旋形通道隔开，两板之间焊有定距柱以维持通道间距。在螺旋板两侧焊有盖板。冷、热流体分别在两条通道中逆流流动，通过薄板进行换热。

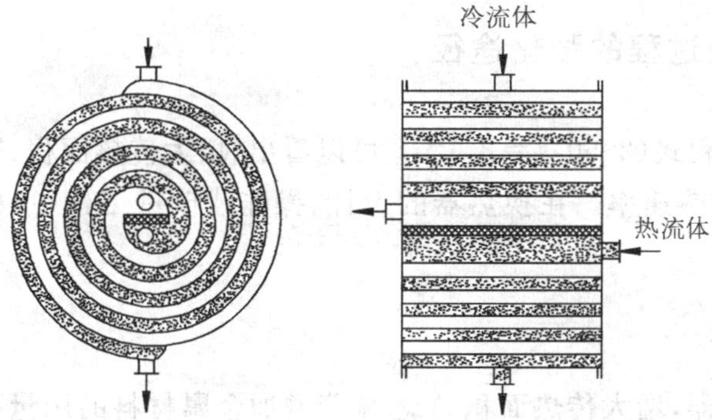

图 2.30　螺旋板式换热器

平板式换热器和螺旋板式换热器都具有结构紧凑、材料消耗低、传热系数大的特点，属于新型的高效紧凑式换热器。这类换热器一般都不能耐高温、高压，但对于压强较低，温度不高或腐蚀性强而要用贵重材料的场合，则显示出更大的优越性，目前已广泛应用于食品、轻工和化学工业等部门。

6) 热管换热器

热管是 20 世纪 60 年代中期发展起来的新型传热元件。它是在一根抽除不凝气体的密闭金属管内充以一定量的某工作液体(一般为氨、水、酒精或汞等)而成，如图 2.31 所示。热

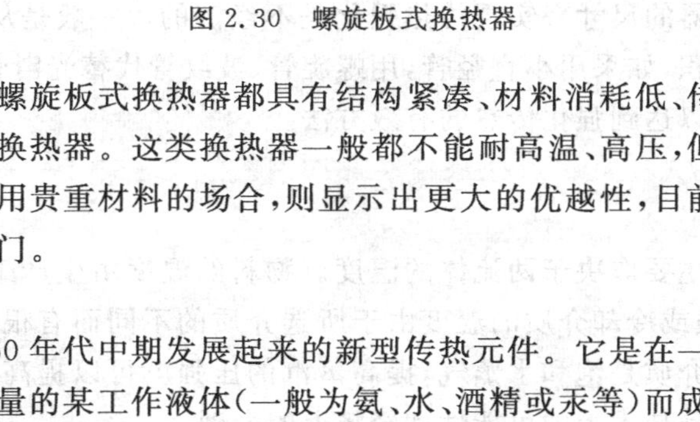

图 2.31　热管

管的管壁要能承受一定的压力。在管内壁紧贴一层吸液芯网,它是多孔性材料具有毛细管结构,例如多层不锈钢丝网。在管内的工作液体作为载热体。管子两端分别为热端(蒸发端)和冷端(冷凝端),管子中部绝热,将冷、热两端隔开。当载热体在管子的热端经外热源加热后,蒸发成蒸气,经过管中心部分的蒸气腔通往温度和压力略低的冷端冷凝,同时,将热量从冷端传出管外,而冷凝后的液体则从毛细结构中受表面张力的作用,被吸液芯网吸回热端。这样,在冷、热端中反复循环,通过蒸发和冷凝达到传递热量的目的。

热管的传热特点是热管中的热量通过沸腾气化、蒸气流动和蒸气冷凝3步进行传递。由于沸腾和冷凝的对流传热强度都很大,两端管表面比管截面大很多,而蒸气流动阻力损失又较小,因此热管两端温差可以很小,即能在很小的温差下传递很大的热流量。与热管截面相同的金属壁面的导热能力比较,热管的导热能力可达最良好金属导热体的10^3～10^4倍。因此它特别适用于低温差传热以及某些等温性要求较高的场合。

热管最初主要应用于宇航和电子工业部门,由于它具有结构简单,使用寿命长,工作可靠,应用范围广等优点,近年来在很多领域都受到了广泛的重视,尤其在工业余热的利用上取得了很好的效果。

2.5.6 热交换过程的强化途径

由总传热速率方程式(2-60)$\phi=KA\Delta t_m$ 可以看出,增大传热面积 A、平均温差 Δt_m 和传热系数 K 均可提高传热速率。在换热器的设计、操作或改进工作中,也多从这3方面考虑强化传热的措施。

1. 增大传热面积

对于间壁式换热器,增大传热面积 A 意味着增加金属材料的用量,使设备费用提高,所以单纯地靠增大换热器的尺寸来实现传热强化是不经济的。一般是从设备的结构入手,提高单位体积的传热面积,如采用小直径管,用螺旋管、波纹管代替光滑管,采用翅片式换热器等都是增大传热面积以达到强化传热的有效方法。

2. 增大平均温差

平均温差的大小主要取决于两流体的温度。物料的温度由生产工艺所决定,一般不能随意变动,而加热介质或冷却介质的温度由于所选介质的不同而有很大的差异。例如化工生产中最常用的加热介质是饱和水蒸气,提高蒸汽的压强就可以提高蒸汽的温度。但提高介质的温度必须考虑到技术上的可能性和经济上的合理。

当换热器中两流体均无相变时,应尽可能从结构上采用逆流或接近逆流的流向以得到较大的传热温差。

3. 增大传热系数

增大传热系数 K 是强化传热过程中应着重考虑的方面。从式(2-58)或式(2-59)可以看出,换热器中的传热过程是稳态的串联过程。设 $d_o/d_i\approx1$,$d_o/d_m\approx1$,得式(2-57d)。考虑污垢热阻的影响,式(2-57d)变为

$$K=\frac{1}{\frac{1}{\alpha_i}+R_{di}+\frac{\delta}{\lambda}+R_{do}+\frac{1}{\alpha_o}} \tag{2-63}$$

式中 R_{di},R_{do}分别表示管壁内、外两侧单位面积上的污垢热阻,单位为 $m^2\cdot K/W$。由于各项热阻所占的比例不同,应设法减小其中较大的热阻。

1) 污垢热阻

污垢热阻是一个可变因素,在换热器刚投入使用时,污垢热阻很小,不是主要矛盾,随着使用时间加长,污垢逐渐增多,便可能成为影响传热的主要因素。表 2.9 列出了几种常见的污垢热阻。因此,应通过增大流速等手段减弱污垢的形成和发展,并注意及时清除污垢。

表 2.9 污垢热阻的大致数值范围

流　　体	污垢热阻/($m^2\cdot K$)/kW	流　　体	污垢热阻/($m^2\cdot K$)/kW
水(u<1 m/s,t<47℃)			
蒸馏水	0.09	往复机排出液体	0.176
海水	0.09	处理过的盐水	0.264
清净的水	0.21	有机物	0.176
未处理的凉水塔用水	0.58	燃料油	1.056
已处理的凉水塔用水	0.26	焦油	1.76
已处理的锅炉用水	0.26	气体	
硬水、井水	0.58	空气	0.26～0.53
水蒸气		溶剂蒸气	0.14
优质—不含油	0.052		
劣质—不含油	0.09		

2) 对流传热热阻

对流传热热阻是传热过程的主要矛盾,是应着重研究的内容。在换热设备中,金属壁面比较薄且导热系数高,一般不会成为主要热阻,如果不考虑污垢热阻,则式(2-63)变为

$$K=\frac{1}{\frac{1}{\alpha_i}+\frac{1}{\alpha_o}}$$

从上式可知,当 α_i 和 α_o 比较接近时,应同时提高 α_i 和 α_o;如果 α_i 和 α_o 相差较大时,应设法强化对流传热系数小的一侧的换热。例如,当 $\alpha_i=40\ W/(m^2\cdot K)$,$\alpha_o=5000\ W/(m^2\cdot K)$时,改变 α_i 和 α_o,根据上式计算得到的传热系数 K 值的变化列于表 2.10。可见,提高 α_i,K 大幅度增加。

表 2.10 α_i,α_o变化对 K 值的影响

α_i/W/($m^2\cdot K$)	40	40	80	200
α_o/W/($m^2\cdot K$)	5000	10 000	5000	5000
K/W/($m^2\cdot K$)	39.68	39.84	78.74	192.3

提高对流传热系数,减小对流传热热阻的主要途径是减小层流边界层或层流底层的厚度,通常采用的办法有:

(1) 提高流速,加大雷诺数 Re,以减小层流底层,例如增加列管式换热器中的管程数和壳程中的挡板数,可分别提高管程和壳程的流速。但是随着流速的提高,流体流动阻力很快增大,并且比相应的传热系数增加得更快(因为 $\alpha \propto u^{0.8}$,而 $\Delta p_f \propto u^{1.8}$),所以必须综合考虑。

(2) 改变流动条件。通过设计特殊的传热壁面,使流体在流动过程中不断地改变流动方向,促使形成湍流或增加湍动程度,以提高传热系数。例如采用波纹状或粗糙的换热面;采用异形管或在管内加装麻花铁、螺旋圈或金属卷片等;采用管式或螺旋板式换热器;在列管式换热器的壳程中安装折流挡板等。

(3) 利用传热进口段换热较强的特征,采用短管换热器,如用锯齿形翅片的板翅式换热器,不仅增加了流体的扰动,而且由于流道短、边界层厚度小,因而使对流传热强度加大。

强化传热要权衡得失,综合考虑,在采取强化传热措施时,要对设备结构、制造费用、动力消耗、检修操作等全面考虑,以得到经济而合理的方案。

习　　题

2-1　每小时有 500 kg,温度为 60℃的饱和水蒸气通入冷凝器,冷凝器顶部有 20℃的冷却水喷入,水蒸气与冷却水直接接触后便冷凝下来与冷却水混合,从冷凝器底部排出,温度为 28℃。冷凝器顶部又用真空泵每小时抽出 5 kg,25℃的饱和水蒸气,求每小时冷却水用量(热损失忽略不计)。

(答:36 895 kg/h)

2-2　燃烧炉的平壁从里到外由下列 3 种材料组成:①耐火砖,其 $\lambda_1=1.047$ W/(m·K),$\delta_1=$ 150 mm;②保温砖,其 $\lambda_2=0.15$ W/(m·K);③普通砖,其 $\lambda_3=0.93$ W/(m·K),$\delta_3=228$ mm。耐火砖内侧温度为 1000℃,耐火砖与保温砖接触面温度 940℃,保温砖与普通砖的接触面温度 138℃,试求:

(1) 保温砖的厚度;

(2) 普通砖的外侧温度。

(答:(1)287 mm;(2)35.3℃)

2-3　某燃烧炉的平壁是由一层耐火砖(其 $\lambda_1=1.047$ W/(m·K))与一层普通砖(其 $\lambda_2=0.814$ W/(m·K))砌成,两层厚度均为 100 mm,操作达到稳定后,测得炉壁的内表面温度是 700℃,外表面温度为 130℃。为了减少热量损失,在普通砖外表面上增加一层厚度为 40 mm 的保温材料(含 85%的氧化镁,$\lambda_3=0.07$ W/(m·K))。待操作达到稳定后,又测得壁的内表面温度为 740℃,外表面(即保温层表面)温度为 90℃。试计算加保温层前后,每小时平方米壁面各损失热量多少?

(答:2610 W/m²,823 W/m²)

2-4　试推导圆筒壁的热传导和多层管壁的热传导公式:

$$\phi=\frac{\lambda 2\pi l(t_1-t_2)}{\ln\dfrac{r_2}{r_1}} \quad 与 \quad \phi=\frac{2\pi l\Delta t}{\sum\limits_{i=1}^{i=n}\dfrac{1}{\lambda_i}\ln\dfrac{r_{i+1}}{r_i}}$$

2-5　有一过热蒸汽输送管,管外径 $d_o=320$ mm,壁温 $t_{wo}=510$℃,外包两层保温层,内层为粉煤灰及熟料泡沫混凝土,其 $\lambda_1=0.097$ W/(m·K),厚度 $\delta_1=22$ mm;外层为石棉硅藻土,其 $\lambda_2=(0.1622+0.000\,169t_m)$W/(m·K)。若每米长的管子热损失为 1395.6 W/m,最外层壁温为 50℃,试求二层保温层交界处的壁温与外层的厚度。

(答:215℃,27 mm)

2-6　直径为 ϕ60 mm×3 mm 的钢管用 30 mm 厚的软木包扎,其外又包以 100 mm 厚的保温灰作为绝热层。测得钢管外壁面温度为−110℃,绝热层外表面温度为 10℃,软木和保温灰的热导率分别为 0.043

W/(m·K)和 0.07 W/(m·K)。试求每米管长的热量损失量。

(答：−25.02 W/m)

2-7 在 ϕ57 mm×3 mm 的蒸气管(管材的 λ=45 W/(m·K))的外壁包 1 层 25 mm 厚，热导率 λ_2=0.2 W/(m·K)的石棉层。蒸气管的内壁温度为 175℃，石棉层外表面温度为 50℃。试求每米蒸气管单位时间所损失的热量。欲在石棉层外再加一层热导率为 0.07 W/(m·K)的氧化镁保温材料，使热损失为原来的一半，设总温度差保持不变，试问此保温材料应多厚？

(答：249.1 W/m，13.2 mm)

2-8 蒸气管外侧包扎有两层厚度相等的保温材料，外层的平均直径两倍于内层的平均直径，外层的热导率为内层的一半。如将两层材料互换位置，其他情况保持不变，问每米蒸气管的热损失改变多少？哪一种材料包扎在内层较为合适。

(答：80%)

2-9 室内有两根水平放置的、表面温度相同的加热管，管内通有饱和蒸气，两管均被空气的自然流动冷却，设两管之间没有相互的热影响。已知其中一管的直径 10 倍于另一管的直径(外径)，小管的 $(Gr \cdot Pr)=1\times10^8$。试求两管传热膜系数的比值与热损失的比值。

(答：1,10%)

2-10 某一冷凝器，冷却水以 2 m/s 的流速在内径 17 mm，长 1.5 m 的管道内流过，冷却水进、出口温度分别为 25℃及 35℃，求壁对水的传热膜系数。

(答：8251 W/(m^2·K))

2-11 温度为 120℃，绝对压强为 0.1 MPa 的甲烷，以 10 m/s 的流速在列管热交换器的管间沿管轴方向流动，甲烷出热交换器的温度为 30℃。热交换器外壳的内径为 190 mm，由 37 根尺寸为 ϕ18 mm×2 mm 钢管组成。试求甲烷向壁的传热膜系数。

甲烷在该温度和压强下，粘度 $\mu=1.3\times10^{-5}$ Pa·s，质量定压热容 c_p=2412 J/(kg·K)，热导率 λ=0.039 W/(m·K)，密度 ρ=0.562 kg/m^3。

(答：55.3 W/(m^2·K))

2-12 列管式热交换器，由 60 根 ϕ23 mm×1.5 mm 的钢管组成，水在管内流速为 1 m/s，冷水进、出口温度各为 20℃及 46℃，管长 2 m。试求：

(1) 管壁对水的传热膜系数；

(2) 管内壁温度；

(3) 如将总管数改为 50 根，管长增加到 2 m 以上，但保持传热面积和冷却水量不变，求此时传热膜系数并与原传热膜系数比较。

(答：(1)4710 W/(m^2·K)；(2)91.8℃；(3)5315 W/(m^2·K))

2-13 有两个很大的固体平面，彼此平行而相互辐射换热。一个平面的温度为 600℃，黑度为 0.9，另一个平面的温度为 500℃、黑度为 0.8。求它们之间每平方米，每小时的净辐射传热量，若将其中一个平面温度从 600℃提高到 700℃(假设其黑度不变)，问净辐射传热量可提高到多少？

(答：3.36×10^4 kJ/(m^2·h)，8.076×10^4 kJ/(m^2·h))

2-14 在一内径为 0.25 cm 的管的轴心位置上，穿一直径为 0.005 cm 的细导线，用以测定气体的热导率。当导线通以 0.5 A 的电流时，产生的电压降为 0.12 V/cm。测得导线温度为 167℃，空心管内壁温度为 150℃。试求：

(1) 充入管内的气体的热导率；

(2) 若导线的黑度为 0.8，估计不计入辐射传热所引起的误差。

(答：(1)0.0022 W/(m·K)；(2)0.65%)

2-15 热空气在 ϕ426×9(mm)的钢管内流过，在钢管中部装一热电偶测量空气的温度。热电偶的温度读数为 220℃，钢管内壁温度为 110℃，求由热电偶的热接点到管壁间的辐射换热引起的热电偶读数的误差。已知热电偶接点的黑度 $\varepsilon=0.8$,空气向热电偶接点的传热膜系数 $\alpha=52.3\ W/(m^2\cdot K)$。

(答:13%)

2-16 一蛇管热交换器是用外径 20 mm,厚 2 mm 的铜管制成的蛇管装置在水槽中。CO_2 气体以 24 kg/h 的流量在管内流动,其温度由 50℃降到 20℃,CO_2 的平均 $c_p=0.837\ kJ/(kg\cdot ℃)$。冷却水自槽底进入,以 110 kg/h 的流量缓缓流进,自槽顶离去,这样冷却水可当作以自然对流的方式与 CO_2 进行热交换。水的进入温度为 10℃。已知 CO_2 对壁的 $\alpha_1=58.2\ W/(m^2\cdot K)$,管壁对水的 $\alpha_2=1395.6\ W/(m^2\cdot K)$,管壁 $\lambda_w=383.8\ W/(m\cdot K)$,试计算冷却水的出口温度和热交换器的传热膜系数。

(答:11.3℃,45 $W/(m^2\cdot K)$)

2-17 精馏塔塔釜温度若为 398 K,用 473 K 高压蒸气加热(此时蒸气压力为 16 atm(1 atm=101 325 Pa)),经过热量衡算,已知该塔釜每小时要供热 1 690 000 kJ,试计算塔釜需要的加热面积应为多少。

已知釜液沸腾时传热系数 $\alpha=1000\ W/(m^2\cdot K)$,加热蒸气冷凝时的传热膜系数 $\alpha_2=1750\ W/(m^2\cdot K)$,钢的热导率 $\lambda=49\ W/(m\cdot K)$,列管壁厚 $\delta=3$ mm。

(答:10 m^2)

2-18 某厂用 0.2 MPa(表压)的饱和蒸气将环丁砜水溶液由 105℃加热到 115℃后,送再生塔再生。已知流量为 200 m^3/h,溶液的密度 $\rho=1080\ kg/m^3$,质量定压热容 $c_p=2.93\ kJ/(kg\cdot K)$,所用换热器的传热系数 $K=700\ W/(m^2\cdot K)$。试求水蒸气消耗量和所需的传热面积。

(答:2921 kg/h,107.8 m^2)

2-19 分别计算下列两种情况的传热系数和管壁内、外表面的温度:

(1) 110℃的饱和水蒸气在管外冷凝,加热在管内流动的空气。管子为 $\phi25\ mm\times2.5\ mm$ 的钢管。蒸汽冷凝的对流传热系数为 11 000 $W/(m^2\cdot K)$。管内空气温度为 40℃,其对流传热系数为 30 $W/(m^2\cdot K)$。

(2) 通过 110℃的饱和水蒸气在管外冷凝来加热在管内流动的水。管子与蒸汽冷凝的对流传热系数同上,管内水的温度为 40℃,其对流传热系数为 5000 $W/(m^2\cdot K)$。

(答:(1)23.9 $W/(m^2\cdot K)$,109.7℃,110℃;(2)2520 $W/(m^2\cdot K)$,84.1℃,94.0℃)

2-20 0.2 MPa 的饱和水蒸气在一列管式换热器的管间冷凝,以预热水。水在 $\phi25\ mm\times2.5\ mm$ 的钢管内以 0.6 m/s 的速度流过,进口温度为 20℃,至出口加热到 80℃。取水蒸气冷凝传热系数为 10 000 $W/(m^2\cdot K)$,水侧污垢热阻为 $0.6\times10^{-3}\ m^2\cdot K/W$,忽略管壁热阻,试求:

(1) 传热系数 K;

(2) 操作 1 年后,由于水垢积累,换热能力下降,如果水量不变,进口温度仍为 20℃,其出口水温仅升至 70℃,求此时的传热系数及污垢热阻。

(答:(1)957 $W/(m^2\cdot K)$;(2)724 $W/(m^2\cdot K)$,$9.21\times10^{-4}\ (m^2\cdot K/W)$)

2-21 一盛液化气的钢容器,壁厚 40 mm,外包保温层,厚 100 mm,其热导率为 0.1 $W/(m\cdot K)$。当以一定流量放出气体时,测得大气温度为 30℃,保温层外壁面温度为 15℃,容器内壁面温度为 −40℃,求此时从单位壁面传入的热量和外壁面对大气的对流传热系数。现若放出气量减少一半,试问当过程达到稳定时,容器内壁面的温度为多少?

假设:①过程达到稳定时,传入容器的热量只用于液体汽化;②液体的汽化热不随温度而变化;③外壁面对大气的对流传热系数可近似地认为与外壁面和大气间的温差成正比,即 $\alpha=C_0\Delta T$。

(答:64.3 W/m^2,4.29 $W/(m^2\cdot K)$,−8.1℃)

2-22 某蒸发器的管壁厚 3 mm,材料是钢。长久使用后其表面覆盖一层厚为 0.5 mm 的水垢。试求传热系数的变化,并就计算结果讨论水垢对传热系数的影响。已知:$\alpha_{沸}=2791\ W/(m^2\cdot K)$,$\alpha_{冷凝}=11630\ W/(m^2\cdot K)$,$\lambda_{钢}=46.5\ W/(m\cdot K)$,$\lambda_{水垢}=1.745\ W/(m\cdot K)$。

(答:$1.966\times10^3\ W/(m^2\cdot K)$,$1.257\times10^3\ W/(m^2\cdot K)$)

2-23 二湍流流动的流体在套管热交换器中进行热交换,第一流体向管壁的传热系数 $\alpha_1=$

232.6 W/(m^2·K)，管壁向第二流体的传热系数 α_2=407 W/(m^2·K)，试问在下述两种情况下传热系数各增加多少倍(忽略管壁热阻)：

(1) 第一流体的流速增加 1 倍；

(2) 第二流体的流速增加 2 倍，其他条件均不变。

(答：(1)37%；(2)27%)

2-24 今欲于内管为 ϕ180 mm×10 mm 的套管热交换器中，每小时将 3500 kg 的热水从 100℃冷却到 60℃，冷却水进、出口温度各为 40℃及 50℃，传热系数 K 为 2326 W/(m^2·K)，试求：

(1) 冷却水用量；

(2) 两流体作并流时的平均温度差；

(3) 两流体作逆流时的平均温度差；

(4) 两流体并流时的管子长度；

(5) 两流体逆流时的管子长度；

(6) 对以上计算结果进行分析比较。

(答：(1)14.057×10^3 kg/h；(2)27.9℃；(3)32.74℃；(4)4.7 m；(5)4.0 m)

2-25 在并流的换热器中，用水冷却油。水的进、出口温度分别为 15℃和 40℃，油的进、出口温度分别为 150℃和 100℃。现要求油的出口温度降为 80℃，设油、水的流量，进口温度及物性均不变，若原换热器的管长为 1 m，试求将此换热器的管长增至若干米后才能满足要求(换热器的热损失可忽略)。

(答：1.85 m)

2-26 重油和原油在单程套管换热器中呈并流流动，两种油的初温分别为 243℃和 128℃，终温分别为 167℃和 157℃。维持两种油的初温和流量不变，将两流体改为逆流，试求此时流体的平均温度差及它们的终温。假设在两种流动情况下，流体的物性和总传热系数均不变化，热损失可以忽略。

(答：49.7℃，155.4℃，161.4℃)

2-27 一定流量的空气在蒸汽加热器中从 20℃加热到 80℃，空气在换热器的管内呈湍流流动，压强为 0.18 MPa(绝对)的饱和水蒸气在管外冷凝。现要求空气流量增加 20%，而空气的进口温度不变，试问应采取何措施才能完成任务，作出定量计算，假设管壁和污垢热阻均可忽略。

2-28 炉子的平面壁由两种材料组成，内层是厚度为 500 mm 的耐火砖，外层是厚度为 250 mm 的普通砖。炉子内温度为 1300℃，炉外空气温度为 25℃。已知炉内燃烧气体对壁的总给热系数为 34.9 W/(m^2·K)，壁对空气的总给热系数为 16.3 W/(m^2·K)，耐火砖的 λ=1.05 W/(m·K)，普通砖的 λ=0.58 W/(m·K)。试求：

(1) 每小时平方米壁面散失的热量；

(2) 炉外壁的温度；

(3) 若普通砖最高能耐 800℃，在本题的情况下能使用这种普通砖吗？

(答：(1)4.6×10^6 J/(m^2·h)；(2)103.4℃；(3)654℃)

2-29 某溶液在套管换热器中与水逆流换热，溶液量为 1000 kg/h，走管外。溶液定压热容为 3.35 kJ/(kg·K)，从 150℃冷却到 80℃。冷却水走管内，从 15℃加热到 65℃，水的质量定压热容为 4.19 kJ/(kg·K)，内管尺寸为 ϕ25 mm×2.5 mm。

(1) 已知溶液和冷却水的对流传热系数均为 1000 W/(m^2·K)，忽略管壁热阻，求以传热管外表面为基准的传热系数和冷却水用量；

(2) 该换热器使用 6 个月后，由于水侧管子结垢，生产能力降低，如用水量不变，水的出口温度降为 60℃，求污垢热阻；

(3) 若希望溶液仍冷却到 80℃，将冷却水量提高 1 倍，能否达到要求？

(答：(1)800 W/(m^2·K)，1120 kg/h；(2)2.53×10^{-4} m^2·K/W)

讨 论 题

2-1′ 有一列管式换热器,面积为 40 m^2,列管为 ϕ25 mm×2.5 mm 的钢管。用饱和水蒸气把处理量为 2.5×10^4 kg/h 的油从 40℃加热到 80℃。油走管程,流动状态为高度湍流。蒸汽走壳程,蒸汽压力为 0.2 MPa(绝对压强),冷凝给热系数 $\alpha=1.2\times10^4$ W/(m^2·K)。油的平均定压热容 $c_p=2.1\times10^3$ J/(kg·K)。问:

(1) 当油的处理量增加 1 倍时,油的出口温度为多少?若要保持油的出口温度仍为 80℃,换热器是否够用?

(2) 若不够用,可采取哪些措施?

(3) 并联或串联多大的换热器才够用?要考虑哪些问题?

(4) 若处理量加大 1 倍,将加热蒸汽压力提高到 0.3 MPa,能否保持油的出口温度?

(5) 油的处理量不变,如果油的粘度高 1 倍,仍为湍流流动,其他物性不变,油的出口温度为多少?

(6) 由于换热器运用时间较长,使得管壁结了一层油垢,其厚度为 1 mm,热导率 $\lambda=0.2$ W/(m·℃),此时油的出口温度又为多少?

(7) 大气温度为 10℃,管壁对空气的给热系数按 $\alpha_T=9.4+0.052(t_w-t)$(W/($m^2$·℃))计算,换热器的壳体外径为 416 mm,壳壁厚 8 mm,保温后,壁温为 30℃,保温层热导率 $\lambda=0.058$ W/(m·℃),保温层厚度为多少?保温后,每米壳体每月可节约多少千克蒸汽?

本章符号说明

英文字母

A——面积,m^2;热辐射的吸收率

a_v——体积膨胀系数,1/℃

C_0——黑体的辐射系数,5.67 W/(m^2·K^4)

c_p——质量定压热容,J/(kg·K)

D——热辐射的透过率

d——管径,m

E——辐射能力,W/m^2

Gr——格拉晓夫数

ΔH——汽化潜热,J/kg

K——总传热系数,W/(m^2·K)

L——长度,m

l——长度,m

M——摩尔质量,kg/mol

n——距离,m

Nu——努塞尔特数

Pr——普朗特数

Q——热量,J

q——热流密度,W/m^2

R——热阻,m^2·K/W;热辐射的反射率

r——半径,m;冷凝潜热,J/kg

T——热力学温度,K

t——摄氏温度,℃

Δt——温度差,K

Δt_m——平均温度差,K

t_w——壁面温度,K

u——流速,m/s

q_v——体积流量,m^3/s

q_m——质量流量,kg/s

w_i——质量分数

x,y,z——空间坐标

希腊字母

α——温度系数,1/K;给热系数,W/(m^2·K)

δ——管(平)壁厚度,m

ε——黑度

θ——时间,s

λ——热导率,W/(m·K)

λ_0——固体在温度为 0℃时的热导率,W/(m·K)

μ——流体的粘度,Pa·s 或 kg/(m·s)

ρ——密度,kg/m^3

τ——时间,s

ϕ——热流量;传热速率,W;校正系数

φ——角系数

3 精　　馏

3.1　传质分离过程

3.1.1　混合物的类型、分离方法和分离目的

混合物的分离是化工生产的重要过程。混合物可分为非均相混合物和均相混合物两类。

非均相混合物中各个组分不是以分子状态互相均匀混合，而是有些组分以粒状分散地混合在一起，彼此有明显的界面。非均相混合物主要依靠力学的，即质点运动与流体力学的原理进行分离。它有气、液、固 3 类。对于气相非均相混合物，气体中含有固体微粒或液滴，如含尘气体，可以用沉降、离心、高压电场、离心分离等方法分离。液相非均相混合物，液体中含有固体颗粒、气泡或另一种与其不互溶的液滴，如各种悬浮液，泡沫液和乳浊液，可以用过滤、沉降、离心过滤等方法分离。而固相非均相混合物，如各种矿物、植物种子和湿晶体，可以用浸取、磁选等方法分离。

均相混合物中各组分以分子状态互相均匀混合。均相混合物的分离主要依靠物质的传递（分子传递和涡流传递）来实现混合物中各组分的分离，因此统称为传质分离过程。某些非均相混合物也是依靠物质传递达到分离的目的，例如湿固体物中的水分依靠使水分传递到气相来实现物料的干燥，这些非均相混合物的分离方法（如干燥、浸取）也列入传质分离过程。

均相混合物也有气、液、固 3 类。气态均相混合物，如空气、天然气等，可以用吸收、吸附和膜分离等方法分离；固态均相混合物，如各种固熔体、合金等，可以用浸取、干燥等方法分离；液相均相混合物，如各种液体溶液，可以用精馏（恒沸、萃取、加盐和反应精馏）、萃取、膜分离参量泵、离子交换、蒸发和结晶等方法分离。

3.1.2　混合物组成的表示方法

对于各种传质分离过程，为了分析问题与设计计算的方便，常常采用不同的组成表示方法，化工计算中常用的组成表示方法有以下 4 种。

(1) 质量浓度与浓度

单位体积混合物中某物质（组分）的质量称为该物质（组分）的质量浓度，其定义式为

$$G_A = \frac{m_A}{V}$$

式中：G_A——组分 A 的质量浓度，kg/m^3；

V——混合物的体积，m^3；

m_A——混合物中组分A的质量,kg。

单位体积混合物中某组分的物质的量称为该组分的浓度,其定义式为

$$c_A = \frac{n_A}{V}$$

式中:c_A——组分A的浓度,$kmol/m^3$;

n_A——混合物中组分A的物质的量,kmol。

组分A的质量浓度与浓度的关系为

$$c_A = \frac{G_A}{M_A}$$

式中:M_A——组分A的摩尔质量。

(2) 质量分数与摩尔分数

混合物中某组分A的质量m_A占混合物总质量m的比例称为组分A的质量分数a_A:

$$a_A = \frac{m_A}{m}$$

显然,混合物中所有组分(A,B,…)的质量分数之和等于1,即

$$a_A + a_B + \cdots = 1$$

混合物中某组分A的物质的量n_A占混合物总物质的量n的比例称为该组分A的摩尔分数x_A:

$$x_A = \frac{n_A}{n}$$

同上,混合物中所有组分的摩尔分数之和等于1,即

$$x_A + x_B + \cdots = 1$$

一般用x,y分别表示两不同相中组分的摩尔分数,对于气-液相体系,y表示气相中的摩尔分数,x表示液相中的摩尔分数。

组分A的质量分数与摩尔分数的关系为

$$x_A = \frac{a_A}{M_A}\bigg/\left(\frac{a_A}{M_A} + \frac{a_B}{M_B} + \cdots\right)$$

或者

$$x_A = \frac{a_A}{M_A}\bigg/\frac{1}{\overline{M}}$$

式中:a_A,a_B,…——组分A,B,…的质量分数;

M_A,M_B,…——组分A,B,…的相对分子质量(摩尔质量);

$\overline{M}$——混合物的平均摩尔质量。

(3) 质量比与物质的量比

混合物中单位质量惰性物质(指传质分离过程中不在相间传递的物质)所含某组分的质量称为该组分的质量比,其定义式为

$$\overline{X}_A = \frac{m_A}{m - m_A}$$

式中:$\overline{X}_A$——组分A的质量比;

$m - m_A$——混合物中除组分A以外的惰性物质的质量。

质量比与质量分数的关系为

$$\overline{X}_A = \frac{a_A}{1-a_A}$$

混合物中 1 mol 惰性物质中所含某组分的物质的量称为该组分的物质的量比。在传质分离过程中用 X 和 Y 分别表示两相中的物质的量比，对于气、液两相体系，通常用 X 表示液相中的物质的量比，用 Y 表示气相中的物质的量比。物质的量比的定义式为

$$X_A = \frac{n_A}{1-n_A}$$

式中：X_A——组分 A 的物质的量比；

$1-n_A$——混合物中除组分 A 以外的惰性物质的物质的量。

物质的量比与摩尔分数的关系为

$$\overline{X}_A = \frac{x_A}{1-x_A}$$

(4) 气体的总压与组分的分压

对于气体混合物，其组成还常常用总压和分压表示。总压、组分分压与组分的摩尔分数和物质的量比的关系为

$$x_A = \frac{p_A}{p}$$

$$X_A = \frac{p_A}{p-p_A}$$

式中：p——气体的总压，Pa；

p_A——组分 A 的分压，Pa。

实际上应用哪种方法表示混合物的组成，需根据过程计算时使用的方便而定。因此需要掌握各种组成表示方法之间的换算。进行各种组成表示方法相互换算的要点是取一定量的混合物作为基准，然后根据组成定义再作换算。

3.1.3　精馏概述

在生产和实验中，经常会遇到两个以上的组分的均相溶液的分离问题。例如某物料经过化学反应以后，产生一个既有生成物又有反应物及副产物的液体混合物，为了得到纯的生成物，若反应后的混合物是均相的，时常用精馏的方法将它们分离。化工生产中的原料，往往也采用精馏的方法将它提纯后才能使用，如异丙苯法生产苯酚和丙酮，生产中用的原料苯往往是含微量水的湿苯，需要用精馏的方法将湿苯(0.2 g(水)/kg(苯))精制成干苯(0.05 g(水)/kg(苯))，在石油化工生产中，也用精馏的方法分离石油以得到有用的产品。有一些混合气体，也是先将其液化，而后用精馏的方法将它分离成纯组分。蒸馏(精馏)是分离混合物最常用的，也是最早工业化的分离方法。

液体混合物之所以能用精馏的方法加以分离，是因为组成混合液的各组分具有不同的挥发度。例如，在常压下苯的沸点为 80.1℃，而甲苯的沸点为 110.6℃。若将苯和甲苯的混合液在蒸馏釜内加热至沸腾，溶液部分被汽化，此时，溶液上方蒸气的组成与液相的组成不同，沸点低的苯在蒸气相中含量增多，而在液相中含量减少。换言之，在混合液部分汽化后，

蒸气相中易挥发组分(苯)所占的比例较液相中多。如将部分汽化的蒸气全部冷凝,就得到易挥发组分含量比蒸馏釜内残留的溶液所含易挥发组分含量高的冷凝液。同样,如将混合蒸气部分冷凝,正如部分汽化一样,会使蒸气中易挥发组分增多。这里强调了部分汽化和部分冷凝,若将混合液或混合蒸气全部冷凝或全部汽化,则不言而喻,所得到的混合蒸气或混合液的组成不变。

因为混合物中各组分挥发性不同具有很大的普遍性,而气、液两相体系的建立一般也总可以实现,所以蒸馏(精馏)是分离混合物最常用的,也是最早工业化的方法,其适用面很广。蒸馏(精馏)的另一个优点是可以直接得到要获得的产品,不像吸收、萃取以及吸附等分离方法,需要外加介质(溶剂或吸附剂等),并需进一步将所提取的物质与介质分离,所以一般蒸馏过程的流程比较简单。

蒸馏(精馏)的主要缺点是为了创造气、液两相,系统需加入或取出热量。通常气、液间的相变热较大,因此当蒸馏过程需要生成大量气相或液相时就需要消耗大量能量,能耗大小是决定是否选用蒸馏方法的主要因素。降低能耗是改进蒸馏过程的主要方面。此外,为了建立气、液两相系统,有时需要高压、高真空、低温或高温等不平常的条件,在这种条件下进行蒸馏增加了技术上的困难,也是实际上不宜采用蒸馏的原因。

蒸馏操作中最简单的是平衡蒸馏和简单蒸馏。分离能力较高而为工业上广泛采用的是精密蒸馏,简称精馏;对于某些特殊场合,还需采用一些特殊的方法,如水蒸气蒸馏、恒沸精馏和萃取精馏等。蒸馏操作可按被分离物料的组分数,分为双组分精馏和多组分蒸馏;又可按操作压强分为常压、减压和加压蒸馏。本章着重讨论常压双组分混合液的精馏操作。

3.2 双组分溶液的气液相平衡

既然蒸馏过程依据的是蒸气相与液体相平衡时两相组成不同,那么,蒸馏过程能否进行,以及进行的极限,就决定于蒸气与液体之间两相的平衡关系。

3.2.1 气液平衡时的自由度

根据相律,若外界只有温度和压力影响物系的平衡状态,则平衡体系的自由度为

$$F = C - P + 2 \tag{3-1}$$

式中:F——自由度;

C——独立的组分数;

P——相的数目。

自由度是在不引起相变的条件下,可以变动的独立变量的数目。这里独立变量指系统的温度、压强和两相的组成。

从式(3-1)可知,在保持两组分两相平衡的条件下,有两个可以独立变化的参数,因此,只要确定两个变量,系统的平衡状态就确定了。例如系统的温度和压强一定,气、液两相的组成就一定;系统的压强与任意一相的组成一定,则系统的温度就一定。

蒸馏时系统的压强是恒定的,这样,在余下的温度和气、液相组成这 3 个变量中,只要规定其中一个变量,则其余两个变量就不能任意变化。也就是说,在恒压下进行双组分蒸馏,

若液相(或气相)组成已知,必存在唯一的与之相平衡的气相(或液相)组成和平衡温度;若温度已知,亦必存在唯一的彼此呈平衡的气相组成和液相组成。

3.2.2 气相为理想气体、液相为理想溶液时的气液平衡

1. 气液平衡关系的确定

纯组分 A,B 的饱和蒸气压是温度的函数:

$$p^0 = p^0(T) \tag{3-2}$$

通常用阿托因方程表示:

$$\lg p^0 = A - \frac{B}{T+C} \tag{3-3}$$

式中:p^0——纯液体的饱和蒸气压;

T——温度;

A,B,C——阿托因常数。

各种物质的阿托因常数可查阅有关物理化学手册。使用时注意 A,B,C 的数值与 p^0,T 的单位相对应。对同一物质,p^0,T 的单位不同,阿托因常数的数值不同。

根据同类分子间和异类分子间作用力差异,可将溶液分为理想溶液和非理想溶液。当作用力相等时,即为理想溶液,当作用力不相等时,即为非理想溶液。理想溶液实际上并不存在,对那些化学结构及其性质非常相近的组分组成的溶液可以作理想溶液处理,如苯与甲苯,正已烷与正庚烷体系。理想物系的液相为理想溶液,遵守拉乌尔定律;气相为理想气体,遵守道尔顿分压定律。

我们称溶液中不同组分的分子间作用力和相同分子间作用力完全相等的溶液为理想溶液。因此,理想溶液中各组分的挥发性不受其他组分存在的影响,如大部分烃类、苯-甲苯及甲醇-乙醇等可视为理想溶液。

对于理想溶液,拉乌尔定律指出:在一定温度下,溶液上方蒸气中任意组分的分压等于该纯组分在该温度下的饱和蒸气压乘以它在溶液中的摩尔分数,即

$$p_A = p_A^0 x_A \tag{3-4}$$

$$p_B = p_B^0 x_B = p_B^0(1-x_A) \tag{3-4a}$$

式中:p_A,p_B——溶液上方组分 A 及 B 的平衡分压;

p_A^0,p_B^0——纯组分 A,B 的饱和蒸气压;

x_A,x_B——溶液中组分 A,B 的摩尔分数。

当溶液沸腾时,各组分蒸气压之和应等于系统压力 p,即

$$p = p_A + p_B \tag{3-5}$$

将式(3-4)和式(3-4a)代入式(3-5)得

$$p = p_A^0 x_A + p_B^0 x_B$$

对于双组分体系,设 x_A 表示其中的易挥发组分,并略去下标 A,上式可改写为

$$p = p_A^0 x + p_B^0(1-x) \tag{3-6}$$

整理上式可得

$$x=\frac{p-p_B^0}{p_A^0-p_B^0}=\frac{p-p_B^0(T)}{p_A^0(T)-p_B^0(T)} \tag{3-7}$$

上式为泡点方程,它表示液相组成 x 与泡点温度 T 之间的关系。

根据道尔顿(Dalton)分压定律,组分 A 在蒸气相中的分率 y_A 为

$$y_A=\frac{p_A}{p} \tag{3-8}$$

对于双组分体系,设 y_A 表示其中的易挥发组分,并略去下标 A,将式(3-4)和式(3-7)代入式(3-8)可得

$$y=\frac{p_A^0}{p}\frac{p-p_B^0}{p_A^0-p_B^0}=\frac{p_A^0(T)}{p}\frac{p-p_B^0(T)}{p_A^0(T)-p_B^0(T)} \tag{3-9}$$

上式为露点方程,表示气相组成与露点温度之间的关系。

例 3-1 求苯(A)与甲苯(B)体系在总压 101.3 kPa 下的气液平衡关系。苯和甲苯的蒸气压与温度的关系可按阿托因方程:

$$\lg p_A^0=9.021\,94-\frac{1206.350}{t+220.237}$$

$$\lg p_B^0=9.078\,24-\frac{1343.943}{t+219.377}$$

式中 t 的单位为℃。

解:求 84℃下苯和甲苯的饱和蒸气压:

$$\lg p_A^0=9.021\,94-\frac{1206.350}{84+220.237}=5.056$$

$$p_A^0=114\ \text{kPa}$$

$$\lg p_B^0=9.078\,24-\frac{1343.943}{84+219.377}=4.648$$

$$p_B^0=44.5\ \text{kPa}$$

用同样方法计算 80.1℃,88℃,92℃等温度下的 p_A^0 和 p_B^0 的值,计算结果列于表 3.1。

表 3.1 不同温度下的 p_A^0 与 p_B^0

t/℃	80.1	84	88	92	96	100	104	108	110.6
p_A^0/kPa	101.3	114	128.4	144.1	161.3	180.0	200.2	222.4	237.7
p_B^0/kPa	38.9	44.5	50.8	57.9	65.6	74.1	83.6	94.0	101.3

求 84℃下两相平衡时苯在气、液相中的组成 x 与 y:

根据式(3-7),$x=\frac{101.3-44.5}{114-44.5}=0.817$;

根据式(3-9),$y=\frac{114\times0.817}{101.3}=0.919$。

用同样的方法计算 88℃,92℃等温度下的 x 和 y 值,结果列于表 3.2。

表 3.2 不同温度下的 x 与 y

t/℃	80.1	84	88	92	96	100	104	108	110.6
x	1	0.817	0.651	0.504	0.373	0.257	0.152	0.057	0
y	1	0.919	0.825	0.717	0.594	0.456	0.300	0.125	0

2. 平衡相图

在分析精馏原理和图解计算时，将相平衡数据以各种相图来表达较为形象和方便。

根据相律，对于两组分混合物，当气、液两相平衡时，任意一个变量均可表示为两个独立变量的函数。固定一个独立变量，则任意一个变量均可表示为第二个独立变量的函数，所以当一个独立变量固定时，可用二维坐标图表示两相的平衡关系。一般用等温图和等压图两种。

(1) 等温图

在温度一定的条件下，气、液两相平衡时，压强与组分的关系用压强-组成图(p-x 图)表示。图 3.1 是苯和甲苯体系的 p-x 图。图中横坐标表示液相中易挥发组分苯的组成 x，曲线①，②，③分别表示苯的分压、甲苯的分压和系统的总压与液相组成的关系。

(2) 等压图

在压强一定的条件下气、液两相的平衡关系可以用温度-组成图(t-x-y 图)表示。根据例 3-1 的计算结果，表 3.2 可以绘制出苯-甲苯体系在总压 101.3 kPa 下的 t-x 图与 t-y 图(图 3.2)。图中纵坐标表示温度，横坐标表示易挥发组分苯的组成。曲线①为饱和液体线(也称泡点线)，它表示液相组成与其泡点温度(即加热溶液至产生第一个气泡时的温度)的关系，用式(3-7)泡点方程表示；曲线②为饱和蒸气线(也称露点线)，它表示气相组成与露点温度(即冷却气体至产生第一个液滴时的温度)的关系。它们分别表示气、液相组成与平衡温度的关系。

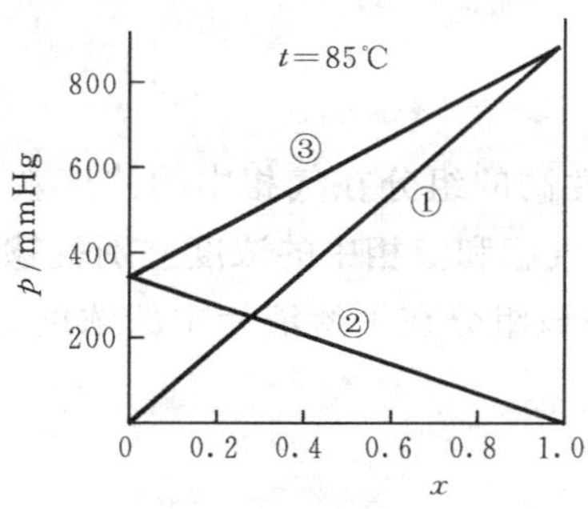

图 3.1 苯-甲苯体系的 p-x 图

(1 mmHg=133.322 Pa)

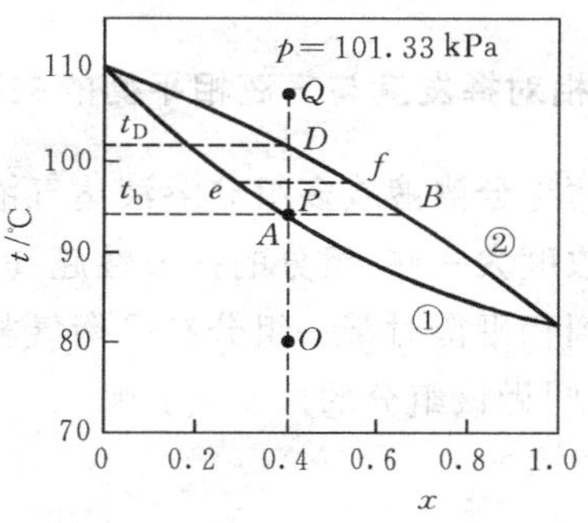

图 3.2 苯-甲苯体系的 t-x-y 图

图 3.2 中饱和蒸气线位于饱和液体线的上方，表明在同一温度下，平衡时的蒸气相中含易挥发组分量大于液相。两条曲线构成 3 个区域：饱和液体线①以下为溶液尚未沸腾的液相区；饱和蒸气线②以上为溶液全部汽化为过热蒸气的过热蒸气区；两曲线之间为气、液两相共存区。

同一温度下,曲线①和②上对应的两点 A 与 B 表示在此温度下呈平衡的气、液相组成。在同一组成下,曲线①和②上对应的两点 A 和 D 分别表示液相泡点温度 t_b 与气相的露点温度 t_D。图3.2中的 O 点表示温度为80℃,含苯0.4(摩尔分数)的过冷液体。将此溶液加热升温至 A 点(泡点),出现气相,成为两相体系,继续升温至 P 点,仍是两相体系,此时气、液相组成分别如 f 点和 e 点所示,气相中苯的含量比平衡的液相和原液中都高,两相的量之比根据杠杆法则确定:

$$\frac{\text{液相量}}{\text{气相量}} = \frac{\overline{Pf}}{\overline{eP}} \tag{3-10}$$

继续升温至 D 点(露点),全部液体完全汽化,再加热,气相成为过热蒸气。全变成气相后,气相组成与原液相组成相同。若将此过热蒸气冷却,则经历与升温时相反的过程。

(3) 气液平衡组成图

蒸馏计算中用得更多的是气液平衡组成图,又称 x-y 图。若以液相组成为横坐标,气相组成为纵坐标,根据例3-1的计算结果(表3.2),可得图3.3所示的常压下苯-甲苯的气液平衡组成图。图中曲线称为相平衡曲线,简称平衡线。已知液相(或气相)组成,则可在平衡线上找到一点,从而读出与之相平衡的气(液)相组成。在 x-y 图中,通常还画出对角线 $y=x$ 作为参考线。由于双组分中,气、液相组成都是以易挥发组分的摩尔分率来表示的,气相组成 y 总是大于液相组成 x,所以平衡线位于对角线的上方。显然,平衡曲线上任一点均对应一定的温度,且气、液相组成愈高,相应的温度愈低。另外,若平衡线离对角线愈远,则与 x 相平衡的 y 值愈大,说明该物系愈易分离。

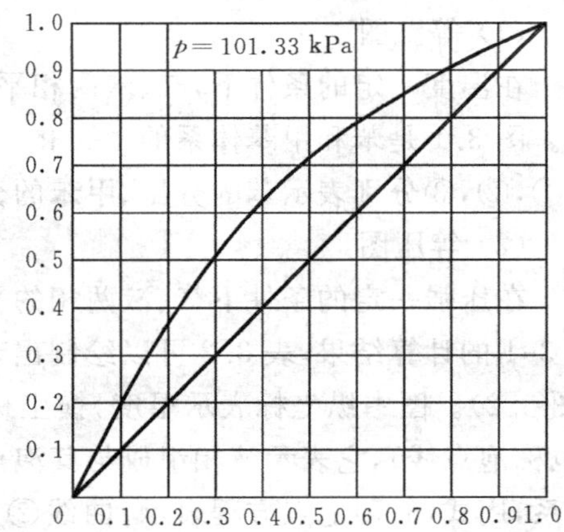

图3.3 苯-甲苯的 x-y 图

3. 相对挥发度与气液相平衡的关系

在两组分溶液或多组分溶液达气液平衡时,挥发性高的组分在气相中的浓度就要比液相中的浓度大一些,组分的挥发性越高,它们在平衡的气相和液相中的浓度差别就越大。我们把达到相平衡时某一组分在平衡气相中的分压 p 与该组分在平衡液相中的浓度(摩尔分数)之比叫做该组分的挥发度:

$$v_A = \frac{p_A}{x_A} \tag{3-11}$$

$$v_B = \frac{p_B}{x_B} \tag{3-11a}$$

式中:v_A, v_B——组分A,B的挥发度;

x_A, x_B——组分A,B在平衡液相中的浓度(摩尔分数);

p_A, p_B——组分A,B在平衡气相中的分压。

挥发度反映了该组分由液相挥发到气相中的趋势。对于理想溶液,符合拉乌尔定律,由

式(3-11)和式(3-11a)可得

$$v_A = p_A^0, \quad v_B = p_B^0$$

由此可知,溶液中组分的挥发度是随温度而变的,因此在使用上不甚方便,故引入相对挥发度的概念。

习惯上将溶液中易挥发组分的挥发度对难挥发组分的挥发度之比,称为相对挥发度,以α_{AB}或α表示:

$$\alpha = \frac{v_A}{v_B} = \frac{p_A/x_A}{p_B/x_B} \tag{3-12}$$

若操作压强不高,气相遵守道尔顿分压定律,上式可改写为

$$\alpha = \frac{p(y_A/x_A)}{p(y_B/x_B)} = \frac{y_A/y_B}{x_A/x_B} \tag{3-13}$$

通常,将式(3-13)作为相对挥发度的定义式。它表示平衡时气相中两组分的浓度比是液相中两组分浓度比的α_{AB}倍。α_{AB}反映了在两相中两组分相对含量差别的大小,也表示分离的难易程度。这个差别正是蒸馏过程分离混合物的依据。两组分的α大,即它们在两相中相对含量的差别大,容易用蒸馏的方法将此两组分分开;反之,则分离困难。对于恒沸液,因为平衡时气、液两相的组成相同,$\alpha=1$,所以不能用蒸馏的方法分离。

相对挥发度的数值可由实验测得。对于理想溶液:

$$\alpha = \frac{p_A^0}{p_B^0} \tag{3-14}$$

上式表明,理想溶液中组分的相对挥发度等于同温度下两纯组分的饱和气压之比。由于p_A^0及p_B^0随温度变化的趋势相同,因而两者的比值变化不大,故一般可将α视为常数,计算时可取平均值。

对于两组分物系,当总压不高时,由式(3-13)可得

$$\frac{y_A}{y_B} = \alpha \frac{x_A}{x_B}$$

或

$$\frac{y_A}{1-y_A} = \alpha \frac{x_A}{1-x_A}$$

由上式解出y_A,并略去下标,可得

$$y = \frac{\alpha x}{1+(\alpha-1)x} \tag{3-15}$$

若α为已知时,可利用式(3-15)求得x-y关系,故式(3-15)称为气液平衡方程。

分析式(3-14)可知,相对挥发度的大小可以用来判断某混合液能否用蒸馏方法分离及分离的难易程度。若$\alpha>1$,表示组分A较组分B容易挥发;α愈大,分离愈易。若$\alpha=1$,由式(3-15)可知,$y=x$,即气相组成等于液相组成,不能用普通蒸馏的方法分离该混合液。不同α_{AB}的y-x图见图3.4所示。对于多组分物系,由于x_B和x_A之间,y_B和

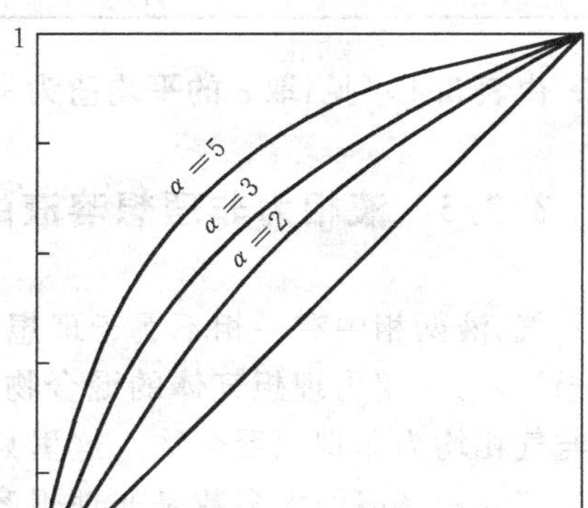

图3.4 不同α的y-x图

y_A之间没有上述那样简单的关系,y_A不仅与x_A有关,还与其他组分在液相中的浓度有关,所以不能直接用式(3-15)计算,但是知道相对挥发度后,仍可利用与式(3-15)类似的公式来计算其相平衡关系。

例 3-2 应用例 3-1 中表 3.1 的苯和甲苯的蒸气压数据,求平均相对挥发度α_m和体系的 y-x 曲线。

解:利用式(3-14)计算出不同温度下苯对甲苯的相对挥发度,结果列于表 3.3。从表中可见,尽管苯与甲苯的蒸气压随温度变化很大,但α随温度的变化不大,取

$$\alpha_m = \frac{\sum_{i=1}^{9} \alpha_i}{9} = 2.4655$$

$$\alpha_m = \frac{1}{2}(2.56 + 2.37) = 2.4650$$

表 3.3 苯与甲苯的相对挥发度

t/℃	80.1	84	88	92	96	100	104	108	110.6
p_A^0/kPa	101.3	114	128.4	144.1	161.3	180.0	200.2	222.4	237.7
p_B^0/kPa	38.9	44.5	50.8	57.9	65.6	74.1	83.6	94.0	101.3
α	2.60	2.56	2.53	2.49	2.46	2.43	2.40	2.37	2.35

根据式(3-15)计算气、液两相平衡时的组成 y 与 x,例如当 $x=0.651$,气相组成 y 为

$$y = \frac{2.465 \times 0.651}{1 + (2.465 - 1) \times 0.651} = 0.821$$

用同样的方法计算出相应的气相组成列于表 3.4,表中同时列出了例 3-1 计算的 y 值。

表 3.4 x 与 y 值

x	1	0.816	0.651	0.504	0.373	0.257	0.152	0.057	0
y	1	0.916	0.821	0.714	0.594	0.460	0.306	0.129	0
例 3-1 中 y 的计算值	1	0.916	0.825	0.717	0.594	0.456	0.300	0.125	0

由表 3.4 可见,取α的平均值为常数进行苯与甲苯体系气液平衡组成的计算,误差不大。

3.2.3 液相为非理想溶液的气液平衡简介

气、液两相中有一相不属于理想情况,都为非理想体系,可分为 3 种情况:①液相是非理想溶液,气相为理想气体的混合物;②液相为理想溶液,气相为非理想气体混合物;③液相与气相均为非理想混合物。这里只简单介绍第一种情况。

实际液体溶液大多数是非理想溶液,与拉乌尔定律有一定偏差。

非理想溶液的蒸气压若用拉乌尔定律的形式表示,可引入活度系数:

$$p_A = \gamma_A p_A^0 x_A \tag{3-16}$$

$$p_B = \gamma_B p_B^0 x_B \tag{3-17}$$

式中γ_A,γ_B分别为组分A,B的活度系数。若其值大于1,则称为对拉乌尔定律具有正偏差;其值小于1,则为负偏差。

若系统总压不大,由式(3-8)得

$$y_A=\frac{p_A}{p}=\frac{\gamma_A p_A^0 x_A}{p} \tag{3-18}$$

由于组分的活度系数和组成有关,一般需由热力学关系及必要的实验数据求得,故非理想溶液相平衡关系的计算比较复杂,通常用实验的方法直接测定。图3.5表示常压下甲醇-水的x-y图。

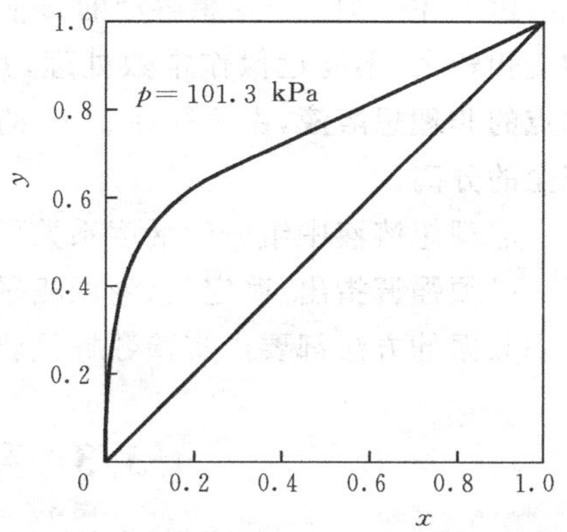

图3.5 甲醇-水溶液的平衡曲线

有些非理想溶液具有很大的正(或负)偏差,甚至在某一组成时,溶液的泡点出现最小(或大)值,它较两纯组分的沸点都更低(或高),且该温度下气、液两相的平衡组成相等,这种溶液称为具有最低(或高)恒沸点的溶液,相应的组成为恒沸组成,对应温度称为恒沸点。图3.6为常压下乙醇-水溶液的t-x-y图和x-y图,它具有最低恒沸点(78.15℃),其恒沸组成含乙醇84.9%(摩尔分数)。图3.7为常压下氯仿-丙酮溶液的t-x-y图和x-y图,具有最高恒沸点(64.5℃),恒沸组成为含氯仿65%(摩尔分数)。

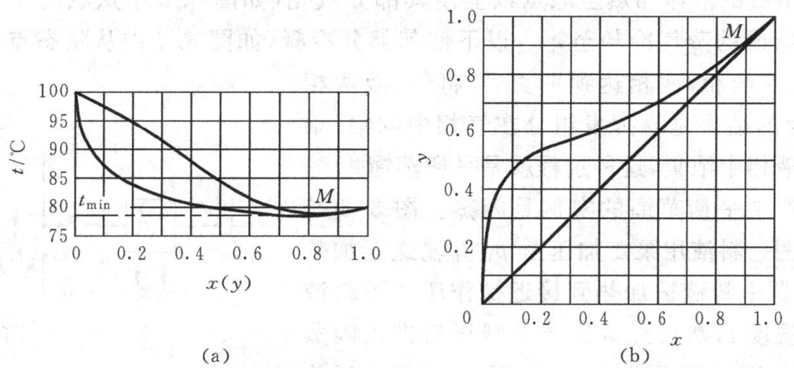

图3.6 常压下乙醇-水溶液的t-x-y图(a)和x-y图(b)

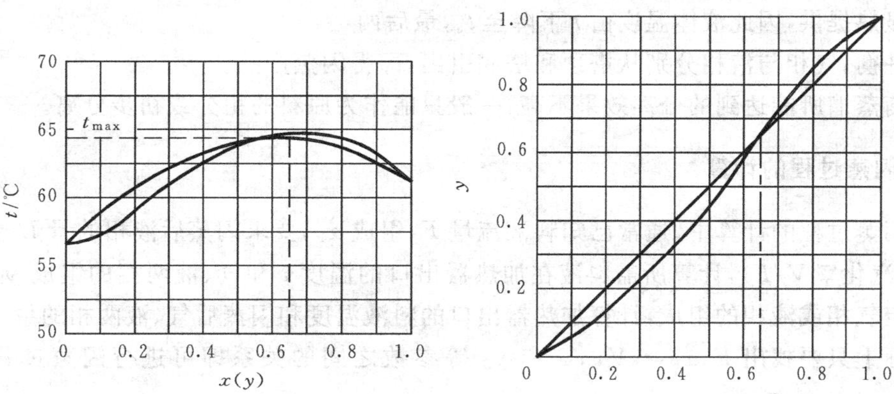

图3.7 常压下氯仿-丙酮溶液的t-x-y图(a)和x-y图(b)

由上述可知：非理想溶液的 x-y 图和理想溶液的相差甚多，此时相对挥发度 α 随组成的变化较大，不能近似作常数处理，其平衡关系难以用式(3-15)的形式来描述。而具有恒沸点的非理想溶液，由于存在 $\alpha=1$ 的恒沸点，因此，不能用一般的蒸馏方法使混合液得到较完全的分离。

非理想溶液中组分的活度系数可以用专门的方法来计算。

必须强调指出，确定气、液两相平衡数据的最基本的方法还是实验测定，各种计算气、液平衡数据的方法都要由实验数据检验其正确性和准确性。

3.3 平衡蒸馏和简单蒸馏

3.3.1 平衡蒸馏(闪蒸)

使混合物气、液两相共存，达到平衡后，再将二相分开以得到一定程度的分离称为平衡蒸馏。

1. 平衡蒸馏过程

将一定组成的液体加热至泡点以上使其部分汽化(如图 3.2 中从状态点 O 到 P 的过程)，或一定组成的蒸气冷却至露点以下使其部分冷凝(如图 3.2 中从状态点 Q 到 P 的过程)，形成气、液两相，两相达到平衡后，将气、液两相分离，此过程的结果是易挥发组分在气相中浓集，难挥发组分在液相中浓集，这种过程就是平衡蒸馏。

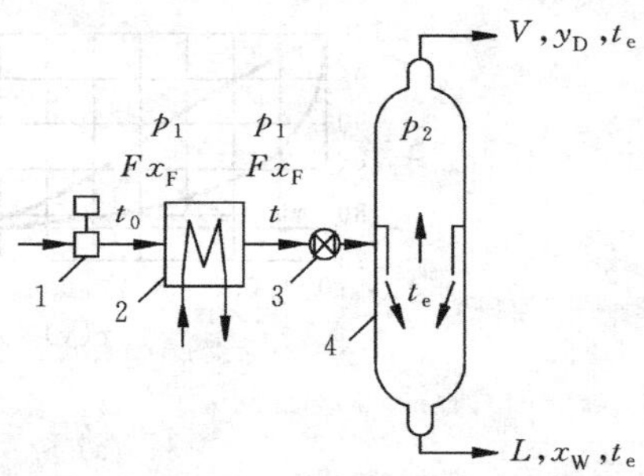

图 3.8 平衡蒸馏装置

实际生产中平衡蒸馏的实例是闪蒸。图 3.8 是闪蒸的流程图。料液用泵 1 加压至 p_1 并输送至加热器 2，在加热器中料液被加热到接近操作压强下料液沸点的较高温度 t，然后经减压阀 3 减压后进入闪蒸塔 4(分离器)，因减压后液体沸点下降，液体变为过热状态，所以液体骤蒸，部分汽化。汽化所需汽化热由液体的显热提供，因此液体温度由 t 下降至 t_e，最后两相达到平衡，气相与液相分别从塔顶和塔底引出，即得闪蒸产品。

平衡蒸馏所能达到的分离效果不高，一般只能作为原料的粗分或初步分离。

2. 闪蒸过程的计算

在闪蒸过程的计算中，通常已知料液流量 F，组成 x_F，要求闪蒸后液相的量 L 或气相的量 V(或汽化率 V/F)，计算所需料液在加热器出口的温度 t 和气、液两相的组成 y_D 与 x_W，或者指定气相或液相的组成，计算加热器出口的料液温度和闪蒸后气、液两相的量。

实际上只要找出 F, x_F, t, V, x_W 和 y_D 等参数之间的关系即可进行闪蒸过程的各种计算。

闪蒸过程的主要关系式为：①物料衡算；②热量衡算；③气液平衡关系。

(1) 物料衡算

以整个装置为系统(参见图 3.8)进行衡算。

总物料衡算：

$$F = V + L \tag{3-19}$$

易挥发组分的物料衡算：

$$Fx_F = Vy_D + Lx_W \tag{3-20}$$

式中 F,V,L 的单位均取 kmol/h。若以 1 kmol 料液为基准，可把式(3-20)的每一项除以 F，并以 $L=F-V$ 代入，可得

$$x_F = fy_D + (1-f)x_W$$

所以

$$y_D = \frac{f-1}{f}x_W + \frac{1}{f}x_F \tag{3-21}$$

式中 $f=V/F$ 表示 1 kmol 料液所得的气相的量，称为汽化率。式(3-21)表示汽化率与气、液相组成的关系。

令

$$q = \frac{L}{F} = 1 - f$$

则 q 即为液相产物占进料的分率，将以上所表示的 q 的关系式代入式(3-21)，即得：

$$y_D = \frac{q}{q-1}x_W - \frac{x_F}{q-1} \tag{3-22}$$

(2) 平衡关系

式(3-20)和式(3-21)(或式(3-22))中的 y_D 与 x_W 互呈平衡，两者的关系可以用一定的关系式表示：

$$y_D = f(x_W) \tag{3-23a}$$

也可以用 y-x 图表示。对于理想体系可以用相平衡方程式(3-15)表示：

$$y_D = \frac{\alpha x_W}{1+(\alpha-1)x_W} \tag{3-23b}$$

联立解式(3-21)(或式(3-22))和式(3-23b)，即可求得 y_D 和 x_W。

联立物料衡算式和相平衡关系式的几何意义在于求此二式所表示曲线的交点，故亦可用图解法求 y_D 和 x_W。如图 3.9，式(3-22)为一条过点 $F(x_f,x_f)$ 斜率为 $\frac{q}{q-1}$ 的直线，它与给定的闪蒸压力下平衡曲线交点的坐标，即为所求的平衡组成 y_D 和 x_W。由图可知：液相产物所占的分率 q 或汽化率不同，则 y_D 和 x_W 将随之变化。

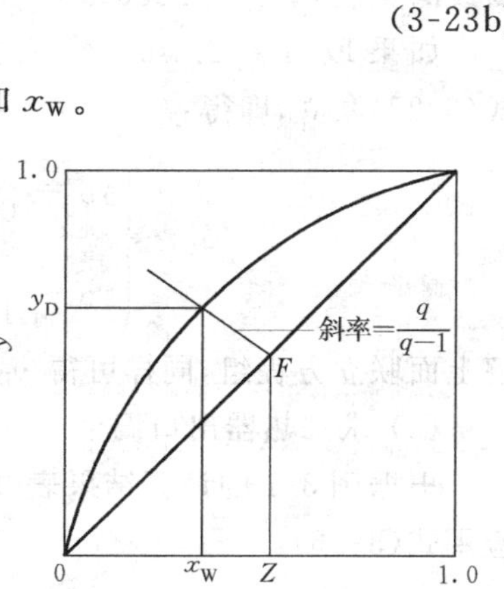

图 3.9　图解法解平衡蒸馏的问题

(3) 热量衡算

为了达到一定的汽化率，需要将料液加热到一定温度 t。f 与 t 的关系需由闪蒸塔(包括减压阀)的热量衡算确定。不计热损失，以单位时间为基准，则热量衡算式为：

$$FH_{f,0} = LH_L + VH_V \tag{3-24}$$

式中 $H_{f,0}$ 为闪蒸前液体的焓；H_L，H_V 分别为闪蒸后液体和气体的焓。

设闪蒸后的平衡温度为 t_e，则料液从温度 t 下降到 t_e 所放出的热量正好供给 V kmol 液

体汽化为气体所需的汽化热。若同温度料液与液体产物的焓可视为相等,则以平衡温度 t_e 为基准,热量衡算关系可简化为下式:

$$FC_{p,m}(t-t_e)=V\gamma \tag{3-25}$$

式中:$C_{p,m}$——料液的平均摩尔定压热容,kJ/(kmol·K);

γ——气体产物的汽化热,kJ/kmol。

如按 1 kmol 料液计,则根据式(3-25)可得:

$$t=t_e+\frac{f\gamma}{C_{p,m}}=t_e+\frac{(1-q)\gamma}{C_{p,m}} \tag{3-26}$$

联立物料衡算、热量衡算和平衡关系 3 个关系式,就可进行平衡蒸馏的各种计算。

例 3-3 含苯 2/5(摩尔分数)的苯-甲苯溶液,加压后加热至温度 T。然后经减压阀减压至 101.33 kPa。已知汽化率为 2/5,苯-甲苯混合液的平均摩尔定压热容为 147 kJ/(kmol·K),气相的汽化热为 31 985 kJ/kmol。求气、液两相的组成 y_D 与 x_W 和加热器出口温度 t。

解:(1) 求气、液相组成

苯-甲苯体系在 101.33 kPa 下的平衡关系见例 3-1 计算结果见表 3.2,用表中的 y-x 值作图(见图 3.10),又 $q=1-f=1-0.4=0.6$,用图中的平衡线与式(3-22)联立求解,即得气、液相组成。式(3-22)的曲线与平衡线的交点即为所求的 y_D 和 x_W。

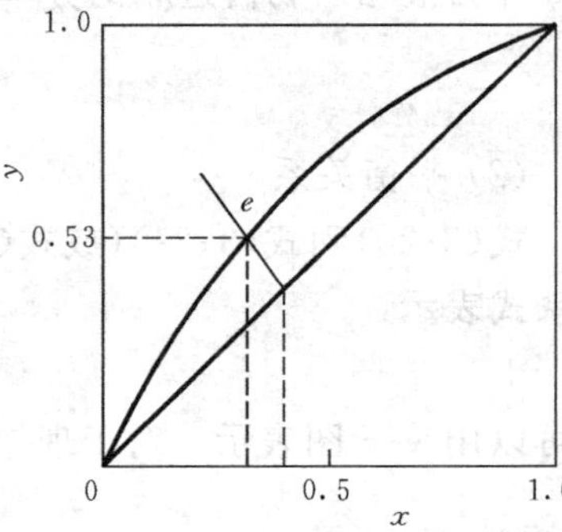

图 3.10 例 3-3 附图

对于式(3-22),当 $x_W=x_f$ 时,$y_D=x_f$,所以对于本例的情况,式(3-22)为经过点(0.4,0.4),斜率为 $\frac{q}{q-1}=\frac{0.6}{0.6-1}=-1.5$ 的直线,在 y-x 图上作此直线,得它与平衡线的交点 e,$y_D=0.530$,$x_W=0.314$。

如果取 $\alpha=2.465$ 代入式(3-23b),并将它与式(3-22)联立,即得:

$$\begin{cases} y_D=\dfrac{0.6}{0.6-1}x_W-\dfrac{x_f}{0.6-1}=-1.5x_W+1 \\ y_D=\dfrac{2.465\,x_W}{1+1.465\,x_W} \end{cases}$$

解上面联立方程组,同样可得 $y_D=0.530$,$x_W=0.314$。

(2) 求加热器出口温度 t

根据例 3-1 的计算结果表 3.2 中的数据内插,可得闪蒸后两相平衡时的温度为 98℃,应用式(3-26):

$$\begin{aligned} t&=t_e+\frac{f\gamma}{C_p} \\ &=98+\frac{0.4\times 31\,985}{147} \\ &=185.0(℃) \end{aligned}$$

3.3.2 简单蒸馏

1. 简单蒸馏过程

简单蒸馏操作过程的装置如图 3.11 所示。简单蒸馏是实验室中最常用的一种分离提纯方法，工业上也往往用它来粗分料液。它用于分离各组分的沸点相差较大的混合液，或是分离要求不高的场合。

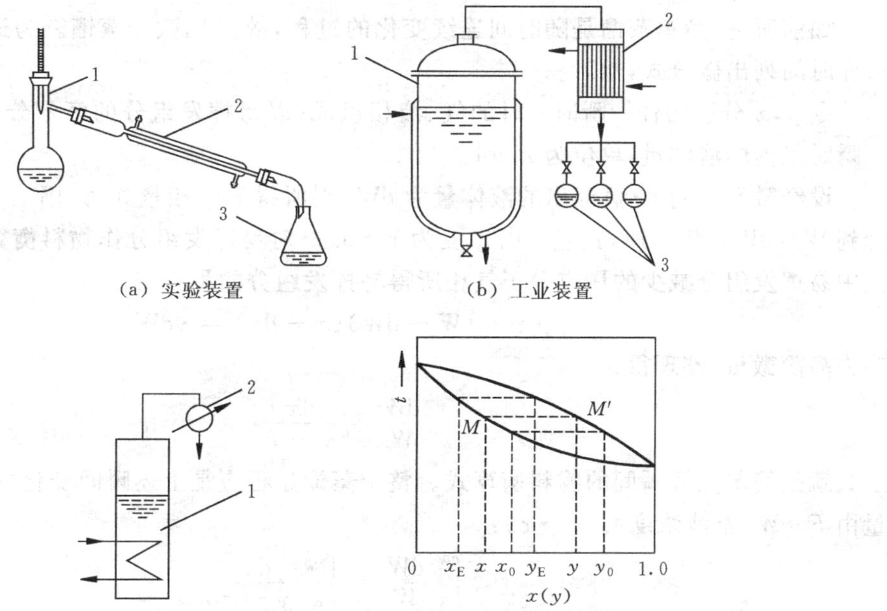

(a) 实验装置　(b) 工业装置

(c) 装置图例　(d) 简单蒸馏变化过程

图 3.11　简单蒸馏

1—蒸馏釜；2—冷凝器；3—馏出液接收器

简单蒸馏是将原料液一次加入蒸馏釜中，在一定压强下加热至沸，使液体不断汽化。汽化的蒸气引出，冷凝后加以收集，得到塔顶产品，称为馏出液。因此，简单蒸馏属于间歇操作。简单蒸馏时，气、液两相的接触比较充分，可以认为两相的组成达到了平衡。由于两组分的相对挥发度不等于 1，蒸馏过程中，蒸气中易挥发组分的含量高于液相中的。随着蒸气的不断引出，釜内液相中易挥发组分含量将不断减少，蒸气中易挥发组分也将随之递减，同时，泡点温度和露点温度也将随之改变。此过程进行到釜液组成降低到预定值为止，或者到馏出液中易挥发组分的含量降低到预定值为止。上述变化过程如图 3.11(d)中的 t-x-y 图所示，釜液易挥发组分含量从 x_0 降到终了时的 x_E，蒸出的蒸气组成由开始的 y_0 降到 y_E。

因为简单蒸馏蒸出的馏出液中易挥发组分的含量先高后低，不断变化，为了收集不同浓度的馏出液，可以设置若干个馏出液容器。

由上可知，简单蒸馏为间歇、非定态操作，在操作过程中系统的温度和浓度均随时间而变化。

简单蒸馏的分离效果不高,其馏出液的最高组成也只有 y_0,即与料液呈平衡的气相组成。因此只有两组分的相对挥发度很大时,才能得到比较好的分离效果,所以通常只能用作粗分或初步分离。例如从酒精含量不到 10°(度(°)表示乙醇在酒精中的体积分数)的发酵醪液经简单蒸馏只能得到 50°左右的烧酒。

2. 简单蒸馏的计算

简单蒸馏的计算,通常是由已知起始的加料量 F 和加料的起始浓度 x_F,求算应蒸出多少蒸出液 D 才能使釜液达到所要求的浓度 x_W,或者使蒸出液的平均浓度可达到要求的值。

如前所述,简单蒸馏是随时间连续变化的过程,故又称微分蒸馏。为进行计算,应选择微元时间列出微分式,然后积分求解。

令 y, x 分别为任一瞬时 τ 时的气、液相组成(以易挥发组分的摩尔分数表示);W 为任一瞬时釜内的液体量,单位为 kmol。

设经微元时间 $d\tau$ 蒸馏出的液体量为 dW,则所得的气相量亦为 dW。釜内液体量由 W 降到 $W-dW$。相应地,其组成由 x 变为 $x-dx$。对易挥发组分作物料衡算:$d\tau$ 时间内,釜液中易挥发组分减少的量应等于气相所得易挥发组分的量:

$$Wx-(W-dW)(x-dx)=ydW$$

略去高阶微量,整理得:

$$\frac{dW}{W}=\frac{dx}{y-x}$$

上式就是简单蒸馏瞬间的物料衡算式。整个蒸馏过程应是上述瞬间变化的积分结果:釜液量由 $F\to W$,釜液浓度由 $x_F\to x_W$:

$$\int_F^W\frac{dW}{W}=\int_{x_F}^{x_W}\frac{dx}{y-x}$$

$$\ln\frac{W}{F}=\int_{x_F}^{x_W}\frac{dx}{y-x} \tag{3-27}$$

对于低压,液相为理想溶液的情况,将式(3-15)的平衡关系式代入式(3-27),并积分可得:

$$\ln\frac{F}{W}=\frac{1}{\alpha-1}\left[\ln\frac{x_F}{x_W}+\alpha\ln\frac{1-x_W}{1-x_F}\right] \tag{3-28}$$

若在操作范围内,平衡关系为 $y=mx$,则可得:

$$\ln\frac{W}{F}=\frac{1}{m-1}\ln\frac{x_W}{x_F}$$

若平衡关系难以用简单的解析式表示,则式(3-27)可利用数值积分或图解积分求解。对于该式的图解积分过程是:根据已知的相平衡关系由任意 x 找到与之成平衡的 y,而后以 $1/(y-x)$ 为纵坐标,以 x 为横坐标作图,在 $x_W\to x_F$ 的区间内曲线下方的面积就是 $\int_{x_W}^{x_F}\frac{dx}{y-x}$ 的值。由此可根据式(3-27)由已知的 F 求出 W。

已知釜残液量 W 和组成 x_W,就可以根据整个蒸馏过程的物料衡算求出蒸出液(馏出液)量 D 和其组成 x_D。首先,根据总物料衡算:

$$F=W+D$$

$$D = F - W \tag{3-29}$$

又可根据蒸馏过程轻组分的物料衡算：

$$Fx_F = D\bar{x}_D + Wx_W$$

所以蒸出液中轻组分的平均浓度$\bar{x}_D$应为

$$\bar{x}_D = \frac{Fx_F - Wx_W}{D} \tag{3-30}$$

这就是一般简单蒸馏工艺计算的过程。但有时遇到的简单蒸馏的问题是：已知 F，x_D，x_F，求 D，W，x_W；或是已知 F，x_F，求 x_D，x_W，D 和 W。这就需要用试算法来计算。即先假设一个 x_W，进行与上述过程完全相同的计算，看结果是否与题设条件相符，若不相符或不合理，就要重新设 x_W，重新计算，直到结果与题设条件相符为止。

例 3-4 用简单蒸馏分离例 3-3 的含苯 0.4(摩尔分数)的苯-甲苯溶液。要求馏出液量为料液量的 40%，求馏出液的组成$\bar{x}_D$，并与例 3-3 的平衡蒸馏的馏出液(气相产物)的组成进行比较。

解：根据例 3-1 与例 3-2 表中的数据，苯-甲苯溶液在 $x=0.4\sim0.3$，α 可取平均值 2.46。

(1) 求釜残液组成 x_W

根据式(3-28)：

$$\ln\frac{1}{0.6} = \frac{1}{1.46}\left(\ln\frac{0.4}{x_W} + 2.46\ln\frac{1-x_W}{1-0.4}\right)$$

整理上式得：

$$1.5x_W = (1-x_W)^{2.46}$$

试差解得 $x_W=0.289$。

(2) 求馏出液组成$\bar{x}_D$

根据式(3-30)：

$$\bar{x}_D = \frac{0.4\times1 - 0.6\times0.289}{0.4} = 0.5665$$

与例 3-3 平衡蒸馏的气相产物比较($x_W=0.314$，$y_D=0.530$)，可知在馏出液量相同的条件下，简单蒸馏所得馏出液的组成较高，这说明简单蒸馏的分离效果比平衡蒸馏好。

3.4 双组分连续精馏的分析和计算

3.4.1 精馏原理

1. 精馏原理

简单蒸馏和平衡蒸馏都只能使液体混合物得到初步的分离，为获得高纯度的产品，理论上可采用多次部分汽化和多次部分冷凝的方法。即将每次得到的气相再部分冷凝以得到纯度更高的气相；将每次得到的液相再部分汽化以得到易挥发组分更低，难挥发组分更高的液相。只要部分冷凝、部分汽化的次数足够多，就可以得到高纯度的产品。但这种方法需众多的设备并消耗大量的能量，很不经济。工程上广泛采用的是精馏的方法。

如图 3.12 所示，将组成为 x_F、温度为 t_F 的混合液加热到 t_1，使其部分汽化，并将气相与液相分开，则所得的气相组成为 y_1，液相组成为 x_1。由图 3.13 可以看出，$y_1>x_F>x_1$。这样，用一次部分汽化方法得到的气相产品的组成不会大于 y_F，y_F 是加热原料液 x_F 时产生第一个气泡的平衡气相组成。同时，液相产品的组成不会低于 x_W，x_W 是将原料液全部汽化后，剩下的最后一滴液体的平衡液相组成。组成为 x_W 的液体量和组成为 y_F 的气体量是极少的。至于将组成为 x_F 的原料液加热到 t_1，此时液相量和气相量之间的关系可由杠杆规则确定(如式(3-10)所示)。由此可见，将液体混合物进行一次部分汽化的过程，只能起到部分分离的作用，因此这种方法只适用于要求粗分和初步加工的场合。显然，要使混合物中的组分得到完全的分离，必须进行多次部分汽化和部分冷凝的操作过程。

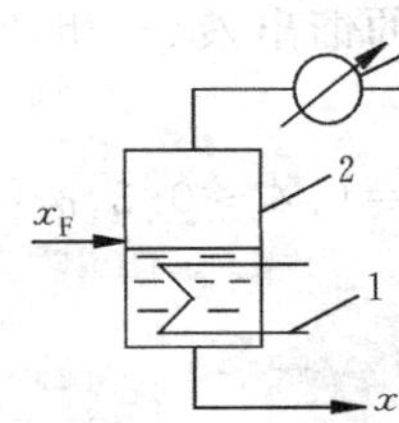

图 3.12　一次部分汽化示意图

1—加热器；2—分离器；3—冷凝器

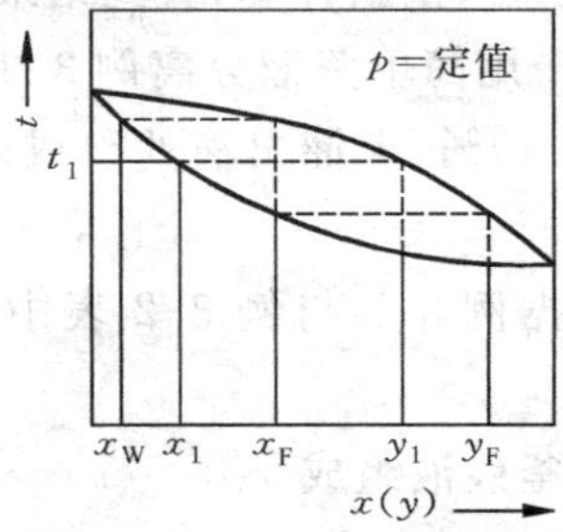

图 3.13　一次部分汽化的 t-x-y 示意图

设想将图 3.12 所示的单级分离加以组合，变成如图 3.14 所示的多级分离流程(图中为 3 级)。若将第一级溶液部分汽化所得气相产品(组成为 y_1)在冷凝器 5 中冷凝，然后再将冷凝液在第二级中部分汽化，此时所得气相组成为 y_2，且 y_2 必大于 y_1(如图 3.15 所示)。这种部分汽化的次数(即级数)愈多，所得到的蒸气浓度也愈高，最后几乎可以得到纯态的易挥发组分。同理，若将从各分离器所得液相产品分别进行多次部分汽化和冷凝，那么这种部分汽化和冷凝的级数愈多，得到的液相浓度也低，最后可得到几乎纯态的难挥发组分。

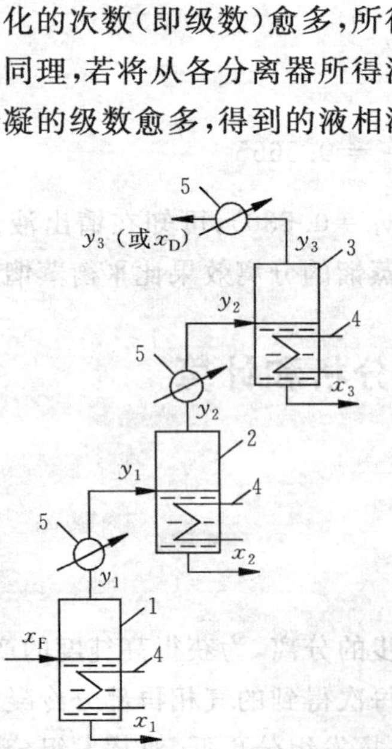

图 3.14　多次部分汽化的分离示意图

1,2,3—分离器；4—加热器；5—冷凝器

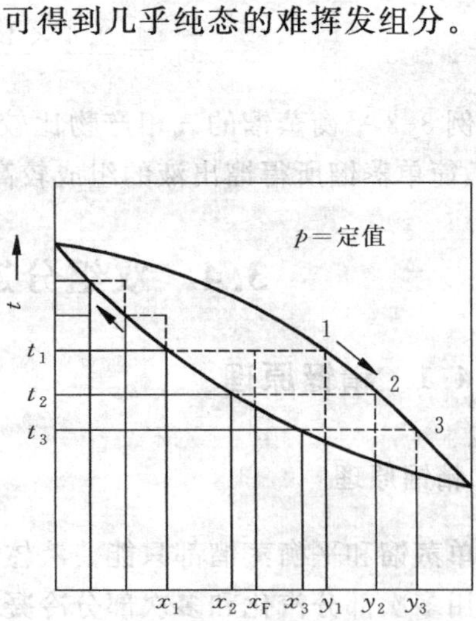

图 3.15　多次部分汽化的 t-x-y 图

上述的气、液相浓度变化情况可以从图 3.15 中清晰地看到。因此,同时多次进行部分汽化是使混合物得以完全分离的必要条件。

不过,我们从上述过程不难看出,图 3.14 所示的流程存在以下两个问题:①分离过程得到许多中间馏分(如 x_2,x_3 等),因此最后纯产品的收率就很低;②设备庞杂,每一级都得配置加热器和冷凝器,能量消耗大。

通过分析研究上述过程,可对其进行改进和简化,今以图 3.14 中的第二级为例。由图 3.15 可知,$x_1<x_F<y_1$,$x_1<x_2<y_1$,可见 x_2 和 x_F 是比较接近的。若将第二级中产生的中间产品 x_2 与第一级原料液 x_F 混合(为便于说明,各流股均以组成命名),第三级所产生的中间产品 x_3 与第二级的料液 y_1 混合……这样就消除了中间产品,提高了最后产品的收率。同时,由图 3.15 还可以看出,当将第一级所产生的蒸气 y_1 与第三级下降的液体 x_3 直接混合时,由于液相温度 t_3 低于气相温度 t_1,因此,高温的蒸气 y_1 将加热低温的液体 x_3,而使液体部分汽化,蒸气自身则被部分冷凝。由此可见,不同温度且互不平衡的气、液两相接触时,必然会同时产生传热和传质的双重作用,所以上一级的液相回流(如液相 x_3)与下一级的气相(如气相 y_1)直接接触,就可以将图 3.14 所示的流程演变为图 3.16 所示的分离流程,从而省去了逐级使用的中间加热器和冷凝器。

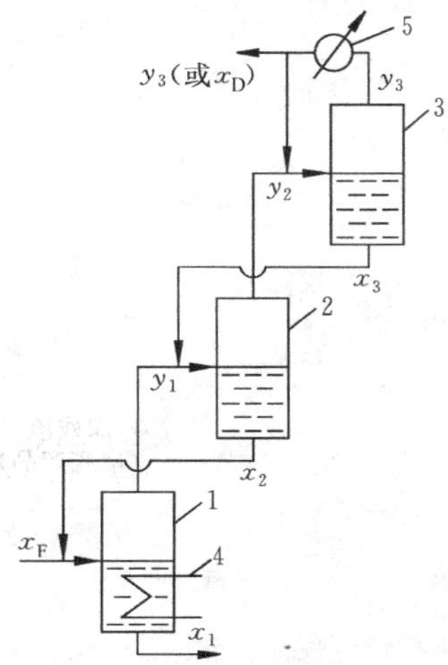

图 3.16 无中间产品和中间加热器与冷凝器的部分汽化(冷凝)示意图

1,2,3—分离器;4—加热器;5—冷凝器

从上面分析可知,将每一级中间产品返回到下一级中,不仅可以提高产品的收率,而且是过程进行的必不可少的条件。例如,对第二级而言,如没有液体回流到 y_1 中,而又无中间加热器和冷凝器,那么就不会有溶液的部分汽化和蒸气的部分冷凝,第二级也就没有分离作用了。显然,每一级都需要有回流液,那么,对于最上一级(图中第三级)而言,将 y_3 冷凝后不是全部作为产品,而是把其中一部分返回与 y_2 相混合是最简单的回流方法。通常,将引回设备的部分产品称为回流。因此,回流是保证精馏过程连续稳定操作的必不可少的条件。

上面分析的是增浓混合物中易挥发组分的情况。对于增浓难挥发组分,道理是完全相同的。此时,加热器 4 移至底部,使难挥发组分浓度最高的蒸气进入最低一级,显然这部分气体只能由最低一级下降的液体部分汽化而得到,此时汽化的热量由加热器(称为再沸器)供给。所以,在再沸器中,溶液的部分汽化而产生上升蒸气,如同塔顶回流液一样,是精馏得以连续稳定操作的另一个必不可少的条件。

2. 连续精馏装置及其流程

根据精馏原理可知,精馏塔必须同时有塔底再沸器和塔顶冷凝器,再沸器的作用是提供一定量的上升蒸气流,冷凝器的作用是获得液相产品及保证有适宜的液相回流,从而使精馏塔能连续稳定地操作。有时还要配有原料液预热器、回流液泵等附属设备,才能实现整个操作。

连续精馏装置及其流程如图 3.17 所示。原料液经预热器 4 预热后,加入精馏塔 2 的中部某一层塔板上。该层塔板称加料板。加料板将塔分成两部分：上部称精馏段，下部(包括加料板)称提馏段。液体自提馏段流入蒸馏釜(再沸器3中)，被间接加热至沸。釜中沸腾汽化的蒸汽源源不断地升入塔底，而釜中残液经原料液预热器不断地被排出作为塔底产品收集。塔顶蒸气进入冷凝器5中全部或部分被冷凝。冷凝液部分回流入塔，其余部分经冷却器冷却后不断地流出作为塔顶产品(馏出液)收集于储槽之中。

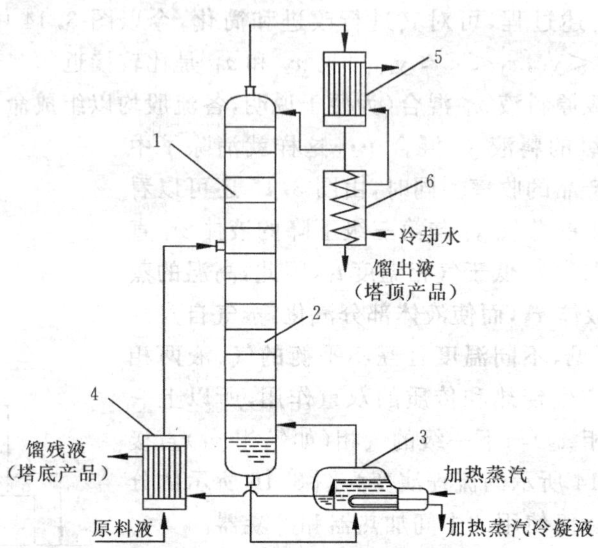

图3.17 连续精馏装置及其流程

1—精馏段塔身；2—提馏段塔身；3—蒸馏釜；
4—原料液预热器；5—冷凝器；6—冷却器

如前所述，精馏塔的作用是使蒸气相与液相充分逆流接触，同时并多次进行热量和质量交换。为了给两相充分接触提供良好的场所，精馏塔除采用各种分级鼓泡式接触设备外(板式塔)，也可采用连续式接触设备(填料塔)。

3.4.2 精馏过程的物料衡算

对精馏塔或精馏塔内部分区域进行物料衡算的结果和气液平衡数据，是分析、操作和设计精馏塔的依据。

连续精馏过程中，原料液不断加入塔内，塔顶产品不断地由塔顶采出，塔底产品不断地由塔底采出(如图3.18所示)。原料液的流率与塔顶、塔底产品流率之间的关系，以及精馏塔内蒸气与液体两相之间的流率和组成的变化关系，都可用物料衡算导出的各种数学关系式表示。

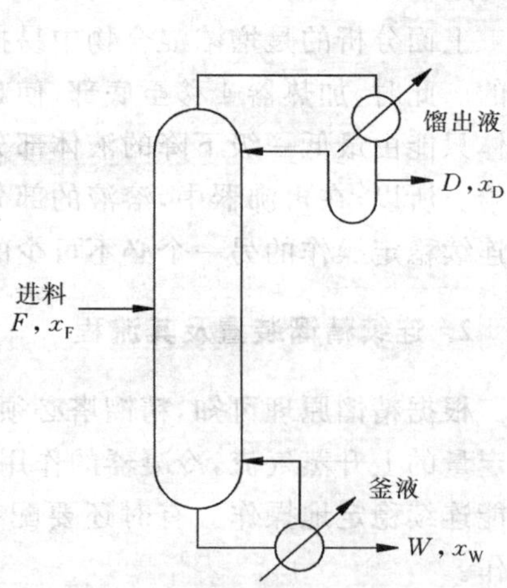

图3.18 全塔物料衡算

当连续精馏在稳态下操作时，塔内各种物料的流率、组成、温度和压强等参数，均不随时间而改变，只随位置而变化。为保持稳态操作，塔内的物料积累速率为零，进入系统的物料流率等于流出系统的物料流率。

如图3.18所示，设F，D和W分别为进料、馏出液和釜液的流率(kg/h或kmol/h)，x_F，x_D和x_W分别为进料、馏出液和釜液中易挥发组分的组成。由总物料衡算可得：

$$F = D + W \tag{3-31}$$

由易挥发组分的物料衡算可得：

$$Fx_F = Dx_D + Wx_W \tag{3-32}$$

上面二式给出了馏出液的流率和组成，釜液的流率和组成，以及进料的流率和组成之间的关系。规定其中4个变量，则其余两个变量即可求得。例如，根据生产任务规定的原料液处理量及其组成，以及塔顶和塔底产品要求达到的纯度，就可计算出塔顶和塔底产品的产量：

$$D = F\frac{x_F - x_W}{x_D - x_W} \tag{3-33}$$

$$W = F\frac{x_D - x_F}{x_D - x_W} \tag{3-34}$$

同理，根据生产任务规定的塔顶和塔底产品采出率(即D/F和W/F)，即可计算产品的纯度。

精馏过程中的分离要求或分离的程度，除用馏出液组成x_D和釜液组成x_W表示外，也用回收率来表示，其定义如下：馏出液中易挥发组分的回收率φ_1：

$$\varphi_1 = \frac{Dx_D}{Fx_F} \times 100\% \tag{3-35}$$

或釜液中难挥发组分的回收率φ_2：

$$\varphi_2 = \frac{W(1 - x_W)}{F(1 - x_F)} \times 100\% \tag{3-36}$$

例3-5　每小时将5000 kg含苯30%和甲苯70%的混合物在连续精馏塔中进行分离，要求馏出物中含苯不小于98%，釜液中含苯不大于3%(以上均为质量百分率)，试求馏出液和釜液的质量流率和摩尔流率。

解：由式(3-33)和式(3-34)可得：

$$D = 5000 \times \frac{0.30 - 0.03}{0.98 - 0.03} = 1421(\text{kg/h})$$

$$W = 5000 \times \frac{0.98 - 0.30}{0.98 - 0.03} = 3579(\text{kg/h})$$

精馏计算中，物流的流率和组成常常分别以摩尔流率和摩尔分率计，上述物料衡算常又可计算如下：

苯的摩尔质量为78，甲苯的摩尔质量为92。当组成以摩尔分率表示时

$$x_F = \frac{0.3/78}{0.3/78 + 0.7/92} = 0.3358$$

$$x_D = \frac{0.98/78}{0.98/78 + 0.02/92} = 0.983$$

$$x_W = \frac{0.03/78}{0.03/78 + 0.97/92} = 0.0352$$

进料的平均摩尔质量 M_F 为

$$M_F = 78\times0.3358+92\times(1-0.3358) = 87.3(\text{kg/kmol})$$

进料的摩尔流率 F 为

$$F=\frac{5000}{87.3}=57.3(\text{kmol/h})$$

将上述数据代入式(3-33)和式(3-34)得：

$$D=57.3\times\frac{0.3358-0.0352}{0.983-0.0352}=18.17(\text{kmol/h})$$

$$W=57.3\times\frac{0.983-0.3358}{0.983-0.0352}=39.13(\text{kmol/h})$$

例 3-6 分离甲醇水溶液的连续精馏塔，进料含甲醇 38%，已知所得馏出液含甲醇 95%(均为摩尔百分率)，且其中甲醇的回收率为 98%，试求此时釜液中甲醇的组成。

解：由已知 $\varphi_1=\frac{Dx_D}{Fx_f}=0.98$ 可得：

$$\frac{D}{F}=\varphi_1\frac{x_f}{x_D}=0.98\times\frac{0.38}{0.95}=0.392$$

由 $F=D+W$ 可得：

$$\frac{W}{F}=1-\frac{D}{F}=1-0.392=0.608$$

又 $Fx_f=Dx_D+Wx_W$，从而可得：

$$\frac{W}{F}x_W=x_f-\frac{D}{F}x_D$$

将已知数值代入得：

$$x_W=\left(x_f-\frac{D}{F}x_D\right)\Big/(W/F)$$
$$=(0.38-0.392\times0.95)/0.608=0.0125$$

3.4.3 精馏段操作线方程

假若把精馏塔内某横截面以上(或以下)作为物料衡算的区域，对该区域的组分进行物料衡算，就可以得到经过该截面的上升蒸气的浓度和回流液浓度与各个操作参数之间的关系，这种关系的数学表达式就是精馏塔的操作线方程。

为了简化计算，需要作恒摩尔流假设，即假设精馏段内由各层塔板上升的蒸气摩尔流率均相等：$V=V_1=V_2=\cdots=V_n$；精馏段内由各层塔板溢流的液体摩尔流率均相等：$L=L_1=L_2=\cdots=L_n$。同样，假设提馏段内由各层塔板上升的蒸气摩尔流率均相等：$V'=V'_1=V'_2=\cdots=V'_m$；提馏段内由各层塔板溢流的液体摩尔流率均相等：$L'=L'_1=L'_2=\cdots=L'_m$。

上述恒摩尔流假设是基于以下 3 点：①混合液中各组分的摩尔汽化热相等；②气、液两相交换的显热可以忽略；③塔设备保温良好，热损失可以忽略。

下面由物料衡算推导精馏段、提馏段和加料处的操作线方程。

(1) 精馏段操作线方程

连续精馏塔内加料口以上的塔身叫做精馏段。精馏段的作用是利用溢流液把上升蒸气逐步冷凝下来，使重组分在液相中浓缩；同时把溢流液部分汽化，使轻组分在气相中浓缩，从而在塔顶得到比较纯的轻组分。精馏段的示意图如图 3.19 所示。

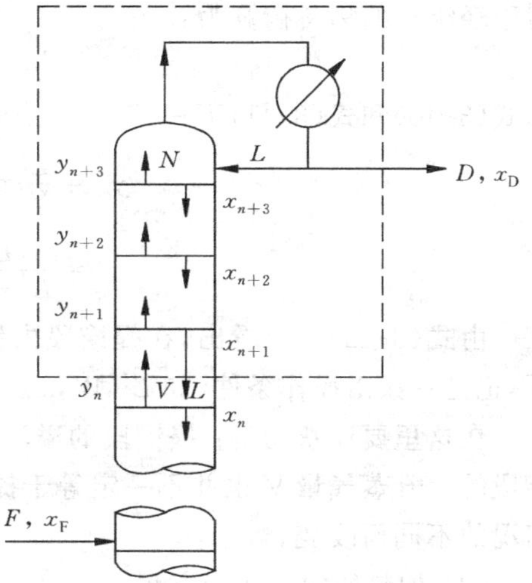

图 3.19 精馏段的示意图

V—精馏段上升蒸气的量；

L—精馏段的回流液量；

x_{n+1}—离开第 $n+1$ 块板的液相中轻组分的浓度；

y_n—进入第 $n+1$ 块板(即离开第 n 块板)的气相中轻组分的浓度；

x_D—塔顶采出中轻组分的浓度

在以后的讨论中，凡是不指明组分 A 或 B 的浓度，如上述的 x，y 等，均指的是轻组分的浓度。

把精馏段内任一横截面(例如第 $n+1$ 块板)以上所有的塔板及塔顶冷凝器作为物料衡算的区域，即图 3.19 中由虚线框出的部分。对该区域总的物料衡算为

$$V = D + L \tag{3-37}$$

对轻组分的物料衡算为

$$Vy_n = Lx_{n+1} + Dx_D \tag{3-38}$$

式(3-38)称为精馏段操作线方程，由式(3-38)的含义可知，它表示精馏段中两相间相遇的气、液相的组成关系。

由式(3-37)和式(3-38)可得：

$$\begin{aligned} y_n &= \frac{L}{V}x_{n+1} + \frac{D}{V}x_D \\ &= \frac{L}{L+D}x_{n+1} + \frac{D}{L+D}x_D \end{aligned} \tag{3-39a}$$

令 $L/D=R$，R 叫做回流比，则上式变为

$$y_n = \frac{R}{R+1}x_{n+1} + \frac{1}{R+1}x_D \tag{3-39b}$$

因为这个物料衡算的横截面可以在精馏段中任意选取，所以上式可以用于精馏段内任意横截面。由式(3-39b)可以看出，通过精馏段任意横截面的上升蒸气与溢流液的浓度之间呈直线关系。因为决定这条直线方程的是精馏塔的操作条件(如 R，x_D)，所以该方程也称为精馏段操作线方程。

(2) 提馏段操作线方程

连续精馏塔内加料口以下的塔身叫做提馏段。提馏段的作用是利用上升蒸气把溢流液逐步汽化，使轻组分在气相中浓缩；同时把上升蒸气逐步冷凝，使重组分在液相中浓缩，从而在塔釜可以得到比较纯的重组分。提馏段的示意图见图 3.20。

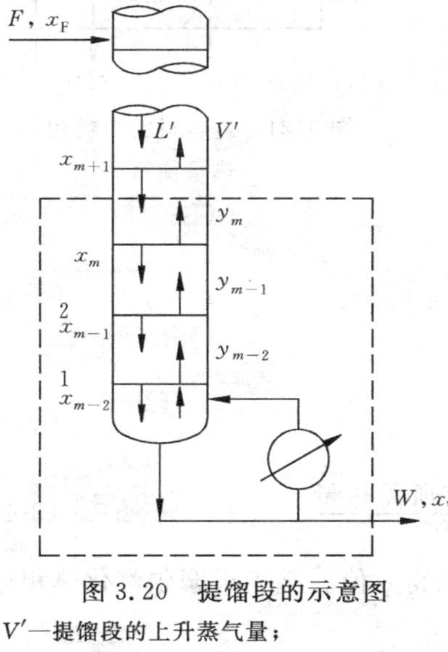

图 3.20 提馏段的示意图

V'—提馏段的上升蒸气量；

L'—提馏段的回流液量；

x_{m+1}—离开第 $m+1$ 块板(即进入第 m 块板)的液相中轻组分的浓度；

y_m—离开第 m 块板的气相中轻组分的浓度；

x_W—塔釜采出液中轻组分浓度

把提馏段中任一横截面(如第 m 块板)到塔釜作为物料衡算的区域(即图中虚线所框出来的部分)，对该区域总的物料衡算为

$$V' = L' - W \tag{3-40}$$

对于轻组分的物料衡算为:

$$V'y_m = L'x_{m+1} - Wx_W \tag{3-41}$$

由式(3-40)和式(3-41)可得:

$$\begin{aligned} y_m &= \frac{L'}{V'}x_{m+1} - \frac{W}{V'}x_W \\ &= \frac{L'}{L'-W}x_{m+1} - \frac{W}{L'-W}x_W \end{aligned} \tag{3-42}$$

由式(3-42)可以看出,在提馏段内任一横截面上的上升蒸气和溢流液的浓度之间的关系,也是一条由操作条件(如 L',W,x_W)所决定的直线方程,该方程即是提馏段操作线方程。

在这里要注意的是:提馏段的溢流液量 L'并不一定等于精馏段的溢流液量 L;同样,精馏段的上升蒸气量 V 也并不一定等于提馏段的上升蒸气量 V'。它们之间的关系将因加料情况的不同而改变。

(3) 加料处的操作线方程

根据工艺条件和操作要求,精馏塔可在不同的物态和温度下进料,因而其进料焓的差别很大,将使精馏段和提馏段之间流率的关系产生不同的变化。精馏塔的进料可能有 5 种不同的热状态:

① 过冷液体(温度低于泡点);

② 饱和液体(在泡点温度);

③ 气液混合物(温度介于泡点与露点之间);

④ 饱和蒸气(在露点温度);

⑤ 过热蒸气(温度高于露点)。

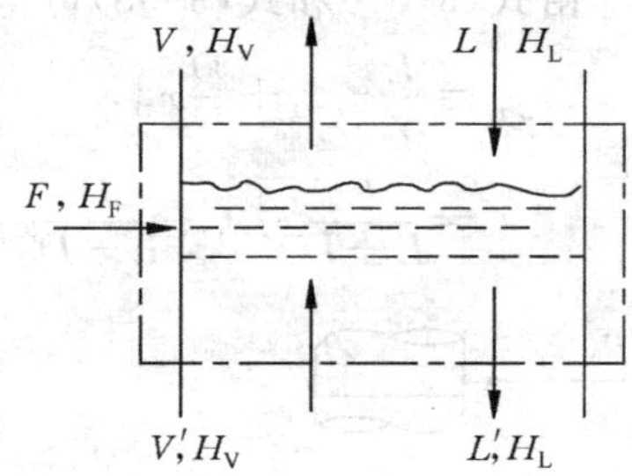

图 3.21 进料板的物料和热量衡算

对如图 3.21 所示的进料板作物料和热量衡算,可得:

$$F + V' + L = V + L' \tag{3-43}$$

$$FH_F + V'H_V + LH_L = VH_V + L'H_L \tag{3-44}$$

式中:H_V 为蒸气的焓;H_L 为液体的焓;H_F 为进料焓。

联立解式(3-43)和式(3-44)可得:

$$\frac{H_V - H_F}{H_V - H_L} = \frac{L' - L}{F} = q \tag{3-45}$$

式中 q 为进料的热状态参数:

$$\begin{aligned} q &= \frac{H_V - H_F}{H_V - H_L} = \frac{H_V - H_F}{\gamma} \\ &= \frac{\text{每千摩尔进料变为饱和蒸气所需热量}}{\text{进料的千摩尔汽化热}} \end{aligned} \tag{3-46}$$

已知进料的组成和热状态,亦即给定 H_V,γ 和 H_F,即可求得 q 值。基于千摩尔汽化热相近,式中 γ 可近似以任一组分的千摩尔汽化热计。

另外,由式(3-45),可知 q 表示对每单位进料流率,由于进料引起的提馏段和精馏段液相流率之差。由此式及式(3-43)可得:

$$L' = L + qF \tag{3-47}$$

$$V' = V + (q-1)F \tag{3-48}$$

当q值及进料流率F给定时，若已知精馏段的流率，即可计算出提馏段的流率，反之亦然。表3.5给出了5种不同进料状态时的q值范围，以及精馏段和提馏段的流率之间的关系。

表 3.5 进料热状态对 q 值的影响

进料热状态	H_F 范围	q 值范围	精馏段、提馏段的气、液流量关系
过冷液体	$H_F<H_L$	>1	$L'>L+F \quad V'>V$
饱和液体	$H_F=H_L$	1	$L'=L+F \quad V'=V$
气液混合物	$H_L<H_F<H_V$	0～1	$L'>L \quad V'<V$
饱和蒸气	$H_F=H_V$	0	$L'=L \quad V'=V-F$
过热蒸气	$H_F>H_V$	<0	$L'<L \quad V'<V-F$

当进料为气液混合物时，设其中液相所占的分率为δ，由$H_F=\delta H_L+(1-\delta)H_V=H_V-\delta(H_V-H_L)$可得：

$$\delta=\frac{H_V-H_F}{H_V-H_L}=q$$

故有时q也定义为进料中液相所占的分率。

由表3.5可以看出：在进料流率和精馏段气、液相流率一定条件下，过冷液体进料时，提馏段的气、液相流率都比其余几种进料时相对较大，这是由于冷料将在进料板上被加热至泡点，它要求提馏段多上升一部分蒸气以提供热量，而过热蒸气进料时情况正好相反，它使得进料板上的部分液体汽化产生一部分蒸气，因而提馏段的气、液相流率相对较小。图3.22表示在5种进料情况下，进料板上的物流示意图。

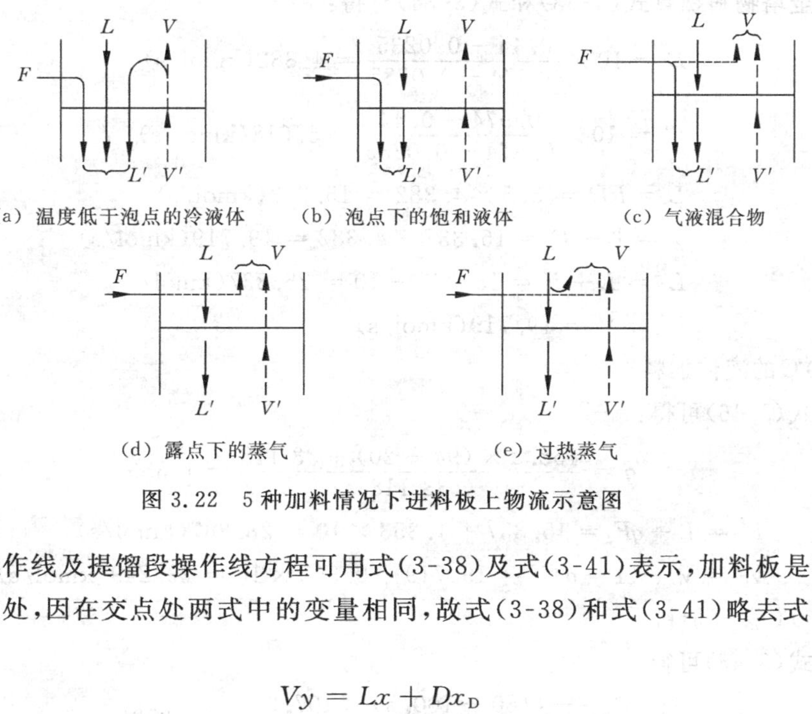

(a) 温度低于泡点的冷液体 (b) 泡点下的饱和液体 (c) 气液混合物

(d) 露点下的蒸气 (e) 过热蒸气

图 3.22 5种加料情况下进料板上物流示意图

精馏段操作线及提馏段操作线方程可用式(3-38)及式(3-41)表示，加料板是精馏段和提馏段的交点处，因在交点处两式中的变量相同，故式(3-38)和式(3-41)略去式中变量的上下标：

$$Vy=Lx+Dx_D$$

$$V'y = L'x - Wx_W$$

上面两式相减

$$(V'-V)y = (L'-L)x - (Dx_D + Wx_W) \tag{3-49}$$

将式(3-32),式(3-47)及式(3-48)代入式(3-49),得:

$$(q-1)Fy = qFx - Fx_F$$

上式各项同除以 $F(q-1)$,并整理得:

$$y = \frac{q}{q-1}x - \frac{x_F}{q-1} \tag{3-50}$$

上式称为 q 线方程或进料方程,是代表精馏段和提馏段两操作线交点的轨迹方程。该式也是直线方程,其斜率为 $q/(q-1)$,截距为 $x_F/(q-1)$。

例 3-7 用一常压连续精馏塔分离含苯 0.44(摩尔分数,以下同)的苯-甲苯混合液,要求塔顶产品含苯 0.974 以上,塔底产品含苯 0.0235 以下,回流比为 3.5。如料液流量为 10 kmol/s,计算以下 3 种加料状态的 q 值以及精馏段和提馏段的气、液流量。

① 饱和液体加料;

② 20℃的液体加料;

③ 180℃的蒸气加料。

已知料液的泡点为 94℃,露点为 100.5℃,混合液体的平均摩尔定压热容为 158.2 kJ/(kmol·K),混合蒸气的平均摩尔定压热容为 107.9 kJ/(kmol·K),饱和液体汽化成饱和蒸气所需汽化热为 33 118 kJ/(kmol·K)。

解: ① 饱和液体加料

根据全塔物料衡算式(3-33)和式(3-34)可得:

$$D = 10 \times \frac{0.44 - 0.0235}{0.974 - 0.0235} = 4.382(\text{kmol/s})$$

$$W = 10 \times \frac{0.974 - 0.44}{0.974 - 0.0235} = 5.618(\text{kmol/s})$$

所以

$$L = RD = 3.5 \times 4.382 = 15.337(\text{kmol/s})$$

$$V = L + D = 15.337 + 4.382 = 19.719(\text{kmol/s})$$

$$L' = L + F = 15.337 + 10 = 25.337(\text{kmol/s})$$

$$V' = V = 19.719(\text{kmol/s})$$

② 20℃的液体加料

根据式(3-46)可得:

$$q = \frac{158.2 \times (94 - 20) + 33\,118}{33\,118} = 1.353$$

所以

$$L' = L + qF = 15.337 + 1.353 \times 10 = 28.867(\text{kmol/s})$$

$$V' = V - (1-q)F = 19.719 + 0.353 \times 10 = 23.249(\text{kmol/s})$$

③ 180℃蒸气加料

根据式(3-46)可得:

$$q = \frac{-(180 - 100.5) \times 107.9}{33\,118} = -0.259$$

所以 $$L' = 15.337 - 0.259 \times 10 = 12.747(\text{kmol/s})$$

$$V' = 19.719 - 1.259 \times 10 = 7.129(\text{kmol/s})$$

(4) 操作线方程在 y-x 图上的表示

精馏段操作线方程(3-39b)、提馏段操作线方程(3-42)和加料处操作线方程(q 线方程式(3-50))在 y-x 图中应是 3 条直线。对式(3-39b)、式(3-42)和式(3-50)稍加分析，就可以找到操作线的简便作法。

求精馏段操作线：当 $x_{n+1}=x_D$ 时，式(3-39b)为：

$$y_n = \frac{R}{R+1}x_D + \frac{1}{R+1}x_D = x_D$$

这就是说，精馏段操作线通过 $y=x=x_D$ 这一点。所以在 y-x 图的对角线上找到 $x=y=x_D$ 的点 D，通过点 D 作在 y 轴上截距为 $x_D/(R+1)$ 的直线，该线就是精馏段操作线(见图 3.23)。

求加料处的操作线(即 q 线)：当 $x=x_f$ 时，式(3-50)为：

$$y = \frac{q}{q-1}x_f - \frac{1}{q-1}x_f = x_f$$

即在 y-x 图上，q 线是通过对角线上 $y=x=x_F$ 点，斜率为 $q/(q-1)$ 的直线(见图 3.24)。因为料液的预热情况不同，q 线的斜率 $q/(q-1)$ 也不相同，在料液预热到泡点时的液态情况下，$q=1$，$q/(q-1)=\infty$，所以此时的 q 线为通过 $y=x=x_F$、垂直于 x 轴的直线。不同的预热情况的 q 线见图 3.24。

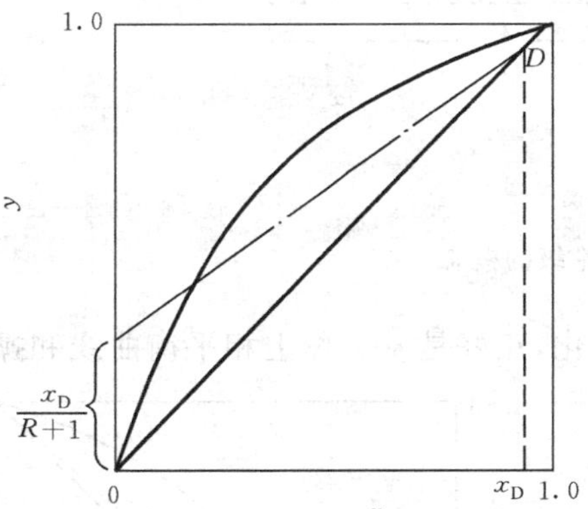

图 3.23 精馏段操作线的作法

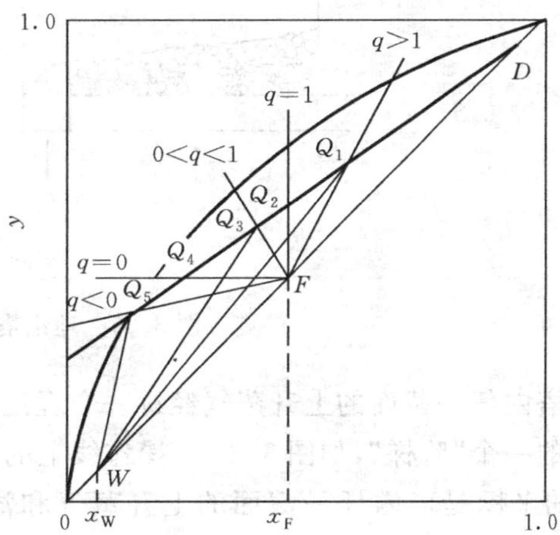

图 3.24 不同进料状态时的 q 线和提馏段操作线的作法

求提馏段操作线：当 $x_{m+1}=x_W$ 时，式(3-42)为：

$$y_m = \frac{L'}{L'-W}x_W - \frac{W}{L'-W}x_W = x_W$$

因此，提馏段操作线在 y-x 图上通过对角线上 $y=x=x_W$ 这一点。又因为在加料处的 x 和 y 既要符合 q 线方程，又要符合精馏段和提馏段的操作线方程，所以这 3 条直线必定相交于一点。若能由精馏段的操作线和 q 线找到这个交点(例如在泡点进料时，这个交点为 Q_2)，则提馏段操作线也一定通过这一点，所以连接精馏段操作线与 q 线的交点(例如 Q_2 点)和

$y=x=x_W$ 这一点(W 点),就是提馏段的操作线(见图 3.24)。

图 3.24 中的 DQW 线表示了不同进料状态下精馏段与提馏段的情况。

3.4.4 理论塔板和理论塔板数

1. 理论塔板的概念

尽管从过程的实质来说,精馏主要为一传质过程,但这一过程十分复杂,特别是塔板上的传质,还与气、液两相的接触面积和混合情况有关,而这些又和塔板结构、两相的流动情况等密切相关。为使问题简化,通常引入理论塔板和效率的概念。所谓理论塔板是指这样一块塔板,当气、液两相在其上进行接触传质时,离开该塔板的两相在传热、传质方面都达到了平衡,即气、液两相的温度相同、组成互呈平衡,故常又称为平衡级。

如图 3.25 所示,能使浓度为 y_{n-1} 的上升蒸气提浓到与 y_{n-1} 在同一截面的溢流液 x_n 成气液相平衡的浓度 y_n^* 的过程,此即一个理论板的分离过程。同样,能够使溢流液的浓度 x_{n+1} 提浓到与 x_{n+1} 在同一截面的上升蒸气成气液相平衡的浓度 x_n^* 的过程,也是一个理论板(或理论级)的分离过程。

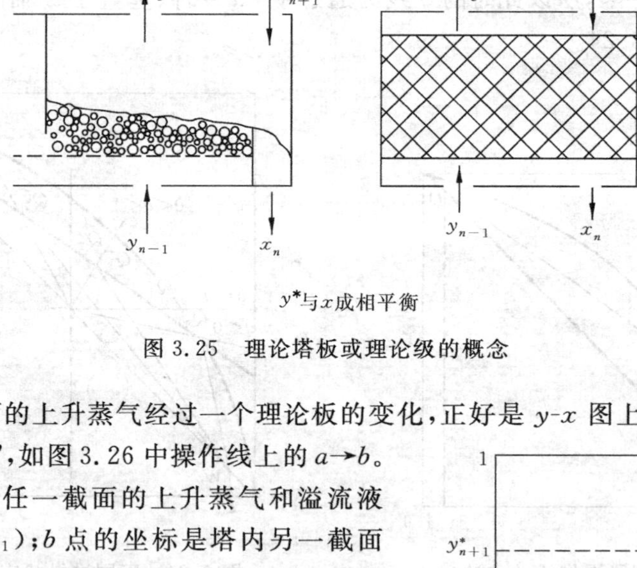

图 3.25 理论塔板或理论级的概念

塔内任一截面的上升蒸气经过一个理论板的变化,正好是 y-x 图上相平衡曲线和操作线间的一个"阶梯",如图 3.26 中操作线上的 $a \to b$。a 点的坐标是塔内任一截面的上升蒸气和溢流液的浓度,如(x_n,y_{n-1});b 点的坐标是塔内另一截面的上升蒸气和溢流液的浓度,如(x_{n+1},y_n^*);a 点与 b 点的垂直距离正好是 y^*-y_{n-1};a 点与 b 点的水平距离也正好是液相经过一个理论板的浓度变化。若由 b 点再经过一个"阶梯"到 c 点,则又经过另一个理论板的变化。

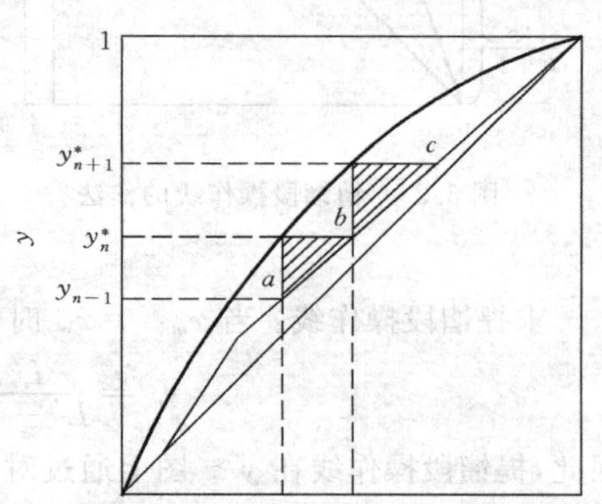

图 3.26 理论板或理论级在 y-x 图上的表示

显然,理论板的分离过程是一种理想情况,实际塔板由于种种原因不可能使两相达到平衡。然而,理论塔板可以作为衡量实际塔板分离效果的基准，它们之间的差别可以用塔板效率来校正。理论塔板涉及的是平衡问题，和塔的结构、两相流动情况等无关，比较简单，实际塔板中那些涉及传质的复杂因素可以归并到塔板效率中通过实验来解决。这样，为计算精馏塔所需的实际塔板数，可先求得所需的理论板数，然后根据所采用的塔板的结构、物系的性质和两相的流动情况等确定塔板效率，最后求得所需的实际塔板数，这是工程上常用的一种处理问题的方法。

2. 理论塔板数的计算

计算理论塔板数的方法有逐板计算法、图解法和芬斯克公式-吉利兰图的方法（有时又称简捷算法）。这几种方法目前都得到普遍的应用，下面先介绍逐板计算法和图解法，简捷算法将在 3.4.6 节中介绍。

1）逐板计算法（Lewis-Matheson 法）

逐板计算法的依据是气液平衡关系式和操作线方程。该方法是从塔顶或者塔底开始，交替利用平衡关系式和操作线方程，逐级推算气液相的组成来确定理论塔板数。

若生产任务规定将相对挥发度为 α 及组成为 x_F 的原料液，分离成为塔顶产品组成为 x_D 和塔底产品组成为 x_W，并选定操作回流比为 R，则逐板计算理论板数的步骤为：

(1) 若塔顶冷凝器为全凝器，则 $y_1=x_D$。按照气液相平衡关系式，由 y_1 计算出第一层理论塔板上液相组成 x_1。

(2) 按照精馏段操作方程，由第一层理论塔板下降的回流液组成 x_1 计算出第二层理论塔板上升的蒸气组成 y_2。再利用气液平衡关系式，由 y_2 计算出第二层理论塔板上的液相组成 x_2。

(3) 按精馏段操作线方程，由 x_2 计算出 y_3。再按气液平衡关系式，由 y_3 计算出 x_3。

依此类推，一直计算到 $x_n \leqslant x_q$（x_q 为精馏段和提馏段的操作线交点的横坐标，当泡点进料，即 $q=1$ 时，$x_q=x_F$）为止。每利用一次平衡关系式，即表示需要一块理论塔板。

当 $x_n \leqslant x_q$ 后，操作线方程改用提馏段操作线方程。其计算步骤和精馏段一样，反复利用操作线方程和气液平衡关系式，一直计算到 $x_m \leqslant x_W$ 为止。

逐板计算法较为准确，不仅应用于双组分精馏计算，而且也可用于多组分精馏计算。但若用手工计算当然相当繁复，尤其是所计算的塔板数较多时更是如此。由于电子计算机的广泛应用，原来十分繁琐的方法现在已变成了一种简捷可靠的方法。

例 3-8 用一连续精馏塔分离苯-甲苯双组分混合液。进料液中含苯 30%（摩尔百分率，下同），要求塔顶馏出液含苯 95%，塔釜残液含甲苯 90%。塔顶冷凝器采用全凝器，回流比 R 为 3.21，泡点进料，苯和甲苯的平均相对挥发度 α 为 2.47。试用逐板计算法计算所需的理论塔板数。

解：将 $\alpha=2.47$ 代入气液相平衡关系式(3-15)，整理后可得如下相平衡关系式：

$$x_n=\frac{y_n}{2.47-1.47y_n} \tag{a}$$

精馏段操作线方程式(3-39b)为

$$y_n=\frac{R}{R+1}x_{n+1}+\frac{x_D}{R+1}$$

已知回流比 $R=3.21$，塔顶产品组成 $x_D=0.95$，又考虑从塔顶开始计算，将已知数据代入式(3-39b)就可得精馏段操作线方程：

$$y_{n+1} = 0.762x_n + 0.226 \tag{b}$$

以进料 $F=100$ kmol/h 为基准，则塔顶采出 D 为

$$D = 100 \times \frac{0.30-0.10}{0.95-0.10} = 23.53(\text{kmol/h})$$

塔底采出 W 为

$$W = 100 \times \frac{0.95-0.30}{0.95-0.10} = 76.47(\text{kmol/h})$$

所以 $L=RD=3.21\times 23.53=75.53$(kmol/h)。

又因为泡点进料，所以 $L'=L+F=75.53+100=175.53$ kmol/h。

将上述数据代入提馏段操作线方程式(3-42)，又考虑从上往下计算，可得提馏段操作线方程：

$$\begin{aligned} y_{m+1} &= \frac{175.53}{175.53-76.47}x_m - \frac{76.47}{175.53-76.47}\times 0.1 \\ &= 1.77x_m - 0.077 \end{aligned} \tag{c}$$

先由(a)和(b)两式逐板计算精馏段所需理论塔板数。

因为塔顶冷凝器为全凝器，当 $n=1$ 时，第一层塔板上升蒸气的组成：

$$y_1 = x_D = 0.95$$

由相平衡关系式(a)算出第一层塔板下降的液体组成：

$$\begin{aligned} x_1 &= \frac{y_1}{2.47-1.47y_1} \\ &= \frac{0.95}{2.47-1.47\times 0.95} = 0.885 \end{aligned}$$

当 $n=2$ 时，由精馏段操作线方程式(b)，算出第二层塔板上升蒸气的组成：

$$\begin{aligned} y_2 &= 0.762x_1 + 0.226 \\ &= 0.762\times 0.885 + 0.226 = 0.900 \end{aligned}$$

由相平衡关系式(a)计算出第二层塔板下降的液体组成：

$$\begin{aligned} x_2 &= \frac{y_2}{2.47-1.47y_2} \\ &= \frac{0.900}{2.47-1.47\times 0.900} = 0.785 \end{aligned}$$

如此逐层计算(可编制计算机程序进行运算)，可得

$n=3$ $y_3=0.824$ $x_3=0.655$

$n=4$ $y_4=0.725$ $x_4=0.516$

$n=5$ $y_5=0.619$ $x_5=0.397$

$n=6$ $y_6=0.529$ $x_6=0.313$

$n=7$ $y_7=0.464$ $x_7=0.260 < x_F=0.30$(加料板)

再由式(a)和式(c)逐板计算提馏段蒸气相和液相在各层板上的组成。

当 $m=n+1=8$ 时，由提馏段操作线方程式(c)计算出第八层塔板上升的蒸气相组成：

$$y_8 = 1.77x_7 - 0.077$$

$$= 1.77 \times 0.260 - 0.077 = 0.383$$

由相平衡关系式(a),算出第八层塔板下降的液体组成:

$$x_8 = \frac{y_8}{2.47 - 1.47 y_8}$$

$$= \frac{0.383}{2.47 - 1.47 \times 0.383} = 0.201$$

如此逐层计算,可得

$m = 9$　　$y_9 = 0.279$　　$x_9 = 0.135$

$m = 10$　　$y_{10} = 0.162$　　$x_{10} = 0.073 < x_W = 0.10$(塔釜)

计算结果得:全塔所需理论塔板数 $N_T = 9$(扣除塔釜),精馏段所需理论塔板数为 6,提馏段所需理论塔板数为 3。

2) 图解法(McCabe-Thiele 法)

图解法求理论塔板数的依据,仍然是平衡关系式和操作线方程,不过是用曲线代替了代数方程,用简便的绘图方法代替了逐板计算而已。此法可按下述步骤进行(见图 3.27):

(1) 按物系的平衡关系在 y-x 图中作出平衡曲线和对角线。

(2) 在 y-x 图上作出 q 线和精馏段及提馏段的操作线。

(3) 由操作线上 a 点($x = x_D$, $y = y_1 = x_D$)出发,作 x 轴的平行线交平衡曲线于 1 点($y = y_1$, $x = x_1$),再由 1 点作垂线交操作线于 m 点($x = x_1$, $y = y_2$),即得一个梯级。以此类推,直至梯级的垂线到达或小于 x_W(即落在或超过 b 点时为止)。每一梯级表示一块理论塔板,通过 d 点的梯级为加料板,在加料板处($x \leqslant x_q$)要换操作线。加料板以上的梯级数为精馏段理论塔板数,加料板以下(包括加料板和塔釜在内)的梯级数为提馏段理论塔板数。在图 3.27 所示的情况中,共有 9 块理论塔板。塔釜相当于一块理论板,应加以扣除,则该塔只需 8 块理论塔板。精馏段与提馏段的理论塔板数分别为 4.5 块和 3.5 块。

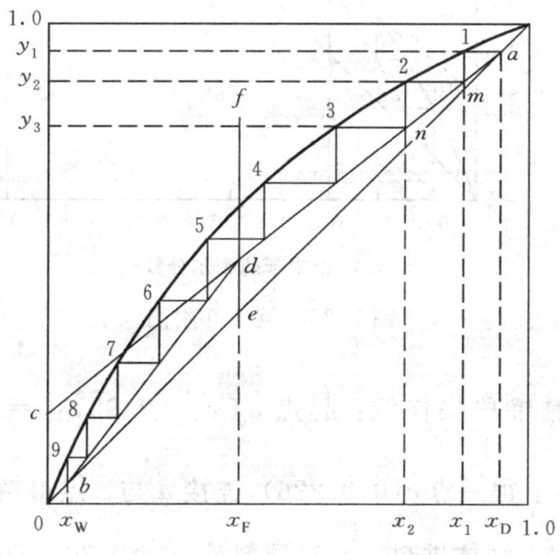

图 3.27　确定理论塔板数的图解法

图解法虽与逐板计算法的依据相同,但较为简便,且直观,便于对过程进行分析比较,但计算的精确度较差,尤其是对于相对挥发度较小而所需理论塔板数较多的场合更是如此。

精馏塔理论板数的计算可以从塔顶往塔底计算，也可以从塔底往塔顶计算。可以用逐板计算法、图解法和简捷算法。由于计算机技术的迅猛发展，逐板计算法得到了广泛应用。清华大学化工系林爱光编写了一个计算理论塔板数的计算机程序，可以用逐板计算法，还可以用图解法求理论板数，既可列出计算出来的各板的各种参数，还可演示图解计算过程的动画效果(参见《化学工程基础多媒体课件》林爱光，赵洪，清华大学出版社，2006 年 7 月)。此教学软件应用在教学中收到了很好的效果。

理论塔板数计算过程中换操作线的问题：①应该在精馏段操作线和提馏段操作线的交点处换操作线。对泡点进料，在 $x=x_f$ 时换操作线。如果不注意这一点，在其他进料状况下一律用泡点进料时的 $x=x_f$ 换操作线，则会引起误差，如在图解法编程调试过程中会发现将线画到平衡线上方去，有时会陷入死循环，出现死机。②当从塔底往塔顶计算理论板时，在换操作线后(液相进料)，应该用精馏段操作线方程再计算一次前一块用提馏段操作线方程计算出的理论板上的参数，而从塔顶往下计算时，则不必。

例 3-9 试用图解法求例 3-8 所述苯-甲苯分离过程所需要的理论塔板数。

解：图解步骤如下：

(1) 根据苯-甲苯物系的平衡数据，或由平均相对挥发度 $\alpha=2.47$ 按相平衡关系式计算出若干组平衡数据，在 y-x 图上绘制平衡曲线和辅助对角线，如图 3.28 所示。

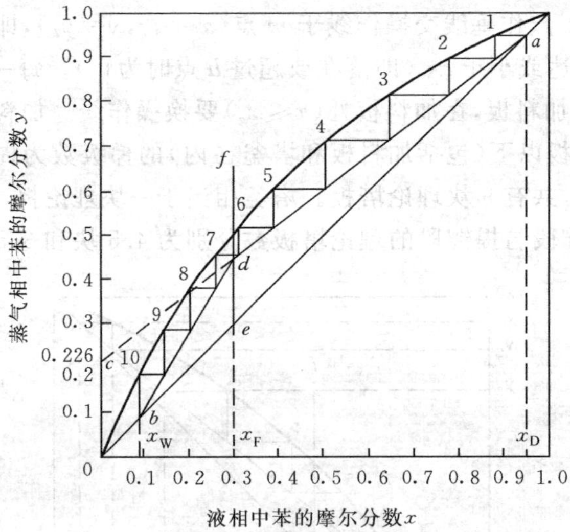

图 3.28 例 3-9 附图

(2) 绘制操作线。精馏段操作线：起点 $a(x_D=0.95, y_1=x_D=0.95)$，截距 $\dfrac{x_D}{R+1}=\dfrac{0.95}{3.21+1}=0.226$，在 y 轴上得一点 $c(0,0.226)$，连接 a 与 c 点得精馏段操作线的轨迹线。

进料操作线：已知饱和液体进料，$q=1$，原料液 $x_F=0.30$，则由 $x_F=0.30$ 引垂线为进料操作线的轨迹线 ef，ef 线交精馏段操作线 ac 于 d 点。

提馏段操作线：起点为 d，终点为 $b(x=x_W=0.10, y=x_W=0.10)$，连接 b 与 d 两点得提馏段操作线。

(3) 图解求理论塔板数。由 a 点开始在平衡曲线和操作线之间画梯级,直至梯级垂直线超过 b 点,得全塔所需理论塔板数 $N_T=9$(不包括塔釜)。其中精馏段的理论塔板数为 6.2,提馏段的理论塔板数为 2.8。

这里需要指出的是,在画梯级的过程中,当梯级垂直线超过 d 点时,操作线应由精馏段操作线换成提馏段操作线。

由上述计算结果可知,由于苯-甲苯物系为相对挥发度较大的近乎理想的物系,又根据分离要求和操作回流比,所需理论塔板数不多,因此,用图解法求得的理论塔板数与逐板计算法计算结果基本一致。

3.4.5 回流比的影响和选择

1. 全回流与最少理论板数

由精馏原理可知,应用回流与上升蒸气是精馏过程的基本条件,所以回流比的大小是影响精馏操作的最重要因素。

对于一定的料液和分离要求,增加回流比,精馏段操作线的斜率 $R/(R+1)$ 增大(参见图 3.29),精馏段和提馏段操作线均向对角线移动,它们与平衡线之间的距离增大,表示塔内气、液两相离开平衡状态的距离增大,两相间传质推动力增大,结果是分离所需的理论板数减少。显然,R 愈大,所需理论板数愈少,当 R 增大到无穷大时,精馏段操作线方程式(3-39b)变为

$$y_n=\frac{R}{R+1}x_{n+1}+\frac{x_D}{R+1}=x_{n+1}$$

R 为无穷大,其实际含义是馏出液量 D 为零,即上升蒸气在冷凝器中冷凝后全部回流,故称全回流,显然这是增大回流比的极限。全回流时,不加入料液,塔顶和塔底都不引出产品。此时,提馏段操作线方程式(3-42)变为

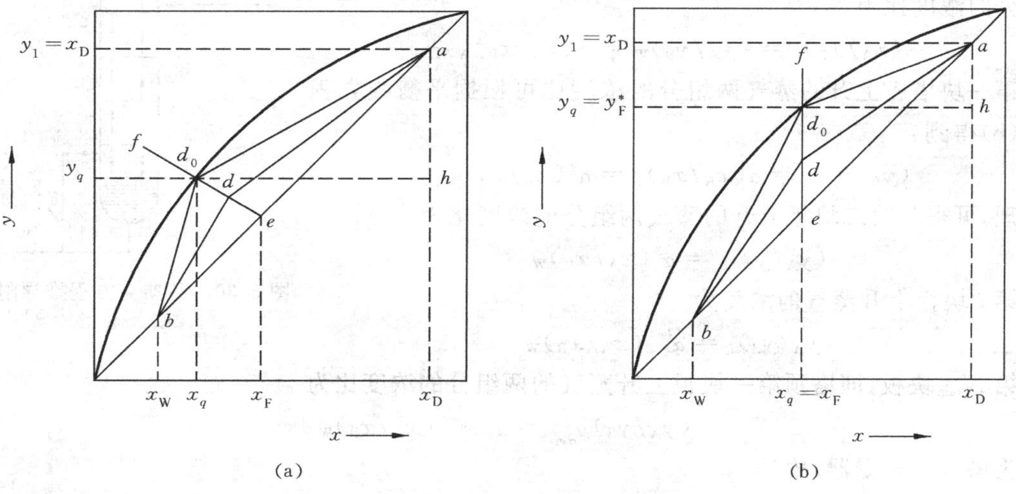

图 3.29 回流比与操作线的关系

$$y_m = \frac{L'}{L'-W}x_{m+1} - \frac{W}{L'-W}x_W = x_{m+1}$$

由上面两式可见，当全回流时，两操作线与对角线重合，显然，此时分离所需理论板数最少，称为最少理论板数。由上面两式可知，全回流时，$V=L$，$V'=L'$，同时也有$V=L=V'=L'$，故对于全回流，塔内任意截面上相遇气、液两相的组成与流量都相等。

对于理想溶液，当塔顶和塔底的组成范围内相对挥发度α变化不大时，分离所需的最少理论板数可以根据逐板计算原理用解析法求得。

塔顶产品组成x_D可表示为易挥发组分A与难挥发组分B的摩尔分数比$(x_A/x_B)_D$，其他物流的组成也均以A和B两组分摩尔分数比表示，如塔釜上升蒸气组成表示为$(y_A/y_B)_W$等。

因为α变化不大，近似于常数，根据式(3-13)，平衡线方程为

$$\alpha = \left(\frac{y_A/y_B}{x_A/x_B}\right)_W = \left(\frac{y_A/y_B}{x_A/x_B}\right)_1 = \left(\frac{y_A/y_B}{x_A/x_B}\right)_2 = \cdots = \left(\frac{y_A/y_B}{x_A/x_B}\right)_i = \left(\frac{y_A/y_B}{x_A/x_B}\right)_{N_{\min}} \tag{a}$$

又由前面知，全回流操作时，操作线方程为

$$y_i = x_{i+1} \tag{b}$$

式中：y_i——在第i块理论塔板上，蒸气相的组成(以易挥发组分的摩尔分率表示)；

x_{i+1}——由$i+1$块板上下降的回流液的组成(以易挥发组分的摩尔分率表示)。

设在全回流下，全塔共有理论塔板$N_{\min}$，则$i=1,2,\cdots,N_{\min}$。

现从塔底开始，逐板进行推算(见图3.30)。已知釜液中两组分的浓度比为$(x_A/x_B)_W$，根据平衡线方程式(a)可得塔釜上升蒸气的两组分浓度比为

$$(y_A/y_B)_W = \alpha(x_A/x_B)_W$$

再根据操作线方程(b)可得从第一块塔板下降的液相两组分的浓度比为

$$(x_A/x_B)_1 = (y_A/y_B)_W = \alpha(x_A/x_B)_W$$

从第一块塔板上升的蒸气两组分的浓度比可根据平衡线方程式(b)得到：

$$(y_A/y_B)_1 = \alpha(x_A/x_B)_1 = \alpha^2(x_A/x_B)_W$$

同理，可得从第二块板上升的蒸气两组分的浓度比为

$$(y_A/y_B)_2 = \alpha^3(x_A/x_B)_W$$

从第i块板上升蒸气的浓度为

$$(y_A/y_B)_i = \alpha^{i+1}(x_A/x_B)_W$$

在第$N_{\min}$块板，即塔顶第一块板上升蒸气的两组分的浓度比为

$$(y_A/y_B)_{N_{\min}} = \alpha^{N_{\min}+1}(x_A/x_B)_W$$

因为塔顶为全凝器，故

$$(y_A/y_B)_{N_{\min}} = (x_A/x_B)_D$$

所以

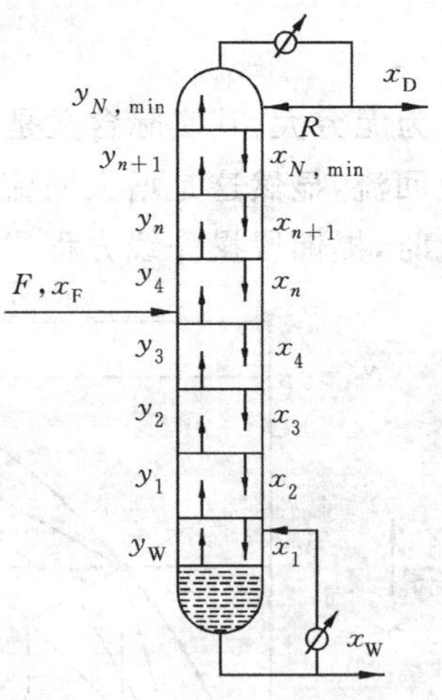

图3.30 芬斯克方程推导附图

$$(y_A/y_B)_{N_{min}} = (x_A/x_B)_D = \alpha^{N_{min}+1}(x_A/x_B)_W$$

将上式两边取对数,整理得:

$$N_{min} = \frac{\lg\left[\frac{(x_A/x_B)_D}{(x_A/x_B)_W}\right]}{\lg\alpha} - 1 \tag{3-51}$$

由此可得在全回流条件下的理论塔板数计算式(3-51)。该式常称为芬斯克(Fenske)式。用此式计算的全回流条件下的理论塔板数 N_{min},已扣除相当于一块理论板的塔釜。式中平均相对挥发度 α 一般取塔顶和塔底相对挥发度的几何平均值:

$$\alpha = \sqrt{\alpha_D\alpha_W} \tag{3-52}$$

若将式(3-51)中$(x_A/x_B)_W$ 换成进料组成$(x_A/x_B)_F$,α 取塔顶和进料处的平均值,则该式也可以计算精馏段的理论塔板数和加料板位置。

应指出,全回流时既不加料,也不出产品,所以实际生产中不可能采用,但是,由于全回流操作方便,在装置开工、调试和实验研究中常常采用。

2. 最小回流比

如图 3.29 所示,对于一定的料液和分离要求,减少回流比,精馏段操作线的斜率变小,精馏段操作线向平衡线靠近,提馏段操作线也向平衡线靠近。操作线与平衡线之间的距离减小,表示塔内气、液两相离开平衡状态的距离减小,两相间传质的推动力减小,所以分离所需的理论塔板数增大,当 R 减小到某一数值,两操作线的交点 d_0 落在平衡线上时,所需理论板数为无限多。这是因为在 d_0 点前后各板之间(进料板上、下区域),气、液两相组成基本上不发生变化,即无增浓作用,故这个区域称为恒浓区(或称为夹紧区),点 d_0 称为夹紧点。在平衡线和操作线之间画梯级,就需要无限多梯级才能到达 d_0 点,这种情况下的回流比称为最小回流比,以 R_{min}表示。最小回流比是回流比的下限。若回流比较 R_{min}还要低,操作线和 q 线的交点就落在平衡线之外,精馏操作就无法按原设计要求进行;回流比较 R_{min}稍高一点,就可以进行实际操作,不过所需塔板数很多。

根据平衡线的形状与分离要求,最小回流比有两种情况:

(1) 平衡线上凸,无拐点

在这种情况下,夹紧点总是出现在两操作线与平衡线的共交点,如图 3.29 所示。此时,a 点的坐标为 x_D,$y_1=x_D$,操作线与平衡线交点 d_0 的坐标为 x_q,y_q。在最小回流比条件下,精馏段操作线的斜率为

$$\frac{R_{min}}{R_{min}+1} = \frac{ah}{d_0h} = \frac{x_D - y_q}{x_D - x_q} \tag{3-53}$$

最小回流比为

$$R_{min} = \frac{x_D - y_q}{y_q - x_q} \tag{3-54}$$

式中 x_q 与 y_q 是 q 线和操作线交点的坐标,该点又在平衡曲线上,因此,对于理想溶液,x_q 与 y_q 的关系应符合式(3-15)即

$$y_q = \frac{\alpha x_q}{1+(\alpha-1)x_q}$$

当采用饱和液体进料时,如图 3.29(b)所示,

$$x_q = x_F$$

$$y_q = y_F^* = \frac{\alpha x_F}{1+(\alpha-1)x_F}$$

则最小回流比可按下式计算:

$$R_{min} = \frac{x_D - y_F^*}{y_F^* - x_F} \tag{3-55}$$

(2) 平衡线上有下凹部分和拐点

此时夹紧点可能在两操作线与平衡线共交前就出现。图3.31中示出了两种可能出现的情况:图中(a)的夹紧点首先出现在精馏段操作线与平衡线相切的位置,所以应根据此时精馏段操作线的斜率求R_{min};图中(b)的夹紧点首先出现在提馏段操作线与平衡线相切的位置,所以应根据此时精馏段操作线的斜率求R_{min}。

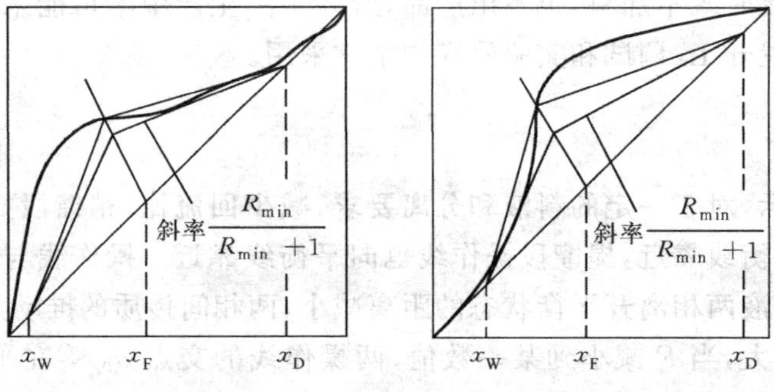

图3.31 平衡线有拐点的情况下R_{min}的确定

例3-10 根据例3-8的要求,计算精馏过程的最小回流比和所需最少理论塔板数。

解:(1) 最少回流比R_{min}

当采用泡点进料时,最少回流比R_{min}可按式(3-55)计算。$x_F=0.30$,y_F^*为

$$y_F^* = \frac{2.47\times0.30}{1+(2.47-1)\times0.30} = 0.514$$

将$x_D=0.95$,$x_F=0.30$,$y_F^*=0.514$代入式(3-55)可得

$$R_{min} = \frac{x_D - y_F^*}{y_F^* - x_F} = \frac{0.95-0.514}{0.514-0.30} = 2.04$$

(2) 最少理论板数N_{min}

全回流下所需最少理论板数可按芬斯克方程式(3-51)计算,将$x_D=0.95$,$x_W=0.10$,$\alpha=2.47$代入此式,可得

$$N_{min} = \frac{\lg\left[\frac{(x_A/x_B)_D}{(x_A/x_B)_W}\right]}{\lg\alpha} - 1$$

$$= \frac{\lg\left(\frac{0.95/0.05}{0.10/0.90}\right)}{\lg 2.47} - 1$$

$$= 4.7(\text{不包括塔釜})$$

3. 适宜回流比的选择

适宜回流比应根据经济核算确定，精馏过程的费用包括操作费用和设备费用两方面。

(1) 操作费用

精馏过程的操作费用主要为再沸器中的加热蒸气(或其他加热介质)和冷凝器中冷却水(或其他冷却介质)的消耗量。在加料量、产量和分离要求一定的条件下，提高回流比 R 可以减少所需的理论塔板数，但由于再沸器蒸出的上升蒸气量 V' 和冷凝器中需冷凝的蒸气量均取决于回流比 R：

$$V = L + D = (R+1)D$$

$$V' = V + (q-1)F = (R+1)D + (q-1)F$$

随着 R 的增加，V 与 V' 均增大，因此加热蒸气与冷却水的消耗量均增加，操作费用增加。操作费用与 R 的关系如图 3.32 中曲线 2 所示。

(2) 设备费

当回流比为最小回流比时，需无穷多块理论板，精馏塔需无穷高，故设备费用为无穷大。增加回流比，最初使所需理论板数急剧减少，所需塔高很快降低。随着 R 进一步增大，所需理论板数减小的趋势减慢。同时，由于 R 增大，上升蒸气量 V 与 V' 增大，精馏塔直径加大，再沸器和冷凝器的热负荷增大，所需传热面增加，由于这几部分费用增加，所以随 R 增加，设备费用减小的趋势减慢，最后，随 R 增加，再沸器与冷凝器增大和精馏塔塔径增加使设备费增加的因素超过理论板数减少使精馏塔高减小，造价降低的因素，设备费乃随 R 增加而增加。

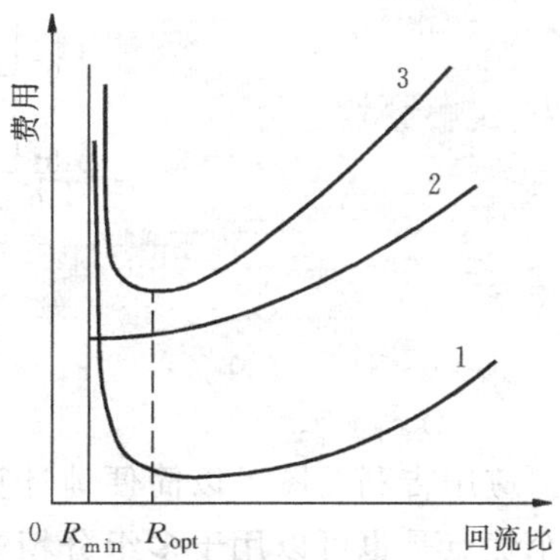

图 3.32 适宜回流比的确定

精馏装置的设备包括精馏塔、再沸器和冷凝器，由上面分析可得到如图 3.32 中曲线 1 所示的回流比 R 对设备费用的影响关系曲线。

总费用为设备费与操作费之和，它与 R 的关系如图 3.32 中曲线 3 所示。曲线 3 上最低点相应的回流比为最佳回流比 R_{opt}。

最佳回流比的数值与很多因素有关，根据生产数据统计，一般最佳回流比的范围为：

$$R_{opt} = (1.1 \sim 2)R_{min}。$$

3.4.6 理论塔板数的简捷算法

1. 吉利兰(Gilliland)关联图

前面讲到回流比的两个极限：R_{min} 与全回流，与此对应，回流比为 R_{min} 时所需的理论板数为无穷多，全回流时所需的理论板数 N_{min} 为最少。实际回流比 R 在 R_{min} 与无穷大之间，理论板数 N 在 N_{min} 与无穷多之间。

根据对物系的分离要求，用前述方法很容易计算出 R_{min} 和 N_{min}，困难在于如何按照选定的回流比 R，求算所需的理论塔板数 N。通过对 R，N，R_{min} 及 N_{min} 之间关系的广泛研究，得出表示上述 4 个参数的相互关联图(图 3.33),此图称为吉利兰图。图中 N 与 N_{min} 为不包括再沸器的理论板数。

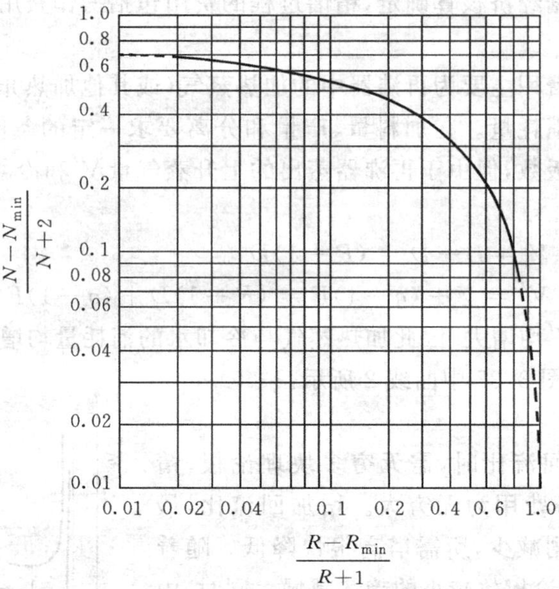

图 3.33　吉利兰图

应用吉利兰图可以简便地计算出精馏所需的理论板数,这种方法称为简捷法。它的另一个优点是也可以用于多组分精馏的计算。

这种方法的误差较大,一般只能对所需理论板数作大致的估计,因为简便,所以在初步设计或进行粗略估算时常常使用。

2. 简捷法求理论塔板数的步骤

(1) 根据物系性质及分离要求,求出 R_{min},选择合适的 R。

(2) 求出全回流下所需理论板数 N_{min}。对于接近理想体系的混合物,可以应用芬斯克方程计算。

(3) 应用吉利兰图,以 $(R-R_{min})/(R+1)$ 为横坐标,由该图查得纵坐标 $(N-N_{min})/(N+2)$,即可求出所需理论板数 N。

例 3-11　根据例 3-8 的已知数据,用简捷计算法求所需的理论塔板数。取 $R=1.57R_{min}$。

解:按如下步骤采用简捷计算法求理论板数:

(1) 求算最小回流比 R_{min} 和实际操作回流比 R。

已由例 3-10 求得 $R_{min}=2.04$,故实际操作回流比 R 为

$$R = 1.57 \times 2.04 = 3.20$$

(2) 求算全回流下的最少理论板数 N_{min}

已由例 3-10 求得 $N_{min}=4.7$(不含塔釜)。

(3) 计算$(R-R_{min})/(R+1)$

$$\frac{R-R_{min}}{R+1}=\frac{3.20-2.04}{3.20+1}=0.276$$

(4) 从图 3.33 上,由横坐标 0.276 查得纵坐标

$$\frac{N-N_{min}}{N+2}=0.40$$

由此可解得全塔所需理论塔板数

$$N=\frac{N_{min}+2\times0.40}{1-0.40}$$

$$=\frac{4.7+0.8}{0.6}=9.17\quad(\text{不含塔釜})$$

计算结果与例 3-8 的逐板计算及例 3-9 的图解计算所得的结果相近。

3.4.7 实际塔板数与塔板效率

如前所述,塔板上由于气、液两相进行传热和传质的结果而达到了相平衡,这种塔板称为理论塔板。在实际塔板上,由于接触时间有限和其他原因,从一块塔板上离开的蒸气与液体两相并不能完全达到平衡。因此,应首先了解实际塔板与理论塔板之间的区别和联系,即实际塔板的效率问题,然后才能由理论塔板数计算出实际塔板数。根据不同的研究角度,并为了使用方便,提出了几种板效率的表示方法,即全塔效率、单板效率和点效率。

1. 全塔效率 E_T

它是化工设计和生产操作中经常用来衡量塔板效率的指标。E_T 是指混合物传质分离过程所需理论塔板数 N_T 与实际所需塔板数 N_P 之比:

$$E_T=N_T/N_P \tag{3-56}$$

全塔效率是一个总括的概念,因为塔操作时,各层塔板的流动状态不同,物性也有所不同,因而各层塔板效率均有差异。全塔效率可以看成是各层板效率的平均值。

全塔效率是用于全塔的,也可用于精馏段与提馏段。应用全塔效率可以很方便地用式(3-56)由理论塔板数算出所需的实际塔板数。但由于影响塔板效率的因素很复杂,包括系统的物性、塔板的结构、操作条件,等等,再加上各塔板的情况又各不相同,故迄今为止,还没有得到一个较为满意的求取全塔效率的关系式。比较可靠的数据是从生产塔或中间试验塔测定的全塔效率。其测定方法是测出塔顶与塔底产品的浓度,记取操作回流比,以及进料浓度与热状态,据此求出该塔相当的理论板数,与塔中实际板数相比,即得全塔效率。

2. 单板效率 E_{mV} 与 E_{mL}

如图 3.34 所示为第 n 层塔板上气、液两相的组成情况。从上层塔板下降的组成为 x_{n+1} 的液体,与从下层塔板上升的、组成为 y_{n-1} 的蒸气流,在组成为 x_n 的第 n 层塔板上接触,若该板为理论塔板,则从塔板上升的蒸气相组成为 y_n^*,且 y_n^* 与 x_n 成平衡;若该板为实际塔板,则蒸气相组成 y_n 与 x_n 达不到平衡,且 y_n 小于 y_n^*。

由此可见,通过任何一层实际塔板,蒸气相的实际浓度变化 y_n-y_{n-1},一定小于通过理

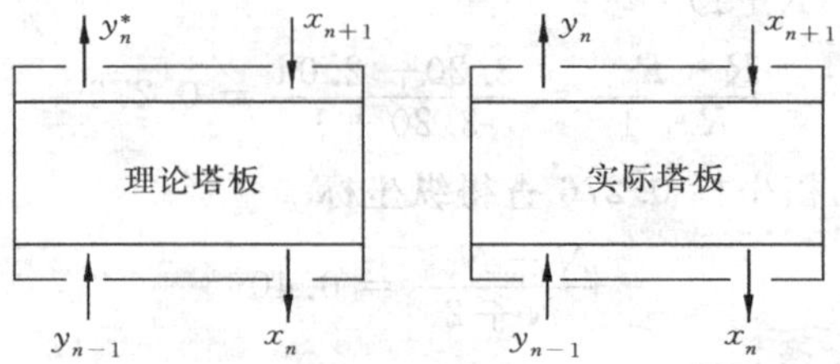

图 3.34 理论塔板和实际塔板的比较

论塔板的最大变化值 $y_n^* - y_{n-1}$。换言之,气、液两相在任一层塔板上进行接触,实际塔板上蒸气相的提浓程度总是低于理论塔板。因此,以两者的比值为任意一层塔板的单板效率,并用 E_{mV} 表示:

$$E_{mV} = \frac{\text{实际塔板的气相增浓值}}{\text{理论塔板的气相增浓值}} = \frac{y_n - y_{n-1}}{y_n^* - y_{n-1}} \tag{3-57}$$

单板效率也常称为莫弗里板效率(Murphree plate efficiency)。式(3-57)为以气相组成表示的莫弗里板效率。

同理,可得以液相组成表示的莫弗里板效率:

$$E_{mL} = \frac{\text{实际板的液相浓度降低值}}{\text{理论板的液相浓度降低值}} = \frac{x_{n+1} - x_n}{x_{n+1} - x_n^*} \tag{3-58}$$

上述莫弗里板效率定义式(3-57)和式(3-58)中所涉及的气相组成是指塔板上各处的气体混合均匀后的平均组成(图 3.34),实际上,由于塔板上气、液是错流接触,液体沿流动方向有浓度梯度,与此相对应,板上各处上升的气体组成也是不相同的,所以莫弗里板效率是按一层塔板整体来看的效率,是气体流经塔板液体流道上依次传质的总结果,因此它的极限并不是 100%,尤其是在流道长的大塔中,莫弗里板效率可能超过 100%。

3. 点效率 E_{OG}

为了找到影响板式塔效率的因素,首先要分析塔板上某一个气泡中的气液传质过程。现分析塔板上某一处一垂直小单元液层,见图 3.35。来自下一塔板,平均组成为 y_1 的气体进入这一单元液层。由于液层在气流的搅动下,可以假设其浓度是均匀的,用 x 表示。气体经过此液层接触传质后,离开时浓度为 y_2。

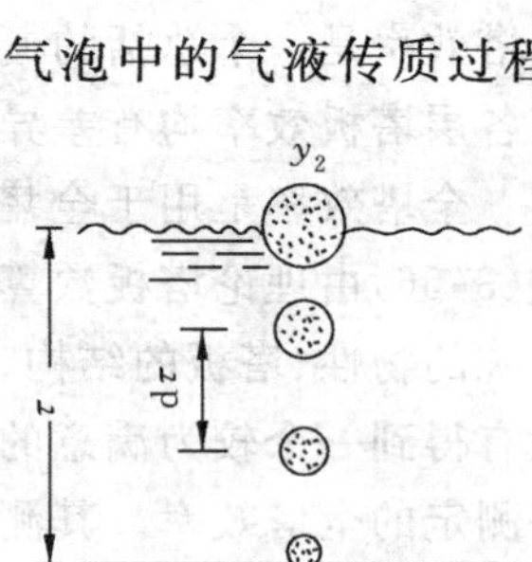

图 3.35 塔板上的传质过程

若在塔板上有一个蒸气量为 V(kmol)的气泡,在液层中上升,经过 $d\tau$ 时间后,由于气液传质过程,气泡中轻组分的浓度由 y 增加到 $y+dy$(在图 3.35 中用气泡内黑点的多少表示气相中轻组分的变化)。

根据传质速率的概念可知:

$$\frac{V dy}{d\tau} = K_y A(y^* - y)$$

或

$$\frac{dy}{y^* - y} = \frac{A}{V} K_y d\tau$$

式中:V——气泡的量,kmol;

A——气泡的表面积，m^2；

y——蒸气摩尔分数；

y^*——与 x 成相平衡的气相摩尔分数；

K_y——以气相浓度作为推动力的传质系数，kmol/(m^2·s)。

若接触时间由 $0\to\tau$，气相浓度则由 $y_1\to y_2$，于是：

$$\int_{y_1}^{y_2}\frac{dy}{y^*-y}=\int_0^{\tau}\frac{A}{V}K_y d\tau$$

$$\ln\frac{y^*-y_2}{y^*-y_1}=-\frac{A}{V}K_y\tau$$

$$\frac{y^*-y_2}{y^*-y_1}=e^{-\frac{A}{V}K_y\tau}$$

$$1-\frac{y^*-y_2}{y^*-y_1}=1-e^{-\frac{A}{V}K_y\tau}$$

$$\frac{y_2-y_1}{y^*-y_1}=1-e^{-\frac{A}{V}K_y\tau}=E_{OG}$$

$$E_{OG}=1-e^{-\frac{A}{V}K_y\tau} \tag{3-59}$$

由式(3-59)可以看出，影响点效率 E_{OG} 的因素是：气泡的比表面积 A/V、气泡在液层中的停留时间 τ 和气液的总传质系数 K_y。A/V，τ 和 K_y 越大，E_{OG} 越接近于1，即点效率越高。如果能得到比较准确的传质系数等数据，就可以用式(3-59)求出塔板的点效率。

例 3-12 设求得苯、甲苯分离所需的理论板数 $N=11$(包括塔釜)，进料板为第六块理论板。若已知所选用塔板的总效率为0.8，试求所需的实际塔板数 N_P 和实际塔板的进料位置。

解：由式(3-56)得：

$$N_P=\frac{N_T}{E_T}$$

扣除塔釜这块理论板，$N_T=11-1=10$，故

$$N_P=10/0.8=12.5$$

取实际塔板数 $N_P=13$。

由已知进料板为第六块理论板，故精馏段的理论塔板数 $N_{精}=6-1=5$，精馏段的实际塔板数 $N_{P精}=5/0.8=6.25$，取 $N_{P精}=7$，进料板为第八块实际塔板(从塔顶往下数)。

3.4.8 连续精馏装置的热量衡算

对连续精馏装置进行热量衡算，可以求得冷凝器和再沸器的热负荷以及冷却介质和加热介质的消耗量，并为设计这些换热设备提供基本数据。

1. 冷凝器的热量衡算

对图3.36所示的全凝器作热量衡算，以单位时间为基准，并忽略热量损失，可求得为使上升蒸气全部在冷凝器中冷凝成液体所需除去的热量，即全凝器的热负荷：

$$\phi_C=VH_{D,V}-(L+D)H_{D,L}$$

因为

$$V = L + D = (R+1)D$$

所以

$$\phi_C = (R+1)D(H_{D,V} - H_{D,L}) \tag{3-60}$$

式中：ϕ_C——全凝器的热负荷，kJ/h；

$H_{D,V}$——塔顶上升蒸气的焓，kJ/kmol；

$H_{D,L}$——馏出液的焓，kJ/kmol。

冷却介质消耗量可按下式计算：

$$W_C = \frac{\phi_C}{C_{p,C}(t_2 - t_1)} \tag{3-61}$$

式中：W_C——冷却介质用量，kg/h；

$C_{p,C}$——冷却介质的平均质量定压热容，kJ/(kg·K)；

t_1, t_2——分别为冷却介质在冷凝器进、出口处的温度，℃。

2. 再沸器的热量衡算

对图3.36所示的再沸器作热量衡算，以单位时间为基准：

$$\phi_B = V'H_{W,V} + WH_{W,L} - L'H_n + \phi_L \tag{3-62}$$

式中：ϕ_B——再沸器的热负荷，kJ/h；

ϕ_L——再沸器的热损失，kJ/h；

$H_{W,V}$——再沸器上升蒸气的焓，kJ/kmol；

$H_{W,L}$——釜残液的焓，kJ/kmol；

H_n——提馏段底流出液体的焓，kJ/kmol。

因为 $V' = L' - W$，若取 H_n 近似等于 $H_{W,L}$，则

$$\phi_B = V'(H_{W,V} - H_{W,L}) + \phi_L \tag{3-63}$$

加热介质消耗量可用下式计算：

$$W_h = \frac{\phi_B}{h_{B1} - h_{B2}} \tag{3-64}$$

式中：W_h——加热介质用量，kg/h；

h_{B1}, h_{B2}——分别为加热介质进、出再沸器的焓，kJ/kg。

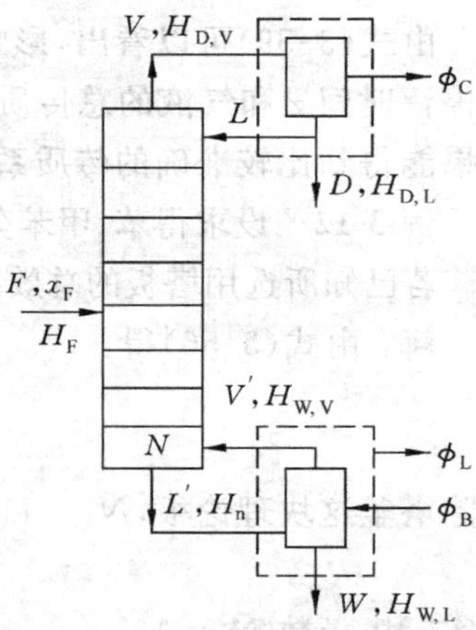

图3.36 精馏装置的热量衡算

若用饱和蒸气加热，且冷凝液在饱和温度下排出，则加热蒸气用量可按下式计算：

$$W_h = \frac{\phi_B}{\gamma} \tag{3-65}$$

式中：γ——饱和蒸气的冷凝热，kJ/kg。

应该指出，再沸器的热负荷也可以通过全塔的热量衡算求出，从中还可以直接看出进料状态与回流比对再沸器热负荷的影响。

例3-13 用一常压连续精馏塔分离含苯0.44(摩尔分数，以下同)的苯-甲苯混合液，要求塔顶产品含苯0.974以上，塔底产品含苯0.0235以下，加料为饱和液体。若进料量为15 000 kg/h，加热蒸汽的压强为245.2 kPa(绝对压强)，冷凝液在饱和温度下排出，冷却水进出口温度分别为25℃和35℃，再沸器的热损失为1.6×10^6 kJ/h。求冷凝器的冷却水用量和再沸器的加热蒸汽用量。该塔采用的回流比为3.5。

解：(1) 求冷凝器的热负荷与冷却水用量

料液的平均摩尔质量 M 为

$$M = 78 \times 0.44 + 92 \times 0.56 = 85.8$$

$$F = \frac{15\,000}{85.8} = 175(\text{kmol/h})$$

根据式(3-33)求得馏出液量 D 为

$$D = F\frac{x_F - x_W}{x_D - x_W} = 175 \times \frac{0.44 - 0.0235}{0.974 - 0.0235} = 76.7(\text{kmol/h})$$

$$W = F - D = 175 - 76.7 = 98.3(\text{kmol/h})$$

根据式(3-60)求冷凝器的热负荷，因为馏出液接近纯苯，设冷凝液在冷凝温度下排出，则($H_{D,V} - H_{D,L}$)即为苯的冷凝热，等于 393.9 kJ/kg，所以

$$\phi_C = (3.5 + 1) \times 76.7 \times 78 \times 393.9 = 1.06 \times 10^7(\text{kJ/h})$$

故冷却水用量可由式(3-61)得出

$$W_C = \frac{1.06 \times 10^7}{4.187 \times (35 - 25)} = 2.53 \times 10^5(\text{kg/h})$$

(2) 求再沸器的热负荷与加热蒸气用量

根据式(3-63)求再沸器热负荷：

$$V' = V = (R + 1)D = 4.5 \times 76.7 = 345(\text{kmol/h})$$

因为残液几乎为纯甲苯，故($H_W - h_W$)可取作纯甲苯的汽化热，等于 363 kJ/kg，所以

$$\phi_B = 345 \times 363 \times 92 + 1.6 \times 10^6 = 1.312 \times 10^7(\text{kJ/h})$$

245.2 kPa(绝对压强)的饱和蒸气的冷凝热为 2187 kJ/kg，所以加热蒸气用量为

$$W_h = \frac{1.312 \times 10^7}{2187} = 6000(\text{kg/h})$$

3.4.9 两组分精馏过程的几种特殊情况

前面讨论的精馏过程是一般常用的典型流程，在实际生产中还会碰到一些与前述典型流程不同的情况。这些情况下精馏过程的计算，原则上与前面讲的相同，但需根据各自的特点作适当改变。

(1) 分凝器

有时精馏塔顶流出的蒸气不在一个全凝器中全部直接冷凝，而是先经一个分凝器部分冷凝，其冷凝液再回流(见图 3.37)。从分凝器出来的蒸气进入全凝器，其冷凝液作为塔顶产品。理想情况下，分凝器出来的蒸气与冷凝液呈平衡，因此分凝器相当于一块理论板。进分凝器的料是塔顶上升的蒸气(V, y_1)，从分凝器出来进全凝器的蒸气的组成 y_0 和从分凝器出来回到塔顶第一块板的回流液的组成平衡。因此，与前面讨论的使用全凝器的典型流程不同，从精馏塔顶出去的蒸气组成 y_1 与回流液组成 x_0 不相等，它们之间服从精馏段操作线关系。塔顶产品从全凝器中出来。

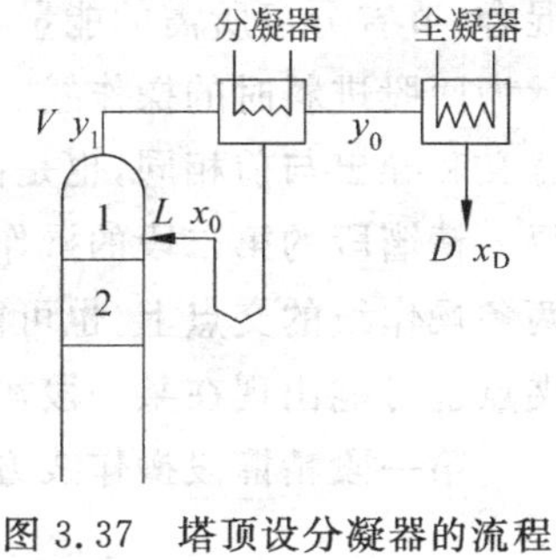

图 3.37 塔顶设分凝器的流程

(2) 塔釜直接通入蒸汽

当欲分离的混合物为水与易挥发组分(如乙醇)的混合物时,可以将水蒸气直接通入再沸器作为上升蒸气。使用直接蒸气可以省去再沸器的传热面。

但是由于精馏塔中加入水蒸气,使从塔釜排出的水量增加,在 x_W 一定的条件下随釜液损失的易挥发组分量增加,使其回收率降低。如果要保持回收率不变,必须要求 x_W 降低,使提馏段所需理论板数稍有增加。

如图 3.38 所示,塔釜直接通入蒸气时精馏段操作线与间接蒸气加热时完全相同,对于提馏段,以图中虚线框为系统进行物料衡算,得

$$L' + S = V' + W$$

$$L'x + S \cdot O = V'y + Wx_W$$

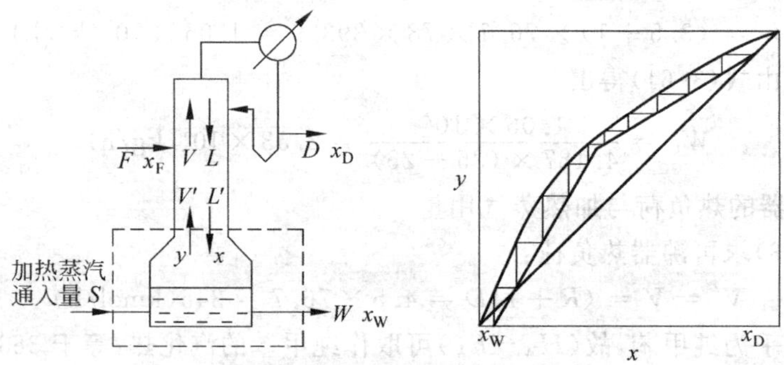

图 3.38　塔釜直接通入蒸汽时的操作线

若采用恒摩尔流假设,则

$$V' = S$$

$$L' = W$$

所以提馏段操作线方程为

$$y = \frac{W}{S}x - \frac{W}{S}x_W$$

根据上式,当 $x = x_W$ 时,$y = 0$,故提馏段操作线通过点(x_W,0)。直接蒸气的通入量 S 与间接蒸气加热时蒸气耗用量的计算类似。

(3) 多股进料

组分相同但组成不同的料液要在同一个塔内进行分离时,为了避免不同组成的物流的混合,节省分离所需的能量,应该使不同组成的料液分别在适当的位置加入塔内,图 3.39 所示为两股进料时的操作线。此时精馏塔分 3 段,相应地有 3 条操作线,两条 q 线,操作线的意义和导出与前相同,也是由物料衡算得出,最小回流比也是根据操作线与平衡线的夹点求得。精馏段的第二段的操作线的斜率总是大于第一段的操作线的斜率。夹点可能在Ⅰ和Ⅱ两条操作线的交点上,也可能出现在Ⅱ和Ⅲ段操作线的交点上。对于平衡线有拐点的情况,夹点也可能出现在某一段操作线与平衡线的切点上。

第一段精馏段操作线方程和单股进料一样,为

$$y_{n-1} = \frac{R}{R+1}x_n + \frac{x_D}{R+1}$$

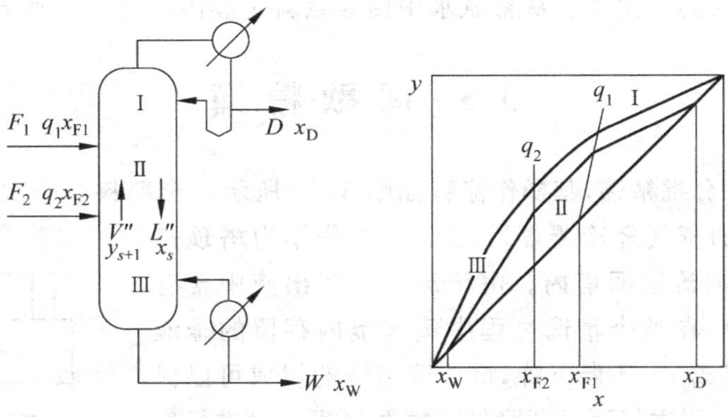

图 3.39　两股加料时的操作线

第二段精馏段操作线为

$$y_{s+1}=\frac{L''}{V''}x_s+\frac{Dx_D-F_1x_{F1}}{V''}$$

若 x_{F2} 为饱和液体进料，则

$$V''=V=(R+1)D$$

$$L''=L+F_1$$

$$y_{s+1}=\frac{L+F_1}{(R+1)D}x_s+\frac{Dx_D-F_1x_{F1}}{(R+1)D}$$

(4) 侧线采出

当需要不同组成的产品时，可在塔内组成相应的位置上按侧线抽出产品，抽出的产品可以是饱和液体或饱和蒸气。

图 3.40(a)所示为有一个侧线出料的精馏装置。由于有一个侧线，精馏塔分 3 段。3 段的操作线分别由 3 段的物料衡算求得。图(b)为饱和液体出料，出料组成为 x'_D；图(c)为饱和蒸气出料，出料组成为 y'_D。第二段的斜率总是小于第一段的斜率。

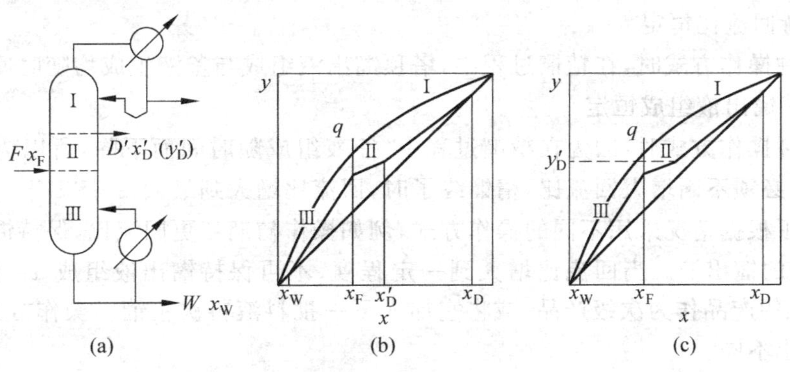

图 3.40　侧线出料时的操作线

有侧线出料时，R_{min} 确定与所需理论板数的计算，原则上与前相同。

(5) 蒸出塔

当精馏的目的仅仅是为了回收稀溶液中的易挥发组分时，对馏出液的浓度要求不高，且挥发组分的相对挥发度较大，不要精馏段已可达到馏出液要求的浓度时，可以不用回流，只有提馏段,这种塔称为蒸出塔。从稀氨水中回收氨就是蒸出塔的一个例子。

3.5 间歇精馏

间歇精馏又称分批精馏,其操作流程如图 3.41 所示。全部料液一次加入蒸馏釜中,精馏时自塔顶蒸出的蒸气经冷凝器冷凝后一部分作为塔顶产品,另一部分作为回流送回塔内。由于蒸出的馏出液中含有较多的易挥发组分,在整个精馏过程中蒸馏釜内存留的釜液中易挥发组分的组成 x_W 不断下降,塔顶馏出液的组成可以保持不变,也可以随过程进行而逐渐降低。精馏过程一般进行到釜中残液组成或馏出液组成降低到规定值为止。操作终了时,残液一次从釜内排出,然后再进行下一批的精馏操作。

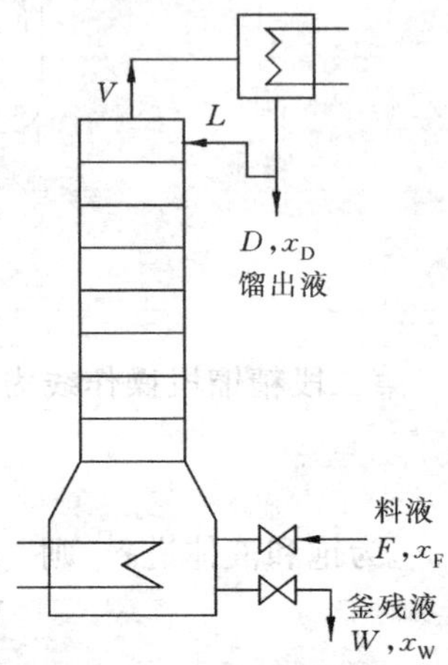

图 3.41 间歇精馏流程

化工生产中虽然以连续精馏为主,但是在某些场合却适宜采用间歇精馏操作。例如,精馏的原料液是由分批生产得到的,这时分离过程要分批进行;实验或科研中的精馏操作,一般生产能力较低,且要求经常改变分离程度,也宜用间歇精馏;多组分混合液的初步分离,即在一次操作中,要求获得不同馏分的产品,这时,也可采用间歇精馏。

间歇精馏的特点:

(1) 间歇精馏塔只有精馏段。

(2) 由于蒸出的馏出液中含有较多的易挥发组分,所以釜中液体的组成随精馏的进行而不断降低,塔内操作参数(如温度,浓度)也随时间而变化,因此间歇精馏属于不稳定操作过程。

(3) 塔顶产品组成随操作方式而异。

间歇精馏有以下两种典型的操作方式:

(1) 保持回流比恒定

采用这种操作方式时,在精馏过程中,塔顶馏出液组成与釜液组成均随时间而下降。

(2) 保持馏出液组成恒定

采用这种操作方式时,因为在精馏过程中,釜液组成随时间而下降,所以为了保持馏出液组成恒定,必须不断增大回流比,精馏终了时,回流比增大到最大。

实际上可根据情况采用不同的操作方式,例如操作初期变更回流比,保持馏出液组成恒定,得到合适的馏出液。当回流比增大到一定程度,不再保持馏出液组成 x_D 恒定,而将所得的 x_D 较低的产品作为次级产品,或将它加入下一批料液再次精馏。操作方式不同,间歇精馏的计算也不同。

3.5.1 回流比恒定的间歇精馏

1. 操作型计算

在操作型计算中,塔的理论板数是一定的,通常是由已知的加料量和加料浓度,求算某固定的回流比时，塔顶需蒸出多少物料才能保证釜液达到所规定的指标。

设操作塔的分离效果为3块理论板，所选回流比 R 恒定时的操作情况如图3.42所示。操作初态时釜中液体的量(即投料量)W_1 及其组成 x_{W1} 是已知的，设相应的馏出液组成为 x_{D1}。D_1C_1 为此时的操作线，斜率为 $R/(R+1)$，D_1 点根据进料组成和理论板数试差作图得到(如图3.42)。随着操作的进行，釜液和馏出液的组成均不断减小，由于 R 一定，操作线平行下移。设操作终了时釜中液体的量(残液量)为 W_2，所规定的最终釜液组成为 x_{W2}，相应的馏出液组成为 x_{D2}，应用与简单蒸馏相似的方法，对任一微元时间 $d\tau$ 作物料衡算，并积分得

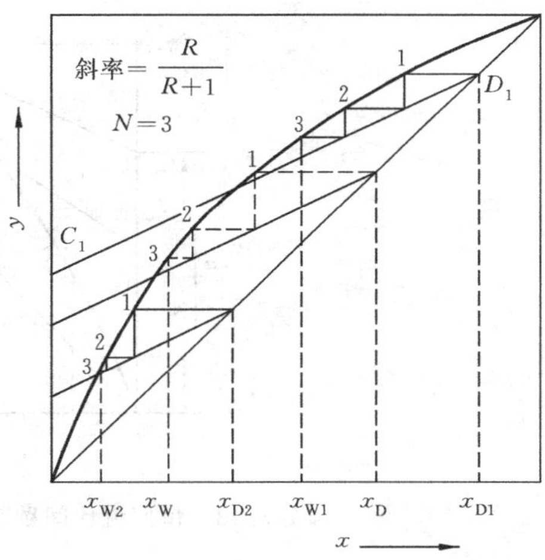

图3.42 恒回流比间歇精馏时 x_D 和 x_W 的关系

$$\ln\frac{W_1}{W_2}=\int_{x_{W2}}^{x_{W1}}\frac{dx_W}{x_D-x_W} \tag{3-66}$$

式中 x_W，x_D 分别为任一瞬时的釜液组成和相应的馏出液组成。当给定若干任一瞬时的 x_W(或 x_D)，可求得相应的 x_D(或 x_W)，从而可利用数值积分或图解积分求得式(3-66)的积分值。并可由此计算出残液量 W_2。

设一批操作所得的馏出液总量为 D，则 $D=W_1-W_2$，由物料衡算可求得馏出液的平均组成 $\bar{x}_D$ 为

$$\bar{x}_D=\frac{W_1x_{W1}-W_2x_{W2}}{D} \tag{3-67}$$

由一批操作的总上升蒸气量 $V=(R+1)D$，可计算加热蒸气的消耗量。

2. 设计型计算

已知参数为一批操作时加入塔釜中液体的量 W_1 和组成 x_{W1}，工艺要求的最终釜液组成为 x_{W2} 和馏出液的平均组成为 $\bar{x}_{D规}$，要求选取适宜的回流比 R 和计算所需的理论塔板数。

计算可从操作初态开始，假设一个略高于 $\bar{x}_{D规}$ 的某一初态时的馏出液组成为 x_{D1}，求取由釜液组成 x_{W1} 精馏得 x_{D1} 所需的最小回流比 R_{min}(见图3.43)。然后取实际回流比 R 为 R_{min} 的1.1倍～2倍，并求得所需的理论板数。所设的 x_{D1} 是否正确，应以一批精馏操作所得的馏出液平均组成 $\bar{x}_D$ 满足规定的 $\bar{x}_{D规}$ 为判据。为此，还需按操作型的计算方法，计算所求得的理论板数下的馏出液平均组成 $\bar{x}_D$，若 $\bar{x}_D=\bar{x}_{D规}$，则说明所设正确，否则，应重新设 x_{D1}，求出回流比 R、理论塔板数和馏出液平均组成，直至满足 $\bar{x}_D=\bar{x}_{D规}$ 为止。满足判据时的回流比和理论板数即为所求。

例3-14 含正庚烷0.4(摩尔分数，下同)的正庚烷-正辛烷混合液15 kmol，在101.3 kPa压强下，用间歇精馏将其分离成馏出液平均组成 $\bar{x}_D$ 为0.9和残液组成 x_W 为0.10产品，精馏塔的理论塔板数为8。试计算当采用恒回流比间歇精馏时，回流比应该为多少？101.3 kPa下的正庚烷-正辛烷可视为理想溶液，$\alpha=2.16$。

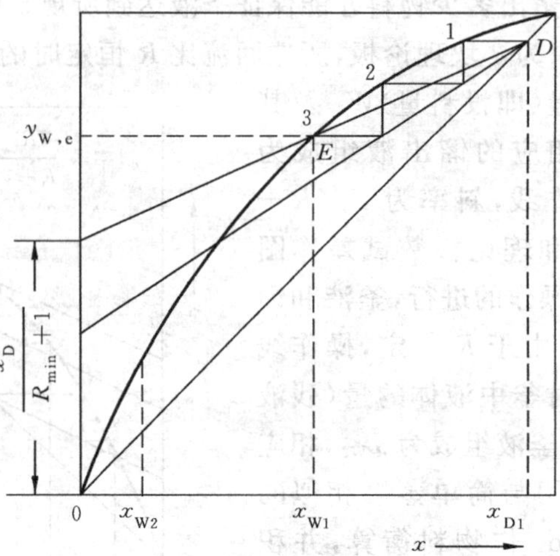

图 3.43　恒回流比间歇精馏时的 R_{min} 及理论塔板数的确定

解：设 $x_{D始}=0.984$，使 $x_{D始}$ 略高于 $\bar{x}_{D规}$（$\bar{x}_{D规}=0.90$）。又假设 $R=4.29$，则可得操作线方程和平衡线方程：

$$y=\frac{R}{R+1}x_{n+1}+\frac{x_D}{R+1}=\frac{4.29}{4.29+1}x_{n+1}+\frac{0.984}{4.29+1}$$

$$=0.811x_{n+1}+0.186$$

$$x=\frac{y}{2.16-1.16y}$$

逐板计算 8 次得：当 $x_{D始}=0.984$ 时，$x_8=0.40$，此与进料组成相近，回流比假定正确，以后操作即维持此回流比不变。

操作过程中，x_D 不断下降，每一瞬时 x_D 必有一釜液组成 x_W 与之对应，因此，设一系列 x_W 值，用操作线方程和平衡线方程计算 8 次得到对应的 x_D，见下表：

$R=4.29$，$N=8$

	1	2	3	4	5	6	7
x_D	0.580	0.782	0.898	0.947	0.968	0.978	0.984
x_W	0.100	0.150	0.200	0.250	0.300	0.350	0.400
$\frac{1}{x_D-x_W}$	2.08	1.58	1.43	1.43	1.50	1.59	1.71

数值积分得：

$$\int_{x_{W2}}^{x_{W1}}\frac{dx_W}{x_D-x_W}=0.468$$

$$\frac{W_1}{W_2}=e^{0.468}=1.60$$

$$W_2=W_1/1.60$$

$$
\begin{aligned}
D &= W_1 - W_2 = W_1 - W_1/1.60 \\
&= W_1\left(1-\frac{1}{1.60}\right) = 15 \times 0.375 \\
&= 5.625(\text{kmol})
\end{aligned}
$$

验算馏出液平均浓度$\bar{x}_D$ 是否与$\bar{x}_{D规}=0.9$ 接近：

$$
\begin{aligned}
\bar{x}_D &= \frac{W_1 x_{W1} - W_2 x_{W2}}{D} \\
&= \frac{15 \times 0.4 - \frac{15}{1.6} \times 0.1}{5.625} \\
&= 0.90
\end{aligned}
$$

因此，所设的 $x_{D始}$和 R 正确。

3.5.2 馏出液组成恒定的间歇精馏

1. 操作型计算

在操作型计算中，精馏塔的理论板数是一定的，通常是由已知的进料量和进料浓度，在规定馏出液浓度 x_D 和操作终态时釜液浓度 x_W 时，计算操作过程中的回流比 R。

假设操作塔的分离能力为 4 块理论板，釜液的初态组成 x_{W1}（即进料组成），规定的馏出液组成为 x_D，操作终态时的釜液组成为 x_{W2}，利用图 3.43 所示的试差方法可分别求得初态和终态时的回流比 R_1 和 R_2。在一批操作过程中，应使回流比逐渐由 R_1 加大到 R_2，从而维持所得馏出液的组成恒定。

2. 设计型计算

(1) 求 R 和 N_T

已知参数为一批操作时加至釜中液体的量 W_1 和进料组成 x_{W1}，工艺要求的最终釜液组成 x_{W2}，要求馏出液恒定组成 x_D，设计计算合适的理论塔板数 N 及回流比的范围。

精馏操作中，理论塔板数不变，又要求馏出液组成不变，即分离要求不断提高，这就需要通过不断提高回流比来达到要求。在精馏过程中，釜液组成不断降低，分离愈来愈困难，到过程终了时，分离最困难，因此回流比和理论塔板数的确定，应以此时的条件为准。

确定回流比与理论板数的方法是根据 x_D 和 x_{W2}求出最小回流比 R_{min}，然后确定适宜的回流比，作出操作线，即可求出理论塔板数。

图解法求回流比和理论塔板数步骤如下（见图 3.44）：①在 y-x 图上绘平衡曲线和对角线；②由 x_D，x_{W2}求出 R_{min}；③取 $R_{终}=(1.1\sim2)R_{min}$；④根据 $R_{终}$ 求出理论塔板数。

在操作初期 $x_W=x_{W1}$时，可用较小的回流比，到后来逐渐增大直至 $R=R_{终}$。

(2) 汽化量的确定

如上所述，为了保持 x_D 恒定，随着 x_W 的降低，所需回流比逐渐增加，因此蒸馏釜中汽化量与过程中所得馏出液量不成正比，不能用 $V=(R+1)D$ 来计算一批操作的总汽化量。通过对该精馏过程分析，可得出总汽化量为

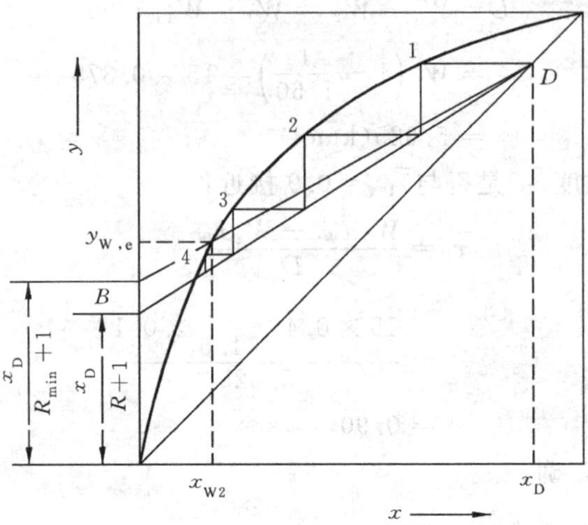

图 3.44 恒馏出液组成间歇精馏的 R_{min} 和理论塔板数的确定

$$V = W_1(x_D - x_{W1})\int_{x_{W2}}^{x_{W1}} \frac{R+1}{(x_D - x_W)^2}dx_W \tag{3-68}$$

式中 R 与 x_W 有关,只要得出它们之间的关系即可用图解积分法求出上式积分值。R 与 x_W 的关系可以这样求得:从 x_{W1} 到 x_{W2} 之间取若干个 x_W 值,对于每一个 x_W 值,过(x_D,x_D)点作一假设的操作线,从(x_D,x_D)点开始在操作线与平衡线之间作阶梯,至(x_W,x_W)为止。若所得理论板数与已确定的 N_T 相等,则此操作线即为所求的操作线,根据此操作线的斜率即可算出 R;如果得出的理论板数与已确定的 N_T 不等,说明假设的操作线非所求,重新假设操作线,再进行同样的计算,直至求出的理论板数与已确定的 N_T 相等为止。

例 3-15 例 3-14 中,馏出液组成恒定的间歇精馏 x_W 及 x_D 同前,试求理论塔板数和回流比 R。

解:以操作终态的釜液组成 x_{W2} 为计算依据:

$$y_{W2} = \frac{\alpha x_{W2}}{1+(\alpha-1)x_{W2}} = \frac{2.16\times 0.1}{1+1.16\times 0.1} = 0.194$$

$$R_{min} = \frac{x_D - y_{W2}}{y_{W2} - x_{W2}} = \frac{0.9-0.194}{0.194-0.1} = 7.51$$

$$R_{终} = 1.32R_{min} = 1.32\times 7.51 \approx 10$$

用逐板计算法求理论塔板数 N,计算自塔顶 $x_D=0.90$ 开始,用操作线方程:

$$y_n = \frac{R}{R+1}x_{n+1} + \frac{x_D}{R+1}$$

$$= \frac{10}{10+1}x_{n+1} + \frac{0.9}{10+1} = 0.909x_{n+1} + 0.0818$$

和平衡线方程

$$x = \frac{y}{\alpha-(\alpha-1)y} = \frac{y}{2.16-1.16y}$$

逐板计算得出需要 8 块理论板,终态时,$R=10$,$x_W=0.10$。详细计算结果如下表所示:

	1	2	3	4	5	6	7	8
y	0.9	0.815	0.692	0.545	0.406	0.300	0.233	0.194
x	0.806	0.671	0.509	0.357	0.241	0.166	0.123	0.100

3.6 两组分精馏的操作型计算与操作

3.6.1 两组分精馏的操作型计算

精馏的操作型计算的内容是在设备已经确定(即全塔的理论板数与加料位置已定,有时加料位置也可变动)的条件下指定操作条件,预计各层塔板上气、液相(包括两端产品)的组成及温度分布等;或者要求一定的操作结果,确定必需的操作条件(如回流比 R、加料位置)。

操作型计算在实际生产中可以用来预计：①产品质量；②操作条件变化时产品质量和采出量的变化；③为了保证产品质量应该采取什么措施等。在设计新装置时也可以应用操作型计算方法来确定精馏所需的理论板数。这种算法对于非理想体系与多组分精馏计算常常是很有效的。

关于操作型计算,虽然所用的基本关系式与前述设计型的并无区别,但由于它们的已知条件和待求的结果不一样,所以计算方法也有所不同。

在操作型计算中,由于理论塔板数(包括塔釜)及进料位置已知,原则上可根据精馏的基本关系式,分别列出各板的基本方程(物料衡算式和气液平衡关系式),然后联解这些方程求取各板的气、液相组成。但实际上由于许多变量之间呈非线性关系,联立求解极其复杂,工程上多采用试差(迭代)的方法,例如可先假设塔顶(或塔底)的组成,并由物料衡算求得塔底(或塔顶)的组成,然后利用前述设计型的逐板计算法(也可用图解法),根据塔的实际分离能力确定塔底(或塔顶)组成,最后校核这一塔底(或塔顶)组成是否和物料衡算所得的一致。若二者之差在容许的误差范围内,常称为收敛或契合,说明原设计正确,计算结果有效;若二者相差较多,则重新假设塔顶(或塔底)组成,重复上述过程,直至收敛为止。

操作型计算又称模拟计算。由于试差过程比较复杂,目前多采用计算机求解。它相当于在计算机上进行一次实际精馏塔的操作实验。

操作型问题的另一类型,即要求一定的操作结果,确定必需的操作条件,也可利用前述操作型计算的试差方法来确定,一般也多用计算机进行计算。

操作型问题也可以图解法进行计算,下面详细介绍操作型计算的两种类型问题的图解法求解。

1) 已知精馏段的理论板数 N_R,提馏段的理论板数 N_S,进料组成 x_F,回流比 R,求可能达到的分离效果,即求 x_D 与 x_W。用图解试差法解题步骤如下：

(1) 根据物系在 y-x 图上作出平衡线,并画出对角线。

(2) 根据 x_F 与加料状态作出 q 线。

(3) 根据 R,算出精馏段操作线斜率。

(4) 求馏出液组成 x_D。先假设 x_D 的初值,作出精馏段操作线,作阶梯定出精馏段所需理论板数 N'_R。如果 N'_R与给定的 N_R 相等,则所设 x_D 即为所求;如果 N'_R与 N_R 不相等,

则重设 x_D,重新进行上述图解计算直至 N'_R 与 N_R 相等为止,此时所设 x_D 值即为所求。

(5) 求釜液组成 x_W。求解方法与步骤(4)相同,只是将 x_D 换成 x_W,N_R 换成 N_S,在提馏段操作线与平衡线之间作阶梯求出 N'_S,从设定的 x_W 求出等于 N_S 的 N'_S。

2) 已知进料组成与加料状态、总理论板数 N_T、分离要求(x_D 与 x_W),求 R 与加料位置。用图解试差法,解题步骤如下:

(1) 根据 x_F 与加料状态作出 q 线。

(2) 根据 x_D,试作一假设的精馏段操作线,并与 q 线相交得交点 d,作出提馏段操作线。

(3) 根据 x_D,x_W 和假设的操作线求出所需理论板数 N'_T。如果 N'_T 与已知 N_T 相等,则所设精馏段操作线即为所求,否则,重新试作精馏段操作线进行上述计算,直至所求出的 N'_T 与 N_T 相等为止,此时所设精馏段操作线即为所求。

(4) 根据步骤(3)确定的精馏段操作线的斜率求 R。两操作线交点处的阶梯即为加料位置。

例 3-16 有一精馏塔共有 10 块理论板,加上再沸器共 11 块理论板。用此塔分离苯-甲苯混合液,料液组成 x_F 为 0.5(摩尔分数,下同),饱和液体加料。要求馏出液中苯的组成 x_D 不低于 0.95,釜残液中苯的组成 x_W 不高于 0.05。精馏塔在常压下操作。试求回流比必须大于多少?加料位置应在第几块理论板上。

解:用图解试差法求解步骤如下:

(1) 在 y-x 图上作出苯-甲苯体系的平衡线(图 3.45)。

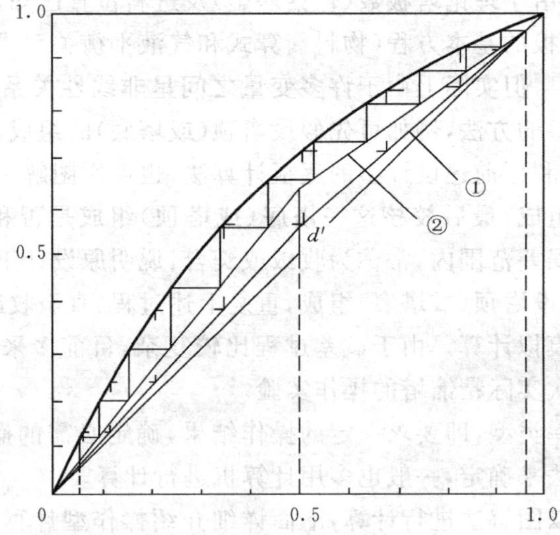

图 3.45 例 3-16 附图

(2) 作 q 线。因系饱和液体加料,q 线为 $x=0.5$ 的垂直线。

(3) 通过(0.95,0.95)点作一假设的精馏段操作线①,并得与 q 线的交点 d' 点,联点 d' 与(0.05,0.05)点得提馏段操作线。从点(0.95,0.95)开始,在平衡线与操作线之间作阶梯到(0.05,0.05)点,共得 8 个理论板,比实际塔中的理论塔板数少,说明所设精馏段操作线斜率偏大。

(4) 重新假设一精馏段操作线②，其斜率小于第一次试作的操作线，再作提馏段操作线，画阶梯，得 11 块理论板，与实际塔中的理论板数相同，故操作线②即为所求的精馏段操作线。

(5) 从图 3.45 中可得操作线斜率为 0.681，所以

$$\frac{R}{R+1}=0.681$$

解得 $R=2.14$。料液加在从上向下数的第 5.4 块理论板上。

3.6.2 连续精馏操作条件的优化

精馏塔操作的基本要求是保证在最经济的条件下处理更多的料液，达到预定的分离要求(规定的 x_D 与 x_W)或组分的回收率($(x_D D)/(x_F F)$)。现就操作中的几个主要问题分述如下。

1. 最佳加料位置

为保持操作稳定，使塔内各处气液组成和温度稳定，料液应在塔内气液组成与其相同的位置加入，避免不同组成的物流的混合。最佳的加料位置在该板的液相组成 x 等于或略低于料液组成 x_F(假如是泡点进料)。当然，加料位置可在精馏段操作线与平衡线交点 P 和提馏段操作线与平衡线交点 m 之间，但是，当 x 与 x_F 相差较大，理论板将增加，如图 3.46 所示。

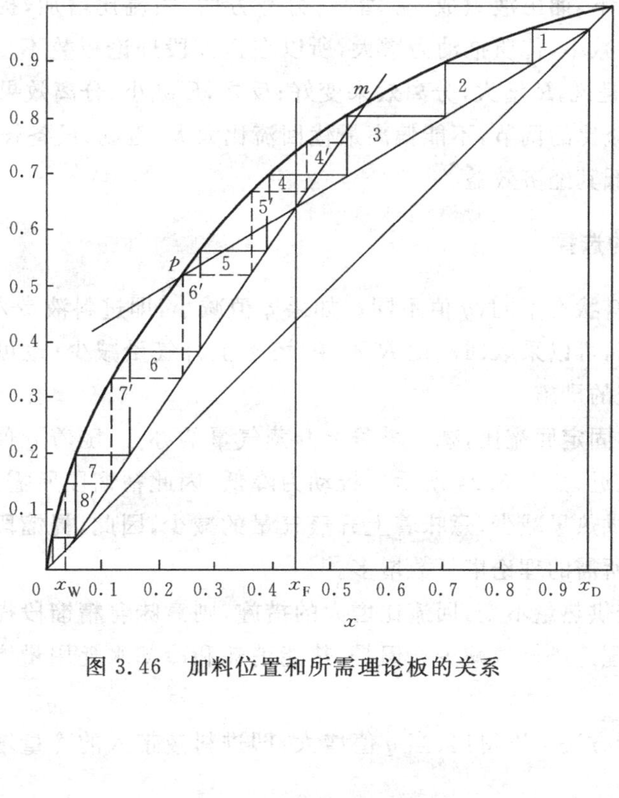

图 3.46 加料位置和所需理论板的关系

2. 保持精馏装置进出物料平衡

保持精馏装置进出物料平衡是保证精馏塔稳定操作的必要条件。在前面关于操作型计算的讨论中没有涉及料液量 F,馏出液量 D 和釜残液量 W,这是因为根据全塔物料衡算式(3-31)和式(3-32),对于给定的料液量 F 和组成 x_F,只要确定了 x_D 和 x_W,馏出液量 D 和釜残液量 W 自然也就确定了。而表示精馏分离效果的 x_D 和 x_W 只取决于 x_F,R 以及气液平衡关系和理论板数,因此,D,W 或采出率 D/F 与 W/F 只能根据 x_D 与 x_W 确定,不能任意增减,否则,进出塔的两个组分的量不平衡,将引起塔内组分量的增减,导致塔内浓度变化,操作波动,使操作偏离最佳状态。

另外,塔顶组成 x_D 反过来也受全塔物料衡算的限制。当 R 增大,x_D 随之增大,而 x_W 则下降。如果 x_W 趋近于零,则根据全塔物料衡算有

$$x_D = \frac{Fx_F - Fx_W[1-(D/F)]}{D} = \frac{Fx_F}{D}$$

从上式可以看出,x_D 的极限浓度为 $x_D = x_F/(D/F)$。

最后,x_D 的提高也受精馏段理论板数的限制,即使回流比无穷大,x_D 也有限定的最高极限值,实际操作的回流比下,x_D 不可能超过此最高极限值。

3. 回流比的影响

回流比是影响精馏过程分离效果的主要因素,所以它是生产中用来调节产品质量的主要手段。一方面,回流比增加,精馏段操作线斜率增大,传质推动力增大,因此,在精馏段理论板数不变的条件下,馏出液组成 x_D 增高;另一方面,回流比增加,提馏段中气液比增大,提馏段操作线斜率减小,传质推动力增大,所以在提馏段理论板数不变的条件下,釜残液组成 x_W 降低。这就是说,R 增大,分离效果变好;反之,R 减小,分离效果变差,x_D 降低,x_W 增高。当然,操作回流比的调节,不能偏离最优回流比太大,否则,设备长期在不适宜操作条件下运行,必然会降低其经济效益。

4. 进料状态的选择

如前所述,进料状态不同,q 值不同。如果 q 值减小,即进料液带入的热量增多,这时为保持全塔热量平衡,可以采取回流比 R 不变,塔釜上升气量减少;也可以采取回流比增大,塔釜上升气量不变的措施。

如果采用上述固定回流比,减少塔釜上升蒸气量的办法,随着 q 值减小,提馏段操作线逐渐向平衡曲线趋近(如图 3.24 所示),推动力降低,因此精馏段所需的理论塔板数将随之增多。同时,塔釜供热量减少,意味着上升蒸气量的减少,因此,提馏段操作线斜率增大,向平衡曲线趋近,使所需的理论塔板数增多。

如果采取塔釜供热量不变,回流比增大的措施,则意味着精馏段操作线斜率增大,而远离平衡线,使所需理论塔板数减少。但是,热能消耗和冷却水耗用量增大,操作费用将随之上升。

用同样的分析方法可以得出,当 q 值增大,即进料液带入的冷量增多时,如果采用塔釜

上升蒸气量不变，回流比减少的措施，结果会使精馏段和提馏段所需的理论塔板数增加。又如果采用塔釜上升蒸气量增大，回流比不变的措施，可以使提馏段所需的理论塔板数减少。但是，热能消耗增多，操作费用将随之上升。

从上面分析也可以看出，如果用改变进料状态的 q 值（提高 q 值，减少回流比；降低 q 值，减少塔釜上升蒸气量）试图减轻塔顶冷凝器或塔釜再沸器的负荷，将会降低分离效果。

工业生产中，精馏塔的进料状态往往由前一工序所得物料的热状态所决定。一般情况下，以饱和液体进料居多。有时用气态进料或者预热往往是为了气态清洁或为了废热利用。

5. 产品质量控制与灵敏板

在一定压强下，混合物的泡点和露点直接取决于混合物的组成（如图 3.2 所示），所以理论上可以用温度来表示混合物的组成。对于馏出液，与一定的 x_D 相对应，有一定的露点 t_D，只要塔顶温度低于 t_D 露点温度，就能保证馏出液组成高于 x_D。对于塔底釜残液，只要釜液温度高于合格釜残液的泡点温度，就能保证釜残液组成不高于 x_W。

精馏塔内的温度分布如图 3.47 所示，在接近精馏塔塔顶和塔釜相当一段高度内，气液组成变化不大。例如乙苯-苯乙烯在 8.0 kPa 下减压精馏，塔顶馏出液 x_D 从 99.9%降低到 90%，泡点温度仅降低 0.7℃。所以，一旦塔顶（或塔釜）温度发生可觉察的变化时，塔顶（或塔釜）产品的组成就已不合格了，再设法调节已为时过晚。分析精馏塔内沿塔高的温度分布情况可以看到，在离两端一定距离处（如图 3.47 的 A 与 B 处）的塔板上，温度开始有较大的变化。如果操作条件变化，则塔内浓度分布也随之发生变化，譬如塔上部诸板上难挥发组分的含量增高，则这些板上（如 A，B 处）的温度将发生较大的变化（如图 3.47 中的虚线所示），可以用温度计测量发现，这样，就能够在塔顶温度没有发生改变前采取措施，防止 x_D 降低。这些塔板称为灵敏板，生产上常用测量和控制灵敏板的温度来调节和控制馏出液和釜残液的质量。

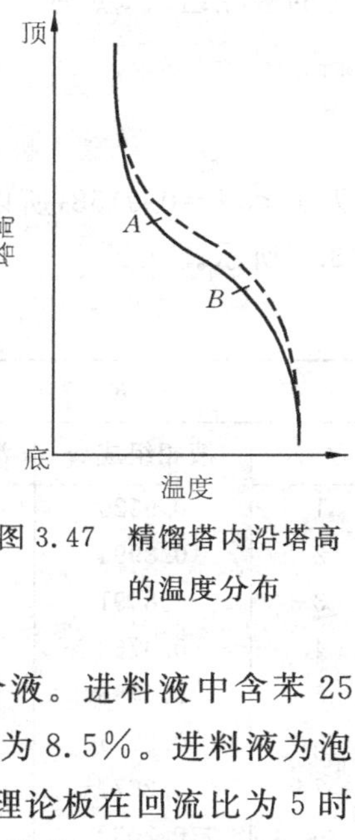

图 3.47 精馏塔内沿塔高的温度分布

例 3-17 用一连续精馏塔在常压下分离苯-甲苯双组分混合液。进料液中含苯 25%（摩尔百分数，下同），要求塔顶馏出液 x_D 为 98%，塔底釜残液 x_W 为 8.5%。进料液为泡点进料，平均相对挥发度 $\bar{\alpha}$ 为 2.47。塔顶采用全凝器。已求得所需理论板在回流比为 5 时共有 10 块，第 8 块板为进料板，其他条件不变。当 R 改变为 8 时，求塔的组成情况。

解：根据题给条件，分别求得 $R=5$，$R=8$ 时塔内各板上的液相组成 x，如表 3.6 所示。

假设苯-甲苯为理想溶液，符合阿托因方程，当总压 p 为 101.3 kPa 时可得：

$$\lg p_A^0 = 9.0309 - \frac{1211}{t + 220.8} \tag{1}$$

$$\lg p_B^0 = 9.08 - \frac{1345}{t + 219.5} \tag{2}$$

又因为液相组成 x_A 为

$$x_A=\frac{p-p_B^0}{p_A^0-p_B^0} \tag{3}$$

采用试差法求各塔板上的温度的步骤为：先假设某块板上液相组成为 x 时的温度为 t，再将 t 代入阿托因方程求得 p_A^0 和 p_B^0，最后将 p_A^0，p_B^0 代入式(3)计算出 x_A，如果 x_A 等于这块板上的液相组成 x，则假设的温度 t 即为所求；否则，重新假设温度 t，直至 x_A 和 x 符合为止。例如，在 $R=8$ 时，第三块板上的液相组成为 0.9158，求该板温度步骤如下：

假设 $t=81.79℃$，则

$$\lg p_A^0=9.0309-\frac{1211}{81.79+220.8}=5.0288$$

$$p_A^0=106.85(\text{kPa})$$

$$\lg p_B^0=9.08-\frac{1345}{81.79+219.5}=4.616$$

$$p_B^0=41.3(\text{kPa})$$

此时的液相组成 x_A 为

$$x_A=\frac{101.3-41.3}{106.85-41.3}=0.9153$$

因为 $x_A\approx x=0.9158$，所以该板温度为 81.79℃。同样可以求得 $R=5$，$R=8$ 时各板温度，如表 3.6 所示。

表 3.6 例 3-17 附表

$R=5$			$R=8$			温度变化 Δt/℃
序号	液相组成 x	泡点温度 t/℃	序号	液相组成 x	泡点温度 t/℃	
1	0.9520	81.03	1	0.9825	80.41	0.62
2	0.8994	82.14	2	0.9605	80.85	1.29
3	0.8091	84.13	3	0.9158	81.79	2.34
4	0.6762	87.32	4	0.8318	83.62	3.70
5	0.5186	91.54	5	0.6959	86.82	4.72
6	0.3734	95.97	6	0.5212	91.47	4.50
7	0.2677	99.58	7	0.3526	96.65	2.93
8	0.2032	101.96	8	0.2294	100.97	0.99
9	0.1421	104.38	9	0.1490	104.10	0.28
10	0.0838	106.82	10	0.0825	106.88	−0.06

将两种回流比下的全塔温度分布绘于图 3.48。从表 3.6 和图 3.48 可以看出，第五块塔板温度变化最大，为 4.72℃，这块板为灵敏板。

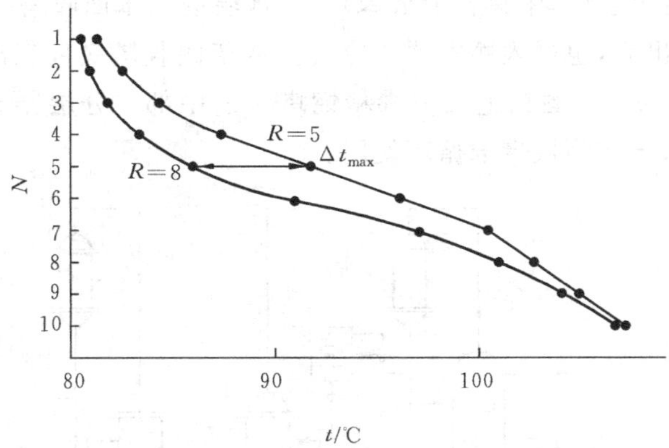

图 3.48　例 3-17 附图

3.7 特殊精馏

在一般精馏分离过程中是以液体混合物中各组分的挥发度不同为依据的，但不少需要分离的混合液其相对挥发度很小或者是恒沸物。例如，乙醇-水溶液当其组成是含乙醇 89.4%(摩尔分数)，沸点 78.15℃时，气、液两相的组成相同，称为恒沸物。由于相对挥发度等于 1，用普通的精馏方法无法使两个组分得到分离。有些相对挥发度接近于 1 的物系，例如苯和环己烷，在常压下它们的相对挥发度等于 0.98，采用一般精馏方法需很多理论塔板数，而且所需回流比亦很大，使设备费用和操作费用过大不经济。上述两种情况就需采用特殊或其他的分离方法。恒沸精馏和萃取精馏就属于特殊精馏，它们可以分别用于上述乙醇-水及苯-环己烷的分离。其基本原理是在双组分溶液中加入第三组分(添加剂)，改变原溶液中各组分之间的相对挥发度，以便用精馏的方法将其分离。

3.7.1 恒沸精馏

若加入的第三组分能与原来溶剂中一个(或两个)组分形成沸点比原来组分和原来恒沸液的沸点更低的新的最低共沸物，使组分间的相对挥发度增大，从而使原溶液易于分离的精馏方法即称为恒沸精馏，加入的第三组分称为恒沸剂或挟带剂。

以常压下乙醇-水溶液的分离为例。若以苯为挟带剂，在工业酒精(组成接近恒沸组成，但略低)中加入苯后可形成苯、乙醇与水的三元最低恒沸物。在 101.33 kPa 下，其恒沸点为 64.6℃，比乙醇和乙醇-水恒沸液的沸点都低。恒沸液的组成含苯 0.544，乙醇 0.230，水 0.226(均为摩尔分数)。其中水与乙醇的物质的量比为 0.98，比工业酒精中水与乙醇的物质的量比 0.12 大得多。因此加入苯后相当于形成新的恒沸液与乙醇组成的两组元体系，且新的恒沸物冷凝后，苯与乙醇和水不互溶而分层。只要有足够的苯，就可使进料中的水全部形成共沸物从塔顶蒸出，而在塔底得到无水乙醇。

制取无水酒精的工艺流程如图 3.49 所示。工业酒精从恒沸精馏塔 1 的中部加入，塔底得到无水酒精产品，塔顶蒸出苯-乙醇-水三元恒沸物，在冷凝器 4 中冷凝后进入分层器 5，上层为富苯层,下层为富水层(其中只含少量苯)。富水层进入苯回收塔 2,苯以三元恒沸物的形态从苯回收塔顶蒸出后,也进入冷凝器 4 冷凝。从苯回收塔底部流出的稀酒精进入乙醇回收塔 3,此塔中蒸出的工业酒精返回恒沸精馏塔 1 的中部。分层器 5 中的富苯层送入恒沸精馏塔内作为回流,苯作为挟带剂循环使用。

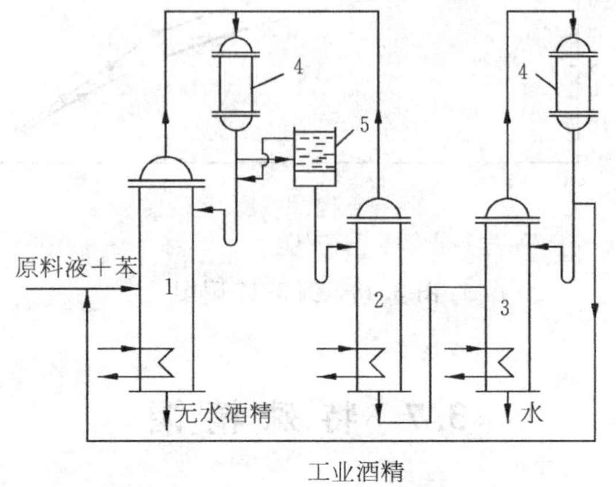

图 3.49 恒沸精馏流程示意图

恒沸精馏的关键是选择合适的恒沸剂,对恒沸剂的主要要求是:

(1) 形成的恒沸液应主要挟带料液中含量少的组分,单位恒沸剂的挟带量要大,这样,挟带剂用量与汽化量少,热量消耗少;

(2) 形成的恒沸液能冷凝分层,易于将恒沸剂分离,重新使用;

(3) 形成的恒沸液沸点低,与被分离的组分的沸点差大,易于分离;

(4) 使用安全,性质稳定,价格便宜等。

恒沸精馏也用于分离相对挥发度较小的物系,如以丙酮为挟带剂分离苯和环己烷,以异丙醚为挟带剂分离水和醋酸等。

3.7.2 萃取精馏

在相对挥发度接近 1 或形成共沸液的料液中加入挥发性很小的(共沸点高的)第三组分,使料液中组分的相对挥发度增大易于用精馏的方法分离,使用这种方法的精馏过程称为萃取精馏,加入的第三组分称为萃取剂或溶剂。

例如苯与环已烷沸点很接近(分别为 80.1℃和 80.7℃),相对挥发度为 0.98,难于用一般的精馏方法分离,如在苯-环已烷混合液中加入沸点较高的糠醛(沸点 161℃),由于糠醛分子与苯分子间的作用力较强,使环已烷与苯的相对挥发度增大(见表 3.7)。

表 3.7 苯-环已烷溶液中糠醛的摩尔分数 x 与环已烷对苯的相对挥发度 α 的关系

x	0	0.2	0.4	0.5	0.6	0.7
α	0.98	1.38	1.86	2.07	2.36	2.7

根据这个性质,若加入足够的糠醛,就可以使苯和环己烷的分离相对容易得多,图 3.50 为用糠醛作萃取剂分离苯-环己烷的萃取精馏工艺流程图。料液从萃取精馏塔 1 的中部加入,萃取剂糠醛从精馏塔顶部附近加入,使它在每层塔板上均与苯接触,塔顶蒸出的为环己烷。为了防止糠醛蒸气从顶上带出,在精馏塔顶部设萃取剂回收段 2,用回流液回收。糠醛和苯一起从塔釜排出,送入溶剂分离塔 3,因为糠醛与苯的沸点相差很大,所以很容易与苯分离,分离出的糠醛返回萃取精馏塔重新使用,图中 4 为冷凝器。

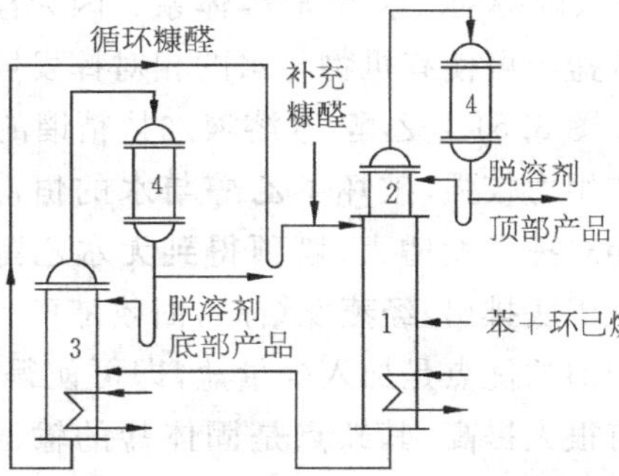

图 3.50 苯-环己烷的萃取精馏流程图

在萃取精馏中使塔内液相保持一定的萃取剂浓度是十分重要的。使液相中萃取液浓度稀释不利于萃取精馏,例如对于一般的精馏,增加回流比,对分离有利,而对于萃取精馏,回流比有一最佳值,回流比过大,萃取剂浓度降得过低,相对挥发度减少,对分离反而不利。

萃取剂选择是一个关键问题,良好的萃取剂应符合以下条件:

(1) 选择性好,加入少量萃取剂就能使原组分间的相对挥发度有较大的提高;

(2) 沸点高,与被分离组分的沸点差适当大,使萃取剂易于回收,可循环使用;

(3) 与料液的互溶度大,不产生分层现象;

(4) 使用安全,性质稳定,价格便宜等。

与恒沸精馏比较,萃取精馏具有以下特点:

(1) 可以作为萃取剂的物质较多,所以选择萃取剂的余地大;

(2) 萃取剂以液态从塔顶进入,从塔底流出,不像恒沸剂以气态挟带组分从塔顶流出,故萃取精馏的能耗较少;

(3) 萃取剂的加入量可以在较大范围内变动,操作控制比较容易;

(4) 萃取剂需要连续不断地从塔顶送入,以保证塔内液相中一定的萃取剂浓度,故萃取精馏不适于间歇精馏。

表 3.8 中列举了一些萃取精馏的例子。

表 3.8 萃取精馏实例

体 系	萃 取 剂
乙醇-水	乙二醇、甘油
甲醇-异辛烷	苯酚
甲醇-醋酸甲酯	水
甲醇-丙酮	水
正丁烷-丁二烯	糠醛、乙腈、*N*-甲基吡咯烷酮
异丁烷-丁烯-1	糠醛

3.7.3 加盐精馏和加盐萃取精馏

加盐精馏和加盐萃取精馏是使用特殊萃取剂的萃取精馏。

加盐精馏是以固体盐类作为萃取剂的萃取精馏,用于难分离有机水溶液的分离,如乙醇-水、丙醇-水、水-醋酸等体系。因为盐类(例如 $CaCl_2$,KAc 等)与水有很强的相互作用力,加入盐类可使有机物与水的相对挥发度增大。

图 3.51 是乙醇-水溶液加盐精馏的流程图。醋酸钾从精馏塔顶加入。由于醋酸钾与水的作用力较强,破坏了乙醇与水的恒沸液,使乙醇与水的相对挥发度增大,塔顶得到无水乙醇,醋酸钾的水溶液从塔底排出,经蒸发结晶,回收醋酸钾,重新使用。加盐精馏的优点是加入少量盐,即可使得组分的相对挥发度有很大提高,其缺点是固体盐的输送、加料和溶解比较困难,容易发生堵塞现象,使它的使用受到限制。

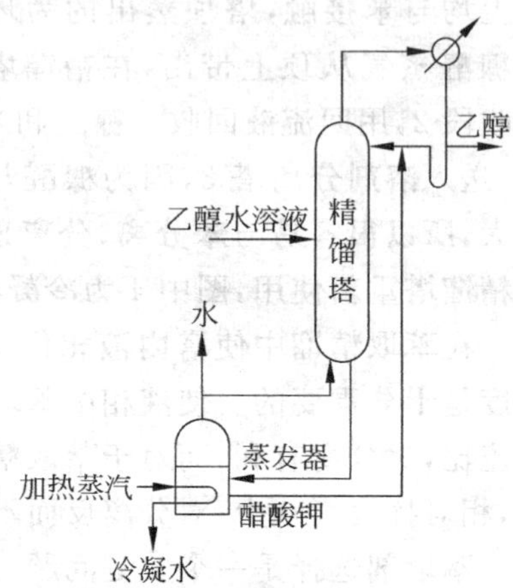

图 3.51 加盐精馏流程

在一般液体萃取剂中加入少量盐,形成加盐的溶剂(混合溶剂)可以显著增大萃取剂提高组分相对挥发度的效果,同时又没有使用固体盐的困难。

应用加盐溶剂的萃取精馏称为加盐萃取精馏。例如,摩尔分数为 0.88 的乙醇-水溶液,相对挥发度 α 为 1.01,加一定比例的乙二醇后 α 变为 1.85,如所加乙二醇中溶入醋酸钾,则 α 可增大到 2.40。因此应用醋酸钾的乙二醇溶液作萃取剂的加盐萃取精馏(其工艺流程与一般萃取精馏相同)可以显著减少萃取剂用量,减少精馏所需的理论板数。

3.7.4 水蒸气蒸馏

需要从与水不互溶的沸点较高的混合物中提取其中易挥发的物质(尤其是热敏性物质)时,为了降低沸点,可以采用水蒸气蒸馏。

水蒸气蒸馏能降低体系沸点的原理是:当不互溶的水相和有机相的蒸气压之和等于总压时,气、液两相平衡,液体处于沸点状态。因此在 101.33 kPa 将水蒸气直接通入与水不互溶的液体进行蒸馏,体系的沸点在 100℃以下,蒸馏可在 100℃以下进行。

水蒸气蒸馏可以有以下两种操作方式:

(1) 直接通入水蒸气(饱和的或过热的)

这实质上就是单级接触操作的蒸出或解吸过程,为了蒸出产物,所需的蒸气量可按下式计算:

$$N_w = \frac{p_w}{p_a} N_a$$

式中:N_w——所需水蒸气量,kmol;

N_a——需蒸出的产物量,kmol;

p_w——水蒸气分压,kPa;

p_a——产物的分压,kPa。

理论上,一次接触达到平衡时,产物的分压应为体系温度下产物的饱和蒸气压 p_a^0,实际上由于水蒸气与液体的接触时间有限,不可能达到平衡,因此

$$p_a = \varphi p_a^0$$

式中 φ 为饱和系数，其数值根据水蒸气与液体的接触情况和液体的性质而定，一般为 0.6～0.8。

实际蒸气用量还应考虑加热溶液、产物汽化、热损失等方面的需要。

(2) 间接加热

使水与有机溶液一起沸腾汽化，这时情况如同一个蒸馏釜，蒸出的气相可以认为与液相平衡，蒸出的水量与产物量的物质的量比等于水与产物的蒸气压之比。

就减低蒸馏温度这一点而言，水蒸气蒸馏与真空蒸馏类似，蒸馏温度都取决于蒸馏过程中产物的蒸气压，不同的只是真空蒸馏中产物的蒸气压就是系统的总压，所以一些需用水蒸气蒸馏分离的混合物也可以用真空蒸馏分离。

习 题

3-1 纯苯和纯甲苯的饱和蒸气压与温度的关系如下表所示：

温度/℃	纯苯饱和蒸气压 p_A^0/kPa	纯甲苯的饱和蒸气压 p_B^0/kPa
80.2	101.3	40.0
84.2	113.6	44.4
88.0	130.0	50.5
92.0	143.7	57.6
96.0	160.5	65.6
100.0	179.2	74.5
104.0	199.3	83.3
108.0	221.2	93.9
110.0	233.0	101.3

试根据上表中的数据作 101.3 kPa 下苯和甲苯的 t-x，y-x 图(此溶液服从拉乌尔定律)。

3-2 已知某精馏塔塔顶蒸气的温度为 82℃，使用全凝器时，其馏出液的摩尔分数为苯 0.95，甲苯 0.05。试求该塔的操作压强，苯和甲苯的饱和蒸气压可用阿托因方程求算。

组分	A	B	C
苯	9.023	1206.35	220.24
甲苯	9.078	1343.94	219.58

(答：99.72 kPa)

3-3 压强为 13.33 kPa 时，乙苯-苯乙烯的相平衡数据如下：

液相中乙苯的摩尔分数 x	气相中乙苯的摩尔分数 y	温度/℃
0.091	0.144	80.72
0.141	0.211	80.15
0.235	0.324	79.33

续表

液相中乙苯的摩尔分数 x	气相中乙苯的摩尔分数 y	温度/℃
0.319	0.415	78.64
0.412	0.511	77.86
0.522	0.611	76.98
0.619	0.699	76.19
0.764	0.814	75.05
0.887	0.914	74.25

试计算各温度下的相对挥发度及在题给温度范围内的平均相对挥发度,并写出以平均相对挥发度表示的平衡关系式。

3-4 将含苯70%的苯-甲苯混合溶液加热汽化,汽化率为1/3。苯-甲苯的相对挥发度为2.47。试计算:

(1) 平衡蒸馏时的气相、液相产物的组成;

(2) 简单蒸馏时的气相、液相产物的平均组成。

(答:(1)0.816,0.642;(2)0.834,0.633)

3-5 由1块理论板与塔釜组成的连续精馏塔中,每小时向塔釜加入甲醇组成为0.30(摩尔分数,以下同)的甲醇水溶液100 kmol,泡点进料,要求塔顶馏出液中甲醇的浓度为0.80。塔顶采用全凝器,回流液为饱和液体,回流比为3.0。试求每小时获得的馏出液的量。101.3 kPa下甲醇-水的平衡数据如下表所示。

液相中甲醇的摩尔分数 x	气相中甲醇的摩尔分数 y	液相中甲醇的摩尔分数 x	气相中甲醇的摩尔分数 y
0.00	0.000	0.40	0.729
0.02	0.134	0.50	0.779
0.04	0.234	0.60	0.825
0.06	0.304	0.70	0.870
0.08	0.365	0.80	0.915
0.10	0.418	0.90	0.958
0.15	0.517	0.95	0.979
0.20	0.579	1.00	1.00
0.30	0.665		

(答:12.28 kmol/h)

3-6 由1块理论板及塔釜组成的常压回收塔,于塔板上每小时连续加入甲醇摩尔组成为0.30的甲醇水溶液100 kmol,要求塔顶得到甲醇浓度为0.60的馏出液。塔顶采用全凝器,泡点进料。甲醇与水的平衡关系如习题3-5所示,由于本题回收塔中只有1块板,而且进料是由板的上方加入的,故塔顶可以没有回流,试求馏出液、釜液的摩尔流率及釜液的组成。

(答:41.2 kmol/h,58.8 kmol/h,0.09)

3-7 操作线方程所描述的 y-x 关系和相平衡所描述的 y-x 关系有何不同?

3-8 y-x 图上,相平衡线和操作线间1个"阶梯"中水平长度的物理意义是什么?

3-9 用连续精馏方法分离双组分理想混合液,原料液中含易挥发组分的摩尔分数为0.40,馏出液中含易挥发组分的摩尔分数为0.95。溶液的平均相对挥发度为2.8,最小回流比为1.50,说明原料液的进料热状况,求出 q 值。

(答:0.707)

3-10　某连续精馏塔在常压下分离甲醇水溶液，其精馏段和提馏段操作线方程分别为：

$$y = 0.63x + 0.361$$

$$y = 1.805x - 0.00966$$

试求：

(1) 此塔的操作回流比；

(2) 料液量为 100 kmol/h，组成 $x_F = 0.4$ 时，塔顶馏出液量；

(3) q。

（答：1.703，40.26 kmol/h，0.654）

3-11　设计精馏塔分离含 60%的苯与甲苯的混合液，混合液的处理量每小时 2000 kg，要求分离成含 97%的苯和 96%（均为质量百分数，下同）的甲苯，混合液在泡点下进料。试求：

(1) 所得馏出液和残液的量；

(2) 最小回流比；

(3) 求当回流比为最小回流比的 2 倍时的理论板数和加料位置。

苯-甲苯的平衡数据如下：

液相中苯的摩尔分数	0.1	0.2	0.3	0.4	0.5	0.6	0.7	0.8	0.9
气相中苯的摩尔分数	0.22	0.372	0.507	0.62	0.713	0.791	0.857	0.912	0.959

(4) 如果理论级数保持(3)中所求得的数目不变，试问下列情况下塔顶和塔底的组成各将发生什么变化？(1)加料液的浓度升高或降低；(2)加料位置上移或下移；(3)回流增加或减少；(4)回流比减少到只有(2)题所求得的最小回流比的 90%。

（答：(1)15.35 kmol/h，8.65 kmol/h）

3-12　在常压连续精馏塔内分离苯-甲苯混合物，原料液中苯的浓度为 40%，要求塔顶馏出物中含苯 97%，塔底产品中含甲苯 98%（以上均为质量百分数）。原料的流率为 15 000 kg/h，操作回流比为 3.5，采用全凝器，回流液为泡点液体。该塔保温良好，散热损失可忽略。试求：

(1) 塔顶及塔底产品的摩尔流量。

(2) 求下列进料状态所需的理论板数及加料位置：①泡点进料；②20℃的冷液进料；③进料中气相摩尔数占 2/3 的气液混合物；④试就计算结果讨论这 3 种不同进料状况时的理论板数。

(3) 若以 137.3 kPa（表压）的饱和蒸气作为再沸器的热源，求所需的加热蒸气用量。

(4) 若冷却水进入全凝器时的温度为 27℃，离开时为 66℃，求所需的冷却水量。已知数据：

原料液在操作条件下的平均质量定压热容 $c_p = 1.85$ kJ/(kg·K)

原料液在泡点下的汽化潜热 $r_F = 354$ kJ/kg

馏出液在泡点下的汽化潜热 $r_D = 427.1$ kJ/kg

操作条件下冷却水的平均质量定压热容 $c_p = 4.174$ kJ/(kg·K)

平衡数据见习题 3-11。釜液在本题操作条件下的汽化潜热 $r_b = 410.3$ kJ/kg

3-13　含苯 44%及甲苯 56%的混合液，于常压下精馏，要求塔顶得到 97.4%的苯，塔釜得到 97.6%（均为摩尔百分数）的甲苯。求此原料液在：(1)泡点；(2)20℃冷液；(3)气相摩尔数占 2/3 的气液混合物；(4)饱和蒸气等 4 种热状态下的最小回流比及最少理论塔板数；(5)求 $R=3$ 时的理论塔板数。

3-14　每小时有乙醇浓度为 0.6 的乙醇水溶液 1000 kmol 及乙醇浓度为 0.2 的乙醇水溶液 2000 kmol，分别进入常压连续精馏塔的不同塔板处。要求馏出液中乙醇含量不低于 0.8，釜液中乙醇含量不高于 0.02（均为摩尔分率）。两股进料均为泡点液体，操作回流比为 2，塔顶为全凝器。试求：

(1) 馏出液及釜液的摩尔流率；

(2) 理论塔板数及两股进料的加料板位置。

101.3 kPa下乙醇-水的平衡数据如下：

液相中乙醇的摩尔分数 x	0.01	0.04	0.08	0.10	0.20	0.30	0.40	0.50
气相中乙醇的摩尔分数 y	0.11	0.273	0.392	0.43	0.525	0.575	0.614	0.657
液相中乙醇的摩尔分数 x	0.6	0.7	0.8	0.85	0.894	0.90	0.95	1.0
气相中乙醇的摩尔分数 y	0.698	0.755	0.820	0.855	0.894	0.898	0.942	1.0

3-15 某厂欲用常压连续精馏塔分离苯和甲苯的混合液。原料混合液中含苯44%，要求塔顶产品中含苯97.4%，塔釜产品中含苯不大于2.35%(均为摩尔百分数)。进料为饱和液体，塔顶采用全凝器。已知操作条件下塔顶的相对挥发度为2.6，塔釜的相对挥发度为2.46，进料的相对挥发度为2.44。试用简捷算法确定完成该分离任务所需理论塔板数及加料板的位置。

(答：14.2块，加料板在从塔顶往下数的第8块理论板)

3-16 有平均相对挥发度为3的理想溶液，其中易挥发组分的组成为60%(摩尔百分数，以下同)，于泡点下送入精馏塔中。要求馏出液中易挥发组分的组成不小于90%，残液中易挥发组成不大于2%。试用计算方法求以下各项：

(1) 每获得1 kmol馏出液时的原料液用量；

(2) 若回流比R为1.5，它相当于最小回流比的若干倍；

(3) 回流比R为1.5时，精馏段需要若干块理论板(塔顶采用全凝器)；

(4) 假设料液加到板上后，加料板上向下流的溶液的组成不变仍为0.6，求上升到加料板上蒸气相的组成。

(答：(1)1.515 kmol/h；(2)4倍；(3)1块；(4)0.72)

3-17 用一连续精馏塔分离苯-甲苯混合溶液，原料液中含苯0.40，塔顶馏出液中含苯0.95(以上均为摩尔分数)。原料液为气、液混合进料，其中蒸气占1/3(物质的量比)。苯-甲苯的平均相对挥发度为2.5，回流比为最小回流比的2倍，试求：

(1) 原料液中气相及液相的组成；

(2) 最小回流比；

(3) 若塔顶采用全凝器，求从塔顶往下数第二块理论板下降的液体组成。

(答：(1)0.326，0.548；(2)1.8；(3)0.781)

3-18 如图3.52所示，已知进入苯-甲苯精馏塔中某塔板的蒸气中含苯80%，进入该塔板的液体中含苯85%(均为摩尔百分数)，气、液两相的摩尔流量比为4∶3，假定该塔板操作压力为101.3 kPa，并且为等分子汽化、等分子回流的理论塔板，求离开该板的气、液相组成。

(答：0.746，0.878)

3-19 有一精馏塔，用以分离$\alpha=2$的A，B两组分理想混合物，测得进入第n层理论板的蒸气量为100 kmol/h，组成为$y_A=0.3$，进入的液体量为100 kmol/h，组成$x_A=0.4$，设A，B的摩尔潜热近似相等，热损失为零。该板的液相单板莫弗里效率$E_{mL}=0.5$，问离开该板的气、液相组成各为多少?

(答：0.382，0.318)

3-20 如图3.53所示的精馏塔由一个蒸馏釜及一层实际板所组成。料液由塔顶加入，泡点进料，$x_F=0.20$(摩尔分数，下同)。今测得塔顶易挥发组分的回收率为80%，且$x_D=0.30$，系统相对挥发度$\alpha=3.0$。蒸馏釜可视为一个理论板。试求：

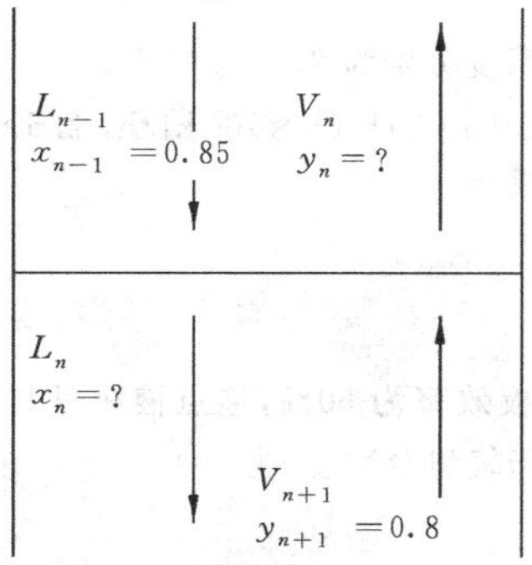

图 3.52　习题 3-18 附图

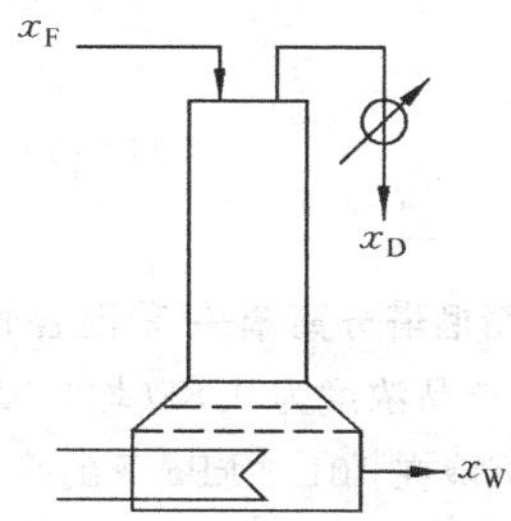

图 3.53　习题 3-20 附图

(1) 残液组成 x_W；

(2) 该层塔板的液相单板莫弗里效率 E_{mL}。

(答：0.0857,57.3%)

3-21　测得苯-甲苯精馏塔中某相邻 3 层塔板在全回流时液相摩尔分数分别为 0.18,0.28,0.41,试求这 3 层板中下面两层塔板的单板效率。

苯-甲苯的相平衡如下：

液相中苯的摩尔分数 x	0.15	0.26	0.38	0.51
气相中苯的摩尔分数 y	0.30	0.45	0.60	0.72

(答：66.7%,62.5%;72.2%,71.4%)

3-22　用一有 6 块理论板的精馏塔间歇精馏分离二硫化碳与四氯化碳混合液。料液含 CS_2 0.6(摩尔分数),每批加料 50 kmol。采用恒回流比操作,回流比为 3.5。当釜液组成达到 0.08 时停止操作,试求：

(1) 精馏过程中每一时刻馏出液组成 x_D 与釜液组成 x_W 的关系；

(2) 操作终了时釜中的存液量；

(3) 汽化的蒸气总量；

(4) 馏出液的平均组成。

操作条件下 CS_2 与 CCl_4 体系的气液平衡数据如下表(CS_2 为易挥发组分)：

x	0	0.0296	0.0615	0.1106	0.1435	0.2580	0.3908	0.5318	0.6630	0.7574	0.8604	1.0
y	0	0.0823	0.1555	0.2660	0.3325	0.4950	0.6340	0.7470	0.8290	0.8790	0.9320	1.0

3-23　用间歇精馏分离含易挥发组分为 0.2 的料液。料液量为 100 kmol,要求馏出液组成为 0.95,釜残液组成为 0.05(均为摩尔分数)。采用保持馏出液组成恒定的操作方法。已知体系的相对挥发度为 2.5。试求：

(1) 馏出液量和釜残液量；

(2) 若最终操作回流比为最小回流比的 1.5 倍,计算所需理论板数；

(3) 总蒸发量。

3-24　用一常压连续精馏塔分离含苯 0.4 的苯-甲苯溶液。料液流量为 15 000 kg/h,进料温度为 25℃,回流比为 3.5,得馏出液与釜残液组成分别为 0.97 和 0.02(均为质量分数)。已知再沸器加热蒸气压强为 137 kPa(表压),塔顶回流液为饱和液体,塔的热损失可以不计,求：

(1) 再沸器的热负荷及加热蒸气消耗量。

(2) 冷凝器的热负荷及冷却水用量。冷却水进、出冷凝器的温度分别为27℃与37℃。

(答：(1)1.34×10^7 kJ/h，5975 kg/h；(2)1.05×10^7 kJ/h，2.5×10^5 kg/h)

讨 论 题

3-1′ 一精馏塔分离苯-甲苯混合物，共有10块塔板。总塔板效率为50%，泡点液相进料，进料浓度$x_F=0.5$，塔顶产品浓度为0.85(均为摩尔分数)，塔釜浓度(一般指轻组分浓度)为0.1。

苯-甲苯溶液在101.3 kPa下的平衡数据如下：

苯在液相中的摩尔分数 x	1.0	0.9	0.8	0.7	0.6	0.5	0.4	0.3	0.2	0.1
苯在气相中的摩尔分数 y	1.0	0.959	0.912	0.857	0.791	0.713	0.619	0.507	0.372	0.208

(1) 求该塔的回流比。

(2) 若将x_D提高到0.88，在操作上可采取什么措施？该塔是否可将x_D提高到0.98，x_D可达到的最高浓度为多少？

(3) 求$x_D=0.85$时的最小回流比，由于塔顶冷凝水供应不足，回流比只能到R_{min}的0.9倍。问此时该塔能操作吗？为什么？

3-2′ 若泡点进料，求以下3种情况下的最小回流比，并在y-x图上画出最小回流比时的各段操作线(均为二元连续精馏)$x_F=0.5$，$x_D=0.9$，$x_W=0.1$(均为摩尔分数)。

(1) 一股进料二端各采出一股产品(图3.54)；

(2) 有一股侧线采出，侧线采出量D_2为D_1的25%(图3.55)；

(3) 有一股侧线采出，但体系为非理想体系(图3.56)。

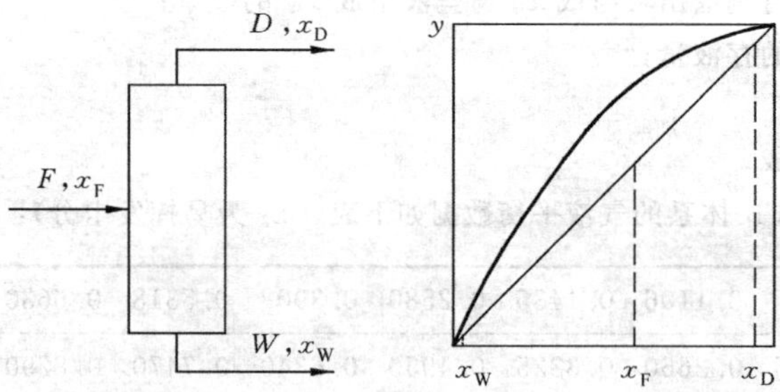

图3.54 讨论题3-2′-(1)附图

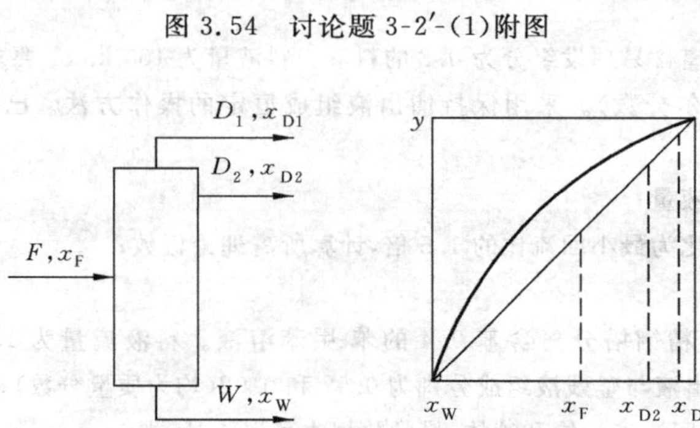

图3.55 讨论题3-2′-(2)附图

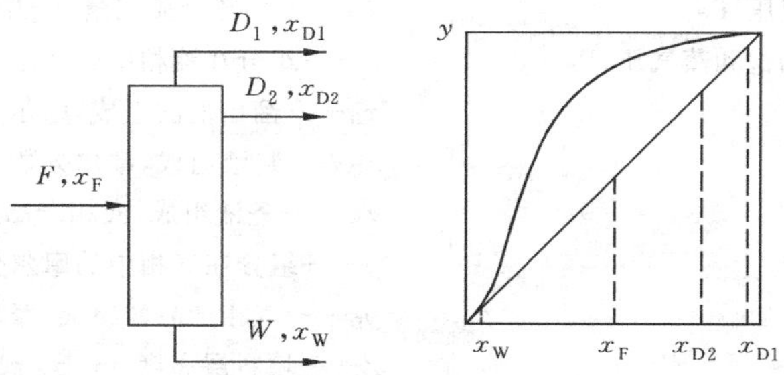

图 3.56 讨论题 3-2′-(3)附图

3-3′ 某厂用一连续精馏塔将含甲醇 0.35 的甲醇水溶液泡点进料，制得组成为 0.95 和 0.75(均为甲醇的摩尔分数)的两种产品，0.95 的产品由塔顶取出，0.75 的产品由侧线泡点抽出。其量为进料量的 25%，塔底浓度小于 0.02，该塔回流比为 3。试求：

(1) 各段操作线方程；

(2) 该塔所需的理论板数；

(3) 所用的回流比为最小回流比的多少倍？

平衡数据为：

x	0.01	0.04	0.06	0.10	0.20	0.30	0.40	0.50	0.60	0.70	0.80	0.90	0.95
y	0.073	0.234	0.304	0.418	0.579	0.665	0.729	0.779	0.825	0.87	0.915	0.958	0.979

本章符号说明

英文字母

C——独立组分数

$C_{p,m}$——摩尔定压热容，kJ/(kmol·K)

$C_{p,C}$——冷却介质的平均质量定压热容，kJ/(kg·K)

D——馏出液量(或流量)，kmol(或 kmol/h)；塔内径，m

E_T——全塔效率

E_{mL}——液相单板效率

E_{mV}——气相单板效率

E_{OG}——点效率

F——自由度；料液量(或流量)，kmol(或 kmol/h)

f——汽化率

$H_{D,L}$——馏出液的焓，kJ/koml

H_L——液相的焓，kJ/kmol

$H_{W,L}$——釜残液的焓，kJ/kmol

H_V——气相的焓，kJ/kmol

H_n——提馏段底流出液体的焓，kJ/kmol

H——气相的焓，kJ/kmol

H_B——加热介质的焓，kJ/kg

$H_{D,V}$——塔顶上升蒸气的焓，kJ/kmol

$H_{W,V}$——再沸器上升蒸气的焓，kJ/kmol

H_F——进料液的焓，kJ/kmol

K——组分的相平衡常数

K_x——液相总传质系数，kmol/(m^2·s)

K_y——气相总传质系数，kmol/(m^2·s)

L——液体量，kmol；精馏段液体流量，kmol/h

L'——提馏段液体流量，kmol/h

N——传质通量，kmol/(m^2·s)；塔板数

N_{min}——最少理论板数

N_P——实际板数

N_R——精馏段理论板数

N_S——提馏段理论板数

N_T——理论塔板数

p——压强，Pa

p_A，p_B——组分 A，B 的分压，Pa

P——相的数目

p^0——纯组分的饱和蒸气压,Pa

p_A^0,p_B^0——纯组分 A,B 的饱和蒸气压,Pa

q——加料的热状态参数

r——汽化热,kJ/kmol

R——回流比

R_{min}——最小回流比

R_{opt}——最适宜回流比

t——摄氏温度,℃

t_e——平衡温度,℃

t_b——泡点温度,℃

t_D——露点温度,℃

v——组分的挥发度

V——气相量,kmol;精馏段上升蒸气流量,kmol/h

V'——提馏段上升蒸气流量,kmol/h

V_S——塔内上升蒸气的体积流量,m^3/s

W——釜液量,kmol,釜残液流量,kmol/h

W_C——冷却介质用量,kg/h

W_h——加热介质用量,kg/h

x——组分在液相中的摩尔分数

x_D——馏出液的组成,摩尔分数

x_F——料液组成,摩尔分数

x_W——釜液组成,液相产品组成,摩尔分数

y——组分在气相中的摩尔分数

y_D——气相产品的组成,摩尔分数

Z——填料层高度,m

希腊字母

α——相对挥发度

γ——组分的活度系数

θ——恩德伍德方程的根

φ——回收率

ϕ_B——再沸器的热负荷,kJ/h

ϕ_C——全凝器的热负荷,kJ/h

ϕ_L——再沸器的热损失,kJ/h

4 吸　　收

4.1 概　　述

利用气体混合物的各组分在液体溶剂中的溶解度(或化学反应活性)不同,将其与适当的液体溶剂接触,混合气中易溶的一个或几个组分便溶于该液体溶剂内形成溶液,而不能溶解的组分则仍留在气相,从而实现气体混合物分离,这种过程称为吸收。吸收操作所用的液体溶剂称为吸收剂或溶剂,以 S 表示;混合气中,能显著被溶解吸收的组分称为吸收质或溶质,以 A 表示,而几乎不被溶解吸收的组分称为惰性组分或载体,以 B 表示。所得到的溶液称为吸收液,其成分为溶剂 S 和溶质 A;吸收后排出吸收塔的气体为吸收尾气,其主要成分为惰性气体 B 以及残余的溶质 A。吸收操作是在吸收设备中进行的,如图 4.1 所示的吸收设备为一填料塔。

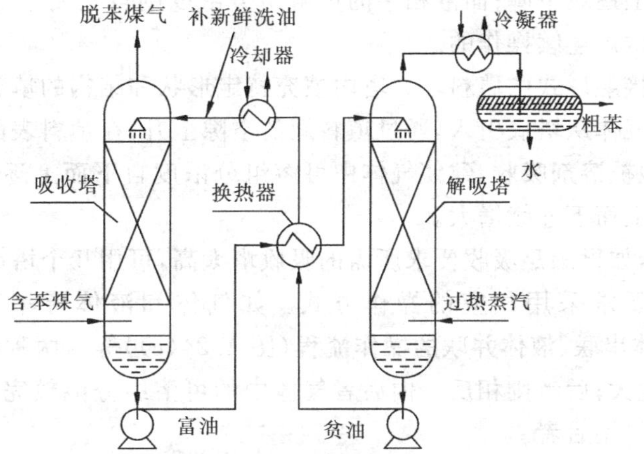

图 4.1　采用吸收剂再生的连续吸收流程

吸收在工程中应用非常广泛。可以用来制取产品,例如用水吸收氯化氢制取盐酸;可以用来净化和精制原料气和产品,例如从合成氨原料气中除去 H_2S,CO_2,CO 等杂质;吸收还可以用于环境污染的治理,例如用碱液除去烟道气中的 SO_2 等有害气体。

吸收可分为物理吸收和化学吸收。物理吸收中,溶质仅溶解在吸收剂中而不与吸收剂发生化学反应,例如水吸收 CO_2、乙醇蒸气、丙酮蒸气等。如果在吸收过程中溶质与吸收剂还发生化学反应,这种吸收称化学吸收,例如用氢氧化钠水溶液吸收 CO_2,SO_2 和 H_2S 等。

气体溶解于液体中,往往伴有溶解热或反应热等热效应。若热效应较大,会使液体温度升高,这样的吸收过程称为非等温吸收;若热效应很小,或热效应虽大,但吸收剂用量大,使液相温度基本保持不变的吸收称为等温吸收。

吸收过程按被吸收组分数目的不同,可分为单组分吸收和多组分吸收。若混合气体中只有一个组分进入液相,其余组分可认为不溶于吸收剂,这种吸收过程称为单组分吸收,如用水吸收氯化氢气制取盐酸、用碳酸丙烯酯吸收合成气(含有 N_2、H_2、CO、CO_2 等)中的 CO_2 等。若在吸收过程中,混合气中进入液相的气体溶质不止一个,这样的吸收称为多组分吸收,如用液态烃吸收乙烯、丙烯等属于多组分吸收,还有用洗油处理焦炉气时,气体中的苯、甲苯、二甲苯等几种组分在洗油中都有显著的溶解,也属于多组分吸收的情况。

吸收过程净化了气相,完成了溶质由气相向液相的传递,要制取纯度较高的气体溶质,大都要将吸收液解吸。所谓解吸是使溶解了的溶质由吸收液中释放出来的操作。解吸操作不但能获得纯度较高的气体溶质,而且可使吸收剂得以再生和循环使用。因此,工业上采用吸收和解吸联合操作的流程,如图 4.1 所示。解吸操作的质量和能耗,有时直接关系到整个吸收分离过程的质量和经济性。

化工生产中的吸收设备应能促进气、液两相充分接触和提高相间传质速率。最为常见的吸收设备是塔式设备。在塔式设备中气、液两相的接触方式有连续接触和级式接触两种,所以塔结构也分为连续接触和级式接触两大类。

图 5.9 为级式接触形式的板式塔,塔中气、液两相为逐级逆流接触。溶剂由塔顶加入,逐级向下流动并在每层塔板上保持一定液层厚度;气体从塔底进入,自下而上穿过塔板上的小孔及板上液层,在每一层塔板上与溶剂接触,其中可溶组分被部分吸收,致使气体中的可溶组分浓度自下而上逐级下降;而液相中的可溶组分浓度则自上而下逐级升高。这样的吸收过程通常都是定常态连续操作的。

图 5.1 为连续接触形式的填料塔。塔内填充特定形状和结构的填料,塔顶喷淋吸收剂,沿填料表面下流。气体从塔底引入,通过填料间的空隙上升,在填料表面与液体作连续的逆流接触,溶质不断地被溶剂吸收,致使气体中可溶组分浓度自下而上逐渐降低,而液体中的可溶组分浓度则自上而下连续增大。

在工业生产中,如果满足吸收要求所需的吸收塔太高,可用几个塔串联操作。关于多塔串联,可根据工艺要求采用相应的操作方式。如气体和液体皆串联的逆流操作流程(图 4.24(a))和气体串联、液体并联的操作流程(图 4.24(c))等。两种流程相比,前者吸收剂用量小,溶液浓度大;后者则相反。但后者气体中的可溶组分能较完全地被吸收剂吸收,高硫煤气的脱硫多采用后者。

本章以单组分、等温的物理吸收过程为重点,阐明吸收过程的原理和吸收塔的工艺计算。

4.2 气液相平衡

前已述及,混合气中各组分在吸收剂中具有不同溶解度,是能够利用吸收操作分离气体混合物的依据。因此,气体与液体两相之间的平衡关系,决定了过程进行的方向(吸收或解吸)、难易程度和极限。

4.2.1 气液平衡关系(溶解度曲线)

在一定的温度和压力下,当混合气和一定的吸收剂接触时,气体中的溶质就向液体吸收剂中传递。同时,溶液中被吸收的吸收质(溶质)也可能由液相向气相传递进行解吸。开始吸收是主要的,随着时间的延续,吸收质在溶液中浓度增加,相应地吸收质从气相向液相的传递速度逐渐减慢,从液相向气相的解吸逐渐加快。经过足够长的时间后,吸收速度和解吸速度相等,达到相际动平衡。此时,气相和液相中吸收质的浓度不再变化,溶液的浓度为平衡浓度,也即吸收质在液体中的最大溶解度,也叫平衡溶解度;溶液上方溶解气的分压称为平衡分压。

要预测平衡时溶质在两相中的组成,必须有平衡实验数据。若两相不平衡,就会发生溶质在相间传递,传质速率与传质推动力即偏离平衡的程度成正比,因此推动力的计算也需要有平衡数据。影响溶质平衡的主要变量是温度、压力和浓度。

在一定条件下,两相间的平衡是受相律制约的:

$$F = C - P + 2$$

例如,由 NH_3-空气-水形成的气-液体系,一共有两相三组分(空气看作惰性组分),因此,由上式得

$$\begin{aligned} F &= C - P + 2 \\ &= 3 - 2 + 2 \\ &= 3 \end{aligned}$$

即自由度等于 3。如果总压和温度固定,那么,剩下的只有 1 个变量可以随意选择。如果液相中 NH_3 的浓度一定,则气相中氨的浓度也一定。

但是,相律并不能告诉我们在给定的液相浓度下气相中吸收质的浓度为多少,这得由实验测定或有关公式计算。

气液相平衡关系可用列表、图线或关系式表示。用二维坐标绘成的气液相平衡关系曲线,又称溶解度曲线。可在有关手册中查到。

图 4.2、图 4.3 和图 4.4 分别示出不同温度下 NH_3,SO_2 和 O_2 在水中的溶解度曲线。由图可见,每种溶质在水中的溶解度均随分压增加而增大;随温度升高而减小,这是气体在液体中溶解度变化的一般趋势。

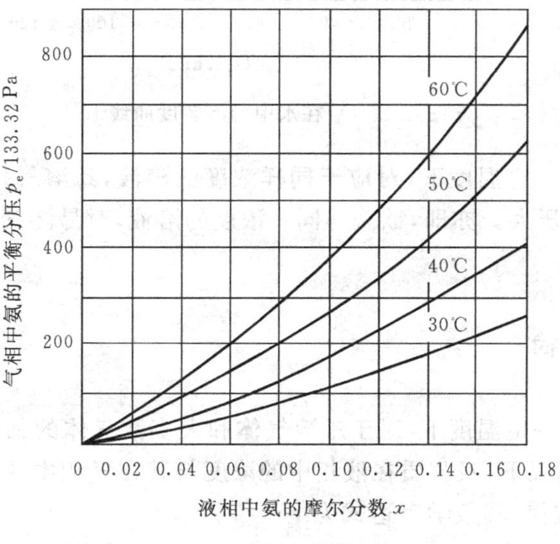

图 4.2 NH_3 在水中的溶解度曲线

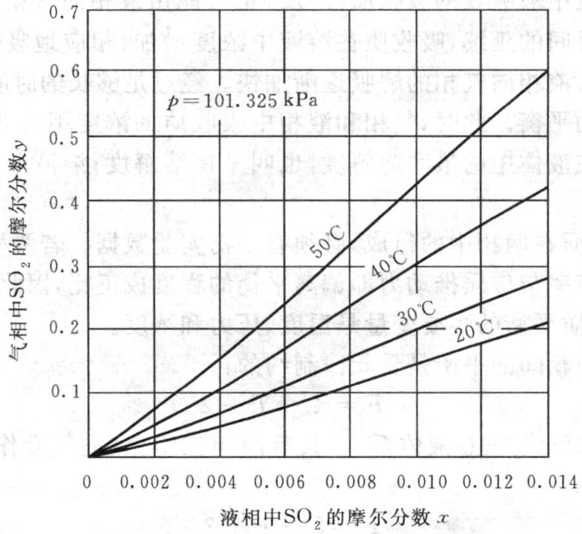

图4.3 SO_2在水中的溶解度曲线

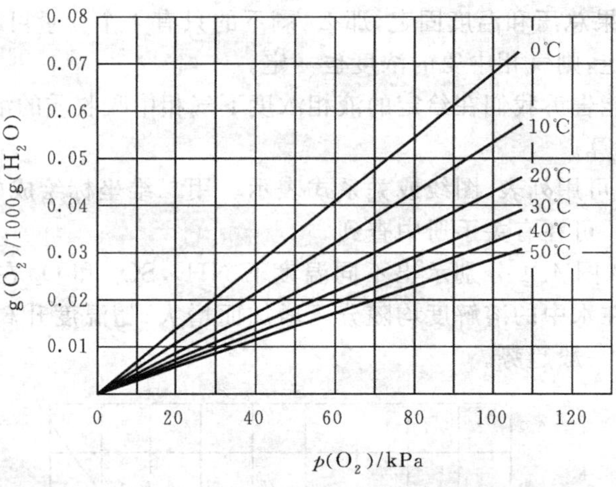

图4.4 O_2在水中的溶解度曲线

从图还可以看到,一定温度下,对应于同样浓度的溶液,易溶气体(如NH_3)的分压小,难溶气体(如O_2)的分压大。亦即,欲获得同一浓度的溶液,对易溶气体所需的分压低,对难溶气体所需的分压高。

4.2.2 亨利定律

实验结果表明,在一定温度下,对于难溶气体和大多数气体的稀溶液,在气体总压不高(低于506.5 kPa)的情况下,吸收质在液相中的浓度与其在气相中的平衡分压成正比,这一规律称亨利(Henry)定律,其数学表达式为

$$p_A^* = Ex_A \tag{4-1}$$

式中：p_A^*——溶质 A 在气相中的平衡分压，kPa；

x_A——溶质 A 在溶液中的摩尔分数；

E——亨利系数，kPa。

亨利系数的值取决于物系的特性及体系的温度。溶质或溶剂不同，体系不同，E 也就不同。E 的大小表示气体被吸收的难易程度，E 值愈大，气体愈难于被吸收，反之，则愈容易被吸收。对于一定的体系，因为气体在液体中的溶解度随温度升高而降低，故亨利系数随温度升高而加大。

一些气体在不同溶剂中的亨利系数 E 可从化工手册及有关书刊中查到。表 4.1 列出一些气体在水中的 E 值。

由于气、液相中溶质 A 的组成有各种不同表示形式，因此亨利定律还可以表示成下面 3 种常见形式：

(1) 用浓度表示

$$p_A^* = \frac{c_A}{H} \tag{4-2}$$

式中：p_A^*——溶质 A 在气相中的平衡分压，kPa；

c_A——溶质 A 在溶液中的浓度，$kmol/m^3$；

H——溶解度系数，$kmol/(m^3 \cdot kPa)$。

与 E 相反，H 愈大，溶解度愈大，吸收质愈容易被溶剂吸收。溶解度系数 H 随温度升高而减小。

H 与 E 之间的换算关系推导如下：由 $p_A^* = Ex_A$ 和 $p_A^* = \frac{c_A}{H}$ 得到：

$$Ex_A = \frac{c_A}{H}$$

而溶质在溶液中的浓度为

$$c_A = c_T x_A = \frac{\rho_T}{Mx_A + (1 - x_A)M_0} x_A$$

对于稀溶液，x_A 很小，ρ_T 约等于 ρ_0，所以

$$c_A = \frac{\rho_0}{M_0} x_A$$

故

$$\begin{cases} Ex_A = \dfrac{\rho_0}{M_0} x_A / H \\ E = \dfrac{1}{H} \dfrac{\rho_0}{M_0} \end{cases} \tag{4-3}$$

式中：c_T——溶液总浓度，$kmol/m^3$；

ρ_T——溶液的密度，kg/m^3；

M——吸收质组分的摩尔质量，kg/kmol；

M_0——溶剂的摩尔质量，kg/kmol；

ρ_0——溶剂的密度，kg/m^3。

表 4.1　若干气体水溶液的亨利系统

气体	温度/℃															
	0	5	10	15	20	25	30	35	40	45	50	60	70	80	90	100
	$E/10^6$ kPa															
H_2	5.87	6.16	6.44	6.70	6.92	7.16	7.39	7.52	7.61	7.70	7.75	7.75	7.71	7.65	7.61	7.55
N_2	5.35	6.05	6.77	7.48	8.15	8.76	9.36	9.98	10.5	11.0	11.4	12.2	12.7	12.8	12.8	12.8
空气	4.38	4.94	5.56	6.15	6.73	7.30	7.81	8.34	8.82	9.23	9.59	10.2	10.6	10.8	10.9	10.8
CO	3.57	4.01	4.48	4.95	5.43	5.88	6.28	6.68	7.05	7.39	7.71	8.32	8.57	8.57	8.57	8.57
O_2	2.58	2.95	3.31	3.69	4.06	4.44	4.81	5.14	5.42	5.70	5.96	6.37	6.72	6.96	7.08	7.10
CH_4	2.27	2.62	3.01	3.41	3.81	4.18	4.55	4.92	5.27	5.58	5.85	6.34	6.75	6.91	7.01	7.10
NO	1.71	1.96	2.21	2.45	2.67	2.91	3.14	3.35	3.57	3.77	3.95	4.24	4.44	4.54	4.58	4.60
C_2H_6	1.28	1.57	1.92	2.90	2.66	3.06	3.47	3.88	4.29	4.69	5.07	5.72	6.31	6.70	6.96	7.01
	$E/10^5$ kPa															
C_2H_4	5.59	6.62	7.78	9.07	10.3	11.6	12.9	—	—	—	—	—	—	—	—	—
N_2O	—	1.19	1.43	1.68	2.01	2.28	2.62	3.06	—	—	—	—	—	—	—	—
CO_2	0.738	0.888	1.05	1.24	1.44	1.66	1.88	2.12	2.36	2.60	2.87	3.46	—	—	—	—
C_2H_2	0.73	0.85	0.97	1.09	1.23	1.35	1.48	—	—	—	—	—	—	—	—	—
Cl_2	0.272	0.334	0.399	0.461	0.537	0.604	0.669	0.74	0.80	0.86	0.90	0.97	0.99	0.97	0.96	—
H_2S	0.272	0.319	0.372	0.418	0.489	0.552	0.617	0.686	0.755	0.825	0.689	1.04	1.21	1.37	1.46	1.50
	$E/10^4$ kPa															
SO_2	0.167	0.203	0.245	0.294	0.355	0.413	0.485	0.567	0.661	0.763	0.871	1.11	1.39	1.70	2.01	—

(2) 用摩尔分数表示

$$y_A^* = mx_A \tag{4-4}$$

式中：y_A^*——吸收质 A 在气相中的平衡浓度，摩尔分数；

m——相平衡常数。

若总压强为 p_T，对于理想气体，根据道尔顿分压定律：

$$p_A = py_A$$

将上式代入式(4-1)可得

$$p_T y_A^* = Ex_A$$

$$y_A^* = \frac{E}{p_T}x_A$$

比较上式和式(4-4)得

$$m = \frac{E}{p_T} \tag{4-5}$$

相平衡常数 m 也是由实验测得，由 m 值可以判断其气体组分的溶解度大小，m 值愈大，表明该吸收质的溶解度愈小。m 值随总压的升高，温度的降低而减小。因此，较高的压力和较低的温度对吸收是有利的，反之，对解吸有利。

(3) 用物质的量比表示

$$Y_A^* = \frac{mX_A}{1+(1-m)X_A} \tag{4-6a}$$

对于稀溶液，x_A 值很小，分母趋近于 1，则亨利定律可近似表示为

$$Y_A = mX_A \tag{4-6b}$$

式中：Y_A——1 kmol 惰性气体中所含吸收质的物质的量；

X_A——1 kmol 吸收剂中所含吸收质的物质的量；

m——相平衡常数，无量纲。

由摩尔分数和物质的量比之间的关系，很容易由式(4-4)推得式(4-6a)。

上列各式中的亨利系数 E，溶解度系数 H 和相平衡常数 m 均由实验测得。一般物理化学手册或化工手册中只列出亨利系数 E，但在吸收计算中应用式(4-6b)进行计算最方便，其中的相平衡常数 m 值，可由查得的 E 按式(4-5)换算得到。对于不遵循亨利定律的气体，为满足工程上的需要，通常通过实验测定不同条件下的吸收系数，求得气液平衡数据，将其列表、绘图以备实际应用。

例 4-1 系统温度为 25℃、总压为 101.3 kPa 的条件下，含 CO_2 的某混合气与水接触，试求与含摩尔分数 0.3 的 CO_2 的混合气呈平衡的液相中 CO_2 的平衡浓度 c_A^*（以 kmol/m^3 计）。（假设：该浓度范围气-液相平衡关系符合亨利定律。）

解：令 p_A 为 CO_2 在气相中的分压，则由分压定律：

$$p_A = p_y = 101.3 \times 0.3 = 30.4\ \text{kPa}$$

由式(4-2)可知：

$$c_A^* = Hp_A$$

式中：H——25℃时 CO_2 在水中的溶解度系统。

由式(4-3)可知：

$$H = \frac{\rho_0}{EM_0}$$

故

$$c_A^* = \frac{\rho_0}{EM_0} p_A^*$$

查表4.1得25℃时CO_2在水中的亨利系统为1.66×10^5 kPa。因CO_2为难溶于水的气体,溶液浓度很低,溶液密度可按25℃的纯水计算,取$\rho=1000\ \text{kg/m}^3$,则

$$c_A^* = \frac{\rho_0}{EM_0} p_A^* = \frac{1000}{1.66\times10^5\times18}\times30.4 = 10.17\times10^{-3}\ \text{kmol/m}^3$$

4.2.3 相平衡与吸收过程的关系

1. 可以用相平衡关系判断过程的方向

当气、液两相接触时,可用气液相平衡关系确定一相与另一相组成相平衡的组成,将其与此相的实际组成比较,便可判断过程的方向,即是吸收,还是解吸。

如在101.3 kPa,20℃下,稀氨水的气液相平衡关系为$y_A^*=0.94\ x_A$。若有含氨0.094(摩尔分数,下同)的混合气和组成为$x_A=0.05$的氨水接触,试确定过程的方向。

可用相平衡关系确定与实际气相组成$y=0.094$呈平衡的液相组成x_A^*:

$$x_A^* = \frac{y}{0.94} = \frac{0.094}{0.94} = 0.1$$

x_A^*称为气相y的平衡组成。将其与实际的液相组成$x_A=0.05$比较,实际液相组成小于平衡组成$x_A^*=0.1$,因此气、液两相接触的结果是,氨从气相转入液相,即发生吸收过程。

当然,也可用相平衡关系确定与实际液相组成$x_A=0.05$成平衡的气相组成y_A^*:

$$y_A^* = 0.94x_A = 0.94\times0.05 = 0.047$$

y_A^*称为液相x的平衡组成。与实际的气相组成y_A比较,$y_A=0.094$大于平衡组成y_A^*,因此氨将从气相转入液相,仍判断为吸收过程。

若含氨0.02摩尔分数的混合气和$x_A=0.05$的氨水接触,则

$$x_A^* = \frac{y}{0.94} = \frac{0.02}{0.94} = 0.021$$

$$x_A = 0.05 > x_A^* = 0.021$$

因此,气、液两相接触时,氨将由液相转入气相,即发生解吸过程。或

$$y_A^* = 0.94\times0.05 = 0.047 > y_A = 0.02$$

仍可判断出该过程是解吸过程。

总之,不论用哪一相的平衡组成和另一相的实际组成比较,均可判断两相接触时的传质方向。

用气、液相平衡曲线图来判断两相接触时的传质方向,可以更加直观和明了。已知相互接触的气、液两相的实际组成y_A和x_A,即可在x-y坐标图中确定其状态点M,称为初始状态点。若点M在平衡曲线的上方,两相接触的结果发生吸收过程;相反,若初始状态点在平衡线的下方,则将发生解吸过程。图4.5(c)所表示的是通过求y_A^*来判断组成为$x_A=0.05$

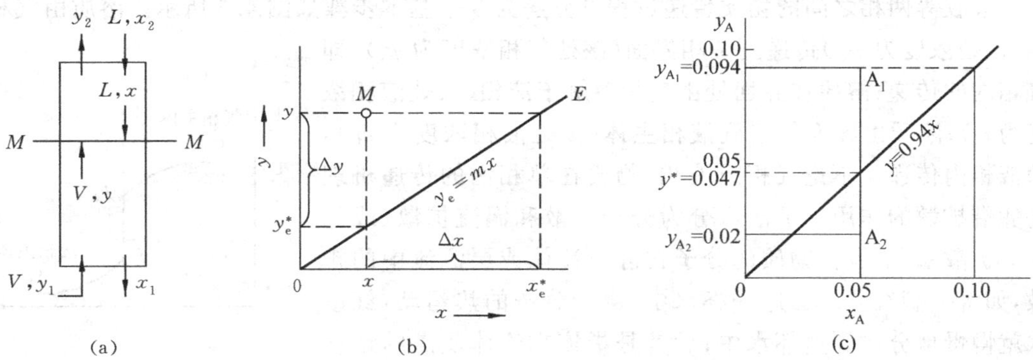

图 4.5 吸收推动力图示

的液相分别与 $y_A=0.094$ 和 $y_A=0.02$ 的气相相接触时(其状态分别用 A_1 与 A_2 表示)的过程传质方向的示意图。

2. 计算过程的推动力

平衡是过程的极限,不平衡的气、液两相互相接触时才会发生气体的吸收或解吸。实际浓度偏离平衡浓度愈远,过程的推动力愈大,过程的速率也愈快。在吸收过程中,通常以实际浓度与平衡浓度的偏离程度来表示吸收的推动力。以吸收塔的某一截面为例,M 处气相浓度为 y,液相浓度为 x,实际浓度在 y-x 图中用 M 点表示,与 y 平衡的液相浓度为 x^*,与 x 平衡的气相浓度为 y^*,则 $y-y^*$ 为气相浓度差表示的推动力,x^*-x 为液相浓度差表示的吸收推动力。

3. 指明传质过程的极限

平衡状态是过程进行的极限。对于以净化气体为目的的逆流吸收过程,随着塔高增大,吸收剂用量增加,出口气体中溶质 A 的组成 y_2 将随之降低。但即使塔无限高,吸收剂用量很大,出口气的组成 y_2 也不会低于与吸收剂入口组成 x_2 成平衡的气相组成 y_2^*。

同理,塔底出口的吸收液中溶质 A 的组成 x_1 也有一个最大值:

$$x_{1\,\max}=y_1/m$$

4.3 传质机理和传质速率

相平衡仅仅是表达某一物系处于平衡状态时,两相组成之间的函数关系。实际进行的物质传递过程中,物系状态是偏离平衡状态的,这样才可能使某种物质从一相源源不断地传递到另一相中去。如其不然,物系状态处于平衡状态,过程就会终止。在物质传递过程中,更主要的是研究物质传递速率(单位时间从一相传递到另一相的物质的量)。如果吸收速率高,吸收设备的生产强度就大,一定的吸收量可在较小的设备中完成;反之,吸收速率低,则需要用较大的设备。

物质传递过程的速率与其影响因素之间的关系用物质速率方程来表达,为此,首先要研究物质传递的机理。

吸收等两相之间的物质传递过程可分解为3个基本步骤如图4.6所示。溶质由气相主体(该处浓度为 p_G)传递到两相界面(该处气相浓度为 p_i),即气相内的传递;溶质在界面处由气相溶解于液相(该处液相浓度为 c_i);溶质由界面传递到液相主体(该处液相浓度为 c_L),即液相内传递。不论气相或液相,物质在单相内的传递机理是凭借扩散的作用。扩散可分为分子扩散和涡流扩散(或称对流扩散)。前者指物质的分子在静止流体或层流流中的扩散,如将一滴红墨水加进一杯水中,由于分子的热运动,红墨水就慢慢地分散到整杯水中;后者是指依靠流体质点的运动而引起的扩散称为涡流扩散,如将一滴红墨水加进一杯水中后立刻搅拌,红墨水迅速地分散到整杯水中,这种情况下的扩散主要是涡流扩散。

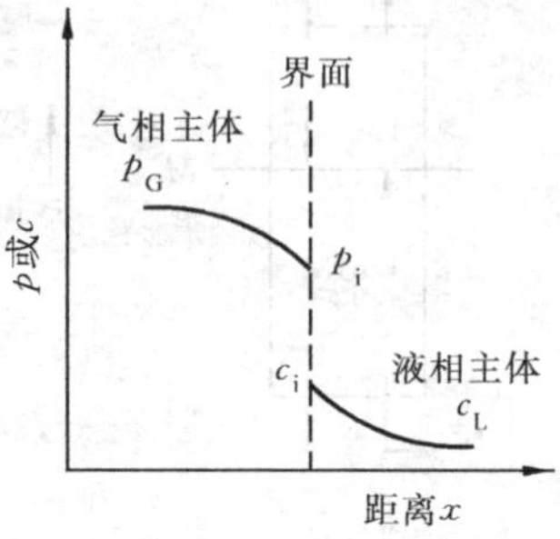

图4.6 两相之间的传递过程示意图

4.3.1 分子扩散

1. 费克定律

如果在流体内部存在某一组分的浓度差,由于物质分子的无规则运动,该组分将从较高浓度处向较低浓度处转移,直至流体内部达到浓度均匀为止,这种物质传递现象称为分子扩散。分子扩散是物质分子微观运动的结果。在静止流体内的传质,或是在作层流流动的流体中,与其流向垂直方向上的传质均属分子扩散。

在单相物系内,以分子扩散方式迁移物质的速度,即分子扩散速度遵循费克(Fick)定律:分子扩散速度与扩散面积成正比,与浓度梯度成正比,物质传递的方向沿浓度降低的方向,其数学表达式为

$$N'_A=\frac{dn}{d\tau}=-DA\frac{dc_A}{dZ} \tag{4-7}$$

式中:N'_A ——扩散组分的分子扩散速率,kmol/s或kmol/h;

n——扩散物质的量,kmol;

τ——时间,s或h;

A——扩散面积,m^2;

Z——扩散距离,m;

c_A——扩散组分的浓度,$kmol/m^3$;

D——分子扩散系数,m^2/s,cm^2/s或m^2/h。

负号表明物质扩散方向与浓度增加方向相反。

稳定情况下,即扩散速率 N_A 恒定,在各点处浓度 c_A 恒定,分子扩散速率的积分形式为

$$N'_A=\frac{DA}{\delta}(c_{A1}-c_{A2}) \tag{4-8}$$

式中:c_{A1},c_{A2}——扩散组分在点1和点2处的浓度,$kmol/m^3$;

δ——扩散层厚度,m。

上式可以写成扩散通量形式:

$$N_A = \frac{N'_A}{A} = \frac{D}{\delta}(c_{A1} - c_{A2}) \tag{4-9}$$

式中：N_A——扩散通量，kmol/(m^2 · s)。

2. 流体中的稳定分子扩散

式(4-9)既可用于气液传质过程的吸收，也可用于精馏。二元混合物气体分子扩散分为分子逆流扩散和单向扩散两种。

(1) 等分子逆流扩散

两组分混合物的精馏过程就是等分子逆流扩散。在该过程中，易挥发组分从液相向气相传递，难挥发组分则从气相向液相传递，如果两组分的汽化热相等，那么，1 mol 难挥发组分从气相冷凝传入液相所放出的热量恰好使 1 mol 易挥发组分从液相传入气相的热量。这样，在气、液两相中，这两种组分就形成了等摩尔反向扩散。在气相中难挥发组分从气相主体向气、液界面扩散，易挥发组分从界面向气相主体扩散，两者扩散通量相等，方向相反。与此类似，在液相中难挥发组分从气、液两相界面向液相主体扩散，易挥发组分则从液相主体向界面扩散。

若二组分 A 和 B 混合气体为理想气体，且各处总压强及温度相同，那么，各点的总浓度也相等：

$$c_T = c_A + c_B = 常数$$

$$\frac{dc_T}{dZ} = \frac{dc_A}{dZ} + \frac{dc_B}{dZ} = 0$$

即

$$\frac{dc_A}{dZ} = -\frac{dc_B}{dZ}$$

$$N_B = -D_{BA}\frac{dc_B}{dZ}$$

$$N_A = -N_B$$

所以

$$N_A = -D_{AB}\frac{dc_A}{dZ} = D_{BA}\frac{dc_B}{dZ} = -D_{BA}\frac{dc_A}{dZ}$$

有

$$D_{AB} = D_{BA} = D$$

若边界条件为

$$Z = 0,\quad c_A = c_{A1}$$

$$Z = Z,\quad c_A = c_{A2}$$

则可以得到

$$N_A = \frac{D}{Z}(c_{A1} - c_{A2}) = \frac{\Delta c}{Z/D} = \frac{推动力}{阻力} \tag{4-10}$$

对于气体，物质的量浓度可以用分压表示：

$$c_A = \frac{P_A}{RT}$$

则可得

$$N_A = \frac{D}{RTZ}(p_{A1} - p_{A2}) \tag{4-11}$$

式中：R——摩尔气体常数，8.314 kJ/(kmol · K)；

T——温度,K;

p_{A1}, p_{A2}——组分A在点1和点2处的分压,kPa。

(2) 单向扩散

吸收过程就是单向扩散。在吸收操作中,惰性组分不溶于液体中,即不会穿过两相界面,而组分A则不断地溶入液相,其浓度分布如图4.6所示。惰性组分B的分布与组分A的恰恰相反,即两相界面处浓度高于气相主体,因此组分B将由分子扩散离开界面。若仅有分子扩散存在,两相界面B的浓度将不断降低,界面处总压(等于A,B两组分的分压之和)将比气相主体中的低,这在事实上不会出现。因当有压差出现,就推动气体中的A和B组分一起向界面流动,此称为主体流动,其传递的量为 $N''_A + N''_B$,且 $N''_A : N''_B = c_A : c_B$。总体流动挟带的组分B的量恰好与B的分子扩散量相等,保持B的净传递量为零,即

$$-N''_B = N_B = -D\frac{dc_B}{dZ}$$

主体流不同于扩散流,扩散流是分子微观运动的宏观结果,而上述物质流纯属宏观运动。

组分A在单向扩散中的传递速率为

$$\begin{aligned}N_A &= N''_A + N_A = \frac{c_A}{c_B}N''_B + N_A \\ &= \frac{c_A}{c_B}(-N_B) + N_A = \frac{c_A}{c_B}D\frac{dc_B}{dZ} - D\frac{dc_A}{dZ} \\ &= -D\frac{c_A}{c_B}\frac{dc_A}{dZ} - D\frac{dc_A}{dZ} = -D\frac{c_A + c_B}{c_B}\frac{dc_A}{dZ} \\ &= -D\frac{c_T}{c_T - c_A}\frac{dc_A}{dZ} = 常数\end{aligned}$$

边界条件为

$$Z = 0, \quad c_A = c_{A1}$$
$$Z = Z, \quad c_A = c_{A2}$$

而 c_T 和 D 为常数,积分得

$$\begin{aligned}N_A &= \frac{Dc_T}{Z}\ln\frac{c_T - c_{A2}}{c_T - c_{A1}} \\ &= \frac{Dc_T}{Z}\frac{\ln\left(\dfrac{c_T - c_{A2}}{c_T - c_{A1}}\right)}{c_T - c_{A2} - (c_T - c_{A1})}(c_{A1} - c_{A2}) = \frac{Dc_T}{Zc_{Bm}}(c_{A1} - c_{A2})\end{aligned} \tag{4-12}$$

式中 c_{Bm} 为组分B在界面与液相主体之间浓度的对数平均值:

$$c_{Bm} = \frac{c_T - c_{A2} - (c_T - c_{A1})}{\ln\dfrac{c_T - c_{A2}}{c_T - c_{A1}}}$$

若以分压表示,则可得传质速率为

$$N_A = \frac{D}{RTZ}\frac{p_T}{p_{Bm}}(p_{A1} - p_{A2}) \tag{4-13}$$

式中,p_{Bm} 为气相主体与界面之间惰性气体分压差的对数平均值:

$$p_{Bm} = \frac{p_T - p_{A2} - (p_T - p_{A1})}{\ln\dfrac{p_T - p_{A2}}{p_T - p_{A1}}}$$

与等分子逆流扩散相比，在单向扩散中，因存在主体流动使组分 A 的传递速率 N_A 较等分子扩散增大了(c_T/c_{Bm})或(p_T/p_{Bm})倍。此倍数称漂流因子，其值恒大于 1。当混合物中 c_A 的浓度很低时，$c_{Bm} \approx c_T$(或 $p_{Bm} \approx p_T$)，则漂流因子接近于 1。

3. 扩散系数

扩散系数是物质的物性常数，它表明该物质在均匀介质中的扩散能力。由式(4-7)可知，扩散系数 D 的物理意义是：在沿扩散单位距离内，扩散组分浓度降低一个单位时，单位时间内通过单位面积的物质量，其单位为 m^2/s 或 cm^2/s。影响扩散系数的因素有：

(1) 扩散组分本身的性质

例如氧在空气中的 D 为 0.206 cm^2/s，乙醇在空气中的 D 为 0.119 cm^2/s。

(2) 扩散组分所在介质的性质

例如氨在空气中的 D 为 0.198 cm^2/s，在水中的 D 为 $0.176 \times 10^{-4} cm^2/s$。

(3) 温度

温度升高，扩散系数增大。

(4) 压力

压力对物质在液体中的扩散系数的影响小，在气体中的影响大。

(5) 浓度

在液体中浓度对扩散系数的影响大，在气体中影响小。

物质在不同条件下的扩散系数一般需要通过实验测定。常见物系的扩散系数可在手册中查到。当查不到实验数据时，可以通过实验求取，或者采用适当的半经验公式或经验公式估算。

(1) 物质在气体中的扩散系数

物质在气体中的扩散系数主要取决于温度、压力和气体组分的性质，当压力不高时扩散系数基本上与物质在气体中的浓度没有关系。表 4.2 中列举了若干两组分气体混合物的扩散系数，由表可知，气体中的扩散系数为 $10^{-1} cm^2/s \sim 1\ cm^2/s$($10^{-5} m^2/s \sim 10^{-4} m^2/s$)。表 4.3 列出若干物质在水中的扩散系数。

表 4.2 两组分气体混合物的扩散系数(101.3 kPa)

物 质	温度/K	扩散系数 /cm^2/s	物 质	温度/K	扩散系数 /cm^2/s
空气-氨	273	0.198	空气-水	298	0.260
空气-苯	298	0.0962	氢-氨	293	0.849
空气-二氧化碳	273	0.136	氢-氧	273	0.697
空气-二硫化碳	273	0.0883	氮-氨	293	0.241
空气-氯	273	0.124	氮-乙烯	298	0.163
空气-乙醇	298	0.132	氮-氢	288	0.743
空气-乙醚	293	0.0896	氮-氧	273	0.181
空气-甲醇	298	0.162	氧-氨	293	0.253
空气-汞	614	0.473	氧-苯	293	0.0939
空气-二氧化硫	273	0.122	氧-乙烯	293	0.182

表 4.3 若干物质在水中的扩散系数

溶　质	温度/℃	浓度/kmol/m³	扩散系数/10^{-5} cm²/s
Cl	16	0.12	1.26
HCl	0	9	27
		2	1.8
	10	9	3.3
		2.5	2.5
	16	0.5	2.44
NH_3	5	3.5	1.24
	15	1.0	1.77
CO_2	10	0	1.46
	20	0	1.77
NcCl	18	0.05	1.26
		0.2	1.21
		1.0	1.24
		3.0	1.36
		5.4	1.54

由于扩散系数不仅与物质本性有关,而且因扩散的介质不同而不同,因此,手册中所载数据不可能很完备,往往需要根据经验公式进行估算。

扩散组分A在气体B中的扩散系数常采用马克斯韦尔-吉利兰(Maxwell-Gilliland)经验式估算:

$$D=\frac{4.36\times10^{-5}T^{3/2}}{p(V_{\mathrm{mA}}^{1/3}+V_{\mathrm{mB}}^{1/3})}\sqrt{\frac{1}{M_{\mathrm{A}}}+\frac{1}{M_{\mathrm{B}}}} \tag{4-14}$$

式中:D——分子扩散系数,m²/s;

p——总压强,kPa;

T——温度,K;

M_A,M_B——A,B两组分的摩尔质量,g/mol;

V_{mA},V_{mB}——A,B两组分在正常沸点下的摩尔体积,cm³/mol。

组分的摩尔体积可根据正常沸点下液态纯组分的密度求得。表4.4列出了一些常见气体的摩尔体积。物质分子体积也可以根据组成该物质的原子体积按柯普(Koop)加和法则近似计算。表4.4中也列出了若干原子体积。

(2) 物质在液体中的扩散系数

物质在液体中的扩散系数与组分的性质、温度、粘度以及浓度有关。

因为液体中的分子比气体中的密集,分子运动不如在气体中自由,所以可以预计物质在液体中的扩散系数要比在气体中小得多。一般两者相差10^4～10^5倍。但是由于气体中组分的浓度比液体中小,所以气体中的扩散通量只比液体大10～10^2倍。表4.3列举了若干物质在水中的扩散系数。

液体中的扩散系数也可用一些经验公式估算,但是由于液体中分子间的作用比较复杂,理论分析还不够成熟,所以现有估算液体中扩散系数的关系式的可靠性不如气体。

表 4.4 若干气体的摩尔体积和元素的原子体积

元素	原子体积 /cm^3/mol	气体	摩尔体积 /cm^3/mol
H	3.7	H_2	14.3
C	14.8	O_2	25.6
F	8.7	N_2	31.2
Cl			
在一端的，如在 R—Cl 中	21.6	空气	29.9
居中的，如在 R—CHCl—R 中	24.6	CO	30.7
Br	27	CO_2	34
I	37	SO_2	44.8
N	15.6	NO	23.6
在伯胺中	10.5	N_2O	36.4
在仲胺中	12.0	NH_3	25.8
O	7.4	H_2O	18.9
在甲酯中	9.1	H_2S	32.9
在乙酯及甲醚、乙醚中	9.9	Cl_2	48.4
在高级酯及醚中	11.0	Br_2	53.2
在酸中	12	I_2	71.5
与 N,S,P 结合	8.3		
S	25.6		
P	27		

对于很稀的非电解溶液，物质在液体中的扩散系数可按下式估算：

$$D_{液} = 7.4 \times 10^{-12} \frac{(\alpha M)^{1/2} T}{\mu V_m^{0.6}} \tag{4-15}$$

式中：$D_{液}$——溶质在液体中扩散系数，m^2/s；

T——温度，K；

M——溶剂的摩尔质量，g/mol；

μ——溶剂的粘度，Pa·s；

V_m——溶质的摩尔体积，cm^3/mol；

α——溶剂的缔合程度。对于水，α 为 2.6；对甲醇，α 为 1.9；对乙醇，α 为 1.5；对不缔合溶剂(如苯)，α 为 1。

4.3.2 对流扩散

前述分子扩散的积分式只能用于静止流体或层流流体，实际吸收设备中的流体总是流动的，流体的流动强化了相内的物质传递。

湍流流体的质点沿各方向作不规则运动，使流体内产生旋涡。因为有旋涡存在，物质传递速率远大于只有分子扩散时的速率，这种传递称为涡流扩散。涡流扩散的速率也与浓度梯度成正比。因此涡流扩散速度方程也可写成与公式(4-7)类似的形式：

$$N_A = -D\frac{dc_A}{dZ} - \varepsilon_g \frac{dc_A}{dZ} = -(D+\varepsilon_g)\frac{dc_A}{dZ} \tag{4-16}$$

式中：ε_g——涡流扩散系数，m^2/s。

涡流扩散系数与分子扩散系数虽有相同的单位，但是，分子扩散系数是物质的物理性质，同时与所在的介质性质有关；而涡流扩散系数则受流体流动状况和扩散部位等复杂因素的影响。

实际湍流流体内物质的传递既靠分子扩散，也靠涡流扩散，两者合称对流扩散。在静止流体或层流流体中，涡流扩散为零，即 $\varepsilon_g=0$，高度湍流流动时，涡流扩散系数 ε_g 远远大于分子扩散系数，例如在 H_2，CO_2 和空气的试验系统中，在强烈湍动时，ε_g 几乎是 D 的 100 倍。因此，为增大流体相中的扩散速率，应使流体在湍流情况下流动，并尽可能加大其湍动程度。

由于目前对对流扩散的认识还不够深刻，还难于完全根据理论来计算 ε_g，于是仿照处理传热中对流传热系数的方法来处理对流扩散的问题。为此，提出了一些简化的传质模型来阐明对流传质的机理。其中提出最早也具有代表性的是停滞膜模型。

1. 停滞膜模型

停滞膜模型(stagnant-film model)，简称膜模型。归纳起来基本论点为：

(1) 在流体靠近相界面处存在一层虚拟的停滞膜，膜以外为流体湍流区，相内对流传质的阻力集中于虚拟的停滞膜内，如图 4.7 所示。虚拟停滞膜 δ_G 比层流底层厚。

(2) 假定停滞膜非常薄，因此任一时刻溶质在膜内的容量与传质速率相比可忽略，可以认为膜内无溶质的积累，溶质以稳态的分子扩散通过停滞膜。因此，一组分通过另一组分的对流扩散速率可写为

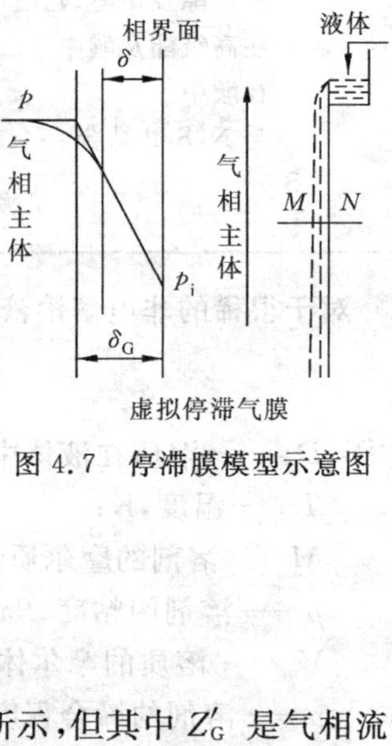

图 4.7 停滞膜模型示意图

气相内：
$$N_A=\frac{D}{RTZ'_G}\frac{p}{p_{Bm}}(p_{A1}-p_{A2}) \tag{4-17}$$

液相内：
$$N_A=\frac{D}{Z'_L}\frac{c_T}{c_{Bm}}(c_{A1}-c_{A2}) \tag{4-18}$$

式中 Z'_G 和 Z'_L 分别是气相和液相内虚拟停滞膜的厚度。

2. 对流传质速率方程

根据停滞膜模型，通过虚拟停滞膜的传质速率如式(4-17)所示，但其中 Z'_G 是气相流动状况的函数，难于测定。实际上，仿照对流传热速率的牛顿冷却定律，把上述关系用传质通量方程表示。令

$$k_G=\frac{D}{RTZ'_G}\frac{P}{p_{Bm}}$$

则式(4-17)变为

$$N_A=k_G(p_{A1}-p_{A2}) \tag{4-19}$$

式中：k_G——以分压差表示推动力的气相传质分系数，$kmol/(s\cdot m^2\cdot kPa)$。

式(4-18)中的 Z'_L 也难于测定，同理，令

$$k_L=\frac{D}{Z'_L}\frac{c_T}{c_{Bm}}$$

则式(4-18)变为

$$N_A = k_L(c_{A1} - c_{A2}) \tag{4-20}$$

式中：k_L——以浓度差表示推动力的液相传质分系数，kmol/(s · m² · kmol/m³)。

从式(4-19)和式(4-20)可知，提高传质速率的途径有 3 种：

(1) 提高传质分系数 k_G 和 k_L；

(2) 提高传质推动力 Δp 和 Δc；

(3) 增加两相的接触表面积。

采用虚拟等效膜模型，将影响传质速率的各种复杂因素都集中纳入传质膜系数之内，得到了形式简单的对流传质速率方程式(4-19)和式(4-20)。传质膜系数可根据实际物系、设备和具体操作条件直接测定，或者通过模型试验寻求传质膜系数与各项影响因素之间的准数关联式，用于相似放大设计计算。例如，对降膜式湿壁塔内对流传质，当 $Re>2100$，$Sc=0.6\sim3000$ 时(对气体 $Sc=0.5\sim3$，对液体 $Sc>100$)，由实验获得的典型特征数关联式为

$$Sh = 0.023Re^{0.83}Sc^{0.33} \tag{4-21}$$

式中：Sh——施伍特数：

$$Sh = \frac{k_L d}{D} \cdot \frac{c_{Bm}}{c_T} = \frac{k_G dRT}{D} \cdot \frac{p_{Bm}}{p}$$

Sc——施密特数：

$$Sc = \frac{\mu}{\rho D}$$

Re——雷诺数：

$$Re = \frac{ud\rho}{\mu}$$

将式(4-21)和圆管内强制对流传热膜系数的关联式(2-35)：

$$Nu = 0.023Re^{0.8}Pr^{0.3\sim0.4}$$

相比较，不难看出对流传质与对流传热过程之间的相似性。

4.4 两相间的传质

4.4.1 双膜理论

气体吸收是一种复杂的相际传质过程，气相中的溶质传递到液相，在此传递的全过程中，溶质首先从气相主体传递到两相界面，通过界面再溶到液相中，最后从两相界面的液体中传递到液相主体中。两相界面处的气、液两相是平衡问题，而气、液两相内则是单相中的扩散问题。图 4.8 所示为气、液两相之间物质传递过程及其浓度分布示意图。

与热量由热流体传到冷流体的过程相似，为求得吸收速率就必须搞清楚溶质在气相和液相中的传递以及界面的情况。但在吸收设备中，气、液两相通常呈湍流，溶质从高浓度处传向低浓度处，不仅由于分子扩散，而且有涡流扩散，合称为对流扩散。对流扩散不仅与物性参数有关，而且还和操作参数(如流速、系统压力和温度)以及设备特性有关。而且气液传质过程中两相界面的情况也不是固定的。对于如此复杂的情况，相际物质传递过程的传质速率方程，仍需根据简化的物理模型来建立。科学家们先后提出了各种不同的理论，如双膜理论、溶质渗透理论、表面更新理论和界面动力状态理论。但这些理论在解释相际传质机理

的实际应用中均存在一定的局限性。最为简便和实用的模型是1923年惠特曼(Whitman)提出来的双膜理论。本节着重讨论双膜理论,并以此建立相间传质速率方程。双膜理论的基本论点如下:

(1) 相互接触的气、液两流体间存在有稳定的相界面,界面两侧分别有一层虚拟的停滞气膜和停滞液膜。溶质组分以稳态的分子扩散通过这两层膜。

(2) 在相界面处,气、液两相一经接触就达到平衡,即 $p_i=c_i/H$,界面上无传质阻力。

(3) 在液层以外,气、液流体都充分湍动,组成均一。溶质在每一相内的传质阻力都集中于虚拟的停滞膜内。

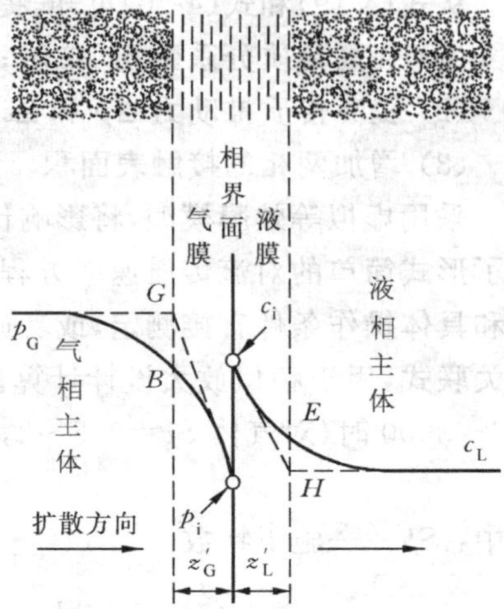

图4.8 双膜理论示意图

基于以上假定,将气液相际传质机理简化为溶质组分通过气、液两层虚拟膜的稳定分子扩散过程,如图4.8所示。我们假设折线 p_GGp_i 和 c_iHc_L 代表实际浓度变化 p_GBp_i 和 c_iEc_L。膜层厚度假设为 Z'_G 和 Z'_L。因为已假设界面上气、液两相平衡,其关系可表示为 $p_i=f(c_i)$,所以 p_i,c_i 的相对位置由相与相的平衡关系所决定。这一理论把复杂的问题大为简化。

双膜模型对于具有固定相界面的传质以及两相流体流速不很高的自由界面相际传质过程都符合得较好,而对高度湍动的两流体间的传质过程则表现出一定的局限性。然而,就工程传质而论,双膜理论以及由此确定的相际传质速率乃是分析和计算传质过程以及设备设计的主要依据。

4.4.2 吸收传质速率方程

1. 亨利定律适用于气液平衡的情况

根据双膜理论及单相传质速率方程,可以写出溶质穿过气膜和液膜时的吸收速率方程:

$$N_A = k_G(p_G - p_i) \tag{4-22}$$

$$N_{A,L} = k_L(c_i - c_L) \tag{4-23}$$

式中:N_A,$N_{A,L}$——吸收传质通量,kmol/(m²·s)或kmol/(m²·h);

p_G——气相主体中吸收质的分压,kPa;

p_i——界面处吸收质的分压,kPa;

c_i——界面处吸收质的浓度,kmol/m³;

c_L——液相主体中吸收质的浓度,kmol/m³;

k_G——气膜吸收传质分系数,kmol/(m²·s·kPa);

k_L——液膜吸收传质分系数,kmol/(m²·s·(kmol/m³))或m/s。

在稳态时,$N_A=N_{A,L}$,且根据串联过程的推动力和阻力所具有的加和性,相际传质速率等于气膜和液膜推动力之和与相应的阻力之比。值得注意的是,在推动力加和之前,需根据气液相平衡关系，将液相浓度换算成气液相平衡分压(p_L^*)来表示，或者反之(用 c_G^*)。和传热中避开难于测定的壁温导出冷热流体之间的传热速率方程一样，也可以避开难以测定的界面压强和浓度 p_i 和 c_i 导出相际之间的传质速率方程。所不同的是，传热速率方程中的推动力为两相流体之间的温度差，而传质推动力则以一相的实际浓度与和另一相实际浓度相平衡的平衡浓度之差来表示。

当气液平衡符合亨利定律时，根据式(4-2)有 $p_i = c_i/H$，$p_L^* = c_L/H$，将它们代入式(4-23)得

$$N_A = Hk_L(p_i - p_L^*)$$

将上式和式(4-22)联立得到

$$N_A = \frac{1}{\dfrac{1}{k_G} + \dfrac{1}{Hk_L}}(p_G - p_L^*)$$

令

$$\frac{1}{K_G} = \frac{1}{k_G} + \frac{1}{Hk_L} \tag{4-24}$$

得到以分压差表示推动力的总传质速率方程：

$$N_A = K_G(p_G - p_L^*) \tag{4-25}$$

式中：K_G——以气相分压差表示吸收推动力的总传质系数，kmol/(m^2·s·kPa)；

p_G——吸收质在气相主体的分压，kPa；

p_L^*——与液相主体浓度 c_L 平衡的气相中吸收质的分压，kPa。

同理，以 $p_G = c_G^*/H$，$p_i = c_i/H$ 代入式(4-22)并和式(4-23)联立，可得

$$N_A = \frac{1}{\dfrac{H}{k_G} + \dfrac{1}{k_L}}(c_G^* - c_L)$$

令

$$\frac{1}{K_L} = \frac{H}{k_G} + \frac{1}{k_L} \tag{4-26}$$

就可得到以浓度差表示吸收推动力的总传质速率方程：

$$N_A = K_L(c_G^* - c_L) \tag{4-27}$$

式中：K_L——以液相浓度差表示吸收推动力的总传质系数，m/s；

c_L——吸收质在液相主体中的浓度，kmol/m^3；

c_G^*——与气相主体中吸收质分压 p_G 平衡的液相浓度，kmol/m^3。

式(4-25)和式(4-27)两种传质速率方程只是推动力采用了不同表达方式，描述的却是同一个过程，因而是等价的。从式(4-24)和式(4-26)可知

$$K_G = HK_L \tag{4-28}$$

当气膜阻力远大于液膜阻力，例如水吸收 NH_3 或 HCl 气体，溶解度系数 H 很大，即 $\dfrac{1}{k_G} \gg \dfrac{1}{Hk_L}$，则相际传质过程受气膜控制，此时，$K_G \approx k_G$。

当液膜阻力远大于气膜阻力，例如水吸收 O_2 或 CO_2 气体，H 很小，即 $\dfrac{1}{k_L} \gg \dfrac{H}{k_G}$，则相际传质过程受液膜控制，此时 $K_L \approx k_L$。

当气、液两膜的传质阻力具有相近的数量级时，两者均不可忽略，总传质速率由双膜阻力联合控制。中等溶解度的气体吸收，如用水吸收 SO_2 气体就属于此种情况。

2. 总传质速率方程的分析

图 4.9 为某一吸收系统的示意图,M 点的坐标为吸收设备某一截面处的气、液两相的组成 p_G, c_L, p_G 与 c_L 一般不平衡,M 点在平衡曲线 oE 的上方。与吸收质在气相主体中的分压 p_G 平衡的液相组成在 B 点,$c=c_G^*=Hp_G$;与吸收质在液相主体中的浓度 c_L 平衡的气相分压在 A 点,$p=p_L^*=c_L/H$。MA 线表示以气相分压差表示的总推动力($p_G-p_L^*$);MB 线表示以液相浓度差表示的总推动力($c_G^*-c_L$)。实际浓度(p_G, c_L)愈偏离平衡状态,则 M 点在平衡线上方愈高,传质推动力($p_G-p_L^*$)或($c_G^*-c_L$)就愈大;实际浓度愈靠近平衡状态,M 点离平衡线愈近,传质推动力愈小;如果实际浓度已达平衡,则 M 点落在平衡线上。M 点落在平衡线下方,则过程变为解吸过程。

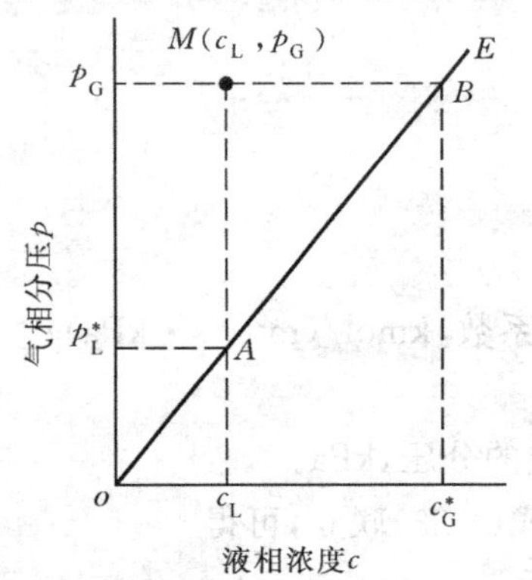

图 4.9 用相平衡曲线判断过程方向

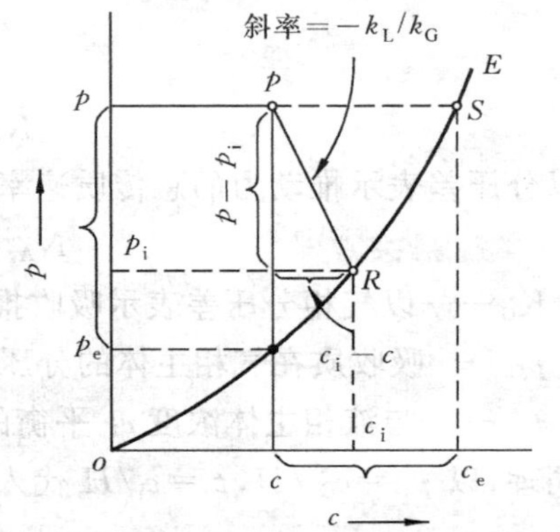

图 4.10 界面组成的确定和传质推动力图示

3. 相界面的组成

当气、液两相的组成不符合亨利定律时,如图 4.10 所示的平衡线为一曲线,此时由于 H 不能确定,于是不能按式(4-25)或式(4-27)来计算传质速率,只能求出界面组成(p_i, c_i),用式(4-22)

$$N_A = k_G(p_G - p_i)$$

及式(4-23)

$$N_{A,L} = k_L(c_i - c_L)$$

来进行计算。

如将式(4-22)左边除以式(4-23)左边,用式(4-22)右边除以式(4-23)右边,得到

$$\frac{N_A}{N_A} = 1 = \frac{k_G}{k_L} \times \frac{p_G - p_i}{c_i - c_L}$$

从上式可得到

$$-\frac{k_L}{k_G} = \frac{p_i - p_G}{c_i - c_L} \tag{4-29}$$

吸收设备某截面处气、液两相组成已知:$M(c_L, p_G)$,如果已知气相传质分系数和液相传质分系数,则可以用图解法求出界面组成 $R(p_i, c_i)$。MR 的斜率为 $-k_L/k_G$,通过点 M 的直线,它和平衡曲线交于 R 点。

图 4.10 也示出了对流传质的推动力：

$$\Delta p = p_G - p_i, \quad \Delta c = c_i - c_L$$

相际传质的总推动力：

$$\Delta p = p_G - p_L^*, \quad \Delta c = c_G^* - c_L$$

4. 用物质的量比差表示推动力的吸收传质速率方程式及吸收传质系数之间的变换关系

(1) 用物质的量比差表示推动力的吸收传质速率方程式

在很多情况下，用物质的量比差表示推动力，在计算上较用分压差或浓度差更为方便。这时通过与前面类似的推导，可得气膜和液膜以及总体吸收传质速率方程式：

气膜吸收传质速率方程式：

$$N_A = k_Y(Y - Y_i) \tag{4-30}$$

液膜吸收传质速率方程式：

$$N_A = k_X(X_i - X) \tag{4-31}$$

式中：X——吸收质在液相主体中的物质的量比，kmol(吸收质)/kmol(吸收剂)；

Y——吸收质在气相主体中的物质的量比，kmol(吸收质)/kmol(惰性气)。

总体吸收传质速率方程式：

$$N_A = K_Y(Y - Y^*) \tag{4-32}$$

$$N_A = K_X(X^* - X) \tag{4-33}$$

在稳定状态下

$$N_A = k_Y(Y - Y_i) = k_X(X_i - X) = K_Y(Y - Y^*) = K_X(X^* - X)$$

式中：k_Y, k_X——以气膜及液膜物质的量比差$(Y-Y_i)$和(X_i-X)为推动力表示的吸收传质分系数，kmol/(m² · s)；

K_Y, K_X——以总体物质的量比差$(Y-Y^*)$和(X^*-X)为推动力表示的吸收传质总系数，kmol/(m² · s)；

Y, X——吸收质在气相和液相主体中的物质的量比；

Y_i, X_i——在界面上吸收质的物质的量比；

Y^*, X^*——与液相主体 X 及气相主体 Y 成平衡的吸收质的平衡浓度(物质的量比)。

(2) 不同表示方式的吸收传质分系数之间及总系数之间的变换关系

气膜吸收传质分系数之间的变换关系：

将 $y=\dfrac{Y}{1+Y}$及 $p=p_T y$ 代入式(4-22)可以得到

$$N_A = k_G(p_G - p_i) = k_G p_T \frac{Y - Y_i}{(1+Y)(1+Y_i)}$$

比较上式和式(4-30)得

$$k_Y = \frac{k_G p_T}{(1+Y)(1+Y_i)} \tag{4-34}$$

同理,将 $x=\dfrac{X}{1+X}$ 及 $c=c_T x$ 代入式(4-23)得

$$N_A=k_L(c_i-c_L)=k_L c_T\frac{X_i-X}{(1+X)(1+X_i)}$$

比较上式和式(4-31)可得

$$k_X=\frac{k_L c_T}{(1+X)(1+X_i)} \tag{4-35}$$

同理,可以得到吸收传质总系数之间的变换关系:

$$K_Y=\frac{K_G p_T}{(1+Y)(1+Y^*)} \tag{4-36}$$

$$K_X=\frac{K_L c_T}{(1+X)(1+X^*)} \tag{4-37}$$

如果气、液两相的浓度都很小,上述各吸收传质系数式中的分母都趋于1,各式可分别简化为:

$$k_Y=k_G p_T \tag{4-38}$$

$$k_X=k_L c_T \tag{4-39}$$

$$K_Y=K_G p_T \tag{4-40}$$

$$K_X=K_L c_T \tag{4-41}$$

(3) 吸收传质系数的物理意义

吸收传质系数(k_G,k_L,K_G,K_L,k_X,k_Y,K_X,K_Y)表示,当吸收推动力为相应的一个单位分压差(kPa)或浓度差($kmol/m^3$)或物质的量比差时,单位时间通过单位传质面积,在气相中或液相中或者由气相传递到液相中的扩散物质量(kmol)。

常用的传质速率方程式列于表4.5,各种形式传质速率是等效的。

总传质系数与液膜和气膜传质系数是有机地联系在一起的。总传质系数的表达式和其间的换算见表4.6。

表4.5 传质速率方程一览表

传质速率方程	推动力		传质系数		对应的相平衡方程
	表达式	单位	符号	单位*	
$N_A=k_G(p_G-p_i)$	p_G-p_i	kPa	k_G	$kmol/(m^2\cdot s\cdot kPa)$	$p^*=c_L/H$ 或 $p^*=c_L/H+a$
$N_A=k_L(c_i-c_L)$	c_i-c_L	$kmol/m^3$	k_L	$kmol/[m^2\cdot s\cdot(kmol/m^3)]$ 或 m/s	
$N_A=K_G(p_G-p^*)$	p_G-p^*	kPa	K_G	$kmol/(m^2\cdot s\cdot kPa)$	
$N_A=K_L(c^*-c_L)$	c^*-c_L	$kmol/m^3$	K_L	$kmol/[m^2\cdot s\cdot(kmol/m^3)]$ 或 m/s	
$N_A=k_Y(Y-Y_i)$	$Y-Y_i$	物质的量比	k_Y	$kmol/(m^2\cdot s)$	$Y=\dfrac{mX}{1+(1-m)X}$
$N_A=K_Y(Y-Y^*)$	$Y-Y^*$	物质的量比	K_Y	$kmol/(m^2\cdot s)$	
$N_A=k_X(X_i-X)$	X_i-X	物质的量比	k_X	$kmol/(m^2\cdot s)$	
$N_A=K_X(X^*-X)$	X^*-X	物质的量比	K_X	$kmol/(m^2\cdot s)$	

* 任何传质系数的单位都是 $kmol/(m^2\cdot s)$,当推动力以摩尔分数差或物质的量比差表示时,传质系数的单位可简化为 $kmol/(m^2\cdot s)$。

表 4.6　总传质系数表达式及相互换算关系表

相平衡关系	$p^*=c/H$ 或 $p^*=c/H+a$	$y^*=mx$ 或 $y^*=mx+b$
总传质系数式	$K_G=\dfrac{1}{\dfrac{1}{k_G}+\dfrac{1}{Hk_L}}$ $K_L=\dfrac{1}{\dfrac{H}{k_G}+\dfrac{1}{k_L}}$	$K_Y=\dfrac{1}{\dfrac{1}{k_y}+\dfrac{m}{k_x}}$ $K_X=\dfrac{1}{\dfrac{1}{mk_y}+\dfrac{1}{k_x}}$
传质膜系数换算	$k_x=c_Tk_L$ $k_y=p_Tk_G$	
总传质系数换算	$K_Y=p_TK_G$　$K_Ym=K_X$ $K_X=c_TK_L$　$K_G=HK_L$	

例 4-2　在 110 kPa 下操作的氨吸收塔的某截面上，含氨 0.03(摩尔分数)的气体与氨浓度为 1 $kmol/m^3$ 的氨水相遇。已知气膜传质系数 k_G 为 5×10^{-9} $kmol/(m^2\cdot s\cdot Pa)$，液膜传质系数 k_L 为 1.5×10^{-4} m/s，氨水的平衡关系可用亨利定律表示，溶解度系数 H 为 7.3×10^{-4} $kmol/(m^3\cdot Pa)$，试计算：

(1) 气、液两相界面上的两相组成；

(2) 以分压差和物质的量浓度差表示的总推动力、总传质系数和传质速率；

(3) 以摩尔分数差表示推动力的气相总传质系数；

(4) 气膜与液膜阻力的相对大小。

解：(1) 求界面组成

应用式(4-29)得

$$\frac{1.1\times10^5\times0.03-p_i}{1-c_i}=-\frac{1.5\times10^{-4}}{5\times10^{-9}}\tag{1}$$

平衡关系为：

$$p_i=\frac{c_i}{7.3\times10^{-4}}\tag{2}$$

联立(1)，(2)两式得

界面气相侧氨分压 $p_i=1.45$ kPa

界面液相侧氨的浓度 $c_i=1.06$ $kmol/m^3$。

(2) 求总推动力、总传质系数和传质速率以分压差表示的总推动力：

$$\Delta p=p_G-p_L^*=p_G-\frac{c_L}{H}$$

$$=0.03\times110\times10^3-\frac{1}{7.3\times10^{-4}}=1.93(\text{kPa})$$

以物质的量浓度差表示的总推动力：

$$\Delta c=c_G^*-c_L=p_G\times H-c_L$$

$$=0.03\times110\times10^3\times7.3\times10^{-4}-1=1.409(\text{kmol/m}^3)$$

$$K_G=\frac{1}{\dfrac{1}{k_G}+\dfrac{1}{Hk_L}}$$

$$=\left(\frac{1}{5\times10^{-9}}+\frac{1}{7.3\times10^{-4}\times1.5\times10^{-4}}\right)^{-1}$$

$$=4.78\times10^{-9}(\text{kmol}/(\text{m}^2\cdot\text{s}\cdot\text{Pa}))$$

$$K_L=\frac{K_G}{H}=\frac{4.78\times10^{-9}}{7.3\times10^{-4}}=6.55\times10^{-6}$$

传质速率：

$$N_A=K_G(p_G-p_L^*)$$

$$=4.78\times10^{-9}\left(0.03\times110\times10^3-\frac{1}{7.3\times10^{-4}}\right)$$

$$=4.78\times10^{-9}\times1.93\times10^3=9.22\times10^{-6}(\text{kmol}/(\text{m}^2\cdot\text{s}))$$

或

$$N_A=K_L(c_G^*-c_L)$$

$$=6.55\times10^{-6}\times1.409=9.22\times10^{-6}(\text{kmol}/(\text{m}^2\cdot\text{s}))$$

(3) K_Y：

$$K_Y=p_T\times K_G$$

$$=1.1\times10^5\times4.78\times10^{-9}=5.26\times10^{-4}(\text{kmol}/(\text{m}^2\cdot\text{s}))$$

(4) 求气膜阻力与液膜阻力

$$\text{气膜阻力}=\frac{1}{k_G}=\frac{1}{5\times10^{-9}}$$

$$=2\times10^5(\text{m}^2\cdot\text{s}\cdot\text{kPa/kmol})$$

$$\text{液膜阻力}=\frac{1}{Hk_L}$$

$$=\frac{1}{7.3\times10^{-4}\times1.5\times10^{-4}}=9.1\times10^3(\text{m}^2\cdot\text{s}\cdot\text{kPa/kmol})$$

总阻力＝气膜阻力＋液膜阻力

$$=2\times10^5+9.1\times10^3=2.091\times10^5(\text{m}^2\cdot\text{s}\cdot\text{kPa/kmol})$$

$$\frac{\text{气膜阻力}}{\text{总阻力}}=\frac{2\times10^5}{2.091\times10^5}=95.6\%$$

即气相阻力占总阻力的 95.6%，故本例的吸收过程属气膜控制。

4.4.3 其他传质理论简介

双膜理论为吸收过程的分析和计算提供了一个比较简单而有效的方法。对于具有固定相界面的系统及相界面无明显扰动的两流体间的传质，双膜理论导出的结果与实际情况基本符合。但是，对于具有自由界面的系统，尤其是高度湍动的两流体间的传质过程，双膜理论有很大的局限性。因此，又提出一些新的理论，如溶质渗透理论、表面更新理论、界面动力状态理论和无规旋涡模型等。这些理论在说明自由界面的非稳态旋涡扩散和流体力学影响因素等方面又向前迈进了一大步。它们提出的传质机理和实际情况更为接近。但是由于这些理论所依据的主要参数(如表面单元暴露时间、新表面形成速率等)还难于测出，因此直接根据它们进行计算来解决实际问题尚有困难，只是在指导研究上有较大作用。

溶质渗透理论(penetration model)在 1935 年由 R. Higbie 提出。这种理论认为，在气、

液传质中，湍流旋涡从流体相的主体扩散到界面，在界面上停留一短暂的时间后，被排挤回到主体内部而与主体流混合。而后，又反复多次地扩散到界面进行气液接触，再返回到主体内部。每次在界面停留的时间相同。当旋涡扩散到界面时，气相和液相开始接触，溶质渐渐地渗透到液膜中。气、液两相刚接触时（$\tau=0$），液膜本身的浓度显然也就是液相主体的浓度 c_0。

随着气液接触时间的增长，积累在液膜内的溶质量也随着增多，渗入深度继续变化，如图 4.11 中曲线 $\tau=\tau_1,\tau=\tau_2,\tau=\tau_3,\tau=\tau_4$ 所示。液相中溶质的浓度既随气、液两相分界面的距离，又随气、液接触时间而变化。在实际传质设备中，气、液接触时间（又称暴露时间）是短暂的，不足以形成稳定的浓度分布，因此认为溶质仍处于渗透阶段，而把溶质溶于液膜当作一种不稳定的扩散过程来处理。

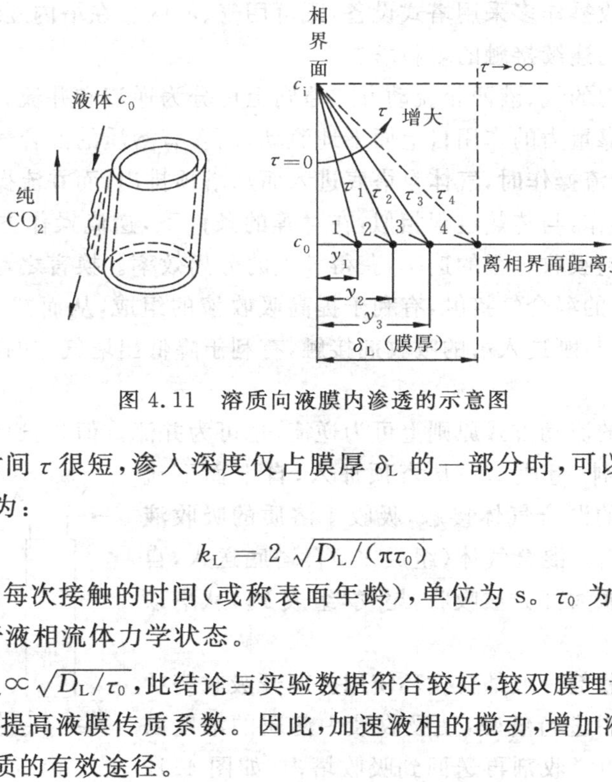

图 4.11 溶质向液膜内渗透的示意图

当气、液接触时间 τ 很短，渗入深度仅占膜厚 δ_L 的一部分时，可以导出液膜传质系数（时均值）的表达式为：

$$k_L=2\sqrt{D_L/(\pi\tau_0)}$$

式中，τ_0 是气、液相每次接触的时间（或称表面年龄），单位为 s。τ_0 为渗透模型参数，其值由实验测定，取决于液相流体力学状态。

据渗透理论，$k_L\propto\sqrt{D_L/\tau_0}$，此结论与实验数据符合较好，较双膜理论更符合实际。此结论指明了缩短 τ_0 可提高液膜传质系数。因此，加速液相的搅动，增加液体表面的分散和汇聚频率均为强化传质的有效途径。

可是在大多数情况下，只能观察到旋涡的暴露时间随着湍流程度的加剧而减少，而真正的暴露时间这一重要参数则是难以通过实验测得。而且这个理论主要还只适用于液相。

20 世纪 50 年代 Danckwerts 将溶质渗透理论加以修改而形成一种新的渗透理论——表面更新理论（surface-renewal model）。按照这个理论，湍流并不局限于流体主体中，还可以延伸到两相接触的界面上。即液体表面上的液体微团（或称基元）能不断地被来自液相湍流主体中的某些液体微团置换。每一液体微团在液面上停留一短暂时间后，又为后继的微团置换。这样，液体表面始终处于不断为液体微团更新之中。这一理论还指出，在相界面上各液体表面微元暴露于气相的时间（或称寿命）不是都相同的，而是符合随机的“寿命”分布规律，且每种寿命的表面微团被新鲜液体微团置换的几率是相同的。最后，这一理论还指出，处于液体表面上的液体微团在与气体接触（或暴露）的过程中，溶质组分以非稳态的分子扩散(即渗透)的方式传递到液体微团中。

经推导得液相对流传质系数(对整个液面的平均值)表达式:

$$k_L = \sqrt{D_L S}$$

式中:k_L——按整个液面计的液相传质系数,m/s;

S——表面更新频率,即单位时间内流体表面被更新的百分比,s^{-1}。

上式表明,液相传质系数与表面更新频率的平方根成正比,因而给传质过程和设备的强化提供了途径。但是,目前还难于测得 S 值,限制了该理论的实际应用。

4.5 吸收塔的设计及计算

工业生产中,吸收操作多采用塔式设备,既可用气、液两相在塔内逐级接触的板式塔,也可用气、液两相在塔内连续接触的填料塔。

对于填料塔,塔内的气、液两相流动方式原则上可分为逆流和并流。通常塔内液相即溶剂作为分散相,它依靠重力的作用自上而下地流动;而含有溶质的混合气体则靠压力差的作用通过填料层。在逆流操作时,气体自塔底进入而从塔顶排出,而并流操作时相反。在一般情况下多采用逆流操作,与传热过程相似,在对等的条件下,逆流操作方式可获得最大的平均推动力,因而能提高吸收过程的速率,获得较大的分离效率。换言之,逆流操作时,降至塔底的液体恰与刚进塔的混合气接触,有利于提高吸收液的组成,从而减少吸收剂的用量;而升至塔顶的气体也恰与刚进入塔的吸收剂接触,有利于降低出塔气体的组成,从而提高溶质的吸收率。

塔内气、液两相的流动方式原则上可为逆流,也可为并流。但是,通常采用逆流操作,如图 4.12 所示。吸收剂(组成 X_2)从塔顶加入,自上而下流动,与从下向上流动的混合气体接触,吸收了溶质的吸收液(组成 X_1)从塔底排出。混合气体(组成 Y_1)自塔底送入,自下而上流动,其中溶质大部分被吸收,尾气(组成 Y_2)从塔顶排出。

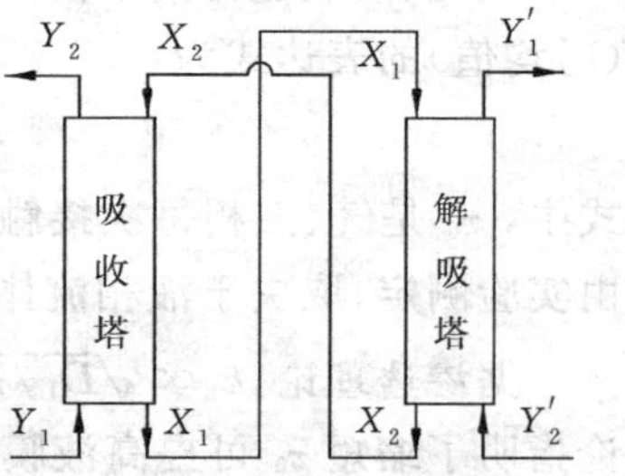

图 4.12 吸收流程图

工业生产中,吸收剂一般都要循环使用。离开吸收塔的吸收液,送到解吸塔中进行解吸,使吸收液中溶质的浓度由 X_1 降至 X_2,然后作为吸收剂再送回到吸收塔内,如图 4.12 所示。

吸收计算按给定条件、要求和任务的不同,分为设计型计算和操作型计算。设计型计算是在给定条件下,设计出达到一定分离要求所需要的吸收塔;操作型计算是针对已有的吸收塔对其操作条件与吸收效果间的关系进行分析计算。

吸收塔的设计计算一般已知下列条件:

(1) 待分离混合气中溶质 A 的组成和处理量。

(2) 吸收剂的种类和操作温度、压强,从而知道吸收的相平衡关系。

(3) 吸收剂中溶质 A 的初始组成或已知吸收剂的再生效果。

(4) 分离要求,即尾气排放浓度或吸收率。

吸收塔的工艺计算，首先是在选定吸收剂的基础上确定吸收剂用量 L(kmol/h)，或液、气比 L/V，继而计算塔的主要工艺尺寸，如塔径，塔高等。

4.5.1 吸收塔的物料衡算及操作线方程

设如图 4.13(a)所示塔中任一截面上的组成为 X，Y(物质的量比)，与此截面相距一微分距离 $\mathrm{d}Z$ 的另一截面，其组成为 $X+\mathrm{d}X$ 及 $Y+\mathrm{d}Y$。稳态下，对此微元段作物料衡算：

$$VY + L(X + \mathrm{d}X) = V(Y + \mathrm{d}Y) + LX$$

故

$$V\mathrm{d}Y = L\mathrm{d}X \tag{4-42}$$

式中：V——惰性组分的流量，kmol/h；

L——吸收剂的流量，kmol/h。

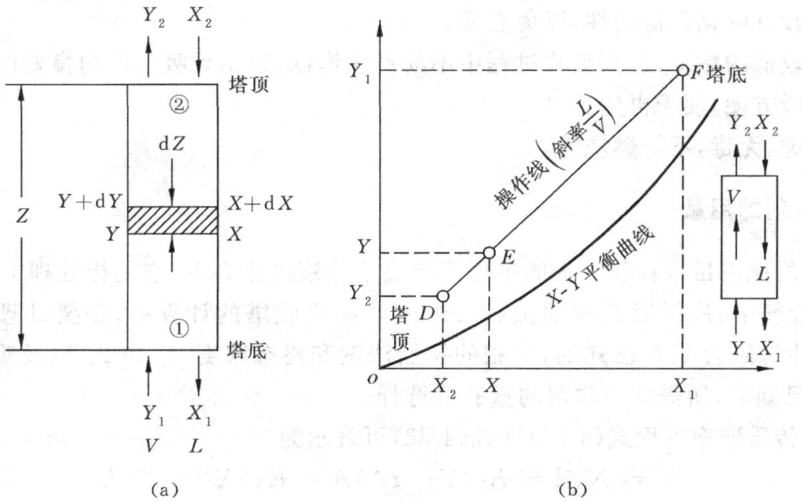

图 4.13 逆流操作的填料吸收塔

在此截面和塔底之间积分式(4-42)：

$$\int_{Y}^{Y_1} V\mathrm{d}Y = \int_{X}^{X_1} L\,\mathrm{d}X$$

$$Y = \frac{L}{V}X + \left(Y_1 - \frac{L}{V}X_1\right) \tag{4-43}$$

同理可得

$$Y = \frac{L}{V}X + \left(Y_2 - \frac{L}{V}X_2\right) \tag{4-43a}$$

全塔物料衡算式为

$$V(Y_1 - Y_2) = L(X_1 - X_2) \tag{4-44}$$

从图 4.13(b)可以看到，式(4-44)是代表通过(X_1，Y_1)和(X_2，Y_2)两点的一条直线，这条直线叫操作线，此式为操作线方程。操作线上任一点代表吸收塔任一截面上的气、液两相组成 X 和 Y 之间的关系。

4.5.2 吸收剂的选择和用量

1. 吸收剂的选择

选择良好的吸收剂是设计吸收过程的主要一环,一般应根据具体情况按下列原则进行选择:

(1) 吸收剂对于溶质应有较大的溶解度,以提高吸收速率,减少吸收剂用量。同时为了便于吸收剂的再生回收,其溶解度应随操作条件的改变有显著的差异。

(2) 应有良好的选择性,即对于混合气中待吸收组分的溶解度要大,其余组分的溶解度应小。

(3) 挥发性小,即吸收剂应有较低的蒸气压,以减少其损失和对环境的污染。

(4) 有较好的化学稳定性,以免变质。

(5) 有较低的粘度,且在吸收过程中不易产生泡沫,以实现吸收塔内良好的气液接触。

(6) 解吸方便,便于再生。

(7) 价廉,无毒,不易燃烧等。

2. 吸收剂的用量

吸收剂的比用量也称吸收剂的单位消耗量或称液气比L/V,它是指处理1 kmol/h惰性气体(在混合气中)所需吸收剂的量(kmol/h)。在吸收塔的计算中,需要处理的混合气的量,也即惰性气体量V是已知的,气相的初始浓度和终态浓度Y_1和Y_2以及吸收剂入口浓度X_2均是已知的,所需的吸收剂的量有待选择。

总吸收传质速率方程式(4-32)和式(4-33)可表示为

$$N' = N_A A = K_Y(Y - Y^*)A = K_X(X^* - X)A$$

式中:A——气、液两相接触的有效面积(显然A与塔高有关),m^2;

N'——吸收传质速率,kmol/h。

从上式可以看出,推动力大,塔高可以减小;反之,塔高增大。又从图4.13可知,推动力大,要求操作线远离平衡线,即液、气比大,这就表明塔高的减小导致投资费用的减小是以增加液、气比,即增加操作运行费用为代价的,反之亦然。因此,吸收剂用量的选择影响设备投资和操作费用。

根据吸收操作线方程(4-44),液气比L/V可由下式计算

$$L/V = \frac{Y_1 - Y_2}{X_1 - X_2}$$

若将吸收剂的用量逐渐减少,即液气比逐渐减小,操作线就向平衡线靠近,直到操作线与平衡线相交(如图4.14(a))或相切(如图4.14(b)),到AC线。吸收推动力为零,吸收剂用量称最小吸收剂用量,以L_{min}表示,液气比称最小液气比,用$(L/V)_{min}$表示。此时,相应的吸收液浓度最大,用$X_{1,max}$表示。在此条件下完成给定的分离任务需要无穷大的传质面积,即要求塔高为无穷大。这种极限工况虽然对吸收操作没有实际意义,然而对分析操作,为确定适宜的液气比提供了依据。相反,若逐渐增加吸收剂用量,操作线将向远离平衡线方向偏移,操作线与平衡线的距离增大,也就是过程推动力加大,完成同样生产任务所需要的传质

面积减小，即塔高减小，但操作费用增大。当液气比 L/V 增加到无穷大时，操作线的斜率增大到最大 $(L/V)_{max}$，如图 4.14 中 AD 线所示，此时，相对应的出塔吸收液的浓度最小，即 $X_{1,min}=X_2$，推动力最大，所需的传质面积和塔高均最小。

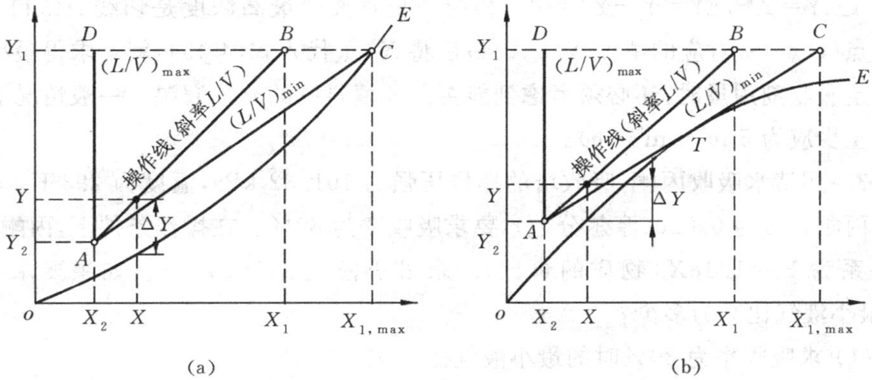

图 4.14 吸收剂比用量的计算

据以上的分析可知，液气比过大或过小都不合适，适宜的液气比应该综合考虑操作运行费和设备投资费，也就是使两者之和(总费用)最小。在实际操作中，为保证合理的吸收塔的生产能力，一般取

$$L/V=(1.1\sim 2)(L/V)_{min}$$

或

$$L=(1.1\sim 2.0)L_{min}$$

最小液气比 $(L/V)_{min}$ 可由下式计算：

$$(L/V)_{min}=\frac{Y_1-Y_2}{X_{1,max}-X_2} \tag{4-45}$$

$(L/V)_{min}$ 的计算分以下两种情况：

(1) 相平衡关系服从亨利定律

根据式(4-6b)的 $Y=mX$，符合亨利定律的最小液气比为

$$(L/V)_{min}=\frac{Y_1-Y_2}{X_{1,max}-X_2}=\frac{Y_1-Y_2}{Y_1/m-X_2} \tag{4-45a}$$

当吸收剂为纯溶剂时，即 $X_2=0$，最小液气比的计算可以进一步简化为

$$(L/V)_{min}=\frac{Y_1-Y_2}{Y_1/m-0}=\frac{Y_1-Y_2}{Y_1}m \tag{4-45b}$$

在吸收计算中常引用溶质的吸收率(或回收率)的概念：

$$E_A=\frac{\text{被吸收剂吸收的溶质的量(kmol)}}{\text{混合气中溶质的量(kmol)}}$$

$$=\frac{VY_1-VY_2}{VY_1}=\frac{Y_1-Y_2}{Y_1} \tag{4-46}$$

代入式(4-45b)得

$$(L/V)_{min}=E_Am \tag{4-45c}$$

(2) 平衡线是曲线

当平衡线为下凹(或上凸)的曲线时(如图 4.14 所示)，$(L/V)_{min}$ 的计算宜借助图解法

求。当平衡线如图 4-14(a)所示的下凹形曲线时,先求得 $Y=Y_1$ 水平线与 oE 平衡线的交点 C,继而得出 $X_{1,\max}$,然后将其代入式(4-45),求得最小液气比 $(L/V)_{\min}$。

若平衡线为图 4-14(b)所示的上凸曲线,则过 A 点作平衡线 oE 的切线 AC 交于 T 点,在切点 T 处,$Y=Y^*$,$\Delta Y=Y-Y^*=0$。相应的吸收液的最高浓度是切线 AC 和 $Y=Y_1$ 水平线的交点(C 点)所对应的浓度 $X_{1,\max}$。最后将 $X_{1,\max}$ 代入式(4-45),就可求得最小液气比。

在选定吸收剂用量时,还必须考虑到能否保证填料塔的充分润湿。一般情况下,液体的喷淋密度至少应为 5 $m^3/(m^2\cdot h)$。

例 4-3 用清水吸收丙酮,吸收塔的操作压强为 101.32 kPa,温度为 293 K。进吸收塔的气体中丙酮含量为 0.026(摩尔分数),要求吸收率为 80%。在操作条件下,丙酮在两相间的平衡关系为 $Y=1.18X$(物质的量比)。求最小液气比 $(L/V)_{\min}$。如果要求吸收率为 90%,则最小液气比又为多少?

解:(1) 求吸收率为 80%时的最小液气比

进塔气中丙酮的物质的量比为

$$Y_1=\frac{y_1}{1-y_1}=\frac{0.026}{1-0.026}=0.0267$$

根据式(4-46),出塔气中丙酮的组成为

$$\begin{aligned}Y_2&=Y_1(1-E_A)=Y_1(1-80\%)\\&=0.0267\times0.2=0.005\,34\end{aligned}$$

进塔溶剂中丙酮组成 $X_2=0$,因平衡关系符合亨利定律,应用式(4-45a)得

$$\begin{aligned}(L/V)_{\min}&=\frac{Y_1-Y_2}{Y_1/m-X_2}\\&=\frac{0.0267-0.005\,34}{0.0267/1.18-0}=0.944\end{aligned}$$

(2) 求吸收率为 90%时的最小液气比

因为平衡关系符合亨利定律,且吸收剂进塔浓度 $X_2=0$,所以直接用式(4-45c)计算最小液气比

$$(L/V)_{\min}=E_Am=90\%\times1.18=1.062$$

可见,在其他条件相同时,吸收率不同,最小液气比不同,吸收率高,最小液气比大。

例 4-4 某逆流吸收塔,用纯溶剂吸收混合气中易溶组分,设备高为无穷大,入塔气浓度 $Y_1=8\%$,平衡关系为 $Y=2X$。试问:

(1) 若液气比 L/V 为 2.5 时,求吸收率为多少?

(2) 若液气比 L/V 为 1.5 时,求吸收率又为多少?

解:(1) 因为$\dfrac{L/V}{m}=\dfrac{2.5}{2}=1.25>1$,操作线只能在塔顶与平衡线相交,又塔高为无穷大,出塔气体 Y_2 总能与入塔吸收剂 X_2 达到平衡,此时 $Y_2=0$,所以吸收率为

$$E_A=\frac{Y_1-Y_2}{Y_1}=\frac{Y_1}{Y_1}=100\%$$

(2) 因为$\dfrac{L/V}{m}=\dfrac{1.5}{2}=0.75<1$,操作线只能在塔底与平衡线相交,又塔高为无穷大,出

塔吸收液 X_1 总能与入塔气体 Y_1 平衡，此时吸收率由下式导出：

$$L/V=\frac{Y_1-Y_2}{Y_1/m-X_2}=\frac{Y_1-Y_2}{Y_1/m}=E_A m$$

出塔吸收液与入塔气平衡时，出塔液浓度为最大，因塔高为无穷大，所以液气比为最小液气比，故吸收率为

$$E_A=\frac{L/V}{m}=\frac{1.5}{2}=75\%$$

4.5.3 塔径的确定

塔径的大小主要由生产能力与塔内所能采用的气流速度来决定。前者是指塔设备单位时间内处理气体混合物的量；后者是指塔内气体的空塔速度，亦即以空塔横截面积为基准的气体流速。如以 $q_v(m^3/s)$ 表示前者；以 $u_0(m/s)$ 表示后者；以 $D(m)$ 表示塔径，则

$$q_v=\frac{\pi}{4}D^2u_0$$

故

$$D=\sqrt{\frac{4q_v}{\pi u_0}} \tag{4-47}$$

塔设备的生产能力为既定的生产任务所决定，气体的空塔速度则应根据塔内物料性质、塔的类型和操作方式等因素加以选择。空塔气速常选液泛速度的 60%～80%。求液泛速度 u_f 的公式有很多，对于环形填料，较常用的公式如下：

$$\lg\left[\frac{au_f^2}{g\varepsilon^3}\cdot\frac{\rho_G}{\rho_L}\cdot\mu_L^{0.2}\right]=A-1.75\left(\frac{L}{V}\right)^{1/4}\left(\frac{\rho_G}{\rho_L}\right)^{1/8} \tag{4-48}$$

式中：u_f——液泛气速，m/s；

L/V——液体与气体的质量流量之比；

ρ_G/ρ_L——气体和液体的密度之比；

μ_L——液体的粘度，mPa・s；

a——填料比表面积，m^2/m^3；

ε——填料空隙率；

A——常数，拉西环的 A 为 0.022，弧鞍形填料的为 0.26。

因为吸收过程中气相内的溶质不断减少，气体压强逐渐降低，所以塔中不同截面上的混合气的流量 q_v 有所不同，计算时一般取全塔中最大的体积流量。

4.5.4 吸收塔填料层高度的计算

填料层高度的计算有传质单元数法和等板高度法，这里先介绍传质单元数法。

1. 填料层高度计算的基本方程式

吸收塔所需填料层高度的计算，实质上是计算过程的接触面积 A。它涉及具体过程的物料衡算、传质速率方程和相平衡关系等。填料层高度和气液接触面积之间存在如下简单

关系：

$$A = aA_{\mathrm{T}}H \tag{4-49}$$

式中：H——填料层高度，m；

A_{T}——填料塔的横截面积，m^2；

a——单位体积填料内的气、液两相的有效接触面积，m^2/m^3。

在一般操作条件下，气、液两相的接触发生在填料的湿润表面上。若填料完全被液体所湿润，则 a 可近似等于填料的比表面积。

在逆流连续接触的填料塔内，如图4.15所示。对于定常等温吸收过程，气相中惰性气流量 V 和液相中吸收剂的流量 L 均不随时间，也不沿填料层高度而变化，但是，气、液两相的浓度及推动力却沿着填料层的高度连续变化。因此，为了计算填料层的高度，首先应在填料层内任意截面上截取一高度为 dh 的微分段，列出物料衡算微分式和吸收速率微分方程，然后联立此二式，并在全塔范围内积分，导出填料层高度的计算式。

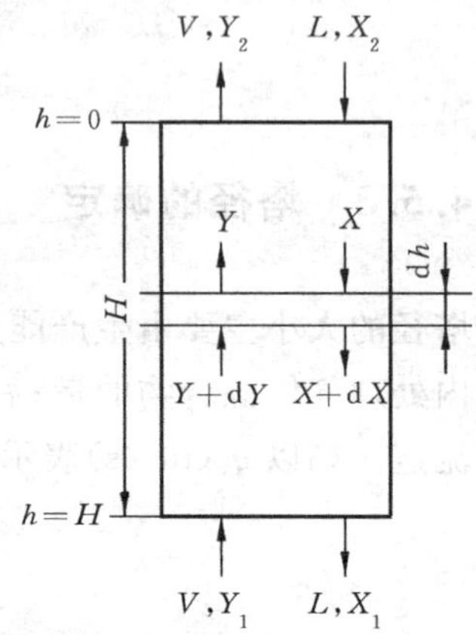

图4.15 填料层微分段的物料衡算

dh 微元填料层的传质速率方程式为

$$\mathrm{d}N' = K_Y(Y - Y^*)\mathrm{d}A = K_Y(Y - Y^*)aA_{\mathrm{T}}\mathrm{d}h \tag{4-50a}$$

$$\mathrm{d}N' = K_X(X^* - X)\mathrm{d}A = K_X(X^* - X)aA_{\mathrm{T}}\mathrm{d}h \tag{4-50b}$$

对 dh 微元填料层对溶质 A 作物料衡算得

$$\mathrm{d}N' = V\mathrm{d}Y = L\mathrm{d}X \tag{4-51}$$

联立式(4-50a)、式(4-50b)和式(4-51)得到

$$V\mathrm{d}Y = K_Y(Y - Y^*)aA_{\mathrm{T}}\mathrm{d}h \tag{4-52a}$$

$$L\mathrm{d}X = K_X(X^* - X)aA_{\mathrm{T}}\mathrm{d}h \tag{4-52b}$$

在同一吸收塔中和一定操作条件下，可假设 K_Y 和 K_X 为常数，对式(4-52a)及式(4-52b)沿整个塔高进行积分，分别得到

$$\int_{Y_2}^{Y_1}\frac{\mathrm{d}Y}{Y - Y^*} = \int_0^H \frac{K_Y aA_{\mathrm{T}}\mathrm{d}h}{V} = \frac{K_Y aA_{\mathrm{T}}}{V}\cdot H$$

$$H = \frac{V}{K_Y aA_{\mathrm{T}}}\int_{Y_2}^{Y_1}\frac{\mathrm{d}Y}{Y - Y^*} \tag{4-53}$$

$$\int_{X_2}^{X_1}\frac{\mathrm{d}X}{X^* - X} = \int_0^H \frac{K_X aA_{\mathrm{T}}\mathrm{d}h}{L} = \frac{K_X aA_{\mathrm{T}}}{L}\cdot H$$

$$H = \frac{L}{K_X aA_{\mathrm{T}}}\int_{X_2}^{X_1}\frac{\mathrm{d}X}{X^* - X} \tag{4-54}$$

式中：$K_Y a$——气相总体积传质系数，kmol/(m^3·s)；

$K_X a$——液相总体积传质系数，kmol/(m^3·s)。

由式(4-53)和式(4-54)的导出过程可知，应用不同的吸收速率方程，可得出形式类似的计算填料层高度的关系式。若将气膜传质速率式(4-30)或液膜传质速率式(4-31)和物料衡算式联解，可得

$$H=\frac{V}{k_YaA_T}\int_{Y_2}^{Y_1}\frac{dY}{Y-Y_i} \tag{4-55}$$

和

$$H=\frac{L}{k_XaA_T}\int_{X_2}^{X_1}\frac{dX}{X_i-X} \tag{4-56}$$

式中：k_Ya——气相体积传质系数，$kmol/(m^3 \cdot s)$；

k_Xa——液相体积传质系数，$kmol/(m^3 \cdot s)$。

a 是单位体积填料内气、液两相的有效接触面积，a 不仅与填料的形状、尺寸及充填状况有关，而且受流体物性及流动状况的影响。a 的数值很难测定，为此常将它与传质系数的乘积视为一体，称为体积传质系数。其物理意义是在单位推动力下，单位时间、单位体积填料层内吸收的溶质量。

2. 传质单元数和传质单元高度

若令式(4-53)中一项

$$\frac{V}{K_YaA_T}=H_{OG} \tag{4-53a}$$

令另一项

$$\int_{Y_2}^{Y_1}\frac{dY}{Y-Y^*}=N_{OG} \tag{4-53b}$$

则填料层的总高度 H 为

$$H=H_{OG}\times N_{OG} \tag{4-53c}$$

式中：H_{OG}——气相总传质单元高度，m；

N_{OG}——气相总传质单元数，无量纲。

传质单元是指通过一定高度填料层的传质，使一相组成的变化恰好等于其中的平均推动力，这样一段填料层的传质称为一个传质单元。对于任一第 j 气相，总传质单元(图 4.16)：

$$\int_{Y_{j-1}}^{Y_j}\frac{dY}{Y-Y^*}=1$$

即

$$\frac{Y_j-Y_{j-1}}{(Y-Y^*)_{m,j\to j-1}}=1$$

式中：$(Y-Y^*)_{m,j\to j-1}$——基于气相的一个总传质单元的传质平均推动力；

Y_j-Y_{j-1}——气相组成变化。

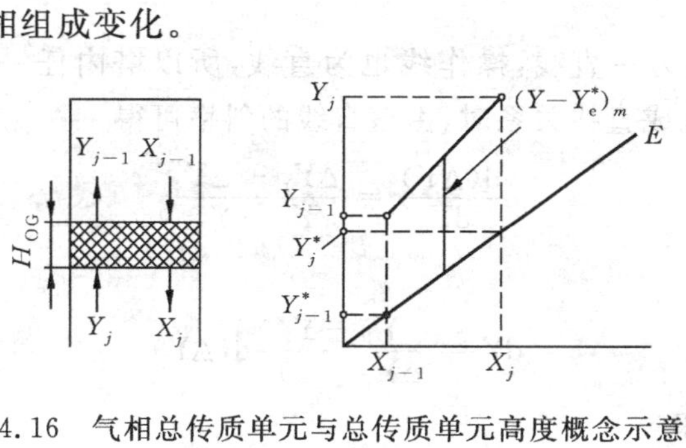

图 4.16 气相总传质单元与总传质单元高度概念示意图

由传质单元数定义可见,它只决定于分离前后气、液相的组成和相平衡关系,与设备型式无关,其值大小表示了分离任务的难易。

传质单元高度是完成一个传质单元分离任务所需的填料层高度:

$$h=\frac{V}{K_Y a A_T}\times 1=\frac{V}{K_Y a A_T}=H_{OG}$$

传质单元高度主要决定于塔设备型式(如填料类型和尺寸)、物系特性及操作条件等。其值的大小反映了填料层传质动力学性能的优劣。对于低浓度气体吸收,各传质单元所对应的传质单元高度可视为相等。

同理,式(4-54)可写成:

$$H=H_{OL}N_{OL} \tag{4-54a}$$

$$H_{OL}=\frac{L}{K_X a A_T} \tag{4-54b}$$

$$N_{OL}=\int_{X_2}^{X_1}\frac{dX}{X^*-X} \tag{4-54c}$$

式中:H_{OL}——液相总传质单元高度,m;

N_{OL}——液相总传质单元数,无量纲。

式(4-55)和式(4-56)可分别写成:

$$H=H_G\times N_G \tag{4-55a}$$

$$H=H_L\times N_L \tag{4-56a}$$

式中:H_G, H_L——气相传质单元高度$\frac{V}{k_Y a A_T}$及液相传质单元高度$\frac{L}{k_X a A_T}$,m;

N_G, N_L——气相传质单元数$\int_{Y_2}^{Y_1}\frac{dY}{Y-Y_i}$及液相传质单元数$\int_{X_2}^{X_1}\frac{dX}{X_i-X}$。

3. 传质单元数的求法

传质总单元数的表达式中的Y^*(或X^*)是与液相(或气相)的平衡组成,需要利用平衡关系确定。根据平衡关系的情况,传质单元数有下列 3 种方法求解:

(1) 平均推动力法

在吸收过程中,对于平衡线为直线的场合,可以用平均推动力法求传质单元数,如图 4.17 所示。

由于气液平衡关系为一直线,操作线也为直线,所以塔内任一截面上的推动力$\Delta Y=Y-Y^*$与气相浓度Y也成直线关系时,由该直线的斜率可得

$$\frac{d(\Delta Y)}{dY}=\frac{\Delta Y_1-\Delta Y_2}{Y_1-Y_2}$$

移项:

$$dY=\frac{Y_1-Y_2}{\Delta Y_1-\Delta Y_2}d(\Delta Y)$$

将上式代入式(4-53b)得

$$N_{OG}=\int_{Y_2}^{Y_1}\frac{dY}{Y-Y^*}=\int_{Y_2}^{Y_1}\frac{dY}{\Delta Y}$$

$$=\frac{Y_1-Y_2}{\Delta Y_1-\Delta Y_2}\int_{\Delta Y_2}^{\Delta Y_1}\frac{d(\Delta Y)}{\Delta Y}$$

$$=\frac{Y_1-Y_2}{\Delta Y_1-\Delta Y_2}\ln\frac{\Delta Y_1}{\Delta Y_2}$$

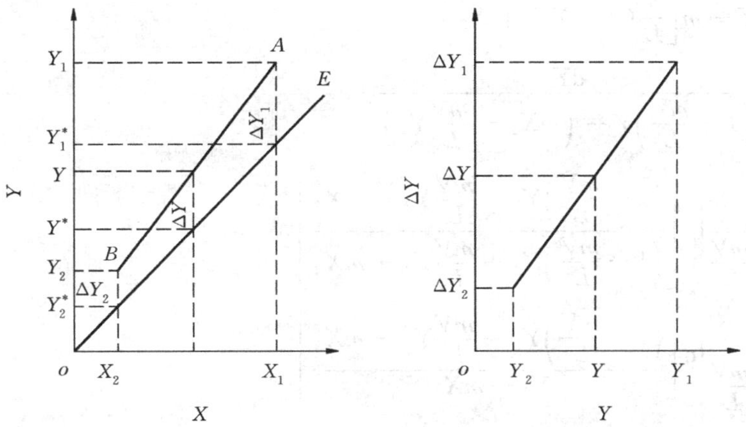

图 4.17 在 Y-X 图上表示的推动力

即

$$N_{OG}=\frac{Y_1-Y_2}{\dfrac{\Delta Y_1-\Delta Y_2}{\ln\dfrac{\Delta Y_1}{\Delta Y_2}}}=\frac{Y_1-Y_2}{\Delta Y_m} \tag{4-57}$$

类似地，可以推导出液相总传质单元数的计算公式：

$$N_{OL}=\frac{X_1-X_2}{\dfrac{\Delta X_1-\Delta X_2}{\ln\dfrac{\Delta X_1}{\Delta X_2}}}=\frac{X_1-X_2}{\Delta X_m} \tag{4-58}$$

式中平均推动力为

$$\Delta Y_m=\frac{Y_1-Y_1^*-(Y_2-Y_2^*)}{\ln\dfrac{Y_1-Y_1^*}{Y_2-Y_2^*}} \tag{4-59}$$

$$\Delta X_m=\frac{X_1^*-X_1-(X_2^*-X_2)}{\ln\dfrac{X_1^*-X_1}{X_2^*-X_2}} \tag{4-60}$$

当$\dfrac{\Delta Y_1}{\Delta Y_2}\leqslant 2$或$\dfrac{\Delta X_1}{\Delta X_2}\leqslant 2$时，平均推动力也可用算术平均值代替。

(2) 吸收因素法

若相平衡关系服从亨利定律，当 X 很小时，$Y=mX$，也就是气液平衡关系是一条通过原点的直线，这时可用吸收因素法求总传质单元数，其计算公式的推导如下：

在吸收塔任意截面与塔顶之间作物料衡算：

$$X=\frac{V}{L}(Y-Y_2)+X_2$$

将上式代入式(4-53b)得

$$
\begin{aligned}
N_{OG} &= \int_{Y_2}^{Y_1} \frac{dY}{Y - Y^*} \\
&= \int_{Y_2}^{Y_1} \frac{dY}{Y - m\left[\frac{V}{L}(Y - Y_2) + X_2\right]} \\
&= \int_{Y_2}^{Y_1} \frac{dY}{\left(1 - \frac{mV}{L}\right)Y - \left(mX_2 - \frac{mV}{L}Y_2\right)} \\
&= \frac{1}{1 - \frac{mV}{L}} \ln\left[\frac{\left(1 - \frac{mV}{L}\right)Y_1 + \frac{mV}{L}Y_2 - mX_2}{\left(1 - \frac{mV}{L}\right)Y_2 + \frac{mV}{L}Y_2 - mX_2}\right] \\
&= \frac{1}{1 - \frac{mV}{L}} \ln\left[\frac{\left(1 - \frac{mV}{L}\right)Y_1 + \frac{mV}{L}Y_2 - mX_2}{Y_2 - mX_2}\right] \\
&= \frac{1}{1 - \frac{mV}{L}} \ln\left[\frac{\left(1 - \frac{mV}{L}\right)Y_1 - \left(1 - \frac{mV}{L}\right)mX_2 + \left(1 - \frac{mV}{L}\right)mX_2 + \frac{mV}{L}Y_2 - mX_2}{Y_2 - mX_2}\right] \\
&= \frac{1}{1 - \frac{mV}{L}} \ln\left[\left(1 - \frac{mV}{L}\right)\frac{Y_1 - mX_2}{Y_2 - mX_2} + \frac{mV}{L}\right]
\end{aligned}
$$

令$\frac{mV}{L} = \frac{1}{A}$,并代入上式:

$$
N_{OG} = \frac{1}{1 - \frac{1}{A}} \ln\left[\left(1 - \frac{1}{A}\right)\frac{Y_1 - mX_2}{Y_2 - mX_2} + \frac{1}{A}\right] \tag{4-61}
$$

式中,$A = \frac{L}{mV}$为吸收因子,其几何意义为操作线斜率 L/V 与平衡线斜率 m 之比。A 愈大,愈易吸收。吸收因素的倒数,$\frac{1}{A} = \frac{mV}{L}$称为解吸因子。$\frac{1}{A}$愈大,愈易解吸。

由式(4-61)可以看出,N_{OG}的数值取决于$\frac{1}{A}$与$(Y_1 - mX_2)/(Y_2 - mX_2)$这两个因素。为了计算方便,在半对数坐标上以$\frac{1}{A}$为已定参数,据式(4-61)标绘出 N_{OG}-$\frac{(Y_1 - mX_2)}{(Y_2 - mX_2)}$的关系曲线,如图 4.18,利用该图可由已知的 L,V,Y_1,Y_2,L_2,X_2 及 m 查得 N_{OG},或由已知的 L,V,Y_1,X_2,N_{OG}及 m 求 Y_2。

图 4.18 中,横坐标为$\frac{Y_1 - mX_2}{Y_2 - mX_2}$,它表示吸收的要求或吸收的程度。其值愈大,吸收愈完全;N_{OG}愈大,即要求吸收塔愈高。若进塔的吸收剂中不含溶质即 $X_2 = 0$,横坐标就简化为 Y_1/Y_2。

对于同样的分离要求,$\frac{mV}{L}$愈小,即 A 愈大,N_{OG}愈小,所需的填料层高度愈小,所以,A

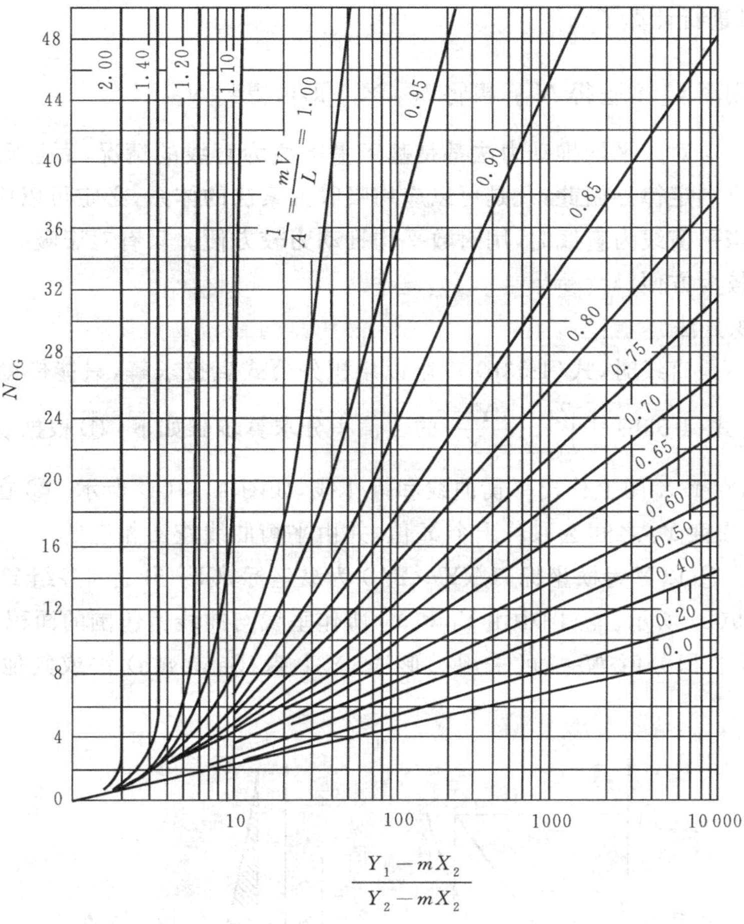

图 4.18 吸收塔的气相总传质单元数(mV/L 为参变数)

愈大,愈有利于吸收;$\frac{1}{A}$愈大,则 N_{OG}愈大,所需的填料层高度愈大,愈有利于解吸。

吸收因子 A 和解吸因子$\frac{1}{A}$是吸收塔或解吸塔的重要操作参数。但 $A=\frac{L}{mV}$中平衡常数为物系及操作温度所确定,要增大 A,就等于增大 L/V,故应在设计及操作中选择合适的 A。

同理,可以推导出液相总传质单元数的计算式:

$$N_{OL}=\frac{1}{1-\frac{L}{mV}}\ln\left[\left(1-\frac{L}{mV}\right)\frac{Y_1-mX_2}{Y_1-mX_1}+\frac{L}{mV}\right]$$

$$=\frac{1}{1-A}\ln\left[(1-A)\frac{Y_1-mX_2}{Y_1-mX_1}+A\right] \tag{4-62}$$

将式(4-62)和式(4-61)比较可以看出,二者具有相同的函数关系,因而图 4.18 也可用来表示以$\frac{L}{mV}$为已定参数的 N_{OL}-$\frac{Y_1-mX_2}{Y_1-mX_1}$关系。只要将 N_{OG} 换成 N_{OL},$\frac{Y_1-mX_2}{Y_2-mX_2}$换成

$\dfrac{Y_1-mX_2}{Y_1-mX_1}$,就可进行计算了。

也可以利用图4.18查得N_{OG},再将$N_{OG}\times\dfrac{1}{A}$即可得到N_{OL}。

吸收因素法与对数平均推动力法都是基于平衡线为直线的情况,而且吸收因素法还要求平衡线符合亨利定律。因此,凡是可以应用吸收因素法的体系,必定可以应用对数平均推动力法。通常当平衡线为直线时,用对数平均推动力较方便。只有对于吸收的操作型问题,用吸收因素法较为方便。

(3) 数值积分法

当平衡线不是直线时,式(4-53b)就难以用积分公式直接求解,只能借助于各种数值积分的方法求值。式(4-53b)中$\int_{Y_2}^{Y_1}\dfrac{dY}{Y-Y^*}$的数值积分求算步骤如下:① 根据物系的溶解度数据和操作条件,在Y-X图上作出平衡曲线和操作线,如图4.19(a)所示。② 在塔底气相浓度Y_1和塔顶气相浓度Y_2之间选取若干个Y值,并由平衡曲线查出相应的Y^*值,同时计算出$1/(Y-Y^*)$值。③ 以Y为横坐标,$1/(Y-Y^*)$为纵坐标,标绘出上列各组Y与$1/(Y-Y^*)$的值,如图4.19(b)所示。④ 图中由Y_1和Y_2所作垂线与曲线所包围的面积,即图中的阴影部分,即为所求的积分值N_{OG}。可采用梯形法、辛卜森(Sampson)法或其他方法进行数值计算。

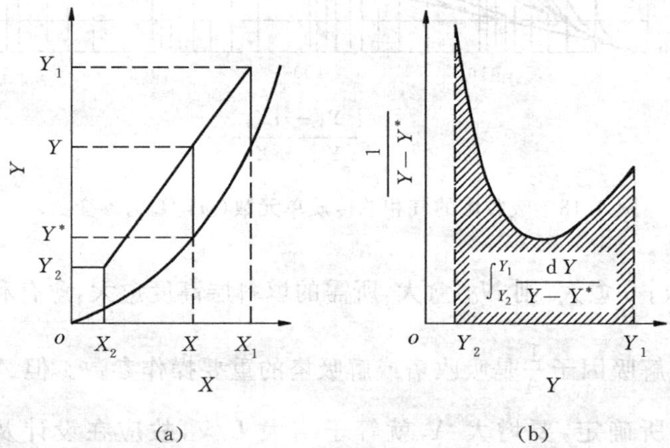

图4.19 数值积分图例

例4-5 设计一用水吸收丙酮的填料吸收塔,塔截面积为1 m²,进塔混合气的流量为70 kmol/h,其中丙酮的组成Y_1为0.02。用不含丙酮的清水吸收,要求吸收率为90%,吸收塔的操作压强为101.3 kPa,温度为293 K。在此条件下,丙酮在两相间的平衡关系为$Y=1.18X$。取液气比为最小液气比的1.4倍,气相总体积传质系数K_{Ya}为2.2×10^{-2} kmol/(s·m³),求所需填料层的高度。

解:出塔气组成$Y_2=Y_1(1-E_A)=0.02\times0.1=0.002$

$$(L/V)_{min}=\frac{Y_1-Y_2}{(Y_1/m)-0}=E_Am=0.9\times1.18=1.062$$

$$L/V=1.4(L/V)_{\min}=1.4\times1.062=1.487$$

出塔液含丙酮 X_1 为

$$X_1=\frac{V(Y_1-Y_2)}{L}=\frac{Y_1-Y_2}{L/V}=\frac{0.02-0.002}{1.487}=0.0121$$

$$H_{OG}=\frac{V}{K_Y aA_T}=\frac{70\times0.98/3600}{2.2\times10^{-2}\times1}=0.866$$

因为平衡线为直线，用对数平均推动力法求传质单元数：

$$\Delta Y_m=\frac{Y_1-Y_1^*-(Y_2-Y_2^*)}{\ln\dfrac{Y_1-Y_1^*}{Y_2-Y_2^*}}=\frac{0.02-1.18\times0.0121-0.002}{\ln\dfrac{0.02-1.18\times0.0121}{0.002}}$$

$$=\frac{3.722\times10^{-3}}{1.05}=0.003\ 54$$

$$N_{OG}=\frac{Y_1-Y_2}{\Delta Y_m}=\frac{0.02-0.002}{0.003\ 54}=5.09$$

所以填料层高度为

$$H=H_{OG}N_{OG}=0.866\times5.09=4.41(\text{m})$$

用吸收因素法求传质单元数：

$$\frac{mV}{L}=\frac{1.18}{1.487}=0.794$$

$$\frac{Y_1-mX_2}{Y_2-mX_2}=\frac{Y_1}{Y_2}=\frac{0.02}{0.002}=10$$

应用式(4-61)：

$$N_{OG}=\frac{1}{1-0.794}\ln[(1-0.794)\times10+0.794]=5.09$$

得到的结果与对数平均推动力一致。

4.5.5 理论级数与塔高的计算

在精馏计算中，我们曾引入理论级数和效率的概念来简化计算，求取所需的塔高(见 3.4.4 节)，在吸收塔的计算中，同样可以引入这些概念来计算塔高。所谓理论板(也称理论级数)，是指气、液两相在这种塔板上相遇时，接触良好，时间充分(传质充分)，使两相在离开塔板时达到平衡。因此，离开各塔板的气、液两相的组成应在平衡线上。这样，若吸收在板式塔中进行，可先求所需的理论板数，而后选定总板效率求出实际板数，若选定了板间距，就可以确定有效塔高；对于填料吸收塔，求得理论板数后，引入理论板当量高度(HETP)——完成一个理论板的分离任务所需的填料层高度，亦可确定填料层高度。

理论板的计算应用两个基本关系式：溶质在气、液相间的平衡关系(平衡线)和操作线方程。如图 4.20 所示，进塔气体组成为 Y_{N+1}，出塔气体组成为 Y_1，进塔吸收液组成为 X_0(均为物质的量比)。惰性气流量为 V kmol/h，吸收剂流量为 L kmol/h。图 4.20 所示吸收塔操作线方程按下述步骤求出：作第一块板至塔顶的物料衡算，得操作线方程：

$$Y_2=\frac{L}{V}(X_1-X_0)+Y_1$$

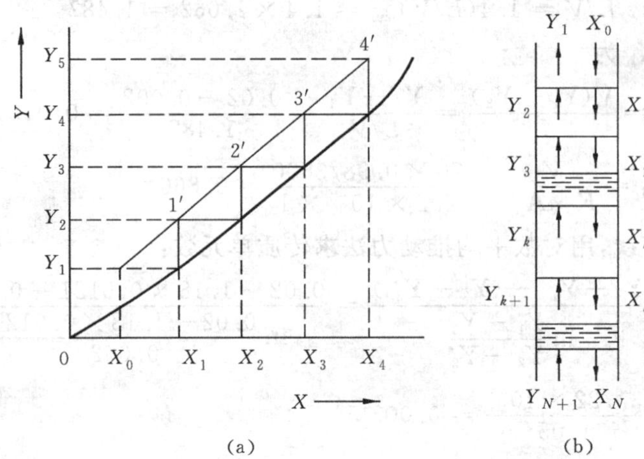

图 4.20　理论级数模型示意图

上式为通过点(Y_1, X_0)、斜率为 L/V 的直线。再作第 k 块板至塔顶的物料衡算,得操作线方程

$$Y_{k+1} = \frac{L}{V}(X_k - X_0) + Y_1 \tag{4-63}$$

上式也是通过点(Y_1, X_0),斜率为 L/V 的直线。此即为第 k 块板操作线方程的通式。它表示任何两级间相遇而不相接触的两相组成 Y_{k+1} 与 X_k 间的关系。因此,和连续接触式填料塔有所不同,板式塔中气、液两相在塔板上接触的初始推动力为$(Y_{k-1}^* - Y_{k+1})$,而不是操作线和平衡线的垂直距离$(Y_{k-1}^* - Y_k)$。

从前面的分析可知,离开同一块理论板(或理论级)的气、液两相组成互呈平衡,其状态点,如(X_k, Y_k),在平衡线上;相邻板间相遇的气、液相组成关系服从操作线方程。因此,根据以上两点,和精馏相似,用逐板计算法或图解计算法求理论级数 N_T,然后按下式求实际塔板数:

$$N_P = N_T/\eta \tag{4-64}$$

式中:N_T——所需理论级数;

N_P——实际塔板数;

η——总板效率。

若相平衡关系符合亨利定律,可用克列塞尔(Kremser)等人提出的解析法求理论塔板数:

$$N_T = \frac{1}{\ln A}\ln\left[\left(1 - \frac{1}{A}\right)\frac{Y_1 - mX_2}{Y_2 - mX_2} + \frac{1}{A}\right] \tag{4-65}$$

上式的 A 为吸收因子,Y_2 是与入塔液浓度 X_2 对应的出塔气的浓度,Y_1 是进塔气组成。

比较传质单元数的计算公式(4-61)和理论板数计算公式(4-65)可以得到

$$N_T = \frac{A-1}{A\ln A} N_{OG} \tag{4-66}$$

所以,也可以通过图 4.18 求出 N_{OG},再根据式(4-66)求出理论级数。

例 4-6　用洗油吸收焦炉气中的芳烃,吸收塔内的温度为 27℃,压强为 106.7 kPa。焦炉气中的惰性气体流量为 850 m^3/h,进塔气中含芳烃 0.02(物质的量比,下同),要求芳烃的回收率不低于95%。进入吸收塔的洗油中含芳烃为0.005，取溶剂用量为理论最小用量的1.5倍。吸收相平衡关系为：$Y^*=0.125X$。气相总传质单元高度为0.875 m。试用解析法求该填料吸收塔的等板高度 HETP。

解：惰性气摩尔流量V为

$$V=\frac{850}{22.4}\times\frac{273}{273+27}\times\frac{106.7}{101.3}=36.37(\mathrm{kmol/h})$$

出塔气浓度为

$$Y_2=Y_1(1-E_A)=0.02(1-0.95)=0.001$$

最小液气比为

$$(L/V)_{\min}=\frac{Y_1-Y_2}{(Y_1/m)-X_2}=\frac{0.02-0.001}{0.02/0.125-0.005}=0.1226$$

液气比L/V为

$$L/V=1.5\left(\frac{L}{V}\right)_{\min}=1.5\times0.1226=0.1839$$

用式(4-61)吸收因子法求N_{OG}

$$\frac{1}{A}=\frac{mV}{L}=\frac{m}{L/V}=\frac{0.125}{0.1839}=0.68$$

$$N_{OG}=\frac{1}{1-0.68}\ln\left[(1-0.68)\frac{0.02-0.125\times0.005}{0.001-0.125\times0.005}+0.68\right]=8.89$$

填料层高度H为

$$H=H_{OG}N_{OG}=0.875\times8.89=7.78(\mathrm{m})$$

理论级数可用克列塞尔方程(4-65)求得

$$N_T=\frac{1}{\ln\frac{1}{0.68}}\ln\left[(1-0.68)\frac{0.02-0.125\times0.005}{0.001-0.125\times0.005}+0.68\right]=7.38$$

故等板高度为

$$\mathrm{HETP}=\frac{H}{N_T}=\frac{7.78}{7.38}=1.054$$

4.5.6 吸收过程的操作型计算

吸收塔的计算可分为设计型计算和操作型计算两类。设计型计算是计算完成给定分离要求所需的填料层高度(或实际塔板数)，例4-5和例4-6均属设计型计算问题。

吸收过程的操作型计算是指在塔设备条件(填料层高度、理论板或实际板数及塔径等)已知的前提下，计算在不同操作条件下分离一定的混合物所能达到的分离效果。生产实际中，吸收塔的操作型计算是经常遇到的。其目的在于指导吸收塔的操作和调节，以便在操作参数变化时，采取适宜措施保证达到分离要求。

操作型计算所用的基本关系式与前述设计型计算相同。都是依据物料衡算式(4-43)或式(4-44),相平衡关系和填料层高度计算式(4-53),式(4-54)或式(4-65)。计算过程就是联立求解这几个基本关系式。

一般情况下,相平衡方程和填料层高度计算方程都是非线性的。若操作型计算中所待求的参数包含在非线性方程中,必须用试差法求解。当今,用计算机求解这类问题已很容易了。

当平衡关系符合亨利定律时,采用式(4-61)和式(4-62)及式(4-65)求解操作型问题较为方便,但仍然要用试差法。若采用关联图4.18进行图解计算,则可以免于试算,但是查图的准确性不会很高,作为估算较为合适。

例4-7 某吸收塔在101.3 kPa,293 K下用清水逆流吸收丙酮-空气混合物中的丙酮。操作液气比为2.1时,丙酮的回收率可达95%。已知物系的浓度较低时,丙酮在两相间的平衡关系为$Y=1.18X$。吸收过程为气膜控制,总传质系数K_Ya与气体流率的0.8次方成正比。

(1) 若气体流率增加20%,而液体流率及气、液进口组成不变,试求:

① 丙酮的回收率变为多少?

② 单位时间内被吸收的丙酮量增加多少?

(2) 若气体流率,气、液进口组成,吸收塔的操作温度和压强皆不变,欲将丙酮回收率由原来的95%提高至98%,吸收剂用量应增加到原用量的多少倍?

解:本题属操作型计算,又因为符合亨利定律,故用吸收因子法进行计算较为方便。

应用式(4-61)求原来条件下的N_{OG}

$$\frac{1}{A}=\frac{mV}{L}=\frac{1.18}{2.1}=0.562$$

$$N_{OG}=\frac{1}{1-\frac{1}{A}}\ln\left[\left(1-\frac{1}{A}\right)\frac{Y_1-mX_2}{Y_2-mX_2}+\frac{1}{A}\right]$$

$$=\frac{1}{1-0.562}\ln\left[(1-0.562)\frac{Y_1}{Y_1(1-0.95)}+0.562\right]=5.097$$

(1) 气体流量增加20%时的操作情况(如H'_{OG},N'_{OG}和E'_A)

① $H=H_{OG}N_{OG}=H'_{OG}N'_{OG}$

所以

$$N'_{OG}=\frac{H_{OG}N_{OG}}{H'_{OG}}=\frac{\frac{V}{K_YaA_T}N_{OG}}{\frac{V'}{K'_Y\ aA_T}}$$

$$=\frac{V}{V'}\frac{K'_Ya}{K_Ya}N_{OG}=\left(\frac{V}{V'}\right)\left(\frac{V'}{V}\right)^{0.8}N_{OG}$$

$$=\frac{1}{1.2^{0.2}}N_{OG}=\frac{1}{1.2^{0.2}}\times5.097=4.9$$

$$\frac{1}{A'}=\frac{mV'}{L}=\frac{m}{L/V'}=\frac{m}{L/(1.2V)}=\frac{m}{L/V}\times1.2$$

$$=0.562\times1.2=0.674$$

将 $N'_{OG}=4.9$，$\frac{1}{A'}=0.674$ 代入式(4-61)

$$4.9=\frac{1}{1-0.674}\ln\left[(1-0.674)\frac{Y_1}{Y_1(1-E'_A)}+0.674\right]$$

解上式得丙酮回收率 E'_A 为

$$E'_A=92.3\%$$

② 在单位时间内，气体流量提高后的丙酮回收量与原丙酮回收量之比为

$$\frac{1.2V(Y_1-Y'_2)}{V(Y_1-Y_2)}=1.2\frac{Y_1-Y_1(1-E'_A)}{Y_1-Y_1(1-E_A)}=1.2E'_A/E_A$$

$$=1.2\times0.923/0.95=1.166$$

(2) 当吸收率由 95%提高至 98%时，由于气体流率没有变化，因此对于气膜控制的吸收过程，H_{OG}不变，而塔高 H 是一定的，故 N_{OG}仍为原来的 5.097，即

$$5.097=\frac{1}{1-\frac{1}{A''}}\ln\left[\left(1-\frac{1}{A''}\right)\frac{1}{1-E''_A}+\frac{1}{A''}\right]$$

$$=\frac{1}{1-\frac{1}{A''}}\ln\left[\left(1-\frac{1}{A''}\right)\frac{1}{1-0.98}+\frac{1}{A''}\right]$$

用试差法求解上式得$\frac{1}{A''}=0.301$，故液气比应提高到

$$L'/V=\frac{1.18}{0.301}=3.92$$

吸收剂用量应增至

$$L'/L=\frac{3.92}{2.1}=1.87$$

本例也可用图 4.18 进行计算，其计算过程较简单，但结果的精确度较差。

4.5.7 解吸

解吸又称脱吸，是吸收的逆过程，是使溶解于吸收液中的溶质释放出来的传质操作。通常，解吸既可获得较纯净的气体溶质，用来回收溶质；又可使吸收剂再生，以供吸收操作中循环使用，所以，解吸操作经常和吸收操作联合进行。如图 4.21 所示就是先用焦油来吸收焦炉气中的苯，然后再用水蒸气将所得的含苯焦油吸收液解吸。在解吸塔出来的含苯水蒸气送分离器分离回收苯，而从解吸塔出来的脱去苯后的焦油循环回吸收塔顶部，作吸收塔的吸收剂使用。

解吸方法有很多，如减压解吸、升温解吸、升温-减压解吸和气提解吸，图 4.21 所示的解吸操作就是气提解吸。前三种解吸是简单解吸过程，下面讨论气提解吸。

气提解吸类似于逆流吸收，在解吸塔底通入某种不含(或含极少)溶质的惰性气体(或溶剂蒸气)，如图 4.21 中的水蒸气作载气，使之与由塔顶喷淋下来的吸收液逆流接触。载气的作用在于提供与吸收液不相平衡的气相。这样，在解吸推动力作用下，溶质将不断由液相传递至气相。这种解吸称为气提解吸(载气解吸)。一般气提解吸为连续逆流操作，具有多个

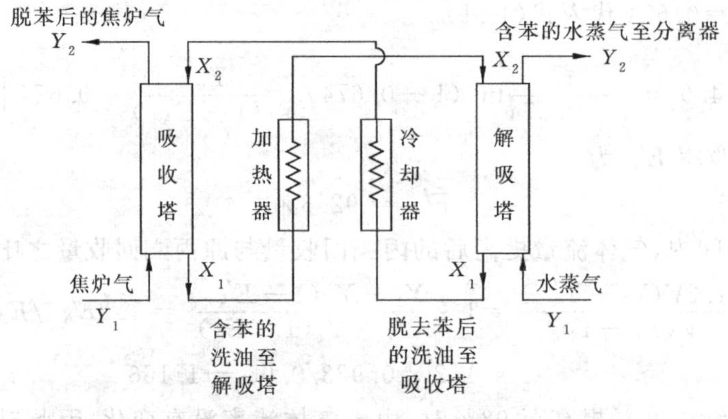

图 4.21 吸收-解吸联合操作流程图

理论分离级,因此,它可获得满意的解吸效果。和吸收操作中的吸收溶剂的选择一样,根据分离工艺的特殊性和具体要求,气提解吸可选用不同的载气。

解吸原理与吸收相同,只是推动力变个符号,如推动力由 $p-p^*$ 变成 p^*-p。在图解计算时,操作线位置改在平衡线下方。出塔的塔顶气变成浓的,而出塔的液体变成稀的,所得解吸操作线方程与吸收操作线方程完全相同,如图 4.22 所示。所以,只需将吸收速率式中推动力(浓度差)的前后调换,所得计算公式便可用于解吸。一般待解吸的吸收液流率 L 及解吸前后的浓度 X_1 和 X_2 均由工艺条件给定,入塔载气中溶质浓度 Y_2 也由工艺选定(通常为零)。于是解吸工艺计算中要确定的是:载气量和填料层高等。为此,需联立解物料衡算、相平衡关系以及传质速率方程。

1. 最小气液比 $(V/L)_{min}$ 和载气用量 V 的确定

为与吸收过程一致,令下标 1 代表浓端(塔顶),下标 2 代表稀端(塔底),流程如图 4.22 所示。全塔范围的物料衡算:

$$V(Y_1-Y_2)=L(X_1-X_2)$$

该式为解吸过程的操作线方程。它在 X-Y 坐标图上的斜率是 L/V,通过 (X_2,Y_2) 和 (X_1,Y_1) 两点的直线,如图 4.22(a)中 BA 所示。因为解吸过程的要求,$\Delta X=X-X^*>0$,

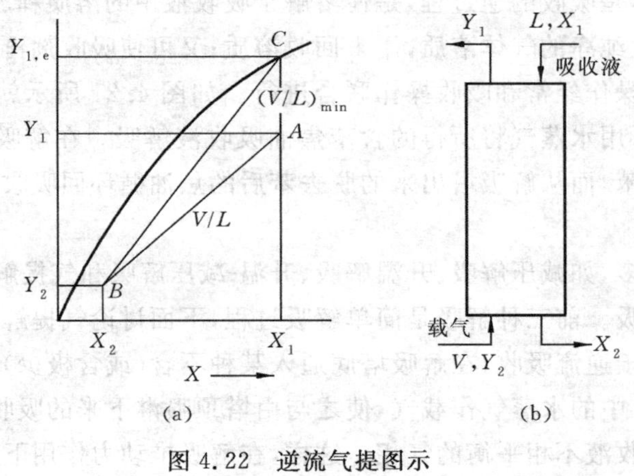

图 4.22 逆流气提图示

所以操作线 BA 位于平衡线之下。

由于 $B(X_2,Y_2)$ 点已由工艺条件给定，随着载气量 V 的减小，出口气的 Y_1 上升，操作线上的 A 点向平衡线靠拢，但 Y_1 极限位置为 C 点，$Y_{1,e}=f(X_1)$，此时的解吸操作线斜率 L/V 最大，气液比 V/L 最小：

$$(V/L)_{\min} = \frac{X_1 - X_2}{Y_{1,e} - Y_2} \tag{4-67}$$

通常取
$$V/L = (1.2\sim 2)(V/L)_{\min}$$

当以空气为载气时，V/L 值要比上述选值大得多。

2. 传质单元数和理论级数的计算

当相平衡关系符合亨利定律时，

$$N_{OL} = \frac{1}{1-A}\ln\left[(1-A)\frac{X_1 - (Y_2/m)}{X_2 - (Y_2/m)} + A\right] \tag{4-68}$$

相应地，计算解吸所需理论级数的公式为

$$N = \frac{1}{\ln\left(\frac{1}{A}\right)}\ln\left[(1-A)\frac{X_1 - (Y_2/m)}{X_2 - (Y_2/m)} + A\right] \tag{4-69}$$

对解吸操作的解吸因子取值范围是 $1.2<\frac{1}{A}<2.0$，一般取 $\frac{1}{A}=1.4$。比较式(4-68)和式(4-69)，得：

$$N/N_{OL} = (A-1)/\ln A \tag{4-70}$$

例 4-8 用一解吸塔处理水，使其中 CO_2 的含量从 200 ppm 降到 5 ppm(1 ppm $=1/10^6$，以质量计)。塔的操作温度为 25℃，总压强为 0.1 MPa。塔底送入的空气含 0.1 %CO_2(体积分数)。操作温度下亨利常数 $E=1.64\times10^2$ MPa。水送入塔的喷淋密度为 10 000 kg/(m^2·h)。按此条件估计 $K_Xa=1111$ kmol/(m^3·h)。每小时处理的水量为 50 t，实际使用的空气量为理论最小量的 50 倍。求每小时通入塔的空气体积(25℃时)与填料层高度。

解：(1) 求空气用量

$$X_1 = \frac{200/44}{10^6/18} = 8.2\times10^{-5}$$

$$X_2 = \frac{5/44}{10^6/18} = 2.05\times10^{-6}$$

$$Y_2 = 1\times10^{-3}$$

$$m = \frac{E}{p} = \frac{1.64\times10^2}{0.1} = 1.64\times10^3$$

空气用量最小时，送出的气体与送入的 CO_2 溶液(未处理的水)达到平衡，故在此条件下出口空气中 CO_2 的浓度应为

$$Y_{1,e} = mX_1 = 1.64\times10^3\times8.2\times10^{-5} = 0.134$$

将上述数据代入式(4-67)得

$$\left(\frac{V}{L}\right)_{\min} = \frac{X_1 - X_2}{Y_{1,e} - Y_2} = \frac{8.2\times10^{-5} - 2.05\times10^{-6}}{0.134 - 0.001} = 6\times10^{-4}$$

$$\frac{V}{L} = 50\left(\frac{V}{L}\right)_{\min} = 50\times6\times10^{-4} = 3\times10^{-2}$$

水处理量为

$$L = \frac{50\ 000}{18} = 2780(\mathrm{kmol/h})$$

所以,空气通入量为

$$V = 3\times10^{-2}\times2780\times22.4\times\frac{298}{273} = 2040(\mathrm{m^3/h})$$

(2) 计算填料层高度

$$A = \frac{L}{mV} = \frac{1}{1.64\times10^3\times(3\times10^{-2})} = 0.0203$$

将已知数据代入式(4-68)得

$$N_{OL} = \frac{1}{1-0.0203}\ln\left[(1-0.0203)\frac{8.2\times10^{-5}-\dfrac{1\times10^{-3}}{1.64\times10^3}}{2.05\times10^{-6}-\dfrac{1\times10^{-3}}{1.64\times10^3}}+0.0203\right]$$

$$=4.1$$

$$L = 10\ 000/18 = 556(\mathrm{kmol/m^2\cdot h})$$

$$H_{OL} = \frac{L}{K_X a A_T} = \frac{556}{1111} = 0.5(\mathrm{m})$$

所以,填料层高度为

$$H = H_{OL}N_{OL} = 0.5\times4.1 = 2.05(\mathrm{m})$$

4.6 多组分吸收与化学吸收

4.6.1 多组分吸收

前述的吸收过程,都是指混合气里仅有一个组分在溶剂中有显著溶解度的情况,即单组分吸收。但是有许多实际的吸收操作,其混合气中具有显著溶解度的组分不止一个,这样的吸收便属于多组分吸收。用挥发性极低的液体烃吸收石油裂解气中的多种烃类组分,使之与甲烷、氢气分开,以及用洗油吸收焦炉气中的苯、甲苯和二甲苯,都是多组分吸收的重要实例。

在多组分吸收中,就每一组分吸收过程的分析和计算与单组分吸收的相同。但是,由于各组分间的相互影响,将给相平衡关系和扩散系数等参数的确定增加难度。

对于某些溶剂用量很大的低浓度气体的吸收,所得稀溶液的平衡关系可以认为服从亨利定律,而且各组分的平衡关系互不影响,因而可分别对各溶质组分予以单独考虑。以A,B,C三组分为例,假设它们在混合气中的浓度之和低于10%(体积分数),仍认为是低浓度气。各组分在吸收剂中的溶解度虽然不同,但都符合亨利定律:

$$Y_j^* = m_j X_j \tag{4-71}$$

式中：X_j——液相中 j 组分的物质的量比；

Y_j^*——与液相成平衡的气相中 j 组分的物质的量比；

m_j——溶质组分 j 的相平衡常数。

各溶质组分的相平衡常数 m 互不相同，因此，每一溶质组分都有自己的一条平衡线，如图 4.23 中通过坐标原点的 3 条直线 oA，oB 和 oC。从平衡线的相对位置可知，$m_A > m_B > m_C$，其中 A 组分溶解度最小（难溶），称为轻组分；C 组分溶解度最大（易溶），称为重组分；B 组分的溶解度介于 A 和 C 之间。

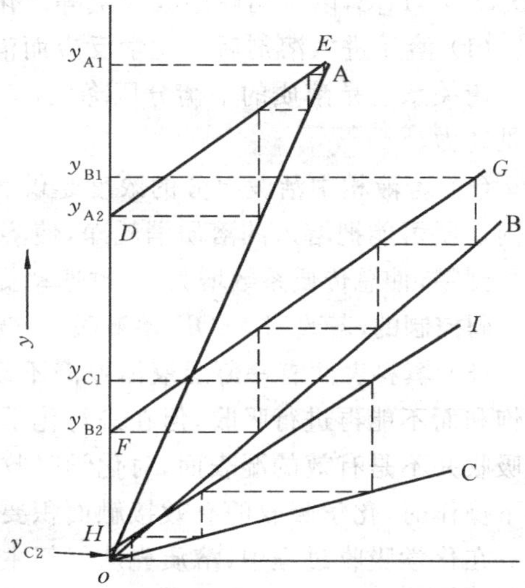

图 4.23 三组分吸收中各组分的平衡线和操作线

在进、出塔的气体与液体中，各组分的浓度不一样，它们的物料衡算式便不相同。鉴于低浓度气体吸收，气、液流率及液气比 L/V 沿塔高可视为常数。这样，各组分的操作线便是一组互相平行的直线，如图 4.23 中的 DE，FG 和 HI。参照式(4-43)，任一组分 j 的操作线方程为

$$Y_j = \frac{L}{V}(X_j - X_{j2}) + Y_{j2} \tag{4-72}$$

式中：Y_j，X_j——在塔内某一横截面相接触的气、液两相中 j 组分的物质的量比；

Y_{j2}，X_{j2}——在塔顶截面处气、液两相中 j 组分的物质的量比。

各组分的操作线斜率相同而平衡线斜率大小不一致，其中总有一个（或一个以上）组分的平衡线斜率与操作线斜率较为接近，两线近于平行，即 $L/(mV)$ 接近于 1。它一般都是溶解度居中的组分，如图 4.23 中的组分 B，这个组分称为关键组分。比关键组分难溶的组分（图中为 A），其平衡线的斜率大于操作线，即 $\frac{L/V}{m} < 1$，两线在塔底处汇合。溶液从塔底排出，其中 A 的浓度接近平衡浓度；气体从塔顶排出，其中 A 的浓度仍然很高，表示被吸收得并不完全，即回收率低。从理论板的分布情况也可看出，靠近塔顶的一层理论板上的浓度改变很大，而靠近塔底的一层板上的浓度改变很小，没有起多大分离作用，故难溶组分的吸收主要在塔顶附近进行。

比关键组分易溶的组分（如图中为 C）的情况恰好相反。两线在塔顶趋于汇合，气体从塔顶送出时，其中 C 的浓度已非常低，表示 C 被吸收得完全，即回收率很大。难溶组分的吸收主要在塔底附近进行，塔顶附近的板没有起多大的分离作用。

从上面的分析可知：要求一个塔对所有组分都吸收得一样好，显然是做不到的。多组分吸收塔设计的原则是按其中一个组分的吸收要求定出所需的理论板数（或传质单元数），然后核算用这么多理论板（或传质单元数）能同时把其他组分吸收多少，从而根据进塔的气、液组成计算出塔的气、液组成。

4.6.2 化学吸收

在吸收过程中,溶质气体与溶剂中某一个(或一个以上)组分可能发生化学反应,这种伴有化学反应的吸收过程称为化学吸收。例如用 NaOH,Na_2CO_3,NH_4OH 等水溶液吸收 CO_2,SO_2,H_2S,以及用硫酸吸收氨等。化学吸收与单纯的物理吸收相比较有下列优点:

(1) 溶质进入溶剂后因化学反应而消耗掉,单位体积溶剂能够容纳的溶质量增多,表现在平衡关系上是溶质的平衡分压降低,甚至可以降到零。其结果是提高了设备的容量和吸收推动力。

(2) 若液相中活泼组分的浓度足够大,而且发生的是快速不可逆反应时,则在气、液界面附近便可能把溶入的溶质消耗净,使溶质在液膜内扩散需要克服的阻力大为降低,甚至可以降到零,使总传质系数增大,吸收速率提高。例如用水吸收 SO_2 的过程速率原是气膜与液膜共同控制的,若改用 NaOH 溶液吸收,变成几乎是气膜控制(此时液膜传质系数相对极大)。

(3) 填料表面有一薄层液体停滞不动或流动很慢,在物理吸收中这些液体往往被溶质所饱和而不能再进行吸收,但在进行化学吸收时,要吸收较多溶质才能达到饱和,这样,对物理吸收并不是有效的湿表面,对化学吸收有可能有效。因此,填料塔在相同的气、液流动条件下操作时,化学吸收的有效接触面积要比物理吸收的大。

在化学吸收过程中,溶质先从气相主体扩散到气、液界面,扩散的机理与物理吸收并无区别,因此气相传质系数不受影响。溶质 A 到达界面后才能与溶剂中的反应组分 B 进行化学反应,B 必须从液相主体扩散到界面或界面附近才能够与 A 相遇并进行反应。A 与 B 在哪一位置上进行化学反应,取决于反应速率与扩散速率的相对大小。反应进行愈快,A 消耗就愈快,A 抵达气、液界面后不必再扩散很远便会消耗净;反之,反应进行得很慢,A 可能扩散到液相主体中后仍有大部分未参加化学反应。因此,影响化学吸收速率的因素,不仅包括与物理吸收相同的各项因素(物性与流动状况等),而且还包括与化学反应速率有关的因素,即化学反应速率常数,参与反应的物质浓度等。在考虑上述诸因素,如果能找到化学吸收的液相传质系数 k'_L 为纯物理吸收的液相传质系数 k_L 的若干倍的关系,则化学吸收的速率关系便可以写成

$$N_A = k'_L(c_{Ai} - c_{AL}) = \beta k_L(c_{Ai} - c_{AL}) \tag{4-73}$$

式(4-73)中,β 表示化学反应使吸收速率增大的倍数,称为增强因数或反应因数。c_{Ai}代表气、液界面上溶质气体的浓度,c_{AL}代表液相主体中溶质气体的浓度。

把传质理论与化学反应原理相结合,可以导出某些情况下的 β 与各种影响因素的关系。由于还不能很确切地掌握反应机理,通过增强因数来求 k'_L 所得的结果有时不十分可靠,而且,计算中所必需的一些数据也不易获得,故设计时往往通过实验直接测出的 k'_L 或关联式。当然,它们是针对某一反应系统而测定的,故只能用于该系统。对化学吸收所需要考虑的变量也比物理吸收的多,如溶剂中反应物的浓度、吸收系统的温度和压强等。

习 题

4-1 氧气(A)通过静止的一氧化碳(B)气体进行稳定扩散。操作条件是,总压为 101.3 kPa,温度为 0℃,静止气体的厚度为 0.2 cm,在此静止气体厚度两边的氧气分压各为 13.33 kPa 及 6.665 kPa,$D_{AB}=$

0.185 cm^2/s。计算氧气通过该厚度的扩散速率。

（答：3.017×10^{-6} mol/(s·cm^2)）

4-2　已知亨利常数 $E=2.41\times10^5$ kPa，平衡蒸气压为 50.65 kPa。当溶液实际浓度 $c_0=0.01$ kmol/m^3 时，试问传质进行的方向（溶液的密度 $\rho=1000$ kg/m^3）。

4-3　100 g 水中溶有 1 g NH_3，在 20℃时 NH_3 的平衡分压为 986 Pa，在此浓度以内亨利定律适用。总压为 101.3 kPa。试求以 kPa·m^3/kmol 表示的亨利常数，并求相平衡常数 m。

4-4　总压 p 为 101.3 kPa，温度 $T=293$ K 时，查得 CO_2 的亨利系数 $E=14.39\times10^4$ kPa。试计算：

(1) H,m（对稀水溶液 $\rho_0=998$ kg/m^3）；

(2) 若 CO_2 在空气中的分压为 10.13 kPa，求与其平衡的水溶液浓度，分别以 x（摩尔分数）和 c（kmol/m^3）表示。

（答：(1) $H=3.85\times10^{-4}$ kmol/(m^3·kPa)，$m=1.42\times10^3$；
(2) $x=7.04\times10^{-5}$，$c=3.90\times10^{-3}$ kmol/m^3）

4-5　在 293 K 时，100 g H_2O 中溶有 0.200 g SO_2。与此溶液平衡的 SO_2 蒸气分压为 1.13 kPa。求总压为 101.3 kPa 和 202.6 kPa 时，以摩尔分数和物质的量比表示的气、液浓度。

（答：101.3 kPa 时：$x=5.62\times10^{-4}$，$X=5.62\times10^{-4}$，$y=11.2\times10^{-3}$，$Y=11.3\times10^{-3}$；
202.6 kPa 时：x，X 不变，$y=5.58\times10^{-3}$，$Y=5.61\times10^{-3}$）

4-6　在 30℃和 100 kN/m^2 下用水吸收混合于空气中的 SO_2，传质系数 $k_Ga=5\times10^{-4}$ kmol/[m^3·s·(kN/m^2)]，$k_La=5\times10^{-2}$ kmol/[m^3·s·(kmol/m^3)]。

(1) 把上述两传质系数变换为 k_Ya 与 k_Xa；

(2) 设吸收塔内某一位置上气相中 SO_2 的浓度为 $y=0.09$，液相中 SO_2 的浓度为 $x=0.002\ 05$，求气相中的传质推动力与液相中的传质推动力；

(3) 计算(2)中所规定的位置上的 K_Ya。

30℃时 SO_2 水溶液的平衡关系如下：

X	0.000 056	0.000 138	0.000 28	0.000 42	0.000 56	0.000 84	0.001 38	0.0028
Y	0.0008	0.0022	0.0062	0.0106	0.0156	0.026	0.0474	0.104

（答：(1)0.05 kmol/(m^3·s)，2.78 kmol/(m^3·s)；(2)0.008，0.000 15；(3)0.028 kmol/(m^3·s)）

4-7　某吸收塔用溶剂 B 吸收混合气体中的化合物 A。在塔的某一点，气相中 A 的分压为 21.3 kPa，液相中 A 的浓度为 1.00×10^{-3} kmol/m^3，气、液之间的传质速率为 0.144 kmol/(h·m^2)，气膜传质系数 k_G 为 0.0142 kmol/(h·m^2·kPa)。实验证实系统服从亨利定律，当 $p_A=8.1$ kPa 时，液相的平衡浓度为 1.00×10^{-3} kmol/m^3。

(1) 求算 p_A-p_{Ai}，k_L，$c_{Ai}-c_A$，K_G，$p_A-p_A^*$，K_L，$c_A^*-c_A$。

(2) 气膜阻力占总阻力的百分率为多少？

（答：(1) $p_A-p_{Ai}=10.14$ kPa，
$k_L=389$ m/h，$c_{Ai}-c_A=0.370\times10^{-3}$ kmol/m^3，
$K_G=1.09\times10^{-2}$ kmol/(h·m^2·kPa)，$p_A-p_A^*=13.2$ kPa，
$K_L=88.7$ m/h，$c_A^*-c_A=1.62\times10^{-3}$ kmol/m^3；
(2) 气膜阻力占总阻力的 77%）

4-8　在 101.3 kPa，20℃下某低浓度气体被清水吸收，气膜吸收分系数（气相传质分系数）$k_G=9.87\times10^{-4}$ kmol/(m^2·h·kPa)，液膜吸收分系数 $k_L=0.25$ kmol/[m^2·h·(kmol/m^3)]，溶质的溶解度系数 $H=1.48$ kmol/(m^3·kPa)，问该溶质为易溶或难溶气体？气相总传质系数 K_Y 为多少 kmol/(m^2·h)，液相总传质系数 K_X 为多少 kmol/(m^2·h)？

(答：易溶气体,0.0997,0.0369)

4-9 在某逆流吸收塔中,用纯溶剂吸收混合气中易溶组分,设备高为无穷大,入塔 $y_1=8\%$(体积分数),平衡关系为 $Y=2X$,试问：

(1) 若液气比(物质的量比,下同)为2.5,吸收率为多少?

(2) 若液气比为1.5,吸收率为多少?

(答：(1)100%；(2)75%)

4-10 在某填料吸收塔中,用清水处理含 SO_2 的混合气体,进塔气体中含 SO_2 18%(质量分数),其余为惰性气体,惰性气体的相对分子质量取为28。吸收剂用量比最小用量大65%,要求每小时从混合气体中吸收2000 kg的 SO_2。在操作条件下气液平衡关系为 $Y=26.7X$,试计算每小时吸收剂用量为若干 m^3。

(答：258 m^3/h)

4-11 采用板式塔用水吸收混合气体中的 SO_2,已知：混合气量为5000标准米^3/时,其中 SO_2 含量为10%(体积分数),除 SO_2 外的惰性气体的相对分子质量可取为28。要求 SO_2 吸收率为95%。在操作温度下 SO_2 溶解在水中的平衡关系近似表示为 $\overline{Y}=26.7X$(Y,X 均为摩尔分数),原始水中不含有 SO_2,现设取水用量为最小用量的1.5倍时。试求：

(1) 水的用量；

(2) 吸收后水中 SO_2 的浓度；

(3) 吸收所需的理论级数。

思考：假设理论级数保持不变,试问在下列某一情况下,吸收率将发生什么变化：①原始水中有少量 SO_2；②操作温度上升或下降；③操作压力上升或下降；④水用量增加或降低；⑤如水用量减少到只有题中所求最小用量的80%；⑥如果考虑 SO_2 吸收过程中放热,温度升高多少?

4-12 在常压填料吸收塔中,以清水吸收焦炉气中的氨气。标准状况下,焦炉气中氨的浓度为10 g/m^3,流量为5000 m^3/h,要求回收率不低于99%。若吸收剂用量为最小用量的1.5倍,混合气体进塔的温度为30℃,空塔速度为1.1 m/s。操作条件下平衡关系为 $Y=1.2X$,气相体积吸收总系数 $K_Ya=200$ kmol/(m^3·h)。试分别用对数平均推动力法及吸收因素法求总传质单元数和填料层高度。

(答：10.7, 8.32 m)

4-13 有一填料吸收塔,填料高10 m,用清水逆流洗去混合气中有害组分A,在一定的操作条件下,测得进口气体 $Y_1=0.02$；出口气体 $Y_2=0.004$,出口液体 $X_1=0.008$(均为摩尔分数)。相平衡常数 $m=1.5$。试求：

(1) 气相总传质单元高度；

(2) 法定排放浓度要求为0.003 kmol(A)/kmol(惰气),如液气比不变,则填料层应加高多少?

(答：(1)$H_{OG}=3.6$ m；(2)$\Delta H=2.7$ m)

4-14 在填料吸收塔中,用清水吸收烟道气中 CO_2。烟道气中 CO_2 含量为13%(体积分数),余下的气体视为空气。烟道气通过塔后,其中90%的 CO_2 被水吸收,塔底出口溶液的浓度为0.2g(CO_2)/1000 g(H_2O)。烟道气处理量为1000 m^3/h(按20℃,101.3 kPa计),试求用水量、塔径和填料层高度。数据和说明如下：①在20℃,101.3 kPa下,气体空塔速度为0.2 m/s。②采用乱堆的50 mm×50 mm×4.5 mm的陶瓷环填料,设填料完全被湿润。填料比表面 $a=93$ m^2/m^3。③平衡关系为 $Y=1420X$。④吸收总系数 $K_X=115$ kmol/(m^2·h)。

(答：10.68×10^5 kg/h, 1.33 m, 20.4 m)

4-15 用20℃的清水吸收混合气体中的氨,已知混合气中含氨10%(体积分数),其余为空气。在平均操作压强101.3 kPa及40℃下,混合气体流量为2000 m^3/h,空塔速度为1.2 m/s,吸收剂用量为最小用量的1.1倍。气相总体积吸收系数 K_Ya 的平均值为200 kmol/(m^3·h),氨的回收率为95%。试求塔径和填料层高度。由于吸收时有溶解热释出,氨水温度愈接近塔底愈高。据所放出的热量,已估算出不同塔截面处的温度及相应的气液平衡浓度,从而得到如下表所校正后的 Y-X 关系：

氨溶液的温度/℃	氨在溶液中的浓度/ $kmol(NH_3)/kmol(H_2O)$	氨在气相中的平衡浓度/ $kmol(NH_3)/kmol$(空气)
20	0	0
23.5	0.005	0.0056
26	0.01	0.010
29	0.015	0.018
31.5	0.02	0.027
34	0.025	0.04
36.5	0.03	0.054
39.5	0.035	0.074
42	0.04	0.097
44.5	0.045	0.125
47	0.05	0.156

(答：0.77 m，3.6 m)

4-16 气体混合物中吸收质的浓度 Y_1 为 0.02，要在吸收塔内回收吸收质的 99%(摩尔分数)，气液平衡关系 $Y^*=1.0X$。

(1) 入塔液体为纯溶剂，液气比 $\frac{L}{V}=2$，求传质单元数；

(2) 入塔液体中含吸收质的浓度 $X_2=0.0001$，液气比 $\frac{L}{V}=1.25$，求传质单元数；

(3) 入塔液体为纯溶剂，液气比 $\frac{L}{V}=0.8$，吸收质的回收率最大可到多少？

$\left(\text{答：(1)}N_{OG}=8；\text{(2)}N_{OG}=18；\text{(3)}\frac{Y_1-Y_2}{Y_1}=0.8\right)$

4-17 气体混合物中含丙酮 3%(体积分数)。要在逆流填料吸收塔内用水吸收 98% 的丙酮。若平衡关系为 $Y=1.05X$，试求：

(1) 用含 0.01%(摩尔分数)丙酮的水作吸收剂，且液气比为2，所需的传质单元数；

(2) 若气、液两相进料组成不变，液气比变为 1.04，当填料层无限高时，丙酮的极限回收率。

(答：7.104，98.7%)

4-18 在某填料塔中进行气体吸收操作，若易溶气体在气体混合物中含量很低，其平衡关系可用 $Y=mX$ 表示，气、液两相惰性组分的摩尔流量分别为 V 和 L(kmol/h)。吸收剂中不含易溶组分。试求易溶组分的回收率为 0.99 和 $\frac{L}{V}=1.4\left(\frac{L}{V}\right)_{min}$ 时的气相总传质单元数。

(答：12)

4-19 某吸收塔在 101.3 kPa，293 K 下用清水逆流吸收丙酮-空气混合物中的丙酮。操作液气比为 2.1 时，丙酮回收率可达 95%。已知物系的浓度较低，丙酮在两相间的平衡关系为 $Y=1.18X$。吸收过程为气膜控制，总体积传质系数 K_Ya 与气体流量的 0.8 次方成正比。

(1) 今气体流量增加 20%，而液体流量及气、液进口组成不变，试求：①丙酮的回收率有何变化？②单位时间内被吸收的丙酮量增加多少？

(2) 若气体流量，气、液进口组成，吸收塔的操作温度和压强皆不变，欲将丙酮回收率由原来的 95% 提高至 98%，吸收剂用量应增加到原用量的多少倍？

(答：(1)①92.3%，②1.149；(2)1.87 倍)

4-20 在逆流操作的吸收塔中，用纯溶剂等温吸收某气体混合物中的溶质。在常压和 27℃下操作时，混合气流量为 1200 m^3/h。气体混合物的初始浓度为 0.05(摩尔分数)，塔截面积为 0.8 m^2，填料层高为 4 m，气相体积总传质系数 K_Ya 为 100 $kmol/(m^3\cdot h)$，气液平衡关系符合亨利定律，且已知吸收因数为 1.2。试求混合气离开吸收塔的浓度和回收率。

(答：0.387%，92.3%)

4-21 某填料吸收塔用清水逆流吸收空气混合气中的丙酮。原工况下，进塔气体中含丙酮 1.5%(摩尔分数，下同)，操作液气比为最小液气比的 1.5 倍，丙酮回收率可达 99%。现气体入塔浓度降为 1.0%，进塔气量提高 20%，吸收剂用量、入塔浓度、温度等操作条件均不变。已知操作条件下平衡关系满足亨利定律，总传质系数 $K_Ya \propto V^{0.8}$。试求：

(1) 新工况下丙酮的回收率。

(2) 若回收率仍维持在 99%，新工况下所需填料层高度为原工况的多少倍？

(答：(1)97.06%；(2)1.504 倍)

4-22 用填料塔从一混合气体中吸收所含的苯。混合气体中含苯 5%(体积分数)，其余为空气，要求苯的回收率为 90%(摩尔分数)。吸收塔为常压操作，温度为 25℃，入塔混合气体流量为 940 m^3(标准)/h。入塔吸收剂为纯煤油，煤油的耗用量为最小耗用量的 1.5 倍。已知该系统的平衡关系 $Y=0.14X$(Y，X 为物质的量比)，气相体积传质系数 $K_Ya=0.035$ kmol/(m^3 · s)，纯煤油的平均相对分子质量 $M=170$，塔径 $D=0.6$ m。试求：

(1) 吸收剂的耗用量为多少(kg/h)。

(2) 溶液出塔浓度 X_1。

(3) 填料层高度 H。

(答：(1)1281 kg/h；(2)0.2006；(3)5.2 m)

讨 论 题

4-1′ 用一液体溶剂吸收混合气中的 A，已知 A 在两相中的平衡关系 $y=x$，A 在气相中原始浓度 $y_1=0.1$，惰性气量为 100 kmol/h，液体入口浓度 $x_2=0.01$(均为摩尔分数)。试求：

(1) 当吸收率 $\rho=0.8$ 时，最小液气比 $\left(\frac{L}{V}\right)_{\min}$。

(2) A 的最大吸收率(根据几种 L/V 的情况)，液体出口的最大浓度。

(3) 若采用另一种溶剂，其平衡关系为 $y=0.5x$，最大吸收率为多少？

(4) 吸收剂浓度变低至 $x_2=0.005$，最大吸收率为多少？若浓度变高，$x_2=0.12$，将发生什么现象？用 y-x 图上的图线加以分析。

(5) 有一 10 块塔板的板式塔，其板效率为 50%，当吸收率为 0.8 时，求 $\frac{L}{V}$；若要将吸收率提高为 90%，可采取什么措施？

4-2′ 有一吸收过程，用一塔完成吸收任务，塔过高，所以用了两个低一些的塔组成。现安排如图 4.24 所示的 3 种流程。画出流程的操作线和平衡线的示意图，并标出浓度。

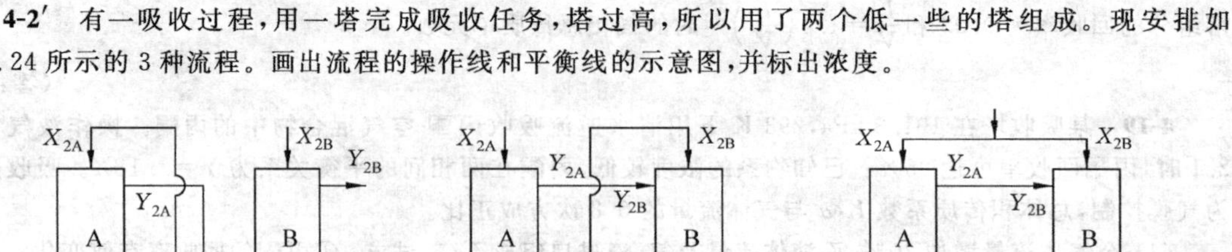

图 4.24 讨论题 4-2′附图

本章符号说明

英文字母

A——传质面积，m^2；吸收因子

A_T——填料塔的横截面积，m^2

a——填料比表面积，m^2/m^3；填料层的有效比表面积，m^2/m^3

c——组分浓度，$kmol/m^3$

c_A——组分 A 的浓度，$kmol/m^3$

c_B——组分 B 的浓度，$kmol/m^3$

c_{Bm}——组分 B 的浓度的对数平均值，$kmol/m^3$

c_T——总浓度，$kmol/m^3$

D——物质在气相中的分子扩散系数，m^2/s

D_{AB}——组分 A 在介质 B 中的扩散系数，m^2/s

D_{BA}——组分 B 在介质 A 中的扩散系数，m^2/s

d——特征尺寸，m

E——亨利系数，kPa

E_A——吸收率

F——自由度

H——填料层高度，m；溶解度系数，$kmol/(m^3 \cdot kPa)$

HEPT——等板高度，m

H_G——气相传质单元高度，m

H_L——液相传质单元高度，m

H_{OG}——气相总传质单元高度，m

H_{OL}——液相总传质单元高度，m

k_G——气膜吸收系数，$kmol/(m^2 \cdot s \cdot kPa)$

k_L——液膜吸收系数，m/s

k_x——液膜吸收系数，$kmol/(m^2 \cdot s)$

k_y——气膜吸收系数，$kmol/(m^2 \cdot s)$

K_G——气相总吸收系数，$kmol/(m^2 \cdot s \cdot kPa)$

K_L——液相总吸收系数，m/s

K_X——液相总吸收系数，$kmol/(m^2 \cdot s)$

K_Y——气相总吸收系数，$kmol/(m^2 \cdot s)$

L——吸收剂用量，kmol/h

m——相平衡常数

M——混合物的平均摩尔质量，kg/kmol

M_A，M_B——分别为组分 A，B 的摩尔质量，kg/kmol

M_0——溶剂的摩尔质量，kg/kmol

N——总传质通量（传质速度），$kmol/(m^2 \cdot s)$

n——混合物的总物质的量；扩散物质的量，kmol

n_A——组分 A 的物质的量，kmol

N_A——组分 A 的传质通量，$kmol/(m^2 \cdot s)$

N_B——组分 B 的传质通量，$kmol/(m^2 \cdot s)$

N_{OG}——气相总传质单元数

N_G——气相传质单元数

N_{OL}——液相总传质单元数

N_P——实际塔板数

N_L——液相传质单元数

N_T——理论板数

p——气体的总压，Pa

p_A——组分 A 的分压，Pa

p_B——组分 B 的分压，Pa

p_{Bm}——组分 B 的对数平均分压，Pa

q_v——气体的体积流量，m^3/s

R——气体常数，8.31441 J/(mol·K)

Re——雷诺准数

Sc——施密特准数

Sh——施伍德准数

T——热力学温度，K

u_0——空塔气速，m/s

V——惰性气体的摩尔流量，kmol/h；混合物的体积，m^3；溶剂的摩尔体积，cm^3/mol

V_{mA}——组分 A 在正常沸点下的摩尔体积，cm^3/mol

V_{mB}——组分 B 在正常沸点下的摩尔体积，cm^3/mol

x——组分在液相中的摩尔分数

X——组分在液相中的物质的量比

y——组分在气相中的摩尔分数

Y——组分在气相中的物质的量比

Z——扩散距离，m

希腊字母

α——溶剂的缔合程度

β——增强因数或反应因数

δ——扩散层厚度，m

δ_G——气膜厚度，当量膜厚，m

δ_g——涡流扩散系数，m^2/s

δ_L——液膜厚度，m

η——塔板效率

ρ——密度，kg/m^3

ρ_0——溶剂的密度，kg/m^3

τ——时间，s

5 气液传质设备

蒸馏和吸收虽然基于不同的分离原理，但是它们均为气(汽)、液两相接触的传质过程，因而采用的设备结构基本相同。气液传质设备的形式很多，其中用得最多的是塔设备。它可以分为连续微分接触式和逐级接触式，前者的代表是填料塔，后者则为板式塔。

从第 3 章和第 4 章中知道，传质速率与两相接触面积及两相的流动状况有关，所以应该选用能促进气、液两相接触的设备结构，以增加传质面积，或者设法实现湍动来提高传质系数，从而改善传质效果。

评价塔设备的基本性能指标主要包括以下几项：

(1) 生产能力大

即单位截面上通过的气、液流率大。

(2) 分离效率高

对填料塔，是指单位高度填料层所达到的分离程度高；对板式塔，是指每层塔板所达到的分离程度高。

(3) 流体阻力小

即气相通过单位高度填料层或每层塔板的压强降小。

(4) 适应能力强和操作弹性好

指对各种物料的适应性以及在负荷波动时能维持稳定操作，保持较高的分离效率的能力。

(5) 结构简单，维修方便，制造成本低

实际上，任何一种塔都难以满足所有指标的要求，而且上述指标中，有些彼此是互相制约的。实际生产中，各项指标的重要性也因具体情况而异，所以应结合具体生产实际来进行评价，选用和设计相对合理的塔设备来完成分离任务。

5.1 填 料 塔

填料塔是连续微分接触式气液传质设备，已在吸收、精馏中广为采用。由于填料塔的特定结构和由之而决定的气、液两相膜式接触方式，使它具有通量大、压降低、持液量少以及弹性大等优点。特别是填料塔压力降低这一特点，在处理热敏性物料、容易产生泡沫的物料以及用于真空操作时，更有其独特的优越性。多年来，由于填料本体结构及塔内件的限制，填料塔大多局限在有腐蚀性介质的场合下使用，或局限于不适宜安装塔板的小直径塔。但是，近年来由于新型填料的开发以及塔内分布器等附件的改进，填料塔的应用范围迅速扩大，不仅在中小塔中得到广泛应用，甚至出现了塔径 10 m 以上的填料精馏塔。在有些场合，填料塔已成为不可替代的塔型。

5.1.1 填料塔结构

填料塔的构造如图5.1所示，塔身是一直立式圆筒，可由金属、陶瓷、玻璃以及塑料制成，必要时可在金属筒体内衬以防腐材料。为保证液体在整个截面上的分布均匀，塔身应具有良好的垂直度。在塔身底部装有支承板，支承板一般为栅板或多孔筛板，以便使气体和液体均匀而又通畅地通过。填料乱堆或规则地放置在支承板上，气、液两相间的物质传递的主要场所就是在湿润的填料表面上。液体从塔顶经分布器淋到填料上，从上向下沿填料表面流下，气体从塔底送入，自下向上连续流过填料的空隙，在填料层中，气、液两相互相接触进行传质，两相组成沿塔高连续变化。为避免液体的塔壁效应，当填料层较高时，常常将其分成几段，段与段之间加上液体再分布器，使流到塔壁的液体再重新均匀分布。

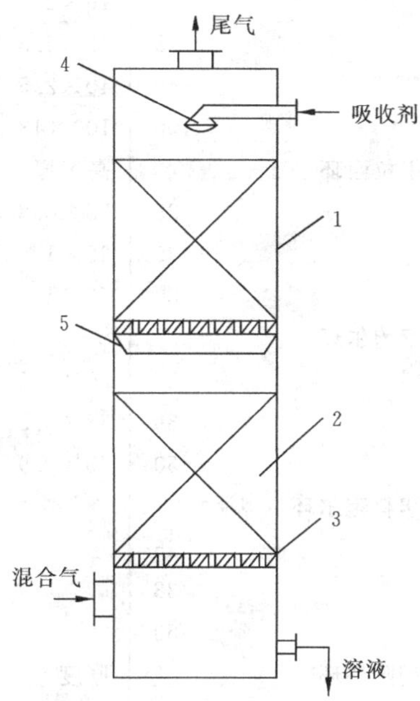

图5.1 填料塔的构造图
1—塔体；2—填料；3—支承板；
4—液体分布器；5—液体再分布器

5.1.2 填料

填料种类繁多，已形成多品种、多规格的系列产品。按填料的基材可区分为实体填料和网状填料两类。实体填料由陶瓷、金属或塑料制成；网状填料由金属丝做成。填料也可按堆放方式不同分为乱堆填料与整砌填料。乱堆填料由小块填料如拉西环、鲍尔环、鞍形填料、阶梯环等(如图5.2所示)无规则堆放而成；整砌填料由规整的填料，如网波纹填料、板波纹填料等制成规则填料块，如图5.3所示。

1. 填料的特性数据及对填料的要求

填料的特性参数主要为公称直径、比表面积、空隙率和填料因子，表5.1列出了几种主要填料的特性数据。

对填料的基本要求如下。

(1) 比表面积大

比表面积 a 是指单位体积的填料层所具有的填料表面积，单位为 m^2/m^3，或 $1/m$。在填料塔中，当填料被液体湿润后，液体沿填料表面流动，同时与气体接触，气、液两相的接触面就是被液体湿润的填料表面，因此，比表面积大对传质有利。

(2) 空隙率大

空隙率是指单位体积填料层所具有的空隙体积，单位为 m^3/m^3。在填料塔中，气、液两相均在填料空隙中流动，空隙率大则阻力降小，通量大。

表5.1　常用散堆填料的特性数据

填料类别及公称尺寸 /mm	实际尺寸 /mm	比表面积 a /m^2/m^3	空隙率 ε /m^3/m^3	堆积密度 ρ_p /kg/m^3	a/ε^3 /l/m	填料因子 ϕ /l/m
陶瓷拉西环	高×厚					
16	16×2	395	0.73	730	784	940
25	15×2.5	190	0.78	505	400	450
40	40×2.5	126	0.75	577	305	350
100	100×13	65	0.72	930	172	
钢拉西环	高×厚					
25	25×0.8	220	0.92	640	290	390
35	35×1	150	0.93	570	190	260
50	50×1	100	0.95	430	130	175
钢鲍尔环						
25	25×0.6	209	0.94	480	252	160
38	38×0.8	130	0.95	379	152	92
50	50×0.9	103	0.95	355	120	66
塑料鲍尔环						
25		209	0.90	72.6	287	170
38		130	0.91	67.7	173	105
50		103	0.91	67.7	137	82
钢阶梯环	厚度					
№1	0.55	230	0.95	433		111
№2	0.7	164	0.95	400		72
№3	0.9	105	0.96	353		46
塑料阶梯环						
№1		197	0.92	64		98
№2		118	0.93	56		49
№3		79	0.95	43		26
陶瓷弧鞍						
25		252	0.69	725		360
38		146	0.75	612		213
50		105	0.72	645		148
陶瓷矩鞍	厚度					
25	3.3	258	0.755	548		320
38	5	197	0.81	483		170
50	7	120	0.79	532		130
钢环矩鞍						
25#			0.967			135
40#			0.973			89
50#			0.978			59

说明：阶梯环№1,2,3与钢环矩鞍25#,40#,50#各大致相当于名义尺寸25,38(或40),50 mm；
钢环矩鞍填料的数据取自美国Norton公司产品样本，其余取自“化学工程手册”第13篇《气、液传质设备》；
不同厂家生产的产品尺寸、特性数据会有些出入。

(3) 堆积密度小

堆积密度 ρ_p 是指单位体积填料的质量，单位为 kg/m^3。在机械强度允许的条件下，填料壁要尽量薄，以减小堆积密度，这样，既增大了空隙率，又降低了成本。

(4) 机械强度大，稳定性好

填料要有足够的机械强度与良好的化学稳定性，以防止破碎或腐蚀。

(5) 价格便宜

表 5.2 列出了规整填料的几何特性和操作特性数据。

表 5.2　波纹型规整填料的几何特性和操作特性数据

名称	型号	比表面积 $/m^2/m^3$	水力直径 /mm	倾角度 /(°)	空隙率	堆密度 $/kg/m^3$	材质	理论板数 块/m	压力降/ mmHg/m (填料)	液体负荷/ $m^3/(m^2\cdot h)$	F因子/ $\left(\frac{m}{s}\right)\left(\frac{kg}{m^3}\right)^{1/2}$
丝网波纹	Cy 型	700	5	45	85%	350	不锈钢等	8～10	3.4	0.2～20	1.8
	Bx 型	500	7.5	30	90%	250	不锈钢等	4～5	1.5	0.2～20	2.4
	Ax 型	250	15	30	95%	125	不锈钢等	2.5	0.8	0.2～20	3
孔*板波纹	250Y 型	250	15	45	97%	180～250 (δ=0.1 mm～0.2 mm)	碳钢 不锈钢 铝 聚丙烯	2～3	2.3	2～100 (吸收可达 200)	2.6

* 商品名为 Mellapak(Sulzer 公司)；Flexipac(Kock 公司)；Gempak(Glitsch 公司)；除 250Y 以外，还有 125Y，350Y，500Y 等多种。

2. 工业上常用的填料

1) 散装填料

(1) 拉西环

拉西环(Rasching ring)是工业上最早使用的一种人造填料，见图 5.2(a)。通常用陶瓷或金属片做成，其高度与直径相等，常用的尺寸为 25 mm～75 mm(亦有小至 6 mm，大至 150 mm 的)。陶瓷壁厚为 2.5 mm～9.5 mm，金属环为 0.8 mm～1.6 mm，在强度许可的情况下，环的壁应尽量减薄。拉西环虽然传质性能不理想，但由于结构简单，制造容易，价格较低，仍被一些工厂采用。

(2) 鲍尔环

鲍尔环(Pall ring)是在拉西环的壁上开一两层窗口而成的，见图 5.2(b)。上、下两层窗孔错开排列。开孔切开的窗叶片一边与环壁母体相连，另一边弯向环内，在环中心几乎对接，上下两层叶片的弯曲方向相反。由于开孔，沟通了环内外表面和空间，使得液体和气体均匀分布，因此，阻力、通量和传质效率均比拉西环显著改善。

(3) 阶梯环

阶梯环(cascade mini ring)的形状见图 5.2(c)。这是 20 世纪 70 年代初期由美国传质公司开发的一种新型填料。它也属于开孔型填料，但与鲍尔环不同，阶梯环的环高与直径之比为 1/3～1/2，且其一端做成喇叭口，喇叭口高度约为环高的 1/5。这种填料由于环的高度小,且有喇叭口,有利于填料层内气体、液体的分布,比表面积和空隙率都比较大,填料之间多呈点接触,使液体不断得到更新。与鲍尔环相比,其通过能力可提高 10%～20%,传质效率通常可提高 10%～20%,压力降可降低 30%。

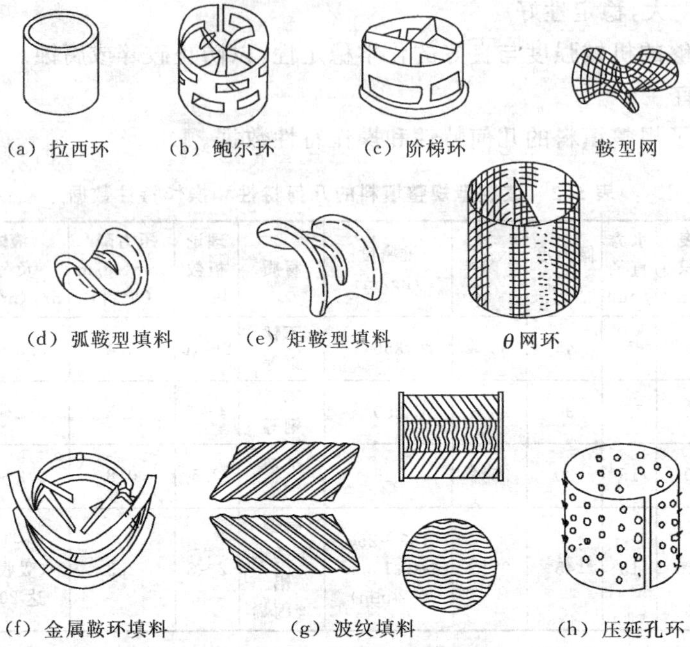

图 5.2 几种实体填料和网体填料的形状

(4) 鞍形填料

可分为弧鞍型(berl saddle)(图 5.2(e))和矩鞍型(intolox saddle)(图 5.2(d))两类。鞍形填料是一种表面全部呈展开状,没有内表面的填料。填料面积的利用率极好,气流通过填料层压降也小。弧鞍型填料的主要缺点是容易套叠,而矩鞍型填料两面不对称,不会叠合,强度也较弧鞍型填料高。鞍形填料的加工比鲍尔环容易,因此鞍形填料是一种优良的填料。

(5) 金属鞍环填料

如图 5.2(f)所示的金属鞍环填料综合了陶瓷鞍型与环型填料的优点,它的空隙率大,液体分布好,全部表面都被充分地利用了,是目前乱堆(散装)填料中性能最好的填料。

(6) 压延孔环、θ 环

如图 5.2(h)所示压延孔环是一种高效填料,适合于塔径为 250 mm 以下的小塔。它是由轧有小刺孔的厚 0.1 mm 左右的薄不锈钢带(小孔密度为 160 个/cm^2)制成,高与直径之比为 1∶1,尺寸规格有 ϕ3 mm～10 mm 等数种,此系列填料的当量高度为 40 mm～80 mm,广泛使用在科研和小型精密分离用的填料塔中。

由金属丝网制成的 θ 网环和鞍形网填料是与压延环性能相近的高效填料。

2) 规整填料与分类

为了克服散堆填料中气、液分布不均,传质效率低等缺点,人为“规定”气、液通路及接触方式的规整填料被研究开发出来,并得到了广泛的应用,主要有以下几种结构。

(1) 板波纹与网波纹填料

如图 5.3 所示，波纹填料是由许多层波纹薄片组成，各片的高度相同，长短不等，搭配组合成圆盘状，填料波纹与水平方向成 45°，相邻两片反向重叠，使其波纹互相垂直。相邻两个圆盘的波纹薄片方向互成 90°。波纹填料分板波纹填料与丝网波纹填料。

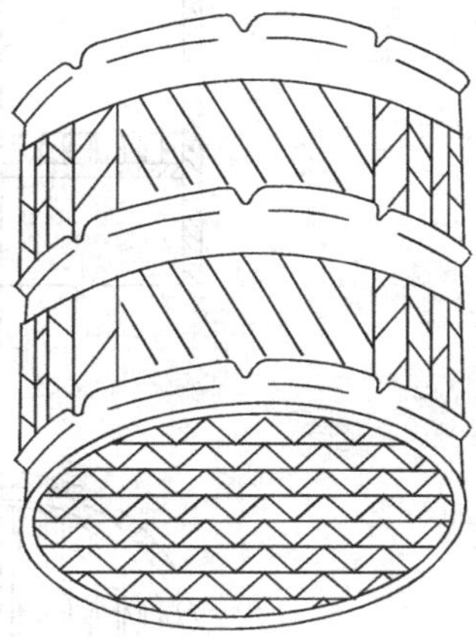

图 5.3　波纹填料结构示意图

板波纹填料用薄钢板、陶瓷、塑料及玻璃钢等材料制成。目前较好的有 Mellapak 填料，它是在金属板波纹片上冲孔、开槽纹，以改善填料表面的湿润性。这种填料空隙率大，阻力降小，通量大，放大效果好。当塔径大于 1.5 m 时，可以将填料分块，从人孔中送入安装。

波纹丝网填料是由金属丝网波纹片排列组成波纹填料。因丝网细密，因此波纹网填料的空隙率、比表面积和表面利用率都很高，是一种高效填料，其等板高度可低至 0.1 m。但因造价高，目前只在精密精馏和真空装置中使用。

(2) 格栅型填料

格栅型填料中以格利希格栅(Glitsch grid)填料为典型代表。其特性如表 5.3 所示。它由垂直的、水平的和倾斜的 3 种金属嵌板组成。在垂直嵌板上设有左右交替排列的水平突边。格栅是由数个格栅元件点焊连接而成。在塔内安装时，相邻两层又依次按顺时针方向旋转 45°，上下叠合。这样，水平板随机搭接，形成 Z 形通路。液体以液膜和液滴方式与上升气体湍动接触。该填料层空隙率高，通量大，抗污染与防堵塞性能好，适用于大型塔中。

表 5.3　格利希格栅规整填料的特性数据

规格 /mm	比表面积 a /m^2/m^3	堆积密度 ρ_p /kg/m^3	空隙率 ε /m^3/m^3	干填料因子 a/ε^3 /m^{-1}
67×60×2	44.7	318	0.959	50.68

5.1.3　填料塔的附件

填料塔的附件包括填料支承装置、液体喷淋装置、液体再分布器、气液进口装置、除沫器等。这些附件的结构尺寸设计是否合理，将直接影响填料塔的操作和传质效果。

1. 填料支承装置

填料支承装置如图 5.4 所示，其作用在于支承塔内填料及液体的重力，同时应具有一定的开孔面积以供气、液两相均匀顺畅地通过，否则，气速增大，将首先在支承板处发生液泛。

2. 液体喷淋装置和液体再分布器

液体喷淋装置是使液体均匀地喷淋到塔内截面各点处的重要构件。液体在填料塔内是否均匀分布，直接影响填料表面的有效利用率。推荐散装填料的液体初始喷淋密度为 46 点/m^2(塔截面)～60 点/m^2(塔截面)，丝网和板波型规整填料为 200 点/m^2(塔截面)～300

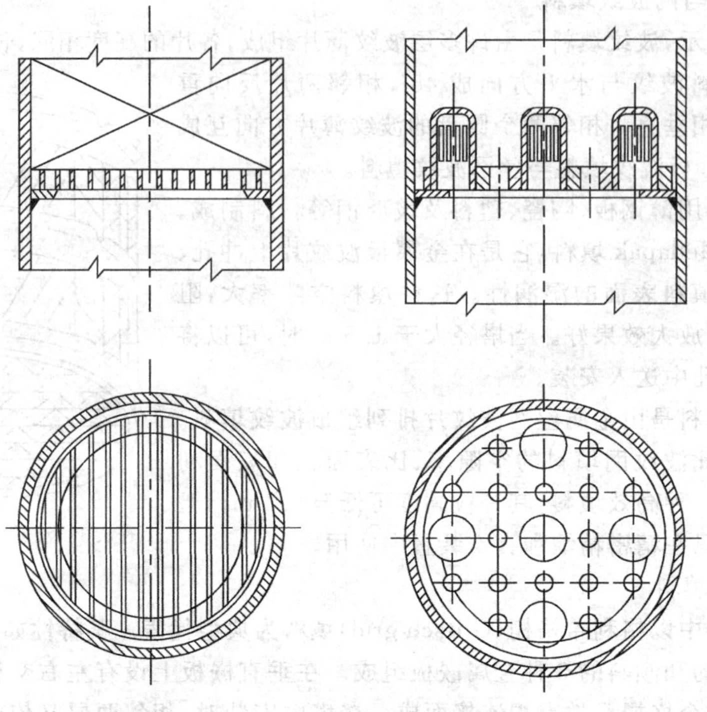

(a) 栅板式　　(b) 升气管式

图5.4　填料支承装置图

点/m²(塔截面)。常用喷淋装置如图5.5所示。

液体再分布器是为了克服塔内流体逐渐流向塔壁的所谓"壁流现象"的塔构件,用再分布器将液体收集起来后,再重新均匀淋下的装置。视塔的具体情况,在一个塔内可以设置多个液体再分布器。图5.6所示是截锥式再分布器。

3. 其他塔内构件

在填料塔填料顶层设置填料压板或挡网,其作用是防止操作中因气速波动而使填料冲动或损坏,否则,会导致填料层结构和塔的性能急剧恶化,破碎的填料还可能被带入气液出口管路,造成堵塞。

大直径塔一定要设置气体入口分布器;液体入口处必须设置过滤器以阻止污物进入塔中,堵塞分布器和填料;液体出口应设置液封和消除旋涡;为捕集填料层气体中所夹带的液沫和雾滴,在塔顶液体初始分布器的上方应留出空间或设置除雾沫装置。

5.1.4　填料塔的流体力学特性

填料塔的流体力学性能主要包括气体压强降,持液量以及液、气两相流体分布等特性。在吸收操作中需知压强降以确定动力消耗,在精馏操作中需知压强降以确定塔釜压强和塔顶压强;液泛气速是确定塔径的依据;持液量一方面影响压强降及液泛速度,另一方面影响填料塔操作的灵敏性以及对填料支承装置的强度的要求;气、液两相在塔截面上的均匀分

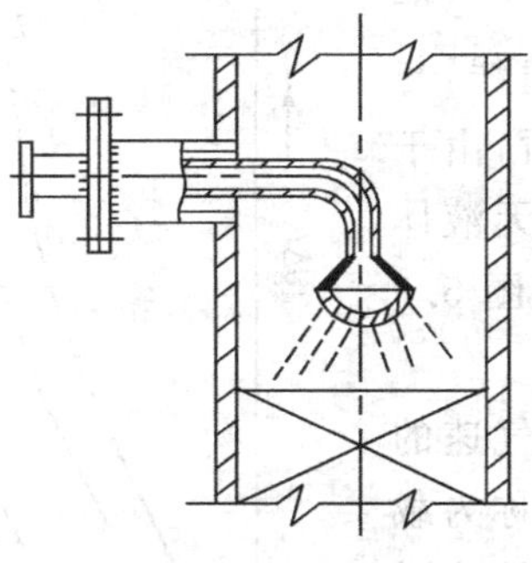

(a) 莲蓬头式

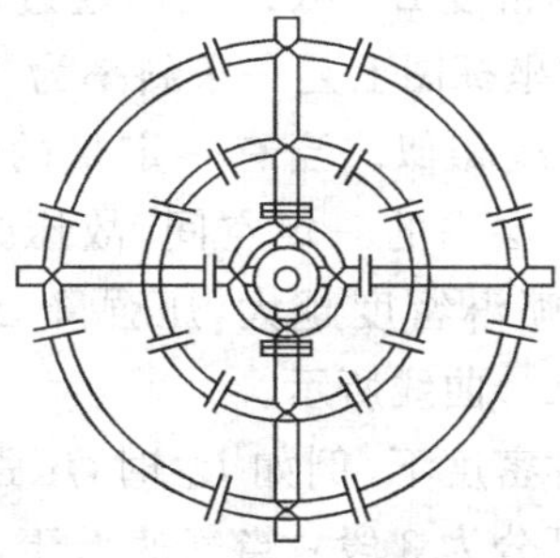

(b) 多孔环管式

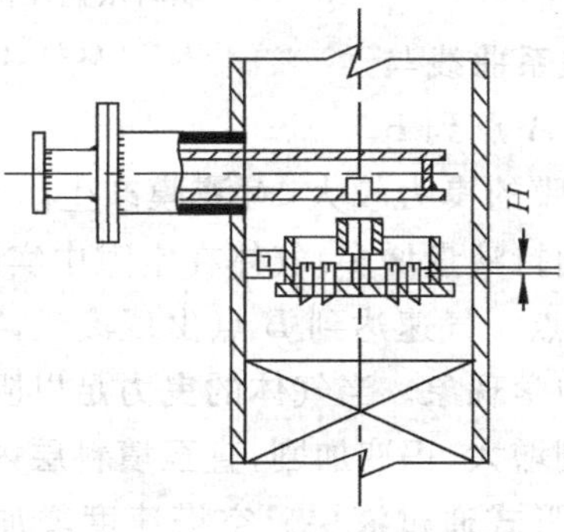

(c) 溢流管式

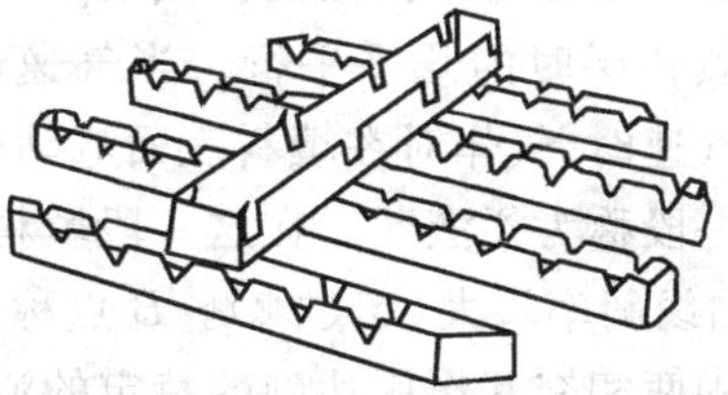

(d) 齿槽式

图 5.5 液体喷淋装置

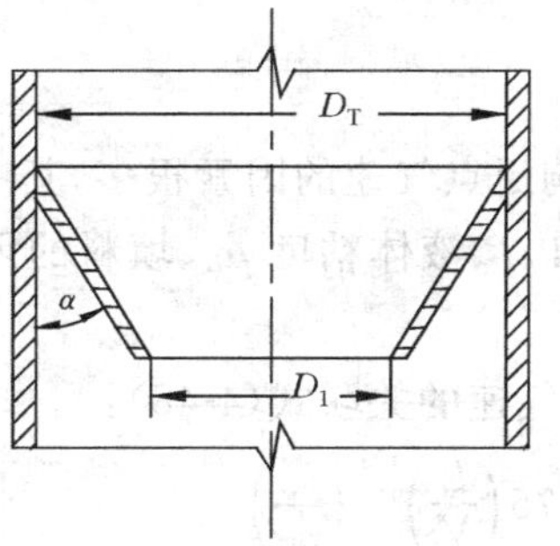

(a)

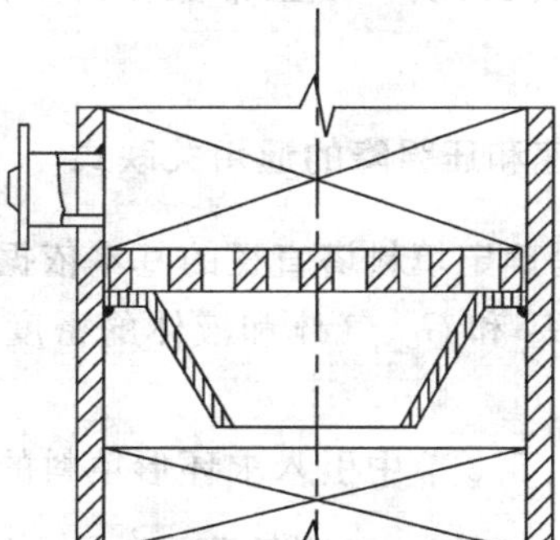

(b)

图 5.6 截锥式再分布器

布，对于保证填料塔传质效率和消除放大效应是十分重要的。

1. 填料层压强降与空塔气速的实验曲线

在不同液体喷淋密度下，逆流操作的填料塔中，气体通过填料时的压强降 Δp 与空塔气速 u 的关系见图 5.7。

当液体喷淋密度 $L=0$(即气体通过干填料层时),Δp-u 曲线在双对数坐标图上是一条斜率为 1.8～2 的直线,与湍流时 Δp-u 曲线相似。当有一定量的喷淋密度时,由于液体占据了填料层内的一定空间,故压强降 Δp 比无液体喷淋时的大,且喷淋密度越大,压强降 Δp 越大,如图 5.7 中 L_1,$L_2(L_2>L_1)$曲线所示。

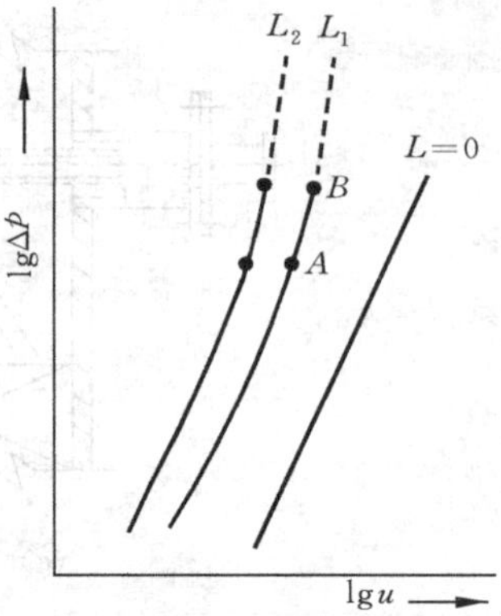

图 5.7　填料层内压降与空塔气速关系(双对数坐标)

在一定喷淋密度下,例如 L_1 时,压强降随空塔气速的变化曲线大致可分为 3 段:当气速低于 A 点(A 点称为载点)对应的气速时,气体流动对沿填料表面向下流的液膜的曳力很小,液体流动不受逆向气流的牵制,因此,气速增大,填料表面的液膜厚度基本保持不变,填料层的持液量基本不变。这一段称为恒持液区。其 Δp-u 的关系曲线与气流通过干填料层时的几乎平行。当气速超过 A 点到 B 点所对应的气速时,气体对在填料表面流动的液膜的曳力较大,对液膜产生阻滞作用,使液膜增厚。这一段称为拦液区。在这一段填料表面持液量增多,气体在空隙中实际速度提高,因而 Δp-u 曲线斜率增大(超过 2)。B 点称为泛点。气速达到 B 点出现液泛,"液泛"是气、液逆流接触中两相交互作用达到的特定的流体力学现象。当气体的曳力足以阻滞液体的下流时,填料层中出现局部积液。此后,压强降急剧增大,积液加剧,直至填料层内几乎充满液体,液体成为连续相,气体变为分散相,以气泡的形式通过液层。空塔速度增加很少便会引起压降猛增,并且压降有强烈波动。此时塔的分离效率严重恶化。泛点一般由 Δp-u 关系线上的转折点来确定,对应的空塔气速称为泛点气速 u_f,也称液泛速度。

一般认为液泛为填料塔正常操作的上限,通常取操作空塔气速 u 为液泛气速的 0.5 倍～0.8 倍。

2. 泛点气速和压强降的通用关联式

泛点气速是确定填料塔直径的基本依据,影响泛点气速的因素很多,其中包括气体和液体的质量流速 G_G 和 G_L、气体和液体的密度 ρ_G 和 ρ_L、液体粘度 μ_L、填料的尺寸、比表面、空隙率等因素。

我们已在 4.5.3 节中引入求环形填料的液泛气速的关联式(4-48):

$$\lg\left(\frac{au_f^2}{g\varepsilon^3}\frac{\rho_G}{\rho_L}\mu_L^{0.2}\right)=A-1.75\left(\frac{L}{V}\right)^{1/4}\left(\frac{\rho_G}{\rho_L}\right)^{1/8}$$

下面我们再介绍工业上常用的埃克特等人总结的确定气体通过填料层的压降与泛点气速的关联图,如图 5.8 所示。图中各物理量的意义与单位如下:

G_G,G_L——气体和液体的质量流速,$\mathrm{kg/(m^2\cdot s)}$;

ρ_G,ρ_L——气体和液体的密度,$\mathrm{kg/m^3}$;

μ_L——液体的粘度,cP($1\ \mathrm{cP}=10^{-3}\ \mathrm{Pa\cdot s}$);

ϕ——填料因子,1/m;

ψ——液体密度校正因子(水的密度与操作液体的密度之比);

g——重力加速度,$9.81\ \mathrm{m/s^2}$。

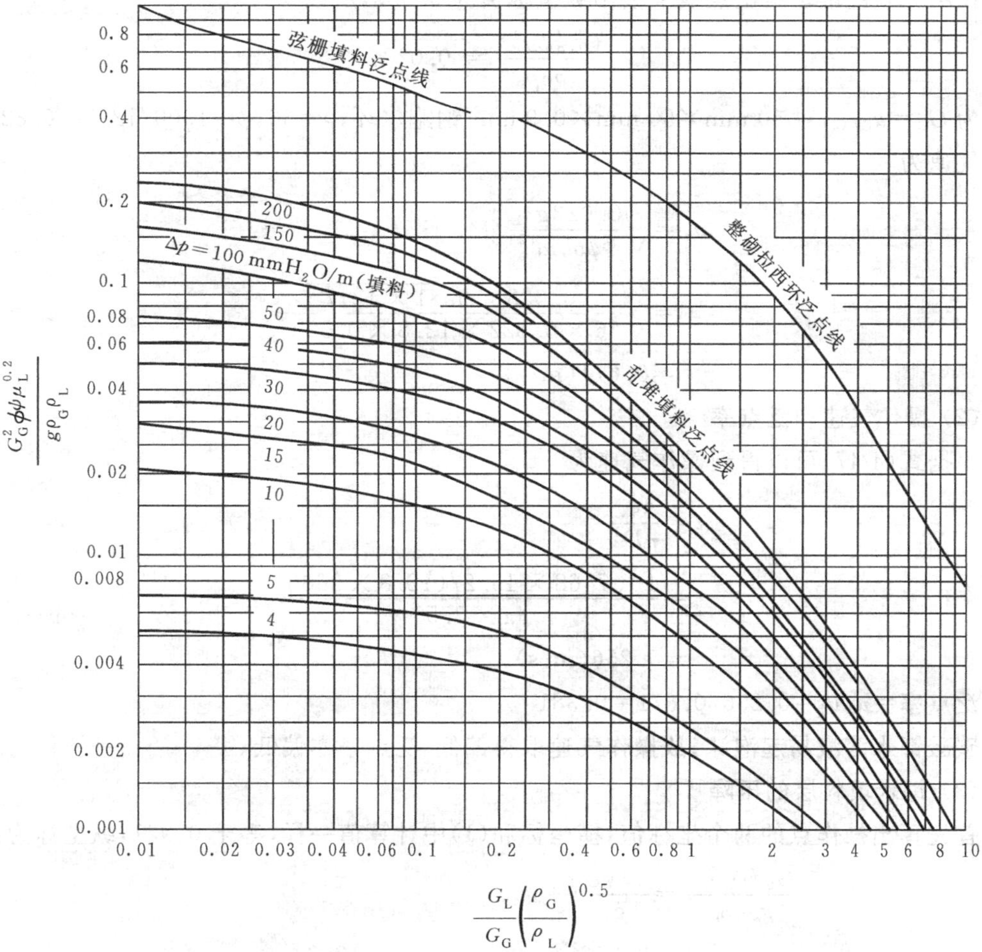

图 5.8　填料塔泛点和压降的通用关联图

($1\ mmH_2O=9.806\ Pa$)

图 5.8 称埃克特(Eckert)泛点关联图。图中横坐标称为液气流动参数,纵坐标中若将 μ_L 视为液体粘度与 20℃水的粘度($\mu=10^{-3}$ Pa·s)之比。图中一组光滑曲线为一系列等压降线,其中最上一条为乱堆填料泛点等压降线,其余各线为操作等压降线。埃克特关联图既关联了填料层的泛点压降特性,又关联了操作压降特性。它适用于各种不同类型和尺寸的散堆塔填料和性质各异的气、液系统。

例 5-1　某大型氨厂于填料塔中用催化碳酸钾溶液逆流吸收变换气中的 CO_2,已知该塔下段的操作参数为:入塔混合气量为 7468 kmol/h,平均摩尔质量 $\overline{M}=15.2$ kg/kmol,密度为 12.8 kg/m³;液体流量为 838 m³/h,密度为 1217 kg/m³,粘度为 0.52 MPa·s。塔径为 3.5 m,塔中散堆 50 mm×50 mm×0.9 mm 的钢鲍尔环。试计算泛点气速、操作气速和每米填料层的压降。

解:(1) 求泛点气速 u_f

计算图 5.8 横坐标数群值:

$$\frac{G_L}{G_G}\left(\frac{\rho_G}{\rho_L}\right)^{0.5}=\frac{838\times1217}{7468\times15.2}\left(\frac{12.8}{1217}\right)^{0.5}=0.921$$

在图 5.8 乱堆填料泛点线上读出纵坐标值为 0.023，所以

$$\frac{G_G^2\phi\psi\mu_L^{0.2}}{g\rho_G\rho_L}=0.023$$

又因为 $G_G=u_G\rho_G$，对 50 mm×50 mm×0.9 mm 钢鲍尔环，$\phi=66$，$\psi=1000/1217=0.822$，故泛点气速为

$$u_f=\sqrt{\frac{0.023g\rho_L}{\phi\psi\rho_G\mu_L^{0.2}}}$$

$$=\sqrt{\frac{0.023\times9.81\times1217}{66\times0.822\times12.8\times0.52^{0.2}}}$$

$$=0.671(\text{m/s})$$

(2) 操作气速和泛点率

根据式(4-47)可以得到操作气速为

$$u=\frac{4q_v}{\pi D^2}$$

$$=\frac{4\times7468\times15.2/(12.8\times3600)}{\pi\times3.5^2}$$

$$=0.256(\text{m/s})$$

泛点率$=u/u_f=0.256/0.671=0.381$

因为碳酸钾水溶液易起泡沫，故操作气速取得偏低，泛点率亦偏低。

(3) 每米填料层的压降

首先算出操作点的两个坐标值，横坐标和(1)中计算值一样，等于 0.921，纵坐标为：

$$\frac{G_G^2\phi\psi\mu_L^{0.2}}{g\rho_G\rho_L}=\frac{u_v{}^2\phi\psi}{g}\frac{\rho_G}{\rho_L}\mu_L^{0.2}$$

$$=\frac{0.256^2}{9.81}\times66\times0.822\times\frac{12.8}{1271}\times0.52^{0.2}$$

$$=0.00320$$

据此确定操作点，用内插法估计每米填料层的压降约为 74.8 Pa(约 8 mm H_2O)。

5.1.5 填料塔的传质与塔高的计算

在第 3 章和第 4 章已讲到填料精馏塔和吸收塔所需填料层的高度取决于分离所需的传质单元数(或理论板数)与传质单元高度(或等板高度)。填料塔的传质单元高度和等板高度取决于填料层内的传质情况。填料塔内传质是一个十分复杂的问题，影响因素很多，包括填料特性，气、液两相接触情况以及两相的物性等。

5.2 板 式 塔

板式塔在工业上最早使用的是泡罩塔(1813 年)和筛板塔(1830 年)。到 20 世纪 50 年代出现了一些生产能力大和分离效果好的板式塔，其中浮阀塔，由于具有塔板效率高，操作

稳定等优点而得到广泛的应用。60年代初，结构简单的筛板塔在克服了它自身的某些缺点之后，应用日益增多。浮阀塔，筛板塔(包括波纹筛板塔)是工业上使用最多的气液传质设备。

板式塔是逐级接触型的气液传质设备，气相以气泡的形式通过塔板上的液层，因为通过塔板的气泡和液滴的传质速度要比填料表面的液膜大得多，所以板式塔的单位体积生产强度往往比填料塔大许多倍。板式塔放大时，塔板效率较为稳定，但板式塔的压降比填料塔高。

5.2.1　板式塔结构

板式塔是在圆筒形塔体内每隔一定间距安装多层塔板组成，如图5.9所示。塔板是板式塔的核心部件，其主要功能是为气、液两相充分接触提供场所，使之进行质量和热量传递。按塔内气液流动方式，板式塔可分为溢流式(即错流式)与穿流式两类，见图5.10。溢流式在板间有专供液体流过的降液管(又称溢流管)。适当安排降液管的位置及堰的高度，可以控制板上液体的流径和液层厚度，从而获得较高的效率。穿流式塔板不设降液管，气、液同时由塔板上孔道逆向穿流而过。

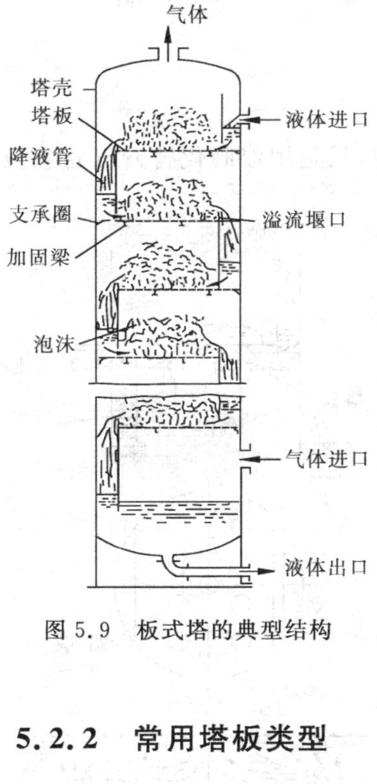

图5.9　板式塔的典型结构

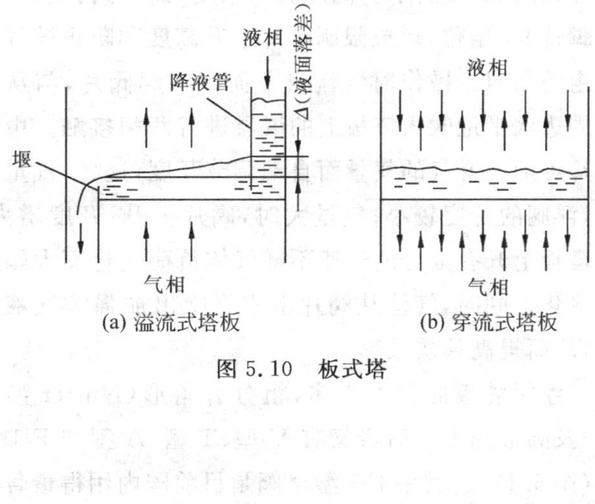

图5.10　板式塔

5.2.2　常用塔板类型

1. 溢流式塔板

(1) 泡罩塔板

泡罩塔板的主要元件为泡罩，主要分圆形和条形两种。每层塔板上安装有若干短管作为上升气体的通道,称为升气管,如图5.11所示。升气管的顶部应高于泡罩齿缝的上沿以防漏液,由于升气管高出液面,故泡罩塔不易漏液。泡罩安装在升气管上,从下层塔板上升的气体经升气管从泡罩下部周边开设的齿缝中吹出。上升气体通过齿缝被分散成细小的气泡或流股进入液层。板上的鼓泡液层或充气的泡沫体为气、液两相提供了大量的传质界面。液体通过降液管流下,并依靠溢流堰以保证塔板上存有一定厚度的液层。降液管上端应不低于泡罩齿缝的高度,而其下端应浸没于下一层塔板的液层内。这种塔板具有性能稳定,操作弹性大,塔板效率比较高,不易堵塞等优点。它的缺点是结构较为复杂,板压降大,生产强度低和造价高。

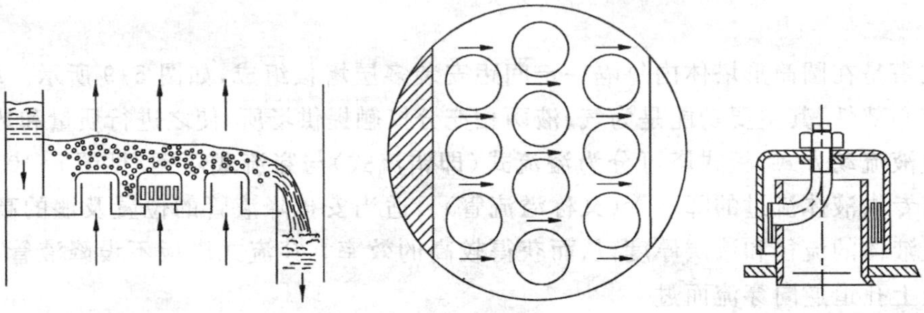

(a) 泡罩塔板操作示意图　(b) 泡罩塔板平面图　(c) 圆形泡罩

图5.11　泡罩塔板

(2) 浮阀塔板

图5.12是浮阀塔示意图。浮阀塔与泡罩塔大体相同,只是用浮阀代替升气管和泡罩,浮阀塔在塔板上开孔,孔的上方安装可以上下浮动的阀片如图5.13所示。阀片有3条腿,插入阀孔后将各底脚转90°定位,形成限制阀片上升高度和防止被气体吹走的凸肩。操作时气流自下而上吹起阀片,与从浮阀周边水平地吹入塔板上的液层进行两相接触。由于阀片可随上升气的气量而自动调节开度,这样,气量小时,浮阀的开度较小;气量大时,阀片上升,开度增大,使塔板上开孔部分的气速不随气体负荷变化而大幅度地变化。同时,气体从阀片下水平吹出加强了气液接触,从而提高传质效率。

浮阀塔板的种类很多,粗分有角形(Nutter型浮阀)及圆形两类。后者又有V型、T型、A型和F-1型等(图5.13)。其中F-1型浮阀是目前国内用得最普遍的一种。

浮阀塔生产能力大,塔板压降小,构造比泡罩塔简单,效率比泡罩塔高,而且能处理较脏和粘性物料。

图5.12　浮阀塔示意图

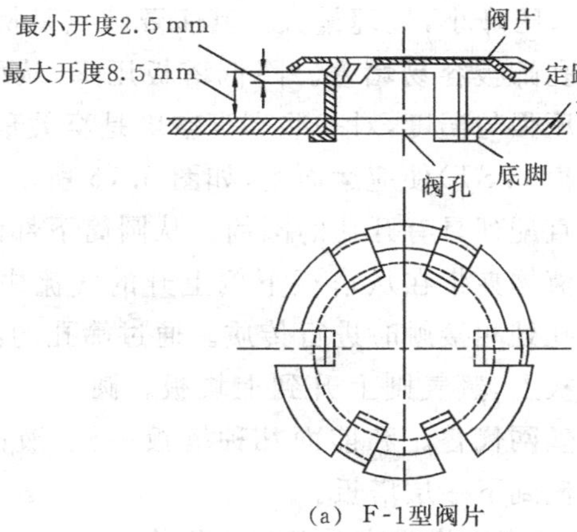

(a) F-1型阀片

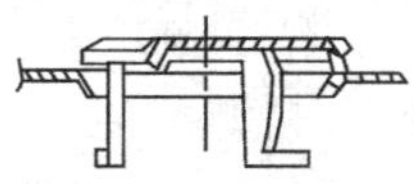
(b) V-4型浮阀

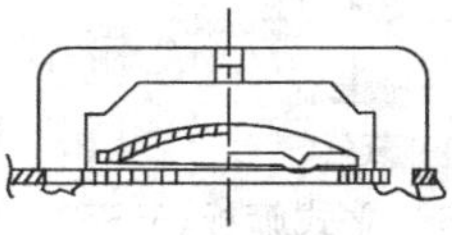
(c) T型浮阀

图 5.13 几种浮阀型式

(3) 浮动舌型塔板

这是20世纪60年代初提出的一种喷射型塔板，它是在塔板上用浮动舌片代替浮阀，其结构如图5.14所示。舌型塔板的基本结构部件是在板上冲出舌孔和舌片，舌片向上的张角α为18°，20°和25° 3种，常用的为20°；舌片尺寸有50 mm×50 mm和25 mm×25 mm两种。舌片可随气流速度的改变而上下浮动，从而保证适宜的缝隙气速。板上不设溢流堰。操作时，从下一层塔板上升的气流沿舌片喷出，气流和液流方向一致。在液体出口侧被喷射的流体冲至降液管上方的塔壁后，再流入降液管。在舌型塔板上气、液呈并流。

舌型塔板上的液面梯度较小、液层较低，塔板压降小，处理能力大。

(4) 筛板

筛板塔是一种出现很早的塔型，由于操作性能较差一直未获得广泛的应用，直到20世纪50年代初，改进了设计和结构，其应用才日趋广泛。

图5.15是筛板塔的示意图。塔板上开有许多均匀分布的筛孔，上升气流通过筛孔分散成细小的流股，在板上液层中鼓泡，与液体密切接触。筛孔在塔板上成三角形排列，其直径一般为3 mm～8 mm，孔中心距与孔径之比常在2.5～4.0范围内。液体的溢流和板上液层的调节情况与泡罩塔、浮阀塔等相同。塔板上设置溢流堰，以维持板上一定深度的液层。在正常操作范围内，通过筛孔上升的气流应能防止液体经筛孔向下泄漏。

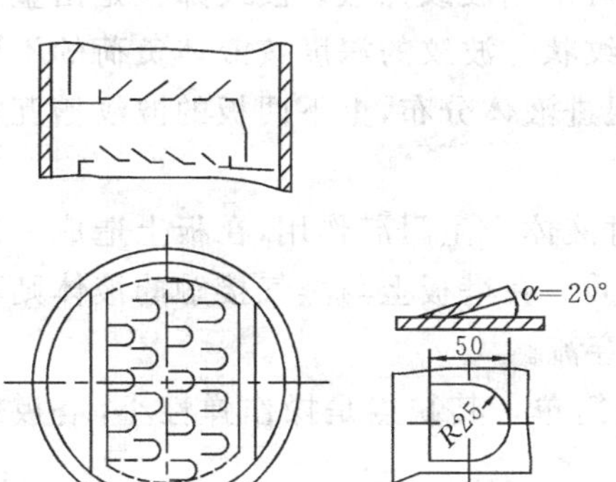

图 5.14 径流形舌型塔板

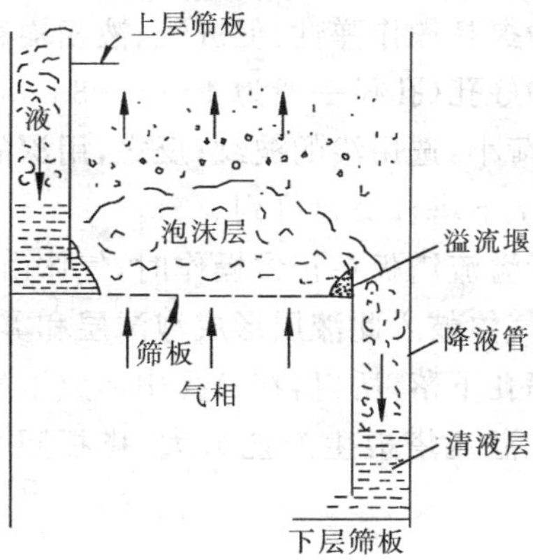

图 5.15 筛板塔示意图

筛板塔结构简单,制造方便,成本低,压降小,处理量大。其主要缺点是操作弹性小,小孔筛板容易堵塞。降低塔板压降,从而降低塔釜的压强与温度,对一些高真空塔是至关重要的,立式筛板(VST)便应运而生,如图 5.16 所示。在塔板上垂直配列具有开孔的圆筒。从圆筒下部的小孔流出的液体夹带在从塔板下侧上升的气流中,在上部的筛孔处相接触时进行传质。通过筛孔的液体降落到塔板上,蒸气则上升到上块板。圆筒的小孔也可以用丝网代替。和前面几种塔板一样,液体通过降液管流到下一层塔板。

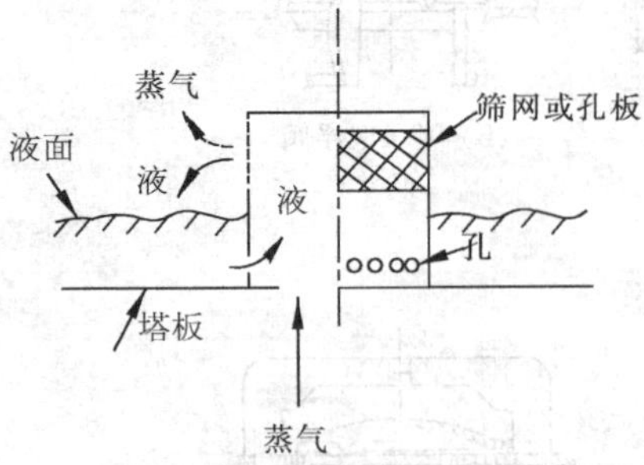

图 5.16　立式筛板(VST)

立式筛板压降小,操作稳定,应用在高真空塔中有其独特的优势。

2. 无溢流塔板

溢流塔板由于有降液管的存在,不仅使塔板上有效传质区面积减小,而且使塔板上方气体通道的截面积减小,降低了塔的生产能力,因而出现了不带溢流管的无溢流塔板。

常见的无溢流塔板有无溢流栅板和无溢流筛板两种,基本型式如图 5.17 所示。栅板可冲制也可用金属条制成,缝隙宽度一般为3 mm～8 mm,开孔率为15%～30%。筛板筛孔直径一般为 4 mm～12 mm,开孔率为 10%～30%,压强高的系统取小些,真空系统取大些的开孔率。

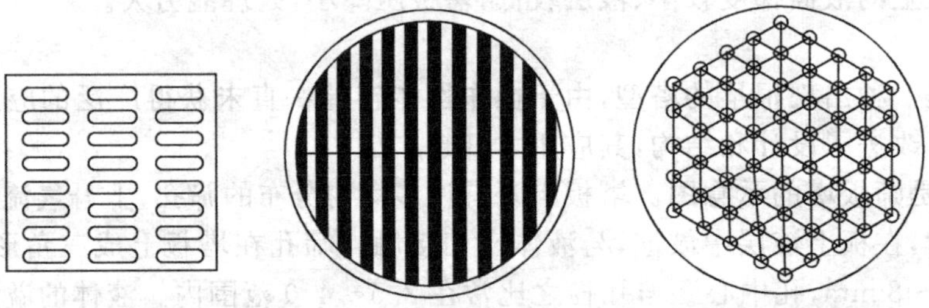

(a) 冲制栅板　(b) 由金属条组成的栅板　(c) 无溢流筛板

图 5.17　无溢流栅板和筛板

为提高操作弹性,促进气、液相均布和传质,还可采用波纹筛板。波纹筛板是由金属薄板先冲好孔(孔径一般为 4 mm～8 mm),再压成波纹状。波纹的深度按液体负荷的不同而异,负荷小,选用浅的波纹;反之,用深的波纹。为促进液体分布,上下两板的波纹槽互相垂直,即上下塔板交错排列。

无溢流塔板在正常操作时,气体由孔隙上升,对液体产生阻滞作用,在板上造成一定的液层,气体鼓入此液层形成泡沫层和雾滴层进行传质。在塔板上与蒸气接触的液体则不断通过筛孔下落,所以,在筛孔中形成了气、液的上下穿流。

无溢流塔板生产能力大,塔板阻力小,结构最简单。其缺点是操作弹性小,塔板效率较低。

5.2.3 板式塔主要工艺尺寸的计算

板式塔的化工设计计算是在给定气相和液相流率，操作温度和压强，流体的物性(如两相的密度，液体的表面张力)，以及实际塔板数等条件下进行的。主要内容包括塔高、塔径的设计计算，塔板上板面的布置和有关结构尺寸的选择，以及若干项流动性能的校核。设计的塔一般要达到下列要求：

(1) 生产能力大，即单位塔截面上气体和液体的通量大。

(2) 塔板效率高。气、液两相在塔板上能均匀地、充分地接触，而且流动湍动程度好，这样就可以达到高效率，使塔的板数减少，对于塔板数一定的塔，可以提高产品的质量或减少回流比(或液气比)，减少能耗，降低操作费用。

(3) 压降小。气体通过每层塔板的压降直接决定了板间距。特别是对于沸点高、易聚合和分解的物料，为了在较低的温度下进行精馏，常常要采用减压操作，若塔板的压降过大，必然使塔釜的真空度大为降低。

(4) 稳定、高效的操作区域要大，即操作弹性大。

(5) 结构简单，制造和维修方便，造价低。

1. 塔板上的不正常操作

塔板上依靠自下而上的气体和自上而下的液体在流动中接触而达到传质的目的。塔板上气液接触的好坏主要取决于流体的流动速度、气、液两相的物性，板的结构等。如果设计和操作不当，塔的传质效果将会降低，甚至出现无法操作的情况。塔的不正常操作主要有漏液、过量液沫夹带和液泛。

(1) 严重漏液

在正常操作的塔板上，液体横向流过塔板，然后经过降液管流下。当气体通过塔板的速度较小时，上升气体通过开孔处的阻力和克服液体表面张力所形成的压强降，不足以抵消塔板上液层的重力，液体会从塔板上的开孔处往下漏，这种现象叫做漏液。少量的漏液是不可避免的，严重的漏液会使塔板上建立不起液层，从而导致板效率严重下降，必须避免。如果将产生严重漏液的气速称为漏液点的气速，那么塔的操作气速应控制在漏液点气速之上。

(2) 液沫夹带和泡沫夹带

气体穿过液层时，部分液体被气体分散成液滴或雾沫。少量液滴和雾沫不可避免地被上升气体带至上一块塔板，这种现象称为液沫夹带。

越过溢流堰进入降液管的液体也不可避免地会夹带少量气体，如果夹带的气体来不及释放出来，将被带至下一块塔板，这种现象称为泡沫夹带。

上述两种夹带都会影响塔板效率，严重时还会引起液泛，使塔无法操作。

(3) 液泛

当塔板上液体流量过大，上升气体的速度过高时，液沫夹带量猛增，使塔板间充满了气、液混合物，最终使塔内充满液体，这种现象称为夹带液泛。另外，若液体流率或塔板阻力过大，降液管的液层高度可能高达溢流堰顶端，使液体难以通过降液管流下而淹至上层塔板，最终也使塔内充满液体，这种液泛称为溢流液泛。

液泛使整个塔内液体不能正常下流,液体大量返混,严重影响塔的操作。

以上3种不正常操作的情况或是由于塔板结构设计和加工安装不合适,或是由于气、液两相负荷控制不当等因素所引起。因此,首先应该正确地设计塔板结构,同时要精心操作,防止不正常现象的出现。

2. 板式塔的设计计算

1) 塔的有效高度

当实际塔板数 N_P 已知时,若选取了相邻两块塔板之间的距离 H_T(常称塔板间距),则板式塔的有效高度 H 为

$$H = H_T N_P \tag{5-1}$$

显然,塔板间距 H_T 较小,塔高 H 可降低。但板间距对于液沫夹带量及液泛气速也有重要影响,H_T 较大,允许的气速较大,所需的塔径较小。因此,板间距的大小应由全面权衡经济效果来确定,实际上还应考虑制造和维修等问题。表5.4所列经验数据可供设计时参考。

表 5.4 塔板间距和塔径的经验关系

塔径 D/m	0.3～0.5	0.5～0.8	0.8～1.6	1.6～2.0	2.0～2.4	>2.4
塔板间距 H_T/m	0.2～0.3	0.3～0.35	0.35～0.45	0.45～0.60	0.5～0.8	≥0.6

2) 塔径的计算

在板式塔设计中,一般为防止过量液沫引起的夹带液泛,首先确定泛点气速,然后根据它选取一适宜的设计气速来计算所需的塔径。

若液泛是由于液滴被带到上一层塔板引起的,类似于两相流动中沉降速度的推导,可以引入计算泛点气速 u_f 的公式:

$$u_f = c\sqrt{\frac{\rho_L - \rho_G}{\rho_G}} \tag{5-2}$$

式中:c——气相负荷因子,m/s;

ρ_L——液相密度,kg/m^3;

ρ_G——气相密度,kg/m^3。

c 与塔板上操作条件,气、液负荷和物性及塔板结构有关,目前只能用实验来确定。

Smith 等人总结了工业上8个筛板塔,3个浮阀塔和5个泡罩塔上的泛点数据,发现这些塔在满负荷或接近泛点时,具有相同的泛点参数,可用同一泛点关联式来表达。图5.18表示筛板塔(以及浮阀塔和泡罩塔)的气相负荷因子和塔板间距 H_T、两相流动参数 C_{20} 的关系。图中曲线上所示的参数($H_T - h_L$)为沉降高度,h_L 为板上清液层高度,其值为堰高 h_w 与堰上液头高 h_{ow} 之和:

$$h_L = h_w + h_{ow} \tag{5-3}$$

在估算塔径时,h_L 的经验值可选取50 mm～100 mm。H_T 为板间距,小塔的 H_T 为0.2 m～0.4 m,大塔的 H_T 为0.4 m～0.6 m。

横坐标,$\frac{L}{V}\left(\frac{\rho_L}{\rho_G}\right)^{1/2}$ 是一个量纲为1的比值,称为液气动能参数,它反映液、气两相的流

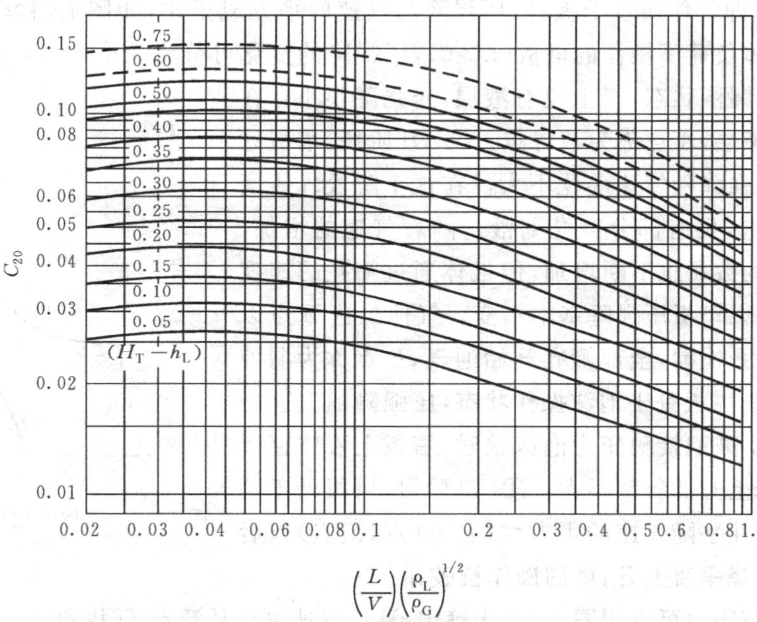

图 5.18 史密斯关联图

V,L——塔内气、液两相的体积流量，m^3/s；ρ_G,ρ_L——塔内气、液两相的密度，kg/m^3

量与密度的影响，而$(H_T - h_L)$则反映液滴沉降空间的高度对负荷系数的影响。

图 5.18 是按液体表面张力 $\sigma = 20$ dyn/cm(1 dyn$=10^{-5}$ N)得到的关系曲线，所以图中纵坐标用符号 C_{20} 表示。当表面张力为其他值时，C 值应按下式进行校正：

$$\frac{C_{20}}{C} = \left(\frac{0.02}{\sigma}\right)^{0.2} \tag{5-4}$$

式中：C_{20}——由图 5.18 中查得的 C 值；

σ——操作物系的液体表面张力，mN/m；

C——操作物系的负荷系数。

计算泛点气速方法如下：先根据图 5.18 求出 C_{20}，然后由式(5-4)求出负荷因子 C，再按式(5-2)求出泛点气速 u_f。

塔的适宜操作气速应比泛点气速低。操作气速与泛点气速之比称为液泛分率。有许多因素影响适宜气速的选取。根据经验。适宜气速 u_{op} 为

$$u_{op} = (0.6 \sim 0.8) u_f \tag{5-5}$$

选定气速后，即可估算塔径 D：

$$D = \sqrt{\frac{q_v}{0.785\, u_{op}}} \tag{5-6}$$

式中：q_v——气相体积流量，m^3/s。

3) 气体通过塔板的压降

气体通过塔板的压强降是气体通过塔板的流体力学的重要操作参数。压强降的变化可以反映塔板操作状态的改变，压强降大小对于液泛的出现有直接影响。

以筛板塔为例，气体通过塔板的压强降随气速变化的关系如图 5.19 所示。当塔板上没

有液体($L=0$),即气体通过干板时,压强降与气速的平方成正比,如图上斜率为2的直线。对于一定的液体负荷下操作的塔板($L>0$),压强降的变化可分为几个阶段:①A点以前的虚线,塔板处于漏液状态,板上没有液层,压强降很小。在A点开始建立液层,A点称为液封点。②AB阶段,塔板处于鼓泡状态,压强降随气速变化不大。在这个阶段气体通过部分筛孔鼓泡,仍有部分筛孔漏液。随着气速的增加,气体通过筛孔的数目也不断增加,但气体通过筛孔的速度变化并不大,所以塔板压强降基本不变。气体到达B点以后,液体基本停止泄漏,全部筛孔开始通气,B点称为漏液点。③BC阶段,塔板处于泡沫操作状态,压强降随气速增加逐渐上升。由鼓泡接触变为泡沫接触,塔板上液体存留量下降,压强降上升的斜率不大。④CD阶段,塔板处于喷射状态,压强降几乎随气速的平方增加。D点(泛点)以后发生液泛,压强降垂直上升,塔的操作被破坏。

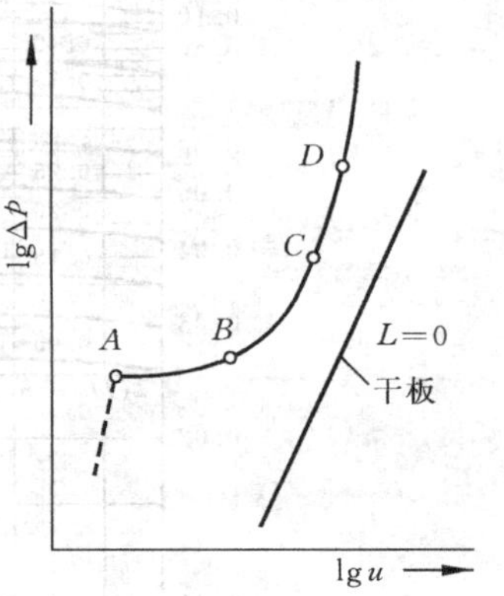

图5.19 气体通过塔板的压强降

塔的操作范围也可以用图5.19来确定,液泛气速可以从泛点D找到。

气体通过塔板的压强降常折合成塔内液体的液柱高度,一般都用半经验公式计算,其值随板型不同而异,下面以筛板为例加以说明。

气体通过一层筛板的总压降h_P为干板压降h_d与通过液层的压降h_l之和:

$$h_P = h_d + h_l \tag{5-7}$$

式中:h_P——与气体通过一块塔板的压降相当的液柱高度,m;

h_d——与气体通过这一块干板的压降相当的液柱高度,m;

h_l——与气体通过液层的压降相当的液柱高度,m。

(1) 气体通过干板的压降h_d

气体通过干筛板时与通过孔板的情况类似,故采用下式计算:

$$h_d = \frac{1}{2g}\frac{\rho_G}{\rho_L}\left(\frac{u_0}{c_0}\right)^2 \tag{5-8}$$

式中:ρ_G,ρ_L——气体、液体的密度,kg/m^3;

u_0——气体通过筛孔的气速,m/s;

c_0——孔流系数。其值可根据d_0/δ(孔径与板厚之比)从图5.20查出。

(2) 气体通过泡沫液层的压降h_l

气体通过筛板上液层的压降由以下3部分组成:克服泡沫层静压强,克服液体表面张力和克服通过泡沫液层的阻力。其中,克服板上泡沫液层的静压强占主要部分。

气体通过筛板塔上液层的压降h_l与通过筛孔的气相动能因子F_0($F_0=u_0\sqrt{\rho_G}$)以及板上清液层高度h_L($h_L=h_w+h_{ow}$)有关。通过实验得出图5.21所示的结果。已知F_0,由横坐标h_L即可求得液层阻力h_l。

4) 堰及堰上液头高h_{ow}的计算

对于平堰,则堰上液头高h_{ow}可用佛兰西斯(Francis)公式计算:

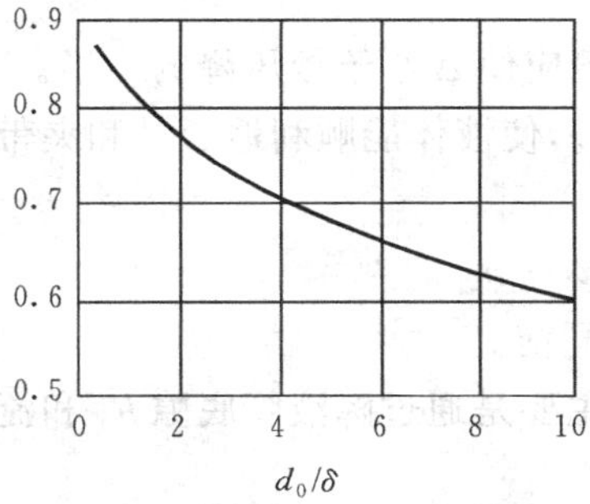

图 5.20　干筛孔的孔流系数

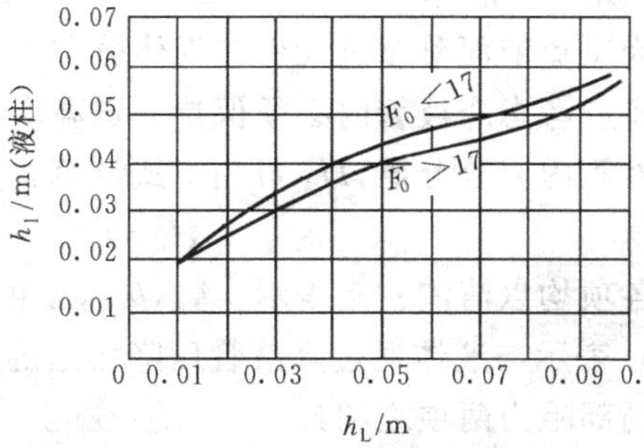

图 5.21　液层有效阻力图

(1 m 液柱$=\rho_L g$ Pa)

$$h_{ow}=\frac{2.84}{1000}E\left(\frac{L_h}{L_w}\right)^{2/3} \tag{5-9}$$

式中：h_{ow}——堰上液头高，m；

L_w——堰长，m；

L_h——液体体积流量，m^3/h；

E——液流收缩系数，可从图 5.22 求得，一般情况下 E 可取为 1。

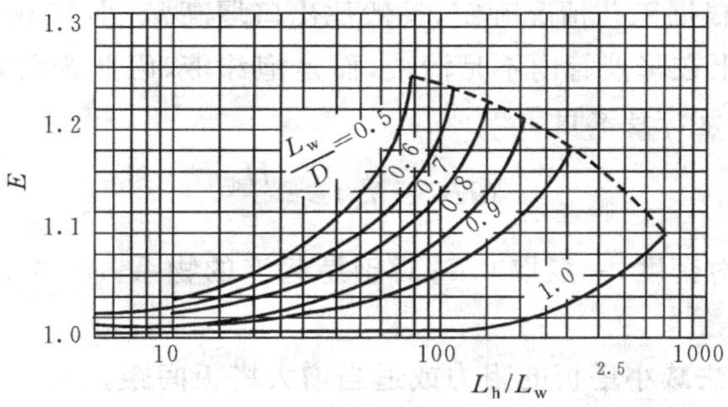

图 5.22　溢流堰的液流收缩系数

当平堰上液头高 $h_{ow}<6$ mm 时，堰上溢流会不稳定，需改为齿形堰，用齿形堰时 h_{ow} 的计算公式可参见有关手册。

5) 流体横向流过塔板的液面落差

若流体流率或塔径很大时，还需考虑液体横向流过塔板时所需要的液面落差 Δ。对筛板塔，可按下式计算：

$$\Delta=\frac{0.215(250\,b+1000\,h_f)^2\,\mu_L(3600\,L_s)z}{(1000\,bh_f)^3\rho_L} \tag{5-10}$$

式中：Δ——液面落差，m；

b——平均液流宽度，m，对单溢流取塔径与堰长的平均值，即 $b=\frac{D+L_w}{2}$；

h_f——塔板上鼓泡层高度，m，取 $h_f=2.5\,h_L$；

L_s——液体体积流量，m^3/s；

z——液体流道长度，m；

μ_L——液体的粘度,mPa·s。

为避免液面落差过大引起气体分布严重不均,一般应使 Δ 小于板压降的一半。

还应考虑降液管内必须保持一定高度的清液层 H_d,使液体能顺利地通过和夹带的气泡在降液管内充分分离,H_d 可用下式计算:

$$H_d = h_w + h_{ow} + \Delta + h_r + h_P \tag{5-11}$$

式中各项均以清液柱高表示。h_w,h_{ow},Δ 和 h_P 的意义同前。

h_r 表示与液体通过降液管压降相当的液柱高度,主要是通过降液管底隙 h_o 和流经进口堰的局部阻力两项之和:

$$h_r = h_{r1} + h_{r2} \tag{5-12}$$

$$h_{r1} = 0.153\left(\frac{L_s}{L_w h_o}\right)^2 \tag{5-13}$$

$$h_{r2} = 0.1\left(\frac{L_s}{A_0}\right)^2 \tag{5-14}$$

式中:h_{r1}——流体流经降液管底隙 h_o 的压降,m(液柱);

h_{r2}——流体流经进口堰的压降,m(液柱);

h_o——降液管底部与塔板间的缝隙高度,m;

A_0——液体流经进口堰时的最窄面积,m^2。

h_o 的值由设计者根据工艺情况确定,一般比出口堰高 h_w 小 10 mm~20 mm。有时塔板上不设进口堰。实际上在降液管内不是清液,而是泡沫液,因此为防止液泛,降液管的总高(H_T+h_w)应大于管内泡沫层高度:

$$(H_T + h_w) \geqslant \frac{H_d}{\varphi} \tag{5-15}$$

式中 φ 为泡沫液的相对密度,一般取 0.5;对于易起泡的物系,$\varphi=0.3$~0.4;对于难起泡的物系,$\varphi=0.6$~0.7。

若 H_d 过大,可设法减小塔板的阻力或适当增大塔板间距。

6) 塔板的校核

当一个塔板设计好了以后,必须进一步通过多方面的校核来检验,从而了解在给定的设计条件下,该塔是否存在其他形式的异常流动和严重影响传质性能的因素,必要时还应对初步设计的结果进行调整和修正。这些校核主要包括以下几项:

(1) 液沫夹带校核

过量液沫夹带将造成液体返混,使板效率下降,故必须控制气速,以便将液沫夹带限制在一定的范围内。根据实验结果,正常操作时的液沫夹带量 e_G 应不大于 0.1 kg(液体)/kg(气体)。

液沫夹带量 e_G 可根据亨特(Hunt)提出的经验式计算:

$$e_G = \frac{5.7\times10^{-6}}{\sigma}\left(\frac{u_G}{H_T - h_f}\right)^{3.2} \tag{5-16}$$

式中:σ——液体的表面张力,N/m;

u_G——按有效截面积计算的气速,m/s:

$$u_G = \frac{V}{A_T - A_f}$$

A_T——塔板截面，m^2；

A_f——降液管截面，m^2；

h_f——泡沫层高度，一般取 $h_f=2.5(h_w+h_{ow})$，m；

雾沫夹带的情况还可以用液沫夹带分数 Ψ 表示。Ψ 是指每层塔板液沫夹带的量与进入该层塔板的液体流量的比，它和 e_G 的关系如下：

$$\Psi=\frac{e_G}{L/G+e_G} \tag{5-17}$$

式中 L,G 分别为液体和气体通过塔的质量流量或摩尔流量。

费尔(Fair)等人对前人在泡罩塔和筛板塔测得的液沫夹带数据进行了关联，绘制了图 5.23。图中曲线上标注的数字为泛点百分数，表示在同一液气比下，实际气速与泛点气速之比。因此已知塔操作时的泛点百分数，即可由图估计出液沫夹带分数，正常操作时 Ψ 值应小于 0.15。

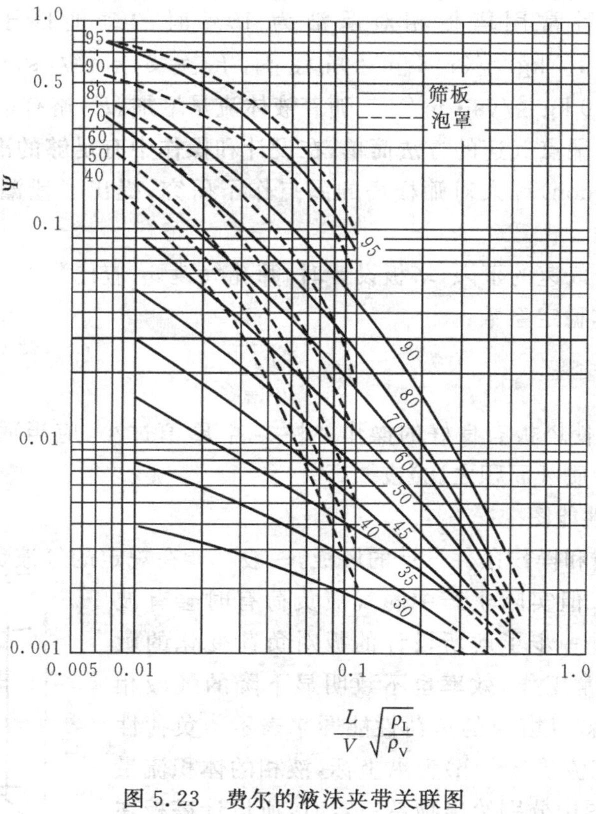

图 5.23　费尔的液沫夹带关联图

当求得的液沫夹带量超过允许值时，应及时调整塔板间距和塔径。

(2) 气泡夹带与停留时间校核

气泡夹带量随液体的流速的增大而增大，当它超过某一值时会导致液泛。为避免严重的气泡夹带，液体通过降液管时应有足够的停留时间 τ 以便释放出其中所夹带的绝大部分气体。根据经验，τ 应不小于 3 s～5 s，τ 的计算公式为

$$\tau=\frac{A_f H_T}{L_s}\geqslant 3\sim 5(\mathrm{s}) \tag{5-18}$$

式中：A_f——降液管的截面积，m^2；

H_T——塔板间距，m；

L_s——液体的体积流量，m^3/s。

若求得的 τ 过小，可适当增加 A_f 或 H_T。

(3) 漏液点气速的校核

有人通过实验观察，把基本不漏时的气速称为漏液点；也有人根据塔板阻力降变化曲线判断漏液情况。根据经验，当相对漏液量(漏液量/液流量)小于 10%时，对板效率影响不大，因此把它作为设计校核的依据。漏液量主要与通过塔板开孔中的气体动能有关，而

$$F_0 = u_0\sqrt{\rho_G} \tag{5-19}$$

式中：F_0——气体通过孔的动能因子，$kg^{1/2}/(s\cdot m^{1/2})$；

u_0——气体的孔速，m/s；

ρ_G——气体密度，kg/m^3。

实验观察到几种常用塔板相对漏液为 10% 时的动能因子不同：筛板，$F_0 = 8\ kg^{1/2}/(s\cdot m^{1/2}) \sim 10\ kg^{1/2}/(s\cdot m^{1/2})$；浮阀，$F_0 = 5\ kg^{1/2}/(s\cdot m^{1/2})$；斜孔，$F_0 = 8\ kg^{1/2}/(s\cdot m^{1/2}) \sim 10\ kg^{1/2}/(s\cdot m^{1/2})$。随着液体流量增加，$F_0$ 略有增加。

用动能因子计算漏点气速的方法简单，在设计和操作中有足够的准确性。此外，戴维斯(Davies)和戈登(Gordon)等人对筛板塔的漏点作了研究，提出了泄漏点的计算公式，可供参考。

漏点是塔板操作气速的下限，塔板设计时，筛孔气速 u_0 应比漏点气速 $u_{0,漏}$ 高，两者比值 K 称为筛板塔的操作稳定系数：

$$K = \frac{u_0}{u_{0,漏}} \tag{5-20}$$

K 值宜取 1.5～2，以使塔板有良好的操作弹性。若 K 值过小，应当适当减少开孔率(小孔总面积和塔板有效传质区面积之比)或堰高。

7) 塔板的负荷性能图

根据物系的性质和操作条件设计的塔板，一般都能在规定的气液负荷下正常操作，且具有适宜的塔板效率。但实际生产中的气液负荷有时会有波动，因此，常常需要进一步了解所设计的板对负荷变化的敏感程度，确定既能正常工作，效率也不致明显下降的气液相负荷的范围，这通常就以塔板的负荷性能图来表示。负荷性能图是以气体的体积流量(m^3/h)为纵坐标，液相的体积流量(m^3/h)为横坐标。图中分别给出物系一定时，所设计塔板在各种限制条件下的 V_h-L_h 曲线，各曲线所包围的区域即为塔板正常操作范围，大致如图 5.24 所示。其中各线意义如下：

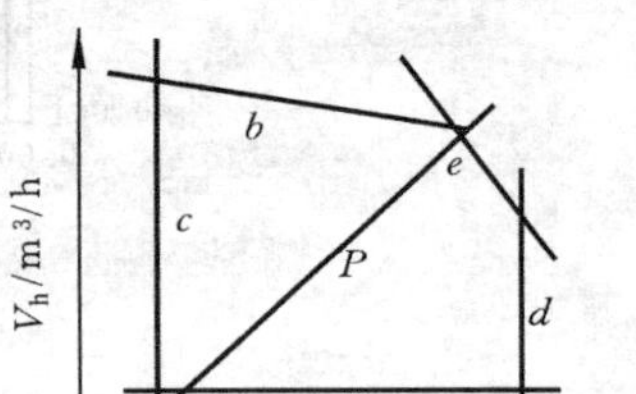

图 5.24 塔板负荷性能图

a：漏液线(气体流量下限线)。漏液线是塔板在漏液点时的气体流量与液体流量的关系曲线。它可以通过筛板塔漏液点的气体通过孔的动能因子 F_0=8～10 求出，它接近于一条水平线。

b：液沫夹带限制线(气体流量上限线)。液沫夹带限制线可根据式(5-16)计算求出。

c：液相流量下限线。液体流量过低，板上液流不易维持均匀稳定，板上气、液接触不

良，易发生干吹，偏流等现象。根据经验，液体流量应使溢流堰上的液头高 $h_{ow}>6$ mm。液相流量下限线是根据式(5-9)按 $h_{ow}=6$ mm 确定的。该线和气体流量无关，为一垂直线。

d：液相流量上限线。为防止气泡夹带，液相在降液管内停留时间不能过短，此线是根据式(5-18)计算求出。该曲线也为一垂直线。

e：液泛线。当气体和液体流量均过大时，降液管被泡沫液充满，导致降液管液泛。此式可按降液管液泛的关联式(5-11)和式(5-15)求出。

显然负荷性能图中各曲线包围的区域愈大，说明所设计塔板适应气、液负荷变动的范围愈广。代表塔的气、液负荷的设计点如能落在该区域内的适中位置，则可望获得良好的操作效果。如果操作点紧靠其一条边界线，则当负荷稍有变动便会使效率急剧下降，甚至完全破坏塔的操作。

大多数塔板都是要求在恒定的气、液负荷比 V_h/L_h 下操作(例如维持回流比或吸收中的气、液比不变)，因而当负荷变化时，图 5.24 中 P 点将沿过原点，斜率为 V_h/L_h 的直线移动。该直线与负荷性能图的两个交点分别表示该 V_h/L_h 条件下负荷的上、下限。上、下限所对应的气体(或液体)流量 $V_{h,max}$(或 $L_{h,max}$)与 $V_{h,min}$(或 $L_{h,min}$)之比称为塔板的操作弹性。根据设计条件下的 V_h/L_h，或连接原点和设计点作直线，可在图中找出对应的上下限，从而计算出所设计的塔板的操作弹性。

由负荷性能图还可看出，气、液负荷比不同，操作弹性也不同。并且塔的控制因素也不同，所以负荷性能图对于改进塔板的设计，以及现场塔板的改造与塔的操作都具有重要的指导意义。

习　题

5-1　上升气量为 3600 m^3/h，直径为 1 m 的精馏塔，塔板上小孔的气速为 10 m/s，气相密度为 2 kg/m^3，求塔的开孔率与空塔动能因子。

(答：0.1，1.8)

5-2　有一筛板塔，其主要尺寸如下：塔径 1200 mm，板间距 300 mm，孔径 4 mm，板厚 3 mm，堰长 794 mm，堰高 60 mm，降液管截面积与塔截面积之比为 0.072，筛孔总面积与塔截面积之比为 0.048，降液管下沿与塔板面间的距离为 47 mm。现拟用此塔精馏某种溶液，其操作条件如下：气体体积流量 0.772 m^3/s，液体体积流量 0.001 73 m^3/s，气体密度 2.8 kg/m^3，液体密度 940 kg/m^3，液体粘度 3.4×10^{-4} Pa·s，液体表面张力 0.034 N/m。试问此塔是否合用，并核算液泛分数、液沫夹带量、单板压力降、降液管内液面高和液体停留时间。

5-3　某塔的提馏段负荷性能如图 5.25 所示，C 为设计点，问：

(1) 所设计塔板的气、液负荷的上、下限是多少？弹性多大？

(2) 若要使气、液负荷上限再提高，有何措施？比较各种措施，用负荷性能图进行分析。

5-4　一常压精馏塔用来分离乙醇-水。原料含乙醇 9%，处理量为 20 t/d，要求塔顶得 93.8%乙醇，塔釜残液含乙醇 0.5%(以上均为质量分数)，操作回流比为 3.5，泡点进料，塔釜压力 110 kPa。设计一板式塔，确定：

(1) 塔形；

(2) 塔径；

(3) 塔板板面结构尺寸；

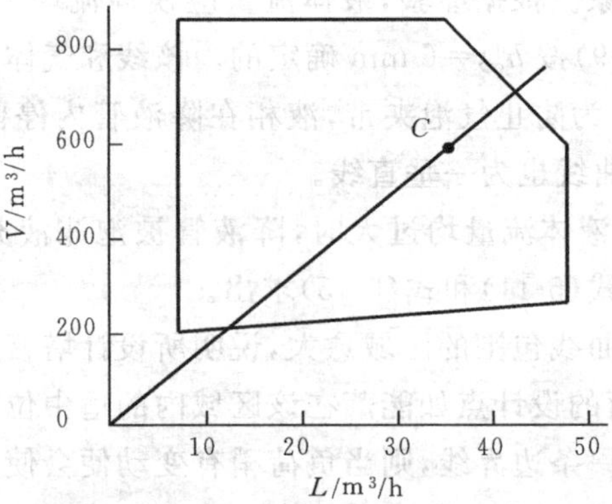

图 5.25　习题 5-3 附图

(4) 负荷性能图。

5-5　习题 5-2 的精馏任务若采用内充 50 mm×50 mm×0.9 mm 的钢质鲍尔环，其塔径需多大？并计算每米填料的压力降。

(答：0.45 m，$\Delta p/z = 981$ Pa/m)

5-6　某填料精馏塔内充填 50 mm×50 mm×4.5 mm 的瓷质拉西环。当加料量为 2000 kg/h 时出现液泛。为了提高处理量，拟改用 50 mm×50 mm×0.9 mm 的钢质鲍尔环，问处理量最高可达多少？假设回流比和馏出液、釜液的组成均与原来的情况相同。

(答：3525 kg/h)

本章符号说明

英文字母

A_f——降液管截面积，m^2

A_0——筛板总筛孔面积，m^2

A_T——塔板截面，m^2

a——比表面积，m^2

b——平均液流宽度，m

c——气体负荷因子，m/s

c_0——孔流系数

C_{20}——液体表面张力为 0.020 N/m 时的气体负荷因子

D——塔内径，m

E——液流收缩系数

e_G——液沫夹带量，kg(液体)/kg(气体)

F——气体动能因子，$kg^{1/2}/(s \cdot m^{1/2})$

F_0——气体通过孔的动能因子，$kg^{1/2}/(s \cdot m^{1/2})$

G——气体摩尔流量，kmol/h，m^3/h

G_G——气体质量流速，$kg/(m^2 \cdot s)$

G_L——液体质量流速，$kg/(m^2 \cdot s)$

H——塔高，m

H_d——降液管内清液层高度，m

H_T——塔板间距，m

h_d——干板阻力，m

h_f——塔板上泡沫层高度，m

h_L——清液层高度，m

h_l——与气体通过液层压降相当液柱高度，m

h_o——降液管底部与塔板间的缝隙高度，m

h_{ow}——堰上液头高，m

h_P——与单板压降相当的液柱高度，m

h_r——与液体通过降液管的压降相当的液柱高度，m

h_{r1}——与流体流经降液管底隙的压降相当的液柱高度，m

h_{r2}——与流体流经进口堰的压降相当的液柱高度，m

h_w——堰高，m

K——塔板的稳定性系数

L——液体的喷淋密度，$m^3/(m^2 \cdot s)$；液体体积流量 m^3/s

L_h——液体体积流量,m^3/h

L_s——液体体积流量,m^3/s

L_w——堰长,m

M——摩尔质量,kg/mol

N_P——实际塔板数

p——压强,Pa

q_v——气体的体积流量,m^3/s

u——空塔气速,m/s

u_f——泛点气速,m/s

u_G——有效鼓泡区截面上的气速,m/s

u_0——气体通过筛孔的孔速,m/s

u_{op}——操作气速,m/s

V——气体的体积流量,m^3/s

z——液体流道长度,m

希腊字母

Δ——塔板上的液面落差,m

ε——空隙率,m^3/m^3

μ——粘度,Pa·s

μ_L——液体粘度,Pa·s

ρ——密度,kg/m^3

ρ_L——液体密度,kg/m^3

ρ_p——堆积密度,kg/m^3

ρ_G——气体密度,kg/m^3

σ——表面张力,界面张力,N/m

φ——填料因子,1/m

ψ——雾沫夹带分数,水与操作液体密度之比

6　化学反应工程学

6.1　概　　述

6.1.1　化学反应器的作用

化学反应器是化工生产中用于进行化学反应的设备，是化工生产的“心脏”，其性能的好坏直接影响到整个生产过程。物料在反应器中进行化学反应时，主要是化学过程，同时，也伴随有物理过程，这两类过程既互相联系，又互相影响，错综复杂。因此，对于任何一个化学反应，其规模较大的工业过程与在实验室中进行化学反应的条件、状况有很大的差别，前者存在着大量的工程问题。人们总是希望在一定生产条件下，原料通过各种化学反应后，最大限度和最经济地转化为所需的产品。这样，不仅可以提高原料的利用率，还可以减轻后续分离过程的负担，从而降低生产的成本。所以，反应器的设计、制造和操作条件的控制是化工生产中一个十分关键的问题。

把化学反应和工程中的问题统一起来进行研究，研究反应器的设计放大和过程最优化，便形成了化学反应工程学。

6.1.2　化学反应工程学的研究对象与方法

化学反应工程学的概念是 1957 年第一次欧洲化学反应工程会议上提出的。会议将本学科的基本内容总结为：化学反应宏观动力学，即化学反应速度与各参数之间的定量关系；连续流动反应器内物料的返混作用与停留时间分布；化学反应器的热稳定性；反应过程的最优化等。

概括起来讲，化学反应工程学就是研究大规模化学反应的生产过程、设备特性的基本规律和各种参数间的相互关系，其具体任务包括：

(1) 化学反应器的正确选型与合理设计。

(2) 利用实验室的研究数据进行有效放大，解决在工业规模的生产中可能出现的问题。

(3) 实现反应过程的设计和控制最优化。

(4) 改进和强化现有的技术与设备，降低能耗，提高经济效益。

由于研究工作的不断深入和越来越多的高科技的引入，目前已经可以在详细、深入的实验室工作的基础上，通过解析和数学模拟的方法实现化学反应器的高倍数放大。这样，就大幅度缩短了放大的时间，也能在较宽广的范围内找出最佳工艺条件和操作条件。但是，与此同时，对小试的工作提出了更高的要求。通过小试，不仅要找到合适的工艺条件，更重要的是要建立该化学反应的动力学模型，这是计算中最基础的资料之一，应力求准确；另外，还要对反应器的传递过程进行研究，建立物料在反应器内的流动模型，获得有关传递过程的参数。

6.2 基本反应器

6.2.1 化学反应器的类型

由于化学反应的类型纷繁复杂,操作条件也各不相同,物料的相态又有很大差别,因此,工业上的反应器的类型也是多种多样的。根据反应过程和反应器的不同特征,可以有不同的分类方法。

1. 按物料的相态分类

反应物系的相态反映化学反应的动力学特征,而化学动力学则表征反应本身的特征。根据物料的相态,反应器可分为均相和非均相两大类,如表 6.1 所示。

表 6.1 按物料相态分类的反应器种类

反应器种类		反应特性	反应类型举例	适用设备的结构形式
均相	气相 液相	无相界面,反应速率只与温度或浓度有关	燃烧、裂解等 中和、酯化、水解等	管式 釜式
非均相	气液相 液液相 气固相 液固相 固固相 气液固相	有相界面,实际反应速率与相界面大小及相间扩散速率有关	氧化、氯化、加氢等 磺化、硝化、烷基化等 燃烧、还原、固相催化等 还原、离子交换等 水泥制造等 加氢裂解、加氢脱氢等	釜式、塔式 釜式、塔式 固定床、流化床、移动床 釜式、塔式 回转筒式 固定床、流化床

2. 按反应器的结构型式分类

在工业上,常常根据操作条件和物料在反应器中的流动情况对反应器进行分类。设备的结构型式和尺寸是实现反应的外部条件,可以反映传递过程的特性。在同类结构的反应器中,物料具有共同的传递过程特征,特别是流体的流动和传热特征。

根据反应器结构型式的特征,常见的工业反应器可分为釜式、管式、塔式、固定床和流化床反应器等。表 6.2 列出一些主要反应器结构型式、适用的相态和生产上的应用举例。

图 6.1 是各种结构型式的反应器的示意图。

表 6.2 按反应器的结构型式分类

结构型式	适用的相态	应用举例
反应釜(包括多釜串联)	液相、气液相、液液相、液固相	苯的硝化、氯乙烯聚合、高压聚乙烯、顺丁橡胶聚合等
管式	气相、液相	轻油裂解、甲基丁炔醇合、高压聚乙烯等
鼓泡塔	气液相、气液固(催化剂)相	变换气的碳化、苯的烷基化、二甲苯氧化、乙烯基乙炔合成等

续表

结构型式	适用的相态	应用举例
固定床	气固(催化或非催化)相	二氧化硫氧化、氨合成、乙炔法制氯乙烯、乙苯脱氢、半水煤气生产等
流化床	气固(催化或非催化)相,特别是催化剂很快失活的反应	硫铁矿焙烧、萘氧化制苯酐、石油催化裂化、乙烯氧氯化制二氯乙烷、丙烯氨氧化制丙烯腈等
回转筒式	气固相、固固相	水泥制造等
喷嘴式	气相、高速反应的液相	氯化氢合成、天然气裂解制乙炔

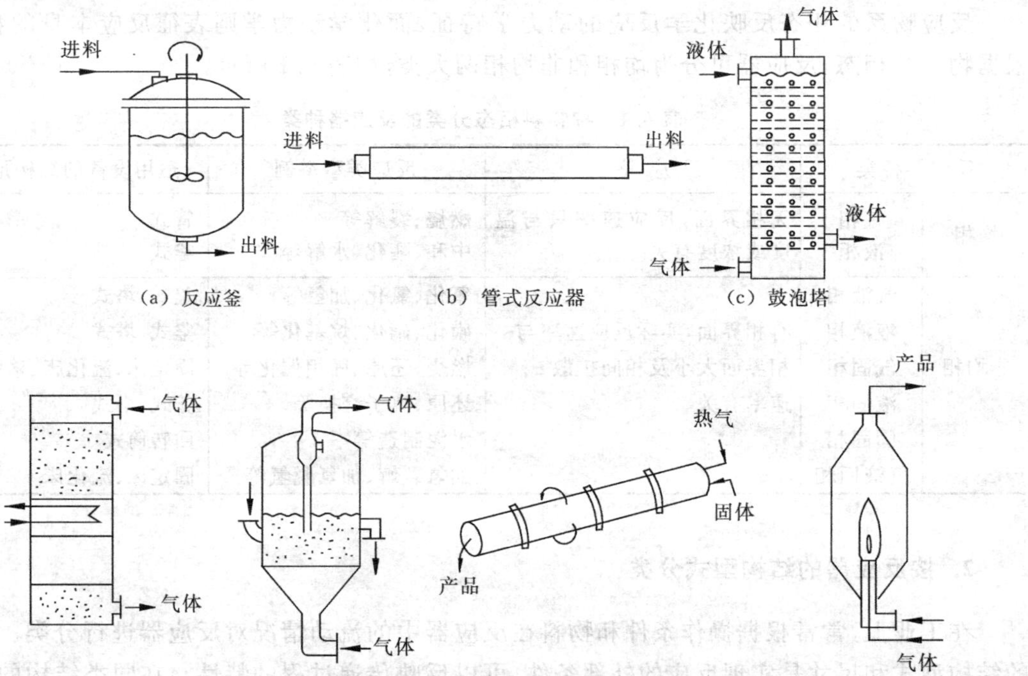

图 6.1 各种结构型式的反应器示意图

另外,按操作方法不同,反应器还可分为间歇式、连续式和半连续式反应器 3 种。

6.2.2 几种典型的基本反应器

1. 间歇操作的搅拌釜

在间歇操作的搅拌釜中,物料一次加入反应器进行反应,待反应达到要求的转化率后,物料一次放出。所有物料在反应器内的反应时间是相同的,只要选用适当的搅拌器,就可以使釜内各点的温度、浓度均匀一致。

该类反应器中反应物浓度仅是时间的函数,即釜内反应物与生成物的浓度随时间而变化,任何时刻的反应物浓度都大于终了时的浓度(图 6.2)。

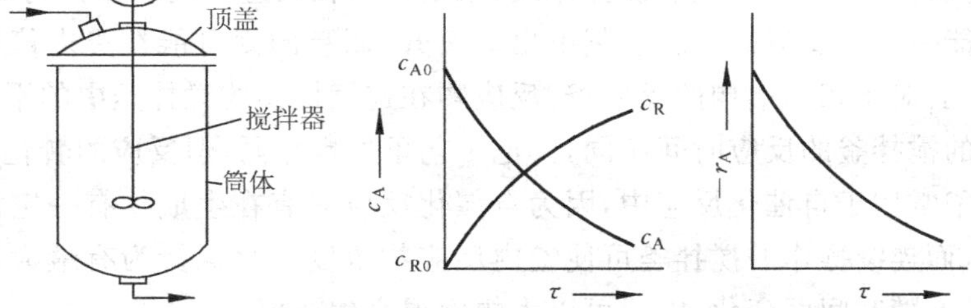

图 6.2　间歇反应器及其性能示意图

间歇操作的搅拌釜是最早使用的一种反应器,其结构简单,操作方便,实验室中常使用。在工业上,对于小批量生产的单一液相反应,如精细的有机合成、制药和油漆生产等,也大量使用这类反应器。

2. 连续操作的管式反应器

连续操作的管式反应器示意图见图 6.3。反应物料连续不断地加入反应器内,反应后的物料连续不断地排出反应器;反应的进料、反应和出料都同时连续进行。反应物沿管长方向流动,反应时间是管长的函数,反应物浓度沿管长而变化,即反应物浓度由进口浓度沿管长渐变到出口浓度。沿管长任何位置上的反应物浓度都大于出口的反应物浓度。但是,沿管长各点上的反应物浓度有一个确定不变的值,不随时间而变化。在该类反应器中,最快的反应速度是在管长的某一个点上。这与间歇操作的搅拌釜不同,后者的最快反应速度是在操作过程中的某一时刻。

随着化工生产越来越趋向大型化、连续化,连续操作的管式反应器的应用也越来越广泛。例如,用于气固、液固等非均相催化反应的固定床反应器;用于均一的液相或气相反应的盘管式反应器;涤纶生产中的缩合反应器等都是属于连续操作的管式反应器。

3. 连续操作的搅拌釜

图 6.4 是连续操作的搅拌釜的示意图。反应物料连续进入搅拌釜内,反应后的物料连续放出。因为釜内有强烈的搅拌,釜内各点的物料浓度均匀一致,出口浓度与釜中浓度相同。当进料稳定时,即进料量不随时间而改变时,釜内各点的浓度不但均匀一致,而且不随时间而变化。

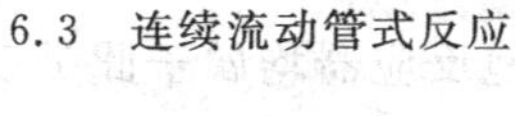

图 6.3　连续流动管式反应器

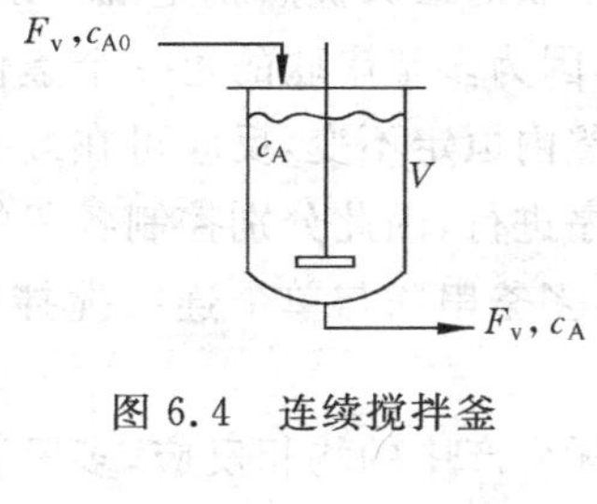

图 6.4　连续搅拌釜

该类反应器的最大特点是反应速度为恒定值,因为反应物浓度自始至终为一常数。另外,由于物料连续流动,釜内有强烈搅拌作用,致使物料在反应釜内的停留时间各不相同,有的物料微团可能一进入反应器后就立刻由出口离开,而有的则可能在釜内停留较长时间还没有流出。因此,对于相同结构的反应釜,反应物在连续操作的搅拌釜中的平均停留时间虽然与间歇操作的搅拌釜的反应时间相同,其他工艺条件也相同,但反应的转化率却不一样。

连续搅拌釜常用于自催化反应中,因为自催化反应只有在生成物有一定浓度时才有较快的反应速度,而连续操作的搅拌釜可使釜内反应物浓度一直保持为有最大反应速度时的反应物浓度,且不随时间而变化,因而可以大幅度提高生产率。

4. 串联的连续操作搅拌釜

串联的连续操作搅拌釜简称"多釜串联",是由若干个连续操作的搅拌釜串联起来的,或是在一个塔式或管式反应器内分若干个"级",见图6.5。反应物在级内是充分混合的,级间是不混合的。

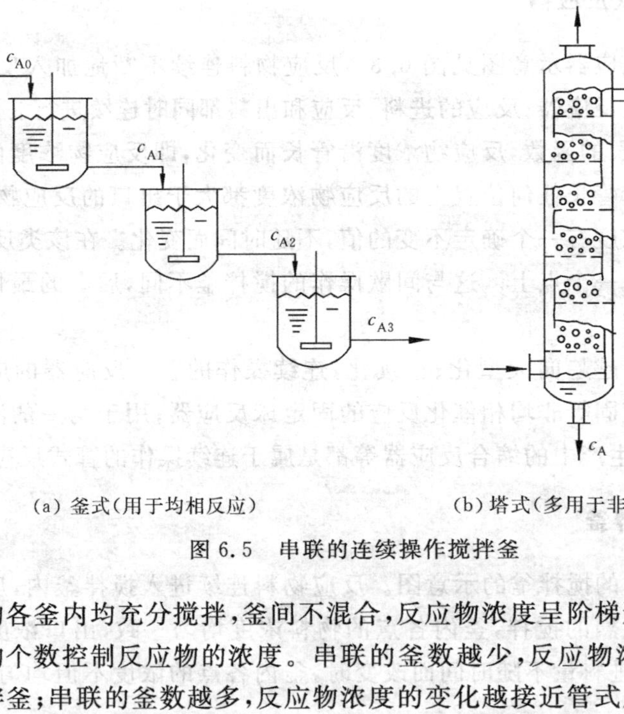

(a) 釜式(用于均相反应)　　(b) 塔式(多用于非均相反应)

图6.5　串联的连续操作搅拌釜

多釜串联的各釜内均充分搅拌,釜间不混合,反应物浓度呈阶梯形逐渐降低。可以通过串联的搅拌釜的个数控制反应物的浓度。串联的釜数越少,反应物浓度的变化情况越接近连续操作的搅拌釜;串联的釜数越多,反应物浓度的变化越接近管式反应器。

多釜串联的最大优点就是既可以使化学反应有一个确定不变的反应速度,又可以分段控制反应,因为多釜串联的每一个釜仍具有连续操作搅拌釜的所有特点,即反应物浓度和反应速度在釜内恒定不变,反应可在最有利的速度条件下进行;而且反应分别在几个串联的搅拌釜里顺序进行,因此分别控制各釜的温度条件、搅拌功率等即可控制反应物浓度和反应速度。同时,多釜串联与单个连续搅拌釜相比,可以使物料在反应器内的停留时间相对比较集中。

在实际生产中的均相反应,多段流化床或多级气液鼓泡反应器均属于此类反应器,应用十分广泛。

以上4大类反应器是反应器的基本类型，称为基本反应器。这几种反应器内物料的流动情况很具典型性，深入了解其中的物料流动情况对化学反应过程的影响，有助于对其他型式反应器性能和设计的理解。

以上介绍的是根据操作情况和物料的流动情况对反应器的分类。当然也可以根据反应器的其他特征进行分类。凡以某一特征命名的反应器，其命名就反映了该反应器的主要特点，在进行开发和模拟放大时，必须抓住这些特点。

在实际应用中，应首先了解各类反应器的主要特征和性能，根据反应过程的规律和特征选择比较合适的反应器类型。某些反应过程，几类反应器都可以使用，这就需要进行详细的技术经济计算或中间工厂实验加以确定，确定了反应器的类型后，接着便是计算和模拟放大的问题。

6.3 物料在反应器内的流动模型

6.3.1 全混流模型

全混流模型又称为"理想混合"流动模型，是在高效搅拌釜的基础上提出来的。所谓理想混合，是指先后进入反应器的物料质点之间立刻充分混合，使反应器内各处浓度完全均匀，而且出口物料的浓度与器内浓度完全一样，物料质点在反应器内停留的时间有长有短，强烈搅拌的连续釜式反应器物料的流况就近似这种情况。例如，在稳定操作的连续釜式反应器内加入一些染料，仅8 s便达到均匀混合，物料的出口浓度与进口浓度一致，物料在反应器内平均停留的时间为10 min。因此把这种流型看作理想混合完全是可以的。

6.3.2 平推流模型

平推流模型又称"活塞流"模型，是根据物料在管式反应器内高度湍流的情况提出来的一种流动模型。所谓"活塞流"或"理想排挤"，是指在与流体流动方向(轴向)垂直的截面上各质点的流速完全相同，就像柱塞在汽缸里平推过去一样，没有轴向混合与扩散，流体在反应器内的停留时间也完全相同。当物料在管内高度湍流时，它的速度分布几乎是齐头并进的，只是在沿管壁极薄的一层流体内有速度梯度。活塞流模型则认为这种情况下物料的速度分布完全是齐头并进的，物料沿轴向经过一段距离所需时间完全一样，即物料在反应器内的停留时间是管长的函数。

对于长径比较大的固定床反应器、流化床反应器或鼓泡塔，在气相流速比较高时，气相的流动情况一般可认为是平推流。

这种流动模型可以用来讨论物料在反应器里的反应时间、流动情况及其对化学反应的影响等，因为有速度梯度的那一部分流体在物料总量中所占的比例极小，可以忽略。

以上两种极端情况的流动又称为理想流动，相应的反应器称为理想反应器。所以常常用连续操作的釜式反应器代表全混流模型，用连续操作的管式反应器代表平推流模型。其他各种类型的反应器内物料的情况，大多可以当作接近于上述两种理想流动或它们的组合来处理。

6.3.3 轴向返混模型

对于大多数连续操作的反应器,物料的流动情况介于全混流和平推流之间。这时,可以建立流动模型进行数学描述,轴向返混模型就是其中之一。

这种模型认为物料在流动体系中流动情况偏离平推流的程度可以通过在平推流的主体上叠加一个轴向扩散或叫做轴向返混来描述,轴向返混的方向与主体流动方向相反。如图 6.6 所示。

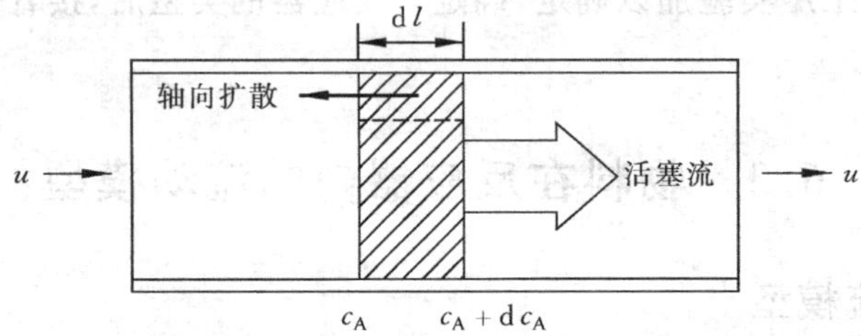

图 6.6 轴向扩散流动模型示意图

假设轴向返混可以用 Fick 定律来表示,而且物料的流动是稳定的,则轴向返混模型可以用如下的常微分方程来描述:

$$D_a\frac{d^2c_A}{dl^2}-u\frac{dc_A}{dl}-r_A=0 \tag{6-1}$$

式中:D_a——轴向扩散系数;

$\frac{dc_A}{dl}$——轴向的浓度梯度;

u——物料的线速度;

r_A——化学反应速度。

当起始条件和边界条件确定之后,就可以得到这个方程的定解,即对于一个具体流动情况下化学反应结果的数学描述。

6.3.4 多釜串联流动模型

该模型是把一个连续操作的流动体系看成是 N 个理想搅拌釜串联的结果,见图 6.7。它把实际流动情况偏离平推流或全混流的程度用串联的釜数 N 来表示。这种模型比较直观,表示流动特征的参数 N 比较容易由实验来确定。

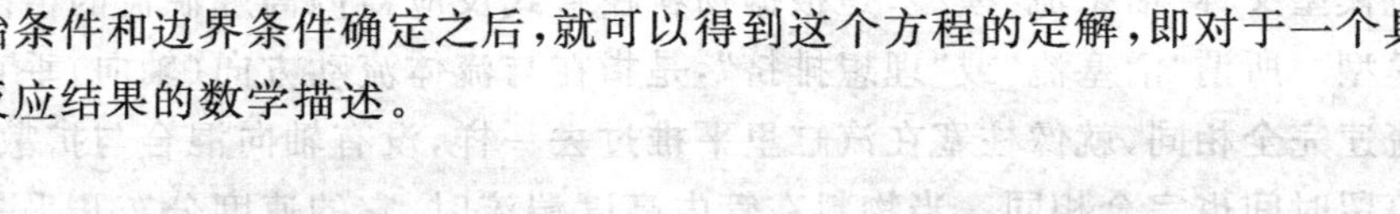

图 6.7 流动体系的多釜串联模型

V—流动体系的体积;N—流动体系所相当的串联釜数

6.4 均相反应器的计算

物料衡算式是反应器计算的基本方程式，衡算基础是物质不灭定律和能量守恒定律。在实际的工业反应器中，物料衡算还可以将化学反应过程中传递过程对反应速率的影响反映出来。无论是连续的体系还是间歇的体系，常常可以对体系中的某一组分进行物料衡算。

单位时间内物料的输入量＝单位时间内物料的输出量＋单位时间内物料的积累量
＋单位时间内由于反应而消失的物料量

此式为一普遍衡算式，对于不同类型的反应器，应根据具体情况列出其中的各项，以得到具体的衡算式。

6.4.1 间歇釜式反应器

1. 反应器有效容积的计算

间歇釜式反应器的体积是由物料的日处理量和反应所需时间来决定的，因为是间歇操作，每批操作所需时间应包括反应时间 τ 和每批操作中加料、出料和清洗等辅助时间 τ'。反应器的有效容积是指反应物所占有的体积 V_R，而反应器的总体积 V_T 由下式计算：

$$V_R = V_T\varphi \tag{6-2}$$

φ 为装料系数，指加入反应器的物料体积或反应器有效容积 V_R 占反应器总体积 V_T 的分数。对于不发生泡沫，不沸腾的液体，φ 可取 0.7～0.85；对于其他物料体系，φ 可取 0.4～0.6。

要计算反应器的总体积，应首先计算出其有效容积，而有效容积又取决于反应时间 τ。

在间歇反应釜中，由于搅拌作用，反应器内各点的组成、温度均相同，反应过程中反应器内无物料输入和输出，所以，对整个反应器作组分 A 的衡算式如下：

单位时间内由于反应而消失的物料量＝－单位时间内物料的积累量：

$$(-r_A)V = -\frac{dn_A}{d\tau} \tag{6-3}$$

式中：$(-r_A)$——反应体系中组分 A 的反应速率，kmol/(m³·s)；

V——时间 τ 时反应物的体积，m³；

n_A——反应物 A 的积累摩尔数，kmol；$n_A = n_{A0}(1-x_A)$。

其中 n_{A0} 为反应物 A 起始物质的量(kmol)，x_A 为反应组分的转化率：

$$x_A = \frac{n_{A0} - n_A}{n_{A0}}$$

所以转化率是反应物反应消耗的量占反应物起始量的分数。所以

$$(-r_A)V = \frac{-d[n_{A0}(1-x_A)]}{d\tau} = n_{A0}\frac{dx_A}{d\tau} \tag{6-4}$$

整理上式得到：

$$\tau = n_{A0}\int_0^{x_A}\frac{dx_A}{(-r_A)V} \tag{6-5}$$

上式即为间歇反应釜中使反应物达到一定转化率所必需的反应时间的基本计算式。此式适用于 V 随反应的进行而变化的情况。

下面具体讨论一些特殊情况下的计算。

(1) 对于定容过程,反应前后物料的体积变化不大,可视为常数,则式(6-5)变为

$$\tau = \frac{n_{A0}}{V}\int_0^{x_A}\frac{dx_A}{-r_A} = c_{A0}\int_0^{x_A}\frac{dx_A}{(-r_A)} \tag{6-6}$$

又

$$c_A = c_{A0}(1-x_A)$$

$$dc_A = -c_{A0}dx_A$$

所以

$$\tau = -\int_{c_{A0}}^{c_A}\frac{dc_A}{(-r_A)} \tag{6-7}$$

(2) 对于不可逆的一级定容反应有

$$-r_A = c_{A0}\frac{dx_A}{d\tau} = kc_A = kc_{A0}(1-x_A) \tag{6-8}$$

式中 k 为反应速率常数,单位随反应级数不同而不同。对于一级反应,k 的单位为 s^{-1}。

式(6-8)可整理成

$$\begin{cases} \dfrac{dx_A}{d\tau} = k(1-x_A) \\ \displaystyle\int_0^{x_A}\frac{dx_A}{1-x_A} = \int_0^{\tau}k\,d\tau \\ \tau = \dfrac{1}{k}\ln\dfrac{1}{1-x_A} \end{cases} \tag{6-9}$$

(3) 不同的反应,均可根据动力学微分方程式,由式(6-6)积分求得达到一定转化率所需的时间 τ,积分的边界条件为

$$\begin{cases} \tau = 0, & x_A = 0 \\ \tau = \tau, & x_A = x_A \end{cases}$$

表6.3是几种典型反应在间歇搅拌釜中达到一定转化率所需的反应时间 τ。

表6.3 不同化学反应在间歇搅拌釜中的反应时间

反应级数	动力学微分方程	达到一定转化率所需时间
零级反应	$-r_A = k$	$\tau = \frac{x_A c_{A0}}{k}$
一级反应	$-r_A = kc_A$	$\tau = \frac{1}{k}\ln\frac{1}{1-x_A}$
二级反应	$-r_A = kc_A^2$	$\tau = \frac{1}{k}\frac{x_A}{c_{A0}(1-x_A)}$

(4) 从以上的讨论可以看出,在间歇反应器中,只要 c_{A0} 相同,每批反应物料达到一定转化率所需的反应时间只取决于反应速率($-r_A$)。对于同一个反应,无论反应物的处理量为多少,只要达到相同的转化率,每批所需反应时间也必然相同。因此,在设计放大时,只要保证大生产下影响反应速率的因素与小试相同,即可保证反应时间也相同。

(5) 对于式(6-5)~式(6-7)的结果,也可以用图解形式直观地表示各参数之间的关系,

如图 6.8 所示。

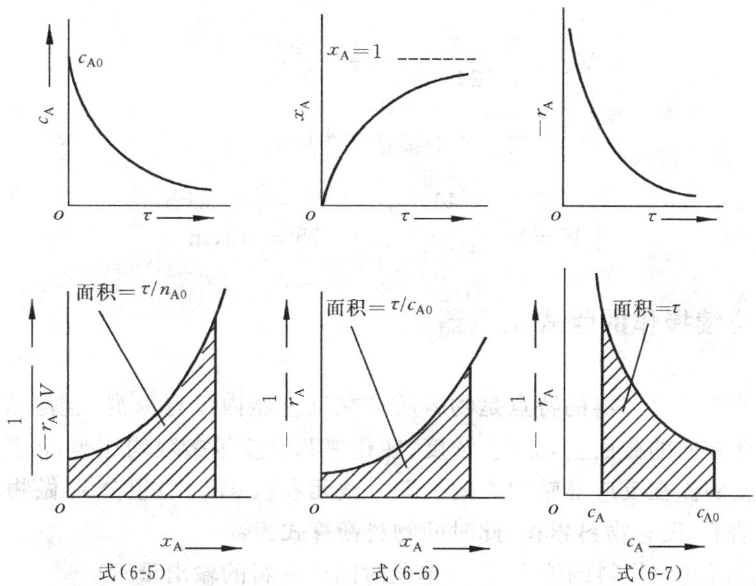

图 6.8 间歇釜式反应器性能方程的图解表示

通过以上讨论，可以计算不同反应在一定转化率时所需的反应时间 τ，由此便可确定反应器的有效容积 V_R，从而进一步确定反应器的体积。

$$V_R=\frac{\text{日处理量}}{24}\times(\tau+\tau')=v(\tau+\tau') \tag{6-10}$$

式中：v——平均每小时处理的物料量，m^3/h；

τ'——每批操作中加料、出料和清洗等辅助时间，h。

对于一定的反应物料体积，即可选用一个反应器；当选用一个反应器的体积过大时，也可以采用几个小容积反应器串联的办法。因为当反应器容积太大时，搅拌效果很难达到小反应器那样均匀，因此会造成物料混合不均匀，导致浓度和温度分布也不均匀，因而会降低转化率，达不到设计要求。但是，若选用几个较小的反应器，相应的辅助设备便会增加，设备操作费用也因此而增大。所以，应从反应物的特性、产品质量、操作情况和经济效益等多方面权衡利弊来确定反应器的容积和个数。

例 6-1 在间歇操作的反应釜中进行如下的分解反应：

$$A\xrightarrow{328\text{ K}}B+C$$

经实验测定，该反应为一级反应。已知在反应温度时 $k=0.231\ s^{-1}$，反应物 A 的起始浓度为 $1.00\ mol/dm^3$，要求 A 的转化率达到 90%，每批操作的辅助时间 $\tau'=4$ h，A 的日处理量为 $189\ m^3$，$\varphi=0.75$。试求反应器的体积。

解：(1) 计算达到要求的转化率所需时间 τ

根据式(6-9)：

$$\tau=\frac{1}{k}\ln\frac{1}{1-x_A}=\frac{1}{0.231}\ln\frac{1}{1-0.9}$$
$$=10(s)=10/3600(h)$$

(2) 计算反应器的体积

根据式(6-10)

$$
\begin{aligned}
V_R &= \frac{\text{日处理量}}{24} \times (\tau + \tau') \\
&= \frac{189}{24} \times \left(\frac{10}{3600} + 4\right) \\
&= 31.5(\mathrm{m^3})
\end{aligned}
$$

$$V = V_R/\varphi = 31.5/0.75 = 42(\mathrm{m^3})$$

6.4.2 连续操作的管式反应器

连续操作的管式反应器的特点是物料质点在反应器内没有返混,且停留时间相等。在垂直于物料流动方向的截面上,流速、浓度、转化率和温度等参数均相等,但沿着物料的流动方向上却是改变的。在反应器轴向方向上取一微元容积 $\mathrm{d}V_R$,对组分 A 做物料衡算。

在稳定流动下,没有物料累积,此时的物料衡算式为:

单位时间内物料的输入量 = 单位时间内物料的输出量

+ 单位时间内由于反应而消失的物料量

设单位时间内物料进入 $\mathrm{d}V_R$ 的量为 F_A(mol/s);F_{A0} 为反应物 A 的进口流量(kmol/s)。单位时间内物料的输出量为 $F_A + \mathrm{d}F_A$;单位时间内由于反应而消失的物料量为 $(-r_A)V_R$(mol/s),则

$$F_A = (F_A + \mathrm{d}F_A) + (-r_A) \cdot \mathrm{d}V_R$$

又

$$
\begin{aligned}
\mathrm{d}F_A &= \mathrm{d}(F_{A0}(1 - x_A)) = F_{A0}\,\mathrm{d}(1 - x_A) \\
&= -F_{A0}\,\mathrm{d}x_A
\end{aligned}
$$

整理后可得:

$$F_{A0}\,\mathrm{d}x_A = (-r_A)\,\mathrm{d}V_R$$

根据边界条件:

$$V_R = 0, \quad x_A = 0$$

$$V_R = V_R, \quad x_A = x_A$$

所以

$$\int_0^{V_R} \frac{\mathrm{d}V_R}{F_{A0}} = \int_0^{x_A} \frac{\mathrm{d}x_A}{(-r_A)}$$

对于定容稳定操作,F_{A0},V_R 均为常数,故

$$\frac{V_R}{F_{A0}} = \int_0^{x_A} \frac{\mathrm{d}x_A}{(-r_A)} \tag{6-11}$$

又

$$F_{A0} = vc_{A0}$$

式中 v 是进料的体积流量,因

$$\frac{V_R}{vc_{A0}} = \int_0^{x_A} \frac{\mathrm{d}x_A}{(-r_A)}$$

或

$$\tau = \frac{V_R}{v} = c_{A0}\int_0^{x_A} \frac{dx_A}{(-r_A)} \tag{6-12}$$

对于定容过程，$x_A = 1 - c_A/c_{A0}$，所以

$$dx_A = -\frac{dc_A}{c_{A0}}$$

于是式(6-12)变为

$$\tau = \frac{V_R}{v} = -\int_{c_{A0}}^{c_A} \frac{dc_A}{(-r_A)} \tag{6-13}$$

这就是连续操作的管式反应器计算的基本方程式。

(1) 对于一个不可逆的一级反应，有

$$(-r_A) = kc_A = kc_{A0}(1 - x_A)$$

将上式代入式(6-12)，可得

$$\tau = \frac{V_R}{v} = c_{A0}\int_0^{x_A} \frac{dx_A}{(-r_A)} = c_{A0}\int_0^{x_A} \frac{dx_A}{kc_{A0}(1 - x_A)}$$

$$\tau = \frac{V_R}{v} = \frac{1}{k}\ln\frac{1}{1 - x_A} \tag{6-14}$$

(2) 对于不同的反应，可根据动力学微分方程式，由式(6-12)积分得到一定转化率时的反应时间 τ。积分的边界条件为：

$$\begin{cases} \tau = 0, & x_A = 0 \\ \tau = \tau, & x_A = x_A \end{cases}$$

表 6.4 列出了几种典型反应在连续操作的管式反应器中达到一定转化率时所需的反应时间。

表 6.4　不同化学反应在连续管式反应器中的反应时间

反应级数	动力学方程式	达到一定转化率 x_A 所需时间
零级反应	$-r_A = k$	$\tau = \frac{1}{k}c_{A0}x_A$
一级反应	$-r_A = kc_A$	$\tau = \frac{1}{k}\ln\frac{1}{1-x_A}$
二级反应	$-r_A = kc_A^2$	$\tau = \frac{1}{k}\frac{x_A}{c_{A0}(1-x_A)}$

(3) 也可以用图解法表示各参数之间的关系，如图 6.9 所示。

从以上的讨论可以看出：连续操作的管式反应器与间歇操作的搅拌釜各对应的方程式相同，而且表述各种参数之间的关系的图解形式也相同。

经比较还可以发现，对于定容过程，同一反应达到相同的转化率时，反应组分在连续操作的管式反应器内的停留时间，相当于间歇操作的搅拌釜的反应时间，因而所需反应时间是相等的。另外，由于这两种反应器内均不存在返混，因此，随着时间的延续，从开始到结束，分子浓度的变迁史也完全相同。所以，当有效容积相等时，两种反应器的生产能力也相同。但是，两种反应器在本质上却是不同的。首先，物料的流动状态有本质的区别，管式反应器内物料是稳定的、不混合的连续流动，而间歇釜式反应器中物流却是混合均匀的、不稳定的非流动体系。对于间歇釜式反应器，反应时间可从反应速率定义出发直接积分得出，反应时

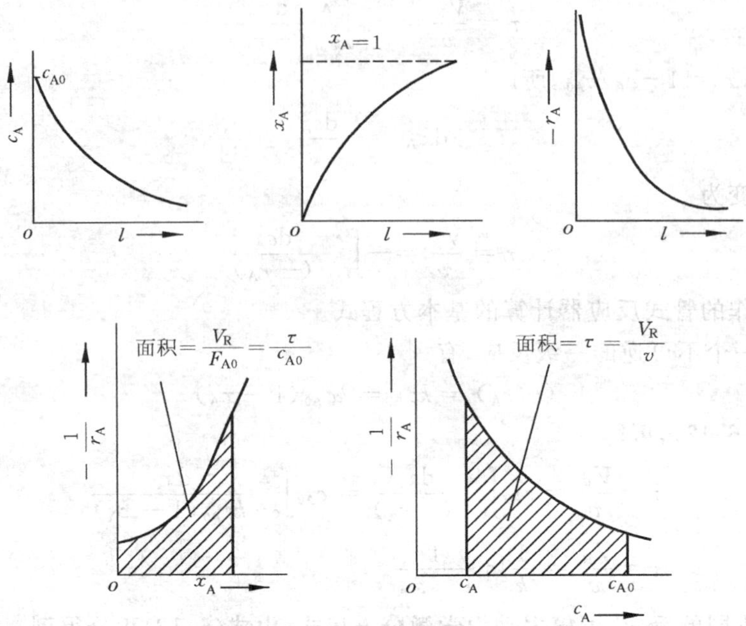

图 6.9　理想排挤反应器性能及其方程的图解表示

间是反应进行的程度的直接反映;连续操作的管式反应器的反应时间则随反应器的轴向长度而改变,在任意给定的截面上,物料的任何性质都不随时间而变化,所以,间歇操作的搅拌釜的各参数如浓度、转化率等均是时间的函数,与反应器的尺寸无关;连续操作的管式反应器的各参数却是空间的函数,随空间而改变。

利用以上两种反应器的相似性,在放大设计时,可将间歇操作的搅拌釜的数据直接用于管式反应器之中;同样,也可以直接用微观动力学方程式来计算连续操作的管式反应器的有效容积。

例 6-2　在连续操作的管式反应器中进行如例 6-1 所示的反应,操作条件和产量与例 6-1 相同。试计算该反应器的有效体积。

解:

$$\tau=\frac{1}{k}\ln\frac{1}{1-x_A}=\frac{1}{0.231}\ln\frac{1}{1-0.9}=10(\mathrm{s})$$

$$V_R=\frac{日处理量}{24}\times\tau$$

$$=\frac{189}{24}\times\frac{10}{3600}=0.0219(\mathrm{m}^3)=21.9(\mathrm{dm}^3)$$

可以看出:连续操作的管式反应器的有效容积比间歇操作的搅拌釜的有效容积小一些,其差别就在于间歇搅拌釜多了一些辅助时间。

6.4.3　连续操作的搅拌釜

连接操作的搅拌釜式反应器又称为“全混流式”反应器,是一种理想反应器,物料连续进入反应器后立刻均匀混合,各组分都均匀分布于整个反应区内,而且各组分的浓度、温度等诸参数都等于连续出口物料的各参数,不随空间而改变,如图 6.10 所示。

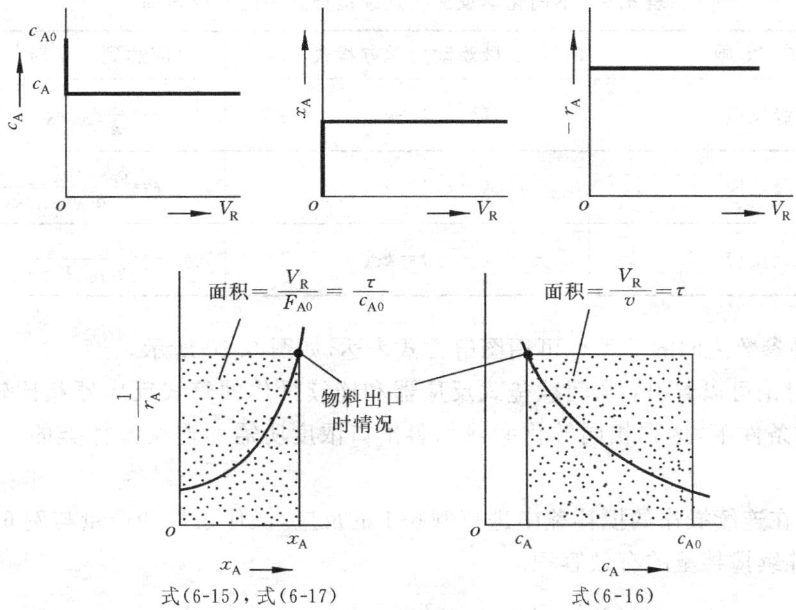

图 6.10　连续操作的搅拌釜式反应器的性能及其方程的图解表示

对于稳定操作，没有物料积累的物料衡算式为

单位时间内物料输入量

＝单位时间内物料输出量＋单位时间内由于反应而消失的物料量

即

$$F_{A0}=F_A+(-r_A)V_R$$

$$F_A=F_{A0}(1-x_A)$$

对于定容过程，$F_{A0}=vc_{A0}$，$F_A=vc_A$，所以

$$\begin{cases}F_{A0}=F_{A0}(1-x_A)+(-r_A)V_R\\ \dfrac{V_R}{F_{A0}}=\dfrac{x_A}{(-r_A)}\end{cases}\tag{6-15}$$

$$vc_{A0}=vc_A+(-r_A)V_R$$

$$\tau=\frac{V_R}{v}=\frac{c_{A0}-c_A}{(-r_A)}\tag{6-16}$$

$$\tau=\frac{V_R}{v}=\frac{c_{A0}x_A}{(-r_A)}\tag{6-17}$$

由于物料在反应器中的停留时间不一样，所以 τ 习惯上称为平均停留时间。以上各式即为计算连续操作的搅拌釜的基本计算式。

(1) 对于一个不可逆的一级反应

$$(-r_A)=kc_A=kc_{A0}(1-x_A)$$

$$\tau=\frac{V_R}{v}=\frac{x_A}{k(1-x_A)}=\frac{c_{A0}-c_A}{kc_A}\tag{6-18}$$

(2) 对于不同的反应，仍可以根据不同的动力学方程式经过积分后，得到达到一定转化率所需的反应时间。表 6.5 是几种典型反应的结果。

表 6.5　不同化学反应在连续搅拌釜中的反应时间

反应级数	微观动力学方程式	反应达到一定转化率所需时间
零级反应	$(-r_A)=k$	$\tau=\frac{1}{k}c_{A0}x_A$
一级反应	$(-r_A)=kc_A$	$\tau=\frac{c_{A0}-c_A}{kc_A}=\frac{x_A}{k(1-x_A)}$
二级反应	$(-r_A)=kc_A^2$	$\tau=\frac{x_A}{kc_{A0}(1-x_A)^2}$

(3) 各种参数之间的关系也可用图解方式表达,如图 6.10 所示。

由以上讨论可以看出：与间歇釜式反应器和连续操作的管式反应器相比较,对于同一反应,在相同条件下,达到相同转化率或物料出口浓度所需的连续搅拌釜的有效容积要大得多。

例 6-3　在连续操作的搅拌釜中进行例 6-1 的反应,操作条件和产量与例 6-1 相同。试计算所需的连续搅拌釜的有效容积。

解：

$$\tau=\frac{c_{A0}-c_A}{kc_A}=\frac{x_A}{k(1-x_A)}$$

$$=\frac{0.9}{0.231\times 0.1}=39(\mathrm{s})$$

$$V_R=\frac{189}{24}\times\frac{39}{3600}=0.086(\mathrm{m^3})=86(\mathrm{dm^3})$$

可见,所需有效容积确实要比例 6-1,例 6-2 大得多。

6.4.4　多釜串联反应器

前面介绍了活塞流和全混流两种典型的理想流动反应器。由于这两种反应器又可按各种方式进行组合构成多种反应器,组合方式不同,其性能也各异,这里只讨论多级(釜)全混反应器。

从前面的讨论可知,当反应的速率和反应器的产量相等时,单釜理想混合反应器的容积要比理想排挤反应器的大得多。这是由于当反应物料进入前者后,浓度立即降到与出口处相同,反应浓度一旦降低,反应速率就变慢,使达到相同转化率所需的反应时间(这里称为停留时间)比后者长得多。为了克服这个缺点,可以采用多釜串联反应器,如图 6.11 所示,把一个容积为 V_R 的理想混合器以 N 个容积为 V_R/N 的理想混合反应器代替,若两者的起始和最终浓度及温度相同,则后者的反应过程平均推动力要大于前者。这是因为前者的推动力为一开始就降到终了出口浓度与平衡浓度之差,而后者的浓度是逐级下降的,最后一级才是终了出口浓度,其推动力为各级浓度与平衡浓度之差的平均值,显然后者的推动力大于前者的。过程推动力的提高,意味着生产强度的提高。由此可知,如果多釜与单釜具有同样生产能力和转化率的话,多釜串联反应器的总容积必定小于单釜的。釜数愈多,就愈接近于理想排挤反应器。

假定有 N 个釜组成的反应器,对其中任何一釜进行反应组分 A 的物料衡算：

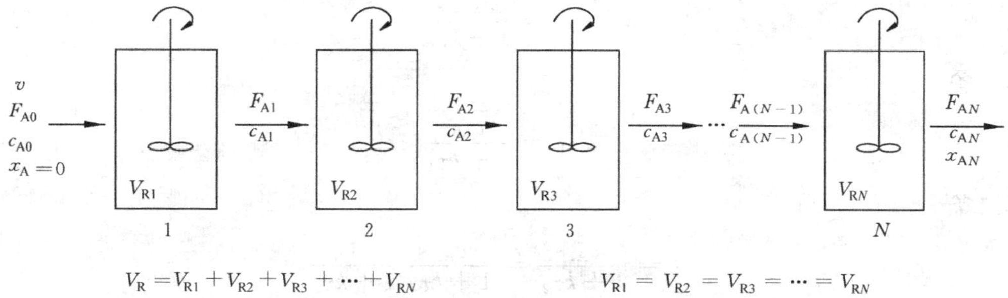

图 6.11 多釜串联反应器

$$F_{Ai-1}=F_{Ai}+(-r_{Ai})V_{Ri}$$

即

$$F_{A0}(1-x_{i-1})=F_{A0}(1-x_i)+(-r_{Ai})V_{Ri}$$

在稳定过程中，体积流量 v 不变，上式两边除以 v 得到

$$c_{A0}(1-x_{i-1})=c_{A0}(1-x_i)+(-r_{Ai})\frac{V_{Ri}}{v}$$

于是

$$\tau_i=\frac{V_{Ri}}{v}=\frac{c_{A0}[(1-x_{i-1})-(1-x_i)]}{(-r_{Ai})}$$

$$=\frac{c_{A0}(x_i-x_{i-1})}{(-r_{Ai})} \tag{6-19a}$$

或

$$\tau_i=\frac{V_{Ri}}{v}=\frac{c_{Ai-1}-c_{Ai}}{(-r_{Ai})} \tag{6-19b}$$

式中：x_{Ai-1}，c_{Ai-1}——进入第 i 釜时，组分 A 的转化率和浓度；

x_{Ai}，c_{Ai}——离开第 i 釜时，组分 A 的转化率和浓度；

F_{Ai-1}，F_{Ai}——进入第 i 釜和离开第 i 釜时组分 A 的摩尔流量；

$(-r_{Ai})$——第 i 釜的反应速率。

上二式即为多釜串联反应器的基本方程式。

在多釜串联反应器的设计中，下列 4 个参数需要计算求解：每个反应器的有效容积 V_{Ri}，反应器釜数 N，最终转化率 x_{AN} 和最终浓度 c_{AN}。这些参数可以通过代数法和图解法求解。

1. 代数法

由图 6.11 得知，在多釜串联情况下，前一釜出口的物料就是后一釜的进口物料。因此，可用单釜理想混合反应器的计算方法进行逐釜计算，一直算到要求的转化率为止。

如果是等温一级反应，则

$$(-r_{Ai})=kc_{Ai}$$

代入式(6-19b)得

$$\tau_i=\frac{c_{Ai-1}-c_{Ai}}{kc_{Ai}}$$

整理得

$$c_{Ai} = \frac{c_{Ai-1}}{1 + k\tau_i} \tag{6-20}$$

对第一釜

$$c_{A1} = \frac{c_{A0}}{1 + k\tau_1}$$

对第二釜

$$c_{A2} = \frac{c_{A1}}{1 + k\tau_2} = \frac{c_{A0}}{1 + k\tau_1}\frac{1}{1 + k\tau_2}$$

当各釜容积相等,进料流量 v 相等时,则

$$\tau_1 = \tau_2 = \tau_3 = \cdots = \tau_N$$

所以对第 N 釜

$$c_{AN} = \frac{c_{A0}}{(1 + k\tau)^N} \tag{6-21}$$

或

$$1 - x_{AN} = \frac{1}{(1 + k\tau)^N}$$

$$x_{AN} = 1 - \frac{1}{(1 + k\tau)^N} \tag{6-22}$$

已知 k,v 和 V_{Ri}后,即可逐釜计算一系列的 $c_1, c_2, \cdots, c_N$ 或 $x_1, x_2, \cdots, x_N$。若已知最终浓度 c_{AN}或最终转化率 x_{AN}及 k,v,N,可直接算出每釜的 V_{Ri}。

如果各釜温度、容积不等,只要计算到某釜时,用与它相应的 V_{Ri}及$(-r_{Ai})$就可以了。

对非一级反应,如果釜数不多,亦可采用上述相似方法进行计算。

例 6-4 在两釜串联的反应器中,进行下列气相反应:

$$A + B \longrightarrow C + D$$

若该反应的动力学方程为:

$$r_A = k_C c_A c_B = k_C c_A^2 \quad (c_A = c_B \text{时})$$

已知:$k_C = 1.00\ dm^3/(mol \cdot s)$,$c_{A0} = c_{B0} = 1.00\ mol/dm^3$,物料经过两釜的空间所用时间为 1.0 s,等容。求该反应经过两釜串联反应器的转化率。

解:因为 $N=2$,所以

$$\bar{\tau} = \frac{1.0}{2} = 0.5(s)$$

对第一釜,由式(6-19b)可得

$$c_{A1}^2 = \frac{c_{A0} - c_{A1}}{k\bar{\tau}}$$

即

$$c_{A0}x_1 - k_C\bar{\tau}[c_{A0}(1 - x_1)]^2 = 0$$

$$x_1 - 1.00 \times 0.5 \times (1 - x_1)^2 = 0$$

$$x_1 = 0.27 = 27\%$$

对第二釜,由式(6-19b)可得

$$c_{A2}^2=\frac{c_{A1}-c_{A2}}{k\bar{\tau}}$$

即

$$c_{A0}(x_2-x_1)-k_C\bar{\tau}[c_{A0}(1-x_2)]^2=0$$

$$x_2-0.27-1.00\times0.5\times(1-x_2)^2=0$$

$$x_2=0.43=43\%$$

2. 图解法

对于难以找到动力学模型，但已取得了等温条件下一组动力学数据 x_A-$(-r_A)$ 的均相反应，可以采用图解法求算多釜串联反应的各级出口转化率或反应级数。这种反应器的物料衡算方程式(6-19b)可改写为：

$$(-r_{Ai})=\frac{c_{A0}}{\tau_i}x_{Ai}-\frac{c_{A0}}{\tau_i}x_{Ai-1} \tag{6-19}$$

上式表明这种反应器的任一级(如第 i 级)，其反应速率$(-r_{Ai})$与出口转化率 x_{Ai} 呈线性关系，即可以在 x_A-$(-r_A)$ 坐标上描绘出一条直线，其斜率为 c_{A0}/τ_i，截距为$(c_{A0}x_{Ai-1})/\tau_i$。也有人称式(6-19)为操作线方程。出口转化率不仅要满足物料衡算式，还要满足动力学方程式$(-r_A)=f(x_A)$。若将这两个式子描绘在 x_A-$(-r_A)$图上，两条线的交点所对应的 x_A 值即为该釜的出口转化率。具体作图步骤如下。

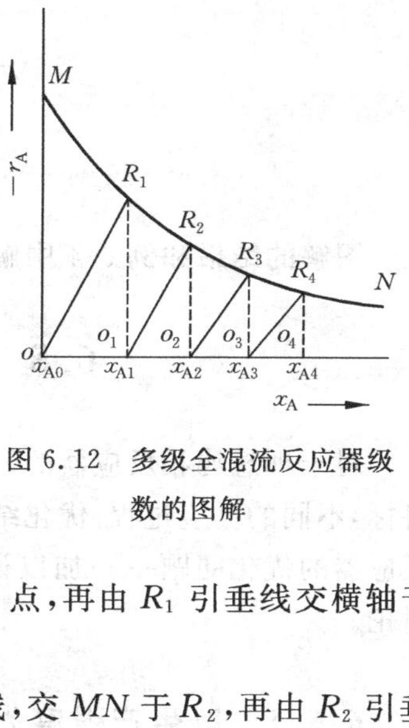

图 6.12 多级全混流反应器级数的图解

(1) 用已知动力学数据，描绘出 x_A-$(-r_A)$曲线，如图 6.12 中的 MN。

(2) 在 x_A 轴上标出要求达到的最终转化率 x_{AN}。

(3) 按照物料衡算式(6-19)逐级图解。

对于第一级，即 $i=1$，$x_{Ai}=x_{A1}$，$x_{Ai-1}=x_{A0}=0$，此时的截距为零，由原点出发作斜率为 c_{A0}/τ_1 的直线交 MN 线于 R_1 点，再由 R_1 引垂线交横轴于 o_1 点，由此可读得第一级出口的转化率 x_{A1}。

对于第二级，即 $i=2$，由 o_1 点出发作斜率为 c_{A0}/τ_2 的直线，交 MN 于 R_2，再由 R_2 引垂线交横坐标于 o_2 点，由此可读得 x_{A2}。

以此类推，直至 $x_{Ai}\geqslant x_{AN}$，则 MN 线上交点的数目即为所需的级数 N。

如果各级停留时间相等，即 $\tau_1=\tau_2=\cdots=\tau_N$，则向 MN 所作直线的斜率均应相同，这时，只需根据斜率 c_{A0}/τ_1 作出第一级直线，其余各级则按第一级作平行线即可。

例 6-5 用图解法计算例 6-4 的化学反应经过两釜串联的转化率。

解：

$$\bar{\tau}=\frac{1.0}{2}=0.5(\mathrm{s})$$

因为 $k_C=1.0\ \mathrm{dm^3/(mol\cdot s)}$

$$-r_A=c_A^2$$

$$c_{A0}=1.00\ \mathrm{mol/dm^3}$$

在$-r_A$-$c_{A0}x_A$图上作$-r_A=[c_{A0}(1-x_A)]^2$曲线(见图 6.13),由$c_{A0}x_A=0$开始,作斜率为$1/\bar{\tau}=2.0$的直线,由交点可知$x_1=0.27$;再由$c_{A0}x_1=0.27$开始,作斜率为 2.0 的直线,与$-r_A=[c_{A0}(1-x_A)]^2$线交于一点,此点横坐标$c_{A0}x_A=0.43$,所以,$x_2=0.43$。

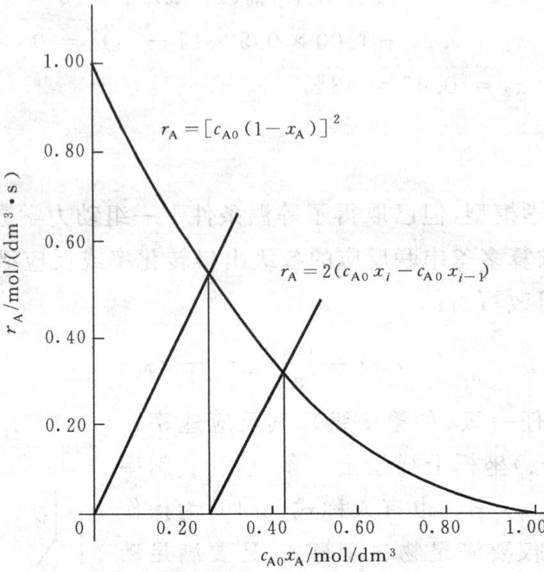

图 6.13　例 6-5 的图解结果

图解的结果和例 6-4 中解析法计算的结果相同。

6.5　理想均相反应器的优化选择

对于理想均相反应器的优化选择,不同优化目标,会得出不同的结果,即使相同的优化目标,不同的反应过程,优化结果也会不同。由于均相反应过程多种多样,不可能对它们的反应器的优化问题一一加以研究,本节只以生产强度和收率等两个方面为优化目标进行讨论。

6.5.1　以生产强度为优化目标选择反应器

反应器的生产强度是指反应器的单位体积所具有的生产能力。在规定的物料处理量和最终转化率的条件下,反应器所需的反应体积也就反映了其生产强度。在相同条件下,反应器所需反应体积较小,则表明其生产强度较大。

在前面几个例题中已讨论了各种理想反应器中进行的等温均相反应所需体积的计算。连续操作的管式反应器(即平推流反应器)的反应容积最小,连续搅拌釜(全混流反应器)的反应容积最大。为了更为直观,现以图解方法进行比较,如图 6.14 所示。从图中可以看出,为完成一定生产任务,达到一定的最终转化率所需的反应器容积以平推流反应器为最小,全混流反应器为最大,多级全混流反应器居于两者之间。多级全混流反应器所需反应体积随串联级数的增多而减小,并且向平推流反应器的反应体积趋近。当串联级数为无限多时,多级全混流反应器反应体积等于活塞流反应器的反应体积，这从图解中可以得到更为形象的反映。另外，从图 6.14 还可以看出，同一反应类型的反应器，反应的最终转化率愈大，反应器所需的反应容积亦愈大。

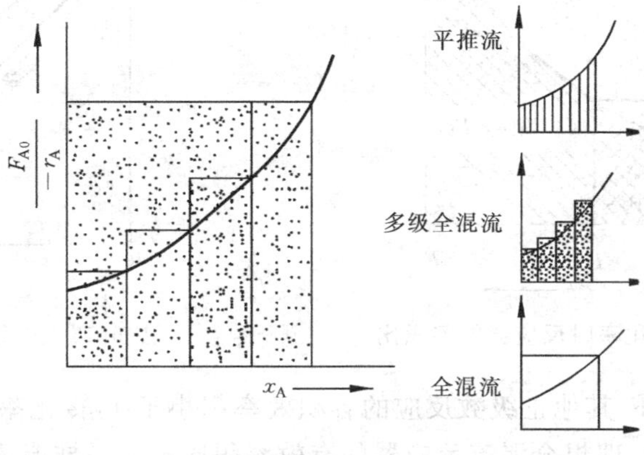

图 6.14　理想连续流动反应器反应体积的比较

图 6.15 形象地显示了达到一定转化率时所需理想平推流反应器的有效容积($V_{R,P}$)与理想全混流反应器有效容积($V_{R,S}$)的大小。当转化率达到 x_{A1} 时，$V_{R,P}/F_{A0}$ 只有曲线下方一小块的面积($AoEB$)，而 $V_{R,S}/F_{A0}$ 则是 x_{A1} 左面的矩形($DoEB$)。当转化率达到 x_{A2} 时，两者面积都大幅度增加，$V_{R,S}/F_{A0}$ 增加得更多。

如果结合动力学方程式来分析，便可得到更精确、更普遍的结论。

设对于同一反应，在同温度、同产量和同转化率条件下，平推流反应器的有效容积(反应体积)与全混流反应器的有效容积之比称为容积效率(或称有效利用系数)，以 η 表示：

$$\eta=\frac{V_{R,P}}{V_{R,S}}=\frac{\tau_P}{\tau_S} \tag{6-23}$$

对零级反应

$$\eta=\frac{V_{R,P}}{V_{R,S}}=\frac{c_{A0}x_A/k}{c_{A0}x_A/k}=1 \tag{6-24}$$

对一级反应

$$\eta=\frac{V_{R,P}}{V_{R,S}}=\frac{\ln\left(\frac{1}{1-x_A}\right)\Big/k}{\left(\frac{x_A}{1-x_A}\right)\Big/k}=\frac{\ln\left(\frac{1}{1-x_A}\right)}{\frac{x_A}{1-x_A}} \tag{6-25}$$

对二级反应

$$\eta=\frac{V_{R,P}}{V_{R,S}}=\frac{\left(\frac{x_A}{1-x_A}\right)\Big/kc_{A0}}{x_A/[kc_{A0}(1-x_A)^2]}=1-x_A \tag{6-26}$$

图 6.16 显示了上述各式的 η 与 x_A 和反应级数的关系。从图中可以看出：

(1) 对零级反应，$\eta=1$，两种反应器的有效容积相等(包括以反应时间表示的间歇式反应器的有效容积)，即反应器的型式对反应速率没有影响。因为零级反应的反应速率只是温度的函数，与浓度无关，即不取决于转化率。

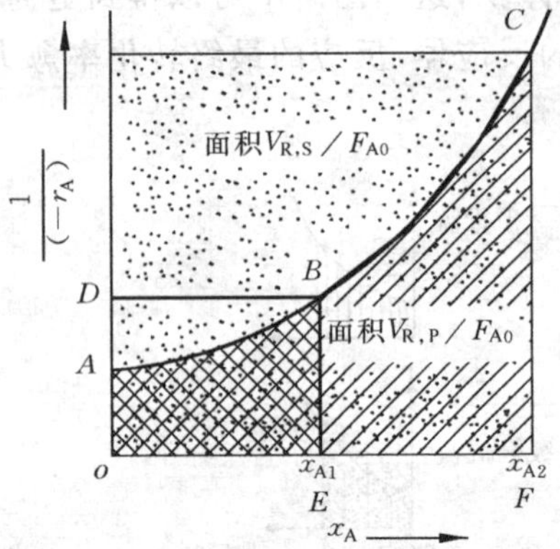

图 6.15　在一定转化率时反应器的容积比

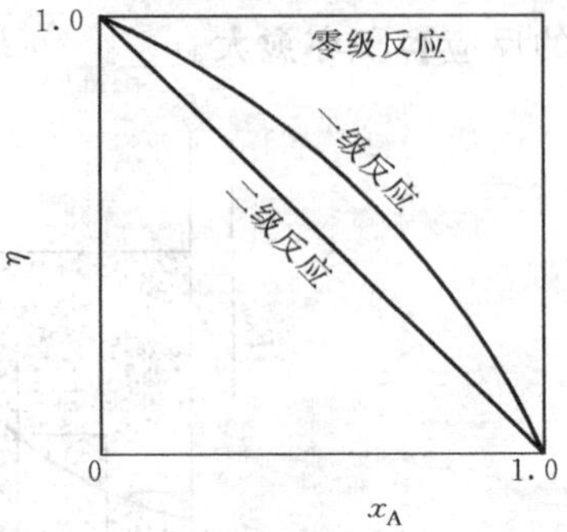

图 6.16　单釜的容积效率

(2) 除零级反应外，其他正级数反应的容积效率都小于 1，转化率愈大，容积效率愈小。这就是说，转化率大时，理想全混流反应器的有效容积比理想平推流反应器或间歇釜式反应器的大得多。

(3) 当转化率一定时，反应的级数愈高，容积效率愈小，即对于反应级数高的反应，利用理想全混流反应器，需要更大的有效容积。

(4) 当转化率小时，反应级数高的反应，其容积效率还是比较大的。因此，如果要求反应的转化率小，用理想全混流反应器，其有效容积比理想平推流或间歇釜式反应器仅稍大一些。在需用釜式反应器时，考虑到间歇釜式反应器需要辅助时间，所以用理想全混流反应器还是有利的。

关于多釜串联反应器釜数对总反应器有效容积的影响，可以类似地作出比较。如对一级反应，几个等容积串联釜的容积效率为

$$\eta=\frac{\tau_P}{\tau_S}=\frac{\ln\left(\frac{1}{1-x_A}\right)\Big/k}{N\left(\left(\frac{1}{1-x_A}\right)^{1/N}-1\right)\Big/k}$$

即　$$\eta=\ln\left(\frac{1}{1-x_A}\right)\Big/\left[N\left(\left(\frac{1}{1-x_A}\right)^{1/N}-1\right)\right] \tag{6-27}$$

其中引用的式 $\tau_S=N\left[\left(\frac{1}{1-x_A}\right)^{1/N}-1\right]\Big/k$ 是由式(6-22)推导得到的。

如釜数 N 变为无穷大，可以从数学推导得出多釜串联釜反应器的时间 τ_S 等于理想平推流反应器的时间 τ_P，即 $\tau_S=\tau_P=\ln\frac{1}{(1-x_A)}\Big/k$，因此 $\eta=1$。上述关系如图 6.17 所示。从图可知，单釜连续操作反应釜的容积效率最低，这时增加串联釜数作用显著，但以后再继续增加串联釜数，效果越来越小，故在实际应用中，除少数例外，串联釜数一般都不

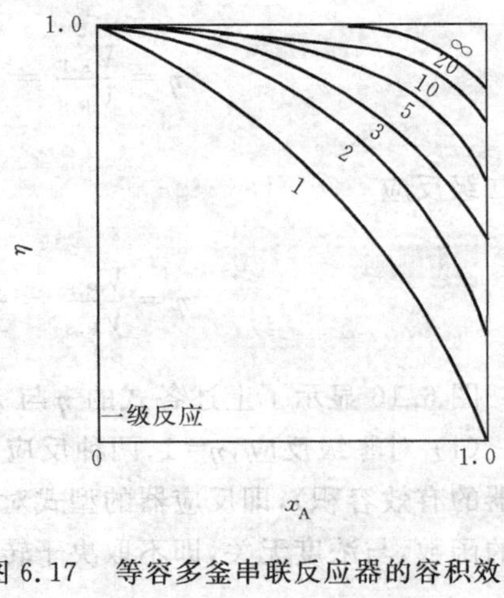

图 6.17　等容多釜串联反应器的容积效率

超过 4 个。

6.5.2 以产率和选择性为优化目标选择反应器

在实际生产中，虽然反应器的型式和大小是重要的问题，但在整个生产费用中，反应器投资所占的比例终究是比较小的，更重要的是产品的收率。它对整个流程的安排、设备的设计和经济核算等方面都有重大的影响，甚至由于收率太低而始终未能工业化的例子也不是罕见的。

简单反应不存在产品分布问题，所以只进行生产能力优化的讨论。许多复杂反应常常生成多种产物。这些产物中，目的产物和各种副产物以及它们的组成比例，或者简称为反应产物的分布，常随反应过程的条件不同而不同。因此，在优化选择适用于这类反应的反应器时，考虑目的产物的产率和选择性，往往比考虑反应器的生产强度更为重要。

在选择反应器和操作方法时，收率和反应器容积的大小（即生产能力）往往是矛盾的，这时就应从技术经济观点进行全面考虑。

这里，首先介绍几个常用的表征产物分布的定义和它们之间的关系：

$$\text{收率}(\varphi)=\frac{\text{转化为目的产物的反应物量}}{\text{进入反应器的反应物量}}$$

$$\text{选择性}(\beta)=\frac{\text{转化为目的产物的反应物量}}{\text{转化为目的产物和副产物的反应物量}}$$

而前面经常应用的转化率是：

$$\text{转化率}(x)=\frac{\text{转化为目的产物和副产物的反应物量}}{\text{进入反应器的反应物量}}=\frac{\text{反应消耗的量}}{\text{反应物起始量}}$$

若反应后，原料不循环返回反应器，上述三者的关系为：

$$\text{收率}=\text{选择性}\times\text{转化率}$$

即

$$\varphi=\beta x$$

一般在工业上常用收率表示原料的有效利用程度，而在理论探讨时，往往用选择性来表示。

复杂反应的种类很多，平行反应和串联反应既是它们的代表，又是组成更复杂反应的基本反应。下面仅就一定温度下反应物浓度等因素，讨论如何提高上述两类反应的收率。

(1) 平行反应

平行反应是指某一已知反应物同时发生生成目的产物和另一副产物的反应，例如，某种烃类化合物在等温条件下，同时发生异构化和二聚反应。许多取代反应、加成反应和分解反应都有平行反应。

设有一平行反应：

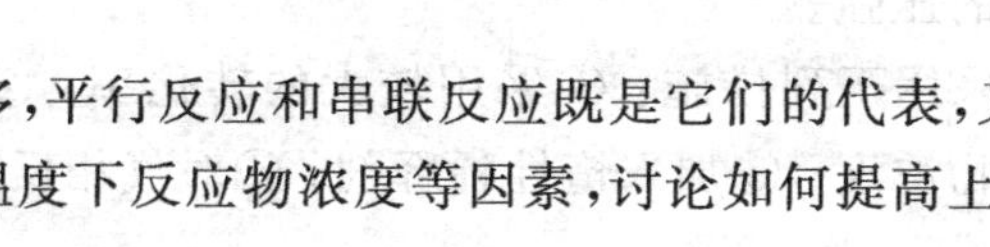

它们的反应速率方程式为

$$r_R=\mathrm{d}c_R/\mathrm{d}\tau=k_1c_A^{\alpha_1}$$

$$r_S = dc_S/d\tau = k_2 c_A^{\alpha_2}$$

反应物和生成物的浓度随时间 τ 而变化的关系如图 6.18 所示。

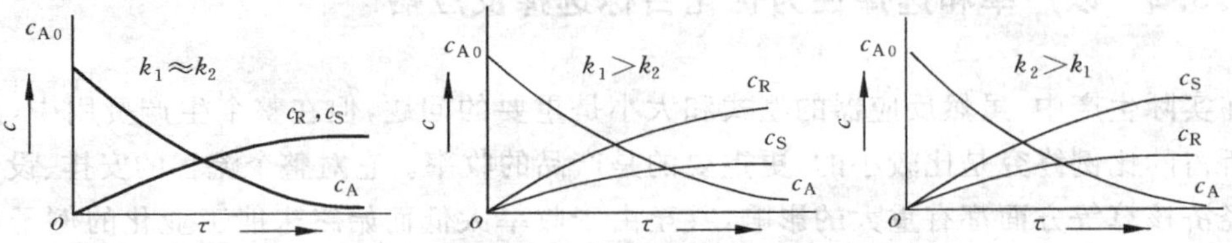

图 6.18 平行反应浓度变化示意图

首先定性讨论如何提高 R 的收率,这时,简单地用 r_R/r_S 表示收率的大小。将上面两式相除,得

$$\frac{r_R}{r_S} = \frac{k_1 c_A^{\alpha_1}}{k_2 c_A^{\alpha_2}} = \frac{k_1}{k_2} c_A^{\alpha_1 - \alpha_2} \tag{6-28}$$

在一定反应条件下,k_1,k_2 和反应级数 α_1,α_2 都是常数,只有浓度 c_A 可以改变。要提高目的产物 R 的收率,就是要使上式的比值增大,也就是使 $c_A^{\alpha_1-\alpha_2}$ 大。

前面已讨论过,在理想平推流反应器和间歇釜式反应器中进行反应时,反应物 A 的浓度要比理想全混流反应器中的 c_A 大。并且,反应物浓度大,对反应级数高的反应有利;反应物浓度小,对反应级数低的反应有利。

要使 $c_A^{\alpha_1-\alpha_2}$ 大,可按不同情况,选用不同型式的反应器或采取其他措施。

当 $\alpha_1 < \alpha_2$ 时,选用全混流反应器为宜;

当 $\alpha_1 > \alpha_2$ 时,选用平推流反应器或间歇釜式反应器为宜。如果由于某种原因,必须采用连续搅拌釜式反应器,也应采用串联多级釜式反应器。

为了提高 R 的收率,除采用不同的反应器外,还可以设法保持较大的 c_A 或保持较小的 c_A。

可以采用下列措施保持较大的 c_A:①采用较小的单程转化率;②用浓度较高的进料;③对气相反应,增加系统的压强。

要保持较小的 c_A 可采用下列措施:①采用较大的转化率;②用部分反应后的物料循环,以降低进料中的反应物浓度;③加入惰性稀释剂;④对气相反应可以减压操作。

当 $\alpha_1 = \alpha_2$ 时,式(6-28)成为$\frac{r_R}{r_S}=\frac{k_1}{k_2}=$常数,浓度的变化不会影响 R 的收率,所以反应器的型式也不影响 R 的收率。在这种情况下,只有从改变温度或采用催化剂来改变 k_1,k_2 来提高 R 的收率。对于如

$$A + B \xrightarrow{k_1} R \qquad (目的产物)$$

$$A + B \xrightarrow{k_2} S \qquad (副产物)$$

这种类型的平行反应,其反应速率方程式为

$$r_R = dc_R/d\tau = k_1 c_A^{\alpha_1} c_B^{\gamma_1}$$

$$r_S = dc_S/d\tau = k_2 c_A^{\alpha_2} c_B^{\gamma_2}$$

上述两式相除:

$$\frac{r_{\mathrm{R}}}{r_{\mathrm{S}}}=\frac{\mathrm{d}c_{\mathrm{R}}/\mathrm{d}\tau}{\mathrm{d}c_{\mathrm{S}}/\mathrm{d}\tau}=\frac{k_1}{k_2}c_{\mathrm{A}}^{\alpha_1-\alpha_2}c_{\mathrm{B}}^{\gamma_1-\gamma_2} \tag{6-29}$$

要提高 R 的收率，应使式(6-29)右边项尽可能地大，对此可根据各反应级数的高低拟定适宜的操作方法，如表 6.6 所示。

表 6.6 根据反应级数选定的适宜操作

反应级数的大小	对浓度的要求	适宜的反应器型式和操作方法
$\alpha_1>\alpha_2,\gamma_1>\gamma_2$	$c_{\mathrm{A}},c_{\mathrm{B}}$ 均大	A 和 B 同时加入的间歇反应釜、理想排挤反应器或多釜串联反应器
$\alpha_1>\alpha_2,\gamma_1<\gamma_2$	c_{A} 大，c_{B} 小	将 B 分成各小股，分别加入各多釜串联反应器中；或沿反应管长度的各处，加入 B 的连续操作；或陆续加入 B 到反应釜的半连续操作
$\alpha_1<\alpha_2,\gamma_1>\gamma_2$	c_{A} 小，c_{B} 大	将 A 分成各小股，分别加入各多釜串联反应器中；或沿反应管长度的各处，加入 A 的连续操作；或陆续加入 A 到反应釜的半连续操作
$\alpha_1<\alpha_2,\gamma_1<\gamma_2$	$c_{\mathrm{A}},c_{\mathrm{B}}$ 均小	理想混合反应器，或将 A 及 B 慢慢滴入间歇反应釜，或使用稀释剂使 c_{A} 和 c_{B} 均降低

此外，也可以考虑将一个组分过量，以保持其浓度，而在反应后再进行分离和回收。这就是使一般的二级反应变为拟一级反应的操作方法。

图 6.19 是各种型式反应器及加料操作方法示意图。总之，对平行反应，在一定温度下，浓度是控制产物分布的关键。反应物浓度大，有利于平行反应中反应级数高的反应；浓度小有利于级数低的反应；级数相同的反应，浓度不影响产物的分布，即不影响收率。

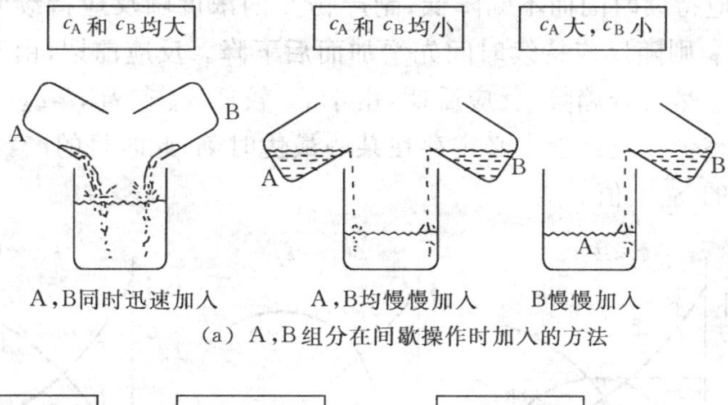

(a) A,B组分在间歇操作时加入的方法

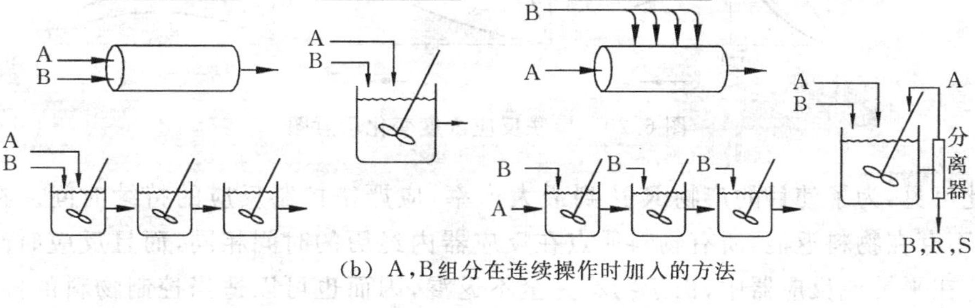

(b) A,B组分在连续操作时加入的方法

图 6.19

例 6-6 今有下列液相平行反应：

$$A + B \xrightarrow{k_1} R \qquad dc_R/d\tau = k_1 c_A c_B^{0.3} \quad \text{(主反应、目的产物)}$$

$$A + B \xrightarrow{k_2} S \qquad dc_S/d\tau = k_2 c_A^{0.5} c_B^{1.8}$$

采用哪种反应器和操作方法最为恰当？

解：根据式(6-29)得

$$\frac{r_R}{r_S} = \frac{k_1}{k_2} c_A^{1-0.5} c_B^{0.3-1.8} = \frac{k_1}{k_2} c_A^{0.5} c_B^{-1.5}$$

要使 R 的收率大，应使 r_R/r_S 的比值大，即浓度 c_A 要大，c_B 要小；c_B 对 R 的收率的影响比 c_A 还要大。根据前述原则，应采用理想平推流反应器，以 A 为主流，将 B 分为许多小股从反应器的不同部位加入；或用间歇反应釜，将 A 先放入釜内，然后将 B 慢慢加入釜的半连续操作最为恰当。

(2) 串联反应

串联反应是指某一已知反应物生成目的物之后，又能进一步发生生成副产物的反应。许多水解反应、卤化反应、氯化反应和辐射反应都是串联反应。设所进行的串联反应为

$$A \xrightarrow{k_1} R \xrightarrow{k_2} S$$

各反应的速率方程式为

$$-r_A = -dc_A/d\tau = k_1 c_A$$

$$r_R = dc_R/d\tau = k_1 c_A - k_2 c_R$$

$$r_S = dc_S/d\tau = k_2 c_R$$

各种物料的浓度随 τ 而变化的关系如图 6.20 所示。由图可以知道，在反应过程中，反应物 A 的浓度 c_A 随反应持续时间而不断降低，副产物 S 的浓度随反应持续时间而不断增高，目的产物 R 的浓度 c_R 则随反应持续时间先增加而后下降。反应前期，由于 c_A 较高，c_R 较低，$k_1c_A > k_2c_R$，导致 c_R 呈上升趋势；反应后期，由于 c_A 较低，c_R 较高，$k_1c_A < k_2c_R$，导致 c_R 呈下降趋势。因此，在整个反应过程中必定存在某一最优时刻，此时目的产物浓度 c_R 达最高值，如图中所示 τ_{opt} 时的 $c_{R,max}$ 值。

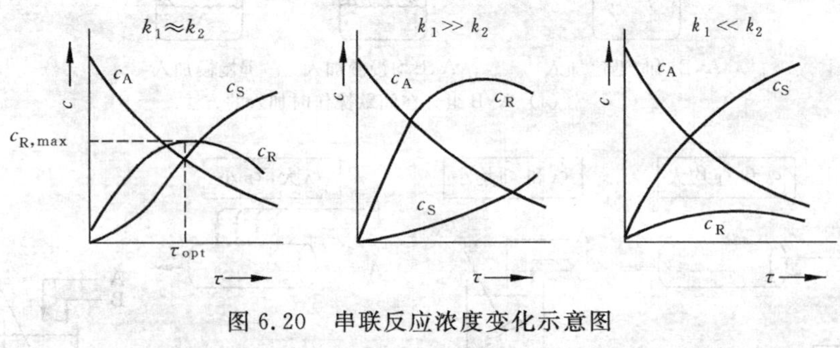

图 6.20 串联反应浓度变化示意图

由此可见，为了使目的产物 R 达到最大产率，应严格控制反应的持续时间。在间歇反应器中，不存在物料返混，所有物料质点在反应器内经历的时间相同，而且反应时间可以严格控制。在平推流反应器中，由于物料完全不返混，因而也可以适当控制物料的停留时间，使目的产物的产率接近最大值。在全混流反应器中，由于不同停留时间的物料质点充分混

合,导致完全返混,即使将物料维持在平均停留时间等于最优时间的条件下操作,物料中各质点的停留时间还是各不相同的,有的比最优时间长,有的短一些。这样,必然会使目的产物产率偏离最大值。因此,对于上述串联反应,以选用间歇釜式反应器和连续操作的管式反应器为宜。

6.6 物料停留时间分布和流动模型

6.6.1 物料返混合停留时间分布

1. 返混的概念

在实际反应器中,物料的流动状况往往与理想流动有所偏差,故称为非理想流动。非理想流动的状况十分复杂,差别也较大,常用物料返混程度的大小来表示。

所谓返混,是指不同停留时间的物料之间的混合。物料微团从进入反应器到离开反应器的时间,即为该物料微团在反应器内的停留时间。不同物料微团在反应器中的停留时间完全是随机的,例如在间歇操作的搅拌釜中,所有物料在很短的时间内即可达到均匀的混合,所有物料微团的停留时间均完全相同,因此,不存在返混。而在连续操作的全混流反应器中,最初进入的物料与已经在反应器内的物料之间将发生混合,也就是说,不同停留时间的物料微团之间存在着混合,即在连续操作的反应器内存在返混。

产生返混的原因,可能是由于搅拌作用而引起的物料的错流或倒流;也可能是由于分子扩散和涡流扩散;还可能是由于反应器的结构引起的死角、短路和沟流等。

返混将降低反应速率及转化率,甚至会影响产品的质量,返混也是反应器产生"放大效应"(反应性能随着反应器的放大而变坏)的主要因素之一。因此,在连续反应器的选择、强化、设计和放大中应重点研究返混现象及其在放大效应中的影响。

2. 停留时间分布

当反应器中存在返混时,所有物料微团在反应器中的停留时间不一致,呈现一种概率分布,称为停留时间分布(RTD,residence time distribution)。

假若进入反应器有 N 份物料,停留时间为 $\tau \to \tau+\Delta\tau$ 的只有 ΔN 份物料,则停留时间为 $\tau \to \tau+\Delta\tau$ 的物料占进料物料的分率为

$$\frac{\Delta N}{N}=\frac{\text{停留时间为 } \tau+\Delta\tau \text{ 的物料}}{\text{进入反应器的物料总量}}$$

由于返混程度的大小很难测定,因此用可以直接测定的停留时间分布来反映物料的返混程度。但是,由于产生返混的原因很复杂,因此,相同的停留时间分布可能与几种返混情况相对应。

利用物料在反应器内的停留时间分布,可以判断物料的流动情况,也可以确定表示流动特征的模型参数。同时,停留时间分布函数也是对物料在反应器内流动情况的数学描述。

3. 停留时间分布的表示方法

如前所述,同其他分布函数一样,停留时间分布函数是指停留时间在 $\tau \to \tau+\Delta\tau$ 的物料

占进入反应器的总物料的分率,即具有某一参数的个体在集合中所占分率的变化,就叫做在集合中某参数的分布。

在直角坐标系中,若用面积的大小来表示$\frac{\Delta N}{N}$,以停留时间 τ 为横坐标,那么,表 6.7 中的数据就可以用图 6.21 表示了。表 6.7 是在某一非活塞流连续操作的反应器里,具有不同停留时间的物料(ΔN)在加料总量(N)中所占分率的情况。

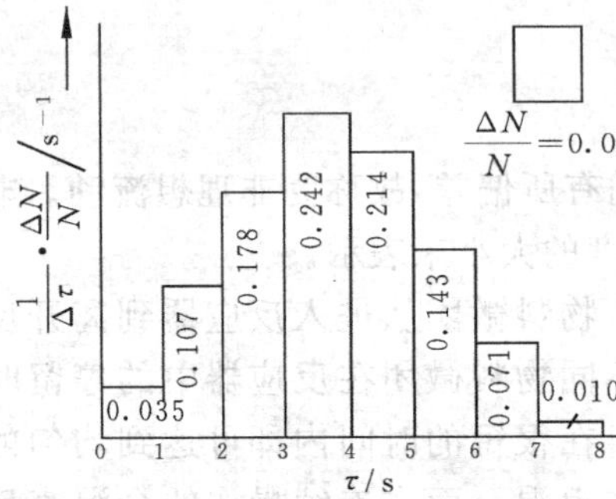

图 6.21 用 $\Delta N/N$ 表示的分布

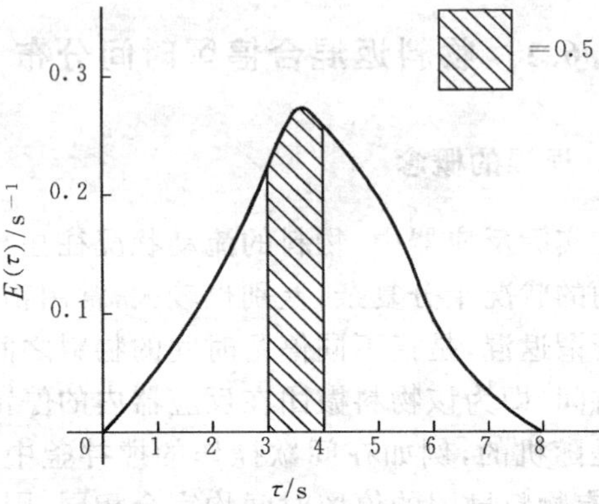

图 6.22 用分布密度函数表示的分布

从图 6.21 可以看出:每一个长方形面积的大小表示停留时间为 $\tau\rightarrow\tau+\Delta\tau$ 的物料在进料总量中所占的分率,所以纵坐标是每个 $\Delta\tau$ 的分率$\frac{1}{\Delta\tau}\frac{\Delta N}{N}$。如果时间间隔取得足够小,则可以用一条与停留时间有关的曲线 $E(\tau)$-τ 下所包围的面积来表示具有不同停留时间的物料在进料中所占的分率$\frac{\mathrm{d}N}{N}$,如图 6.22 所示。在图 6.22 中,斜线部分的面积是在 $\tau\rightarrow\tau+\mathrm{d}\tau$ 瞬时物料所占的分率$\frac{\mathrm{d}N}{N}$,上述关系可以用下式表示:

$$\frac{\mathrm{d}N}{N}=E(\tau)\mathrm{d}\tau \tag{6-30}$$

函数 $E(\tau)$称为停留时间分布密度函数。利用上式可计算任何停留时间范围内的物料在进料总量中所占的分率。例如,在停留时间 $\tau_1\rightarrow\tau_2$ 范围内的物料在总进料中的分率为

$$\frac{\Delta N}{N}=\int_{\tau_1}^{\tau_2}E(\tau)\mathrm{d}\tau$$

表 6.7 用分率表示的停留时间分布

停留时间范围 $\tau\rightarrow\tau+\Delta\tau$/s	分率 $\Delta N/N$	停留时间范围 $\tau\rightarrow\tau+\Delta\tau$/s	分率 $\Delta N/N$
0~1	0.035	4~5	0.214
1~2	0.107	5~6	0.143
2~3	0.178	6~7	0.071
3~4	0.242	7~8	0.010

$\sum\Delta N/N=1.000$

例 6-7　已知在某连续操作的反应器里，物料的停留时间分布密度函数为

$$E(\tau) = 0.01\mathrm{e}^{-0.01\tau}$$

这个流动体系中停留时间为 90 s～110 s 的物料在总进料中所占的分率是多少？

解：

$$\frac{\Delta N}{N} = \int_{\tau_1}^{\tau_2} E(\tau)\mathrm{d}\tau = \int_{90}^{110} 0.01\mathrm{e}^{-0.01\tau}\mathrm{d}\tau$$

$$= -\mathrm{e}^{-0.01\tau}\Big|_{90}^{110} = -\left(\frac{1}{\mathrm{e}^{1.1}} - \frac{1}{\mathrm{e}^{0.9}}\right)$$

$$= 0.074 = 7.4\%$$

若停留时间的范围从 $\tau_1 = 0$ 到 $\tau_2 = \tau$，则 $0 \to \tau$ 范围内的物料在总进料中的分率以$F(\tau)$表示：

$$F(\tau) = \int_0^{\tau} E(\tau)\mathrm{d}\tau \tag{6-31}$$

$F(\tau)$称为停留时间分布函数，也可用一曲线表示，如图 6.23(b)所示。$F(\tau)$也是表示物料停留时间分布的一种方法，它与 $E(\tau)$的关系可以用下式表示：

$$E(\tau) = \frac{\mathrm{d}F(\tau)}{\mathrm{d}\tau} \tag{6-32}$$

图 6.23 也表示了 $E(\tau)$与 $F(\tau)$之间的关系。图 6.23(a)$E(\tau)$曲线下斜线部分的面积是停留时间从 $0 \to \tau$ 的物料占总物料的分率，等于图 6.23(b)$F(\tau)$曲线上当 $\tau = \tau$ 时点 f 的值；在图 6.23(b)$F(\tau)$曲线上 f 点的斜率即为 $\tau = \tau$ 时的 $E(\tau)$的值。

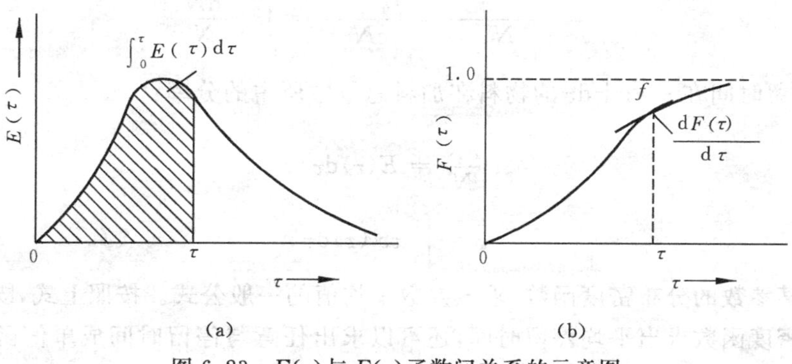

图 6.23　$E(\tau)$与 $F(\tau)$函数间关系的示意图

4. 分布密度函数的性质

下面介绍分布密度函数的 3 个性质。

(1) $E(\tau)$曲线下方所包围的全部面积等于 1：

$$\int_0^{\infty} E(\tau)\mathrm{d}\tau = 1 \tag{6-33}$$

因为 $E(\tau)\mathrm{d}\tau$ 表示了停留时间为 $\tau \to \tau + \mathrm{d}\tau$ 的物料在进料总量中所占的分率，所以$E(\tau)$曲线下方所包括的全部面积就是分率的总和，应恒等于 1。

停留时间分布密度函数的这个性质，可用来检查由实验测定的或由计算得到的分布密度是否正确，只有满足式(6-33)的 $E(\tau)$才可能是正确的分布密度。

例 6-8 判断例 6-7 的分布密度函数是否正确。

解：

$$\int_0^{\infty} E(\tau)\mathrm{d}\tau = \int_0^{\infty} 0.01\mathrm{e}^{-0.01\tau}\mathrm{d}\tau$$

$$= -\mathrm{e}^{-0.01\tau}\Big|_0^{\infty}$$

$$= -(\mathrm{e}^{-\infty} - \mathrm{e}^{0})$$

$$= 1$$

所以,例 6-7 的分布密度函数是正确的。

(2) 平均停留时间,即数学期望,其定义为

$$\bar{\tau} = \frac{\int_0^{\infty} \tau E(\tau)\mathrm{d}\tau}{\int_0^{\infty} E(\tau)\mathrm{d}\tau} = \int_0^{\infty} \tau E(\tau)\mathrm{d}\tau \tag{6-34}$$

若物料的总量为 N,停留时间为 τ_1 的物料有 ΔN_1,停留时间为 τ_2 的物料有 ΔN_2,……停留时间为 τ_i 的物料有 ΔN_i,则平均停留时间为

$$\bar{\tau} = \frac{\tau_1\Delta N_1 + \tau_2\Delta N_2 + \cdots + \tau_i\Delta N_i}{N} = \frac{\sum_1^i \tau_i\Delta N_i}{N}$$

若时间间隔取得足够小,则

$$\bar{\tau} = \frac{\sum_0^{\infty} \tau_i\mathrm{d}N_i}{N} = \frac{\int_0^{\infty} \tau\mathrm{d}N}{N} = \int_0^{\infty} \tau\frac{\mathrm{d}N}{N}$$

因为$\frac{\mathrm{d}N}{N}$是停留时间在 $\tau \to \tau + \mathrm{d}\tau$ 的物料在加料总量中所占的分率:

$$\frac{\mathrm{d}N}{N} = E(\tau)\mathrm{d}\tau$$

所以

$$\bar{\tau} = \int_0^{\infty} \tau E(\tau)\mathrm{d}\tau \tag{6-35}$$

上式为已知某参数的分布密度函数,求该参数平均值的一般公式。按照上式,既可以根据停留时间分布密度函数求出平均停留时间,还可以求出任意与停留时间成单值函数关系的变量的平均值。

例 6-9 已知物料在某连续操作的反应器中的停留时间分布密度函数为 $E(\tau) = 0.01\mathrm{e}^{-0.01\tau}$(1/s),求物料在该流动体系的平均停留时间。

解：

$$\bar{\tau} = \int_0^{\infty} \tau E(\tau)\mathrm{d}\tau = \int_0^{\infty} \tau 0.01\mathrm{e}^{-0.01\tau}\mathrm{d}\tau$$

$$= -\int_0^{\infty} \tau\mathrm{d}\mathrm{e}^{-0.01\tau}$$

$$= -\left(\tau\mathrm{e}^{-0.01\tau}\Big|_0^{\infty} - \int_0^{\infty} \mathrm{e}^{-0.01\tau}\mathrm{d}\tau\right)$$

$$= \int_0^{\infty} \mathrm{e}^{-0.01\tau}\mathrm{d}\tau$$

$$= \frac{-1}{0.01}\mathrm{e}^{-0.01\tau}\Big|_0^{\infty} = 100(\mathrm{s})$$

(3) τ 对$\bar{\tau}$ 的离散情况的方差，其定义为

$$\sigma_\tau^2 = \frac{\int_0^\infty (\tau - \bar{\tau})^2 E(\tau) \mathrm{d}\tau}{\int_0^\infty E(\tau) \mathrm{d}\tau} = \int_0^\infty (\tau - \bar{\tau})^2 E(\tau) \mathrm{d}\tau$$

方差用来衡量物料质点的各停留时间与平均停留时间的偏离程度。为了便于应用，将上式展开：

$$\begin{aligned}
\sigma_\tau^2 &= \int_0^\infty (\tau - \bar{\tau})^2 E(\tau) \mathrm{d}\tau \\
&= \int_0^\infty (\tau^2 - 2\tau\bar{\tau} + \bar{\tau}^2) E(\tau) \mathrm{d}\tau \\
&= \int_0^\infty \tau^2 E(\tau) \mathrm{d}\tau - 2\bar{\tau}\int_0^\infty \tau E(\tau) \mathrm{d}\tau + \bar{\tau}^2 \int_0^\infty E(\tau) \mathrm{d}\tau \\
&= \int_0^\infty \tau^2 E(\tau) \mathrm{d}\tau - 2\bar{\tau}^2 + \bar{\tau}^2 \\
&= \int_0^\infty \tau^2 E(\tau) \mathrm{d}\tau - \bar{\tau}^2
\end{aligned} \tag{6-36}$$

若根据实验数据求方差，可用下式：

$$\begin{aligned}
\sigma_\tau^2 &= \frac{\sum (\tau_i - \bar{\tau})^2 E(\tau_i) \Delta\tau_i}{\sum E(\tau_i) \Delta\tau_i} \\
&= \sum \tau_i^2 E(\tau_i) \Delta\tau_i - \bar{\tau}^2
\end{aligned} \tag{6-37}$$

σ_τ^2 越大，说明物料的停留时间分布比较分散，偏离平均停留时间程度较大；σ_τ^2 越小，说明物料的停留时间分布比较集中，偏离平均停留时间程度较小；$\sigma_\tau^2=0$，说明物料的停留时间都相等，都等于平均停留时间。

为了便于比较，停留时间分布密度函数的自变量 τ 改用对比时间 θ 表示，令

$$\theta = \frac{\tau}{\bar{\tau}}, \quad \mathrm{d}\theta = \frac{\mathrm{d}\tau}{\bar{\tau}}, \quad F(\tau) = F(\theta)$$

则

$$\bar{\tau}\theta = \tau, \quad \bar{\tau}\mathrm{d}\theta = \mathrm{d}\tau$$

$$E(\theta) = \frac{\mathrm{d}F(\theta)}{\mathrm{d}\theta} = \frac{\mathrm{d}F(\tau)}{\frac{1}{\bar{\tau}}\mathrm{d}\tau} = \bar{\tau}\frac{\mathrm{d}F(\tau)}{\mathrm{d}\tau} = \bar{\tau}E(\tau)$$

若以 θ 为时标，则方差为

$$\begin{aligned}
\sigma^2 &= \int_0^\infty (\theta - 1)^2 E(\theta) \mathrm{d}\theta \\
&= \int_0^\infty \theta^2 E(\theta) \mathrm{d}\theta - 2\int_0^\infty \theta E(\theta) \mathrm{d}\theta + \int_0^\infty E(\theta) \mathrm{d}\theta \\
&= \int_0^\infty \left(\frac{\tau}{\bar{\tau}}\right)^2 \bar{\tau}E(\tau) \frac{1}{\bar{\tau}}\mathrm{d}\tau - 2 + 1 \\
&= \frac{1}{\bar{\tau}^2}\int_0^\infty \tau^2 E(\tau) \mathrm{d}\tau - 1
\end{aligned}$$

$$\bar{\tau}^2\sigma^2 = \int_0^\infty \tau^2 E(\tau) \mathrm{d}\tau - \bar{\tau}^2 = \sigma\tau^2$$

$$\sigma^2 = \frac{\sigma_\tau^2}{\bar{\tau}^2} \tag{6-38}$$

故可以用 σ^2 评价物料停留时间分布的离散度：

对于理想平推流：$\sigma^2=0$；

对于理想全混流：$\sigma^2=1$；

对于非理想流动：$0<\sigma^2<1$。

由此可见，用 σ^2 评价停留时间分布的离散度比 σ_τ^2 更明确。

6.6.2 停留时间分布的测定方法

测定停留时间分布主要采用激发-响应技术，最常用的实验方法是"脉冲法"和"阶梯输入法"。

1. 脉冲法

当流体物料以恒定的体积流量 F_{v0} 通过具有一定体积 V 的反应器时，在反应器入口处瞬时注入一定量的示踪物(M_0)，就是输入一个示踪物的脉冲信号。然后测定出口物料流中示踪物浓度 $c(\tau)$ 随时间 τ 的变化关系。图6.24是脉冲激发-响应法的示意图。示踪物的加入和存在应不影响原有的物料的流动，它也不参加化学反应，而且要容易被测定。

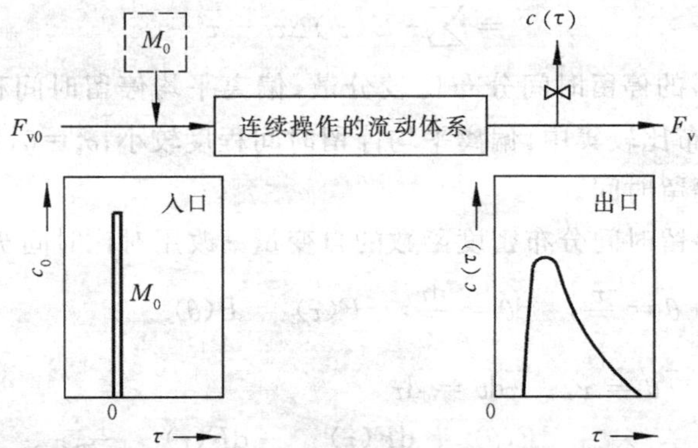

图6.24 脉冲法

用脉冲法由出口的示踪物浓度-时间曲线就可以找到该流动体系的停留时间分布函数 $E(\tau)$。这是因为示踪物注入后，经过 $\tau\rightarrow\tau+\mathrm{d}\tau$ 时间间隔，从出口流出的示踪物占示踪物总量(M_0)的分率为

$$\left(\frac{\mathrm{d}N}{N}\right)_{\text{示踪物}} = \frac{\text{在 }\tau\rightarrow\tau+\mathrm{d}\tau\text{ 时间流出的示踪物量}}{\text{示踪物总量}} = \frac{F_v c(\tau)\mathrm{d}\tau}{M_0}$$

在注入示踪物的同时，进入流动体系的物料若是 N，则在反应器内停留时间为 $\tau\rightarrow\tau+\mathrm{d}\tau$ 的物料在 N 中所占的分率为

$$\left(\frac{\mathrm{d}N}{N}\right)_{\text{物料}} = E(\tau)\mathrm{d}\tau$$

因为示踪物和物料在同一个流动体系里，所以

$$\left(\frac{\mathrm{d}N}{N}\right)_{示踪物} = \left(\frac{\mathrm{d}N}{N}\right)_{物料}$$

$$\frac{F_v c(\tau)\mathrm{d}\tau}{M_0} = E(\tau)\mathrm{d}\tau$$

若 $F_v = F_{v0}$，则

$$E(\tau) = \frac{F_{v0}}{M_0}c(\tau) \tag{6-39}$$

式中：$E(\tau)$——物料在反应器里的停留时间分布密度函数；

$c(\tau)$——出口物料中示踪物浓度；

F_{v0}——物料的起始体积流量；

M_0——注入示踪物的总量。

利用上式 $c(\tau)$ 随时间的变化就可以求出停留时间的分布函数 $E(\tau)$。

例 6-10 设对某反应器进行停留时间分布的测定，在其进口处脉冲式注入示踪剂，其后每隔 5 min 测定一次出口物料中含有示踪剂的浓度，结果记录如下表：

时间 τ/min	0	5	10	15	20	25	30	35
示踪剂浓度 $c(\tau)$/g/L	0	3	5	5	4	2	1	0

求各时间的 $E(\tau)$，并画出 $E(\tau)$ 曲线。

解：如果物料的体积流量为 F_{v0}(L/min)，则加入示踪剂的总量 M_0 为

$$M_0 = \sum F_{v0}c(\tau)\Delta\tau = (3+5+5+4+2+1)\times 5\times F_{v0} = 100\,F_{v0}$$

根据 $E(\tau) = \dfrac{F_{v0}c(\tau)}{M_0}$ 的关系可以计算得到如下结果：

τ/min	0	5	10	15	20	25	30
$E(\tau)$	0	0.03	0.05	0.05	0.04	0.02	0.01

根据上述数据作图，如图 6.25 所示。

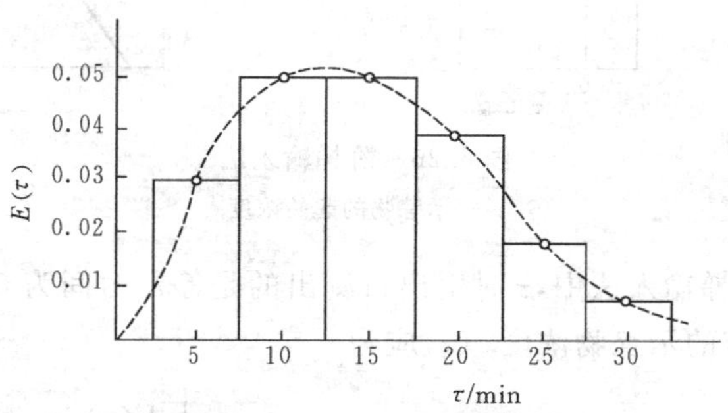

图 6.25 例 6-10 的停留时间分布曲线

对于式(6-39)稍作推导，还可以得到 $E(\tau)$ 与 $c(\tau)$ 的另一种关系。由式(6-39)可知

$$E(\tau) = \frac{F_{v0}c(\tau)}{M_0} = \frac{F_{v0}/V}{M_0/V}c(\tau)$$

令
$$V/F_{v0}=\bar{\tau},\quad M_0/V=c_0$$
则
$$E(\tau)=\frac{1}{\bar{\tau}}\frac{c(\tau)}{c_0} \tag{6-39a}$$

式(6-39a)中,c_0 是以反应器体积计算的示踪物起始浓度;$\bar{\tau}$ 称作空间时间,即平均停留时间。

对于式(6-39a),由上述的分布密度函数的性质(3)
$$E\left(\frac{\tau}{\bar{\tau}}\right)=\bar{\tau}E(\tau)$$
可以得到
$$E\left(\frac{\tau}{\bar{\tau}}\right)=\frac{c(\tau)}{c_0} \tag{6-39b}$$
式中表示实际停留时间为空间时间的倍数。$E\left(\frac{\tau}{\bar{\tau}}\right)$为停留时间的分布函数。

2. 阶跃法

阶跃法即阶梯输入法。这种方法与脉冲法的不同之处在于在稳定流动的流动体系的入口输入的是一个阶梯信号而不是脉冲信号,如图 6.26 所示,如从某一时刻起连续输入一定浓度的示踪物,或是将物料由某一时刻起切断,改为相同流动条件下的示踪物,都可以实现在入口输入阶梯信号。与此同时,在出口测定示踪物浓度 $c(\tau)$随时间的变化。

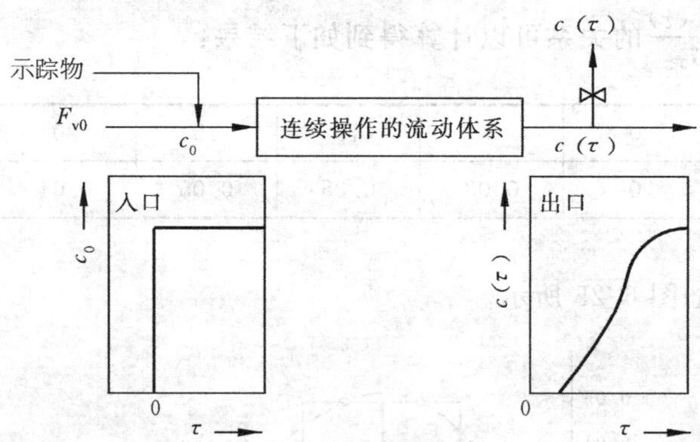

图 6.26 阶梯输入法
c_0—示踪物的起始浓度

这里要注意,在阶梯输入法中,τ 时由出口测出的是停留时间为 $0\to\tau$ 的示踪物,所以阶梯输入法在 τ 时所测定的示踪物浓度 $c(\tau)$应为
$$c(\tau)=\frac{\text{停留时间为 }0\to\tau\text{ 的示踪物}}{\tau\text{ 时间内加入物料体积}}=\frac{F_{v0}c_0\tau\int_0^{\tau}E(\tau)\mathrm{d}\tau}{F_{v0}\tau}=c_0\int_0^{\tau}E(\tau)\mathrm{d}\tau$$
所以
$$\frac{c(\tau)}{c_0}=\int_0^{\tau}E(\tau)\mathrm{d}\tau=F(\tau)$$

由此可以看出,用阶梯输入法所测得的 $c(\tau)/c_0$ 本身就是累积分布函数 $F(\tau)$,阶梯输入

法测得的 $c(\tau)/c_0$ 对 τ 的微商才是 $E(\tau)$：

$$E(\tau)=\frac{\mathrm{d}F(\tau)}{\mathrm{d}\tau}=\frac{\mathrm{d}\left(\frac{c(\tau)}{c_0}\right)}{\mathrm{d}\tau} \tag{6-40}$$

例 6-11 某连续操作的流动体系，反应器体积 V 为 2 m^3，物料的起始体积流量 F_{v0} 为 0.01 m^3/s。用阶梯输入法加入示踪物的速度为 0.02 kg/s。在反应器出口测得示踪物浓度 $c(\tau)$ 随时间的变化列于表 6.8 中。求该流动体系的累积分布函数 $F(\tau)$ 曲线和分布密度函数 $E(\tau)$ 曲线。

解：反应器入口处示踪物的起始浓度 c_0 为

$$c_0=\frac{0.02}{0.01}=2(\text{kg/m}^3)$$

由式(6-40)得出该体系的 $F(\tau)$ 为

$$F(\tau)=\frac{c(\tau)}{c_0}$$

将得到的一系列 $F(\tau)$ 数据也列入表 6.8 中，并绘出 $F(\tau)$-τ 曲线，如图 6.27 所示。

表 6.8 用阶梯输入法测定 $F(\tau)$ 和 $E(\tau)$

τ/s	$c(\tau)$/kg/m^3	$F(\tau)=\frac{c(\tau)}{c_0}$	$E(\tau)=\frac{\mathrm{d}F(\tau)}{\mathrm{d}\tau}\Big/$s^{-1}	τ/s	$c(\tau)$/kg/m^3	$F(\tau)=\frac{c(\tau)}{c_0}$	$E(\tau)=\frac{\mathrm{d}F(\tau)}{\mathrm{d}\tau}\Big/$s^{-1}
0	0	0	0	160	0.950	0.475	0.323×10^{-2}
10	0.010	0.005	0.091×10^{-2}	180	1.080	0.540	0.302×10^{-2}
20	0.036	0.018	0.164×10^{-2}	200	1.190	0.595	0.270×10^{-2}
40	0.126	0.063	0.268×10^{-2}	250	1.426	0.713	0.205×10^{-2}
60	0.248	0.124	0.329×10^{-2}	300	1.604	0.802	0.148×10^{-2}
80	0.384	0.192	0.353×10^{-2}	400	1.820	0.910	0.072×10^{-2}
100	0.530	0.265	0.368×10^{-2}	500	1.920	0.960	0.033×10^{-2}
120	0.680	0.340	0.360×10^{-2}	600	1.970	0.985	0.013×10^{-2}
140	0.820	0.410	0.345×10^{-2}	700	1.996	0.993	0.006×10^{-2}

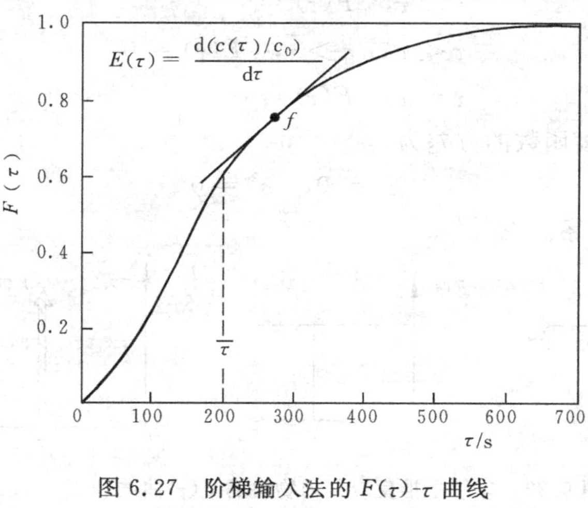

图 6.27 阶梯输入法的 $F(\tau)$-τ 曲线

由图中曲线的斜率求出该流动体系的 $E(\tau)$，将此一系列 $E(\tau)$ 数据也列入表 6.8，并作 $E(\tau)$-τ 曲线，如图 6.28 所示。

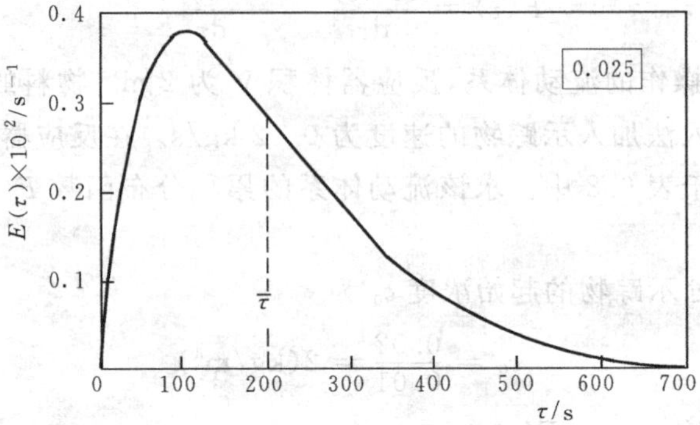

图 6.28　由阶梯输入法 $F(\tau)$-(τ) 曲线算出的 $E(\tau)$-τ 曲线

6.6.3　理想反应器的停留时间分布

物料在反应器内停留时间的表达式，除通过实验测定外，还可以通过物料衡算获得。由于理想反应器内物料停留时间分布是一些非理想流动反应器内物料停留时间分布的极端状况，也比较简单，并且也是讨论非理想反应器的基础，所以，首先讨论理想反应器的停留时间分布。

1. 理想平推流反应器内物料停留时间分布

在连续操作的理想平推流反应器中，物料没有返混，即物料在反应器里各处同一截面上的停留时间完全一样。在出口处计算的停留时间为 $\tau=V_R/F_v=\bar{\tau}$，即停留时间大于 $\bar{\tau}$ 和小于 $\bar{\tau}$ 的物料分率均为零。用分布函数 $F(\tau)$ 及分布密度函数 $E(\tau)$ 表示为

当　　　　$0<\tau<\bar{\tau},\quad F(\tau)=0$

　　　　　$\tau\geqslant\bar{\tau},\quad F(\tau)=1$

当　　　　$\tau<\bar{\tau}$ 或 $\tau>\bar{\tau},\quad E(\tau)=0$

　　　　　$\tau=\bar{\tau},\quad E(\tau)=\infty$

这种情况下的分布密度函数的方差为

$$\sigma_\tau^2=0,\quad \sigma^2=0$$

图 6.29 表示了上述关系。

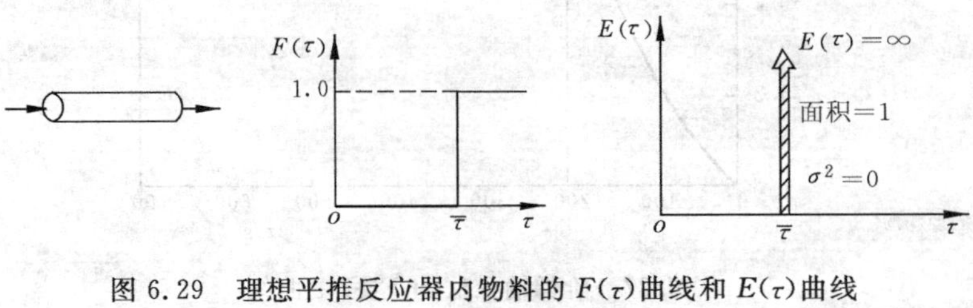

图 6.29　理想平推反应器内物料的 $F(\tau)$ 曲线和 $E(\tau)$ 曲线

2. 理想全混流反应器内物料停留时间分布

当物料进入连续操作的全混流反应器后，马上与原来在反应器内的物料完全混合，不仅反应器内的物料浓度相等，而且出口处物料的浓度也和反应器内的相等，所以，它的物料停留时间分布与理想平推流反应器的完全不同。其 $F(\tau)$ 曲线和 $E(\tau)$ 曲线也可以从物料衡算推导出来。

如反应器的有效容积为 V_R，物料主流通过反应器的体积流量为 F_v，达到稳态后用脉冲法瞬时注入示踪物(M_0)，则釜内示踪物浓度 $c_0=M_0/V_R$，出口处示踪物浓度也为 c_0。在 τ 时间后，出口处的示踪物浓度为 $c_2(\tau)$，并且在随后的 $d\tau$ 时间间隔内，示踪物浓度的变化为 $dc(\tau)$，则示踪物在 $d\tau$ 时间间隔内的物料衡算式可表示为

τ 时釜内原有的示踪物＝(τ＋$d\tau$)时釜内留存的示踪物＋$d\tau$ 时间间隔内流出的示踪物

即

$$V_R c(\tau)=V_R(c(\tau)+dc(\tau))+F_v c(\tau)d\tau$$

$$\frac{dc(\tau)}{d\tau}=-\frac{F_v}{V_R}d\tau$$

若 $F_v=F_{v0}$，并且令

$$\bar{\tau}=\frac{V_R}{F_{v0}}$$

$\bar{\tau}$ 为物料在单个连续操作搅拌釜中的空间时间(其含义见后)，所以

$$\frac{dc(\tau)}{c(\tau)}=-\frac{1}{\bar{\tau}}d\tau$$

当 $\tau=0$ 时，$c(\tau)=c_0$

当 $\tau=\tau$ 时，$c(\tau)=c(\tau)$

积分上式得

$$\int_{c_0}^{c(\tau)}\frac{dc(\tau)}{c(\tau)}=-\frac{1}{\bar{\tau}}\int_0^{\tau}d\tau$$

$$\ln\frac{c(\tau)}{c_0}=-\frac{\tau}{\bar{\tau}}$$

$$c(\tau)=c_0 e^{-\frac{\tau}{\bar{\tau}}}$$

上式即是在连续操作的理想搅拌釜中示踪物浓度和停留时间的关系，根据式(6-39)可得

$$E(\tau)=\frac{F_{v0}}{M_0}c(\tau)=\frac{F_{v0}}{M_0}c_0 e^{-\frac{\tau}{\bar{\tau}}}$$

$$=\frac{F_{v0}}{M_0}\frac{M_0}{V_R}e^{-\frac{\tau}{\bar{\tau}}}=\frac{F_{v0}}{V_R}e^{-\frac{\tau}{\bar{\tau}}}$$

所以
$$E(\tau)=\frac{1}{\bar{\tau}}e^{-\frac{\tau}{\bar{\tau}}}\tag{6-41}$$

或
$$E\left(\frac{\tau}{\bar{\tau}}\right)=e^{-\frac{\tau}{\bar{\tau}}}\tag{6-41a}$$

将式(6-41)积分可得分布函数 $F(\tau)$

$$F(\tau)=\int_0^{\infty}E(\tau)\mathrm{d}\tau=1-\mathrm{e}^{-\frac{\tau}{\bar{\tau}}} \tag{6-42}$$

式(6-41)和式(6-42)分别是连续操作的理想搅拌釜的停留时间分布密度函数和分布函数计算式,其图形如图 6.30 所示。

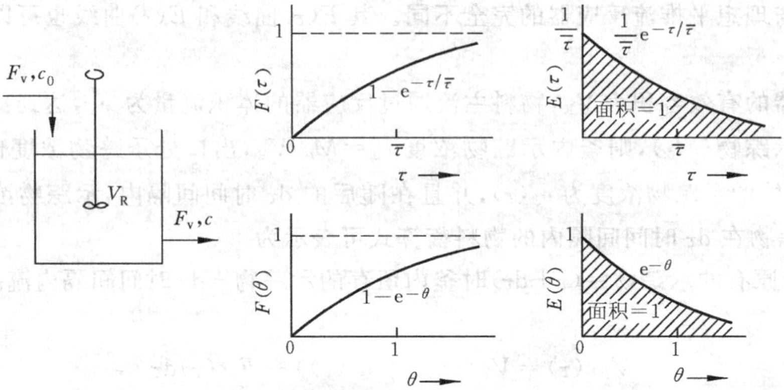

图 6.30 理想混合反应器的 F 和 E 曲线

在理想全混流反应器中,物料停留时间分布的方差可根据式(6-36)和式(6-41)计算:

$$\sigma_\tau^2=\int_0^{\infty}\tau^2E(\tau)\mathrm{d}\tau-\bar{\tau}^2=\int_0^{\infty}\tau^2\,\frac{1}{\bar{\tau}}\mathrm{e}^{-\frac{\tau}{\bar{\tau}}}\mathrm{d}\tau-\bar{\tau}^2$$

$$=\frac{1}{\bar{\tau}}\int_0^{\infty}\tau^2\mathrm{e}^{-\frac{\tau}{\bar{\tau}}}\mathrm{d}\tau-\bar{\tau}^2=\frac{1}{\bar{\tau}}\,\frac{2!}{\left(\frac{1}{\bar{\tau}}\right)^3}$$

$$-\bar{\tau}^2=2\bar{\tau}^2-\bar{\tau}^2=\bar{\tau}^2$$

即

$$\sigma_\tau^2=\bar{\tau}^2,\quad \sigma^2=\frac{\sigma_\tau^2}{\bar{\tau}^2}=1$$

由此可见,理想全混流反应器中物料停留时间分布的离散度最大。

3. 串联多釜连续操作的理想搅拌釜的停留时间分布

该类反应器的示意图见图 6.31 所示。假设反应器的有效容积等于 V_R,物料主流通过反应器的体积流量为 F_{v0},瞬时加入示踪物(M_0)后,在 $\tau=0$ 时,第一釜的示踪物浓度 $c_1(0)=M_0/V_R$,τ 时间后,离开第一釜示踪物的浓度为 $c_1(\tau)$,离开第二釜的浓度为 $c_2(\tau)$,在随后的 $\mathrm{d}\tau$ 时间间隔内,示踪物在第二釜内浓度的变化为 $\mathrm{d}c_2(\tau)$。示踪物浓度随时间的变化可通过如下的物料衡算得到:

对于第一釜

$$c_1(\tau)=c_0\mathrm{e}^{-\frac{\tau}{\bar{\tau}}}$$

式中 $\bar{\tau}$ 为物料经过第一釜的空间时间,在该系统中,各釜的 $\bar{\tau}$ 均相等。

对于第二釜

釜内示踪物的改变量=进入釜的示踪物量-离开釜的示踪物量

即

$$V_R(c_2(\tau)+\mathrm{d}c_2(\tau))-V_Rc_2(\tau)$$

$$= F_{v0}c_1(\tau)\mathrm{d}\tau - F_{v0}c_2(\tau)\mathrm{d}\tau$$

$$\mathrm{d}c_2(\tau) = \frac{F_{v0}}{V_R}c_1(\tau)\mathrm{d}\tau - \frac{F_{v0}}{V}c_2(\tau)\mathrm{d}\tau$$

$$= \frac{1}{\bar{\tau}}c_1(\tau)\mathrm{d}\tau - \frac{1}{\bar{\tau}}c_2(\tau)\mathrm{d}\tau$$

也就是

$$\frac{\mathrm{d}c_2(\tau)}{\mathrm{d}\tau} = \frac{1}{\bar{\tau}}c_1(\tau) - \frac{1}{\bar{\tau}}c_2(\tau)$$

$$= \frac{1}{\bar{\tau}}c_0\mathrm{e}^{-\frac{\tau}{\bar{\tau}}} - \frac{1}{\bar{\tau}}c_2(\tau)$$

$$\frac{\mathrm{d}c_2(\tau)}{\mathrm{d}\tau} + \frac{1}{\bar{\tau}}c_2(\tau) = \frac{1}{\bar{\tau}}c_0\mathrm{e}^{-\frac{\tau}{\bar{\tau}}}$$

上式为一阶线性微分方程,其解为

$$c_2(\tau) = c_0\left(\frac{\tau}{\bar{\tau}}\right)\mathrm{e}^{-\frac{\tau}{\bar{\tau}}}$$

同理,对于三釜串联,可以得到

$$c_3(\tau) = \frac{1}{2}c_0\left(\frac{\tau}{\bar{\tau}}\right)^2\mathrm{e}^{-\frac{\tau}{\bar{\tau}}}$$

对于四釜串联,可以得到

$$c_4(\tau) = \frac{1}{2}\cdot\frac{1}{3}c_0\left(\frac{\tau}{\bar{\tau}}\right)^3\mathrm{e}^{-\frac{\tau}{\bar{\tau}}}$$

对于 N 釜串联,则可以得到

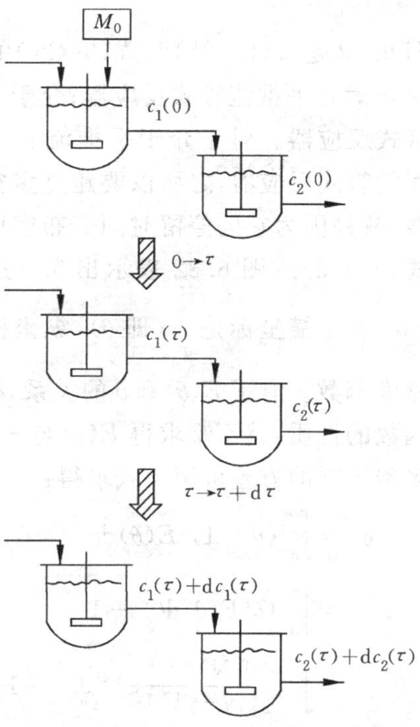

图 6.31 用脉冲法测串联多釜停留时间分布时示踪物浓度随时间的变化($N=2$)

$$c_N(\tau) = \frac{1}{(N-1)!}\left(\frac{\tau}{\bar{\tau}}\right)^{N-1}\mathrm{e}^{-\frac{\tau}{\bar{\tau}}}c_0$$

上式就是 N 个连续操作的理想搅拌釜串联时,用脉冲法测定其示踪物浓度随时间变化的关系计算式。由式(6-39)可知,物料在此类反应器内的停留时间分布密度函数为:

$$E(\tau) = \frac{F_{v0}}{M_0}c_N(\tau) = \frac{F_{v0}}{M_0}c_0\frac{1}{(N-1)!}\left(\frac{\tau}{\bar{\tau}}\right)^{N-1}\mathrm{e}^{-\frac{\tau}{\bar{\tau}}}$$

$$= \frac{F_v}{M_0}\frac{M_0}{V_R}\frac{1}{(N-1)!}\left(\frac{\tau}{\bar{\tau}}\right)^{N-1}\mathrm{e}^{-\frac{\tau}{\bar{\tau}}} = \frac{1}{\bar{\tau}}\frac{1}{(N-1)!}\left(\frac{\tau}{\bar{\tau}}\right)^{N-1}\mathrm{e}^{-\frac{\tau}{\bar{\tau}}}$$

所以

$$E(\tau) = \frac{1}{(N-1)!}\frac{1}{\bar{\tau}}\left(\frac{\tau}{\bar{\tau}}\right)^{N-1}\mathrm{e}^{-\frac{\tau}{\bar{\tau}}} \tag{6-42a}$$

令物料经过整个串联多釜的空间时间 $\bar{t}$ 为

$$\bar{t} = N\bar{\tau}$$

则式(6-42a)可变为

$$E(\tau) = \frac{N^N}{(N-1)!}\left(\frac{\tau}{\bar{t}}\right)^{N-1}\mathrm{e}^{-N\left(\frac{\tau}{\bar{t}}\right)}\frac{1}{\bar{t}} \tag{6-42b}$$

或

$$E\left(\frac{\tau}{\bar{t}}\right) = \frac{N^N}{(N-1)!}\left(\frac{\tau}{\bar{t}}\right)^{N-1}\mathrm{e}^{-N\left(\frac{\tau}{\bar{t}}\right)} \tag{6-42c}$$

式(6-42a),式(6-42b)和式(6-42c)就是 N 个连续操作理想搅拌釜串联时的 $E(\tau)$ 的计算公式。

图 6.32 是式(6-42b)和式(6-42c)的图示。当 $N=1$ 时是单个连续操作的理想搅拌釜；当 $N=\infty$ 时是平推流管式反应器；介于上述两者之间的是串联的理想搅拌釜或是有轴向扩散的管式反应器。对于介于平推流和理想全混流之间的管式反应器，之所以要建立多釜串联流动模型，就是因为它的停留时间分布密度函数可以用式(6-42a)或图 6.32 表示出来。这里要注意，图 6.32 中横坐标是 $\frac{\tau}{\bar{\tau}}$(即 θ)，纵坐标是 $\frac{\tau}{\bar{\tau}}$ 的分布密度函数。有了 $E(\theta)$ 和 θ 的关系，根据分布密度函数的性质，就不难求得 $E(\tau)$ 与 τ 的关系。

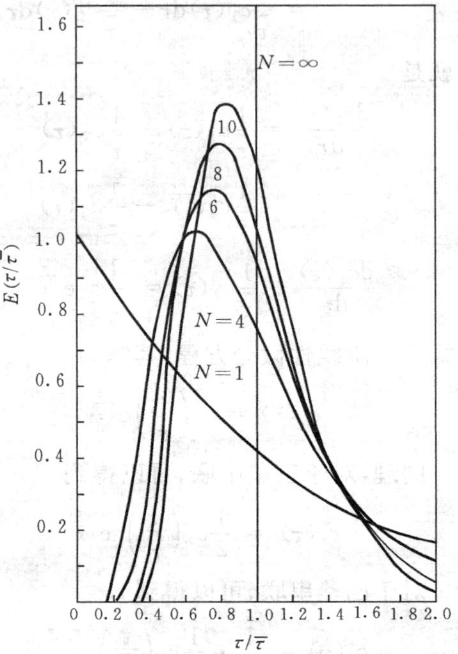

图 6.32 串联多釜的停留时间分布密度函数

多釜串联的方差可用下式求得：

$$\begin{aligned}\sigma^2 &= \int_0^\infty (\theta-1)^2 E(\theta)\mathrm{d}\theta \\ &= \int_0^\infty (\theta^2 E(\theta)\mathrm{d}\theta) - 1 \\ &= \int_0^\infty \left[\frac{\theta^2 N^N \theta^{N-1}}{(N-1)!}\mathrm{e}^{-N\theta}\mathrm{d}\theta\right] - 1 \\ &= \frac{1}{N} \qquad (6\text{-}43)\end{aligned}$$

从式(6-43)可知，σ^2 仅是 N 的函数。釜数越多，方差越小。当 $N\to\infty$，$\sigma^2=0$；$N=1$，$\sigma^2=1$。由此也可知，多釜串联模型描述的非理想流动流况是介于两个理想流动模型的流况之间。N 值只是反映了反应器内物料的返混程度，它是多釜串联模型的特征参数。

例 6-12 应用例 6-10 的数据和结果，求该反应器内物料流况的模型参数 N。

解：例 6-10 已求得该反应器内物料停留时间分布密度 $E(\tau)$，再利用例 6-10 的数据求出平均停留时间 $\bar{\tau}$，因为 $\Delta\tau$ 均等于 5 min，由式(6-34)得

$$\begin{aligned}\bar{\tau} &= \frac{\sum \tau_i E(\tau_i)\Delta\tau_i}{\sum E(\tau_i)\Delta\tau_i} = \frac{\sum \tau_i E(\tau_i)}{\sum E(\tau_i)} \\ &= \frac{5\times0.03+10\times0.05+15\times0.05+20\times0.04+25\times0.02+30\times0.01}{0.03+0.05+0.05+0.04+0.02+0.01} \\ &= \frac{3.0}{0.2} = 15(\text{min})\end{aligned}$$

方差 σ_τ 可由式(6-37)求得

$$\begin{aligned}\sigma_\tau^2 &= \sum \tau_i^2 E(\tau_i)\Delta\tau_i - \bar{\tau}^2 \\ &= [(5^2\times0.03)+(10^2\times0.05)+(15^2\times0.05)+(20^2\times0.04) \\ &\quad +(25^2\times0.02)+(30^2\times0.01)]\times5-15^2 \\ &= 47.5(\text{s}^2)\end{aligned}$$

$$\sigma^2 = \frac{\sigma_\tau^2}{\bar{\tau}^2} = \frac{47.5}{15^2} = 0.211(s^2)$$

由式(6-43)可得

$$N = \frac{1}{\sigma^2} = \frac{1}{0.211} = 4.74$$

即该反应器物料的流况相当于串联4.74个等容积的理想全混流反应釜内的物料流况。

6.6.4 停留时间分布在非理想流动均相反应器中的应用和计算

1. 停留时间分布曲线的作用

研究停留时间分布的目的，主要是度量物料的返混程度，从而对非理想流动反应器的均相反应进行计算。实验测定的停留时间分布还可以为定性判断反应器的流动状况和返混程度提供许多重要信息，依据这些信息可以预计反应情况，以采取适宜措施使反应按要求进行。例如：

(1) 提供理想流动反应器内停留时间分布曲线的典型图像。如图6.33所示，分别为平推流和全混流反应器的停留时间分布密度曲线和分布函数曲线的典型图像。

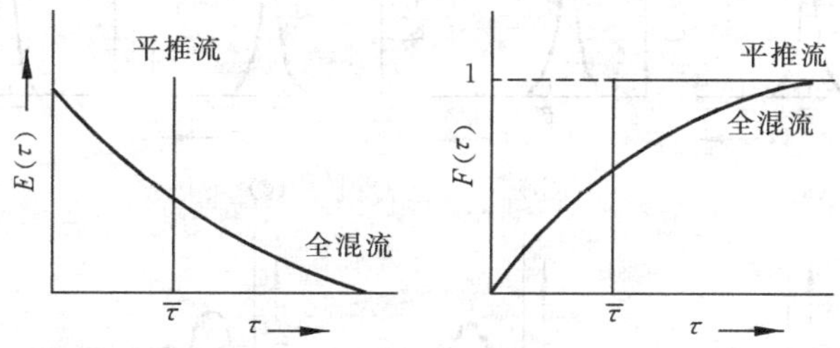

图6.33 平推流与全混流反应器的停留时间分布曲线

(2) 将实际测得的停留时间分布曲线与理想流动反应器的停留时间分布曲线进行对照，即可定性判断实际反应器较接近平推流模型，或较接近全混流模型，以及偏离理想流动模型的程度和返混程度。如图6.34所示，图中实线为实测的实际反应器的停留时间分布曲线，虚线为理想流动反应器的停留时间分布曲线。图(a)说明所测的实际反应器较接近平推流，与之偏离不大；图(b)说明所测的反应器较接近于全混流，偏离也不大。

(3) 根据实际测得的停留时间分布曲线，可以定性诊断反应器内物料的流动状况是否正常。如图6.35所示的7帧曲线图都是实际测得的几种实际反应器内的停留时间分布密度曲线。其中图(a)，(b)，(c)，(d)是反应器内物料接近平推流时的实测曲线；图(e)，(f)，(g)则是接近全混流时的实测曲线。这些曲线分别反映了反应器内物料的不同流动状况：

图(a)曲线表明流动状况正常。

图(b)曲线图像正常，但出峰超前，即曲线显示的平均停留时间小于按实际设备计算的平均停留时间，表明反应器内的物料可能存在沟流或短路，或者对设备内的流通体积计算有误。

图(c)曲线图像正常，但出峰滞后，即曲线显示的平均停留时间大于按实际设备计算的平均停留时间，表明反应器内的物料流动可能存在死角，或者对设备内的流通体积计算有

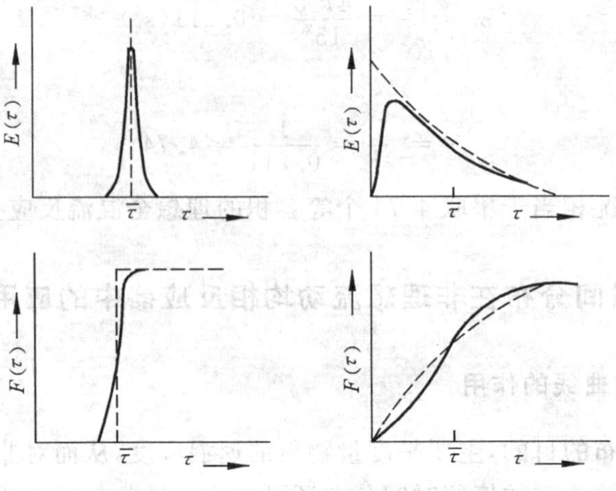

图 6.34 实际与理想反应器的停留时间分布曲线

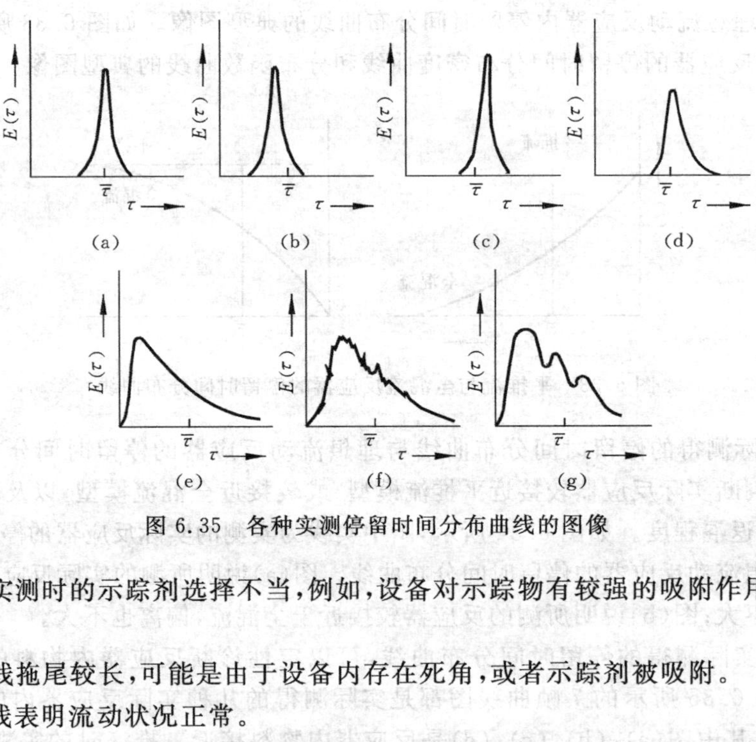

图 6.35 各种实测停留时间分布曲线的图像

误。另外,若实测时的示踪剂选择不当,例如,设备对示踪物有较强的吸附作用,也会出现这种结果。

图(d)曲线拖尾较长,可能是由于设备内存在死角,或者示踪剂被吸附。

图(e)曲线表明流动状况正常。

图(f)所示曲线,总体看,较接近于全混流,但曲线不平滑,可能是由于反应器内物料宏观混合虽较均匀,而微观混合不匀所致。通常,对于连续搅拌釜式反应器,如果搅拌器选择或设置不当,其搅拌作用往往只是造成宏观的总体流动,而未能将物料微团破碎,使之达到分子尺度上的均匀混合,就会出现这种现象。为了克服这种不正常状况,除选择合适型式的搅拌器外,通常在反应器内壁设置挡板,以加剧液体的湍动,有利于液体微团的撕裂和破碎。

图(g)中的曲线表明设备内存在局部的内循环流动。

2. 停留时间分布在一级反应计算中的应用

对于一级反应，只要有了停留时间分布，就可以计算反应结果。

通过停留时间分布，就可以知道物料在反应器中停留了各个不同时间的部分各有多少。停留时间长的，到了反应器出口，达到的转化率就高，未转化的反应物剩下的就少；相反，停留时间短的，到了出口，达到的转化率就低，未转化的反应物剩下的就多。我们要预计的出口物料转化率的平均值，也就是转化率各不相同的部分混合后表现出来的转化率的总平均值。在反应的化学动力学方程已知时，这一总平均值显然就能根据具体的停留时间分布计算出来。方法如下：把出口物料区分为许许多多物料微元，由于有停留时间分布，在反应器内停留时间不同的物料微元所含有的尚未转化的反应物A的浓度各不相同。出口物料中反应物A的平均浓度可由以下关系确定：

出口物料中反应物A的平均浓度$=\sum$(停留时间在$\tau\rightarrow\tau+\mathrm{d}\tau$的物料微元中反应物A的浓度)(停留时间在$\tau\rightarrow\tau+\mathrm{d}\tau$的物料微元在出口物料微元总数中所占分率)

其中，出口物料中反应物A的平均浓度用$\bar{c}_A$表示。在引用停留时间分布密度函数的概念后，上式可写成

$$\bar{c}_A=\int_0^{\infty}c_A E(\tau)\mathrm{d}\tau \tag{6-44}$$

这就是由停留时间分布预计反应结果的一般关系式。

对于一级反应，设已知其化学动力学方程为$r_A=kc_A$，进口物料中反应物的浓度为c_{A0}，并且，反应前后物料体积没有变化，因此

$$r_A=-\frac{\mathrm{d}c_A}{\mathrm{d}\tau}=kc_A$$

$$\frac{\mathrm{d}c_A}{c_A}=-k\mathrm{d}\tau$$

积分上式，当$\tau=0$时，$c_A=c_{A0}$；当$\tau=\tau$时，$c_A=c_A$，得

$$\ln\frac{c_A}{c_{A0}}=-k\tau$$

即

$$c_A=c_{A0}\mathrm{e}^{-k\tau}$$

将上式代入式(6-44)，得到

$$\bar{c}_A=c_{A0}\int_0^{\infty}\mathrm{e}^{-k\tau}E(\tau)\mathrm{d}\tau \tag{6-45}$$

在停留时间分布密度函数$E(\tau)$已知时，就可用式(6-45)计算反应器所能实现的转化率$\bar{x}$

$$\bar{x}=1-\frac{\bar{c}_A}{c_{A0}} \tag{6-46}$$

例 6-13　试根据例6-10中所得出的停留时间分布密度函数，预计某一级反应的反应结果。已知其化学动力学方程为$r_A=kc_A$，反应速度常数$k=0.3071/\mathrm{min}$。将结果同按平推流情况计算的结果相比较。如果用多釜串联模型，转化率又为多少？

解：(1) 直接利用例6-10中$E(\tau)$函数的列表数据，用求和代替式(6-45)中的积分，全

部中间数据和最后结果如下表所示：

τ	$E(\tau)$	$k\tau$	$e^{-k\tau}$	$e^{-k\tau}E(\tau)\Delta\tau$
5	0.03	1.53	0.2165	0.0325
10	0.05	3.07	0.0464	0.0116
15	0.05	4.60	0.0100	0.0025
20	0.04	6.14	0.0022	0.0004
25	0.02	7.68	0.0005	0.0001
30	0.01	9.21	0.0001	0
				$\sum e^{-k\tau}E(\tau)\Delta\tau=0.0471$

平均转化率为

$$\bar{x}=1-\frac{c_A}{c_{A0}}=1-0.0471=95.3\%$$

如果按平推流进行计算，因为由例 6-12 中已计算得到平均停留时间$\bar{\tau}=15$ min，由式(6-14)可得

$$\bar{x}_A=1-e^{-k\tau}=1-e^{-(0.307\times 15)}=1-0.01=99\%$$

从上面计算结果可以看出，当流型偏离平推流而形成某种非理想流动时，转化率就要降低。

(2) 在例 6-12 中已求得多釜串联模型参数 $N=4.76$，应用式(6-21)

$$\frac{\bar{c}_{AN}}{c_{A0}}=\frac{1}{(1+k\bar{\tau})^N}=\frac{1}{\left[1+0.307\left(\frac{15}{4.76}\right)\right]^{4.76}}=0.040$$

$$\bar{x}_A=1-0.04=96\%$$

3. 非一级反应情况

对于非一级反应，单靠停留时间分布就不足以预计出反应结果。这首先由于一种流型固然有一种相应的停留时间分布，但反过来，一种停留时间分布并非只能是一种具体流型的结果，完全可能有两种或几种不相同的流型，却都给出同一种停留时间分布。其次，反应结果应是由反应器内物料接触和混合的具体流型所决定，并非停留时间分布的直接结果，因此，既然相应于同一停留时间分布可能有不同的流型，那么，在停留时间分布相同的情况下，反应结果也有可能不相同。

当停留时间分布相同时，反应结果究竟是相同还是不同，这和反应的类型有关。进一步的分析表明，对于一级反应，只要停留时间分布相同，流型上有所不同，实际上并不影响反应结果，因而，对这类反应可以仅靠停留时间分布预计反应结果。

对于非一级反应，情况就不这么简单。尽管停留时间分布相同，流型如果不同，也会影响反应结果。这种情况下，仅靠停留时间分布就不足以对反应结果作出准确的预计。

这里要着重指出：对于非一级反应，例如二级反应或 0.5 级反应，尽管仅靠停留时间分布不足以预计反应结果，但是停留时间分布在预计反应结果方面仍然是一个重要因素。这时，停留时间分布的应用有以下两种情况：

(1) 既然除了停留时间分布以外，具体的流型也和反应结果有关，那么，在掌握了停留时间分布以后，再配合针对非理想流动的流型选取的模型，就可以预计反应结果。其可靠程

度，取决于所选的模型能反映实际流型的基本特点到什么程度。

(2) 即使不选取模型，直接利用停留时间分布，尽管不能预计出准确的反应结果，还是可以预计出反应结果的一个可能限度、上限或下限。通过进一步的分析可以知道，对于级数大于 1 的反应，仅靠停留时间分布进行的计算可以给出转化率的上限；对于级数小于 1 的反应(零级反应除外)，可以给出转化率的下限。

6.7 非理想流动反应器内的流动模型——扩散模型

选取一个模型来近似地代表实际反应器中非理想流动的主要特征，目的是配合停留时间分布，建立预计反应结果的分析计算方法。因此，这种模型一方面应尽可能近似地反映实际流型的主要特征；另一方面，又必须简单，利于进行简便的数学处理。

6.7.1 扩散模型

假设某流体以固定线速度 u 通过一个长度为 L、横截面为 S 的管式反应器，存在返混，其轴向扩散系数为 D_a。对管式反应器通常可假定在同一截面上的径向浓度分布均匀。如果反应器内进行的是 n 级反应，其反应式为：

$$\mathrm{A} \longrightarrow \mathrm{R}$$

其动力学方程式为：

$$-r_A = kc_A^n$$

根据在 6.3.3 节中得到的描写轴向扩散流动模型的数学方程式

$$D_a \frac{d^2 c_A}{dl^2} - u\frac{dc_A}{dl} - r_A = 0 \tag{6-1}$$

可以得到

$$u\frac{dc_A}{dl} - D_a \frac{d^2 c_A}{dl^2} + kc_A^n = 0 \tag{6-47}$$

式中：$-D_a \dfrac{d^2 c_A}{dl^2}$项为物料 A 由于轴向返混而导致的传递量。当 $D_a \to 0$ 时，式(6-47)成为理想平推流的数学模型表达式。

在应用式(6-47)时，常将各变数换成无因次形式。令

$$Z = \frac{l}{L}, \quad \bar{\tau} = \frac{L}{u} = \frac{V_R}{v}, \quad x_A = \frac{c_{A0} - c_A}{c_{A0}}$$

把它们代入式(6-47)，则变为扩散模型常用的形式：

$$\frac{D_a}{uL}\frac{d^2 x_A}{dZ^2} - \frac{dx_A}{dZ} + k\bar{\tau} c_{A0}^{n-1}(1 - x_A)^n = 0 \tag{6-48}$$

为了分析 $D_a/(uL)$ 对 x_A 的影响，必须求解式(6-48)。一般仅对一级反应才能得到解析解，其解如下式：

$$\frac{c_A}{c_{A0}} = 1 - x_A = \frac{4\alpha \exp\left(\frac{1}{2} \cdot \frac{uL}{D_a}\right)}{(1+\alpha)^2 \exp\left(\frac{\alpha}{2} \cdot \frac{uL}{D_a}\right) - (1-\alpha)^2 \exp\left(-\frac{\alpha}{2}\frac{uL}{D_a}\right)} \tag{6-49}$$

式中

$$\alpha = \sqrt{1 + 4k\tau[D_a/(uL)]}$$

图 6.36 是式(6-49)的图示。根据不同的$(uL)/D_a$值可以方便地找出转化率。图中的$(uL)/D_a=0$及∞的两线分别代表理想全混流及理想平推流这两种极限情况。

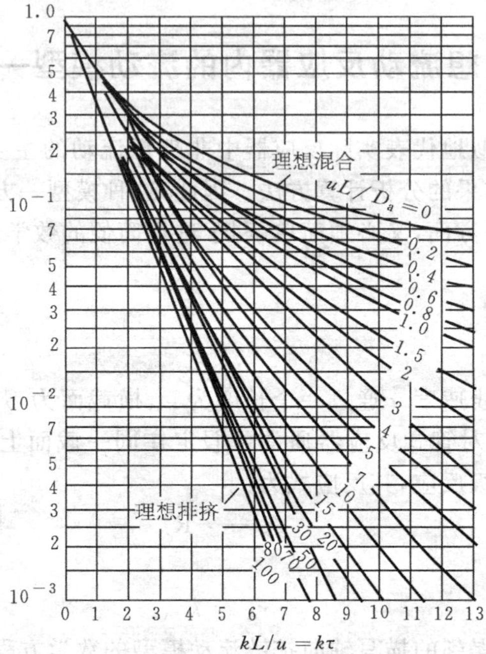

图 6.36 扩散模型的一级反应未转化率

将式(6-49)与式(6-12)联合起来,可以得到一组有用的曲线,如图 6.37 所示。该图的纵坐标是有轴向返混的管式反应器所需的容积与达到同样转化率的理想排挤(即平推流)反应器所需的容积之比(V/V_P),横坐标为未转化率。从图 6.37 可知:

(1) 有轴向返混的反应器所需的容积大于理想排挤反应器的容积,即$V/V_P>1$。

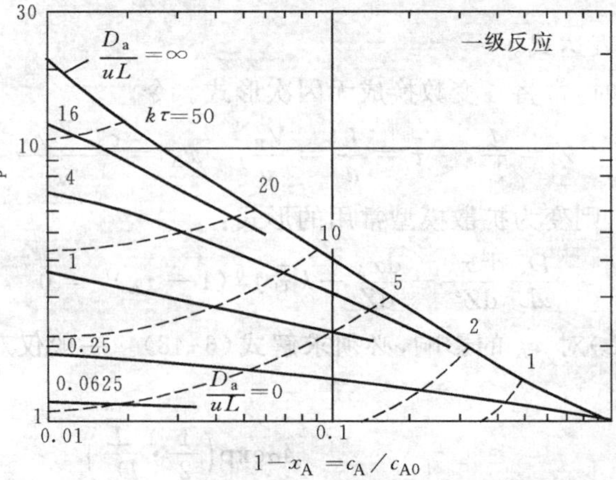

图 6.37 对一级反应实际反应器与理想排挤反应器所需容积的比较

(2) 轴向返混愈严重，即 $D_a/(uL)$ 愈大，V/V_P 也愈大，反应器性能愈差。

(3) 转化率愈大，V/V_P 也愈大。

在进行零级反应时，轴向返混对反应器性能没有影响；反应级数愈高，影响愈大。

6.7.2 扩散模型参数的确定

无因次数群 $D_a/(uL)$ 的倒数 $(uL)/D_a$ 称为贝克来(Peclet)数(Pe)。它是度量涡流扩散的准数，也是扩散模型的参数。当 $1/Pe \to 0$ 时，为理想排挤(即平推流)模型；当 $1/Pe \to \infty$ 时，为理想全混流模型。

为了确定 $1/Pe$，把它与停留时间分布关联起来，可得

$$E(\theta)=\frac{1}{2\sqrt{\pi(1/Pe)}}\exp\left(-\frac{Pe(1-\theta)^2}{4}\right) \tag{6-50}$$

当返混很小时，$E(\theta)$ 曲线呈正态分布，数学期望 $\bar{\theta}$ 和方差 σ^2 为

$$\bar{\theta}=1$$

$$\sigma^2=2/Pe \quad 或 \quad \sigma^2=\frac{2D_a}{uL} \tag{6-51}$$

当返混较大时，由于 $E(\theta)$ 曲线不对称，方差为

$$\sigma^2=\frac{2}{Pe}-2\left(\frac{1}{Pe}\right)^2(1-e^{-Pe}) \tag{6-52}$$

上述两种情况如图 6.38 所示。

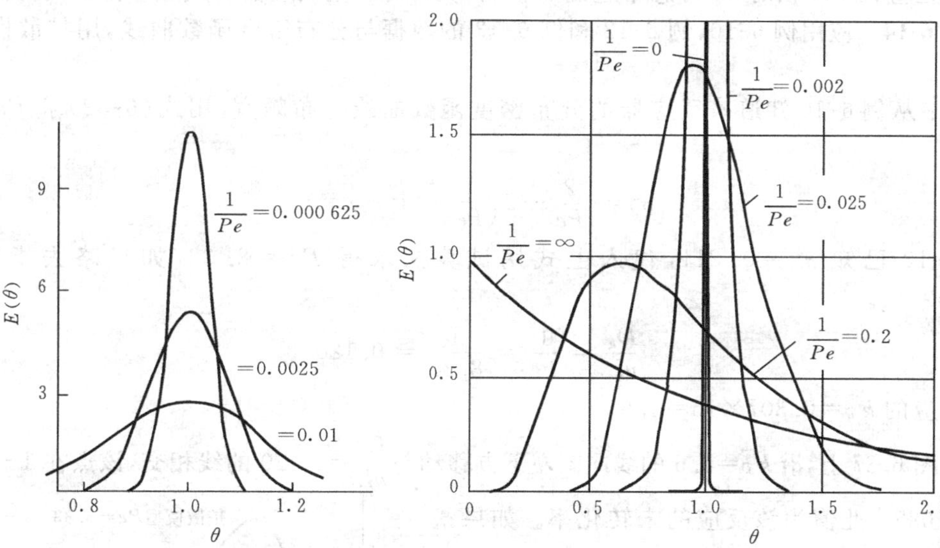

图 6.38 $E(\theta)$-θ 曲线的 $1/Pe$

从上述各种关系可知，确定扩散模型参数有好几种方法。最简便的一种是，标绘实际测得的 $E(\theta)$-θ 曲线，判断返混的大小，然后决定用式(6-51)还是用式(6-52)，再通过方差 σ^2 与 $1/Pe$ 的关系求得 $1/Pe$。当 $1/Pe<0.005$ 时，可忽略返混的影响，作理想排挤处理。

另外，在某些情况下，也可以根据流体力学状况把模型参数计算出来。例如对于固定床

反应器类型的填充床流体的流动,已找出了轴向混合和径向混合的 Pe 数与 Re 数的关系。

对气体,当 $Re=\dfrac{d_pG}{\mu}>100$(湍流区域)时,轴向和径向的 Pe 均保持常数,即

$$(Pe)_{轴向}=\frac{u_i d_p}{D_a}=2 \tag{6-53}$$

$$(Pe)_{径向}=\frac{u_i d_p}{D_r}=12 \tag{6-54}$$

式中 Pe 的定性长度用的是填充床固体颗粒直径 d_p,而不是床层长度 L;气速是气体在床层缝隙中的平均速度 u_i,而不是表观速度;D_r 是床层径向有效扩散系数。

应用式(6-53)可以根据已知的 d_p 和 u_i 计算 D_a,从而也就计算出模型参数 $D_a/(u_iL)$。

下面讨论气固相固定床反应器的床层长度 L 与固体颗粒直径 d_p 之比(L/d_p)对返混程度的影响。根据图 6.37 可知,当 $D_a/(uL)\leqslant 0.005$ 时,即使转化率 x_A 达到 90%,V/V_p 也是很小的。换句话说,在这种情况下,轴向混合不会使反应器容积增加多少,因而可以忽略。这样,根据 $D_a/(u_iL)\leqslant 0.005$ 及 $\dfrac{u_i d_p}{D_a}=2$ 两个条件,即可得到忽略逆向混合影响,L/d_p 应该满足的条件。

$$\frac{D_a}{u_iL}=\frac{D_a}{u_id_p}\frac{d_p}{L}\leqslant 0.005$$

所以
$$\frac{d_p}{L}\leqslant 0.01 \quad 即 \quad L/d_p\geqslant 100$$

由此得到一个对实际生产很有价值的结论:对于气固相固定床反应器,当床层高度大于固体颗粒直径 100 倍时,就可忽略返混的影响,从而可以把反应器看成理想排挤反应器。

例 6-14 应用例 6-10,例 6-12 和例 6-13 的数据与分布密度函数曲线,用扩散模型求转化率。

解:从例 6-10 知道该反应器的分布密度函数曲线分布颇宽,用式(6-52)求 Pe 比较合适。

$$\sigma^2=\frac{2}{Pe}-2\left(\frac{1}{Pe}\right)^2(1-e^{-Pe})$$

从例 6-12 已知 $\sigma^2=0.211$,代入上式用试算法求得 $Pe=8.33$,如果略去指数项,则 $Pe\approx 9.43$。

$$\frac{D_a}{uL}=\frac{1}{Pe}=\frac{1}{8.33}=0.120$$

又该反应的 $k\bar{\tau}=0.307\times 15=4.6$。

在图 6.37 上,沿 $k\bar{\tau}=4.6$ 的线向图左下方移动与 $\dfrac{D_a}{uL}=0.120$ 的线相交,该点在 $1-x_A$ 轴上为 0.035。此值为该反应的未转化率。如果采用图 6.36,只要在 $\dfrac{uL}{D_a}=8.33$ 和 $k\bar{\tau}=4.6$ 的交点处即可得到相近的数值,$1-x_A=0.035$。与例 6-13(1)所得结果比较,这个值稍低,也就是转化率稍高。其原因是本模型的分布密度函数曲线在前期部分比实际曲线低(见图 6.39)。也就是扩散模型的分布密度函数曲线表示,停

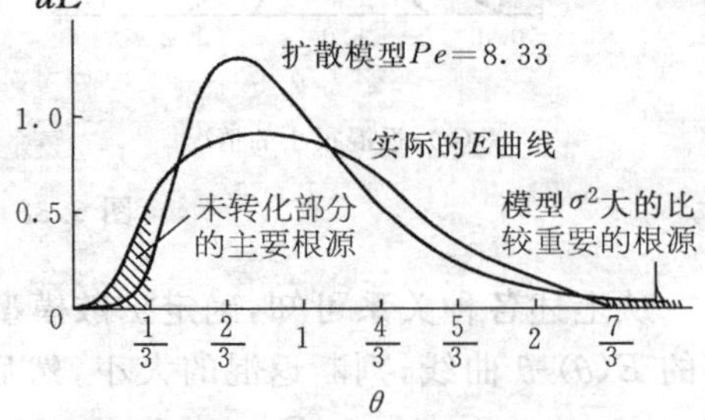

图 6.39

留时间小的物料分率比实际分布密度函数曲线表示的要小，即物料在反应器内停留时间要长些，从而增加了反应的机会。例 6-13(2)求得结果亦比实际为小，原因与这里相同。

从例 6-13 中(2)和例 6-14 可知，多釜串联模型和扩散模型在描述与理想排挤流动偏离不大的非理想流动时，可以得到一致的结果。当气体通过固体填充床时，由于返混作用，可以把填充颗粒之间的区域看成是理想混合区域。这样，串联级数 N 可近似等于$\frac{L}{d_p}$。L/d_p愈大，误差愈小。一般，当 $L/d_p>20$ 时，$N=L/d_p$ 的误差可忽略。

根据式(6-53)的关系，可以得到上述两个模型参数之间的关系式：

$$Pe=\frac{u_iL}{D_a}=\left(\frac{ud_p}{D_a}\right)\left(\frac{L}{d_p}\right)=2N$$

$$N=Pe/2 \tag{6-55}$$

上面介绍的物料返混合停留时间分布，有利于对反应器内物料流况的深入理解。在这个基础上介绍了两个非理想流动的数学模型。从这两个模型的关系可知，一种流况的数学模型可以不止一个，在实际应用时究竟取哪一个要根据具体的情况。数学模型是对反应器内物料流况的高度概括，并借它来解决或解释一些实际问题。要注意的是，数学模型仅仅是工具和方法，它由实践产生，亦需经实践检验。所以有了数学模型并不意味着可取消实验，而是对实验提出了更高的要求。

6.8　气固相催化反应器

气固相催化反应器内进行的是非均相反应。非均相反应与均相反应的基本区别，在于后者的反应物料之间无相界面，因此，也不存在相际间的物质传递过程，其反应速率只与温度、浓度有关；而前者在反应物料之间或反应物与催化剂之间有相界面，必然存在相际物质传递过程，因此非均相反应器的实际反应速率还与相界面的大小及相间扩散速率有关。由于这些原因，在气固相催化反应器内进行的化学反应要比前面讨论的均相反应复杂得多，在反应器的结构和操作方面也相应地有许多特殊之处。

非均相反应过程包括气液、气固、液固和气液固相等反应过程。这些过程又分为催化和非催化反应两大类。这里只讨论气固相催化反应过程。

气固相催化反应过程是指在固体催化剂存在下进行的气相反应过程。气固相催化反应器是近代化学工业中最普遍采用的反应器之一。例如基本化工原料工业中的硫酸、硝酸、合成氨、甲醇和尿素等生产，石油加工工业中的合成纤维、合成橡胶和合成树脂等，都是以气固相催化反应过程为主体过程。

气固相催化反应器的结构型式繁多，按其中催化剂颗粒的运动状态可分为如下 3 大类。

1. 固定床催化反应器

常用的固定床反应器下部设有一多孔的分布板，板上放置固体催化剂颗粒，气流自反应器顶部通入流经催化剂颗粒层，最后自反应器底部引出。催化剂颗粒保持静止状态，故称固定床反应器，其构造如图 6.40(a)所示。固定床催化反应器适用于反应热效应不大的一些反应，如 SO_2 氧化、氨的合成和乙苯脱氢等反应。

2. 移动床催化反应器

这类反应器内的催化剂层依靠重力在床中缓慢移动。气体并流、逆流或错流通过移动的床层。这类反应器的构造示意图如图 6.40(b)所示。

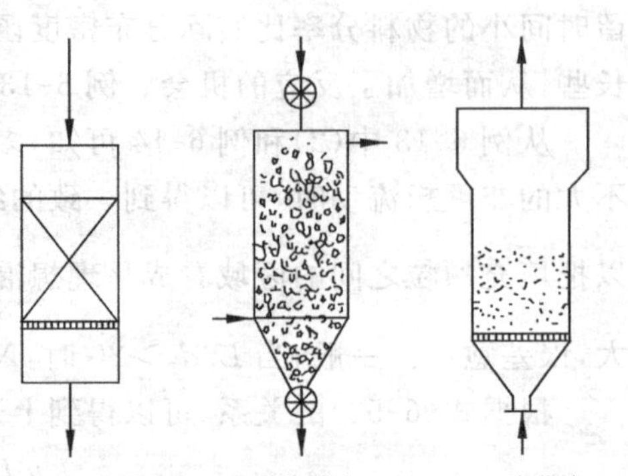

图 6.40 气固催化反应器的床层类型

3. 流化床催化反应器

这是实现气固相催化反应的一种重要反应器。它的主体也是一个圆筒,底部有一多孔或其他形式的分布板使气体自下而上均匀地分布于床层,气流速度超过临界流化速度而又小于带出速度,固体颗粒悬浮于反应器内,此时床层就如"沸腾"一般,故又称它为"沸腾床"。其构造如图 6.40(c)所示。这类反应器适用于反应热效应大,且操作温度的控制范围比较窄的反应,如萘氧化制苯酐,丙烯氨氧化制丙烯腈和石油产品的催化裂化等。

6.8.1 固定床催化反应器

1. 固定床催化反应器的结构和类型

由于原料气通过固体催化剂床层时,催化剂的颗粒静止不动,所以床层的导热性能不好,床层的温度分布不均匀。因此,在设备结构中必须考虑如何保证气固良好的接触,同时采取措施供给或取走热量,以使反应在适宜温度范围内进行。即使如此,反应床层也仍难保持等温,所以大多数固定床反应器属于非等温式反应器。非等温式反应器又分为绝热变温式和非绝热变温式两种。在非绝热变温式反应器中又有外部换热式和自热式两种。

1) 绝热式反应器

该类反应器不与外界进行任何热量交换。对于放热反应,反应过程中所放出的热量完全用来加热系统内的物料。物料温度的提高,称为绝热温升。如果是吸热反应,系统温度会降低,相应地称之为绝热降温。

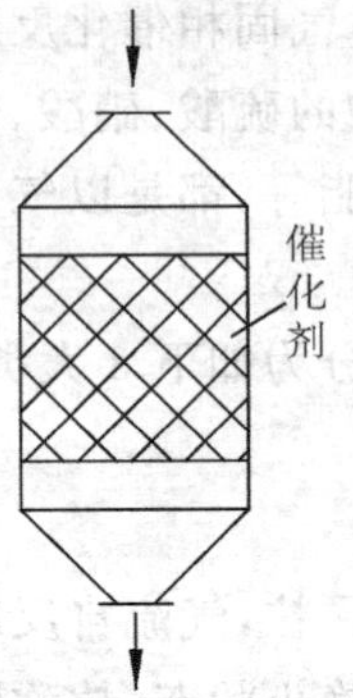

图 6.41 绝热式反应器

(1) 简单绝热反应器

这种反应器的结构简单,如图 6.41 所示。其外形一般呈圆筒状,下有栅板用来支承催化剂。反应气体一般从上部进入,不致使床层松动。气体均匀地通过催化剂床层,停留时间比较一致。它适用于反应的热效应较小,反应过程对温度的变化不敏感及副反应较少的简单反应。例如,乙烯水合反应,其反应热量较小,$q_{298}=44\ 170\ \mathrm{kJ/kmol}$,而且反应过程中乙烯的单程转化率只有 4%～5%,工业上就采用这种反应器。

另外,对于热效应较大的反应,只要反应对温度不很敏感,或是反应速度非常快,有时也使用这类反应器。例如,甲醇在银或铜催化剂上用空气氧化制取甲醛,虽然反应热很大,但因为反应速度很快,可以只用一层薄薄的催化剂,如图 6.42 所示,此一薄层为绝热,下段为一列管式换热器。反应物预热到 383 K，绝热反应后升温到 873 K，混合气体立刻以高的线速度进入冷却器，以防止甲醛进一步氧化或裂解。此外，甲醇氧化反应在高温下往往伴以燃烧，故又在加料中加入部分水以控制温度不过高。

简单绝热式反应器具有结构简单，气体分布均匀，反应空间利用率高和造价便宜等优点。其缺点是反应器轴向温度分布很不均匀，不适用于热效应大的反应。

(2) 多段绝热式反应器

为了克服简单绝热式反应器的缺点，将上述反应器改成多段式，即把催化剂层分成数层，如图 6.43 所示。在各段间进行热交换，以保证每段床层的绝热温升或绝热温降维持在允许范围之内。图 6.43(a)所示的反应器是中间换热式反应器，在各段间用热交换器与外界进行热交换。图中(b)所示的反应器是中间直接冷激式反应器，用原料气或反应气中对反应有利的某一组分作为冷激气。

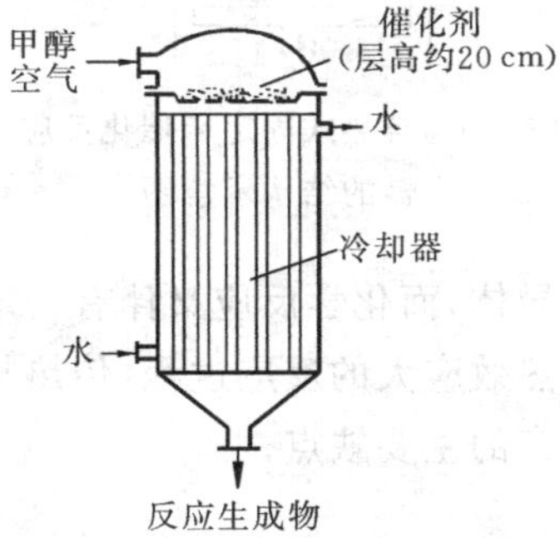

图 6.42 甲醇氧化反应器

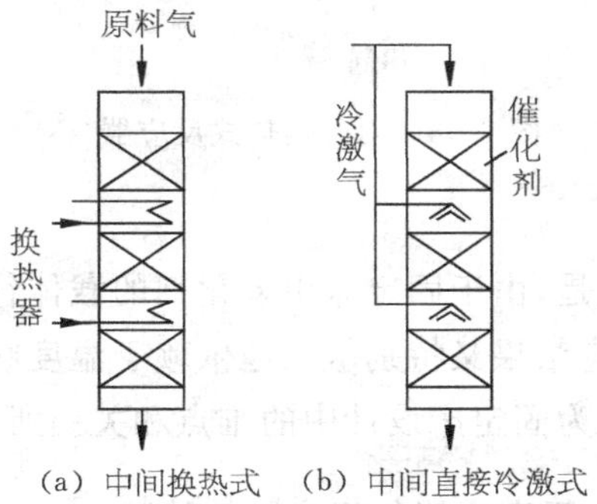

图 6.43 多段绝热反应器

这类反应器适用于具有中等热效应的反应。它们的优点是每一段温度可按最佳温度的需要进行调节，缺点是构造比简单绝热反应器较为复杂。

2) 非绝热外部换热列管式反应器

在反应热较大的反应中，广泛应用列管式反应器，其特点是在反应区就进行热交换。它类似于管壳式换热器，管内填充催化剂，壳间走载热流体，如图 6.44 所示。载热体或冷却剂是根据反应温度、反应热效应、操作情况以及过程对温度波动的敏感性来选择的。为了避免壁效应，催化剂的颗粒直径不得超过管内径的 1/8，一般采用直径为 2 mm～6 mm 的颗粒。

列管式反应器的优点是传热效果好，容易保证温度均匀一致，特别适用于以中间产物为目的的强放热复杂反应。其缺点是结构比较复杂，并不易在高压下操作。

3) 非绝热自热式列管反应器

该类反应器是指在反应区用原料气体加热或冷却催化剂层的一类反应器。合成氨和二氧化硫的氧化中广泛应用这类反应器。图 6.45 是自热式双套管催化床反应器的主要部分示意图。

一般，气固相固定床催化反应器的优点有：催化剂不易磨损，可长期使用；当高、径比大时，床层内流体的流动接近于理想排挤，因此，反应速率较快，用较少量的催化剂和较小的反应器容积就可获得较大的产量；由于停留时间可以严格控制，温度分布可以适当调节，因此，选择性高，可以达到较高的转化率。

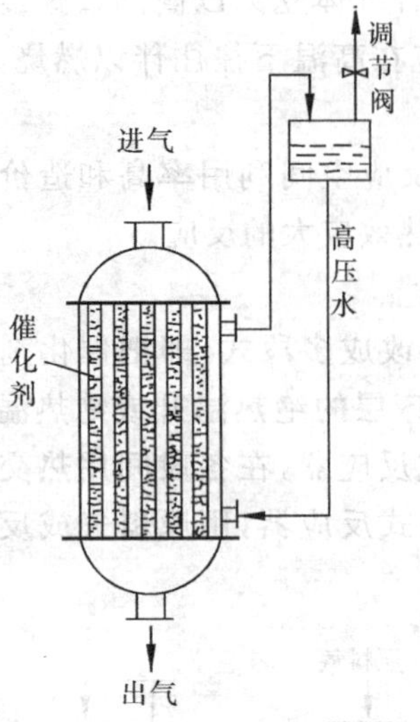

图 6.44　对外换热式反应器

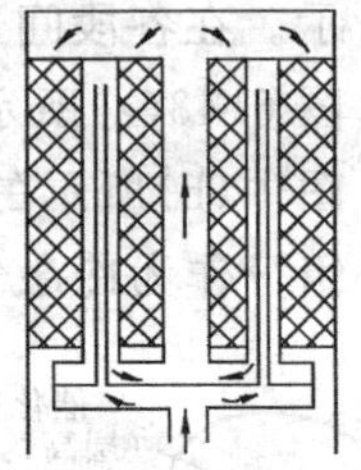

图 6.45　自热式固定床催化反应器的结构示意图

但是,由于固定床中催化剂的载体往往是热的不良导体,而化学反应又伴有一定的热效应,反应结果又特别敏感地依赖于温度状况,因此,对于热效应大的反应过程,传热与控温问题就成为固定床设计中的难点和关键所在,这也是固定床的主要缺点。

2. 固定床催化反应器的计算

在固定床催化反应器内进行的气相催化反应过程,由于反应系统内存在气、固两相,化学反应发生在固体表面上,因此,催化剂固体颗粒内外的传热和传质过程与化学反应过程相伴进行,而这些过程又与流体流动状况密切相关,在某些情况下还与床层内外的热交换过程有关,致使情况十分复杂。对于固定床催化反应器的计算,除某些经验方法外,主要依靠数学模型。

数学模型处理方法是对反应器的物理和化学过程进行合理的简化后,用数学方程式描述反应器,分为拟均相模型和非均相模型。拟均相模型把催化剂床层作均相处理,即颗粒内的温度、物料浓度和气流主体一样;非均相模型则考虑颗粒内外温度分布和浓度分布。固定床的数学模型按参数的空间分布,又分为一维模型和二维模型两类,一维模型假设设备参数只有轴向分布而无径向差异,二维模型则同时考虑各个参数轴向和径向的分布。采用一维或二维模型,主要决定于各参数在反应器的径向上是否分布均匀。对于直径较小的反应器,尤其是绝热反应器,在径向上温度和浓度差别不大,采用一维模型计算,不会有太大的误差。

以下仅以一维拟均相平推流模型处理等温和绝热反应过程为例,介绍工程上广为采用的一种计算方法,使读者了解用数学模型方法解决固定床催化反应器计算问题的梗概。

固定床催化反应器计算的主要任务是根据生产任务所要求达到的转化率,计算所需催化剂的用量;或者根据既定的催化反应器,计算反应所能达到的最终转化率。为此,可采用物料衡算式、热量衡算式和动力学方程联合求解。

1) 等温反应过程

采用一维拟均相活塞流模型，计算固定床催化反应器时，只需将活塞流模型的物料衡算式和动力学方程联合求解即可。这种计算方法类同于均相活塞流反应器的计算(式 6-11)，将反应体积 V_R 规定为催化剂层的堆积体积 V_C，得出

$$V_C = F_{v0} c_{A0} \int_0^{x_A} \frac{dx_A}{(-r_A)} \tag{6-56}$$

或写为

$$V_C = F_{A0,m} \int_0^{x_A} \frac{dx_A}{(-r_A)} \tag{6-56a}$$

式中：F_{v0}——物料总体积流量，m^3/s；

c_{A0}——组分 A 的起始浓度，$kmol/m^3$；

$F_{A0,m}$——组分 A 的起始摩尔流量，kmol/s；

r_A——反应体系中组分 A 的反应速率 $kmol/(m^3 \cdot s)$。

式中 r_A 为转化率或组成的函数。

2) 非等温反应器

对于非等温反应过程，式(6-56)中 r_A 不仅与转化率或组成有关，而且与温度有关，所以借助物料衡算式和动力学方程求 V_C 时，其温度必须通过热量衡算式才能确定。因此，计算非等温反应器时要用物料衡算式、热量衡算式以及动力学方程联立求解。这类问题的计算有非等温绝热和非绝热变温两种类型。

(1) 非等温绝热反应器

当流体通过固定催化剂层为活塞流时，对催化剂层内的任一微分截面，可分别列出物料衡算和热量衡算微分方程式：

$$dV_C = \frac{F_{A0} dx_A}{(-r_A)} \tag{6-57}$$

$$-d(F_T H_T) + \delta\phi_S + \delta\phi_R = \frac{d(n_T H_T)}{dT} \tag{6-58}$$

式中：V_C——催化剂的堆积体积，m^3；

$F_{A,0}$——反应物 A 的进口流量，kmol/s；

F_T——物料总摩尔流量，kmol/s；

ϕ_S——与外界的热交换量，kJ；

ϕ_R——反应热，kJ。

对于绝热过程，体系与外界无热交换，故 $\delta\phi_S=0$；对于定常过程，体系内热量累积速率 $d(n_T H_T)/dT=0$；而化学反应产生的热量 $\delta\phi_R=(-r_A)(-\Delta_R H)dV_C$，因此将式(6-58)简化，并与式(6-57)联立，可得

$$d(F_T H_T) = F_{A0}(-\Delta_R H) dx_A \tag{6-59}$$

假设反应前后的总摩尔流量不变($F_T=F_{T0}$)，物系的平均摩尔定压热容 $\bar{c}_{p,m}$ 为定值，且 $F_{A0}=F_{T0}y_{A0}=F_T y_{A0}$，摩尔焓 $H_T=\bar{c}_{p,m}T$，则式(6-59)可改写为

$$dT = \frac{y_{A0}(-\Delta_R H)}{\bar{c}_{p,m}} dx_A \tag{6-60}$$

按催化剂层进出口的边值条件：

$$T = T_0, \quad x_A = x_{A0}$$

$$T = T,\quad x_A = x_A$$

积分式(6-60),可得

$$T - T_0 = \frac{y_{A0}(-\Delta_R H)}{\bar{c}_{p,m}}(x_A - x_{A0}) \tag{6-61}$$

上式即为绝热操作线方程。在一定温度范围内,$y_{A0}(-\Delta_R H)/\bar{c}_{p,m}$ 项为定值,则该式为线性方程,在 T-x_A 图为一条直线,如图 6.46 所示的绝热操作线 AB。AB 的延长线交 T_e-x_A 线于 C 点,此点是绝热操作线的极限点。它所对应的是绝热操作过程所能达到的最大转化率,此时的反应速度为零。为了实现沿最优温度曲线以最快反应速度达到最大转化率,绝热催化反应器要采用多层催化剂层串联组合的多段中间换热式催化反应器。

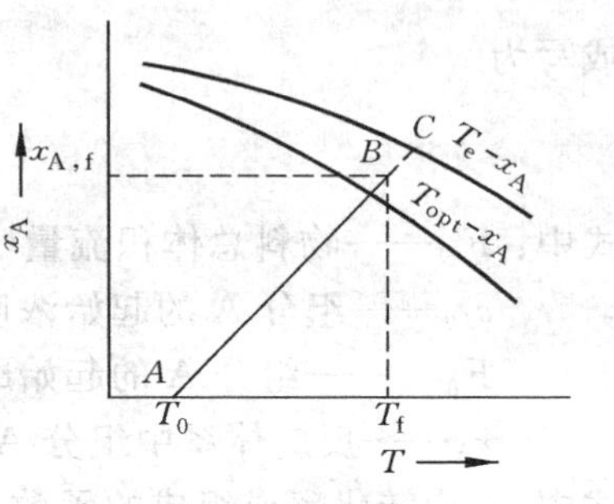

图 6.46 绝热催化反应器的操作线

令

$$\frac{y_{A0}(-\Delta H)}{\bar{c}_{p,m}} = \lambda$$

λ 称为绝热温升系数,即当转化率由 $x_{A0}=0$ 增加至 $x_A=100\%$时,反应混合物的温度升高(或降低)的度数,将 λ 代入式(6-61),则

$$T - T_0 = \lambda(x_A - x_{A0}) \tag{6-62}$$

或

$$x_A - x_{A0} = \frac{1}{\lambda}(T - T_0) \tag{6-63}$$

知道了绝热反应器的 x-T 关系,再结合动力学方程和物料衡算式(6-56),即可计算达到一定转化率所需要的固定床非等温绝热反应器的催化剂床层体积。

例 6-15 乙炔水合反应是工业生产丙酮的方法之一,其反应式为

$$2C_2H_2 + 3H_2O \longrightarrow CH_3COCH_3 + CO_2 + 2H_2 + 177\,900\ \text{kJ/kmol}$$

在 ZnO-Fe_2O_3 催化剂上,乙炔水合反应为一级反应,其动力学方程为

$$-r_A = kc_A$$

$$k = 7.06\times 10^7 e^{-\left(\frac{61\,700}{RT}\right)}$$

乙炔水合反应器采用的是两段绝热反应器。原料气的处理量为 1000 m^3/h(标准状态),进第一段的原料气温度为 653 K,乙炔含量为 3.0%(摩尔百分数)。试计算第一段的乙炔转化率达到 68%所需要催化剂的量。反应混合气的$\bar{c}_{p,m}$=36.4 kJ/(kmol·K)。

解:先找出 r_A 与转化率 x_A 的关系。因反应器中乙炔的浓度很稀,故可忽略因化学反应引起的分子总数的变化。于是 $F_m=F_{m0}$,并由气体状态方程,常压下 $F_v=F_{v0}\dfrac{T}{T_0}$,得

$$c_A = \frac{F_{m0}y_{A0}(1-x_A)}{F_v} = \frac{F_{m0}y_{A0}(1-x_A)T_0}{F_{v0}T}$$

将 c_A 代入已知反应速度方程式,得

$$-r_A = kc_A = k\frac{F_{m0}y_{A0}(1-x_A)T_0}{F_{v0}T}$$

将上式代入式(6-56),得

$$V_C = F_{m0} y_{A0} \int_{x_{A0}}^{x_A} \frac{dx_A}{(-r_A)}$$

$$= F_{m0} y_{A0} \int_{x_{A0}}^{x_A} \frac{F_{v0} T}{k F_{m0} y_{A0} (1 - x_A) T_0} dx_A$$

$$= F_{v0} \int_{x_{A0}}^{x_A} \frac{T}{k(1 - x_A) T_0} dx_A$$

$$= F_{v0} \int_{0}^{0.68} \frac{T}{k(1 - x_A) T_0} dx_A$$

因为式中 T 为 x_A 的函数，所以必须先找出 T-x_A 的关系。由绝热温升计算得

$$\lambda = \frac{y_{A0}(-\Delta_R H)}{\overline{c_p}} = \frac{0.030 \times 177\,900}{36.4} = 147(\mathrm{K})$$

又
$$T - T_0 = \lambda(x_A - x_{A0})$$

因 $T_0 = 653$ K，则

$$T = 653 + 147 x_A$$

直接积分求 V_C 比较麻烦，可用图解法。为此，令 V_C 的计算式中积分等于 $f(x_A)$，并将已知 k 值代入，得

$$f(x_A) = \frac{T}{7.06 \times 10^7 (1 - x_A) 273 e^{\left(-\frac{61\,700}{8.314 \times 653}\right)}}$$

然后找出不同 x_A 所对应的 $f(x_A)$ 值，如 $x_A = 0$ 时，$T = 653$ K，则

$$f(0) = \frac{653}{7.06 \times 10^7 \times 273 e^{\left(-\frac{61\,700}{8.314 \times 653}\right)}} = 2.86 \times 10^{-3}$$

$x_A = 0.10$ 时，$T = 653 + 147 \times 0.10 = 668(\mathrm{K})$，则

$$f(0.10) = \frac{668}{7.06 \times 10^7 (1 - 0.10) 273 e^{\left(-\frac{61\,700}{8.314 \times 668}\right)}} = 2.52 \times 10^{-3}$$

如此计算出一系列的 $f(x_A)$，如下表所示：

x_A	0	0.10	0.20	0.30	0.40	0.50	0.60	0.70
T/K	653	668	682	697	711	726	741	755
$f(x_A) \times 10^3$	2.86	2.52	2.28	2.09	2.02	2.01	2.1	2.39

然后，以 x_A 为横坐标，$f(x_A)$ 为纵坐标作图(图 6.47)，图中曲线下面的面积即为 x_A 由 0 到 0.68 所求的积分值：

$$\int_0^{0.68} \frac{T}{7.06 \times 10^7 (1 - x_A) 273 e^{-\frac{61\,700}{8.314T}}} dx_A = 1.5 \times 10^{-3}$$

故

$$V_C = 1000 \times 1.5 \times 10^{-3} = 1.5(\mathrm{m}^3)$$

(2) 非绝热变温反应器

在这种反应器中所进行的一般都是强放热反应，为维持床层适宜温度，用热载体通过管壁将热量移去。在这种情况下，反应器就不仅有轴向温度变化，而且径向也存在很大的温度梯度。例如，在直径为 50 mm 的管式反应器中进行二氧化硫的氧化反应，管外用夹套冷却，

反应器的壁温保持在 197℃,在催化剂的内部测得最高温度 520℃。图 6.48 是 Smith 测定的温度分布。若该反应的活化能为 8×10^7 J/kmol,则可粗略地算出在管子中心热点的反应速率常数 k_1 与靠近管壁的 k_2 之比:

$$\frac{k_1}{k_2} \propto \frac{e^{-8\times10^7/(793R)}}{e^{-8\times10^7/(470R)}} = 4184$$

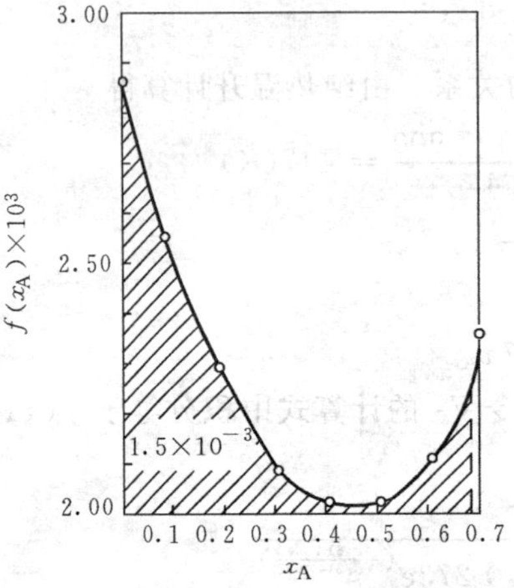

图 6.47　例 6-15 附图

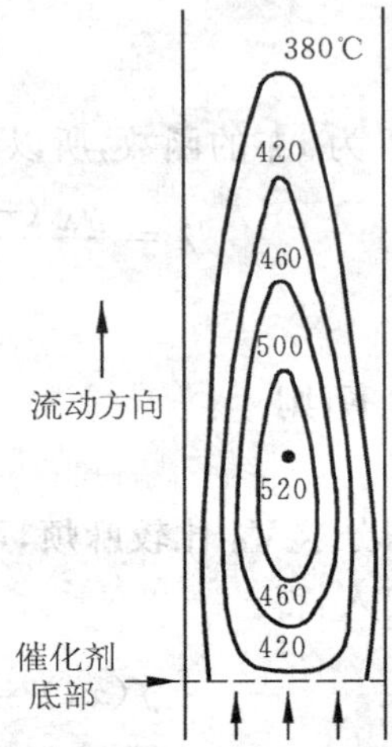

图 6.48　管式反应器温度分布

由此可知,径向温度分布不均现象对反应速率的影响很大,从而对反应的转化率、选择性及反应器的热稳定性的影响也很大。因此计算这类变温反应器的数学模型是复杂的,需要同时考虑径向与轴向的温度和浓度分布对反应速度的影响,要采用二维床模型。放热反应固定床内的径向温度分布和通过管壁与外界热交换的示意图如图 6.49。在固定床中心处($r=0$)的温度最高为 T_c,近管壁处的温度为 T_R,管壁温度为 T_w,热载体温度为 T_S。不过当仅仅对其作一般估算时,通常还可用简化的方法,就是取床层的平均温度$\overline{T}$代替径向温度分布。这时可以把整个床层与管壁间的传热系数简化为靠近管壁的流体与管壁间的壁膜的传热系数 α_w,则热损失 $\delta\phi_S$ 的微分形式为

$$\delta\phi_S = \alpha_w(\overline{T} - T_w)dA \qquad (6\text{-}64)$$

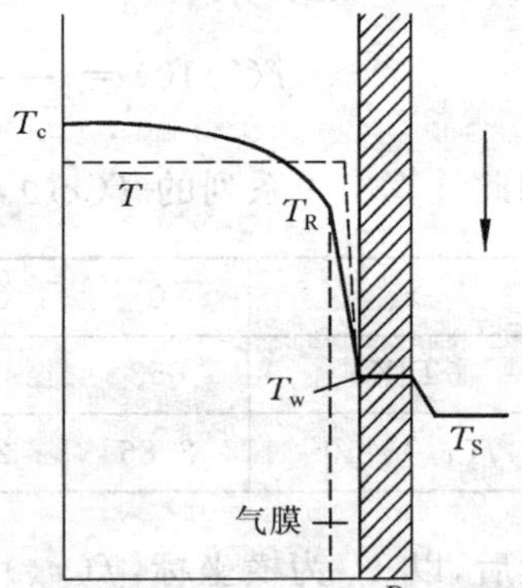

图 6.49　固定床内的径向温度与热交换示意

式中:α_w——以管内床层平均温度为基准的壁膜给热系数,W/(m^2·K);

T_w——壁温,K;

A——传热面,m^2。

上式是非绝热变温反应器的简化计算模型,但是一般不易获得管壁的温度 T_w,因而直接用上式计算 $\delta\phi_S$ 还是不方便。工业上常采用下式:

$$\delta\phi_S = K(\overline{T} - T_S)dA \qquad (6\text{-}65)$$

式中:K——以床层平均温度及载热体温度为基准的总传热系数,W/(m^2·K);

T_S——热载体温度,K。

3. 最优温度曲线和最优条件的实施

1) 操作温度的最优化

对于一定的催化剂,操作温度是影响化学反应过程的主要因素之一。如何适当选择操作温度,使生产过程在既定的优化目标下达到最优值,这就是操作温度最优化问题。在生产上,往往以生产成本最低或设备的生产能力最大等经济目标作为优化目标。现以最大的反应速度达到最高转化率的技术指标作为优化目标,具体分析如下几类反应的操作温度优化问题。

(1) 不可逆化学反应

化学反应的反应速度常数都是随着温度的升高而增大的。由于不可逆反应不存在化学平衡,无论是放热反应或吸热反应,都可以在较高的温度下进行,从而增大了反应速率,可以获得较大的转化率。在选用反应温度时只要考虑所存在的副反应和它的选择性、催化剂的耐热性、设备材料及热能的供应限制等条件即可。

(2) 可逆吸热反应

例如烃类和醇类的脱氢、醇类的脱水等反应,升高温度不仅可以提高反应速度,而且还可以提高平衡转化率,所以采用高温较为有利。现以一个简单的一级可逆反应为例:

$$\mathrm{A} \underset{k_2}{\overset{k_1}{\rightleftharpoons}} \mathrm{B}$$

其动力学方程式为:

$$(-r_A) = k_1 c_A - k_2 c_B \tag{6-66}$$

令反应物起始浓度为 1 kmol/m³,如转化率为 x_A,则 $c_B = x_A$,$c_A = 1 - x_A$,故

$$\begin{aligned}(-r_A) &= k_1(1-x_A) - k_2 x_A \\ &= A_1 e^{-E_1/(RT)}(1-x_A) - A_2 e^{-E_2/(RT)} x_A\end{aligned} \tag{6-67}$$

式中:A_1,A_2——正、逆反应的频率因子,是与温度无关的常数;

E_1,E_2——正、逆反应的活化能,kJ/kmol;

R——摩尔气体常数,R=8.3144 kJ/(kmol·K);

T——热力学温度,K。

式(6-67)表示反应速度($-r_A$)与温度(T)及转化率(x_A)这 3 个变量之间的关系。

下面先讨论在一定温度下,转化率如何影响反应速度的。将式(6-67)对转化率求导,得到

$$\left(\frac{\partial(-r_A)}{\partial x_A}\right)_T = -A_1 e^{-E_1/(RT)} - A_2 e^{-E_2/(RT)} \tag{6-68}$$

由于 A_1,A_2,E_1,E_2 及 T 都为正值,故

$$\left(\frac{\partial(-r_A)}{\partial x_A}\right)_T < 0 \tag{6-69}$$

可见,随着转化率的增加,反应速率一直是降低的。

下面讨论在一定的转化率下,温度如何影响反应速度。为此,对式(6-67)对温度求导,可得

$$\left(\frac{\partial(-r_A)}{\partial T}\right)_{x_A} = \frac{1}{RT^2}(E_1(-r_{正}) - E_2(-r_{逆})) \tag{6-70}$$

式中，$-r_{正} > -r_{逆}$。因为是吸热反应，$E_1 - E_2 = \Delta H_r > 0$，因此，$E_1 > E_2$，$E_1(-r_{正}) > E_2(-r_{逆})$，故

$$\left(\frac{\partial(-r_A)}{\partial T}\right)_{x_A} > 0 \tag{6-71}$$

可见，随着温度的增加，反应速度总是增加的。

以上详细地分析了可逆吸热反应转化率和反应速度的关系，以及温度和反应速率的关系。得到的结论是：随转化率的增加，反应速率总是降低的，但不管在什么样的转化率下，反应速度总是随温度的增加而增加的。

又根据范托夫(Van't Hoff)等压方程可知平衡常数 K_p 与温度 T 的关系为

$$\frac{\mathrm{d}\ln K_p}{\mathrm{d}T} = \frac{\Delta_R H}{RT^2} \tag{6-72}$$

对可逆吸热反应，$\Delta_R H$ 为正值，升高温度，K_p 值增高。

综上所述，可逆吸热反应的反应速度和平衡常数，都是温度愈高，愈大。因此，只要不致引起物料的热分解，不使副反应加剧，不使催化剂老化失活，提高温度总是有利的，应尽可能使整个床层温度接近最高允许温度，并使整个床层维持等温，从而使反应器维持高效能。

(3) 可逆放热反应

若以最大反应速度达到最高转化率为优化目标，可采用经典的最优化方法，求取如烃类的氧化、氯化、加氢等可逆放热反应的最优操作温度。

将式(6-66)写成下列形式：

$$(-r_A) = k_1 c_A \left(1 - \frac{k_2}{k_1}\frac{c_B}{c_A}\right) \tag{6-73}$$

反应的平衡常数 $K_p = \frac{k_1}{k_2}$，所以

$$(-r_A) = k_1 c_A \left(1 - \frac{1}{K_p}\frac{c_B}{c_A}\right) \tag{6-74}$$

从式(6-74)可以看出，与温度有关的是 k_1 和 K_p。k_1 总是随温度的增加而加大，但可逆放热反应的 K_p 却随温度的增加而降低。因此，对于可逆放热反应，在一定的转化率情况下，存在着一个最适宜的温度，在此温度下的反应速度最大。采用最适宜温度(也称最佳温度)的目的，是使床层任何位置(不同转化率下)的净反应速度尽可能最大。

取式(6-70)的 $\left(\frac{\partial(-r_A)}{\partial T}\right)_{x_A} = 0$，并整理，可导出最佳温度的计算公式：

$$T_{opt} = \frac{E_2 - E_1}{R\ln\left(\frac{E_2 A_2}{E_1 A_1}\cdot\frac{x_A}{1 - x_A}\right)} \tag{6-75}$$

上式称为可逆放热反应过程的最佳温度分布曲线表达式，该曲线也称为最佳操作温度曲线。

当可逆反应净速度为零时，过程处于平衡状态，相应于平衡状态下的温度为平衡温度 T_e。由式(6-66)，当 $-r_A = 0$，$T = T_e$ 时，可得

$$T_e = \frac{E_2 - E_1}{R\ln\left(\frac{A_2}{A_1}\frac{x_A}{1 - x_A}\right)} \tag{6-76}$$

比较式(6-75)和式(6-76)可以看出,计算 T_e 与 T_{opt} 的公式仅相差一项 $\ln\frac{E_2}{E_1}$。对于可逆放热反应,$E_1-E_2=\Delta_R H<0$,故 $E_2>E_1$,$\ln\frac{E_2}{E_1}>0$,因而 $T_{opt}<T_e$。由此也可以看出,在不同转化率下得到的最佳温度分布曲线将在平衡温度分布线的下方,两条线的几何形状相似,如图 6.50 所示。

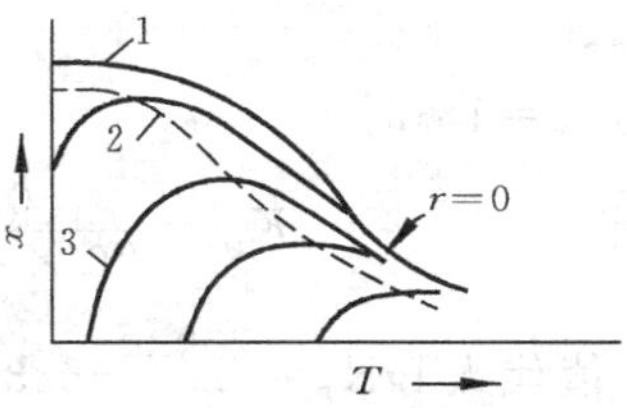

图 6.50 最优温度与平衡温度示意图

1—平衡温度线;2—最优温度线;3—等速率线

将式(6-76)代入式(6-75),可得到计算 T_{opt} 的一般公式:

$$T_{opt}=\frac{T_e}{1+\frac{RT_e}{E_2-E_1}\ln\frac{E_2}{E_1}} \qquad (6\text{-}77)$$

式(6-77)是一个普遍的计算公式,不受反应级数的限制。用式(6-77)计算 T_{opt} 要知道反应热及活化能的数据,转化率的影响包括在 T_e 的因素之内。另外,T_e 的数据也可以由化学热力学中关于平衡常数与温度的关系式计算出来。

必须指出,式(6-77)仅适用于反应动力学控制的气固催化反应,有内、外扩散影响时,需采用实验方法获得最佳温度及得到最佳温度分布曲线。

可逆放热反应存在最佳温度曲线,这对于过程的优化有重要意义。这时优化的目标是获得最大的过程速率,使得反应器的体积最小,据此,应使整个反应过程在不同的温度下进行,随着转化率的增大,反应温度应沿上述温度分布曲线逐步降低,尽可能地接近最佳操作温度曲线,这就形成最优温度序列。

例 6-16 乙烯水合反应是一个可逆放热反应,其反应式为

$$C_2H_4+H_2O \rightleftharpoons C_2H_5OH+Q$$

反应过程的主要操作条件为:操作压力 $p=70$ atm(1 atm≈100 kPa),反应温度 T 为 563 K,起始原料气浓度为 0.7(H_2O 与 C_2H_4 的物质的量比),查阅有关手册得到的和已知的有关数据为:正反应活化能 $E_1=125\ 600$ kJ/kmol,反应焓变 $\Delta_R H$(70 atm,563 K)$=-46\ 600$ kJ/kmol。

平衡常数与温度的关系式:

$$\lg K_p=\frac{2093}{T_e}-6.304$$

试计算乙烯水合反应的平衡温度和最佳温度分布曲线。

解:假设乙烯的起始流量为 1 kmol/s,则水蒸气的起始流量为 0.7 kmol/s。乙烯的瞬时流量为$(1-x)$kmol/s,水蒸气的瞬时流量为$(0.7-x)$kmol/s,由此得出各组分的瞬时浓度为:

$$y_{乙醇}=\frac{x}{1.7-x},\quad y_{乙烯}=\frac{1-x}{1.7-x},\quad y_{水蒸气}=\frac{0.7-x}{1.7-x}$$

式中 y 表示各组分的摩尔百分数,故

$$K_p=\frac{py_{乙醇}}{py_{乙烯}\cdot py_{水蒸气}}=\frac{1}{p}\frac{x(1.7-x)}{(1-x)(0.7-x)}$$

计算逆反应的活化能:

$$E_2 = E_1 - \Delta_R H = 125\,600 + 46\,600 = 172\,200 (\text{kJ/kmol})$$

下面依次计算转化率 x 分别为 1%,3%,5%,7%及 10%时的平衡温度 T_e 和最佳温度 T_{opt}。

当 $x=1\%$时

$$K_p = \frac{0.01 \times (1.7 - 0.01)}{70 \times (1 - 0.01)(0.7 - 0.01)} = 3.53 \times 10^{-4}$$

将 K_p 值代入 $\lg K_p = \frac{2093}{T_e} - 6.304$,得

$$T_e = 734\ \text{K}$$

再利用式(6-77)计算最佳温度 T_{opt}:

$$T_{opt} = \frac{T_e}{1 + \frac{RT_e}{E_2 - E_1} \ln \frac{E_2}{E_1}}$$

式中 $R=8.314$ kJ/(kmol·K),并将上面的数值代入上式得

$$T_{opt} = \frac{734}{1 + \frac{8.314 \times 734}{46\,600} \ln \frac{172\,200}{125\,600}} = 705(\text{K})$$

用同样的方法和步骤计算 x 为 3%,5%,7%,10%时的 T_e 和 T_{opt},结果列于下表:

x	1%	3%	5%	7%	10%
T_e/K	734	626	584	558	532
T_{opt}/K	705	605	565	541	517

将上面数据绘于 T-x_A 图上,得平衡温度与最佳温度分布曲线,如图 6.51 所示。

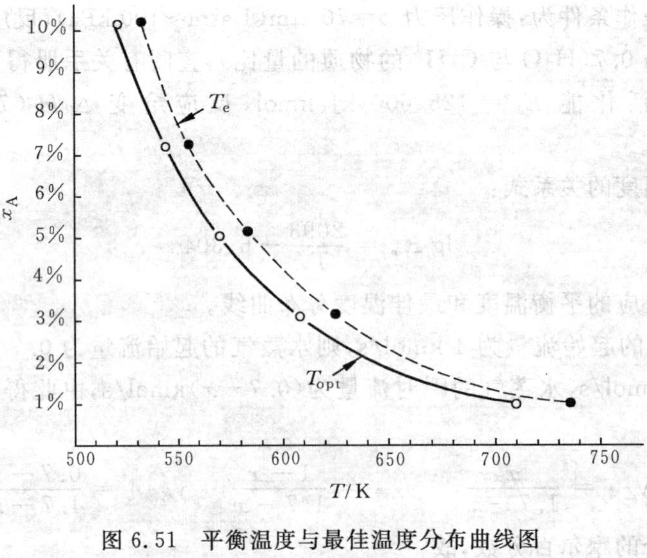

图 6.51 平衡温度与最佳温度分布曲线图

2) 最佳温度及其分布的实验法测定

在保持等温的条件下,做实验固定催化剂下的放热反应,从实验得出转化率 x_A 和空间

时间$\bar{t}$的关系；再换另一个温度，可得另一组x_A和$\bar{t}$；依此类推，得到若干组x_A-$\bar{t}$关系，如图6.52所示。在图6.52中，从x_A-$\bar{t}$等温曲线上，对不同反应温度下，具有相同转化率的各点(1,2,3,…)分别作出等温曲线的切线，求出其斜率$\left(\frac{dx_A}{d\bar{t}}\right)$，这就是在该转化率时，不同温度下的反应速度($-r_A$)。同样，对不同转化率$x$可绘出$T$-$\frac{dx_A}{d\bar{t}}$关系的曲线，如图6.53所示。

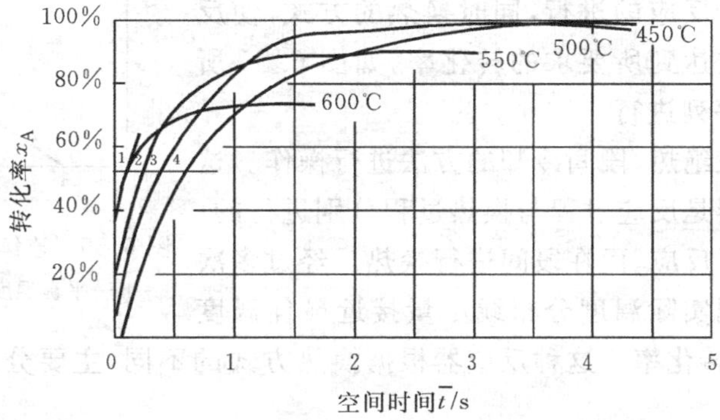

图6.52　x_A-$\bar{t}$图

由图6.53可以看出，AA线为不同转化率时反应速度的最大值的连线，BB，CC为最大反应速度90%的各点的连线。可见，当转化率为某一数值时，具有一最大的反应速度，与此对应的温度即为最佳温度。当转化率较低时，其最佳温度较高，随着转化率的增高，最佳温度逐渐降低。对于整个过程，每个转化阶段均具有自己的最佳温度。这说明温度沿床层分布应按一定的规律，而不是等温情况最好。

为了使用上的方便，往往将图6.53改变为图6.54的形式。在T-x_A图上不仅绘出最佳温度曲线，同时绘出最大反应速度的90%，70%，50%，…的各点的连线以及平衡时的温度曲线。

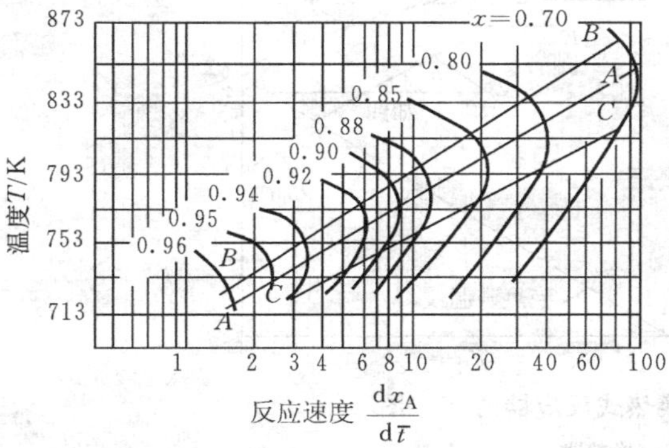

图6.53　不同x时的T-$\frac{dx_A}{d\bar{t}}$曲线

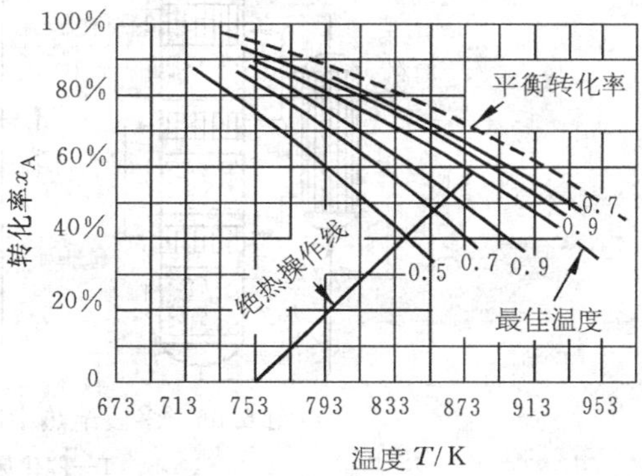

图6.54　可逆放热反应的T_{opt}-x_A和T_e-x_e分布曲线

从T-x_A图上可以直接求出x_A相对应的最佳温度。如果已知催化剂床层各处的x_A值，就可以确定其最佳温度。

3) 最佳温度分布的实施

工业上要使反应器温度沿最优温度分布而逐步改变,在具体实施上有一定的困难,只能采用近似趋近于这种最优条件的各种实施方案。

对可逆放热反应,根据最佳温度曲线,在反应器进口端一般要求较高温度。但是,在工业上,一开始就把物料升到很高的温度,不但耗费热能,而且也没有必要。因为这时反应物浓度高,反应速度快,为合理利用热量,可先进行绝热反应,使温度升高到最佳温度曲线,然后,以随着反应的进行,同时换热的方式,使反应沿着最佳温度曲线达到所要求的转化率,如图 6.55 所示,沿 ABC 的温度序列进行。

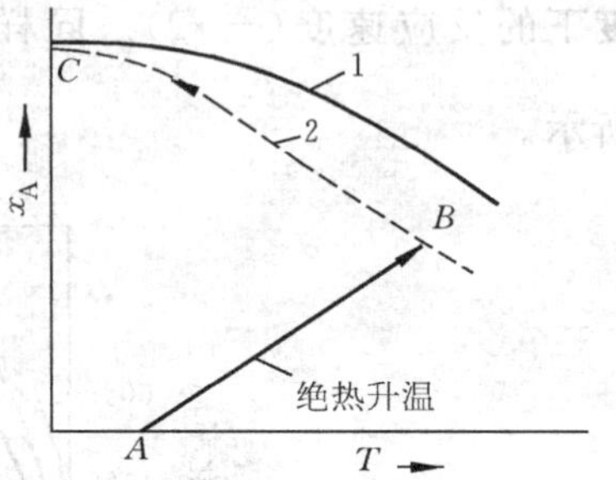

图 6.55　连续换热反应器的 T-x 图

1—平衡温度线; 2—最佳温度线

也可以采用多段绝热,段间冷却的方法进行操作。这种多段绝热式反应器是反应过程与换热过程分别进行的,即在绝热条件下进行反应,而在段间进行换热。经过多次反应,多次换热,实现实际温度分布线尽量接近最佳温度分布,达到所要求的转化率。这种反应器根据换热方式的不同,主要分为两类:中间换热式和冷激式。

中间换热式的换热过程是在间壁式热交换器中进行的。图 6.56 为该类反应器的 T-x 图。图中直线 AB,CD,EF,GH 分别为第一、第二、第三、第四段床层的绝热操作线,它们都近于直线,其数学表达式为

$$x_A - x_{A0} = \frac{1}{\lambda}(T - T_0) \tag{6-78}$$

图中水平线 BC,DE,FG 及 HI 称为冷却线,它表示热交换器中在各段床层内反应后气体的冷却过程。由于在热交换器中气体不进行反应,故转化率不发生变化,从而冷却线是水平直线。

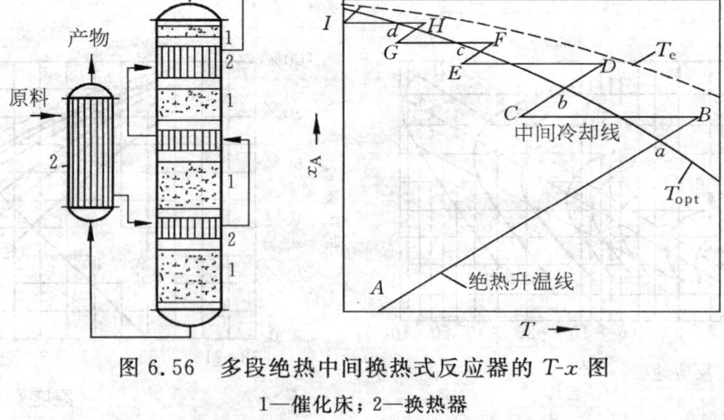

图 6.56　多段绝热中间换热式反应器的 T-x 图

1—催化床; 2—换热器

从图 6.56 可知,各段的反应过程中只有 1 点是符合最佳温度的,它们分别为 a,b,c,d 点,其余各点只能在接近最佳温度下进行。段数愈多,绝热操作线愈接近于最佳温度分布曲线,但段数的增多给设备和操作增加复杂程度,故一般最多只有 5 段~6 段。

多段冷激式催化反应器是用原料气或非原料气直接和反应混合物在段间混合,使反应后的气体达到所需的温度后进入下一段继续反应。原料气冷激式多段绝热反应器的T-x 图如图 6.57 所示。该图的情况与间接换热式相似,多段绝热线也是互相平行的,不同之处在于,冷却线 BC,DE,FG 等不与横轴平行,而且它们彼此也不一定互相平行。这是因为冷却过程中加入了温度较低的原料气后,改变了 x_A。图中冷却线 HI 表示在热交换器中的换热过程,故它为水平线,设置这个换热器是为预热进到第一段的原料气至反应所必需的温度。

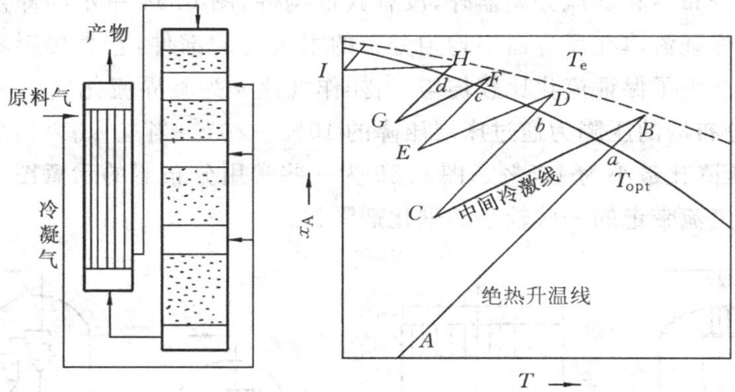

图 6.57 多段绝热原料气冷激式反应器 T-x_A 图

6.8.2 流化床催化反应器

流态化现象及流化床的流体力学在第 1 章中已有叙述。正如第 1 章中所指出的,流化床反应器是以固体颗粒像流体一样流动为特征的。在化学工业生产中,经常遇到两个比较难解决的问题:一个是对热效应大的反应,床层温度难以控制,特别是很难防止局部过热;另一个是参加反应的固体物料或催化剂常常需要从反应器中取出,特别是高温下固体物料的输送,设备上的问题很多。这两类问题往往成为某些化学生产过程中的关键。流化床反应器就是为了解决这些问题而在生产实践中诞生的。

第一座流化床反应器是 1921 年在德国投产的 Winker 煤气发生炉,反应后的煤渣很容易从反应器排出。1942 年第一次把流化床反应器用于催化裂化反应,很好地解决了及时移走大量反应热的困难,又使设备简化,利用率增大,结果使得处理量和汽油产率都大幅度提高,很快便完全取代了老式的固定床反应器。

但对流态化规律性的研究却在 20 世纪 40 年代末期才开始,并逐步形成了一门学科。到目前为止,有关流化床的许多计算公式都还是经验性的,反应器放大的模型还相当不成熟,尚没有一个公认的可普遍使用的数模。下面主要介绍流化床催化反应器的一些基本知识,有关流化床的设计和放大,可参考有关专著。

1. 流化床的基本结构和流化床催化反应器的类型

流态化分密相流态化和稀相流态化。只要床层有一个清晰的上界面,气体和液体流化床都可以认为是密相流化床。但是流速高到足以超过固体颗粒的带出速度时,床层的上界面也就消失,并可观察到夹带现象,固体颗粒随流体从床层中带出,这种情况称为呈气力输送现象的稀相流化床。密相气体流化床具有许多独特的和有用的性能,因此在工业上有很重要的作用。流化床催化反应器有多种类型,各适用于不同的反应。但不管什么类型,一般都由壳体、气体分布装置、内部构件、换热装置、气固分离装置和固体催化剂颗粒加卸装置等基本构件组成,下面介绍一些常用类型。

1) 自由床

流化床内除分布器和旋风分离器外,没有其他构件,图 6.58 所示的即是这种类型的反应器。分布器是保证流体在反应器中均匀分布的很重要的部件,它直接影响床层中流体和固体接触的好坏。为了保证流化比较均匀,当操作气速 u 为临界流化气速 u_{mf} 的 1 倍～2 倍时,可选取通过分布器的压降为通过床层压降的 10%～20%;当 $u/u_{mf} \gg 1$,为了减少动力消耗,可选取上述压降比最小为 1.5%。图 6.59 为一些常用分布器的示意图。设置旋风分离器是为了回收被气流带走的一些较小的催化剂颗粒。

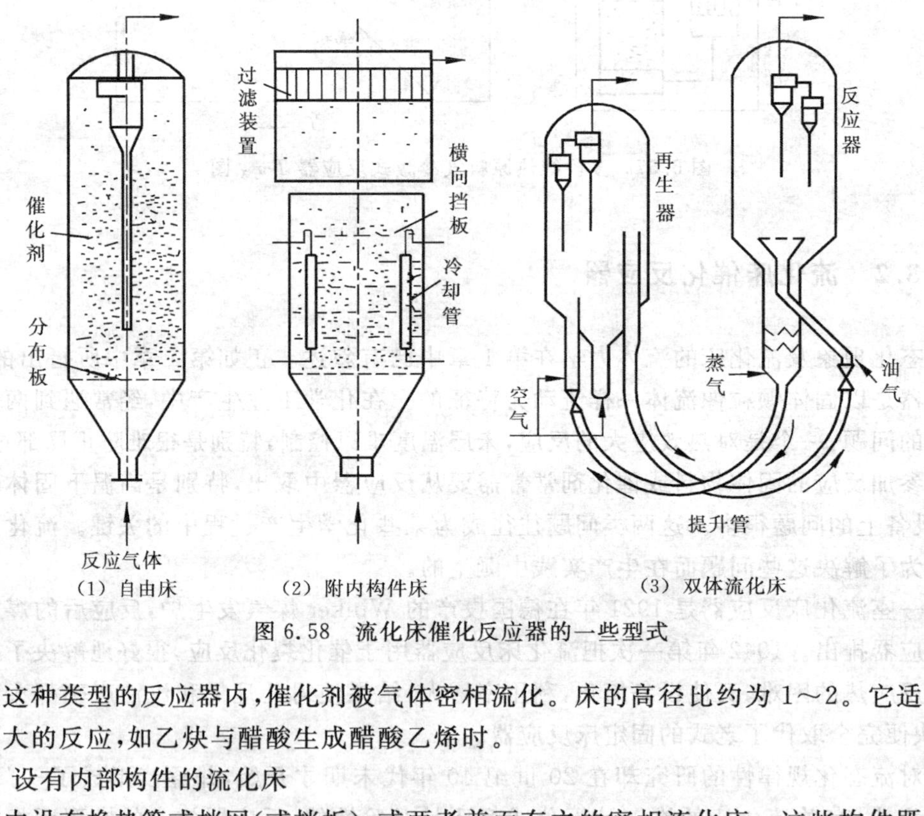

(1) 自由床　(2) 附内构件床　(3) 双体流化床

图 6.58　流化床催化反应器的一些型式

在这种类型的反应器内,催化剂被气体密相流化。床的高径比约为 1～2。它适用于热效应不大的反应,如乙炔与醋酸生成醋酸乙烯时。

2) 设有内部构件的流化床

床内设有换热管或挡网(或挡板),或两者兼而有之的密相流化床。这些构件既可用于换热,又可限制气泡增大和减少物料返混,适用于热效应大的反应和温度范围控制较狭窄的场合,如萘氧化生产苯酐。图 6.60 为苯酐流化床的结构示意图。为了增加床中反应气体与催化剂的接触机会,以及改善气体流动情况,反应段内设置了 10 层挡网。反应段内还装有 28 根废热锅炉管,可以利用反应热加热蒸汽,并把反应温度控制在 638 K～648 K。

3) 两器流化床

如果催化剂寿命短,考虑再生的方便,常采用两器流化床,即采用流化床反应器和流化

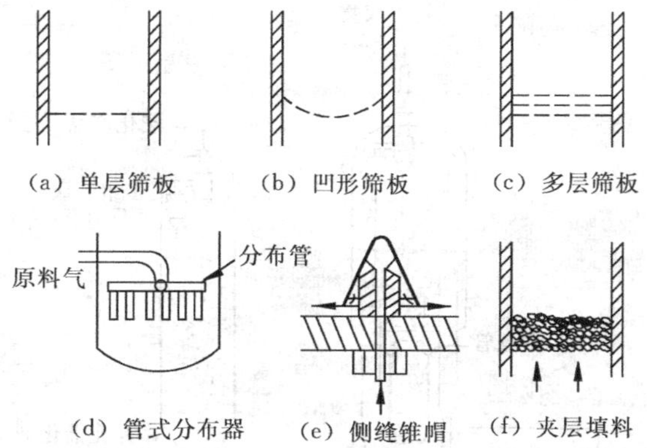

图 6.59 常用的分布器示意图

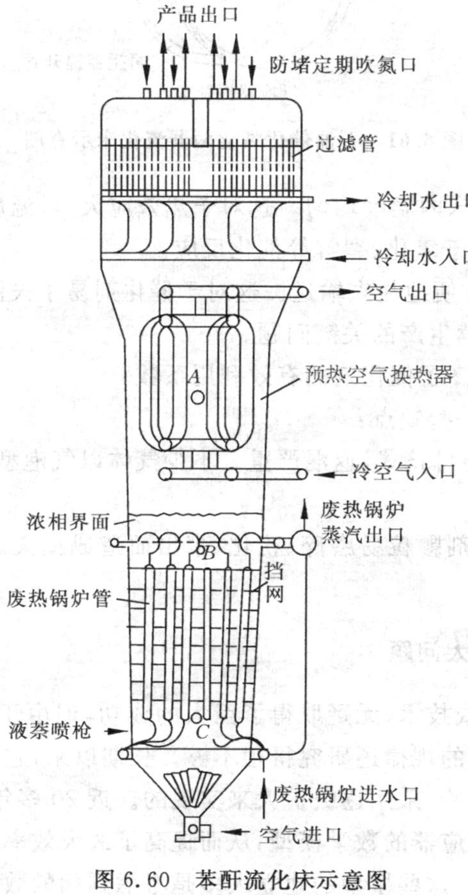

图 6.60 苯酐流化床示意图

床再生器联合操作。例如石油化工生产中的催化裂化过程，就是采用两器流化床（图 6.61）。反应装置在运行过程中，用空气经提升管将反应器内已结炭的部分催化剂引入再生器。在再生器中烧掉结炭，使催化剂恢复活性。再生后的催化剂又被油气经提升管返回反应器继续使用。在反应器中和再生器中催化剂是密相流化，在提升管中则是气流输送。

流化床催化反应器与固定床催化反应器比较，有下列优点：

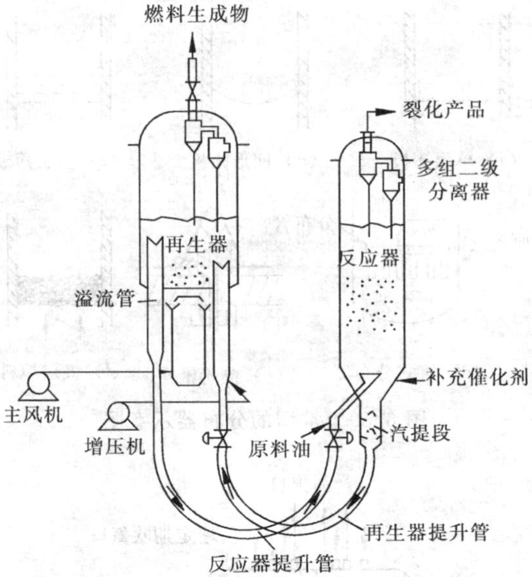

图 6.61 石油催化裂化两器流化床示意图

(1) 传热效能高,而且床内温度均匀。这对于热效应大,对温度又很敏感的过程是很适合的,因此流化床特别适用于氧化、裂解等催化反应。

(2) 大量固体颗粒可方便地往来输送。这对于催化剂易于失活,需要经常再生的过程,解决了能否实现大规模连续生产的关键问题。

(3) 催化剂颗粒小,提高了催化剂的有效利用系数。

但流化床也有相应的一些缺点:

(1) 气流状况偏离理想排挤式,返混严重。不少气体以气泡型式经过床层,减少了气固接触,不利于提高转化率。

(2) 流化过程中,催化剂颗粒易磨碎、粉化、带出而造成损失。还需要旋风分离器等回收系统。

2. 流化床反应器的放大问题

流态化作为一种工艺或技术,无疑取得了巨大的成功,但由于流化床气、固两相运动复杂,所以对其内部传递过程的规律还研究得很不够。长期以来,它的放大主要是从固体流态化的基本概念出发,依靠经验,采用逐级扩大来实现的。近 20 多年来,随着对流化床中物理现象认识的深化,建立了反应器的数学模型,从而提高了放大效率。现在文献中报道的流化床反应器的数学模型很多。这些模型的建立大多是考虑到相的数目、相的流动情况,以及气泡直径是否变化等问题。简介如下。

1) 相的数目

观察气、固流化床层,可以看见颗粒在床中的分布是很不均匀的。为了使计算简化,可以把整个床层划分为两大部分。那些几乎没有固体颗粒存在的区域称为气泡,或称泡相;那些固体颗粒密集的区域称为乳相。凡是把床层划分为两个相的模型称为两相模型。这里的“相”是虚拟的。例如在乳相中有固体和气体,而且固体颗粒的分布也不是真正均匀的,严格来说不是一个相。在气泡内部及其周围也有少量颗粒，而且气体本身在床层中是一个连续相。因此，“气泡”实际上没有界面，所谓“界面”也是虚拟的。但是，采用了这样划分相的方法，使杂乱无章的流化床的各种现象简化了，便于研究床层内的传质、传热和反应的特性。

20多年来，许多学者都从气泡入手研究流化床的特性。据研究，气泡顶部大抵为球形(见图6.62)，尾部稍内凹，而且压强比近旁稍低，使一部分粒子卷入形成涡流，称为尾涡。在气泡外围还有一含粒子的薄层，称为气泡云。在气泡经床层上升的过程中，这些粒子可以与乳相中的粒子交换，气泡云中的气体也可以形成环流。有一些研究者把气泡云和尾涡合并称为气泡晕，把气泡晕和气泡又分为两相，连同乳相在内的床层便可以划分为三相。这样的模型称为三相模型。在乳相中，颗粒有向上流动和向下流动的，也有研究者把在乳相中运动方向不同的两部分区分开来，划分为上流相和回流相。这样的模型便是四相模型。

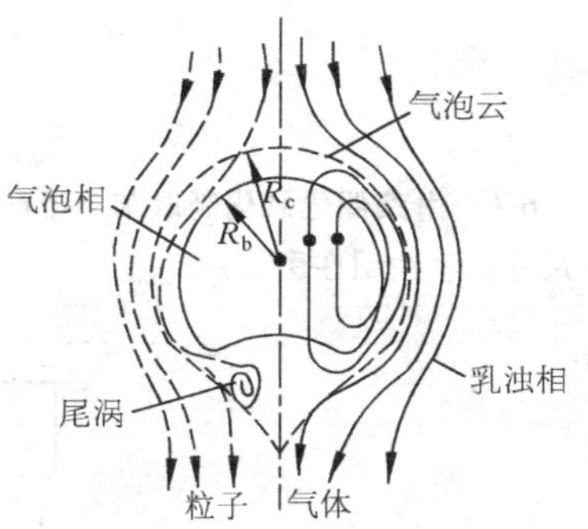

图6.62　气泡及其周围的流线情况

对于催化过程的反应器，催化剂基本上是停留在反应器中，只有反应物和产物不断流进反应器并从反应器流出。化学反应是在乳相中和泡晕中进行的。严格地说，是在乳相和泡晕相的催化剂表面上进行的。反应后的产品一部分传递到气泡中，由乳相中的气体和泡相中的气体带出反应器。因此，从相内气体到催化剂表面以及各相间都存在传热和传质问题。所有这些传热、传质的经验公式都与所采用的多相模型有关。

2) 相的流动情况

最初的流化床反应器模型与固定床的相似，也是采用平推流和全混式两种极端情况。从20世纪60年代开始，考虑了轴向混合扩散的影响。但是这些模型都不能解决流化床反应器的问题。其中最主要的问题是流化床中大量气泡短路通过床层，基本上没有参加任何反应。为了解决这个问题，把床层分为两部分，一部分是不参加反应的气泡(泡相)；另一部分包括催化剂和其余的气体，把它看为是一个拟均相(乳相)，见图6.63。化学反应在乳相中进行。在泡相和乳相间有质量交换，在乳相中生成的产品，部分传递到泡相并被气泡带出反应器。由于泡相以高的速度通过床层，故差不多各个模型都假设泡相属于平推流。对乳相的模型，各个模型有不同的假定，有的假设完全混合，有的假设为部分混合，也有的假设为平推流。

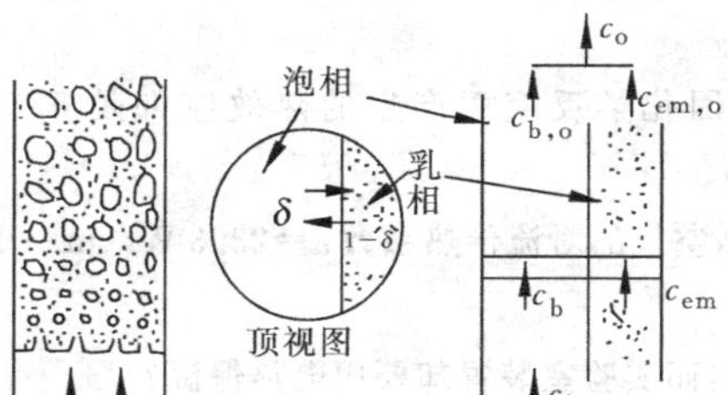

(a) 实际情况　　(b) 简化模型

图6.63　流化床两相模型示意图

3) 气泡

到目前为止，无论哪一个两相或三相模型，都未能解决流化床反应器的放大问题。关键是对气泡的处理方法，早期的模型设气泡的直径是不变的。事实上，气泡在床层中不断长大，气泡直径随床层的变化，有的采用线性关系，有的则采用非线性关系来描述。

建立数学模型的目的是要定量地找出影响流化床性能的各个参数间的关系，以解决反应器设计放大、控制以及有关的最优化问题。已提出的数学模型很多,但都不成熟。到目前为止,尚无一个公认为可以普遍使用的模型。所以有关流化床的设计和放大的研究有待于进一步的发展。虽然如此,为解决某一具体问题,还是可以在流化床反应器的专著中找出相应的解决办法,只是要具体问题具体分析。

习题

6-1 由萘催化氧化制取苯二甲酸酐的工厂生产装置和实验室装置示意图如图6.64所示。两个装置的尺寸已经注明在图上。

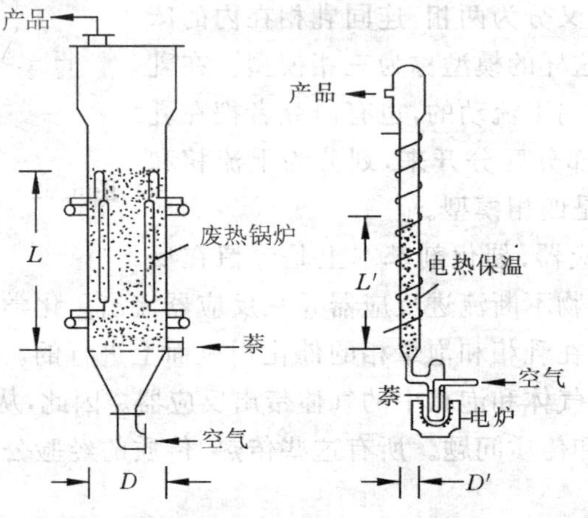

(a) 工厂生产装置　　(b) 实验室装置

$L=5.00\ m$; $D=3.00\ m$　　$L'=0.05\ m$; $D'=0.03\ m$

图6.64 习题6-1附图

(1) 两个装置中反应部分的容器体积、表面积各为多少?单位反应体积所具有的容器表面积各为多少?

(2) 若两个反应器的动力学条件完全一样,则反应器因化学反应而产生的热效应都是$5.57\times10^4\ W/m^3$。两个反应器每小时放热量各为多少?

(3) 若反应器外壁温度就是反应温度370℃,室温为20℃,空气的对流传热系数$\alpha=23.3\ W/(m^2\cdot K)$。两个反应器每小时散热量各为多少?

(4) 从计算结果看,为什么工厂装置要装废热锅炉来冷却,而实验室装置却要用电热保温?

(答: (1)1.34(1/m),134(1/m); (2)2.04×10^6 W,2.04 W; (3)3.84×10^5 W,38.4 W)

6-2 在间歇反应釜中,蔗糖在稀酸溶液中水解成葡萄糖和果糖:

$$C_{12}H_{22}O_{11}+H_2O\xrightarrow{H^+}C_6H_{12}O_6+C_6H_{12}O_6$$

蔗糖(A)　　葡萄糖　　果糖

当催化剂HCl浓度为0.1 mol/L,温度为321 K时,动力学方程式为$(-r_A)=kc_A$,反应速率常数$k=0.0193\ min^{-1}$。试计算蔗糖转化率达90%时所需的反应时间。

(答: 119 min)

6-3 用H_2SO_4为催化剂,把过氧化氢异丙苯分解成苯酚和丙酮的反应是一级反应。现在一个等温间歇反应釜中进行反应,当反应经历30 s时,取样分析过氧化氢异丙苯的转化率为90%,试问转化率达99%

还需多少时间。

（答：30 s）

6-4 在间歇反应釜中，用醋酸和丁醇生产醋酸丁酯，反应方程式为：

$$CH_3COOH + C_4H_9OH \xrightarrow{H_2SO_4} CH_3COOC_4H_9 + H_2O$$

反应物配比为醋酸：丁醇＝1：4.97（物质的量比）。假设物料密度在反应前后不变，均为 0.75 kg/L，反应在 373 K 进行，当转化率达 50%需 34.5 min，而加料、出料、清洗等辅助时间为 30 min。现要求每天生产 2400 kg醋酸丁酯（分离损失不计），试计算反应器的总容积（$\varphi=0.85$）。

（答：1243.6 L）

6-5 在理想排挤反应器中进行等温液相反应 $A+B \longrightarrow R$。反应系二级反应，$(-r_A)=kc_Ac_B$，在反应进行的温度下 $k=1.97\times10^{-3}$ L/(mol · min)，$c_{A0}=c_{B0}=4$ mol/L，反应物料的体积流量 $q_v=171$ L/h。试问：

(1) 要使反应物 A 的转化率 $x_A=80\%$，理想排挤反应器的有效容积为多少？

(2) 上述条件不变时，当 $x=90\%$，它的有效容积为多少？

(3) 当反应物 A 和 B 的起始浓度 $c_{A0}=c_{B0}=8$ mol/L，而 x_A 仍为 80%时，它的有效容积为多少？

（答：(1)1.45 m^3；(2)3.25 m^3；(3)0.73 m^3）

6-6 用醋酸和丁醇生产醋酸丁酯，其反应为：

$$CH_3COOH + C_4H_9OH \longrightarrow CH_3COOC_4H_9 + H_2O$$

反应在 373 K 恒温下进行，配料比为 1 kmol 醋酸用 4.97 kmol 丁醇，以少量硫酸为催化剂。其动力学方程式为：$(-r_A)=kc_A^2$ kmol/(L · min)。已知 $k=17.4$ L/(mol · min)，物料密度在反应前后不变，均为 0.75 kg/L。当每天生产 2400 kg 醋酸丁酯，醋酸转化率为 50%时，试计算：

(1) 当每批操作的辅助时间为 0.5 h，间歇反应釜的有效容积。

(2) 理想排挤反应器的有效容积。

(3) 理想混合反应器的有效容积。

(4) 两釜串联反应器，使第一釜中醋酸转化率达 32.3%，第二釜为 50%，反应器的总有效容积是多少？

（答：(1)1.018 m^3；(2)0.526 m^3；(3)1.052 m^3；(4)0.7473 m^3）

从以上计算结果，说明什么问题？

6-7 已知物料在某反应器里的停留时间分布函数为：

$$E(\tau) = 0.01e^{-0.01\tau}(1/s)$$

若物料在这个反应器内的平均停留时间是 100 s，问

(1) 停留时间小于 100 s 的物料占进料的百分之多少？

(2) 停留时间大于 100 s 的物料占进料的百分之多少？

（答：(1)63.2%；(2)36.8%）

6-8 某气固相流化床反应器采用脉冲输入法测定气体的停留时间分布，实验时用氮气作主流体，用氦气作示踪剂。氮气通过的速度为 0.84 kmol · s^{-1}，氦气一次总注入量为 0.008 84 kmol，反应器中氮气的容量为 28.4 kmol。氦气注入的瞬间开始计时，随后不断分析气体中氦气的浓度，测定结果如下：

注入氦气后的时间/s	9.6	15.1	20.6	25.3	30.7	41.8	46.8	51.8
氦$\times10^6$/氮	0	143	378	286	202	116	73.5	57.7

试绘出停留时间分布密度的曲线及停留时间分布函数曲线。

6-9 已知二釜串联的 $c_2(\tau)=c_0\left(\frac{\tau}{\bar{\tau}}\right)e^{-\tau/\bar{\tau}}$（脉冲法），求证三釜串联时，脉冲法的示踪物出口浓度 $c_3(\tau)$和其分布密度函数 $E_3(\tau)$分别为：

$$c_3(\tau)=\frac{1}{2}c_0\left(\frac{\tau}{\bar{\tau}}\right)^2 e^{-\tau/\bar{\tau}}$$

$$E_3(\tau)=\frac{1}{2}\frac{1}{\bar{\tau}}\left(\frac{\tau}{\bar{\tau}}\right)^2 e^{-\tau/\bar{\tau}}$$

6-10 有一反应器用于某一级反应。今对该反应器进行脉冲示踪试验，在进口处瞬间注入示踪剂，并计时，在出口处测得示踪剂浓度如下：

时间 τ/s	10	20	30	40	50	60	70	80
示踪剂浓度 $c(\tau)$	0	3	5	5	4	2	1	0

若该反应在理想混合反应器中进行，在同样$\bar{\tau}$下，得 $x_{Af}=0.82$。试求在上述实际反应器中所能得到的$\bar{x}_{Af}$是多少？

(答：$\bar{x}_{Af}=0.977$)

6-11 固体催化剂颗粒的孔隙率可用下法测得：利用汞能占满固体颗粒间的空隙，但不能占据颗粒内部孔隙，而气体氦既能占满颗粒间空隙，也能占满颗粒内部孔隙的性能，先测定颗粒内部孔隙体积，然后算出孔隙率。

从一个活化硅胶样品(粒状，粒度 4～12 目)测得以下数据：

称得催化剂样品质量＝101.5 g

测得该质量样品排代的汞体积＝82.7 cm^3

测得该质量样品排代的氦体积＝45.1 cm^3

试计算颗粒内微孔的孔隙率。

(答：45.4%)

6-12 已知 $A\underset{k_2}{\overset{k_1}{\rightleftharpoons}}B$ 中，正逆反应都是一级反应，$E_1=8370$ J/mol，$E_2=16\,740$ J/mol，$A_1=A_2=1.00\times 10^{12}\ s^{-1}$。

(1) 在间歇搅拌釜中，若希望 $x_A=0.900$，最佳反应温度是多少？

(2) 是否整个反应过程都控制在这个温度最好？为什么？应怎样控制？

(答：(1)348 K)

本章符号说明

英文字母

A——面积，m^2；频率因子

c——浓度，mol/m^3

$c_{p,m}$——摩尔定压热容，J/mol

D_a——轴向扩散系数，m^2/s

D_r——径向扩散系数，m^2/s

d_p——催化剂平均颗粒直径，m

E_m——活化能，kJ/koml

$E(\tau)$——物料停留时间分布密度函数

$E(\theta)$——以对比时间计的停留时间分布密度函数

F_m——摩尔流量，kmol/s；质量流量，kg/s

F_v——体积流量，m^3/s

F_{v0}——进口物料总体积流量，m^3/s

$F(\tau)$——物料停留时间分布函数

$\Delta_R H$——反应热，J/mol

K——总传热系数，W/(m^2·K)；流化数

k——反应速率常数，kmol/(m^3·s)

K_p——化学平衡常数

L——管长，m

M_0——示踪物总量，kg

N——釜数，物料数，kmol

n——物质的量，kmol

p——总压强，Pa

Pe——贝克来数

q_v——体积流量，m^3/s

R——气体常数，8.314 41 J/(mol·K)

Re——雷诺数

r——化学反应速率，kmol/(m^3·s)

T——温度，K

T_c——床层中心最高温度，K

T_e——平衡温度，K

T_m——反应器内平均温度，K

T_{opt}——最佳温度，K

T_R——近床(管)壁处床层温度，K

T_S——热载体温度，K

T_w——床(管)壁温度，K

$\bar{t}$——空间时间，s

u——物料的实际线速度，m/s

u_{mf}——临界流化速度，m/s

V——体积，m^3

V_C——反应器堆积体积，催化剂颗粒总体积，m^3

V_R——反应器有效体积，m^3

V_T——反应器总容积，m^3

v——体积流量，m^3/s

x——转化率

y——气相组成，摩尔分数

希腊字母

α——给热系数，W/(m^2·K)

α_w——管(床)内壁气体给热系数，W/(m^2·K)

β——选择性系数

ε——空隙率，m^3/m^3

η——容积效率

θ——对比时间，s

λ——绝热温升系数

ρ——密度，kg/m^3

σ_τ^2——以τ计的方差

σ——以θ计的方差

τ——反应时间，s

$\bar{\tau}$——平均停留时间或空间时间，s

φ——装料系数，收率。

7 膜分离过程

7.1 膜分离概述

7.1.1 膜分离概况

人类接触膜和膜过程有悠久的历史，只是到了20世纪中叶，由于物理化学、聚合物化学、生物学、医学和生理学等学科的深入发展，新型膜材料及制膜技术的不断开拓，各种膜分离技术才相继出现和发展，并渗入研究和工业生产的各个领域，反渗透、超滤、微滤、电渗析和气体膜分离等技术开始在水的脱盐和纯化、石油化工、轻工、纺织、食品、生物技术、医药、环境保护领域得到应用。但膜分离技术的迅速发展和工业应用是在20世纪60年代以后，在大规模生产高通量、无缺陷的膜和紧凑的、高面积体积比的膜分离器上取得突破，开发了水中脱盐的反渗透过程。20世纪70～80年代又将这些进展转移至其他膜过程，获得了巨大的经济效益和社会效益。

近30年来，作为一门新型的高分离、浓缩、提纯及净化技术，新的膜过程不断地得到开发研究，如渗透汽化、膜蒸馏、支撑液膜、膜萃取、膜生物反应器、控制释放膜、仿生膜及生物膜等过程的研究工作不断深入。这些合成膜技术主要应用在四大方面：①分离（微滤、超滤、反渗透、电渗析、气体分离、渗透汽化、渗析）；②控制释放（治疗装置、药物释放装置、农药持续释放、人工器官）；③膜反应器（酶和催化剂反应器、生物反应传感装置、移植的免疫隔离）；④能量转换（电池隔膜、燃料电池隔膜、电解器隔膜、固体聚电解质等）。其中有的膜过程已经在生产上应用，有的即将进入实用阶段。

膜科学目前的主要发展方向为：①集成膜过程；②杂化过程；③水的电渗离解；④细胞培养的免疫隔离；⑤膜反应器；⑥催化膜；⑦手征膜(chirale)。

与传统的分离操作相比，膜分离技术具有以下显著的特点：

(1) 膜分离过程中无相变发生，故能耗较低；

(2) 膜分离过程通常在常温下进行，既节约能源，又适用于对热敏性物料的处理，如食品、药品、生物工程产品的分离、分级、浓缩与富集等；

(3) 膜分离技术不仅适用于有机物和无机物的分离，而且还适用于病毒、细菌到微粒的分离，其适宜的分离范围非常广泛；

(4) 由于膜分离过程主要以压差为推动力，因此装置简单，效率较高，操作方便，易于控制和维修。

更高的环保要求、更高的能源和原材料价格将对膜技术提出更高的要求，膜分离过程已成为解决当代能源、资源和环境污染问题的重要高新技术及可持续发展技术的基础。

7.1.2 膜分离机理

膜分离是以对组分具有选择性透过功能的膜为分离介质，以压差、化学势差或电位差为推动力，对双组分或多组分体系进行分离、提纯或富集的过程。许多膜过程是基于不同的分离原理或机理，分离的物质可以从颗粒一直到分子。尽管存在这样大的差异，所有膜过程都有一个共同点，即使用膜。膜是每一膜过程的核心部件，它可以看成是两相之间一个具有透过选择性的屏障，或看作两相之间的界面。当原料相与产品相间存在化学势差时，会发生各组分通过膜的选择性传递。膜可以是天然或人工合成的具有选择透过性的高分子薄膜。膜分离过程可由图 7.1 示意，相 1 为原料或上游侧，相 2 为渗透物或下游侧。原料混合物中某一组分可以比其他组分更快地通过膜而传递到下游侧，从而实现分离。

各种压差推动的膜过程是目前膜分离应用最广、历史最悠久的过程，这类过程的特征是原料相中的溶剂透过膜，而大部分溶质或颗粒被截留。根据被截留溶质或颗粒尺寸的大小可将压差推动膜过程分为微滤、超滤、纳滤和反渗透，如图 7.2 所示。

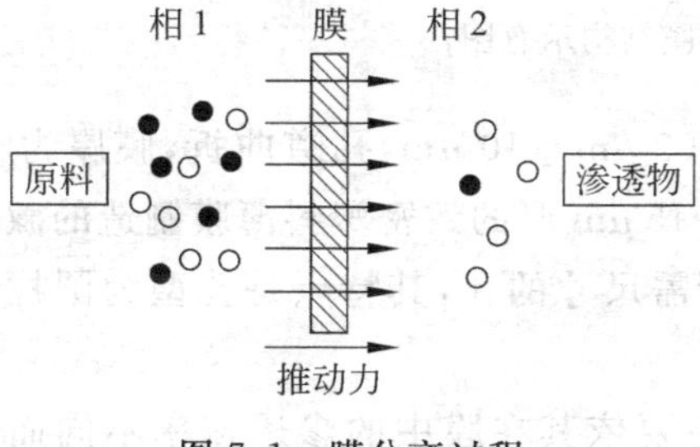

图 7.1 膜分离过程

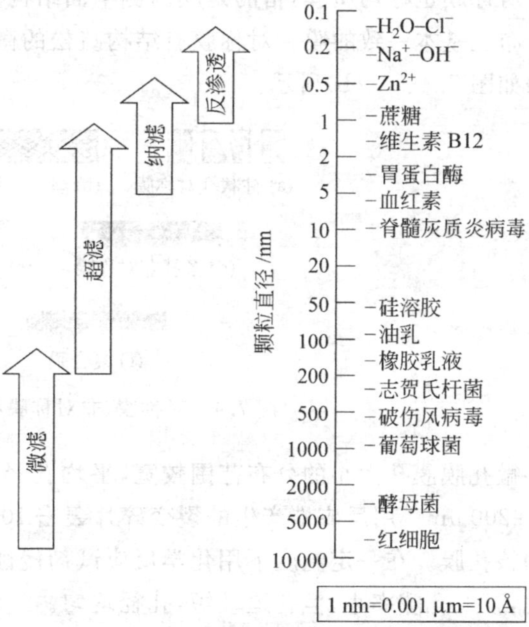

图 7.2 微滤、超滤、纳滤和反渗透过程

从微滤、超滤、纳滤到反渗透，被截留的颗粒或分子的尺寸越来越小，膜的孔径也越来越小。

典型的利用浓度差为推动力的膜过程包括气体分离和渗透汽化等。

以电位差为推动力的过程为电渗析，它用于溶液中带电粒子的分离。

图 7.3 为利用双极性膜电渗析法(bipolar membrane electro-dialysis，BME)将古龙酸钠转化成古龙酸，将 VcNa 转化成 Vc 的原理图。

在直流电场作用下，双极性膜中的水被离解成 H^+ 和 OH^-。H^+ 与 VcNa 中的 Vc 酸根结合成离解度小的维生素 C(即 Vc),VcNa 中的 Na^+ 在电场作用下通过阳离子交换膜从 VcNa 中分离出来,并和双极性膜阴膜侧出来的 OH^- 结合生成 NaOH。

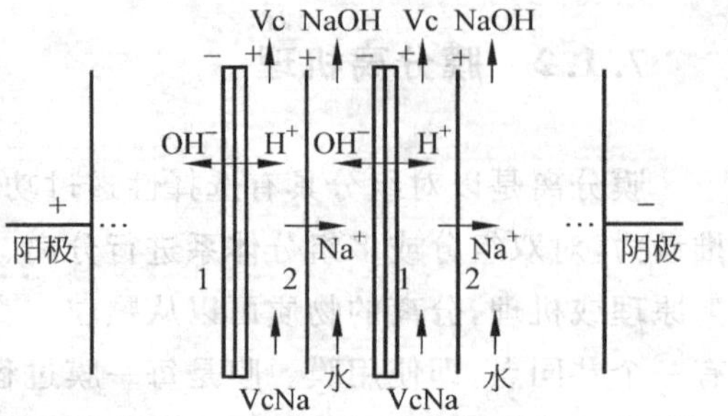

图 7.3 双极性膜电渗析原理图

1—双极性膜;2—阳膜

7.1.3 膜的种类和结构

膜是膜分离过程的关键部件,它决定了分离过程的效果。不同的膜分离过程需使用不同的膜。通常对膜的要求是通量大,分离选择性好,性能稳定,使用寿命长,价格低。

用于分离过程的膜有很多种,按它们的物理结构和化学特性,一般可分为对称膜、非对称膜、复合膜、荷电膜、液膜5大类。

(1) 对称膜

对称膜也称均质膜,指的是膜两侧平面结构及形态相同,膜截面各向同性,且孔径与孔径分布也基本一致的膜。对称膜有结构疏松的微孔膜和结构致密的无孔膜两大类。对称膜结构如图7.4(a)、(b)所示。

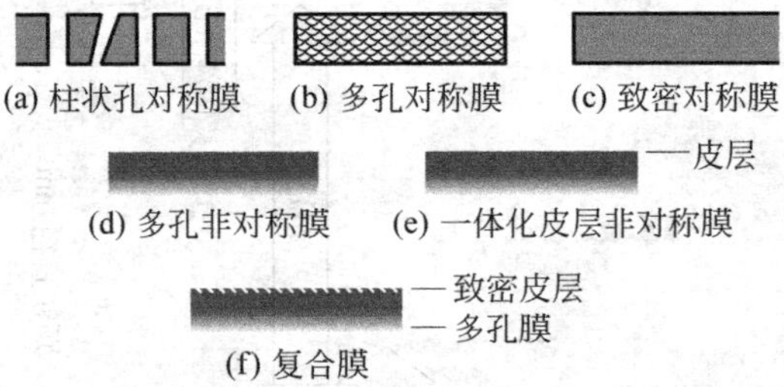

图 7.4 对称膜、非对称膜和复合膜结构示意图

微孔膜膜孔大小的分布范围较宽,平均孔径为 0.02 μm~10 μm,孔道曲折,膜厚为 10 μm~200 μm。用反应堆产生的裂变碎片轰击 10 μm~15 μm 厚的致密塑料薄膜制造的微孔膜为核孔膜。在一定温度下用化学反应试剂侵蚀成所需尺寸的孔,其特点是孔型为圆柱形直孔,膜上孔隙率小,但孔道较短,孔径均匀。

均质致密膜通常也是一种对称膜。待分离物质主要依其在膜中的渗透速率不同而分离。由于物质在固态膜中的渗透速率通常很小,为加快渗透速率,其厚度应尽可能薄。

(2) 非对称膜

非对称膜通常由致密的表皮层和疏松的多孔支撑层组成,表皮层材料与多孔支撑层的材料相同,没有明显的界面,如图7.4(d)所示。表面活性层很薄,厚度在 0.1 μm~0.5 μm;支撑层厚度为 50 μm~150 μm,起支撑表面活性层的作用,决定膜的机械强度。

(3) 复合膜

复合膜是具有表皮层的非对称膜,可选用界面聚合或等离子体引发聚合等法制得。通常,表皮层材料与支撑层材料不同,在机械性能稳定的多孔支撑膜上叠加一层 0.25 μm~15 μm 厚的具有选择性分离作用的活性皮层。复合膜的结构与非对称膜相似,但普通的非对称膜其表层与支撑层是同一种材料,而复合膜的表面活性层可以选用与支撑层不同的其他材料,材质的选择余地较宽。商用的复合膜中常用聚砜作为多孔支撑层,其化学性质稳定,机械性能良好。现在也有用聚丙烯腈、偏氟乙烯等高分子化合物的,用无机陶瓷膜则可耐高温。

(4) 荷电膜

荷电膜主要指离子交换膜。离子交换膜的种类很多,按膜体结构可分为均相膜、非均相膜或半均相膜。其中,非均相膜由磨细的离子交换树脂与高分子粘合剂混合后压制而成;而均相膜则是在高分子上直接接上活性基团后成膜制得,其膜性能较为优良。目前工业上用的膜厚 200 μm 左右,主要用于电渗析。

阳离子交换膜上含有带负电的酸性活性基团,其活性基团主要为磺酸基($—SO_3H$)、磷酸基($—PO_3H_2$)、膦酸基($—OPO_3H$)、羧基($—COOH$)、酚基($—C_6H_4OH$)等,能选择性透过阳离子;阴离子交换膜上含有带正电的碱性活性基团,其活性基团主要有伯、仲、叔、季 4 种胺的氨基和芳氨基等,能选择透过阴离子。通常含酸性基团的阳离子交换膜稳定性比含碱性基团的阴离子交换膜要好。

(5) 液膜

液膜按其构形和操作方式可分为液滴膜、乳液膜及支撑液膜 3 类;按液膜渗透过程中有无流动载体可分为无流动载体液膜和有载体液膜两类。无载体液膜仅利用溶质和溶剂在膜内溶解及扩散速度之差进行混合物分离;有载体液膜指的是在液膜中引入能与被分离溶质发生可逆反应的载体,可促进传质的进行,使分离过程的选择性与渗透速率提高。

7.1.4 膜分离组件

膜过程的工业应用,通常需要较大的膜面积。膜器是膜装置的核心部件。在膜的制备中,可将膜制成平板膜和管式膜。相应地,膜器设计可以有多种形式,大致可分为平板构型和管式构型两类。板框式和卷式膜器均使用平板膜,而管状、毛细管和中空纤维膜器均使用管式膜。后 3 种膜器的差别主要在于所使用的管式膜的规格不同,管式膜直径大于 6 mm,毛细管膜直径为 0.5 mm~6 mm,中空纤维膜直径小于 0.5 mm。

工业上应用的膜分离设备是由膜、固定膜的支撑材料、管式外套等组成的单元组件,有板框式、卷式、管式等几种。在设计或选用膜分离设备的组件时,从分离效果及经济合理性出发,考虑单位容积中的有效膜面积、组件的制作成本、膜的清洗是否方便等要求。

(1) 板框式膜组件

板框式膜分离器类似于板框压滤机,由支撑板和框交替重叠组成,支撑板两侧表面开有窄槽,其内腔有供透过液流通的通道;支撑板的表面与膜相贴,对膜起支撑作用,组成一个单元,如图 7.5(a)所示。多个单元之间可并联或串联。这类膜器的装填密度(单位体积内膜面积)为 $100\ m^2/m^3 \sim 400\ m^2/m^3$。

(2) 管式膜组件

管式膜分离器将膜和支撑体均制作成圆管状,有单通道和多通道两种,图 7.5(b)所示

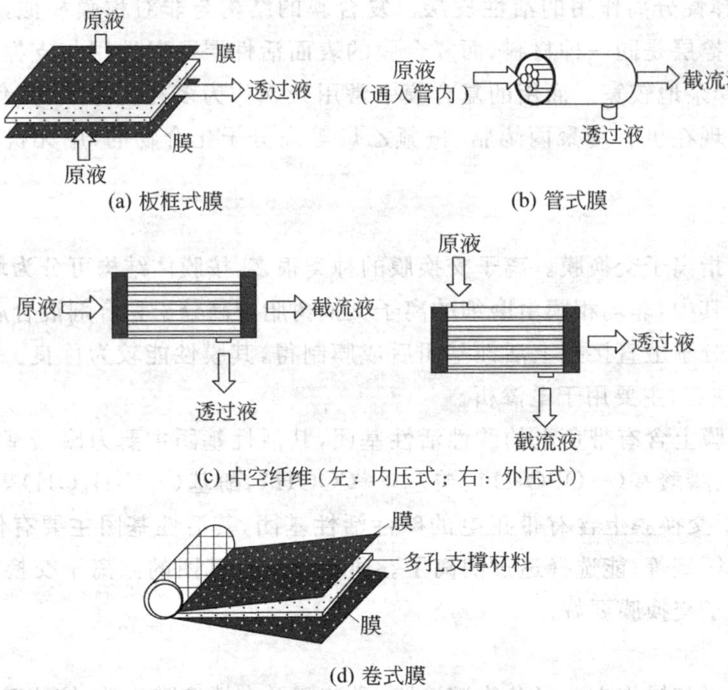

图 7.5 膜分离器组件示意图

为 5 通道。可制成排管、盘管、列管(类似列管式换热器)等形式的膜分离器。

(3) 中空纤维膜组件

中空纤维膜分离器的形式类似于列管换热器,具有如图 7.5(c)所示的膜组件,它由很多中空纤维(可多达几十万根外径 80 μm～400 μm、内径 40 μm～200 μm 的纤维)组成,众多中空纤维与中心进料管捆在一起,一端密封固定,另一端作为透过液排出口。料液进入中心管,并透过管壁(膜)流入中空纤维的间隙向右出口流出,透过液则透过中空纤维壁面向下出口流出(由内向外式)。也可以将料液引入中空纤维管管间,从中空纤维管管内得到透过液(由外向内式)。

中空纤维膜分离器的特点是结构紧凑,单位设备体积内膜的面积很大,但因纤维的内径小而流体流动阻力大,易堵塞,膜面去污也比较困难。中空纤维膜器是装填密度最高的一种膜器构型,可达 30 000 m^2/m^3。

(4) 卷式膜组件

卷式膜分离器的结构见图 7.5(d),卷式膜组件采用平板膜制成信封状膜袋,将多孔性支撑材料夹在膜袋之内,半透膜的开口与中心管密封,再在膜袋上下衬上料液隔网,然后连在一起滚压卷绕在空心管上,再将其装入圆柱形压力容器内,制成膜组件。组件内膜袋的数目称为叶数,叶数增多,膜面积增加,但原料流程变短。这类膜器的装填密度为 300 m^2/m^3～1000 m^2/m^3。

新膜器的开发主要是为了最大程度地减少污染和浓差极化。实现这一目的的方法之一就是改变流道形状,强化边界层传质过程。改善和优化膜器结构的设计不仅对于微滤、超滤和反渗透等压差驱动过程,而且对渗透汽化、气体分离和其他膜过程的实际应用均有重要意义。

7.2 微 滤

微滤是利用微孔膜的适宜孔径，以压差为推动力，将料液中大于膜孔径的微粒、细菌及悬浮物质等截留下来得以除去，并得到澄清滤液的膜技术。通常，微滤膜孔径在 0.05 μm～10 μm 范围内，过程的操作压差为 0.01 MPa～0.2 MPa。微滤是与常规过滤十分相似的膜过滤过程，主要适用于对溶液中微细粒子，诸如细菌等的截留。

衡量微滤膜性能的主要指标有通量和截留率。通量 J 的定义为单位时间内通过膜单位面积的溶液的量，单位为 kg/(m^2 · h)。截留率反映某种尺寸的颗粒被阻挡的百分数，定义为 $R=1-c_p/c_f$，其中 c_p 和 c_f 分别为渗透物和原料中溶质的浓度。

通过微滤膜的通量 J 正比于所施压差：

$$J = A\Delta p \tag{7-1}$$

式中渗透常数 A 与膜的孔隙率、孔径、孔径分布等结构因素和渗透液粘度有关。微滤的操作压力一般为 0.1 MPa～0.2 MPa。

微滤有两种基本的操作方式：终端过滤和错流过滤。如图 7.6(a)所示，终端过滤时原料垂直于膜表面流动，原料不循环。所以被截留的粒子不断累积并在膜表面上形成一层滤饼。滤饼厚度随过滤时间的延长而增加，通量由于滤饼变厚而逐渐下降。错流微滤如图 7.6(b)所示，用泵将滤液送入具有微滤膜的管道或薄层流道内，滤液沿着膜表面流动，在压差的推动下，使渗透液错流通过膜，微粒被带到膜表面并沉积成薄层。与终端微滤不同，错流微滤过程中，料液沿膜表面流动产生的剪切力能将沉积在膜表面的部分微粒带走，使膜面积累的滤饼层厚度相对较薄，如图中虚线所示。原料循环中，只有一部分被截留的溶质会在膜面上累积。就大规模工业应用来说，终端过滤将慢慢被错流过滤替代。选择适当的操作方式可以减少被截留物或杂质的沉积，但随着过程的进行，通量下降仍无法避免，这是过程固有的现象，称为膜的污染。所以膜必须定期清洗，选择膜材料时要考虑耐清洗能力。

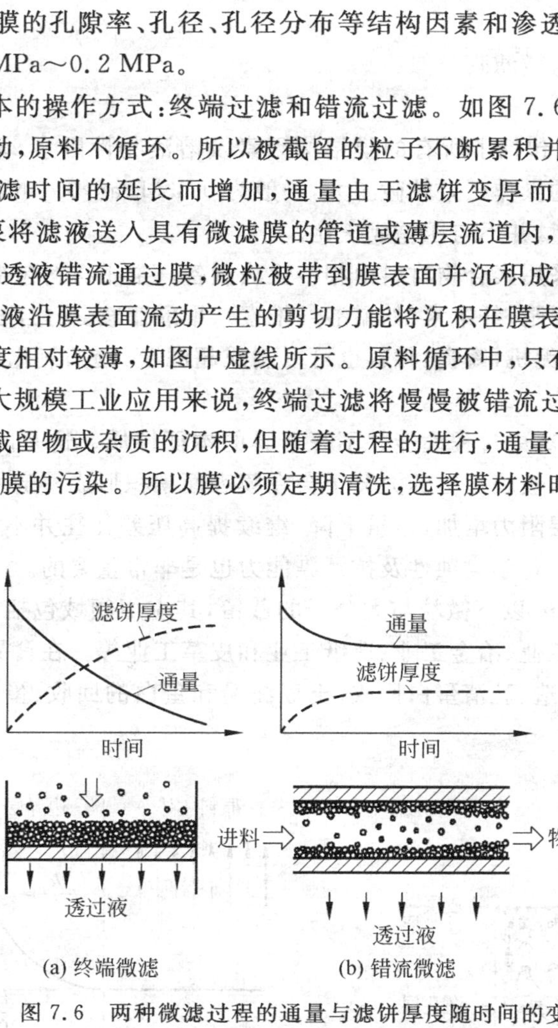

图 7.6 两种微滤过程的通量与滤饼厚度随时间的变化

微滤膜可用不同方法制备，所用材料可以是有机的(聚合物)或无机的(陶瓷、金属、玻璃)。无机膜具有很好的化学和热稳定性。由于微滤过程也常用于非水溶液，此时化学稳定性就是头等重要的因素。

微滤广泛用于将粒径大于 0.1 μm 的粒子从流体中除去的场合。微滤的工业应用之一是食品和制药工业中饮料和制药产品的除菌和净化。微滤也可用于超纯水制备中颗粒的去除。在生物技术领域中,微滤特别适用于细胞捕获。在生物医学领域,微滤可将血浆及其他有价值的产物从血细胞中分离出来。微滤在其他方面,例如果汁及葡萄酒和啤酒的净化、废水处理、乳液油水分离、胶乳脱水等,均有应用范例。

7.3 超 滤

超滤是介于微滤和纳滤之间的一种膜过程,膜孔径范围为 0.05 μm(接近微滤)至几 nm(接近纳滤)。超滤和微滤都是基于筛分原理的膜过程。二者主要的差别在于超滤膜的非对称结构中皮层要致密得多,因此流动阻力也大得多,如图 7.7 所示。超滤膜皮层厚度一般小于 1 μm。

超滤膜通量表达式与微滤膜类似:

$$J = K\Delta p \tag{7-2}$$

与微滤相似,渗透系数 K 包括了所有的膜结构因素及溶液物性因素。超滤膜的 K 值远小于微滤膜的。所以超滤的操作压差较微滤大,一般为 0.1 MPa~0.7 MPa。实际上,由于膜被压实等原因,超滤的通量并不与压差成正比。

商品化的超滤膜多采用聚合物材料由相转化法制备。常用材料包括聚砜、聚醚砜、磺化聚砜、聚偏氟乙烯、聚丙烯腈、纤维素(如醋酸纤维素)、聚酰亚胺、聚醚酰亚胺和聚醚酮等。

除了聚合物材料外,无机(陶瓷)材料也可以制成超滤膜,例如氧化铝(Al_2O_3)和氧化锆(ZrO_2)。

与微滤类似,实际分离中过程性能并不等于膜的本征性质。这是因为存在着浓差极化(如图 7.8 所示)和污染。被膜截留的大分子会在膜表面累积形成一定浓度的边界层和凝胶层。浓差极化造成边界层阻力增加,通量下降,继续提高压差往往并不能提高通量。此外,膜材料选择中,耐热性、抗化学腐蚀性及抗污染能力也是非常重要的。

超滤主要用于 0.1 μm 以下微粒与大分子的截留,其应用领域包括食品和乳品工业、制药工业、纺织工业、化学工业、冶金工业、造纸工业和皮革工业等。在食品和乳品工业中的应用包括牛奶浓缩、干酪制造、乳清蛋白回收、土豆淀粉和蛋白的回收、蛋白产品的浓缩、果汁和酒精饮料的净化等。

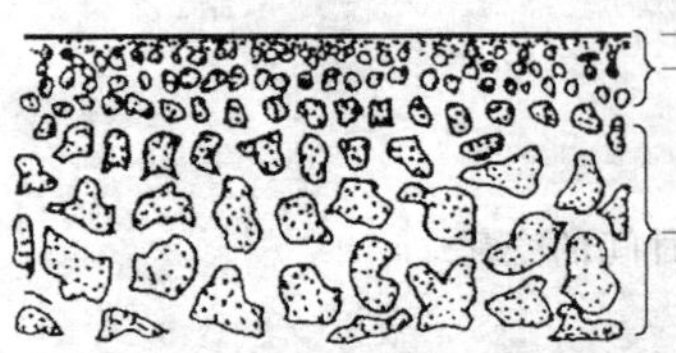

图 7.7 典型的非对称膜结构示意图

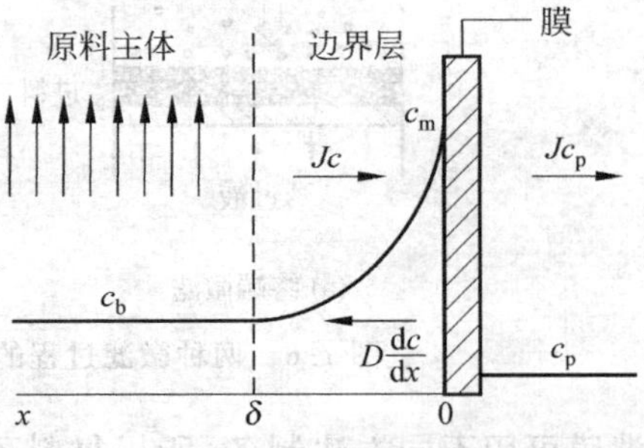

图 7.8 浓差极化引起的稳态条件下的浓度分布

7.4 纳滤和反渗透

纳滤和反渗透是将低分子质量溶质，如无机盐或葡萄糖、蔗糖等小分子有机物从溶剂中截留的膜过程。利用不同截留分子质量的纳滤膜可以分离不同分子质量的物质。反渗透与纳滤和超滤的差别在于所用膜孔的大小和所用压差的高低。反渗透使用致密膜，且要使用大于渗透压的较高压差，反渗透使用的压差为 2 MPa～10 MPa；纳滤使用的压差为 1 MPa～2 MPa，比超滤过程所需压差要高得多。

反渗透过程是利用半透性膜分离去除水中的可溶性固体、有机物、金属氧化物、胶体物质及微生物。在纯水制备中，原水以一定压力进入膜组件，水透过膜的微小孔径，经收集后得到淡水，而水中的杂质不能通过膜，在浓溶液中浓缩被排出。经上述过程，反渗透膜可除去原水中 98%以上的溶解性固体，99%以上的有机物及胶体，以及几乎 100%的细菌。反渗透的操作原理可用图 7.9 说明，当用半透膜隔开纯溶剂和溶液时，由于溶剂的渗透压高于溶液的渗透压，纯溶剂通过膜向溶液相自发流动，这一现象称渗透。渗透的结果是溶液侧的液柱上升，直到溶液的液柱上升到一定高度并保持不变，两侧的静压差就等于纯溶剂与溶液之间的渗透压，此时系统达到平衡。若在溶液侧施加压力，就会减少溶剂向溶液的渗透，当增加的压力高于渗透压时，便可使溶液中的溶剂向纯溶剂侧流动，即溶剂将从溶质浓度高的一侧向浓度低的一侧流动，这就是反渗透。

反渗透过程必须满足两个条件：其一是应有一种高选择性和高透过率（一般是透过水）的膜；其二是膜两侧的操作压力差 Δp 必须高于溶液的渗透压 $\Delta\pi$。

假设没有溶质通过膜，则有效水通量 J_w 可用下式表示：

$$J_w = A(\Delta p - \Delta\pi) \tag{7-3}$$

式中 A 称为渗透系数，与水在膜中的溶解度（又称分配系数）以及扩散系数有关。由于渗透压和溶解度均与溶液浓度有关，故 A 也与溶液浓度有关。

选择纳滤和反渗透的膜材料必须考虑膜的本征性质，要求膜对溶剂亲合力高，对溶质亲合力低。这与微滤膜和超滤膜的选择有明显差异。对于微滤和超滤，主要是膜孔尺寸决定分离性能，所以材料的选择主要考虑其成膜性能、化学稳定性和膜的耐污染性。实用的纳滤和反渗透膜通过降低厚度来提高膜的通量，均具有非对称结构，即由一个薄的致密皮层（厚度小于 1 μm）和多孔支撑层（厚度为 50 μm～150 μm）组成，传递阻力主要取决于致密皮层。具有非对称结构的膜可以分为一体化的非对称膜和复合膜两类。一体化的非对称膜是指用同一种材料制成的膜；复合膜则由一层具有一定分离功能的皮层覆盖在一层起支撑作用的基膜上而成，两层的材料不同。选择基膜材料主要考虑能提供良好的机械性能，而皮层材料则根据分离对象的需要进行选择，因此复合膜材料的选择范围更广，目前其应用也更广泛。

纳滤和反渗透可应用于很多领域，分为溶剂纯化（渗透物为产物）和溶质浓缩（原料侧出产物）两大类。纳滤还可用于不同分子质量溶质的分离。纳滤和反渗透的一个重要应用是水的纯化，主要是咸水脱盐，特别是由海水生产饮用水。咸水中盐的含量为 1 mg/g～5 mg/g，而海水中盐的浓度为 35 mg/g。另一个重要应用是制备半导体工业用超纯水。反渗透也用于浓缩过程，特别是食品工业（果汁、糖、咖啡的浓缩）、电镀工业（废液浓缩）和奶品工业。

纳滤膜与反渗透膜几乎相同，只是其网络结构更疏松，因此，它对 Na^+ 和 Cl^- 等单价离

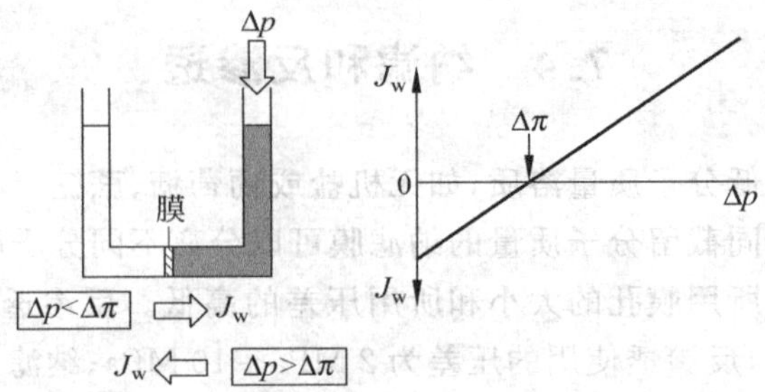

图 7.9 水通量与操作压力的关系

子的截留率很低,但对 Ca^{2+} 和 CO_3^{2-} 等 2 价离子的截留率却很高。此外,它对除草剂、杀虫剂、农药等污染物或糖等低分子质量组分的截留率也很高。通常,当需要对浓度较高的 NaCl 进行高度截留时,选择反渗透过程;当需要对低浓度 NaCl、2 价离子和相对分子质量在 500 到几千的溶质进行截留时,选择纳滤过程。使用适当孔径的纳滤可以对低分子有机物进行分级。

7.5 气体分离

气体膜分离是利用气体分离膜与原料气接触,在膜两侧压力差驱动下,气体分子以不同速率透过膜的过程。由于不同的气体分子透过膜的速率不同,渗透速率快的气体在渗透侧富集,渗透速率慢的气体在原料侧富集,即气体膜分离是利用气体组分渗透速率的差别而实现分离的过程。

目前,工业上大多使用的是非对称性膜和复合膜,制成中空纤维或卷式膜件。气体分离膜应具有选择性高、渗透通量大、机械强度高、能承受较大的压差等特性。

非对称性膜中起分离作用的活性层是其表面的致密层,应薄且致密,使能获得高选择性和高渗透通量。实际上,常因膜表面存在孔隙等缺陷而使选择性降低。针对此种情况,选用适当的试剂进行处理,可以有效减少膜表面的孔隙。如用三氟化硼处理聚砜非对称中空纤维膜,可使选择性提高。

气体分离常用的复合膜有阻力复合膜和超薄活性-多孔基复合膜。阻力复合膜是在膜的表面涂上一薄层使气体组分容易渗透的材料,复合层的作用是堵住基膜上的孔隙。阻力复合膜克服了一般非对称性膜表层常存在孔隙的缺陷。

气体通过膜的传递对于不同类型的膜,情况各不相同,机理也各异。常见的分离机理有两种,即通过多孔膜的微孔扩散机理和通过致密膜的溶解-扩散机理。这里介绍后者。

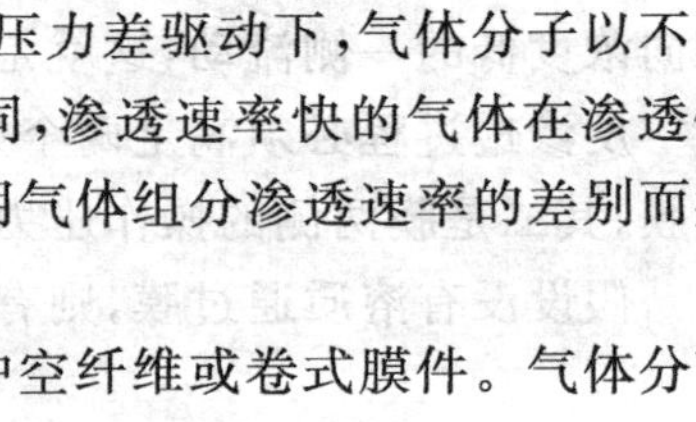

图 7.10 纯气体通过致密膜的渗透机理

气体分子透过膜的速率可以用溶解-扩散模型来描述(图 7.10)。气体分子首先在膜的上游侧膜面溶解,在膜两表面间浓度梯度的作用下,气体分子扩散通过膜,然后在下游侧表面脱附,进入渗透侧气体。

致密膜中气体扩散的过程可以用经典的 Fick 定律来描述:

$$J = -D\frac{dc}{dx} \tag{7-4}$$

式中：J——通过膜的通量；

D——扩散系数；

dc/dx——与膜面垂直方向的膜内浓度梯度，为推动力。

稳态下可将式(7-4)积分，得

$$J_i = \frac{D_i(c_{0,i} - c_{1,i})}{l} \tag{7-5}$$

式中：$c_{0,i}$，$c_{1,i}$——膜上游侧和下游侧的组分 i 的浓度；

l——膜厚。

浓度与分压关系可用 Henry 定律描述，即认为膜内浓度与膜外气体分压之间呈线性关系：

$$c_i = H_i p_i \tag{7-6}$$

式中：H_i——组分 i 在膜中的溶解度系数。

将式(7-5)与式(7-6)合并，得

$$J_i = \frac{D_i H_i(p_{0,i} - p_{1,i})}{l} \tag{7-7}$$

式(7-7)常用来描述气体通过膜的渗透。扩散系数 D 与溶解度系数 H 的乘积称为渗透系数 P。式(7-7)可写成

$$J_i = \frac{P_i(p_{0,i} - p_{1,i})}{l} = \frac{P_i}{l}\Delta p_i \tag{7-8}$$

评价气体膜分离过程分离效果的主要指标是渗透通量与分离系数。

气体分离膜的分离系数定义为渗透侧所得气体中 i 组分和 j 组分的组成比(y_i/y_j)与原料气体中 i 组分和 j 组分的组成比(x_i/x_j)之比，用 $\alpha_{i,j}$ 表示：

$$\alpha_{i,j} = \frac{y_i/y_j}{x_i/x_j} \tag{7-9}$$

$\alpha_{i,j}$ 类似于精馏中的相对挥发度，但其物理意义有所不同，分离系数不是物性参数。

假设二元混合气体中一种气体透过膜的渗透通量不因另一种气体的同时渗透而改变，并设膜两侧气体均完全混合，且渗透侧压力远小于原料侧压力，则这种情况下的理想分离系数可以表示为两种气体的渗透系数之比，即

$$\alpha_{i,j} = \frac{P_i}{P_j} \tag{7-10}$$

通常情况下，由于两种组分同时渗透时，会相互影响，使得实际分离系数往往低于理想分离系数。

理想的气体分离膜应具有高通量和高分离系数，然而，两者往往不能兼得。当对分离系数要求不高时，可以选用高渗透性材料，如生产用于医疗、燃烧过程的富氧空气和需氧发酵过程的无菌空气。还有一种情况是从氮(空气)或甲烷气中分离有机蒸气，高渗透性、疏水性的弹性材料对氮和甲烷的渗透系数都远低于有机蒸气，所以最好选用高渗透性材料。如果要求中等选择性，则应选用基于玻璃态聚合物的低渗透性材料。

气体膜分离的主要应用包括 H_2 或 He 与其他气体的分离，空气分离制富氧空气或富氮

空气,天然气脱湿脱硫,以及烟道气 SO_2,CO_2 和 NO_2 的分离等。

7.6 渗透汽化

渗透汽化是利用组分在膜内溶解与扩散速率不同来实现混合物分离的过程。过程的推动力是膜两侧的蒸气压差。在渗透汽化过程中,膜的原料侧为常压下液体混合物,在渗透物侧维持很低的渗透物蒸气压而使渗透物以蒸气形式不断除去。可以采用载气吹扫或抽真空的方法来维持低压。渗透汽化过程的流程如图 7.11 所示。渗透汽化过程中组分透过膜的传质过程主要包括以下 3 步:①原料侧膜的选择性吸附;②通过膜的选择性扩散;③渗透物侧脱附到蒸气相。由于组分从原料侧向渗透物侧传递过程中发生相变,需要提供渗透组分蒸发热。所以,渗透汽化主要用于从液体混合物中分离或去除体系中的少量组分。

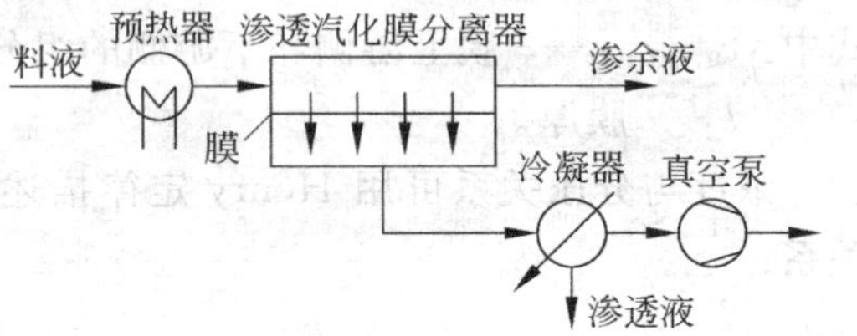

图 7.11 渗透汽化简单流程图

渗透汽化是同时包括传质和传热的复杂过程。图 7.12 表示膜及其两侧组分的浓度分布与温度分布。图中 c_b^L 为料液的主体浓度,c_1^m,c_2^m 分别为膜两侧的膜面浓度,c_1^L 为膜上游侧浓度,c_2^r 为膜下游侧浓度;T_b 为料液主体温度,T_1,T_2 分别为膜两侧温度。随着组分从膜的原料侧渗透到渗透物侧,热量也同时从原料侧传递到渗透物侧,提供组分汽化所需的汽化热。膜作为液相和蒸气相之间的屏障。评价渗透汽化膜性能的主要指标是渗透通量 J 和分离系数 α(其定义与气体分离的定义相同)。

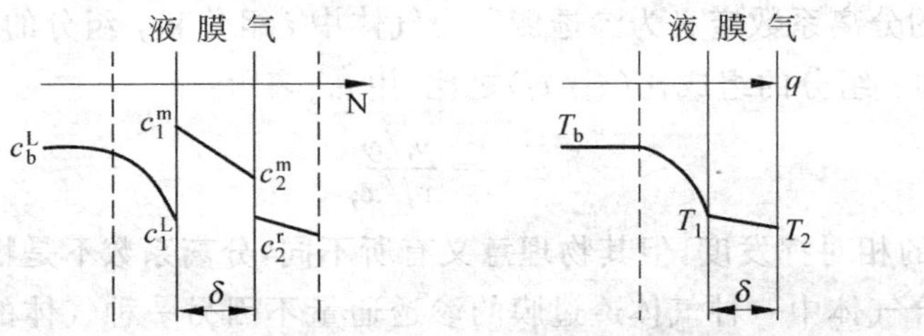

(a) 优先渗透组分的浓度分布　(b) 渗透汽化过程的温度分布

图 7.12 渗透汽化中的浓度和温度分布

根据前面的介绍,渗透汽化主要用于脱除液体混合物中少量组分,例如有机液体(如乙醇、异丙醇、乙酸乙酯等有机原料与溶剂,汽油、苯、己烷等碳氢化合物,氯乙烯等含氯碳氢化合物)中少量水的脱除,水中少量有机物(如醇、酸、酯、酮以及含氯碳氢化合物)的脱除。渗透汽化不受组分间气液平衡关系的限制且有很高的分离系数,因此特别适用于恒沸液的分离,例如由工业乙醇脱水制取无水乙醇。图 7.13 是从发酵液制取无水乙醇的精馏-渗透汽化联合流程。含乙醇 10%左右(质量分数)的发酵液经初馏和精馏只能得到接近恒沸组成的工业乙醇,应用渗透汽化脱水可以直接制得无水乙醇。这种方法与各种特殊蒸馏相比有很多优点:无需外加化学添加剂,既节省费用又可避免对产品的污染;含乙醇 5%～50%(质量分数)的渗透液可直接返回精馏塔,几乎没有乙醇的损失(通常的恒沸精馏中乙醇平均损失 49%);无废水排放,消除了对环境的污染。

也有许多二元混合物,其共沸组成并不靠近某一纯组分而是介于二者之间,此时用渗透汽化得到纯品并不经济。可以采用渗透汽化与精馏结合的方法,利用渗透汽化来跨越共沸组成。这种把两个或多个分离过程结合起来使用的方法更具优越性,例如在异丙醇的制备中(图 7.14),从精馏塔得到的接近恒沸液的异丙醇(含异丙醇 85%(质量分数)),用渗透汽化法脱水,使其越过恒沸点,得到含异丙醇 95%的产物,然后用恒沸精馏制得无水异丙醇。这种流程比单独使用渗透汽化或恒沸精馏更为经济。

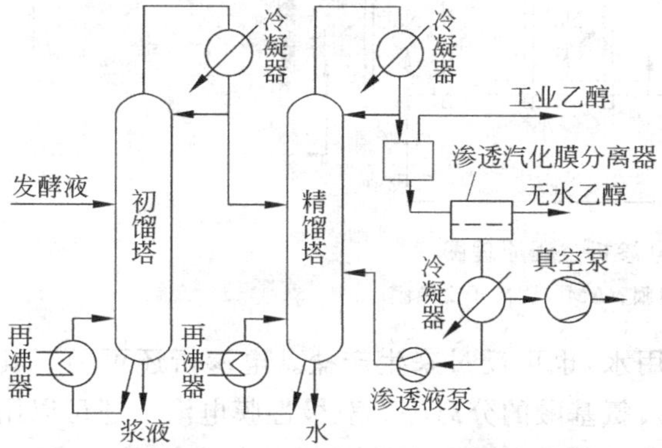

图 7.13 从发酵液制无水乙醇的精馏-渗透汽化联合流程

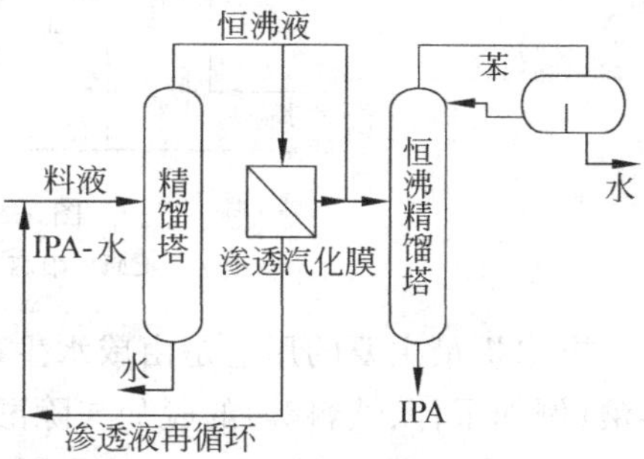

图 7.14 异丙醇(IPA)分离过程流程图

渗透汽化还可以用于食品和制药工业中热敏产物的浓缩或芳香物的脱除(浓缩),以及环境保护领域中废水所含挥发性有机物的脱除等。

7.7 电 渗 析

电渗析是在外加直流电场作用下,溶液中的带电离子选择性地通过离子交换膜而进行的传递过程。水溶液中的阳离子向阴极定向迁移,阴离子向阳极定向迁移,只要在溶液里配置适当的阳离子交换膜和阴离子交换膜,即可实现溶液中电解质的分离。

通常电渗析过程使用的膜有阳离子交换膜、阴离子交换膜和双极性膜。阴离子交换膜中含有与聚合物相连的带正电荷的基团,如由季铵盐形成的基团。由于这些固定电荷的存在,带正电的离子会被膜排斥,只有阴离子能通过阴离子交换膜。相反,阳离子交换膜中含带负电荷的基团,主要是磺酸或羧酸基团,因此带负电的离子受到排斥,只有阳离子能通过阳离子交换膜。双极性膜是一侧有阴离子交换层而另一侧有阳离子交换层的膜。阴、阳离子都不能通过双极性膜,但水可以渗透到双极性膜中,在直流电场的作用下,水解离成 H^+ 和 OH^-,H^+ 在双极性膜中通过阳离子层出来,OH^- 则在双极性膜中通过阴离子层出来。性能优良的膜应具备的基本参数是低电阻、高选择性、适度溶胀和高机械强度。

电渗析过程的原理如图 7.15 所示。在阳极和阴极之间交替安置一系列阳离子交换膜和阴离子交换膜。当电解质原料液(如氯化钠溶液)通过两张膜之间的腔室并且施加直流电时,带正电的钠离子会向阴极迁移,带负电的氯离子会向阳极迁移;氯离子不能通过带负电的膜,钠离子不能通过带正电的膜。这意味着,在一个腔室中离子浓度会提高,而在与之相邻的腔室中离子浓度会下降,从而形成交替排列的浓室(C)与淡室(D)。相应地,得到浓溶液和稀溶液。

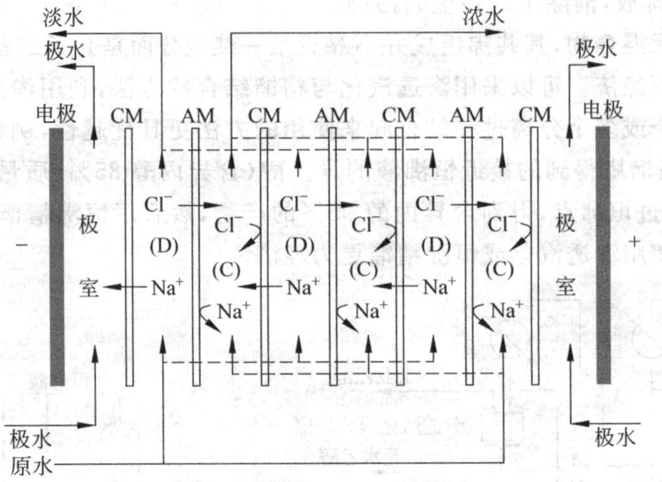

图 7.15 电渗析过程原理图

CM—阳离子变换膜；AM—阴离子交换膜

电渗析最主要的用途是由咸水生产饮用水，也可反过来生产盐。电渗析还可用于其他溶液(例如果汁、饮料等)的脱盐与除酸，以及氨基酸的分离等。双极性膜电渗析还可以用来制备有机酸。如可应用在多数用离子交换法或加酸酸化法从有机酸盐制有机酸的过程，例如可在生物发酵法制取葡萄糖酸、柠檬酸和乳酸等过程中推广应用，还可在化工、医药和环境保护等相关领域应用。

双极性膜在直流电场作用下能够将水分离成 H^+ 和 OH^- 两种离子，可以作为 H^+ 和 OH^- 的供应源。因此，应用双极性膜电渗析法可以将盐(例如 Na_2SO_4)转化成相应的酸与碱：

$$MX(Na_2SO_4)+H_2O \longrightarrow HX(H_2SO_4)+MOH(NaOH)$$

这种电渗析法有两种基本结构形式：三室式与二室式。在三室式电渗析转化器中(图 7.16(a))，盐 MX 进入盐室后，在电场作用下，其阳离子 M^+ 通过阳膜进入碱室，与双极性膜分离出来的 OH^- 形成碱 MOH，而阴离子 X^- 则通过阴膜进入酸室，与双极性膜分离出来的 H^+ 形成酸 HX。所以，应用这种转化器可由盐同时分别制得纯酸与纯碱。二室式电渗析转化器有两种，图 7.16(b)所示的一种由双极性膜和阴膜构成，其中盐 MX 进入碱室，它的阴离子 X^- 通过阴膜进入酸室，形成酸 HX，而在碱室中则形成碱。因此，应用这类转化器可由盐制得一种纯酸和盐与碱的混合物(或纯碱和盐与酸的混合物)。

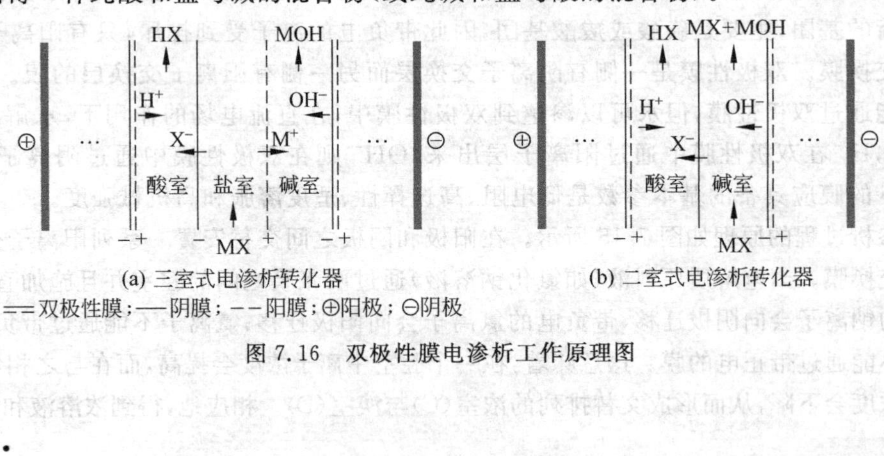

==双极性膜；—阴膜；--阳膜；⊕阳极；⊖阴极

图 7.16 双极性膜电渗析工作原理图

生物发酵法生产维生素C过程中，发酵液中的古龙酸钠转化为古龙酸及VcNa转化为维生素C(Vc)是两个主要步骤。目前，前者采用离子交换法，后者采用硫酸酸化沉淀法。离子交换法需经常用酸再生，设备庞大，操作复杂，消耗大。硫酸酸化则过程复杂，消耗高。此外，上述两种方法均有大量废液排放。

双极性膜电渗析法(bipolar membrane electro-dialysis,BME)可以在无需外加物料的条件下，将古龙酸钠转化成古龙酸，将VcNa转化成Vc。代替生物发酵法生产维生素C过程中，发酵液中的古龙酸钠转化为古龙酸及VcNa转化为维生素C(Vc)的转化过程。这种方法过程简单，转化率高，其副产品NaOH稀溶液可有效利用，无环境污染。

用BME法使VcNa转化成Vc的技术是利用在直流电场作用下，双极性膜中的水被离解成H^+和OH^-。H^+与VcNa中的Vc酸根结合成离解度小的维生素C(即Vc)，VcNa中的Na^+在电场作用下通过阳离子交换膜从VcNa中分离出来，并和双极性膜阴膜侧出来的OH^-结合生成NaOH，详见图7.3。

图7.17所示为用BME法使VcNa转化成Vc的实验装置和流程。该双极性膜电渗析器由多张双极性膜与多张阳膜交替排列组成的膜堆和一对电极构成。离子交换膜平行放置，将双极性膜电渗器分隔成阳极室、多个碱室和酸室，以及阴极室。原料液VcNa置于酸室罐2中，用酸泵3送入酸室，在酸室和酸室罐构成的系统中循环。在此过程中，酸室里VcNa中的Vc^-根与双极性膜阳膜侧析出的H^+结合生成维生素C，而VcNa中的Na^+则通过酸室的阳膜进入碱室。在碱室罐4中放入1 mol/L的NaOH溶液，用碱室泵5送入碱室，在碱室和碱室罐构成的系统中循环。在此过程中，双极性膜阴膜侧析出的OH^-与从酸室中透过阳膜的Na^+结合成NaOH。极室中使用1 mol/L NaOH溶液，由极室泵7分两路分别送入阳极室9和阴极室10，然后均返回极室罐进行循环。随着循环的进行，酸室中的VcNa逐渐转化成Vc，随时测出酸室的pH值以确定VcNa转化成Vc的百分率。当转化率达到一定值时，停止操作。

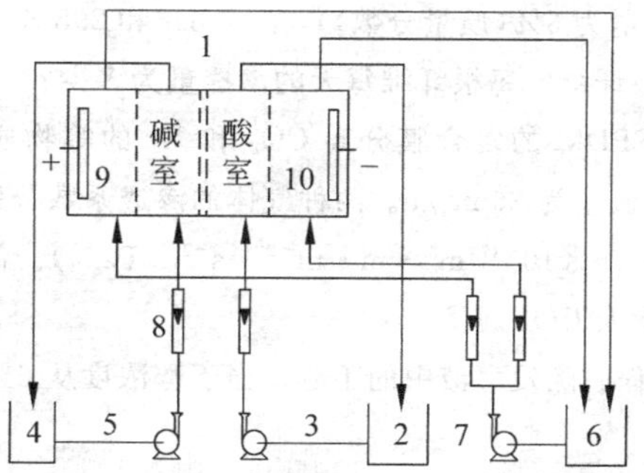

图7.17 实验装置流程图

1—电渗析器(其中＝＝＝表示双极性膜，－－－表示阳膜)；2—酸室罐；3—酸室泵；4—碱室罐；5—碱室泵；6—极室罐；7—极室泵；8—流量计；9—阳极室；10—阴极室

随着循环的进行，碱室中碱液浓度不断提高，同时酸室中Na^+大为减少，电流效率降低，并导致转化率与产品质量降低，因此不断排放碱液并及时补充水分，使碱液浓度保在1 mol/L以下。

双极性膜电渗析器的组装形式如图7.18所示。

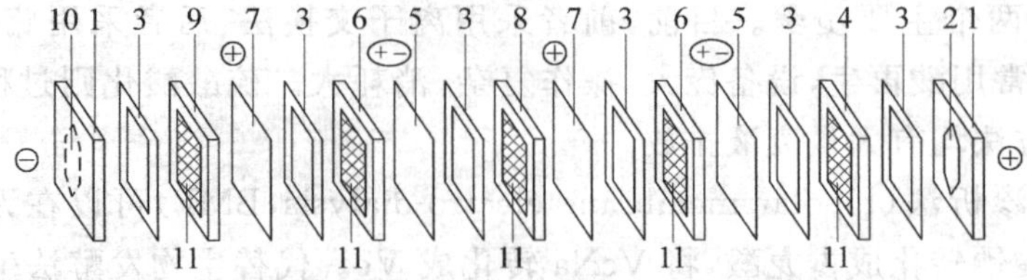

图 7.18 电渗析器的组装形式

1—压紧板；2—阳极电板；3—橡胶垫片；4—阳极室隔板；5—双极性膜；6—酸室隔板；7—阳膜；8—碱室隔板；9—阴极室隔板；10—阴极电板；11—隔网

习 题

7-1 100 kg 水溶液中含 1%(质量分数)的 NaCl 和 1%的白蛋白。为纯化白蛋白，需将盐分尽可能多地脱出。为此可以采用透滤过程，即不断向原料液中补充水分，在水分透过膜的同时将盐分带走。

(1) 计算为使 NaCl 浓度降到 0.01%所需加入水量(V_m)。已知膜对白蛋白的截留率为 100%，对盐的截留率为 5%。

(2) 如果要分离的对象是 NaCl 和抗生素(相对分子质量 500)，原料组成和分离要求仍同(1)。试计算当膜对抗生素的截留率分别为 90%和 99%时，所浪费的抗生素(即随水透过膜的抗生素)的百分数。

7-2 利用电渗析过程可以将橘汁甜化，主要是脱除其中的柠檬酸根阴离子。

(1) 画出流程示意图。

(2) 已知处理量为 500 L/h，柠檬酸的相对分子质量为 300，电流密度为 100 A/m^2，电流效率为 80%，每个腔室的平均电阻为 0.03 Ω，单张膜的面积为 0.5 m^2。试计算将柠檬酸的浓度从 15 g/L 降到 7.5 g/L 所需的膜面积和能耗。

7-3 某反渗透用中空纤维膜的水渗透系数为 1.6×10^{-8} m/(s·bar)(1 bar=100 kPa)，纤维外径为 0.1 mm。以海水为原料(NaCl 含量为 3%(质量分数))，在 60 bar 和 298 K 下膜器产纯水量 $q_p=5$ m^3/d。问长度为 1 m 的膜器中应有多少根纤维？每根纤维每天的渗透量为多少？

7-4 用皮层为 1 μm 厚的 EPDM 的复合膜分离 CO_2 和 N_2 的等物质的量混合物。原料压力为 250 kPa，渗透物压力为 50 kPa，原料流量为 36 m^3/h。两种气体的渗透系数分别为 p_{CO_2}= 81 Barrer，p_{N_2}=5.3 Barrer(标准状况下，1 Barrer=0.76×10^{-17} m^3·m·m^{-2}·s^{-1}·Pa^{-1})。假设原料侧和渗透侧均为完全混合，计算渗透物组成、CO_2 回收率及 CO_2 通量。

7-5 用间歇的渗透汽化过程脱除发酵液中的丁醇。当丁醇浓度从 6%(质量分数)降为 0.6%时，体积减少了 13%。试计算：

(1) 渗透物中丁醇浓度；

(2) 画出过程流程图，并与精馏法进行比较。

本章符号说明

英文字母

A——膜的渗透参数，m^3/(m^2·s·Pa)

$c_{1,i}$——膜下游侧的浓度，mol/L

$c_{0,i}$——膜上游侧的浓度，mol/L

D——扩散系数，m^2/s

H——溶解度系数，$m^3/(m^3 \cdot Pa)$

J——膜的通量，$m^3/(m^2 \cdot s)$

J_w——有效水通量，$m^3/(m^2 \cdot s)$

K——超滤膜的渗透参数，$m^3/(m^2 \cdot s \cdot Pa)$

l——膜厚，m

P——渗透系数，$m^2/(s \cdot Pa)$

Δp——压差，Pa

希腊字母

α——分离系数

$\Delta\pi$——渗透压，Pa

本书配套多媒体课件简介

《化学工程基础多媒体课件》(教师授课型多媒体课件)(清华大学出版社,林爱光,赵洪,2006年7月)利用严密的结构组织形式和丰富的多媒体手段将化工原理的知识非常有效、深入和生动地表现出来,如制作的三维动画列管换热器、视频精馏原理、理论塔板数的计算小程序等。课件的多种辅助功能增强了课件的实用性、外延性和可扩展性(图 A)。

理论塔板数计算小程序可以计算精馏塔的理论塔板数、各塔板上的组成和温度,并以动画的形式展示图解法的过程,最后以多种形式输出,并可方便地读取各种数据。该计算程序更能使操作型计算和工程计算在课堂教学中实现(图 B、图 C)。

图 A

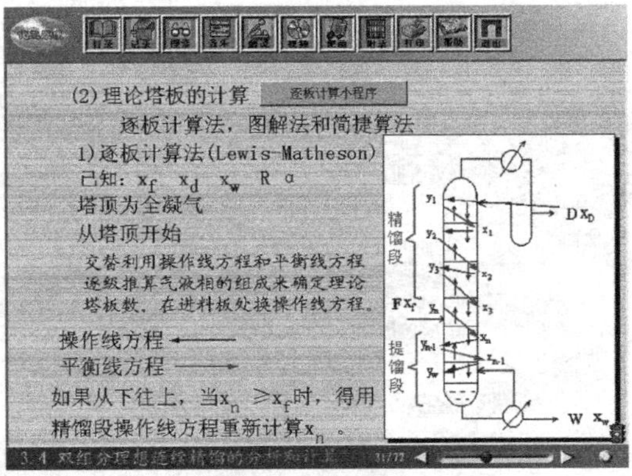

图 B

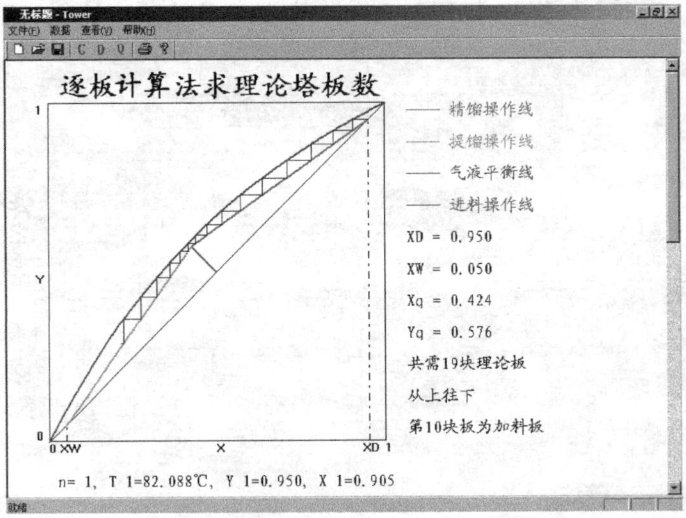

图 C

点击课件中理论塔板的计算逐板计算小程序图标(图 B),就会弹出图 C 的界面。再点击界面左上角工具栏中的计算功能键 C,弹出输入框图 D,输入各种数据,如进料组成 x_f、进料热状态 q 值、回流比 R、相对挥发度、阿托因参数、分离要求 x_d 和 x_w。点击 OK,将弹出最小回流比 R_{min}(图 E),如所选回流比 R 和最小回流比 R_{min} 比较不合适,则要重新输入回流比 R 进行计算。合适的回流比输入后将弹出计算结果:所需的理论塔板数的总数、每块塔板上的气液相组成、温度、加料板上的温度,这些结果有好几种显示方式:①列表显示(图 F1);②如果将鼠标置于图解结果的 y-x 图中某一块理论板上,就可显示出这块板上的 y,x,t 的数据(图 F2);③如果通过查询功能输入某一块板的序号,就会弹出这块板上的数据(图 F3,F4,F5)。

点击图 C 左上角工具栏中的动画功能键 D,就会演示图解法求理论板的动画过程(图 F6)。

图 C 左上角一共有两排功能键,具有保存、打印、帮助等功能。

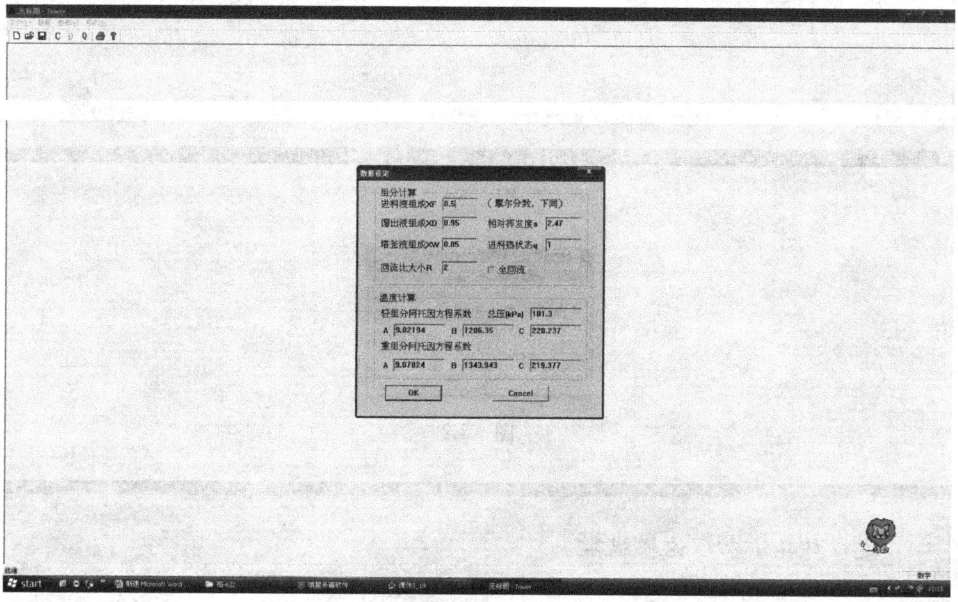

图　D1

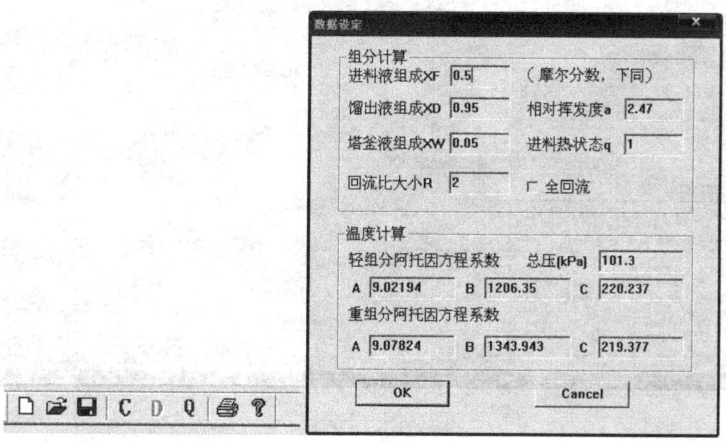

图　D2

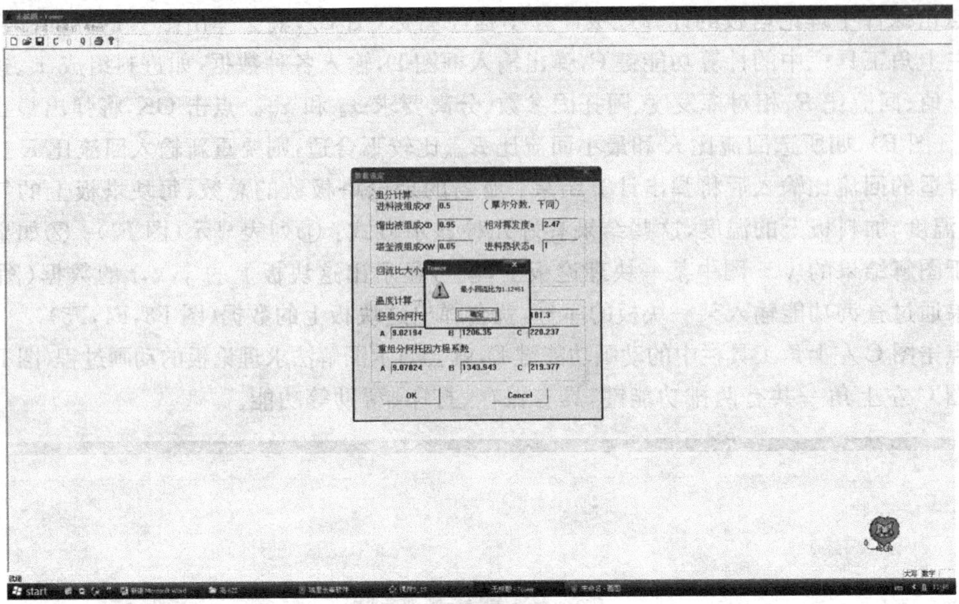

图　E1

Tower
最小回流比为1.12451
确定

图　E2

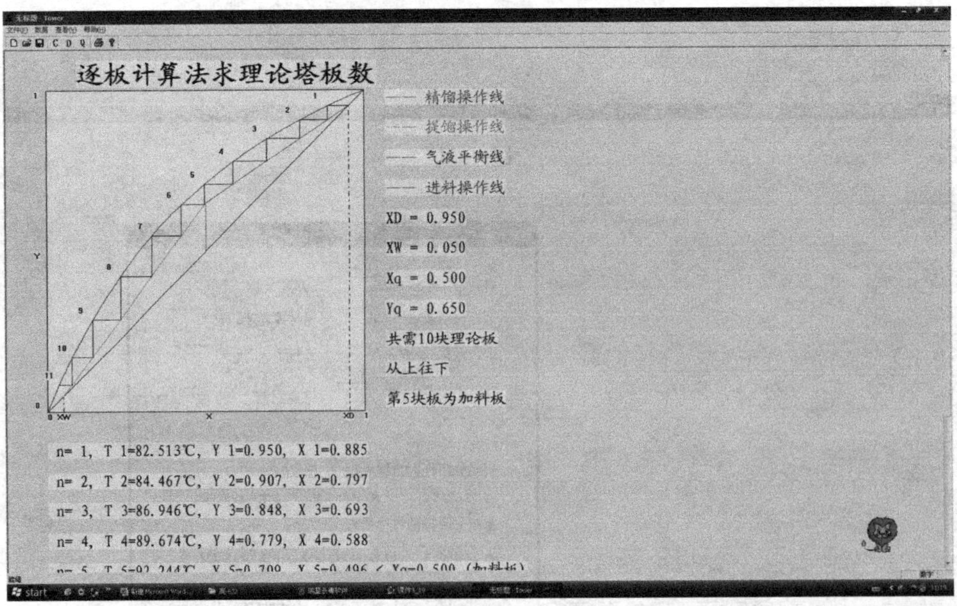
逐板计算法求理论塔板数
精馏操作线
提馏操作线
气液平衡线
进料操作线
XD = 0.950
XW = 0.050
Xq = 0.500
Yq = 0.650
共需10块理论板
从上往下
第5块板为加料板
n= 1, T 1=82.513℃, Y 1=0.950, X 1=0.885
n= 2, T 2=84.467℃, Y 2=0.907, X 2=0.797
n= 3, T 3=86.946℃, Y 3=0.848, X 3=0.693
n= 4, T 4=89.674℃, Y 4=0.779, X 4=0.588

图　F1

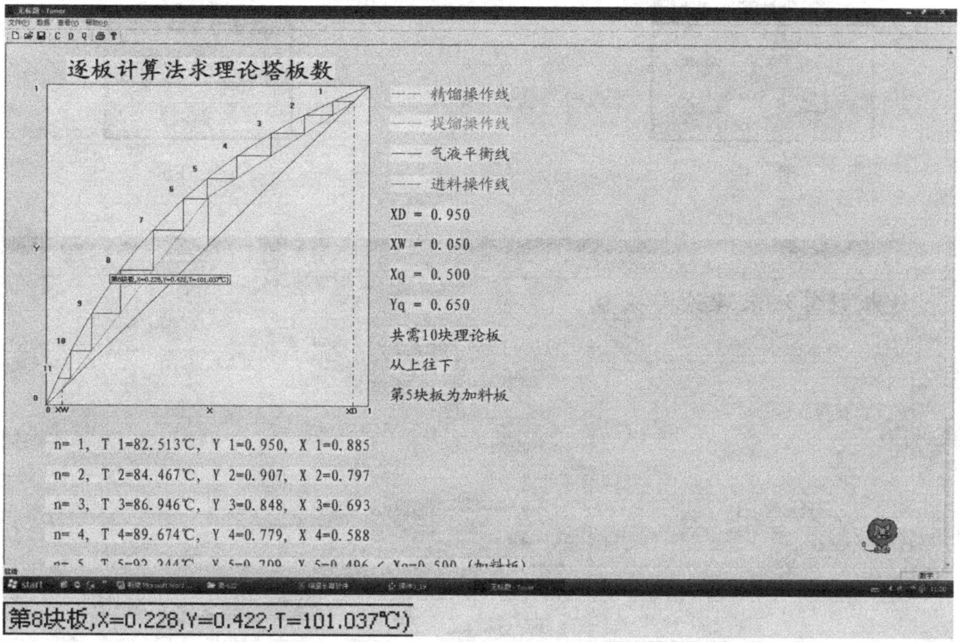
逐板计算法求理论塔板数
精馏操作线
提馏操作线
气液平衡线
进料操作线
XD = 0.950
XW = 0.050
Xq = 0.500
Yq = 0.650
共需10块理论板
从上往下
第5块板为加料板
n= 1, T 1=82.513℃, Y 1=0.950, X 1=0.885
n= 2, T 2=84.467℃, Y 2=0.907, X 2=0.797
n= 3, T 3=86.946℃, Y 3=0.848, X 3=0.693
n= 4, T 4=89.674℃, Y 4=0.779, X 4=0.588
第8块板,X=0.228,Y=0.422,T=101.037℃)

图 F2

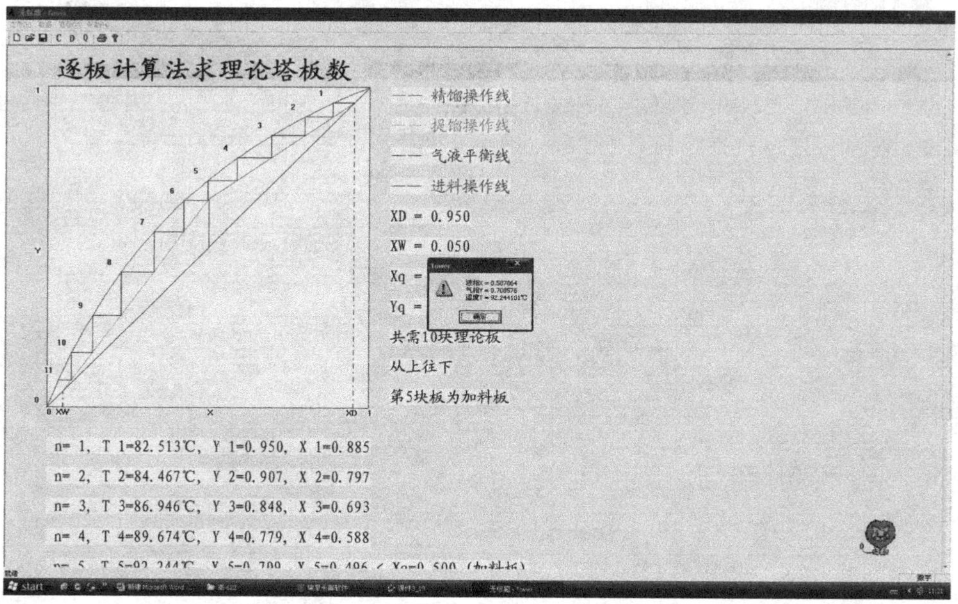
逐板计算法求理论塔板数
精馏操作线
提馏操作线
气液平衡线
进料操作线
XD = 0.950
XW = 0.050
共需10块理论板
从上往下
第5块板为加料板
n= 1, T 1=82.513℃, Y 1=0.950, X 1=0.885
n= 2, T 2=84.467℃, Y 2=0.907, X 2=0.797
n= 3, T 3=86.946℃, Y 3=0.848, X 3=0.693
n= 4, T 4=89.674℃, Y 4=0.779, X 4=0.588

图 F3

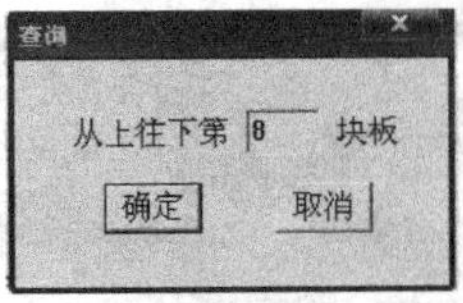
查询
从上往下第 8 块板
确定
取消

图 F4

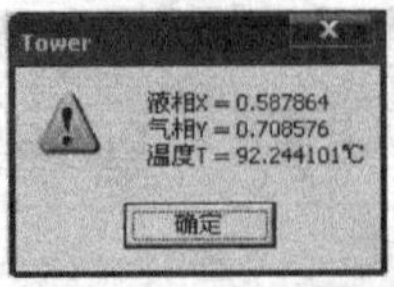
Tower
液相X = 0.587864
气相Y = 0.708576
温度T = 92.244101℃
确定

图 F5

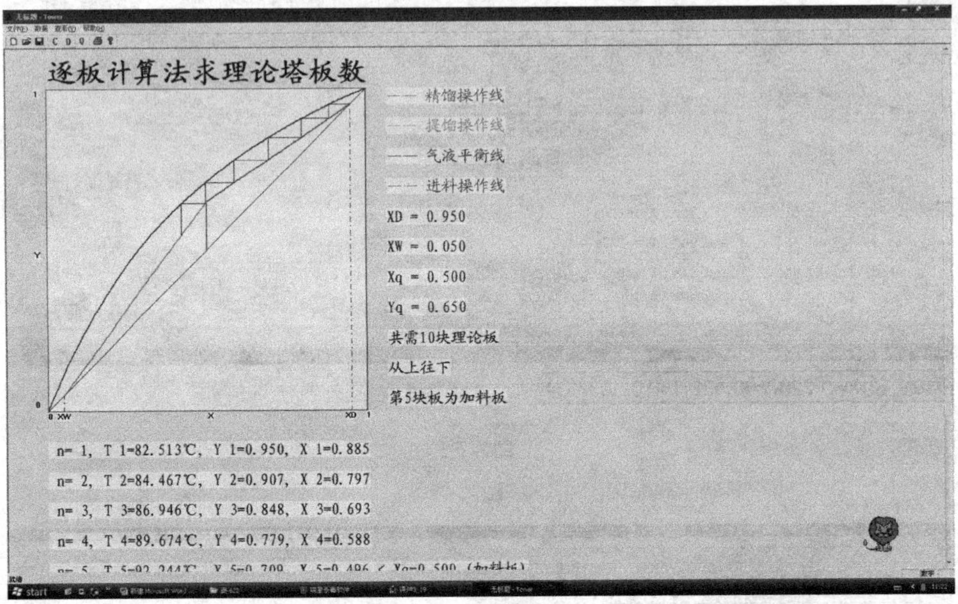
逐板计算法求理论塔板数
精馏操作线
提馏操作线
气液平衡线
进料操作线
XD = 0.950
XW = 0.050
Xq = 0.500
Yq = 0.650
共需10块理论板
从上往下
第5块板为加料板
n= 1, T 1=82.513℃, Y 1=0.950, X 1=0.885
n= 2, T 2=84.467℃, Y 2=0.907, X 2=0.797
n= 3, T 3=86.946℃, Y 3=0.848, X 3=0.693
n= 4, T 4=89.674℃, Y 4=0.779, X 4=0.588

图 F6

附　录

附录 1　化工常用法定计量单位

(1) 基本单位

量 的 名 称	单 位 名 称	单 位 符 号
长度	米	m
质量	千克(公斤)	kg
时间	秒	s
热力学温度	开[尔文]	K
物质的量	摩[尔]	mol

(2) 具有专门名称的导出单位

量 的 名 称	名　称	代　号	与基本单位的关系
力	牛[顿]	N	$1\ N=1\ kg \cdot m/s^2$
压强、应力	帕[斯卡]	Pa	$1\ Pa=1\ N/m^2$
能、功、热量	焦[耳]	J	$1\ J=1\ N \cdot m$
功率	瓦[特]	W	$1\ W=1\ J/s$

(3) 常用的十进倍数单位及分数单位的词头

词 头 符 号	词 头 名 称	所表示的因数
M	兆	10^6
k	千	10^3
d	分	10^{-1}
c	厘	10^{-2}
m	毫	10^{-3}
μ	微	10^{-6}

附录 2　常用单位的换算

(1) 长度

m(米)	in(英寸)	ft(英尺)	yd(码)
1	39.3701	3.2808	1.093 61
0.025 400	1	0.073 333	0.027 78
0.304 80	12	1	0.333 33
0.9144	36	3	1

(2) 质量

kg(千克)	t(吨)	lb(磅)
1	0.001	2.204 62
1000	1	2204.62
0.4536	4.536×10^{-4}	1

(3) 力

N(牛顿)	kgf[千克(力)]	lbf[磅(力)]	dyn[达因]
1	0.102	0.2248	1×10^{5}
9.806 65	1	2.2046	$9.806\ 65\times10^{5}$
4.448	0.4536	1	4.448×10^{5}
1×10^{-5}	1.02×10^{-6}	2.243×10^{-6}	1

(4) 压强

Pa(帕[斯卡])	bar(巴)	kgf/cm^2 (工程大气压)	atm (物理大气压)	mmHg	lbf/in^2
1	1×10^{-5}	1.02×10^{-5}	0.99×10^{-5}	0.0075	14.5×10^{-5}
1×10^{5}	1	1.02	0.9869	750.1	14.5
98.07×10^{3}	0.9807	1	0.9678	735.56	14.2
$1.013\ 25\times10^{5}$	1.013	1.0332	1	760	14.697
133.32	1.333×10^{-3}	0.136×10^{-4}	0.001 32	1	0.019 31
6894.8	0.068 95	0.0703	0.068	51.71	1

(5) 动力粘度(简称粘度)

Pa·s	p(泊)	cp(厘泊)	$kg\cdot f\cdot s/m^2$	lb/(ft·s)
1	10	1×10^{3}	0.102	0.672
1×10^{-1}	1	1×10^{2}	0.0102	0.067 20
1×10^{-3}	0.01	1	0.102×10^{-3}	6.720×10^{-4}
1.4881	14.881	1488.1	0.1519	1
9.81	98.1	9810	1	6.59

(6) 运动粘度、扩散系数

m^2/s	cm^2/s	ft^2/s
1	1×10^{4}	10.76
10^{-4}	1	1.076×10^{-3}
92.9×10^{-5}	929	1

注:cm^2/s 又称[斯托克斯],以 St 表示。

(7) 能量、功、热量

J	kgf·m	kW·h	[马力·时]	kcal	Btu
1	0.102	2.778×10^{-7}	3.725×10^{-7}	2.39×10^{-4}	9.485×10^{-4}
9.8067	1	2.724×10^{-6}	3.653×10^{-6}	2.342×10^{-3}	9.296×10^{-3}
3.6×10^{6}	3.671×10^{5}	1	1.3410	860.0	3413

续表

J	kgf·m	kW·h	[马力·时]	kcal	Btu
2.685×10^6	273.8×10^3	0.7457	1	641.33	2544
4.1868×10^3	426.9	1.1622×10^{-3}	1.5576×10^{-3}	1	3.963
1.055×10^3	107.58	2.930×10^{-4}	2.926×10^{-4}	0.2520	1

注：1 erg=1 dyn·cm=10^{-7} J=10^{-7} N·m

(8) 功率、传热速率

W	kgf·m/s	[马力]	kcal/s	Btu/s
1	0.101 97	1.341×10^{-3}	0.2389×10^{-3}	0.9486×10^{-3}
9.8067	1	0.013 15	0.2342×10^{-2}	0.9293×10^{-2}
745.69	76.0375	1	0.178 03	0.706 75
4186.8	426.35	5.6135	1	3.9683
1055	107.58	1.4148	0.251 996	1

(9) 比热容

kJ/(kg·K)	kcal/(kg·℃)	Btu/(lb·℉)
1	0.2389	0.2389
4.1868	1	1

(10) 导热系数(热导率)

W/(m·℃)	kcal/(m·h·℃)	cal/(cm·s·℃)	Btu/(ft²·h·℉)
1	0.86	2.389×10^{-3}	0.579
1.163	1	2.778×10^{-3}	0.6720
418.7	360	1	241.9
1.73	1.488	4.134×10^{-3}	1

(11) 传热系数

W/(m²·℃)	kcal/(m²·h·℃)	cal/(cm²·s·℃)	Btu/(ft²·h·℉)
1	0.86	2.389×10^{-5}	0.176
1.163	1	2.778×10^{-5}	0.2048
4.186×10^4	3.6×10^4	1	7374
5.678	4.882	1.356×10^{-4}	1

(12) 温度

K=273.2+℃　　℃=(℉−32)$\times\frac{5}{9}$　　℉=℃$\times\frac{9}{5}+32°$

(13) 通用气体常数

R =8.314 kJ/(kmol·K)=1.987 kcal/(kmol·K)

=848 kgf·m/(kmol·K)=82.06 atm·cm³/(mol·℃)

(14) 斯蒂芬-玻尔兹曼常数

$\sigma_0=5.67\times10^{-8}$ W/(m²·K⁴)

$=4.88\times10^{-8}$ kcal/(m²·h·K⁴)

附录3　某些气体的重要物理性质

名　　称	分子式	密度 ρ/kg/m^3 (0℃,101.3 kPa)	比热容 c_p /kJ/(kg·℃)	粘度 $\mu\times10^5$ /Pa·s	沸点 T_b/℃ (101.3 kPa)	气化热 r /kJ/kg	临界点		热导率 λ/ W/(m·℃)
							温度 T_c/℃	压强 p_c/kPa	
空气		1.293	1.009	1.73	−195	197	−140.7	3768.4	0.0244
氧	O_2	1.429	0.653	2.03	−132.98	213	−118.82	5036.6	0.0240
氮	N_2	1.251	0.745	1.70	−195.78	199.2	−147.13	3392.5	0.0228
氢	H_2	0.0899	10.13	0.842	−252.75	454.2	−239.9	1296.6	0.163
氦	He	0.1785	3.18	1.88	−268.95	19.5	−267.96	228.94	0.144
氩	Ar	1.7820	0.322	2.09	−185.87	163	−122.44	4862.4	0.0173
氯	Cl_2	3.217	0.355	1.29(16℃)	−33.8	305	+144.0	7708.9	0.0072
氨	NH_3	0.771	0.67	0.918	−33.4	1373	+132.4	11 295	0.0215
一氧化碳	CO	1.250	0.754	1.66	−191.48	211	−140.2	3497.9	0.0226
二氧化碳	CO_2	1.976	0.653	1.37	−78.2	574	+31.1	7384.8	0.0137
二氧化硫	SO_2	2.927	0.502	1.17	−10.8	394	+157.5	3879.1	0.0077
二氧化氮	NO_2	—	0.615	—	+21.2	712	+158.2	10 130	0.0400
硫化氢	H_2S	1.539	0.804	1.166	−60.2	548	+100.4	19 136	0.0131
甲　烷	CH_4	0.717	1.70	1.03	−161.58	511	−82.15	4619.3	0.0300
乙　烷	C_2H_6	1.357	1.44	0.850	−88.50	486	+32.1	4948.5	0.0180
丙　烷	C_3H_8	2.020	1.65	0.795(18℃)	−42.1	427	+95.6	4355.9	0.0148
正丁烷	C_4H_{10}	2.673	1.73	0.810	−0.5	386	+152	3798.8	0.0135
正戊烷	C_5H_{12}	—	1.57	0.874	−36.08	151	+197.1	3342.9	0.0128
乙　烯	C_2H_4	1.261	1.222	0.935	+103.7	481	+9.7	5135.9	0.0164
丙　烯	C_3H_6	1.914	1.436	0.835(20℃)	−47.7	440	+91.4	4599.0	—
乙　炔	C_2H_2	1.171	1.352	0.935	−83.66(升华)	829	+35.7	6240.0	0.0184
氯甲烷	CH_3Cl	2.303	0.582	0.989	−24.1	406	+148	6685.8	0.0085
苯	C_6H_6	—	1.139	0.72	+80.2	394	+288.5	4832.0	0.0088

附录 4　某些液体的重要物理性质

名　称	分子式	密度 ρ /kg/m^3 (20℃)	沸点 T_b/℃ (101.3 kPa)	气化热 r /kJ/kg	比热容 c_p/ kJ/(kg·℃) (20℃)	粘度 μ/ mPa·s (20℃)	热导率 λ/ W/(m·℃) (20℃)	体膨胀系数 $\beta\times10^4$/℃$^{-1}$ (20℃)	表面张力 σ $\times10^3$/N/m (20℃)
水	H_2O	998	100	2258	4.183	1.005	0.599	1.82	72.8
氯化钠盐水(25%)	—	1186(25℃)	107	—	3.39	2.3	0.57 (30℃)	(4.4)	
氯化钙盐水(25%)	—	1228	107	—	2.89	2.5	0.57	(3.4)	
硫　酸	H_2SO_4	1831	340 (分解)	—	1.47 (98%)		0.38	5.7	
硝酸	HNO_3	1513	86	481.1		1.17 (10℃)			
盐酸(30%)	HCl	1149			2.55	2 (31.5%)	0.42		
二硫化碳	CS_2	1262	46.3	352	1.005	0.38	0.16	12.1	32
戊烷	C_5H_{12}	626	36.07	357.4	2.24 (15.6℃)	0.229	0.113	15.9	16.2
己烷	C_6H_{14}	659	68.74	335.1	2.31 (15.6℃)	0.313	0.119		18.2
庚烷	C_7H_{16}	684	98.43	316.5	2.21 (15.6℃)	0.411	0.123		20.1
辛　烷	C_8H_{18}	763	125.67	306.4	2.19(15.6℃)	0.540	0.131		21.8
三氯甲烷	$CHCl_3$	1489	61.2	253.7	0.992	0.58	0.133(30℃)	12.6	28.5(10℃)

续表

名　　称	分子式	密度 ρ /kg/m^3 (20℃)	沸点 T_b/℃ (101.3 kPa)	气化热 r /kJ/kg	比热容 c_p/ kJ/(kg·℃) (20℃)	粘度 μ/ mPa·s (20℃)	热导率 λ/ W/(m·℃) (20℃)	体膨胀系数 $\beta\times10^4$/℃$^{-1}$ (20℃)	表面张力 σ $\times10^3$/N/m (20℃)
四氯化碳	CCl_4	1594	76.8	195	0.850	1.0	0.12		26.8
二氯乙烷-1,2	$C_2H_4Cl_2$	1253	83.6	324	1.260	0.83	0.14 (50℃)		30.8
苯	C_6H_6	879	80.10	393.9	1.704	0.737	0.148	12.4	28.6
甲苯	C_7H_8	867	110.63	363	1.70	0.675	0.138	10.9	27.9
邻二甲苯	C_8H_{10}	880	144.42	347	1.74	0.811	0.142		30.2
间二甲苯	C_8H_{10}	864	139.10	343	1.70	0.611	0.167	0.1	29.0
对二甲苯	C_8H_{10}	861	138.35	340	1.704	0.643	0.129		28.0
苯乙烯	C_8H_9	911 (15.6℃)	145.2	(352)	1.733	0.72			
氯　苯	C_6H_5Cl	1106	131.8	325	1.298	0.85	0.14(30℃)		32
硝基苯	$C_6H_5NO_2$	1203	210.9	396	396	2.1	0.15		41
苯胺	$C_6H_5NH_2$	1022	184.4	448	2.07	4.3	0.17	8.5	42.9
酚	C_6H_5OH	1050 (50℃)	181.8 (融点 40.9℃)	511		3.4 (50℃)			
萘	$C_{10}H_8$	1145 (固体)	217.9 (融点 80.2℃)	314	1.80 (110℃)	0.59 (100℃)			
甲醇	CH_3OH	791	64.7	1101	2.48	0.6	0.212	12.2	22.6

续表

名　　称	分子式	密度 ρ /kg/m^3 (20℃)	沸点 T_b/℃ (101.3 kPa)	气化热 r /kJ/kg	比热容 c_p/ kJ/(kg·℃) (20℃)	粘度 μ/ mPa·s (20℃)	热导率 λ/ W/(m·℃) (20℃)	体膨胀系数 $\beta\times10^4$/℃$^{-1}$ (20℃)	表面张力 σ $\times10^3$/N/m (20℃)
乙醇	C_2H_5OH	789	78.3	846	2.39	1.15	0.172	11.6	22.8
乙醇 (95%)		804	78.2			1.4			
乙二醇	$C_2H_4(OH)_2$	1113	197.6	780	2.35	23			47.7
甘油	$C_3H_5(OH)_3$	1261	290 (分解)	—		1499	0.59	5.3	63
乙醚	$(C_2H_5)_2O$	714	34.6	360	2.34	0.24	0.140	16.3	18
乙醛	CH_3CHO	783 (18℃)	20.2	574	1.9	1.3 (18℃)			21.2
糠醛	$C_5H_4O_2$	1168	161.7	452	1.6	1.15 (50℃)			43.5
丙酮	CH_3COCH_3	792	56.2	523	2.35	0.32			23.7
甲酸	$HCOOH$	1220	100.7	494	2.17	1.9			27.8
醋酸	CH_3COOH	1049	118.1	406	1.99	1.3	0.17	10.7	23.9
醋酸乙酯	$CH_3COOC_2H_5$	901	77.1	368	1.92	0.48	0.14 (10℃)		
煤油		780～820				3	0.15	10.0	
汽油		680～800				0.7～0.8	0.19 (30℃)	12.5	

附录 5　干空气的物理性质(101.33 kPa)

温度 T /℃	密度 ρ /kg/m^3	比热容 c_p /kJ/(kg·℃)	热导率 $\lambda\times10^2$ /W/(m·℃)	粘度 $\mu\times10^5$ /Pa·s	普兰德数 Pr
−50	1.584	1.013	2.035	1.46	0.728
−40	1.515	1.013	2.117	1.52	0.728
−30	1.453	1.013	2.198	1.57	0.723
−20	1.395	1.009	2.279	1.62	0.716
−10	1.342	1.009	2.360	1.67	0.712
0	1.293	1.009	2.442	1.72	0.707
10	1.247	1.009	2.512	1.76	0.705
20	1.205	1.013	2.593	1.81	0.703
30	1.165	1.013	2.675	1.86	0.701
40	1.128	1.013	2.756	1.91	0.699
50	1.093	1.017	2.826	1.96	0.698
60	1.060	1.017	2.896	2.01	0.696
70	1.029	1.017	2.966	2.06	0.694
80	1.000	1.022	3.047	2.11	0.692
90	0.972	1.022	3.128	2.15	0.690
100	0.946	1.022	3.210	2.19	0.688
120	0.898	1.026	3.338	2.28	0.686
140	0.854	1.026	3.489	2.37	0.684
160	0.815	1.026	3.640	2.45	0.682
180	0.779	1.034	3.780	2.53	0.681
200	0.746	1.034	3.931	2.60	0.680
250	0.674	1.043	4.268	2.74	0.677
300	0.615	1.047	4.605	2.97	0.674
350	0.566	1.055	4.908	3.14	0.676
400	0.524	1.068	5.210	3.30	0.678
500	0.456	1.072	5.745	3.62	0.687
600	0.404	1.089	6.222	3.91	0.699
700	0.362	1.102	6.711	4.18	0.706
800	0.329	1.114	7.176	4.43	0.713
900	0.301	1.127	7.630	4.67	0.717
1000	0.277	1.139	8.071	4.90	0.719
1100	0.257	1.152	8.502	5.12	0.722
1200	0.239	1.164	9.153	5.35	0.724

附录 6　水的物理性质

温度 T/℃	饱和蒸汽压 p/kPa	密度 ρ /kg/m³	焓 H/ kJ/kg	比热容 c_p/kJ/(kg·℃)	热导率 $\lambda\times10^2$/W/(m·℃)	粘度 $\mu\times10^5$/Pa·s	体积膨胀系数 $\beta\times10^4$/1/℃	表面张力 $\sigma\times10^3$/N/m	普兰德数 Pr
0	0.6082	999.9	0	4.212	55.13	179.21	0.63	75.6	13.66
10	1.2262	999.7	42.04	4.191	57.45	130.77	+0.70	74.1	9.52
20	2.3346	998.2	83.90	4.183	59.89	100.50	1.82	72.6	7.01
30	4.2474	995.7	125.69	4.174	61.76	80.07	3.21	71.2	5.42
40	7.3766	992.2	167.51	4.174	63.38	65.60	3.87	69.6	4.32
50	12.31	988.1	209.30	4.174	64.78	54.94	4.49	67.7	3.54
60	19.923	983.2	251.12	4.178	65.94	46.88	5.11	66.2	2.98
70	31.164	977.8	292.99	4.178	66.76	40.61	5.70	64.3	2.54
80	47.379	971.8	334.94	4.195	67.45	35.65	6.32	62.6	2.22
90	70.136	965.3	376.98	4.208	67.98	31.65	0.95	60.7	1.96
100	101.33	958.4	419.10	4.220	68.04	28.38	7.52	58.8	1.76
110	143.31	951.0	461.34	4.238	68.27	25.89	8.08	56.9	1.61
120	198.64	943.1	503.67	4.250	68.50	23.73	8.64	54.8	1.47
130	270.25	934.8	546.38	4.266	68.50	21.77	9.17	52.8	1.36
140	361.47	926.1	589.08	4.287	68.27	20.10	9.72	50.7	1.26
150	476.24	917.0	632.20	4.312	68.38	18.63	10.3	48.6	1.18
160	618.28	907.4	675.33	4.346	68.27	17.36	10.7	46.6	1.11
170	792.59	897.3	719.29	4.379	67.92	16.28	11.3	45.3	1.05
180	1003.5	886.9	763.25	4.417	67.45	15.30	11.9	42.3	1.00
190	1255.6	876.0	807.63	4.460	66.99	14.42	12.6	40.8	0.96
200	1554.77	863.0	852.43	4.505	66.29	13.63	13.3	38.4	0.93
210	1917.72	852.8	897.65	4.555	65.48	13.04	14.1	36.1	0.91
220	2320.88	840.3	943.70	4.614	64.55	12.46	14.8	33.8	0.89
230	2798.59	827.3	990.18	4.681	63.73	11.97	15.9	31.6	0.88
240	3347.91	813.6	1037.49	4.756	62.80	11.47	16.8	29.1	0.87
250	3977.67	799.0	1085.64	4.844	61.76	10.98	18.1	26.7	0.86
260	4693.75	784.0	1135.04	4.949	60.84	10.59	19.7	24.2	0.87
270	5503.99	767.9	1185.28	5.070	59.96	10.20	21.6	21.9	0.88
280	6417.24	750.7	1236.28	5.229	57.45	9.81	23.7	19.5	0.89
290	7443.29	732.3	1289.95	5.485	55.82	9.42	26.2	17.2	0.93
300	8592.94	712.5	1344.80	5.736	53.96	9.12	29.2	14.7	0.97
310	9877.96	691.1	1402.16	6.071	52.34	8.83	32.9	12.3	1.02
320	11 300.3	667.1	1462.03	6.573	50.59	8.53	38.2	10.0	1.11
330	12 879.6	640.2	1526.19	7.243	48.73	8.14	43.3	7.82	1.22
340	14 615.8	610.1	1594.75	8.164	45.71	7.75	53.4	5.78	1.38
350	16 538.5	574.4	1671.37	9.504	43.03	7.26	66.8	3.89	1.60
360	18 667.1	528.0	1761.39	13.984	39.54	6.67	109	2.06	2.36
370	21 040.9	450.5	1892.43	40.319	33.73	5.69	264	0.48	6.80

附录 7　饱和水蒸气表(按温度排列)

温度 T/℃	绝对压强 p/kPa	水蒸气的密度 ρ/kg/m^3	焓 H/kJ/kg		汽化热 r /kJ/kg
			液体	水蒸气	
0	0.6082	0.004 84	0	2491.1	2491.1
5	0.8730	0.006 80	20.94	2500.8	2479.86
10	1.2262	0.009 40	41.87	2510.4	2468.53
15	1.7068	0.012 83	62.80	2520.5	2457.7
20	2.3346	0.017 19	83.74	2530.1	2446.3
25	3.1684	0.023 04	104.67	2539.7	2435.0
30	4.2474	0.030 36	125.60	2549.3	2423.7
35	5.6207	0.039 60	146.54	2559.0	2412.1
40	7.3766	0.051 14	167.47	2568.6	2401.1
45	9.5837	0.065 43	188.41	2577.8	2389.4
50	12.340	0.0830	209.34	2587.4	2378.1
55	15.743	0.1043	230.27	2596.7	2366.4
60	19.923	0.1301	251.21	2606.3	2355.1
65	25.014	0.1611	272.14	2615.5	2343.1
70	31.164	0.1979	293.08	2624.3	2331.2
75	38.551	0.2416	314.01	2633.5	2319.5
80	47.379	0.2929	334.94	2642.3	2307.8
85	57.875	0.3531	355.88	2651.1	2295.2
90	70.136	0.4229	376.81	2659.9	2283.1
95	84.556	0.5039	397.75	2668.7	2270.5
100	101.33	0.5970	418.68	2677.0	2258.4
105	120.85	0.7036	440.03	2685.0	2245.4
110	143.31	0.8254	460.97	2693.4	2232.0
115	169.11	0.9635	482.32	2701.3	2219.0
120	198.64	1.1199	503.67	2708.9	2205.2
125	232.19	1.296	525.02	2716.4	2191.8
130	270.25	1.494	546.38	2723.9	2177.6
135	313.11	1.715	567.73	2731.0	2163.3
140	361.47	1.962	589.08	2737.7	2148.7
145	415.72	2.238	610.85	2744.4	2134.0
150	476.24	2.543	632.21	2750.7	2118.5
160	618.28	3.252	675.75	2762.9	2037.1
170	792.59	4.113	719.29	2773.3	2054.0
180	1003.5	5.145	763.25	2782.5	2019.3
190	1255.6	6.378	807.64	2790.1	1982.4
200	1554.77	7.840	852.01	2795.5	1943.5
210	1917.72	9.567	897.23	2799.3	1902.5
220	2320.88	11.60	942.45	2801.0	1858.5

续表

温度 T/℃	绝对压强 p/kPa	水蒸气的密度 ρ/kg/m³	焓 H/kJ/kg		汽化热 r /kJ/kg
			液体	水蒸气	
230	2798.59	13.98	988.50	2800.1	1811.6
240	3347.91	16.76	1034.56	2796.8	1761.8
250	3977.67	20.01	1081.45	2790.1	1708.6
260	4693.75	23.82	1128.76	2780.9	1651.7
270	5503.99	28.27	1176.91	2768.3	1591.4
280	6417.24	33.47	1225.48	2752.0	1526.5
290	7443.29	39.60	1274.46	2732.3	1457.4
300	8592.94	46.93	1325.54	2708.0	1382.5
310	9877.96	55.59	1378.71	2680.0	1301.3
320	11 300.3	65.95	1436.07	2468.2	1212.1
330	12 879.6	78.53	1446.78	2610.5	1116.2
340	14 615.8	93.98	1562.93	2568.6	1005.7
350	16 538.5	113.2	1636.20	2516.7	880.5
360	18 667.1	139.6	1729.15	2442.6	713.0
370	21 040.9	171.0	1888.25	2301.9	411.1
374	22 070.9	322.6	2098.0	2098.0	0

附录 8　饱和水蒸气表（按压强排列）

绝对压强 p/kPa	温度 T/℃	水蒸气的密度 ρ/kg/m³	焓 H/kJ/kg		汽化热 r/kJ/kg
			液体	水蒸气	
1.0	6.3	0.007 73	26.48	2503.1	2476.8
1.5	12.5	0.011 33	52.26	2515.3	2463.0
2.0	17.0	0.014 86	71.21	2524.2	2452.9
2.5	20.9	0.018 36	87.45	2531.8	2444.3
3.0	23.5	0.021 79	98.38	2536.8	2438.1
3.5	26.1	0.025 23	109.30	2541.8	2432.5
4.0	28.7	0.028 67	120.23	2546.8	2426.6
4.5	30.8	0.032 05	129.00	2550.9	2421.9
5.0	32.4	0.035 37	135.69	2554.0	2416.3
6.0	35.6	0.042 00	149.06	2560.1	2411.0
7.0	38.8	0.048 64	162.44	2566.3	2403.8
8.0	41.3	0.055 14	172.73	2571.0	2398.2
9.0	43.3	0.061 56	181.16	2574.8	2393.6
10.0	45.3	0.067 98	189.59	2578.5	2388.9
15.0	53.5	0.099 56	224.03	2594.0	2370.0
20.0	60.1	0.130 68	251.51	2606.4	2354.9
30.0	66.5	0.190 93	288.77	2622.4	2333.7

续表

绝对压强 p/kPa	温度 T/℃	水蒸气的密度 ρ/kg/m^3	焓 H/kJ/kg		汽化热 r/kJ/kg
			液体	水蒸气	
40.0	75.0	0.249 75	315.93	2634.1	2312.2
50.0	81.2	0.307 99	339.80	2644.3	2304.5
60.0	85.6	0.365 14	358.21	2652.1	2393.9
70.0	89.9	0.422 29	376.61	2659.8	2283.2
80.0	93.2	0.478 07	390.08	2665.3	2275.3
90.0	96.4	0.533 84	403.49	2670.8	2267.4
100.0	99.6	0.589 61	416.90	2676.3	2259.5
120.0	104.5	0.698 68	437.51	2684.3	2246.8
140.0	109.2	0.807 58	457.67	2692.1	2234.4
160.0	113.0	0.829 81	473.88	2698.1	2224.2
180.0	116.6	1.0209	489.32	2703.7	2214.3
200.0	120.2	1.1273	493.71	2709.2	2204.6
250.0	127.2	1.3904	534.39	2719.7	2185.4
300.0	133.3	1.6501	560.38	2728.5	2168.1
350.0	138.8	1.9074	583.76	2736.1	2152.3
400.0	143.4	2.1618	603.61	2742.1	2138.5
450.0	147.7	2.4152	622.42	2747.8	2125.4
500.0	151.7	2.6673	639.59	2752.8	2113.2
600.0	158.7	3.1686	676.22	2761.4	2091.1
700.0	164.0	3.6657	696.27	2767.8	2071.5
800.0	170.4	4.1614	720.96	2773.7	2052.7
900.0	175.1	4.6525	741.82	2778.1	2036.2
1×10^3	179.9	5.1432	762.68	2782.5	2019.7
1.1×10^3	180.2	5.6333	780.34	2785.5	2005.1
1.2×10^3	187.8	6.1241	797.92	2788.5	1990.6
1.3×10^3	191.5	6.6141	814.25	2790.9	1976.7
1.4×10^3	194.8	7.1034	829.06	2792.4	1963.7
1.5×10^3	198.2	7.5935	843.86	2794.5	1950.7
1.6×10^3	201.3	8.0814	857.77	2796.0	1938.2
1.7×10^3	204.1	8.5674	870.58	2797.1	1926.1
1.8×10^3	206.9	9.0533	883.39	2798.1	1914.8
1.9×10^3	209.8	9.5392	896.21	2799.2	1903.0
2×10^3	212.2	10.0338	907.32	2799.7	1892.4
3×10^3	233.7	15.0075	1005.4	2798.9	1793.5
4×10^3	250.3	20.0969	1082.9	2789.8	1706.8
5×10^3	263.8	25.3663	1146.9	2776.2	1629.2
6×10^3	275.4	30.8494	1203.2	2759.5	1556.3
7×10^3	285.7	36.5744	1253.2	2740.8	1487.6
8×10^3	294.8	42.5768	1299.2	2720.5	1403.7
9×10^3	303.2	48.8945	1343.5	2699.1	1356.6

续表

绝对压强 p/kPa	温度 T/℃	水蒸气的密度 ρ/kg/m³	焓 H/kJ/kg		汽化热 r/kJ/kg
			液体	水蒸气	
10×10^3	310.9	55.5407	1384.0	2677.1	1293.1
12×10^3	324.5	70.3075	1463.4	2631.2	1167.7
14×10^3	336.5	87.3020	1567.9	2583.2	1043.4
16×10^3	347.2	107.8010	1615.8	2531.1	915.4
18×10^3	356.9	134.4813	1699.8	2466.0	766.1
20×10^3	365.6	176.5961	1817.8	2364.2	544.9

附录 9　一些有机物的蒸气压

kPa

物质	温度/℃						
	0	20	40	60	80	100	沸　点
氯乙烷	62.0	128.8	255.9	453.4	748.4	1162.8	12.7
乙醚	24.7	59.0	122.8	303.3	525.1	852.3	34.6
溴乙烷	22.1	51.6	106.9	201.6	351.8	574.8	38.4
甲酸乙酯	9.65	25.7	60.0	113.7	228.1	393.4	54.4
丙酮		24.6	46.2	114.7	214.8	372.8	56.3
四氯化硅	10.4	26.1	57.3	111.6			56.8
乙酸甲酯	8.28	22.6	53.3	111.6	212.0	372.0	57.1
三氯甲烷	8.13	21.3	48.8	98.6	187.0	323.8	61.4
甲醇	3.95	12.8	34.7	83.3	178.8	349.8	64.5
正己烷	6.17	16.3	37.5	76.9	141.6	244.7	68.95
四氯化碳	4.40	12.1	28.8	60.1	112.4	195.0	76.75
乙酸乙酯	3.24	9.70	24.8	55.4	111.0	202.2	77.15
乙醇	1.63	5.85	18.0	47.0	108.3	218.5	78.3
丙酸甲酯	2.92	8.83	22.6	50.7	94.8	187.7	79.8
苯	3.53	9.96	24.1	51.8	100.5	179.2	80.1
环己烷	3.68	10.3	24.2	51.3	98.8	173.8	80.8
甲酸丙酯	2.85	8.52	21.8	48.6	97.9	179.0	81.1
正丙醇	0.45	1.93	6.69	19.6	50.1	112.4	97.2
正庚烷	1.53	4.73	12.3	27.9	56.9	106.0	98.4
丙酸乙酯	1.11	3.71	10.4	25.1	53.8	104.1	99.1
甲酸		4.41	11.0	25.0	53.1	100.4	100.5
丁酸甲酯	0.97	3.28	9.22	22.3	48.2	93.4	102.7
甲苯			7.88	18.6	38.6	77.0	110.8
醋酸		1.56	4.64	11.9	27.0	55.6	118.1
正辛烷	0.39	1.40	4.12	10.3	23.3	47.1	125.8
氯苯	0.33	1.17	3.47	8.73	19.3	39.0	132
乙苯	0.79	2.04	4.81	10.5	21.3	40.9	133.9

续表

物质	温度/℃						
	0	20	40	60	80	100	沸点
对二甲苯	1.11	2.19	4.53	9.41	18.9	36.1	138.3
间二甲苯	0.24	0.85	2.60	6.75	15.4	31.8	139.0
邻二甲苯	0.53	1.35	3.16	6.99	14.5	28.4	143.6
正丙苯	0.84	1.33	2.51	5.07	10.4	20.6	156.3
顺丁三烯酸				0.28	1.24	3.76	184.4
邻甲酚				0.48	1.53	4.21	190.1
间甲酚				0.24	0.85	2.55	200.5
对甲酚				0.23	0.83	2.44	201.1

附录10 常用固体材料的密度和比热容

名称	密度/kg/m^3	比热容/kJ/(kg·℃)
钢	7850	0.4605
不锈钢	7900	0.5024
铸铁	7220	0.5024
铜	8800	0.4062
青铜	8009	0.3810
黄铜	8600	0.378
铝	2670	0.9211
镍	9000	0.4605
铅	11400	0.1298
酚醛	1250～1300	1.2560～1.6747
脲醛	1400～1500	1.2560～1.6747
聚氯乙烯	1380～1400	1.8422
聚苯乙烯	1050～1070	1.3398
低压聚氯乙烯	940	2.5539
高压聚氯乙烯	320	2.2190
干砂	1500～1700	0.7955
粘土	1600～1800	0.7536(−20℃～20℃)
粘土砖	1600～1900	0.9211
耐火砖	1840	0.8792～1.0048
混凝土	2000～2400	0.8374
松木	500～600	2.7214(0℃～100℃)
软木	100～300	0.9630
石棉板	770	0.8164
玻璃	2500	0.669
耐酸砖和板	2100～2400	0.7536～0.7955
耐酸搪瓷	2300～2700	0.8374～1.2560
有机玻璃	1180～1190	
多孔绝热砖	600～1400	

附录 11　某些固体材料的热导率

(1) 常用金属的热导率　　W/(m·℃)

温度/℃	0	100	200	300	400
铝	227.95	227.95	227.95	227.95	227.95
铜	383.79	379.14	372.16	367.51	362.86
铁	73.27	67.45	61.64	54.66	48.85
铅	35.12	33.38	31.40	29.77	—
镁	172.12	167.47	162.82	158.17	—
镍	93.04	82.57	73.27	63.97	59.31
银	414.03	409.38	373.32	361.69	359.37
锌	112.81	109.90	105.83	101.18	93.04
碳钢	52.34	48.85	44.19	41.87	34.89
不锈钢	16.28	17.45	17.45	18.49	—

(2) 常用非金属材料的热导率

材　料	温度/℃	导热系数/W/(m·℃)
石棉绳	—	0.10～0.21
石棉板	30	0.10～0.14
软木	30	0.043 03
玻璃棉	—	0.034 89～0.069 78
保温灰	—	0.069 78
膨胀珍珠岩散料	25	0.021～0.062
锯屑	20	0.046 52～0.058 15
棉花	100	0.069 78
厚纸	20	0.1396～0.3489
玻璃	30	1.0932
	−20	0.7560
搪瓷	—	0.8723～1.163
云母	50	0.4303
泥土	20	0.6978～0.9304
冰	0	2.326

附录 12　某些液体的热导率

液　　体	温度/℃	热导率/W/(m·℃)	液　　体	温度/℃	热导率/W/(m·℃)
石油	20	0.180	四氯化碳	0	0.185
汽油	30	0.135		68	0.163
煤油	20	0.149	二硫化碳	30	0.161
	75	0.140		75	0.152
正戊烷	30	0.135	乙苯	30	0.149
	75	0.128		60	0.142
正己烷	30	0.138	氯苯	10	0.144
	60	0.137	硝基苯	30	0.164
正庚烷	30	0.140		100	0.152
	60	0.137	硝基甲苯	30	0.216
正辛烷	60	0.14		60	0.208
丁醇,100%	20	0.182	橄榄油	100	0.164
丁醇,80%	20	0.237	松节油	15	0.128
正丙醇	30	0.171	氯化钙盐水,30%	30	0.55
	75	0.164	氯化钙盐水,15%	30	0.59
正戊醇	30	0.163	氯化钠盐水,25%	30	0.57
	100	0.154	氯化钠盐水,12.5%	30	0.59
异戊醇	30	0.152	硫酸,90%	30	0.36
	75	0.151	硫酸,60%	30	0.43
正己醇	30	0.163	硫酸,30%	30	0.52
	75	0.156	盐酸,12.5%	32	0.52
正庚醇	30	0.163	盐酸,25%	32	0.48
	75	0.157	盐酸,38%	32	0.44
丙烯醇	25～30	0.180	氢氧化钾,21%	32	0.58
乙醚	30	0.138	氢氧化钾,42%	32	0.55
	75	0.135	氨	25～30	0.180
乙酸乙酯	20	0.175	氨水溶液	20	0.45
氯甲烷	−15	0.192		60	0.50
	30	0.154	水银	28	0.36
三氯甲烷	30	0.138			

附录 13　某些气体和蒸气的热导率

表中所列出的极限温度数值是实验范围的数值。若外推到其他温度时，建议将所列出的数据按 $\lg\lambda$ 对 $\lg T$（λ——热导率，W/(m·℃)；T——温度，K）作图，或者假定 P_r 数与温度（或压强，在适当范围内）无关。

物　质	温度/℃	热导率 /W/(m·℃)	物　质	温度/℃	热导率 /W/(m·℃)
丙酮	0	0.0098		−50	0.0144
	46	0.0128		0	0.0173
	100	0.0171		50	0.0199
	184	0.0254		100	0.0223
空气	0	0.0242		300	0.0308
	100	0.0317	氮	−100	0.0164
	200	0.0391		0	0.0242
	300	0.0459		50	0.0277
氨	−60	0.0164		100	0.0312
	0	0.0222	四氯化碳	46	0.0071
	50	0.0272		100	0.0090
	100	0.0320		184	0.011 12
苯	0	0.0090	氯	0	0.0074
	46	0.0126	三氯甲烷	0	0.0066
	100	0.0178		46	0.0080
	184	0.0263		100	0.0100
	212	0.0305		184	0.0133
正丁烷	0	0.0135	硫化氢	0	0.0132
	100	0.234	水银	200	0.0341
异丁烷	0	0.0138	甲烷	−100	0.0173
	100	0.0241		−50	0.0251
二氧化碳	−50	0.0118		0	0.0302
	0	0.0147		50	0.0372
	100	0.0230	甲醇	0	0.0144
	200	0.0313		100	0.0222
	300	0.0396	氯甲烷	0	0.0067
二硫化物	0	0.0069		46	0.0085
	−73	0.0073		100	0.0109
一氧化碳	−189	0.0071		212	0.0164
	−179	0.0080	乙烷	−70	0.0114
	−60	0.0234		−34	0.0149
乙烯	−71	0.0111		0	0.0183
	0	0.0175		100	0.0303
	50	0.0267	乙醇	20	0.0154
	100	0.0279		100	0.0215
正庚烷	200	0.0194	乙醚	0	0.0133
	100	0.0178		46	0.0171
正己烷	0	0.0125		100	0.0227
	20	0.0138		184	0.0327
	−100	0.0113		212	0.0362

续表

物　质	温度/℃	热导率/W/(m·℃)	物　质	温度/℃	热导率/W/(m·℃)
氧	−100	0.0164		100	0.0119
	−50	0.0206	水蒸气	46	0.0208
	0	0.0246		100	0.0237
	50	0.0284		200	0.0324
	100	0.0321		300	0.0429
丙烷	0	0.0151		400	0.0545
	100	0.0261		50	0.0763
二氧化硫	0	0.0087			

附录14　管内流体常用流速范围

流体的类别及情况	速度范围/m/s	流体的类别及情况	速度范围/m/s
液体：		气体：	
自来水(405 kPa)	1～1.5	烟道气(烟道内)	3～6
工业供水(810 kPa以下)	1.5～3	(管道内)	3～4
锅炉给水(810 kPa以上)	＞3	一般气体(常压)	10～20
蛇管，螺旋管内冷却水	＜1	化工设备上的排出管	10～25
粘度和水相仿的液体	和水相同	压缩空气(1～2表压)	10～15
(常压)		(高压)	10
油和粘度较高的液体	0.5～2	空气压缩机(吸入管)	＜10～15
过热水	2	(排出管)	20～25
往复泵(吸入管：水类液体)	0.7～1	通风机(吸入管)	10～15
(排出管：水类液体)	1～2	(排出管)	10～20
离心泵(吸入管：水类液体)	1.5～2	车间通风换气(主管)	4～15
(排出管：水类液体)	2.5～3	(支管)	2～8
齿轮泵(吸入管)	＜1	真空管道	＜10
(排出管)	1～2	蒸汽：	
		饱和水蒸气(405 kPa以下)	20～40
		(912 kPa以下)	40～60
		(3140 kPa以上)	80
		过热蒸汽	35～50

附录15　列管换热器的传热系数的参考值

(1) 在无相变的情况下

管内流体	管间流体	传热系数/W/(m²·K)
水(流速，0.9 m/s～1.5 m/s)	净水(流速，0.3 m/s～0.6 m/s)	600～700
水	水(流速较高时)	800～1200
冷水	轻有机物 μ＜0.5 cP	400～800
冷水	中有机物 μ＝0.5 cP～1 cP	300～700

续表

管内流体	管间流体	传热系数/W/(m^2·K)
冷水	重有机物 $\mu>1$ cP	120～400
盐水	轻有机物 $\mu<0.5$ cP	250～600
轻有机物	轻有机物	250～500
中有机物	中有机物	120～350
重有机物	重有机物	60～250
重有机物	轻有机物	250～500

(2) 在一侧被蒸发，一侧被冷却的情况下

管内流体	管间流体	传热系数/W/(m^2·K)
水	冷冻剂(蒸发)	400～800
热的轻柴油	氯(蒸发)	230～350

(3) 在一侧冷凝，一侧被加热的情况下

管内冷流体	管间热流体	传热系数/W/(m^2·K)
水(流速约 1 m/s)	水蒸气(有压强)	2500～4500
水	水蒸气(常压或负压)	1750～3500
水溶液 $\mu<2$ cP	饱和水蒸气	1200～4000
水溶液 $\mu>2$ cP	饱和水蒸气	600～3000
轻有机物	饱和水蒸气	600～1200
中有机物	饱和水蒸气	300～600
重有机物	饱和水蒸气	120～350
水	有机物蒸气及水蒸气	600～1200
水	重有机物蒸气(常压)	120～350
水	重有机物蒸气(负压)	60～180
水	饱和有机溶剂蒸气(常压)	600～1200
水或盐水	有不凝气的饱和有机溶剂蒸气(常压)	250～460
水或盐水	不凝气较多的饱和有机溶剂蒸气(常压)	60～250
水	含饱和水蒸气的氯(293 K～323 K)	180～350
水	二氧化硫(冷凝)	800～1200
水	氨(冷凝)	700～950
水	氟利昂(冷凝)	750

(4) 在一侧蒸发，一侧冷凝的情况下

管内流体	管间流体	传热系数/W/(m^2·K)
饱和蒸气	水(沸腾)	1400～2500
饱和蒸气	氨或氯(蒸发)	800～1600
油(沸腾)	饱和蒸气	300～900
饱和蒸气	油(沸腾)	300～900
氯(冷凝)	氟利昂(蒸发)	600～750

附录16 壁面污垢的热阻

(1) 冷却水的热阻

$m^2 \cdot K/W$

加热流体的温度/℃	<115		115～205	
水的温度/℃	<25		>25	
水的流速/m/s	<1	>1	<1	>1
海水	0.8598×10^{-4}	0.8598×10^{-4}	1.7197×10^{-4}	1.7197×10^{-4}
自来水、井水、软化锅炉水、湖水	1.7197×10^{-4}	1.7197×10^{-4}	3.4394×10^{-4}	3.4394×10^{-4}
蒸馏水	0.8598×10^{-4}	0.8598×10^{-4}	0.8598×10^{-4}	0.8598×10^{-4}
硬水	5.1590×10^{-4}	5.1590×10^{-4}	8.598×10^{-4}	8.598×10^{-3}
河水	5.1590×10^{-4}	3.4394×10^{-4}	6.8788×10^{-4}	5.1590×10^{-4}

(2) 工业用气体的热阻

$m^2 \cdot K/W$

气体	热阻	气体	热阻
有机化合物	0.8598×10^{-4}	溶剂蒸气	1.7197×10^{-4}
水蒸气	0.8598×10^{-4}	天然气	1.7197×10^{-4}
空气	3.4394×10^{-4}	焦炉气	1.7197×10^{-4}

(3) 工业用液体的热阻

$m^2 \cdot K/W$

液体	热阻	液体	热阻
有机化合物	1.7197×10^{-4}	熔盐	0.8598×10^{-4}
盐水	1.7197×10^{-4}	植物油	6.1590×10^{-4}

(4) 石油分馏物的热阻

$m^2 \cdot K/W$

馏出物	热阻	馏出物	热阻
重油	8.598×10^{-4}	原油	$3.4394\times10^{-4}\sim12.098\times10^{-4}$
汽油	1.7197×10^{-4}	柴油	$3.4394\times10^{-4}\sim5.1590\times10^{-4}$
石脑油	1.7197×10^{-4}	沥青油	17.197×10^{-4}
煤油	1.7197×10^{-4}		

附录 17　管子规格(摘录)

(1) 金属管常用规格

<table>
<tr><th>序号</th><th colspan="2">管子名称</th><th>常用规格
(外径/mm)×(壁厚/mm)</th><th>材　料</th><th>适用温度/℃</th></tr>
<tr><td rowspan="2">1</td><td rowspan="2">无缝钢管</td><td>中、低压用
无缝钢管</td><td rowspan="2">8×1.5,10×1.5,
14×2,14×3,
18×3,22×3,
25×3,32×3,
32×3.5,38×3,
38×3.5,45×3,
45×3.5,57×3.5,
76×4,76×5,
89×4,89×5,
108×4,108×6,
133×4,133×6,
159×4.5,159×6,
219×6,273×8,
325×8,377×10</td><td>20,10,16Mn</td><td>−40～450</td></tr>
<tr><td>低温用
无缝钢管</td><td>06AlNbCuN
20Mn　23Al</td><td>−150～−70
−196～−150</td></tr>
<tr><td>2</td><td colspan="2">水、煤气
输送钢管</td><td>(括号内是公称直径/in)
21.3×2.75(1/2),
26.8×2.75(3/4),
33.5×3.25×(1),
42.3×3.25$\left(1\frac{1}{4}\right)$,
48×3.5$\left(1\frac{1}{2}\right)$,
60×3.5(2),
75.5×3.75$\left(2\frac{1}{2}\right)$,
88.5×4(3),
114×4(4),
165×4.5(6)</td><td>Q235</td><td>0～140</td></tr>
<tr><td>3</td><td colspan="2">锅炉用
无缝钢管</td><td>22×3,25×3,32×3.5,
38×3.5,42×3.5,
51×3.5,57×3.5,
60×3.5,76×4,
108×4.5,108×6</td><td>20g</td><td>40～450</td></tr>
</table>

续表

序号	管子名称	常用规格 (外径/mm)×(壁厚/mm)	材 料	适用温度/℃
4	高压 无缝钢管	15×4,21×5,25×5, 35×6,43×7,57×9, 70×10,83×15,108×14, 133×17,159×20, 219×35,273×40	20 15MnV 14MnMoV 18MnMoNb 0Cr18Ni13Mo2Ti 10MoWVNb	−40～200 −40～200 −40～300 −40～300 −40～200 −40～400
5	不锈、耐酸 钢无缝钢管	6×1,10×1.5,14×2, 18×2,22×1.5,22×3, 25×2,29×2.5,32×2, 38×2.5,45×2.5,50×2.5, 57×3,65×3,76×4, 89×4,108×4.5, 133×5,159×5	1Cr 13 1Cr 18Ni11Ti 0Cr 18Ni 12Mo2Ti 0Cr 18Ni 12Mo3Ti	−40～540 −196～600 −196～600 −196～600
6	钢管	5×1.7×1,10×1,15×1, 18×1.5,24×1.5,28×1.5, 35×1.5,45×1.5, 55×1.5,75×2,85×2, 104×2,129×2,156×3	T2,T3	≤250
7	黄铜管	5×1,7×1,10×1,15×1, 15×1.5,18×1.5,24×2, 28×1.5,28×2,35×1.5, 45×1.5,45×2,55×2, 75×2.5,80×2, 96×3,100×3	H62,H68	≤250
8	铝和 铝合金管	18×1,25×1.5,32×1.5, 32×2,38×1.5,38×2, 45×2,45×2.5,55×2, 55×2.5,75×2.5,90×2.5, 90×3,110×3,110×5, 115×5,120×5	LF1,LF2	≤200
9	铅和 铅合金管	20×2,22×2,31×3, 50×5,62×6, 94×7,118×9	Pb4,PbSb4,PbSb6	≤200

(2) 非金属管常用规格

管子名称	(外径/mm)×(壁厚/mm)
硬聚氯乙烯管	重型管　12×3,12.5×2.25,15×2.5,18×3,20×2.5,25×3.3,32×4.4,40×5,51×6,65×7,76×8 轻型管　20×2,22×2,25×2,32×3,40×3.5,51×4,65×4.5,76×5,90×6,114×7,146×8,166×8,218×10,270×10,325×12,382×16,430×16
玻璃管(平口)	32×3.5,45×3.5,58×4,74×4,89×4.5,110×5
耐酸酚醛塑料管(带凸缘)	内径/mm：33,54,78,100,150,200,250,300,350,400,450,500
陶瓷管(凸缘承插式)	内径/mm：25,30,40,50,65,80,100,125,150,(175),200,(225),250,300,350,400
不透性石墨管	内径/mm：22,25,30,36,40,50,65,75,102,127,152,203,254
玻璃钢管	内径/mm：20,25,38,40,50,65,76,100,125,150,200,250,300,350,400,450,500,550,600,650,700,800,900,1000
橡胶管	内径/mm：10,13,16,19,22,25,32,38,45,51,64,76,89,102,127,152
聚乙烯管	重型管：12×3,14.5×3.25 轻型管：15×2,16×2,20×2.5,23×2.5,25×2.5,32×3.4,40×3.5,50×3.5,60×5,75×5,85×5,90×5,100×5,112×6,123×6,140×7

注：以上规格引自：邓忠，康天源主编. 化学工程师简明手册. 北京：机械工业出版社，1998

附录 18　泵规格(摘录)

(1) IS 型单级单吸离心泵

用途：IS 型泵系单级单吸悬臂式离心泵，供输送温度不超过 80℃的清水或物理化学性质类似于水的液体。它适用于工业、农业使用。

型号含义：IS50-32-125

IS——单级单吸离心泵　　50——泵进入口口径(mm)

32——泵出口口径(mm)　　125——叶轮名义直径(mm)

型号	流量/m^3/h	扬程/m	转速/r/min	气蚀余量/m	效率	功率/kW		质量/kg	外形尺寸(长/mm)×(宽/mm)×(高/mm)	口径/mm	
						轴功率	配套功率			吸入	排出
IS50-32-125	7.5 12.5 15	20	2900	2.0	6.0%	1.13	2.2	33	465×190×252	50	32
	3.75 6.3 7.5	5	1450	2.0	54%	0.16	0.55	33	465×195×252	50	32

续表

型号	流量 /m³/h	扬程 /m	转速 /r/min	气蚀余量 /m	效率	功率/kW 轴功率	功率/kW 配套功率	质量 /kg	外形尺寸 (长/mm)×(宽/mm)×(高/mm)	口径/mm 吸入	口径/mm 排出
IS50-32-160	7.5 12.5 15	32	2900	2.0	54%	2.02	3	42	465×240×292	50	32
	3.75 6.3 7.5	8	1450	2.0	48%	0.28	0.55	42	465×240×292	50	32
IS50-32-200	7.5 12.5 15	525 50 48	2900	2.0 2.0 2.5	38% 48% 51%	2.62 3.54 3.84	5.5	49	465×240×340	50	32
	3.75 6.3 7.5	13.1 12.5 12	1450	2.0 2.0 2.5	33% 42% 44%	0.41 0.51 0.56	0.75	49	465×240×340	50	32
IS50-32-250	7.5 12.5 15	82 80 78.5	2900	2.0 2.0 2.5	28.5% 38% 41%	5.67 7.16 7.83	11	78	600×320×405	50	32
	3.75 6.3 7.5	20.5 20 19.5	1450	2.0 2.0 2.5	23% 32% 35%	0.91 1.07 1.14	15	78	600×320×405	50	32
IS65-50-125	15 25 30	20	2900	2.0	69%	1.97	3	33	465×210×252	65	50
	7.5 12.5 15	5	1450	2.0	64%	0.27	0.55	33	465×210×252	65	50
IS65-50-160	15 25 30	35 32 30	2900	2.0 2.0 2.5	54% 65% 66%	2.6 3.35 3.71	5.5	42	465×240×292	65	50
	7.5 12.5 15	8.8 8.0 7.2	1450	2.0 2.0 2.5	50% 60% 60%	0.36 0.45 0.49	0.75	42	465×240×292	65	50
IS65-40-200	15 25 30	53 50 47	2900	2.0 2.0 2.5	49% 60% 61%	4.42 5.67 6.29	7.5	50	485×265×340	65	40
	7.5 12.5 15	13.2 12.5 11.8	1450	2.0 2.0 2.5	43% 55% 57%	0.63 0.77 0.85	1.1	50	485×265×340	65	40

续表

型　号	流量/m³/h	扬程/m	转速/r/min	气蚀余量/m	效率	功率/kW 轴功率	功率/kW 配套功率	质量/kg	外形尺寸（长/mm）×（宽/mm）×（高/mm）	口径/mm 吸入	口径/mm 排出
IS65-40-250	15 25 30	80	2900	2.0	53%	10.3	15	88	600×320×405	65	40
	7.5 12.5 15	20	1450	2.0	48%	1.42	2.2	88	600×320×405	65	40
IS65-40-315	15 25 30	127 125 123	2900	2.5 2.5 3.0	28% 40% 44%	18.5 21.3 22.8	30	105	625×345×450	65	40
	7.5 12.5 15	32 32 31.7	1450	2.5 2.5 3.0	25% 37% 41%	2.63 2.94 3.16	4	105	625×345×450	65	40
IS80-65-125	30 50 60	22.5 20 18	2900	3.0 3.0 3.5	64% 75% 74%	2.87 3.63 3.93	5.5	37	485×240×292	80	65
	15 25 30	5.6 5 4.6	1450	2.5 2.5 3.0	55% 71% 72%	0.42 0.48 0.51	0.75	37	485×240×292	80	65
IS80-65-160	30 50 60	36 32 29	2900	2.5 2.5 3.0	61% 73% 72%	4.82 5.97 6.59	7.5	45	485×265×340	80	65
	15 25 30	9 8 7.2	1450	2.5 2.5 3.0	55% 69% 68%	0.67 0.75 0.86	1.5	45	485×265×340	80	65
IS80-50-200	30 50 60	53 50 47	2900	2.5 2.5 3.0	55% 69% 71%	7.87 9.87 10.8	15	52	485×265×360	80	50
	15 25 30	13.2 12.5 11.8	1450	2.5 2.5 3.0	51% 65% 67%	1.06 1.31 1.44	2.2	52	485×265×360	80	50
IS80-50-250	30 50 60	84 80 75	2900	2.5 2.5 3.0	52% 63% 64%	13.2 17.3 19.2	22	93	625×320×405	80	50
	15 25 30	21 20 18.8	1450	2.5 2.5 3.0	49% 60% 61%	1.75 2.27 2.52	3	93	625×320×405	80	50

续表

型号	流量 /m^3/h	扬程 /m	转速 /r/min	气蚀余量 /m	效率	功率/kW 轴功率	功率/kW 配套功率	质量 /kg	外形尺寸 (长/mm)×(宽/mm)×(高/mm)	口径/mm 吸入	口径/mm 排出
IS80-50-315	30	128		2.5	41%	25.5					
	50	125	2900	2.5	54%	31.5	37	110	625×345×505	80	50
	60	123		3.0	57%	35.3					
	15	32.5		2.5	39%	3.4					
	25	32	1450	2.5	52%	4.19	5.5	110	625×345×505	80	50
	30	31.5		3.0	56%	4.6					
IS100-80-125	60	24		4.0	67%	5.86					
	100	20	2900	4.5	78%	7.00	11	42	485×280×340	100	80
	120	16.5		5.0	74%	7.28					
	30	6		2.5	64%	0.77					
	50	5	1450	2.5	75%	0.91	1.5	42	485×280×340	100	80
	60	4		3.0	71%	0.92					
IS100-80-160	60	36		3.5	70%	8.42					
	100	32	2900	4.0	78%	11.2	15	67	600×280×360	100	80
	120	28		5.0	75%	12.2					
	30	9.2		2.0	67%	1.12					
	50	8.0	1450	2.5	75%	1.45	22	67	600×280×360	100	80
	60	6.8		3.5	71%	1.57					
IS100-65-200	60	54		3.0	65%	13.6					
	100	50	2900	3.6	76%	17.9	22	73	600×320×405	100	65
	120	47		4.8	77%	19.9					
	30	13.5		2.0	60%	1.84					
	50	12.5	1450	2.0	73%	2.33	4	73	600×320×405	100	65
	60	11.8		2.5	74%	2.61					
IS100-65-250	60	87		3.5	61%	23.4					
	100	80	2900	3.8	72%	30.3	37	95	625×360×450	100	65
	120	74.5		4.8	73%	33.3					
	30	21.3		2.0	55%	3.16					
	50	20	1450	2.0	68%	4.00	5.5	95	625×360×450	100	65
	60	19		2.5	70%	4.44					

续表

型　号	流量/m³/h	扬程/m	转速/r/min	气蚀余量/m	效率	功率/kW 轴功率	功率/kW 配套功率	质量/kg	外形尺寸(长/mm)×(宽/mm)×(高/mm)	口径/mm 吸入	口径/mm 排出
IS100-65-315	60 100 120	133 125 118	2900	3.0 3.6 4.2	55% 66% 67%	39.6 51.6 57.5	75	148	655×400×505	100	65
	30 50 60	34 32 30	1450	2.0 2.0 2.5	51% 63% 64%	5.44 6.92 7.67	11	148	655×400×505	100	65
IS125-100-200	120 200 240	57.5 50 44.5	2900	4.5 4.5 5.0	67% 81% 80%	28.0 33.6 36.4	45	88	625×360×480	125	100
	60 100 120	14.5 12.5 11.0	1450	2.5 2.5 3.0	62% 76% 75%	38.3 44.8 47.9	7.5	88	625×360×480	125	100
IS125-100-250	120 200 240	87 80 72	2900	3.8 4.2 5.0	66% 78% 75%	43.0 55.9 62.8	75	100	670×400×505	125	100
	60 100 120	21.5 20 18.5	1450	2.5 2.5 3.0	63% 76% 77%	5.59 7.17 7.84	11	100	670×400×505	125	100
IS125-100-315	120 200 240	132.5 125 120	2900	4.0 4.5 5.0	60% 75% 77%	72.1 90.8 101.9	11	156	670×400×565	125	100
	60 100 120	33.5 32 30.5	1450	2.5 2.5 3.0	56% 73% 74%	9.4 11.9 13.5	15	156	670×400×565	125	100
IS125-100-400	60 100 120	52 50 48.5	1450	2.5 2.5 3.0	53% 65% 67%	16.1 21.0 23.6	30	201	670×500×635	125	100
IS150-125-250	120 200 240	22.5 20 17.5	1450	3.0 3.0 3.5	71% 81% 78%	10.4 13.5 14.7	18.5	142	670×400×605	150	125
IS150-125-315	120 200 240	32	1450		78%		30	216	670×500×630	150	125

续表

型号	流量/m³/h	扬程/m	转速/r/min	气蚀余量/m	效率	功率/kW		质量/kg	外形尺寸(长/mm)×(宽/mm)×(高/mm)	口径/mm	
						轴功率	配套功率			吸入	排出
IS150-125-400	120 200 240	53 50 46	1450	2.0 2.6 3.5	62% 75% 74%	27.9 36.3 40.6	45	225	670×500×715	150	125
IS200-150-250	240 400 460	20	1450		82%	26.6	37	185	690×500×655	200	150
IS200-150-315	240 400 460	37 32 28.5	1450	3.0 3.5 4.0	70% 82% 80%	34.6 42.5 44.6	55	240	830×550×715	200	150
IS200-150-400	240 400 460	55 50 45	1450	3.0 3.8 4.5	74% 81% 76%	48.6 67.2 74.2	90	250	830×550×765	200	155

(2) AY 型离心油泵

用途:AY 型离心油泵是在老 Y 型油泵系列的基础上进行改进并重新设计的。它是为满足现代化建设的需要,尽快地适应以节能为中心的设备更新换代而发展的新产品。它具有比 Y 型油泵更高的可靠性和效率。该系列泵可用于石油化工、炼厂、化学工业及其他领域,供输送不含固体颗粒的石油、液化石油气和其他介质。

型号含义:50AY60×2B

50——吸入口直径(mm)

A——采用美国石油学会 API610 标准第一次改进

Y——离心油泵

60——单级扬程(m)

2——级数

B——叶轮外径切割次数(顺序为 A,B,C 表示)

200AYS(Z)150C

200——吸入口直径

A——采用美国石油学会 API610 标准第一次改进

Y——离心油泵

S——第一级叶轮为双吸

(Z——吸入口为轴向)

150——单级扬程(m)

C——叶轮切割次数

(顺序以 A,B,C 表示)

型号	流量/m³/h	扬程/m	转速/r/min	气蚀余量/m	效率	功率/kW		质量/kg	外形尺寸(长/mm)×(宽/mm)×(高/mm)	口径/mm	
						轴功率	配套功率			吸入	排出
32AY40	3	40	2950	2.5	20%	1.63	2.2		1225×660×642	32	25
32AY40×2	3	80	2950	2.7	18%	3.63	5.5		1364×610×588	32	25
40AY40	6	40	2950	2.5	32%	2.04	3		1265×660×648	40	25

续表

型 号	流量 /m³/h	扬程 /m	转速 /r/min	气蚀余量 /m	效率	功率/kW 轴功率	功率/kW 配套功率	质量 /kg	外形尺寸 (长/mm)×(宽/mm)×(高/mm)	口径/mm 吸入	口径/mm 排出
50AY80	12.5	80	2950	3.1	32%	8.17	11		1475×670×668	50	40
50AY80×2	12.5	160	2950	2.8	30%	17.4	22		1490×610×638	50	40
65AY60	25	60	2950	3	52%	7.9	11	150	670×525×578	50	40
80AY60	50	60	2950	3.2	52%	13.2	22	200		65	50
100AY60	100	63	2950	4	72%	23.8	37	220		100	80
150AY150×2	180	300	2950	3.6	67%	219.5	315	1500		150	125
150AY150×2A	167	258	2950	3.2	65%	180.5	250	1500		150	125
150AY150×2B	155	222	2950	3	62%	151.5	220	1500		150	125
150AY150×2C	140	181	2950	2.9	60%	115	160	1500		150	125
200AYS150	315	150	2950	6	58.5%	220	315			200	100
200AYS150A	285	130	2950	6	57%	177	250			200	100
200AYS150B	265	115	2950	6	56%	148	220			200	100
300AYS320	960	320	2950	12	72.3%	1157	1600			300	250
350AY$_R$S76	1280	76	1480	5	85%	311.7	400			350	300

(3) FM 型耐腐蚀泵

用途:FM 型耐腐蚀泵主要用于化工、石油、冶金、电力、造纸、食品、制药、合成纤维等工业部门输送0℃～80℃的腐蚀性或不允许污染的液体。

性能范围:流量 3.6 m³/h～360 m³/h;扬程 16 m～103 m。

型号含义:100FMG-57A

100——吸入口径(mm)　　FM——不锈钢耐腐泵

G——为固定式　　A——A 为一次切割,B 为二次切割

57——扬程(m)

型 号	流量 /m³/h	扬程 /m	转速 /r/min	气蚀余量/m	效率	配套功率 /kW	质量 /kg	外形尺寸 (长/mm)×(高/mm)×(宽/mm)	口径/mm 吸入	口径/mm 排出
25FMG-16	3.6	16	2960	2.3	30%	1.1	24	310×240×225	25	25
25FMG-25	3.6	25	2960	2.3	27%	1.5	27	355×260×265	25	25
25FMG-41	3.6	41	2960	2.3	20%	3	35	310×240×225	25	25
40FMG-16	7.2	16	2960	2.3	49%	1.5	24	310×125×240	40	25
40FMG-26	7.2	25.5	2960	2.3	44%	2.2	30	345×270×285	40	25
40FMG-40	7.2	39.5	2960	2.3	35%	3	35	425×275×317	40	25
40FMG-65	7.2	65	2960	2.8	24%	7.5	60	440×260×390	40	25

续表

型　号	流量 /m³/h	扬程 /m	转速 /r/min	气蚀余量/m	效率	配套功率 /kW	质量 /kg	外形尺寸 (长/mm)× (高/mm)× (宽/mm)	口径/mm	
									吸入	排出
50FMG-16	14.4	16	2960	2.8	62%	1.5	27	325×285×312	50	40
50FMG-25	14.4	25	2960	2.8	52%	3	35	410×340×350	50	40
50FMG-40	14.4	39.5	2960	2.8	46%	5.5	38	415×340×360	50	40
50FMG-63	14.4	63	2960	2.8	35%	11	60	455×290×440	50	40
50FMG-103	14.4	103	2960	2.5	25%	22	65	620×450×420	50	40
65FMG-16	28.8	16	2960	2.5	70%	3	30	350×295×315	65	50
65FMG-25	28.8	25	2960	2.5	62%	5.5	50	420×340×355	65	50
65FMG-40	28.8	40	2960	2.5	60%	7.5	60	440×350×365	65	50
65FMG-64	28.8	64	2960	2.5	51%	15	65	460×430×420	65	50
65FMG-100	28.8	100	2960	2.5	40%	30	103	460×340×465	65	50
80FMG-15	54	15	2960	2.8	70%	5.5	50	420×240×270	80	65
80FMG-24	54	24	2960	3	70%	7.5	55	420×340×355	80	65
80FMG-60	54	60	2960	3	62%	18.5	65	450×370×400	80	65

注：(1) 以上规格摘自国家机械工业局编《中国机电产品目录》(4 分册)(机械工业出版社，2000 年，第二版)。

(2) 规格会不断更新，请注意参阅最新版本。

附录 19　4-72 型离心通风机规格(摘录)

机号	转速 /r/min	全压 /Pa	风量 /m³/h	出风口 方向/(°)	电动机		传动 方式	外形尺寸 (长/mm)× (宽/mm)× (高/mm)	质量 (不带电动机) /kg
					型号	功率 /kW			
2.8	2900	994 606	1131 2356	0～225 间隔 45	Y90S-2 (B35)	1.5	A	251×455×561	24.5
3.2	2900	1300 792	1688 3517	0～225 间隔 22.5	Y90L-2 (B35)	2.2	A	279×519×637	31.3
3.6	2900	1578	2664	0～225 间隔 22.5	Y100L-2 (B35)	3	A	308×584×714	44.3
	1450	393	1332		Y90S-4 (B35)	1.1			
4	2900	2014	4012	0～225 间隔 22.5	Y132S1-2 (B35)	5.5	A	336×647×789	61.9
4.5	2900	2554	5712	0～225 间隔 22.5	Y132S2-2 (B35)	7.5	A	371×728×885	82

续表

机号	转速/r/min	全压/Pa	风量/m³/h	出风口方向/(°)	电动机 型号	电动机 功率/kW	传动方式	外形尺寸(长/mm)×(宽/mm)×(高/mm)	质量(不带电动机)/kg
5	2900	3187	7728	0～225 间隔 22.5	Y160M2-2 (B35)	15	A	406×809×981	90
6	2240	2734	10 314	0～225 间隔 22.5	Y160L-4	15	C	1091.5×969×1243	
	1800	1760	8288		Y132M-4	7.5	C		
	1450	1139	6677		Y112M-4	4	A	476×969×1171	132
	1250	846	5756		Y100L2-4	3	C	1091.5×969×1243	
	960	498	4420		Y100L-6 (B35)	1.5	A		132
	800	346	3684		Y90S-4	1.1	C		
8	1800	3143	19 646	0～225 间隔 45	Y200L1-2	30	C	1541.5×1291×1715	609
10	1450	3202	40 441	0～225 间隔 45	Y250M-4	55	D	1674.5×1611×2095	817
12	1120	2746	53 978	0～225 间隔 45	Y280S-4	75	C	2021.5×1931×2475	1244
16	900	3157	102 810	0,90,180	Y315L2-6	132	B	12 508×2653×3226.5	2523
20	710	3069	158 410	0,90,180	Y355-8	220	B	2787×3328×4009.5	3756

注：(1) 以上规格摘自：国家机械工业局编．中国机电产品目录(5 分册)(第二版)．北京：机械工业出版社，2000。
(2) 请注意参阅最新版本的规格。

附录 20　某些工业管道的绝对粗糙度

	管 道 类 别	ε/mm
金属管	无缝黄铜管、铜管及铝管	0.01～0.05
	新的无缝钢管或镀锌铁管	0.1～0.2
	新的铸铁管	0.3
	具有轻度腐蚀的无缝钢管	0.2～0.3
	具有显著腐蚀的无缝钢管	0.5 以上
	旧的铸铁管	0.85 以上
非金属管	干净玻璃管	0.0015～0.01
	橡皮软管	0.01～0.03
	木管道	0.25～1.25
	陶土排水管	0.45～6.0
	很好整平的水泥管	0.33
	石棉水泥管	0.03～0.8

注：一般计算中，对于干净的玻璃、铜、铅等拉制管，可视为光滑管($\varepsilon=0$)；新无缝钢管，取 $\varepsilon=0.1$；稍受腐蚀的无缝钢管及新有缝钢管，取 $\varepsilon=0.35$；旧铸铁管或受强烈腐蚀的管，取 $\varepsilon=1$。

附录 21 泰勒标准筛的规格

筛孔 /mm	筛孔 /in (近似值)	金属丝公称直径 /mm	金属丝公称直径 /in (近似值)	泰勒标准名称	筛孔 /mm	筛孔 /in (近似值)	金属丝公称直径 /mm	金属丝公称直径 /in (近似值)	泰勒标准名称
26.9	1.06	3.90	0.1535	1.050in	1.19	0.0469	0.650	0.0256	14 目
25.4	1.00	3.80	0.1496		1.00	0.0394	0.580	0.0228	16 目
22.6	0.875	3.50	0.1378	0.883 in	0.841	0.0331	0.510	0.0201	20 目
19.0	0.750	3.30	0.1299	0.742 in	0.707	0.0278	0.450	0.0177	24 目
16.0	0.625	3.00	0.1181	0.624 in	0.595	0.0234	0.390	0.0154	28 目
13.5	0.530	2.75	0.1083	0.525 in	0.500	0.0197	0.340	0.0134	32 目
12.7	0.500	2.67	0.1051		0.420	0.0165	0.290	0.0114	35 目
11.2	0.438	2.45	0.0965	0.441 in	0.354	0.0139	0.247	0.0097	42 目
9.51	0.375	2.27	0.0894	0.371 in	0.297	0.0117	0.215	0.0085	48 目
8.00	0.312	2.07	0.0815	2½ 目	0.250	0.0098	0.180	0.0071	60 目
6.73	0.265	1.87	0.0736	3 目	0.210	0.0083	0.152	0.0060	65 目
6.35	0.250	1.82	0.0717		0.177	0.0070	0.131	0.0052	80 目
5.66	0.223	1.68	0.0661	3½ 目	0.149	0.0059	0.110	0.0043	100 目
4.76	0.187	1.54	0.0606	4 目	0.125	0.0049	0.091	0.0036	115 目
4.00	0.157	1.37	0.0539	5 目	0.105	0.0041	0.076	0.0030	150 目
3.36	0.132	1.23	0.0484	6 目	0.088	0.0035	0.064	0.0025	170 目
2.83	0.111	1.10	0.0430	7 目	0.074	0.0029	0.053	0.0021	200 目
2.38	0.0937	1.00	0.0394	8 目	0.063	0.0025	0.044	0.0017	250 目
2.00	0.0787	0.900	0.0354	9 目	0.053	0.0021	0.037	0.0015	270 目
1.68	0.0661	0.810	0.0319	10 目	0.044	0.0017	0.030	0.0012	325 目
1.41	0.0555	0.725	0.0285	12 目	0.037	0.0015	0.025	0.0010	400 目

附录 22 换热器规格(摘录)

(1) 固定管板式换热器规格

公称直径 DN/mm	公称压力 PN/MPa	管程数 N	管子根数 n	中心排管数	管程流通面积 /m²	计算换热面积/m² 换热管长度 L/mm 1500	2000	3000	4500	6000	9000
159	1.60 2.50 4.00 6.40	1	15	5	0.0027	1.3	1.7	2.6	—	—	—
219			33	7	0.0058	2.8	3.7	5.7	—	—	—
273		1	65	9	0.0115	5.4	7.4	11.3	17.1	22.9	—
		2	56	8	0.0049	4.7	6.4	9.7	14.7	19.7	—
325		1	99	11	0.0175	8.3	11.2	17.1	26.0	34.9	—
		2	88	10	0.0078	7.4	10.0	15.2	23.1	31.0	—
		4	68	11	0.0030	5.7	7.7	11.8	17.9	23.9	—

续表

公称直径 DN/mm	公称压力 PN/MPa	管程数 N	管子根数 n	中心排管数	管程流通面积 /m²	计算换热面积/m² 换热管长度 L/mm					
						1500	2000	3000	4500	6000	9000
400	0.60 1.00 1.60 2.50 4.00	1	174	14	0.0307	14.5	19.7	30.1	45.7	61.3	—
		2	164	15	0.0145	13.7	18.6	28.4	43.1	57.8	—
		4	146	14	0.0065	12.2	16.6	25.3	38.3	51.4	—
450		1	237	17	0.0419	19.8	26.9	41.0	62.2	83.5	—
		2	220	16	0.0194	18.4	25.0	38.1	57.8	77.5	—
		4	200	16	0.0088	16.7	22.7	34.6	52.5	70.4	—
500		1	275	19	0.0486	—	31.2	47.6	72.2	96.8	—
		2	256	18	0.0226	—	29.0	44.3	67.2	90.2	—
		4	222	18	0.0098	—	25.2	38.4	58.3	78.2	—
600		1	430	22	0.0760	—	48.8	74.4	112.9	151.4	—
		2	416	23	0.0368	—	47.2	72.0	109.3	146.5	—
		4	370	22	0.0163	—	42.0	64.0	97.2	130.3	—
		6	360	20	0.0106	—	40.8	62.3	94.5	126.8	—
700		1	607	27	0.1073	—	—	105.1	159.4	213.8	—
		2	574	27	0.0507	—	—	99.4	150.8	202.1	—
		4	542	27	0.0239	—	—	93.8	142.3	190.9	—
		6	518	24	0.0153	—	—	89.7	136.0	182.4	—
800	0.60	1	797	31	0.1408	—	—	138.0	209.3	280.7	—
		2	776	31	0.0686	—	—	134.3	203.8	273.3	—
		4	722	31	0.0319	—	—	125.0	189.8	254.3	—
		6	710	30	0.0209	—	—	122.9	186.5	250.0	—

注：(1) 本规格为换热管是 ϕ19 mm 的换热器的基本参数。

(2) 括号内公称直径值是不推荐使用的数值。

(3) 换热管为 ϕ25 mm 的换热器的基本参数请参阅原机械工业部标准 JB/T 4715—92(固定管板式换热器型式与基本参数)。

(2) 浮头式换热器规格

mm

DN	管程数 N	n		中心排管数		管程流通面积/m²			A/m²							
		d				$d\times\delta_t$			L=3 m		L=4.5 m		L=6 m		L=9 m	
		19	25	19	25	19×2	25×2	25×2.5	19	25	19	25	19	25	19	25
325	2	60	32	7	5	0.0053	0.0055	0.0050	10.5	7.4	15.8	11.1	—	—	—	—
	4	52	28	6	4	0.0023	0.0024	0.0022	9.1	6.4	13.7	9.7	—	—	—	—
426	2	120	74	8	7	0.0106	0.0126	0.0116	20.9	16.9	31.6	25.6	42.3	34.4	—	—
400	4	108	68	9	6	0.0048	0.0059	0.0053	18.8	15.6	28.4	23.6	38.1	31.6	—	—
500	2	206	124	11	8	0.0182	0.0215	0.0194	35.7	28.3	54.1	42.8	72.5	57.4	—	—
	4	192	116	10	9	0.0085	0.0100	0.0091	33.2	26.4	50.4	40.1	67.6	53.7	—	—
600	2	324	198	14	11	0.0286	0.0343	0.0311	55.8	44.9	84.8	68.2	113.9	91.5	—	—
	4	308	188	14	10	0.0136	0.0163	0.0148	53.1	42.6	80.7	64.8	108.2	86.9	—	—
	6	284	158	14	10	0.0083	0.0091	0.0083	48.9	35.8	74.4	54.4	99.8	73.1	—	—

续表

DN	管程数 N	n		中心排管数		管程流通面积/m^2			A/m^2							
		d				$d\times\delta_t$			$L=3$ m		$L=4.5$ m		$L=6$ m		$L=9$ m	
		19	25	19	25	19×2	25×2	25×2.5	19	25	19	25	19	25	19	25
700	2	468	268	16	13	0.0414	0.0464	0.0421	80.4	60.6	122.2	92.1	164.1	123.7	—	—
	4	448	256	17	12	0.0198	0.0222	0.0201	76.9	57.8	117.0	87.9	157.1	118.1	—	—
	6	382	224	15	10	0.0112	0.0129	0.0116	65.6	50.6	99.8	76.9	133.9	103.4	—	—
800	2	610	366	19	15	0.0539	0.0634	0.0575	—	—	158.9	125.4	213.5	168.5	—	—
	4	588	352	18	14	0.0260	0.0305	0.0276	—	—	153.2	120.6	205.8	162.1	—	—
	6	518	316	16	14	0.0152	0.0182	0.0165	—	—	134.9	108.3	181.3	145.5	—	—

注:(1) 排管数按正方形旋转 45°排列计算。

(2) 计算换热面积 A 按光管及公称压力 2.5 MPa 的管板厚度确定。

(3) 此表为内导流换热器和冷凝器的主要参数。

(4) 有关外导流换热器和冷凝器的主要参数请参阅原机械工业部标准 JB/T 4714—92(浮头式换热器和冷凝器型式与基本参数)。

参 考 文 献

1. 蒋维钧,等. 化工原理(上册). 第二版,北京:清华大学出版社,2003
2. 蒋维钧,等. 化工原理(下册). 第二版,北京:清华大学出版社,2003
3. 蒋维钧,余立新. 化工原理:化工分离过程. 北京:清华大学出版社,2005
4. Mulder M 著. 膜技术基本原理. 李琳译. 北京:清华大学出版社,1999
5. 谭天恩,李伟. 过程工程原理(化工原理). 北京:化学工业出版社,2004
6. 张近. 化工基础. 北京:高等教育出版社,2002
7. 北京大学化学系. 化学工程基础. 北京:高等教育出版社,1979
8. 大连理工大学化工原理教研室. 化工原理(上册). 大连:大连理工大学出版社,1993
9. 大连理工大学化工原理教研室. 化工原理(下册). 大连:大连理工大学出版社,1993
10. 上海化工学院,等. 化学工程(第一册). 北京:化学工业出版社,1980
11. 上海化工学院,等. 化学工程(第二册). 北京:化学工业出版社,1980
12. 上海师范学院. 化工基础(下册). 北京:人民教育出版社,1981
13. 王定锦. 化学工程基础. 北京:高等教育出版社,1992
14. 天津大学化工原理教研室. 化工原理(下册). 天津:天津科学技术出版社,1983
15. 萧成基,等. 化学工程手册·第 13 篇 气液传质设备. 北京:化学工业出版社,1979
16. 袁乃驹,等. 化学反应工程基础. 北京:清华大学出版社,1988
17. 陈敏恒,等. 化学反应工程基本原理. 北京:化学工业出版社,1982
18. 上海化工学院. 基础化学工程(中册). 上海:上海科学技术出版社,1978
19. 天津大学等. 化工传递过程. 北京:化学工业出版社,1980
20. 金克普利斯 J. 化工传递过程与单元操作. 清华大学化工传递组译. 北京:清华大学出版社, 1985
21. 柯尔森 J M,等著. 化学工程,卷Ⅱ. 第 3 版. 丁绪准等译. 北京:化学工业出版社,1987
22. 第一机械工业部. 机械工程手册. 第 77 篇. 泵、真空泵. 北京:机械工业出版社,1980
23. 第一机械工业部. 机械工程手册. 第 76 篇. 通风机、鼓风机、压缩机. 北京:机械工业出版社,1980